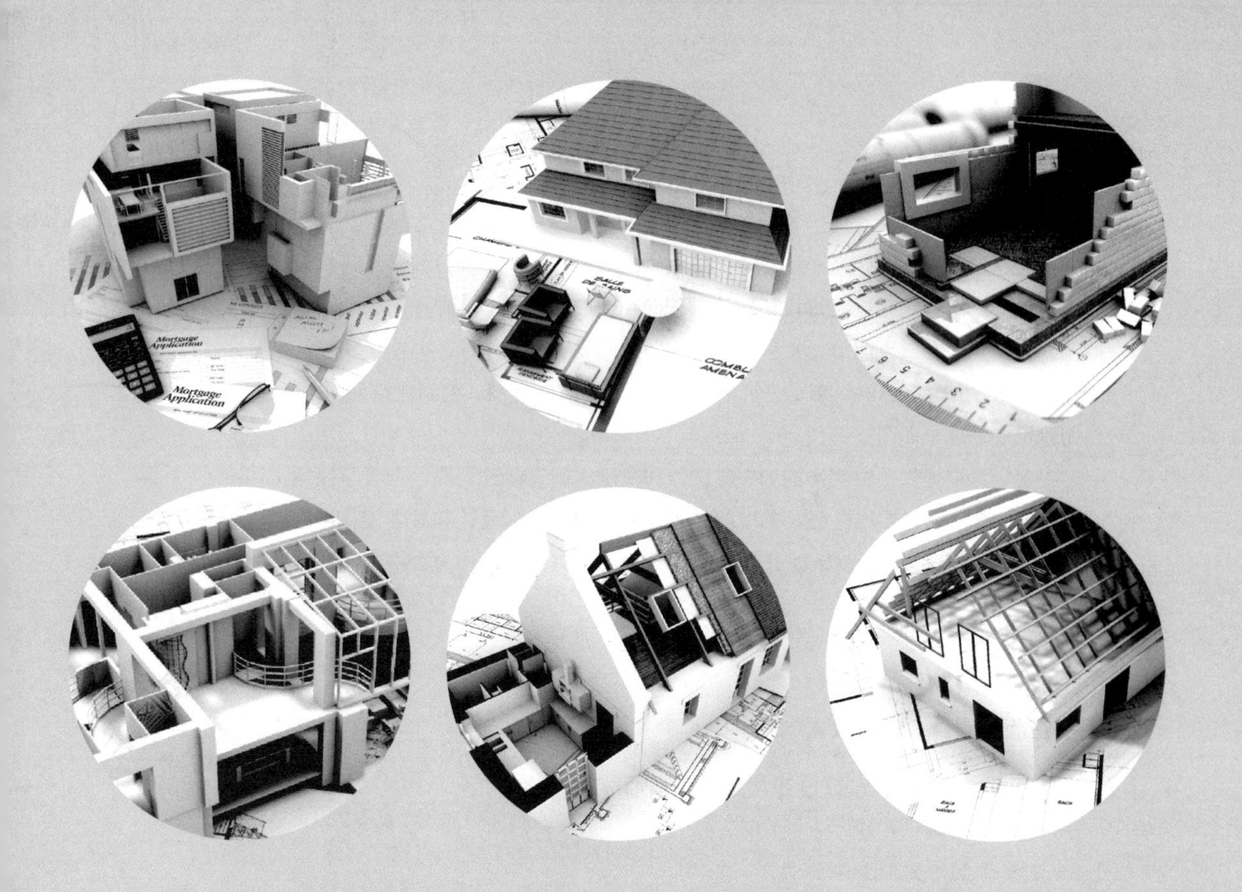

中文版 AutoCAD 2017 建筑设计从入门到精通

祝明慧 编著

中国铁道出版社
CHINA RAILWAY PUBLISHING HOUSE

内 容 简 介

本书通过大量实例详细介绍了如何使用 AutoCAD 2017 绘制各种常见建筑设计图纸的流程、方法和技巧。内容包括：建筑设计理论知识、AutoCAD 2017 基础入门、绘图设置、二维图形的绘制、编辑与填充二维图形、文字与表格、图层的设置、尺寸标注、图块和设计中心、打印输出文件、绘制常用建筑图例、绘制建筑平面图、绘制建筑立面图、绘制建筑剖面图、绘制建筑详图、绘制建筑规划总平面图。

配套资源中提供书中实例的 DWG 文件和演示实例设计过程的语音教学视频文件。

本书实例丰富，实用性强，书中凝结了作者多年在实际设计和教学工作中的经验心得，是初学者和技术人员学习 AutoCAD 建筑设计的理想参考书，也可作为大中专院校和社会培训机构建筑设计及相关专业的教材。

图书在版编目（CIP）数据

中文版 AutoCAD 2017 建筑设计从入门到精通 / 祝明慧编著. — 北京：中国铁道出版社，2017.8

ISBN 978-7-113-23151-4

Ⅰ. ①中… Ⅱ. ①祝… Ⅲ. ①建筑设计－计算机辅助设计－AutoCAD 软件 Ⅳ. ①TU201.4

中国版本图书馆 CIP 数据核字（2017）第 114237 号

书　　名： 中文版 AutoCAD 2017 建筑设计从入门到精通
作　　者： 祝明慧　编著

责任编辑： 于先军　　　　**读者热线电话：** 010-63560056
责任印制： 赵星辰　　　　**封面设计：** MXK DESIGN STUDIO

出版发行： 中国铁道出版社（北京市西城区右安门西街 8 号　　邮政编码：100054）
印　　刷： 中国铁道出版社印刷厂
版　　次： 2017 年 8 月第 1 版　　2017 年 8 月第 1 次印刷
开　　本： 787mm×1092mm　1/16　**印张：** 23.5　**字数：** 617 千
书　　号： ISBN 978-7-113-23151-4
定　　价： 69.80 元

配套资源下载地址：
http://www.crphdm.com/2017/0512/13380.shtml

FOREWORD

前 言

AutoCAD 是由美国 Autodesk 公司开发的计算机辅助设计软件，是一款强大的 CAD 图形制作软件，AutoCAD 具有广泛的适应性，它可以在各种操作系统支持的计算机和工作站上运行。目前，它在国内拥有庞大的用户群，是应用领域非常广泛的计算机绘图和设计软件之一。它被广泛应用在建筑、机械、电子、地理、气象、航海等行业，其高效、便捷的操作和强大的绘图功能，使它在乐谱、灯光和广告等其他领域也得到了广泛的应用。

AutoCAD 2017 与以往版本相比，在界面、新标签页功能区库、命令预览、帮助窗口、地理位置、实景计算、Exchange 应用程序、计划提要、硬件加速、底部状态栏等方面都进行了优化和增强，使其功能更加强大。

本书内容

本书以循序渐进的方式，通过大量的实例，全面、详细地介绍了使用 AutoCAD 2017 绘制各种建筑设计图纸的流程、方法和技巧。书中首先介绍了建筑设计的概念、特点和流程，以及建筑设计绘图的标准和规范，图形样板的制作等建筑设计理论知识。然后介绍了 AutoCAD 2017 在建筑设计中常用的功能和命令，具体包括绘图设置、二维图形的绘制、编辑与填充二维图形、文字与表格、图层的设置、尺寸标注、图块和设计中心、打印输出文件等内容。最后，通过具体的实例讲解了常用建筑图例、建筑平面图、建筑立面图、建筑剖面图、建筑详图、建筑规划总平面图等各种常见图纸的绘制。

本书特色

为了方便读者快速掌握使用 AutoCAD 2017 绘制建筑设计图纸的核心技术，在编写过程中，笔者将多年积累的设计经验融入每个章节中，使书中的内容更加贴近实际应用。同时笔者结合自己的授课经验，将知识点进行了合理拆分，并进行科学安排，使入门人员学起来更加方便快捷。

编排科学，讲解细致：书中内容从易到难，从基础知识到各种建筑设计图纸的绘制，科学合理地安排内容，对建筑设计中常用的功能和命令都进行了详细讲解，方便读者循序渐进地学习。

实例丰富，技术实用：书中不仅对命令和工具的具体操作和使用方法进行了讲解，同时还有针对性地安排了实例，让读者在实战中自己体会软件的具体应用。

视频教学，答疑解惑：配套资源中提供了书中实例设计过程的语音教学视频文件，方便读者学习，并拓展知识。

配套资源

为了方便读者学习，本书提供了配套资源，具体内容如下。

1．书中实例的 DWG 文件及所用到的素材文件。

2．演示书中实例设计过程的语音教学视频文件。

3．赠送讲解 AutoCAD 基础操作及实例的语音教学视频文件。

配套资源下载地址：http://www.crphdm.com/2017/0512/13380.shtml。

本书约定

为便于阅读理解，本书在写作时遵从如下约定：

- 本书中出现的中文菜单和命令将用【】括起来，以示区分。此外，为了使语句更简洁易懂，本书中所有的菜单和命令之间以竖线“|”分隔，例如，单击【修改】菜单，再选择【移动】命令，就用【修改】|【移动】来表示。
- 用加号“+”连接的 2 个或 3 个键表示组合键，在操作时表示同时按下这 2 个或 3 个键。例如，【Ctrl+V】是指在按下【Ctrl】键的同时，按下【V】字母键；【Ctrl+Alt+F10】是指在按下【Ctrl】和【Alt】键的同时，按下功能键【F10】。
- 在没有特殊指定时，单击、双击和拖动是指用鼠标左键单击、双击和拖动，右击是指用鼠标右键单击。

本书实例丰富，实用性强，书中凝结了作者多年在实际设计和教学工作中的经验心得，是初学者和技术人员学习 AutoCAD 建筑设计的理想参考书，也可作为大中专院校和社会培训机构建筑设计及相关专业的教材。

本书主要由沧州师范学院的祝明慧老师编写，在编写过程中得到了家人和朋友的大力支持与帮助，在此一并表示感谢。书中的错误和不足之处敬请广大读者批评指正。

编　者

2017 年 6 月

配套资源下载地址：
http://www.crphdm.com/2017/0512/13380.shtml

目　录

CONTENTS

增值服务：扫码做测试题，并可观看讲解测试题的微课程。

第 1 章 建筑设计理论知识

建筑设计（Architectural Design）是指建筑物在建造之前，设计者按照建设任务，把施工过程和使用过程中所存在的或可能发生的问题，事先作好通盘的设想，拟定好解决这些问题的办法、方案，用图纸和文件表达出来，作为备料、施工组织工作和各工种在制作、建造工作中互相配合协作的共同依据，便于整个工程得以在预定的投资限额范围内，按照周密考虑的预定方案，统一步调，顺利进行，并使建成的建筑物充分满足使用者和社会所期望的各种要求。

1.1 建筑设计的基本概念、特点和程序

本节将简单介绍有关建筑设计的基本概念、特点、程序和相关规范。

1.1.1 建筑设计的概念

广义的建筑设计是指设计一个建筑物或建筑群要做的全部工作。由于科学技术的发展，在建筑上利用各种科学技术的成果越来越广泛深入，设计工作经常涉及建筑学、结构学，以及给水、排水，供暖、空气调节、电气、煤气、消防、防火、自动化控制管理、建筑声学、建筑光学、建筑热工学、工程估算和园林绿化等方面的知识，需要各种科学技术人员的密切协作。

但通常所说的建筑设计，是指“建筑学”范围内的工作。它要解决的问题，包括建筑物内部各种使用功能和使用空间的合理安排，建筑物与周围环境、与各种外部条件的协调配合，内部和外表的艺术效果，各个细部的构造方式，建筑与结构、建筑与各种设备等相关技术的综合协调，以及如何以更少的材料、更少的劳动力、更少的投资和更少的时间来实现上述各种要求。

1.1.2 建筑设计的特点

建筑设计的特点有以下三点，分别是建筑设计工作的核心、建筑设计的着重点、立意。

1. 建筑设计工作的核心

建筑设计工作的核心是寻找解决各种矛盾的最佳方案。

以建筑学作为专业，擅长建筑设计的专家称为建筑师。建筑师在进行建筑设计时面临的矛盾有：内容和形式之间的矛盾；需要和可能之间的矛盾；投资者、使用者、施工制作和城市规划等方面和设计之间，以及它们彼此之间由于对建筑物考虑角度不同而产生的矛盾；建筑物单体和群体之间、内部和外部之间的矛盾；各技术工种之间在技术要求上的矛盾；建筑的适用、经济、坚固、美观这几个基本要素本身之间的矛盾；建筑物内部各种不同使用功能之间的矛盾；建筑物局部和整体、这一局部和那一局部之间的矛盾等。这些矛盾构成非常错综复杂的局面，而且每个工程中各种矛盾的构成又各有其特殊性。所以，建筑设计工作的核心，就是要寻找解决上述各种矛

盾的最佳方案。

2．建筑设计的着重点

建筑设计的着重点是从宏观到微观不断深入的。

为了使建筑设计顺利进行，少走弯路，少出差错，取得良好的成果，在众多矛盾和问题中，先考虑什么，后考虑什么，大体上要有个程序。根据长期实践得出的经验，设计工作经常是从整体到局部，从大处到细节，从功能体型到具体构造来步步深入的。

3．立意

立意是建筑设计的“灵魂”。建筑除了基本的物质功能外，还具有某种精神的力量，而建筑立意就是蕴含在建筑物之中的某种“精神”上的东西，它是传达思想的工具，使人们由单纯的空间享受与建筑美学的讨论进而扩展到建筑精神的创造；建筑立意也是建筑创造的“核心动力”，一个复杂的设计往往只有数量极少的控制全局的想法，其他次要的要素则紧紧围绕这个想法，共同推进设计的完成，建筑立意就是设计中核心的想法。

建筑立意大致有以下几个来源：设计本身的要求，如建筑的使用性质、业主的要求等；外部各种条件的限制，如地形、地貌、气候、周边建筑和当地的文化习俗等；设计者自身的设计原则与设计哲学，即创作主体的“个性”。

1.1.3　建筑设计的流程

建筑设计是一种需要有预见性的工作，要预见到拟建建筑物存在的和可能发生的各种问题。这种预见，往往是随着设计过程的进展而逐步清晰、逐步深化的。为此，设计工作的全过程分为几个工作阶段：准备阶段、方案设计阶段、初步设计阶段和施工图设计阶段，循序进行，因工程的难易而有所增减，这就是基本的设计程序。

1．准备阶段

设计者在动手设计之前，首先要了解并掌握各种有关的外部条件和客观情况：自然条件，包括地形、气候、地质和自然环境等；城市规划对建筑物的要求，包括用地范围的建筑红线、建筑物高度和密度的控制等；城市的人为环境，包括交通、供水、排水、供电、供燃气和通信等各种条件和情况；使用者对拟建建筑物的要求，特别是对建筑物所应具备的各项使用内容的要求；对工程经济估算依据和所能提供的资金、材料施工技术和装备等，以及可能影响工程的其他客观因素。

2．方案设计阶段

主要任务是提出设计方案，即根据设计任务书的要求和收集到的必要基础资料，结合基地环境，综合考虑技术经济条件和建筑艺术的要求，对建筑总体布置、空间组合进行可能与合理的安排，提出两个或多个方案供建设单位选择。

建筑方案由设计说明书、设计图纸、投资估算和透视图 4 部分组成，一些大型或重要的建筑，根据工程的需要可加做建筑模型。建筑方案设计必须贯彻国家及地方有关工程建设的政策和法令，应符合国家现行的建筑工程建设标准、设计规范和制图标准，以及确定投资的有关指标、定额和费用标准规定。

建筑方案设计的内容和深度应符合有关规定的要求。建筑方案设计一般应包括总平面、建筑、结构、给水、排水、电气、采暖通风及空调、动力和投资估算等专业，除总平面和建筑专业应绘制图纸外，其他专业以设计说明简述设计内容，但当仅以设计说明难以表达设计意图时，可以用设计简图进行表示。

建筑方案设计可以由业主直接委托有资格的设计单位进行设计，也可以采取竞选的方式进行设计。方案设计竞选可以采用公开竞选和邀请竞选两种方式。建筑方案设计竞选应按有关管理办法执行。

3. 初步设计阶段

初步设计是介于方案和施工图之间的过程，施工图是最终用来施工的图纸。初步设计是指在方案设计基础上的进一步设计，但设计深度还未达到施工图的要求，也可以理解成设计的初步深入阶段。

初步设计文件由设计说明书（包括设计总说明和各专业的设计说明书）、设计图纸、主要设备及材料表和工程概算书 4 部分内容组成。初步设计文件的编排顺序为：封面、扉页、初步设计文件目录、设计说明书、图纸、主要设备及材料表、工程概算书。

对于图纸而言，初步设计通常要表达建筑各主要平面、立面和剖面，简单表达出大部尺寸、材料、色彩，但不包括节点做法和详细的大样图，以及工艺要求等具体内容。

在初步设计阶段，各专业应对本专业内容的设计方案或重大技术问题的解决方案进行综合技术经济分析，论证技术上的适用性、可靠性和经济上的合理性，并将其主要内容写进本专业初步设计说明书中。设计总负责人对工程项目的总体设计在设计总说明书中予以论述。为编制初步设计文件，应进行必要的内部作业，有关的计算书、计算机辅助设计的计算资料、方案比较资料、内部作业草图、编制概算所依据的补充资料等，均须妥善保存。

初步设计文件深度应满足审批要求。

① 应符合已审定的设计方案。

② 能据以确定土地征用范围。

③ 能据以准备主要设备及材料。

④ 应提供工程设计概算，作为审批确定项目投资的依据。

⑤ 能据以进行施工图设计。

⑥ 能据以进行施工准备。

提　示

大型和重要民用建筑工程应进行初步设计，小型和技术要求简单的建筑工程可用方案设计代替初步设计。

4. 施工图设计阶段

施工图设计内容，应包括封面、图纸目录、设计说明（或首页）、图纸和工程预算等。以图纸为主，主要是把设计者的意图和全部的设计结果表达出来，作为工人施工制作的依据。这个阶段是设计工作和施工工作的桥梁。

对于图纸应表达整个建筑物和各个局部的确切的尺寸关系、各种构造和用料的确定及具体做法，结构方案的计算和具体内容，各种设备系统的设计和计算，各技术工种之间各种矛盾的合理解决，设计预算的编制等。

施工图设计的着眼点，除体现初步设计的整体意图外，还要考虑施工的方便易行，以比较省事、省时和省钱的办法求取最好的使用效果和艺术效果。

施工图设计文件的深度应满足以下要求。

① 能据以编制施工图预算。

② 能据以安排材料、设备订货和非标准设备的制作。

③ 能据以进行施工和安装。

④ 能据以进行工程验收。

5. 建筑设计应遵守的基本规范

① 民用建筑设计通则。

② 建筑设计防火规范。

③ 高层民用建筑设计防火规范。

④ 汽车库、修车库、停车场设计防火规范。

⑤ 住宅设计规范。

⑥ 公共建筑节能设计标准。

1.2 建筑设计制图基本知识

本节将简单介绍有关建筑制图的基本概念、建筑设计图纸的要求、建筑设计制图规范的内容。

1.2.1 建筑设计制图概述

（1）建筑设计制图的概念

建筑图纸是建筑设计人员用来表达设计思想、传达设计意图的技术文件，是方案投标、技术交流和建筑施工的要件。建筑制图是根据正确的制图理论及方法，按照国家统一的制图规范将设计思想和技术特征准确地表达出来。

（2）建筑设计制图的原则

图纸是一种直观、准确、醒目、易于交流的表达形式。完整的制图，一定要能够很好地帮助作者表达自己的设计思想、设计内容，因此绘图应遵循以下原则。

① 清晰：绘图要表达的内容必须清晰，好的图纸，看上去要一目了然，一眼看上去就能分得清哪里是墙、哪里是窗、哪里是留洞……尺寸标注、文字说明等应清清楚楚，互不重叠。

② 准确：建筑图的绘制是工程施工的依据。建筑制图不仅是为了好看，更多的是直接反映一些实际问题，方便工程施工。

③ 高效：快速地完成图纸的绘制。

（3）建筑设计制图的程序

建筑设计制图的程序是与建筑设计的程序相对应的。从整个设计过程来看，按照设计方案图、初步设计图和施工图的顺序来进行。后面阶段的图纸在前一阶段的基础上进行深化、修改和完善。就每个阶段来看，一般遵循平面、立面、剖面和详图的过程来绘制。至于每种图样的制图顺序，将在后面章节结合具体操作来讲解。

1.2.2 建筑设计图纸的要求

建筑设计图纸的要求包括以下两个。

1. 建筑方案设计图纸的深度要求

（1）平面图

标明图纸要素，如图名、指北针、比例尺和图签等；图纸比例一般为 1/100、1/150、1/200、1/300 等（图纸幅面规格不宜超过两种），制图单位为毫米；图纸应清晰、完整反映以下内容。

① 各层面积数据、公建配套部分的面积数据、主要功能部分面积数据；各部分平面功能名称（属公建配套的应注明）。

② 停车库应标明车辆停放位置、停车数量、车道、行车路线、出入口位置及尺寸、转弯半径和坡度。

③ 墙、柱、门、窗、楼梯、电梯、阳台、雨篷、台阶、踏步、水池、无障碍设施、烟道和化粪池等。

④ 墙体之间的尺寸、柱距尺寸和外轮廓总尺寸。

⑤ 室外地坪设计标高及室内各层楼面标高。

⑥ 首层标注指北针、剖切线和剖切符号。

（2）立面图

标明图纸要素，如图名、比例尺和图签等；图纸比例一般为 1/100、1/150、1/200、1/300，制图单位为毫米；图纸应清晰、完整地反映以下内容。

① 立面外轮廓、门窗、雨篷、檐口、女儿墙、屋顶、阳台、栏杆、台阶、踏步和外墙装饰。

② 总高度标高（建、构筑物最高点）、屋顶女儿墙顶标高和室外地坪标高。

（3）剖面图

标明图纸要素，如图名、比例尺和图签等；图纸比例与立面图一致，制图单位为毫米；图纸应清晰、完整地反映以下内容。

① 内墙、外墙、柱、内门窗、外门窗、地面、楼板、屋顶、檐口、女儿墙、楼梯、电梯、阳台、踏步、坡道和地下室顶板覆土层厚度等。

② 总高度尺寸及标高、各层高度尺寸及标高和室外地坪标高。

2．建筑施工设计图纸的深度要求

（1）平面图

标明图纸要素，如图名、指北针、比例尺、图签等；图纸比例一般为 1/100、1/150、1/200（图纸幅面规格不宜超过两种），制图单位为毫米；图纸应清晰、完整地反映以下内容。

① 标注各层面积数据、公建配套部分的面积数据、各功能用房面积数据。

② 停车库应标明车辆停放位置、停车数量、车道、行车路线、出入口位置及尺寸、转弯半径和坡度。

③ 墙、柱（壁柱）、轴线和轴线编号、门窗、门的开启方向，注明房间名称及特殊房间的设计要求（如防止噪声、污染等）。

④ 轴线间尺寸（外围轴线应标注在墙、柱外缘）、门窗洞口尺寸、墙体之间尺寸、外轮廓总尺寸、墙身厚度、柱（壁柱）截面尺寸。

⑤ 电梯、楼梯（应标注上下方向及主要尺寸）、卫生洁具、水池、台、柜、隔断的位置。

⑥ 阳台、雨篷、台阶、坡道、散水、明沟、无障碍设施、设备管井（含检修门、洞）、烟囱、垃圾道、雨污水管、化粪池位置及尺寸。

⑦ 室外地坪标高及室内各层楼面标高。

⑧ 首层标注指北针、剖切线和剖切符号。

⑨ 平面设计及功能完全相同的楼层标准层可共用一平面，但需注明层次范围及标高，根据需要，可绘制复杂部分的局部放大平面；屋顶平面应表示冷却塔的位置及尺寸。

⑩ 建筑平面较长较大时，可分区绘制，但须在各分区底层平面上绘出组合示意图，并明确表示出分区编号。

（2）立面图

标明图纸要素，如图名、比例尺和图签等；图纸比例一般为 1/100、1/150、1/200、1/300，制图单位为毫米；图纸应清晰、完整地反映以下内容。

① 建筑物两端轴线编号。

② 立面外轮廓、门窗、雨篷、檐口、女儿墙、屋顶、阳台、栏杆、台阶、踏步和外立面装饰构件。

③ 应注明颜色材料。

④ 总高度标高、屋顶女儿墙标高和室外地坪标高。

（3）剖面图

标明图纸要素，如图名、比例尺、图签等；图纸比例与立面图一致，制图单位为毫米；图纸应清晰、完整地反映以下内容。

① 内墙、外墙、柱、内门窗、外门窗、地面、楼板、屋顶、檐口、女儿墙、楼梯、电梯、阳台、踏步、坡道、地下室顶板覆土层厚度等。

② 总高度尺寸及标高、（建、构筑物最高点）、各层高度尺寸及标高和室外地坪标高。

1.2.3 建筑设计制图规范

为了学习计算机辅助建筑绘图及设计，首先应该了解和掌握土建工程制图的图示方法和特点。下面主要介绍国家标准及对建筑工程制图的线型要求、尺寸注法、比例和图例等的相关规定。

1. 相关国家标准

（1）《房屋建筑制图统一标准》　　（GB/T 50001—2010）

（2）《建筑制图标准》　　（GB/T 50104—2010）

（3）《总图制图标准》　　（GB/T 50103—2010）

2. 图线及用途

在建筑工程图中，为了区分建筑物各个部分的主次及反映其投影关系，使建筑工程图样清晰美观等，在绘图时，需要使用不同粗细的各种线型，如实线、虚线、单点长画线、双点长画线、折断线和波浪线等。每种线型又有多种线宽，各有不同的用途。绘图时，所有线型应按照表 1-1 的规定选用。

表 1-1　常用图线统计

名　称	线　型		线　宽	适 用 范 围
实线	粗		b	建筑平面、剖面及构造详图中被剖切的主要建筑构造的轮廓线；建筑立面图或室内立面图的外轮廓线；剖切符号；总图中的新建建筑
	中		0.5b	建筑平、剖面中被剖切的次要构件的轮廓线；建筑平、立、剖面中建筑构配件的轮廓线；详图中的一般轮廓线
	细		0.25b	小于 0.5b 的图形线、尺寸线、尺寸界线、图例线、索引符号、标高符号，以及详图中的材料做法引出线
虚线	中		0.5b	建筑详图中不可见的轮廓线；平面图中的起重机轮廓线；拟扩建的建筑物轮廓线
	细		0.25b	小于 0.5b 的不可见轮廓线
点画线	粗		b	起重机（吊车）轨道线
	细		0.25b	中心线、对称线、轴线

续表

名称	线型		线宽	适用范围
折断线	细	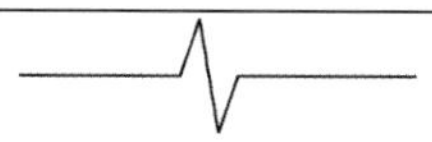	0.25b	无须画全的断开界线
波浪线	细		0.25b	无须画全的断开界线；构造层次断开界线

绘制建筑工程图时，应根据图样的复杂程度与比例大小，先选定基本线宽 b，再按照表 1-2 中所列规格，选用适当的线宽组。当绘制比较复杂的图样或比例较小时，应选用较细的线宽组。同时必须注意，在同一张图纸中，绘制相同比例的图样，应选用相同的线宽组。

表 1-2　线宽组(mm)

线宽比	线宽组					
b	2.0	1.4	1.0	0.7	0.5	0.35
0.5b	1.0	0.7	0.5	0.35	0.25	0.18
0.25b	0.5	0.35	0.25	0.18		

3．比例

图样的比例，应为图形与实物相对应的线性尺寸之比。比例宜注写在图名的右侧，字的基准线应取平；比例的字高宜比图名的字高小一号或二号，如图 1-1 所示。

下面给出常用绘图比例，读者可根据实际情况灵活使用，如表 1-3 所示。

平面图 1:100　③ 1:20

图 1-1　比例

表 1-3　常用绘图比例

图名	比例
总平面图	1∶500、1∶1 000、1∶2 000
平面图、立面图、剖面图	1∶50、1∶100、1∶150、1∶200、1∶300
局部放大图	1∶10、1∶20、1∶25、1∶30、1∶50
配件及构造详图	1∶1、1∶2、1∶5、1∶10、1∶15、1∶20、1∶25、1∶30、1∶50

4．常用建筑符号

常用建筑符号有以下几种。

（1）索引符号

用引出线画出要画详图的地方，在引出线的另一端画一个细实线圆圈，直径是 10mm，引出线对准圆心，圆内画一条水平细直线，上半圆用阿拉伯数字注明该详图的编号，下半圆用阿拉伯数字注明详图所在图纸的图纸号；如详图与被索引的图样在同一张图纸内，则在下半圆中间画一条水平细直线；如果索引的详图是标准图，则应在索引标志的水平直径的延长线上加注标准图集的编号；当索引符号用于索引剖面详图的时候，应在被剖切的部位绘制剖切位置线，用粗实线表示，并以引出线引出索引符号，引出线所在一侧为剖视方向，如图 1-2 所示。

（2）详图符号

用粗直线绘制直径为 14mm 的圆，如详图与被索引的图样在同一张图纸内，直接用阿拉伯数字在圆内注明详图编号，如不在一张图纸内，用细直线在圆圈内画一条水平直线，上半圆注明详图编号，下半圆注明被索引图纸的图纸号，如图 1-3 所示。

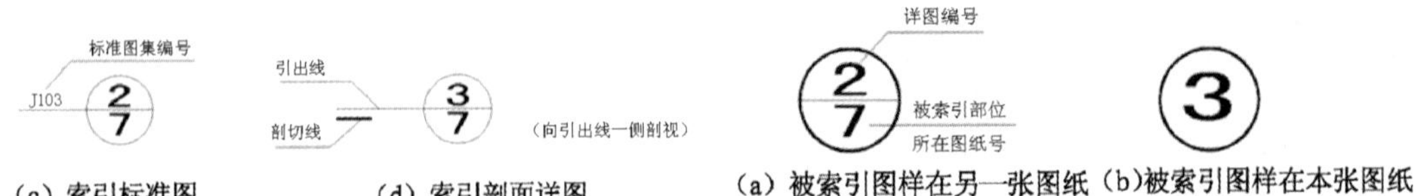

（a）被索引详图在同一张图纸　（b）被索引图纸在另一张图纸

（c）索引标准图　（d）索引剖面详图

图1-2　索引符号

（a）被索引图样在另一张图纸　（b）被索引图样在本张图纸

图1-3　详图符号

（3）引出线

应以细实线绘制，宜采用水平方向的直线或与水平方向成30°、45°、60°、90°的直线，或经上述角度再折为水平线。文字说明宜注写在水平线的上方，也可注写在水平线的端部。同时引出几个相同部分的引出线，宜互相平行，也可画成集中于一点的放射线，如图1-4所示。

（4）定位轴线及其编号

定位轴线应以细点画线绘制。

定位轴线一般应编号，编号应注写在轴线端部的圆内。圆应用细实线绘制，直径为8～10mm。定位轴线圆的圆心，应在定位轴线的延长线上或延长线的折线上。

平面图上定位轴线的编号，宜注写在图样的下方与左侧。横向编号应用阿拉伯数字，从左至右顺序编写，竖向编号应用大写英文字母，从下至上顺序编写，如图1-5所示。

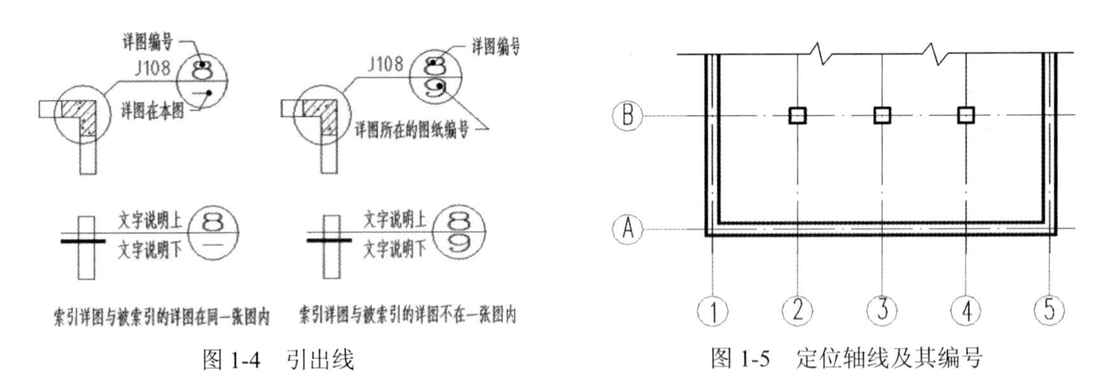

图1-4　引出线　　图1-5　定位轴线及其编号

英文字母的I、O、Z不得用作轴线编号。如字母数量不够使用，可增用双字母或单字母加注脚，如AA，BA，…，YA或A1，B1，…，Y1。

附加定位轴线的编号，应以分数的形式表示。

一个详图适用于几根轴线时，应同时注明各有关轴线的编号，如图1-6所示。

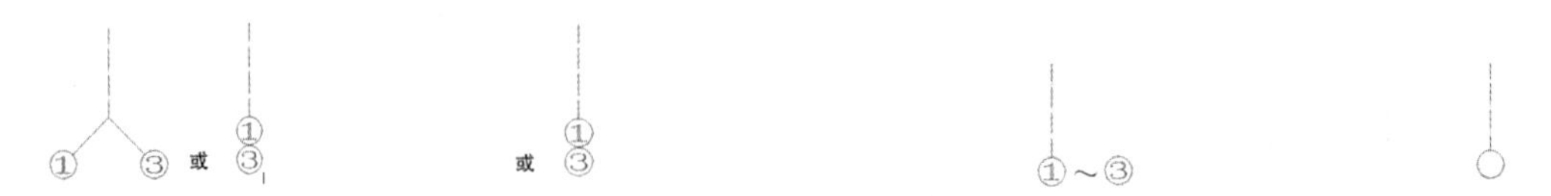

（a）用于两根轴线时　（b）用于三根或三根以上轴线时　（c）用于三根以上连续的轴线时　（d）用于通用详图时

图1-6　注明各有关轴线的编号

通用详图中的定位轴线，应只画圆，不注写轴线编号。

（5）标高

标高是标注建筑物高度的另一种尺寸形式。标高符号应以等腰直角三角形表示，如图 1-7～图 1-9 所示。

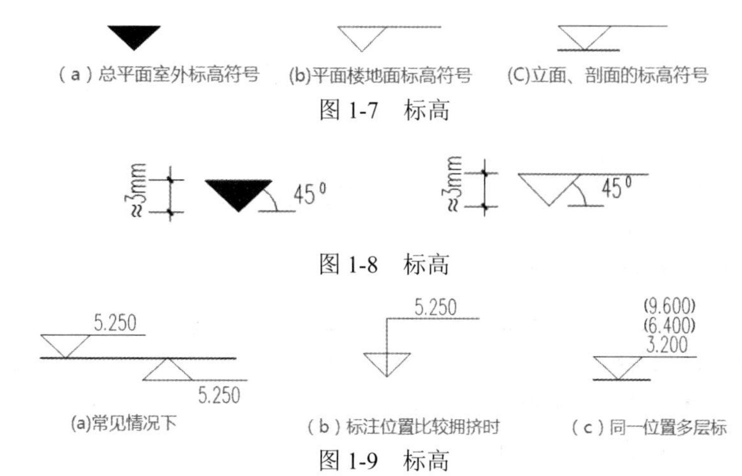

图 1-7　标高

图 1-8　标高

图 1-9　标高

（6）其他符号

对称符号：在对称图形的中轴位置画此符号，可以省画另一半图形，其由对称线和两端的两对平行线组成，对称线用细点画线绘制，如图 1-10 所示。

指北针的形状宜如图 1-11 所示，其圆的直径宜为 24mm，用细实线绘制。

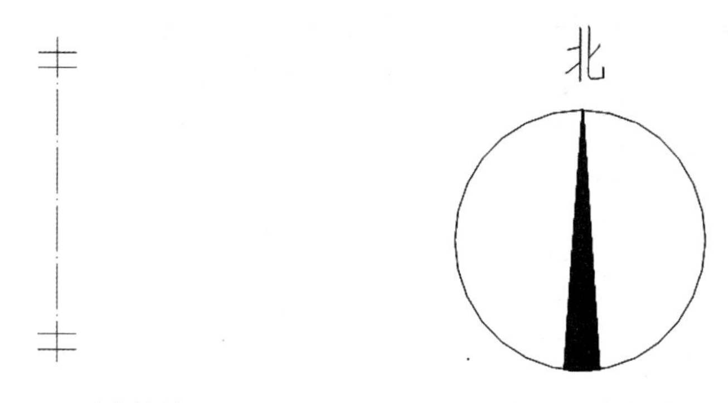

图 1-10　对称符号　　　　图 1-11　指北针

常用建筑符号一览表如表 1-4 所示。

表 1-4　常见建筑符号一览表

图　例	说　明	图　例	说　明
8 ▲	新建建筑物，粗线绘制，需要时用▲表示出入口及层数 x		铺地
	原有建筑，用细实线绘制	5 45.00 R8 50.00	新建的道路，R8 表示道路转弯半径为 8m，50.00 为道路中心点控制标高，5 表示坡度为 5%，45.00 表示变坡点距
	拆除的建筑用细实线绘制		
	计划扩建的预留地或建筑物		原有的道路
X115.00 Y300.00	测量坐标		计划扩建的道路

续表

图例	说明	图例	说明
A135.50 B255.75	建筑坐标		拆除的道路
	实体性质的围墙		铁路桥
	通透性质的围墙		公路桥
	台阶		护坡
	添挖边坡		

5. 常用建筑材料图样

建筑工程图样不但要准确表达出工程物体的形状，还应准确地表现出所使用的建筑材料。为此，对于图中所要表达的建筑材料，国家标准规定了如表1-5所示的常用建筑材料图例。如果在一张图纸内的图样只用一种图例时或图形较小无法画出建筑材料图例时，可不画图例，但应加文字说明。

表1-5　常用建筑材料图例

材料图例	说明	材料图例	说明
	自然土壤		饰面砖
	夯实土壤		焦渣、矿渣
	砂、灰土		混凝土
	空心砖		钢筋混凝土
	石材		多孔材料
	毛石		纤维材料
	普通砖		泡沫塑料
	耐火砖		木材

6. 建筑工程中的尺寸标注

图形表达了建筑物的形状，尺寸则表示了该建筑物的实际大小。因此，土建工程图样必须准确、详尽、清晰地标注尺寸，以确定其大小及相对位置，作为施工时的依据。

建筑工程图样上的尺寸同样由尺寸界线、尺寸线、尺寸起止符号和尺寸数字4部分组成。但是尺寸起止符号一般是由中粗短斜线画出，其倾斜方向应与尺寸界线成顺时针45°角，长度宜为2～3mm。尺寸界线其一端应离开图样的轮廓线不小于2mm，另一端宜超出尺寸线2～3mm，如图1-12所示。必要时，图形的轮廓线及中心线均可作为尺寸界线，如图1-12所示的尺寸240和3120等。但是，图样上的任何图线都不得用作尺寸线。

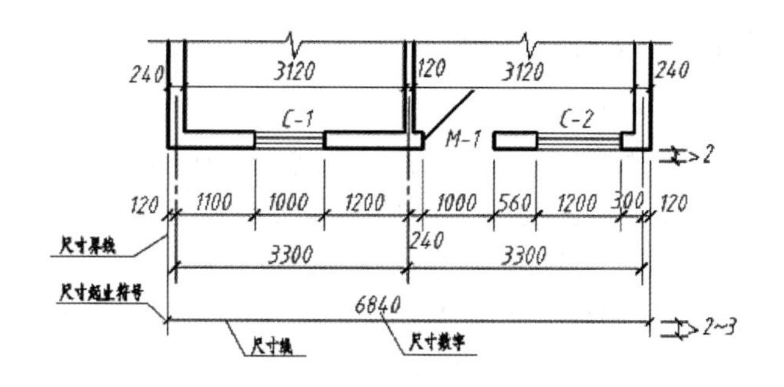

图 1-12　建筑工程中的尺寸标注

按照规定，图样上标注的尺寸，除标高及总平面图以米（m）为单位外，其余一律以毫米（mm）为单位，图上尺寸数字都不再标注单位。建筑工程图样上标注的尺寸数字，是物体的实际尺寸，它与绘图所用的比例无关。因此，图样上的尺寸，应以尺寸数字为准，不得从图上直接量取。

在绘制建筑工程图样标注尺寸时应注意以下几点。

① 尺寸数字一般应依据其方向注写在靠近尺寸线的上方中部。如果没有足够的注写位置，最外边的尺寸数字可注写在尺寸界线的外侧，中间相邻的尺寸数字可错开注写，如图 1-12 中的 120 和 240。

② 互相平行的尺寸线，应从被标注的图样轮廓线由近及远整齐排列，较小尺寸应离轮廓线较近，较大尺寸应离轮廓线较远。

③ 图样轮廓线以外的尺寸线，距图样最外轮廓之间的距离，不宜小于 10mm。平行排列的尺寸线的间距，宜为 7～10mm，并应保持一致。

④ 在同一张图纸中，所注写的尺寸数字的大小、所有尺寸起止符号的长度和宽度均应保持一致。

⑤ 连续排列的等长尺寸，可用“个数×等长尺寸=总长”的形式标注。

7. 建筑工程中的文字说明

文字说明是图纸内容的重要组成部分，制图规范对文字说明中的字体、字的大小等做了一些具体规定。

① 图纸上所需书写的文字、数字或符号等，均应笔画清晰、字体端正、排列整齐；标点符号应清楚正确。

② 图样及说明中的汉字，宜采用长仿宋体。大标题、图册封面和地形图等的汉字，也可书写成其他字体，但应易于辨认。

③ 分数、百分数和比例数的注写，应采用阿拉伯数字和数学符号，例如，四分之三、百分之二十五和一比二十应分别写成 3/4、25%和 1∶20。英文字母、阿拉伯数字与罗马数字，如需写成斜体字，其斜度应是从字的底线逆时针向上倾斜 75°。

④ 文字的字高，宜从如下系列中选用：3.5mm、5mm、7mm、10mm、14mm、20mm。如需书写更大的字，应按 $\sqrt{2}$ 的比例递增。英文字母、阿拉伯数字与罗马数字的字高，应不小于 2.5mm。

1.3 建筑设计图形样板

本节将简单介绍图形样板的设置及相关绘图技巧。

1.3.1 图形样板概述

由于 AutoCAD 2017 是一种通用的图形软件，并不是专门针对建筑制图的，因此当新建一个 AutoCAD 图形文件开始绘图时，系统默认的设置比较单一，无法满足绘制建筑图纸的要求。通常的做法是，在开始绘图前和在绘图过程中，设置 AutoCAD 相关绘图环境，即包括图形界限、单位、图层、线型、线宽、文字样式和标注样式等。

针对以上情况，AutoCAD 2017 提供了样板的功能，系统自带了一些样板文件，可通过样板文件来新建图形文件。下面介绍有关的操作过程。

在菜单栏中单击左上角的按钮，选择【新建】|【图形】命令，弹出【选择样板】对话框，如图 1-13 所示，在该对话框中列出了 AutoCAD 2017 自带的几个样板文件，选择其中的【Tutorial-iArch】文件，然后单击【打开】按钮，系统即打开该样板文件默认的新图形，如图 1-14 所示。

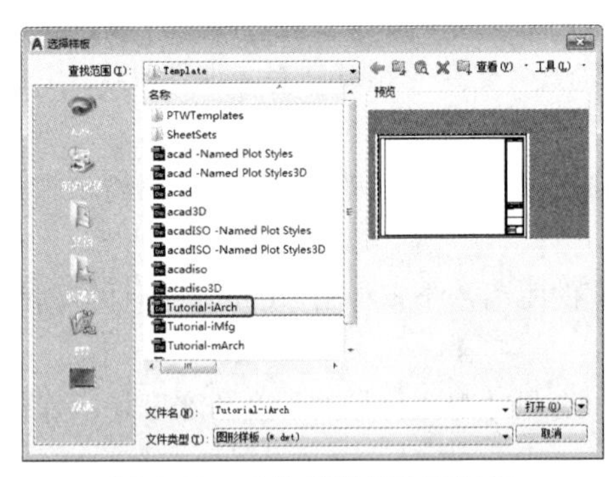

图 1-13 【选择样板】对话框

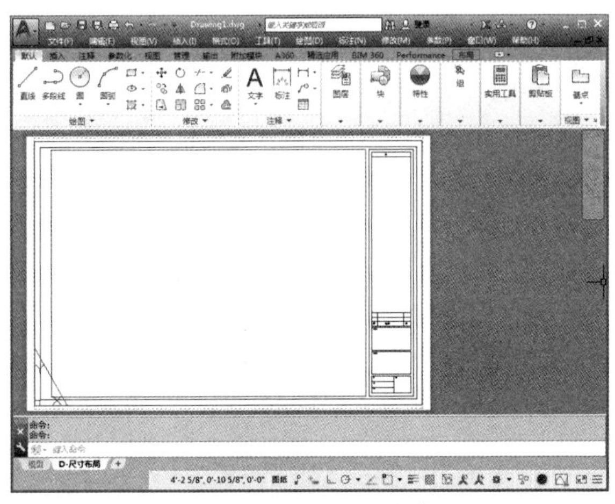

图 1-14 打开图形文件

从图 1-14 可以看出，新图形已经设置好了图框，打开【图层特性管理器】选项板，如图 1-15 所示，在该选项板中新图形已经设置好了一些图层、文字样式和标注样式等其他样式，读者可以通过相关对话框查看具体的内容。

由此可见，样板图形存储图形的所有设置。样板图形通过文件扩展名.dwt 区别于其他图形文件，它们通常保存在 template 目录中。

如果根据现有的样板文件创建新图形，则在新图形中的修改不会影响到样板文件。用户可以使用 AutoCAD 提供的一种样板文件，也可以创建自定义样板文件。

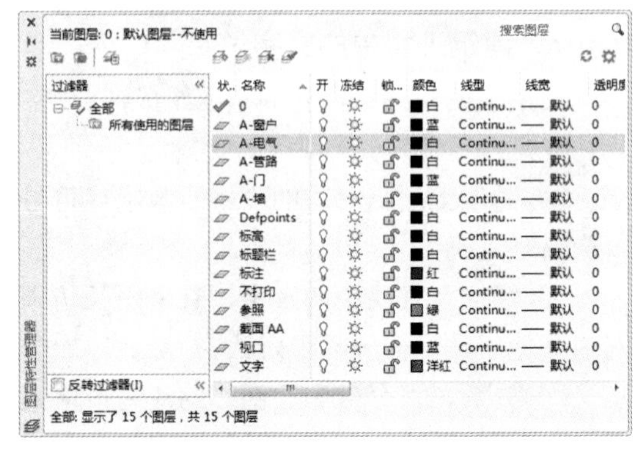

图 1-15 【图层特性管理器】选项板

提　示

实际上样板文件是图形文件中的一种格式，可以用另存为命令将任何图形另存为样板文件。

在绘制图纸时，可以先建立一个样板图形，把需要使用的样式预先设置好，还可以制作常用的图块，然后将其一起作为一个模板文件保存起来。以后在绘制图形时，首先打开该模板文件，在此模板基础上绘制图形，就可以省略大量绘图环境的设置工作，从而大大提高绘图效率。

1.3.2 图形样板的设置

根据前面介绍的有关建筑制图的标准来设置建筑模板。显然，一个建筑模板的内容至少应包括以下几个方面。

（1）单位、绘图界限及捕捉类型

前面已经有所介绍，这里不再赘述。

（2）图层

对于建筑图纸来说，内容比较多，为便于管理和修改，一般都要设置多个图层，有的甚至达到 20 多个，但应该根据需求合理设置数量，宜少不宜多。在模板中设置图层时，建议采用汉字名称来命名，这样图纸格式比较统一，而且一目了然，便于对图层进行管理。对象属性（颜色、线型、线宽）一律随层，便于修改对象。

（3）线型

建筑图纸中的图线主要有 3 种，即实线、虚线和点画线，其图线的粗细由线宽决定。在 AutoCAD 中已经有一个默认线型——实线，在模板文件中还需要加载虚线和点画线两种线型。另外，由于绘制的建筑图纸一般都比较大，因此还需要考虑修改线型的全局比例因子。

（4）文字样式

在建筑制图中，需要使用文字的地方很多，如房间名称、图框说明栏、设计说明、施工说明和设备图例表等。这些文字一方面要考虑文字样式，另一方面要考虑文字的大小，这些需要在模板文件中进行设置。

建筑制图的标准是采用长仿宋体字，但是在实际的 AutoCAD 绘图中，一般设置多种文字样式。例如，对于汉字可以采用仿宋体或者宋体，而数字和字母的选择种类就比较多，而且还可以写成直体或斜体。

（5）标注样式

AutoCAD 默认的标注样式是 ISO-25，该样式不能用于建筑图纸的标注，必须设置新的建筑类型标注。

使用布局（图纸空间）出图时，标注样式只设一种即可。关键是设置全局比例 Dimscale=0，将标注缩放到布局。

使用模型空间出图时，要预先把所有的或经常用的标注样式设置好，或者随用随设，比较烦琐，鉴于标注是建筑制图很关键的一点，建议使用布局方式。

标注样式中的各种数量（箭头大小、基线间距和文字高度等）设置，无论是布局（图纸空间）出图，还是模型空间出图，均建议采用实际图纸中的大小，比如实际图纸中文字高度为 3.5mm，那就设置为 3.5，最后通过全局比例或出图比例调整；当然也可以直接设置成按比例换算后的大小，例如实际图纸中的字高为 3.5mm，比例为 1∶100，则将文字高度设置为 350。

（6）图块

在建筑图纸中，可以作为图块的物体很多，如前面介绍的图例符号，以及建筑平面图中的各种设施等，基本上都可以制作成图块，既方便调用，又能保证绘制图形的标准，显然可以极大地提高绘图效率。

图块的制作有两种方法：一是直接从设计中心调用图块，然后将其分解修改，最后制作成图块；二是直接绘制，然后制作成图块。

设置完成后，即可保存图形样本，建议将模板文件放在 AutoCAD 安装目录下，便于查找。

1.3.3 实例——创建图形样板

本例讲解如何创建图形样板。其具体操作步骤如下。

Step 01 打开 AutoCAD 2017。选择【新建】(NEW)命令，打开【选择样板】对话框，选择【acadiso】样板文件，单击【打开】按钮，如图 1-16 所示。

Step 02 设置图形单位。单击菜单浏览器按钮，选择【图形实用工具】|【单位】命令，弹出【图形单位】对话框，在【长度】选项区域，将其精度设置为 0.0，在【角度】选项区域，将其精度设置为 0，插入时的缩放单位设置为【毫米】，如图 1-17 所示。

图 1-16 选择样板文件

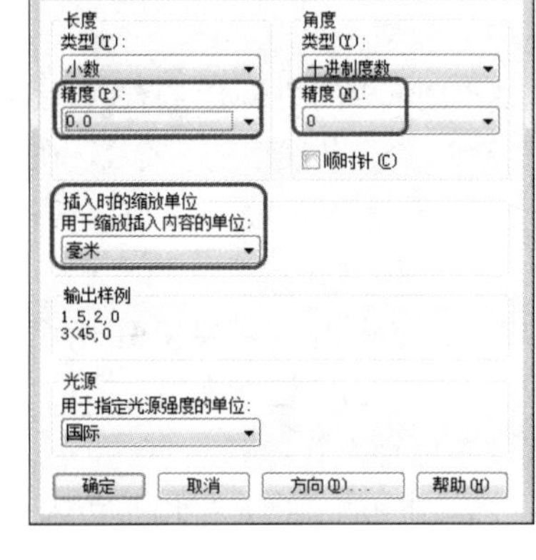

图 1-17 设置图形单位参数

Step 03 设置捕捉类型。右击状态栏上的对象捕捉图标，在弹出的快捷菜单中执行【对象捕捉设置】命令，如图 1-18 所示。

Step 04 弹出【草图设置】对话框，在【对象捕捉】选项卡中勾选【启用对象捕捉】(默认为勾选状态)复选框，然后在【对象捕捉模式】选项组中勾选相应的复选框，如图 1-19 所示。

图 1-18 执行【对象捕捉设置】命令

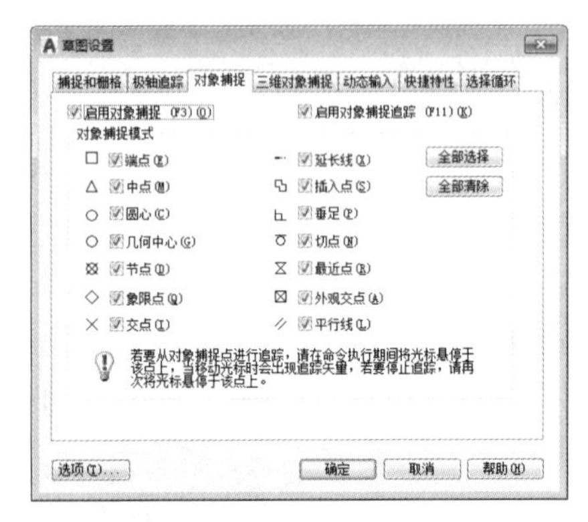

图 1-19 【对象捕捉】选项卡

Step 05 设置图层。打开【图层特性管理器】选项板，依次建立【标注】【楼梯】【门窗】【图块】【虚线】【细实线】和【轴线】图层，如图 1-20 所示。

Step 06 设置线型。在命令行中输入 LINETYPE 命令，打开【线型管理器】对话框，单击【加载】按钮，弹出【加载或重载线型】对话框，选择【ACAD_IS002W100】线型，如图 1-21 所示。

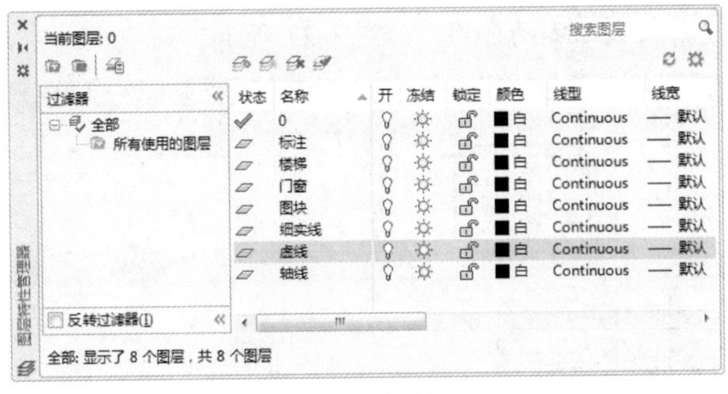

图 1-20　新建图层

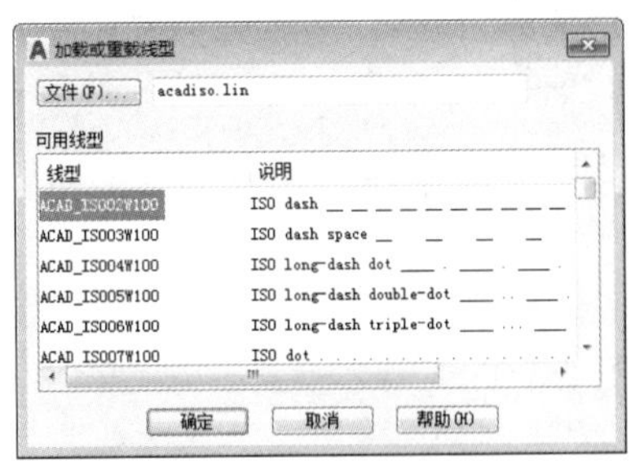

图 1-21　选择线型

Step 07 单击【确定】按钮，虚线加载完成，选择加载点画线 ACAD_IS002w100，如图 1-22 所示。单击【确定】按钮，在【注释】选项卡中单击【文字】面板右下角的小箭头（【文字样式】按钮），弹出【文字样式】对话框，单击【新建】按钮，新建名为【样式 1】的文字样式，将【字体】设置为【微软雅黑】，【宽度因子】设置为 0.7，如图 1-23 所示；然后设置名为【样式 2】的文字样式，【字体】选择【楷体】，【宽度因子】设置为 0.7，如图 1-24 所示。

Step 08 单击【确定】按钮，在【注释】选项卡中，单击【标注】面板右下角的小箭头（【标注样式】按钮），弹出【标注样式管理器】对话框，单击【新建】按钮，弹出【创建新标注样式】对话框，设置【新样式名】为【dim-100】（用来标注打算按 1：100 的比例出图的图形），基础样式选择 ISO-25，如图 1-25 所示。

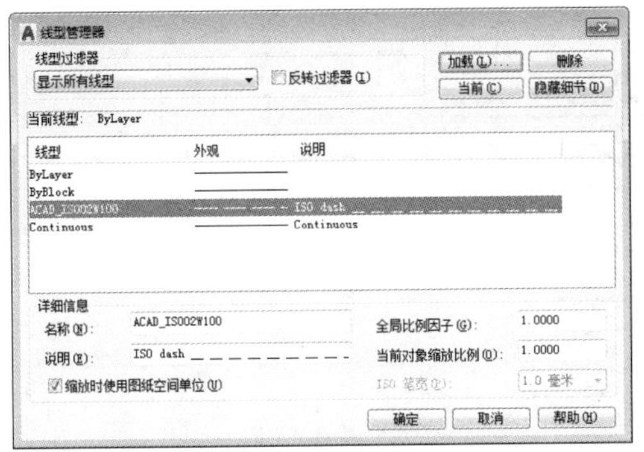

图 1-22　加载后的线型

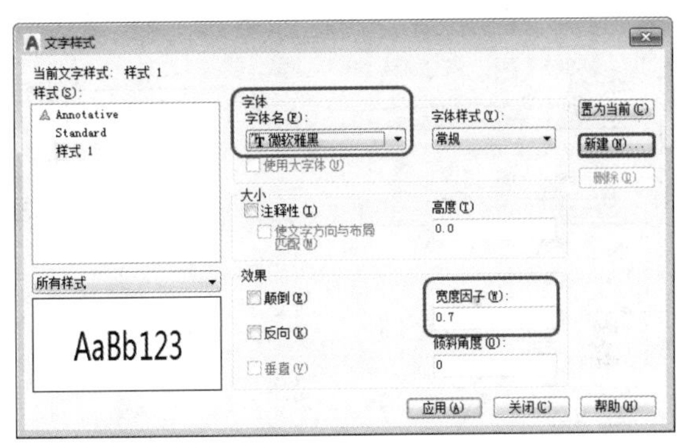

图 1-23　设置文字样式

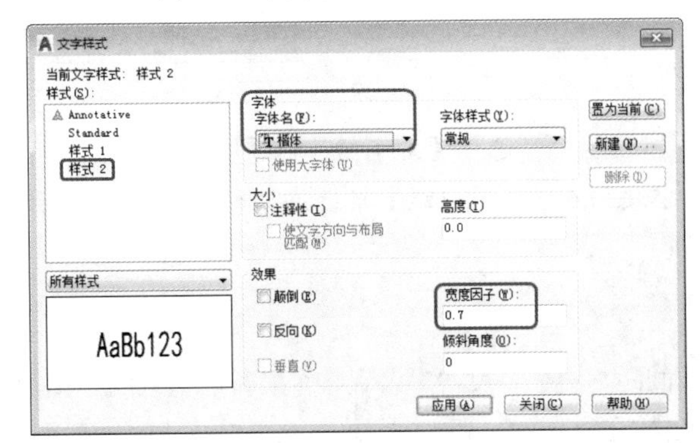

图 1-24　设置文字样式 2

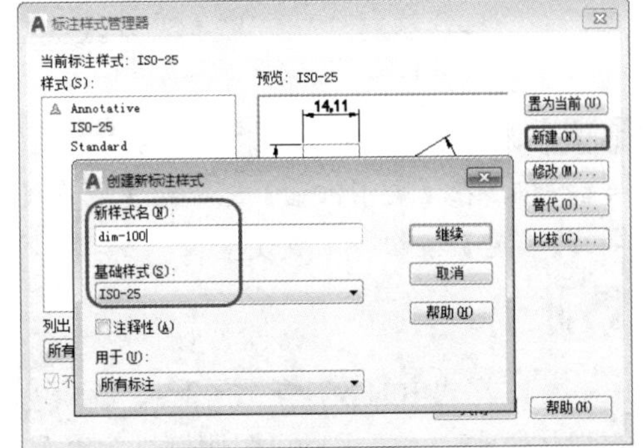

图 1-25　创建新标注样式

Step 09 单击【继续】按钮，弹出【新建标注样式：dim-100】对话框，在【线】选项卡中将【超出尺寸线】设置为 200，将【起点偏移量】设置为 300，如图 1-26 所示。选择【符号和箭头】选项卡，在【箭头】选项组中，在【第一个】下拉列表中选择【建筑标记】选项，在【第二个】下拉列表中选择【建筑标记】选项，并设置【箭头大小】为100，如图1-27所示。

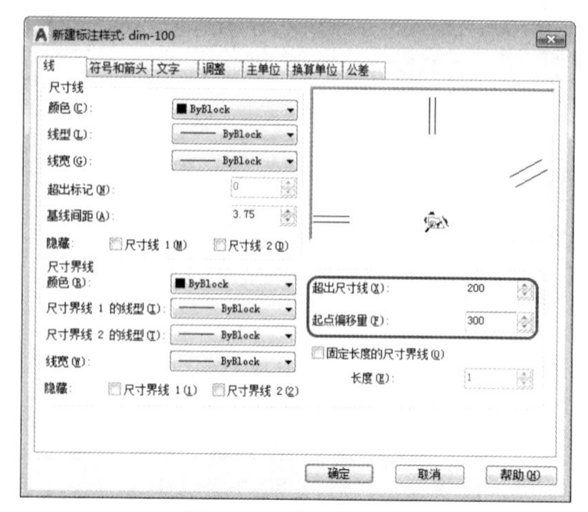

图1-26　设置线参数

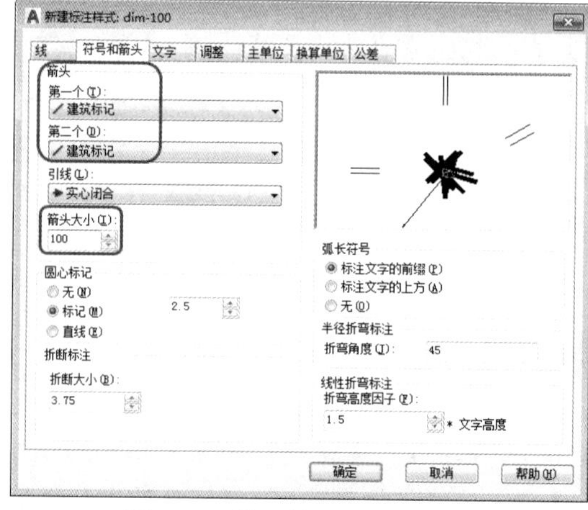

图1-27　设置符号及箭头大小

Step 10 选择【文字】选项卡，在【文字外观】选项组中，在【文字样式】下拉列表中选择【样式1】选项，并将【文字高度】设置为500，将【文字位置】选项组中的【从尺寸线偏移】设置为100，如图1-28所示。

Step 11 选择【主单位】选项卡，将【精度】设置为0，如图1-29所示。

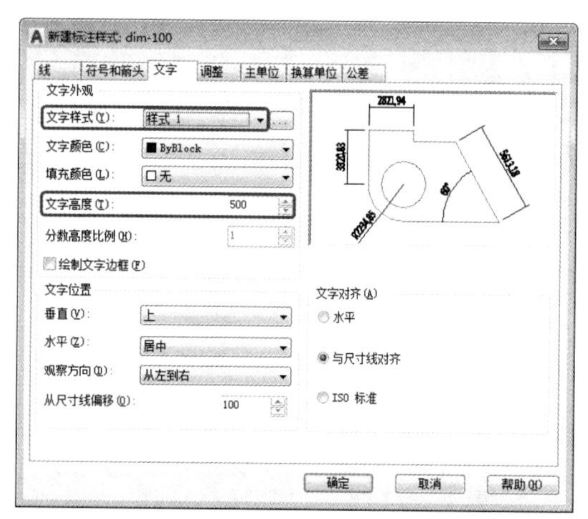

图1-28　设置文字参数

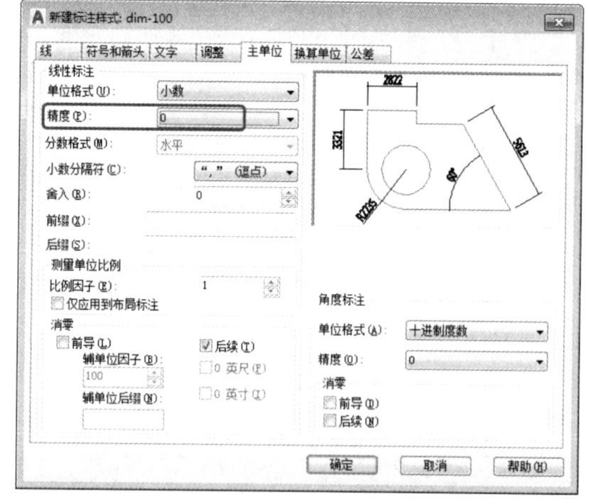

图1-29　设置精度

Step 12 选择【调整】选项卡，在【调整选项】选项组中，选中【文字始终保持在尺寸界线之间】单选按钮，在【文字位置】选项组中选中【尺寸线上方，不带引线】单选按钮，如图1-30所示。单击【确定】按钮，完成设置。

提　示

标注样式中的各种参数（箭头大小、基线间距、文字高度等）设置，如果在模型空间出图，一般按照实际大小乘以出图比例进行设置。比如文字高度一般要求为5mm，箭头大小一般要求为1mm，若按1∶100出图，则文字高度设置为500，箭头大小设置为100，这样在出图之后，其在图纸上的大小就会刚好等于其所要求的大小。

Step 13 可将常用的建筑符号，如标高符号、轴号、折断线和指北针等制作成块，具体做法将在

后面的实例中讲述，可参考相关内容进行制作（这一步也可省略）。

Step 14 单击菜单浏览器按钮，选择【另存为】命令，打开【图形另存为】对话框，选择文件类型为【AutoCAD 图形样板(*.dwt)】，设置【文件名】为【建筑】，如图 1-31 所示，单击【保存】按钮，这样就创建了一个常用的建筑图形样板。

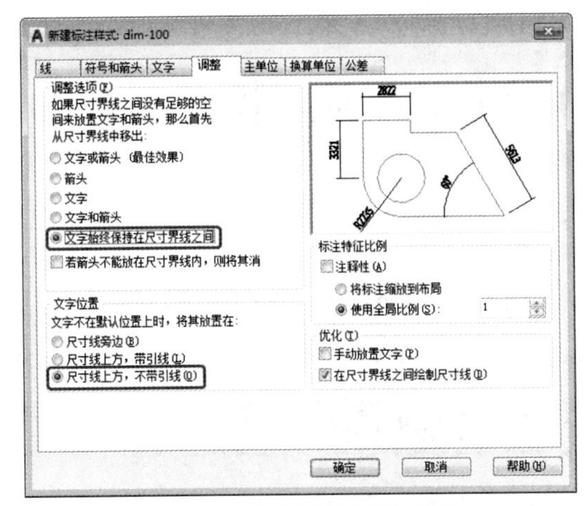

图 1-30　设置文字调整参数

图 1-31　另存为图形样板

增值服务：扫码做测试题，并可观看讲解测试题的微课程。

第 2 章　AutoCAD 2017 基础入门

本章主要介绍了 AutoCAD 2017 操作界面的基础知识，通过学习本章内容，用户可以了解 AutoCAD 2017 的工作界面、主要功能、如何启动和退出 AutoCAD 2017 以及图形文件管理的方法等。

2.1　AutoCAD 2017 的启动与退出

AutoCAD 2017 和其他 Windows 的应用程序类似，需要启动和退出，下面进行简单介绍。

2.1.1　AutoCAD 2017 的启动

首先介绍如何进入 AutoCAD 2017 的操作界面。单击【开始】按钮，选择【所有程序】|Autodesk|AutoCAD 2017-简体中文（Simplified Chinese）|AutoCAD 2017-简体中文（Simplified Chinese）启动 acad.exe 命令，或直接双击桌面上的快捷方式图标，如图 2-1 所示。如果第一次运行 AutoCAD 2017，可选择查看 AutoCAD 2017 自带的快速入门视频，进入软件后打开【了解】界面，在【快速入门视频】选项组中根据需要在相应界面查看所需内容，如图 2-2 所示。

图 2-1　双击快捷图标

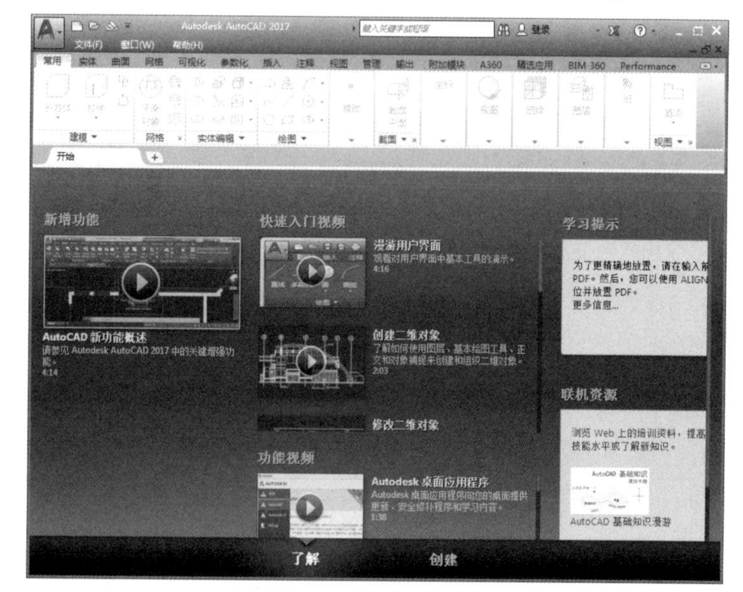

图 2-2　【了解】界面

使用向导、样板或默认方式创建新图，AutoCAD 2017 都将该文件命名为 Drawing.dwg。此时，可以在该文件中绘制图形，并在随后的操作中使用【保存】或【另存为】命令将其保存成图形文件。启动 AutoCAD 2017，其工作界面如图 2-3 所示。

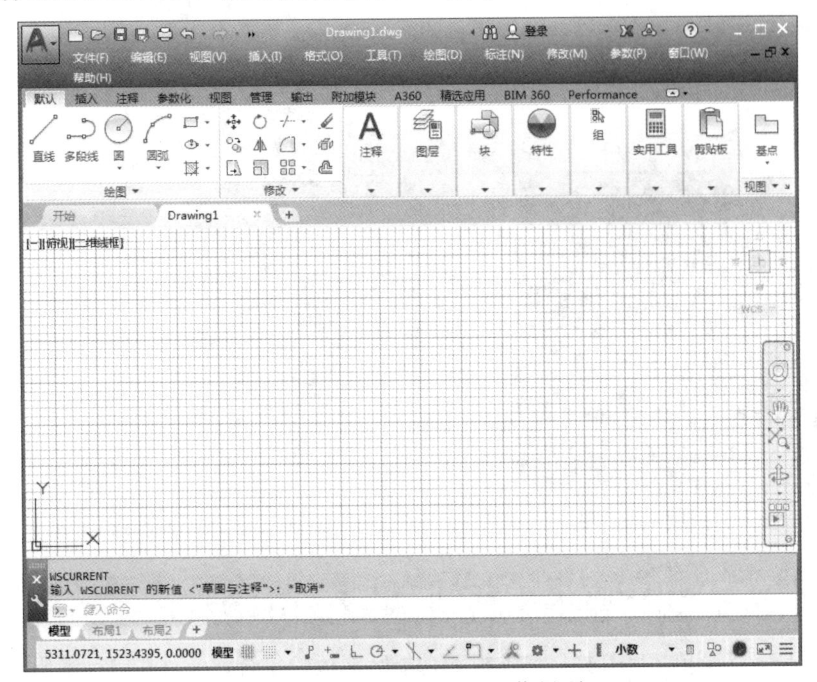

图 2-3　AutoCAD 2017 工作界面

2.1.2　AutoCAD 2017 的退出

在 AutoCAD 2017 中，退出 AutoCAD 2017 的方法有以下几种。

- 在命令行中输入 QUIT 命令。
- 在工作界面中单击左上角的菜单浏览器按钮，在弹出的下拉菜单中执行【退出 AutoCAD 2017】命令。
- 直接单击 AutoCAD 主窗口右上角的【关闭】按钮。

在退出 AutoCAD 时，若当前的图形文件未被保存，将弹出提示对话框，提示用户在退出 AutoCAD 前保存或放弃对图形所做的修改，如图 2-4 所示。

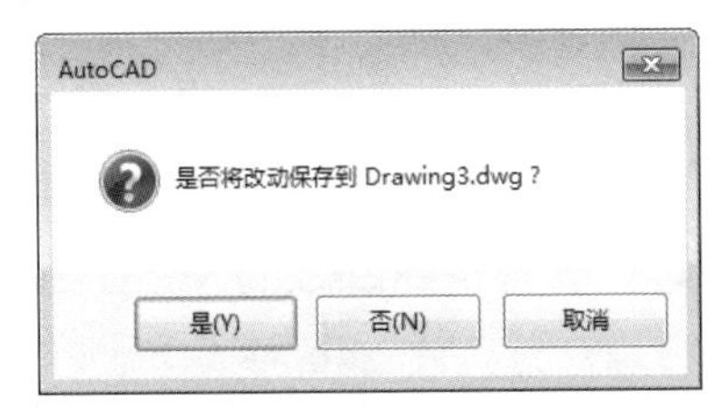

图 2-4　提示对话框

2.1.3　实例——使用桌面快捷图标启动 AutoCAD 2017 并退出

下面讲解如何使用桌面快捷图标启动软件并退出，其操作步骤如下。

Step 01 直接双击桌面上的快捷方式图标，如图 2-5 所示，启动 AutoCAD 2017 软件。

Step 02 选择 AutoCAD 2017 软件左上角的按钮，在弹出的下拉列表中单击【退出 Autodesk AutoCAD 2017】按钮，如图 2-6 所示。

图 2-5　双击快捷方式图标

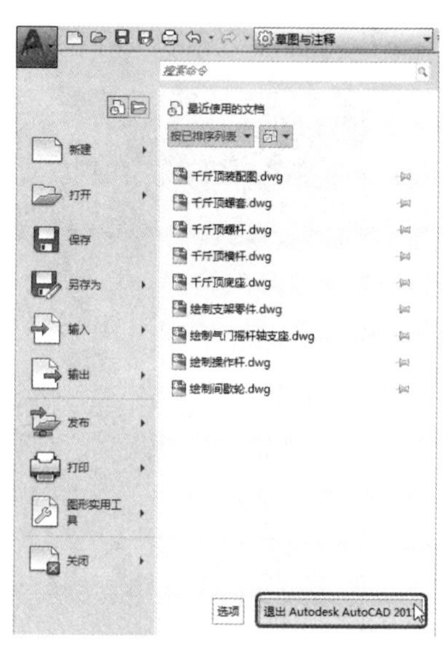

图 2-6　单击【退出 Autodesk AutoCAD 2017】按钮

2.2　AutoCAD 2017 的工作空间

工作空间是一组菜单、工具栏、选项板和功能区面板的集合，可对其进行编组和组织来创建基于任务的绘图环境。AutoCAD 2017 提供了【草图与注释】【三维基础】【三维建模】3 种工作空间模式，其作用见表 2-1。其中【草图与注释】是系统默认的工作空间。

表 2-1　AutoCAD 2017 工作空间

工作空间	作　用
草图与注释	显示二维绘图特有的工具
三维基础	显示特定于三维建模的基础工具
三维建模	显示三维建模特有的工具

要在 3 种工作空间模式中进行切换，可以采用如下几种方式：一是在快速访问工具栏中单击按钮然后单击草图与注释按钮，在下拉菜单中选择需要的工作空间，实现工作空间的切换，如图 2-7 所示；二是用户可以使用【工具】菜单，选择【工作空间】选项，在子菜单中完成工作空间的切换，如图 2-8 所示。

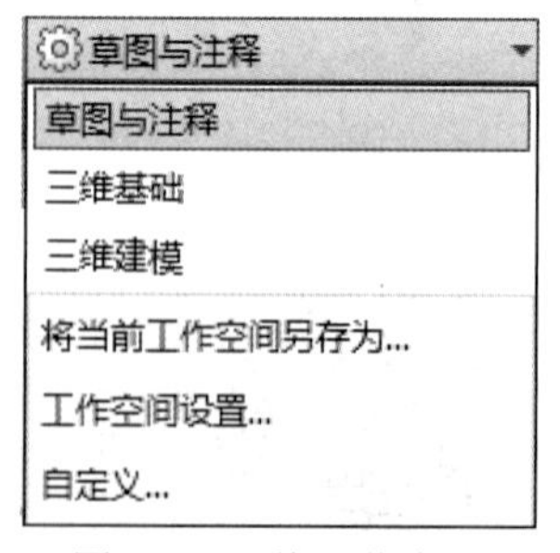

图 2-7　切换工作空间

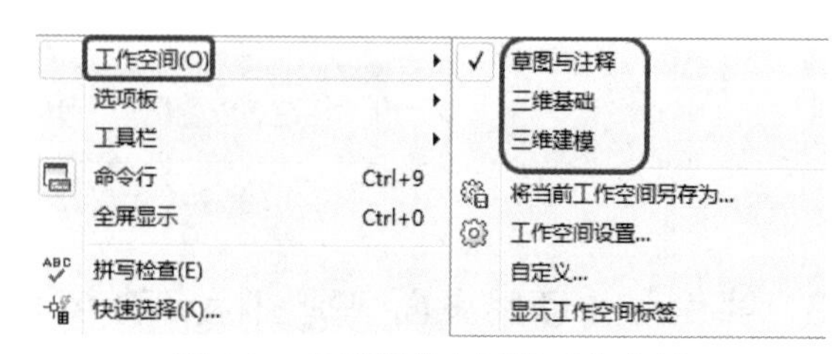

图 2-8　在子菜单中切换工作空间

用户也可以单击状态栏中的【切换工作空间】按钮，在弹出的快捷菜单中选择工作空间，如图 2-9 所示；用户还可以选择菜单中的【工作空间设置】命令，打开【工作空间设置】对话框，设置工作空间的菜单显示及顺序，如图 2-10 所示。

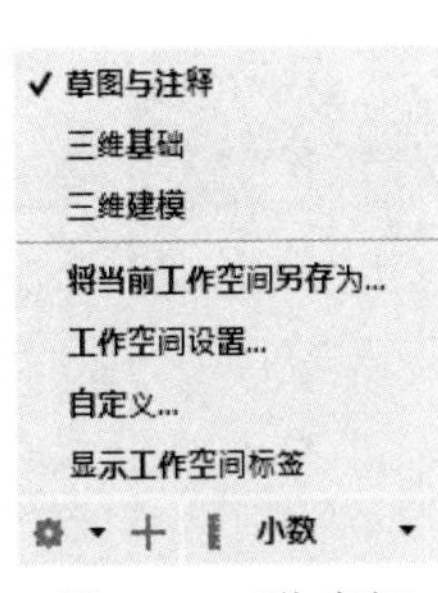

图 2-9 工作空间

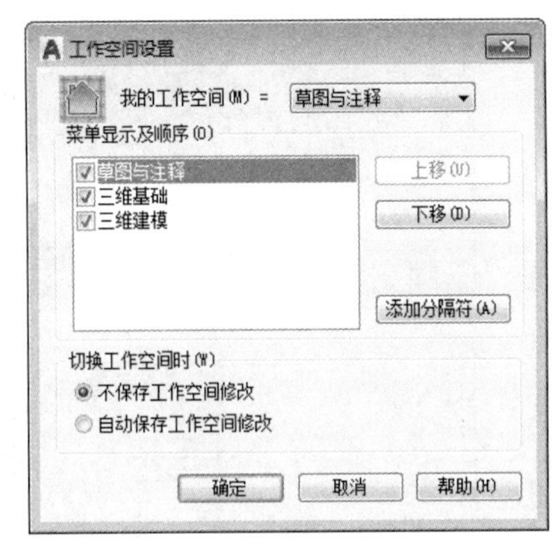

图 2-10 【工作空间设置】对话框

2.2.1 草图与注释

AutoCAD 2017 默认的工作空间为【草图与注释】工作空间。其工作界面主要由【应用程序】按钮、功能选项卡、【快速访问工具栏】、绘图区、命令行窗口和状态栏等元素组成。在【草图与注释】工作空间中，可以方便地使用【默认】选项卡中的【绘图】、【修改】、【图层】、【注释】、【块】和【特性】等面板来绘制和编辑二维图形对象，如图 2-11 所示即为【草图与注释】工作空间。

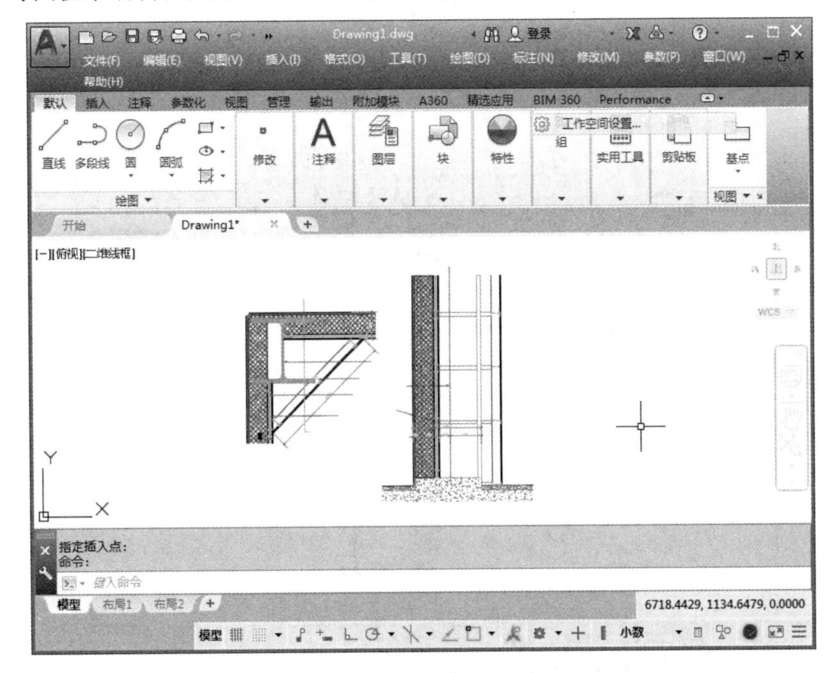

图 2-11 【草图与注释】工作空间

2.2.2 三维基础

在【三维基础】空间中，能够非常简单方便地创建基本的三维模型，在该工作空间的选项卡中提供了各种常见的三维建模、布尔运算和三维编辑工具，AutoCAD 2017【三维基础】工作空间的工作界面如图 2-12 所示。

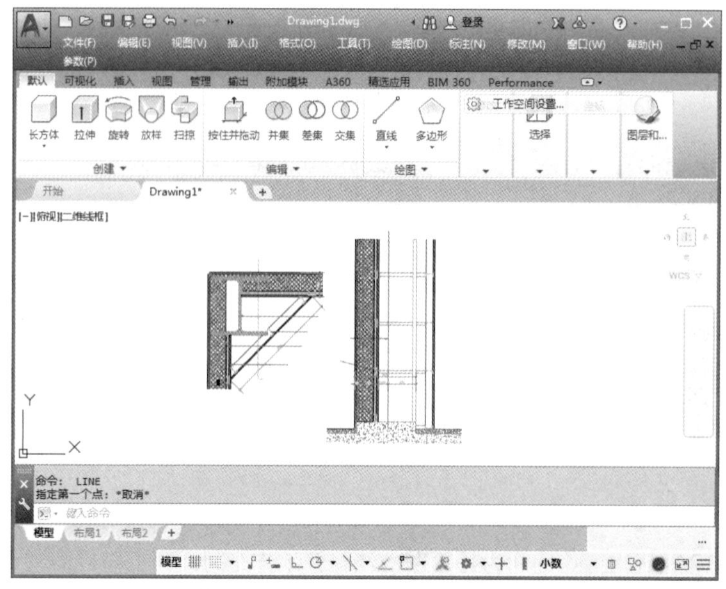

图 2-12 【三维基础】工作空间

2.2.3 三维建模

【三维建模】工作空间与【草图与注释】工作空间相似。在【三维建模】工作空间的选项卡中集中了三维建模、视觉样式、光源、材质、渲染和导航等为绘制和观察三维图形、附加材质、创建动画、设置光源等操作提供了非常便利的环境，如图 2-13 所示。

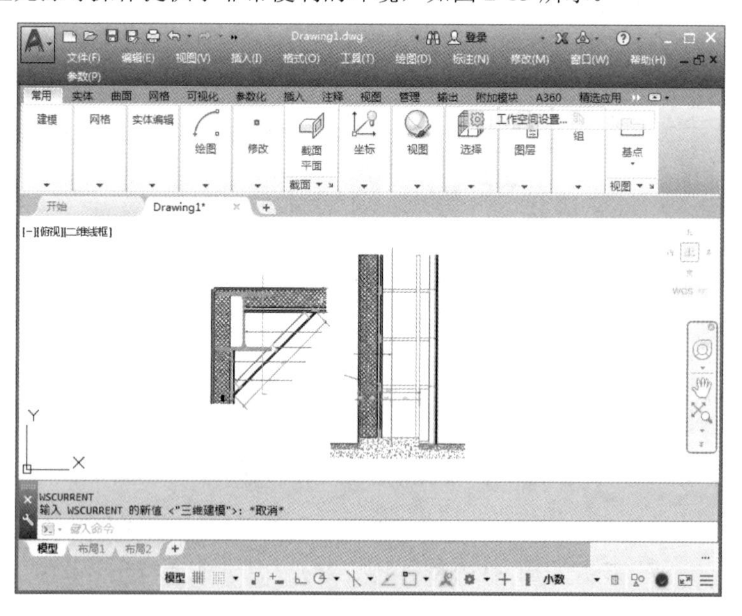

图 2-13 【三维建模】工作空间

2.3 AutoCAD 2017 的工作界面

AutoCAD 2017 通过自定义或扩展用户界面来提高工作效率，它通过减少到达命令的步骤来提高绘图效率。全新的设计、创新的特征、简单化的图层操作均可以帮助用户尽可能地提高效率。

AutoCAD 2017 应用程序窗口带来新的外观和感觉，在图形最大化显示的同时，它也非常容易访问大部分普通工具。默认应用程序窗口包括标题栏、应用程序菜单按钮、快速访问工具栏、信息中心、工具集和状态栏，【工具】面板如图 2-14 所示。

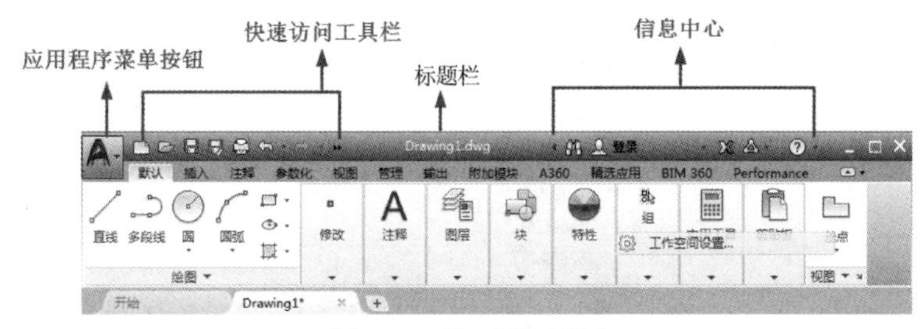

图 2-14 【工具】面板

模型空间背景已经更换为默认的黑色网格，它使用户可在模型空间中使用浅颜色来绘图，这样可以在黑色的布局中更直观地观察这些图形。这样的用户界面的增强对于双显示器配置来说是非常有价值的。

2.3.1 标题栏

标题栏位于应用程序窗口的最上面，用于显示当前正在运行的程序名及文件名等信息，如果是 AutoCAD 默认的图形文件，其名称为 DrawingN.dwg（N 是数字）。单击标题栏右端的按钮，可以最小化、最大化或关闭应用程序窗口。标题栏如图 2-15 所示。

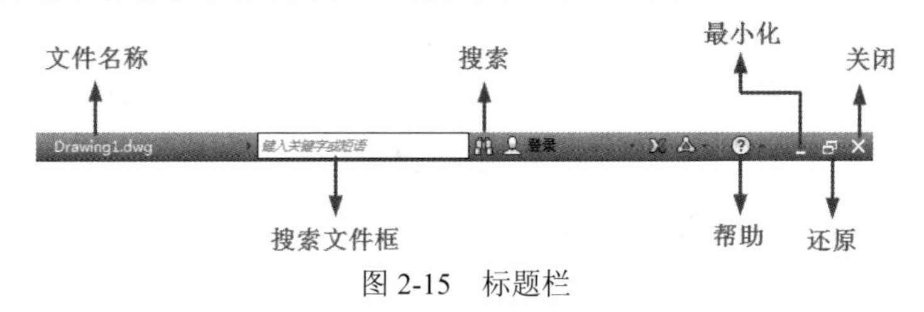

图 2-15 标题栏

2.3.2 菜单栏

在自定义快速访问工具栏的弹出菜单中选择【显示菜单栏】选项，AutoCAD 2017 中文版的菜单栏就会出现在【功能区】选项板的上方，如图 2-16 所示。

文件(F) 编辑(E) 视图(V) 插入(I) 格式(O) 工具(T) 绘图(D) 标注(N) 修改(M) 参数(P) 窗口(W) 帮助(H)

图 2-16 菜单栏

在 AutoCAD 2017 中菜单栏选项共有 12 种，它们分别是文件、编辑、视图、插入、格式、工具、绘图、标注、修改、参数、窗口和帮助，几乎包括了 AutoCAD 中全部的功能和命令。图 2-17 所示为 AutoCAD 2017 的【工具】菜单，从图中可以看到，某些菜单命令后面带【▶】、【...】、【Ctrl+O】、(W）之类的符号或组合键，用户在使用它们时应遵循以下约定。

- 命令后跟有【▶】符号，表示该命令下还有子命令。
- 命令后跟有快捷键如【(W)】，表示打开该菜单时，按下快捷键即可执行相应命令。
- 命令后跟有组合键如【Ctrl+O】，表示直接按组合键即可执行相应命令。

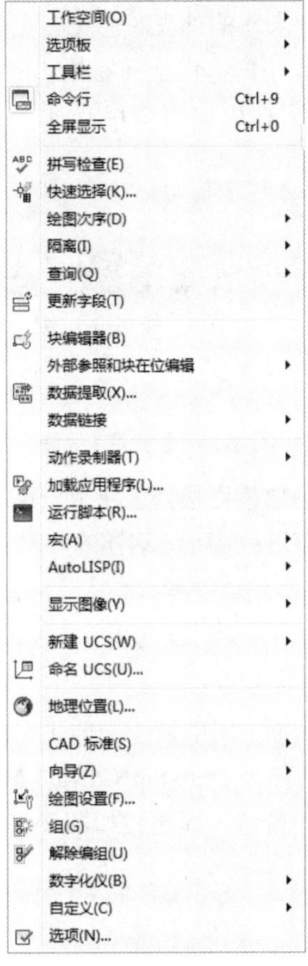

图 2-17 【工具】菜单

- 命令后跟有【...】符号，表示执行该命令可打开一个对话框，以提供进一步的选择和设置。
- 命令呈现灰色，表示该命令在当前状态下不可以使用。

2.3.3 工具栏

工具栏是应用程序调用命令的另一种方式，它包含许多由图标表示的命令按钮。在 AutoCAD 中，系统提供了 20 多个已命名的工具栏。如果要显示当前隐藏的工具栏，可在任意工具栏上右击，此时将弹出一个快捷菜单，通过选择相应命令可以显示或关闭相应的工具栏。图 2-18 所示为工具栏中的【插入】选项卡功能区。

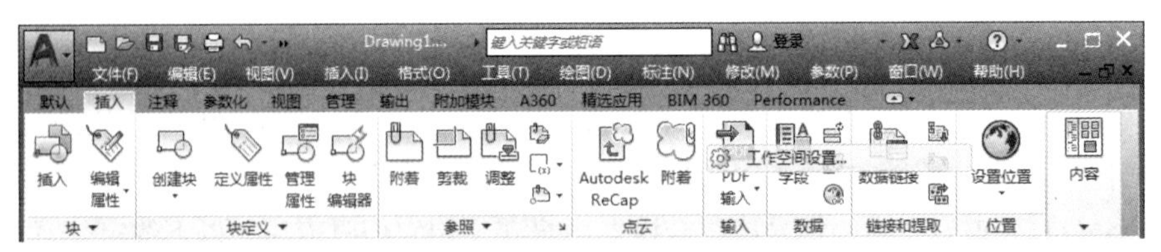

图 2-18 【插入】选项卡

2.3.4 绘图区

在 AutoCAD 中，绘图窗口是用户绘图的工作区域。所有的绘图结果都反映在这个窗口中。

可以根据需要关闭其周围和其中的各个工具栏，以增大绘图空间。如果图纸比较大，需要查看未显示部分时，可以单击窗口右边与下边滚动条上的箭头，或拖动滚动条上的滑块来移动图纸。

在绘图窗口中除了显示当前的绘图结果外，还显示了当前使用的坐标系类型及坐标原点、X 轴、Y 轴、Z 轴的方向等，如图 2-19 所示。默认情况下，坐标系为世界坐标系（WCS）。

绘图窗口的下方有【模型】和【布局】选项卡，单击相应选项卡可以在模型空间或图纸空间之间进行切换。

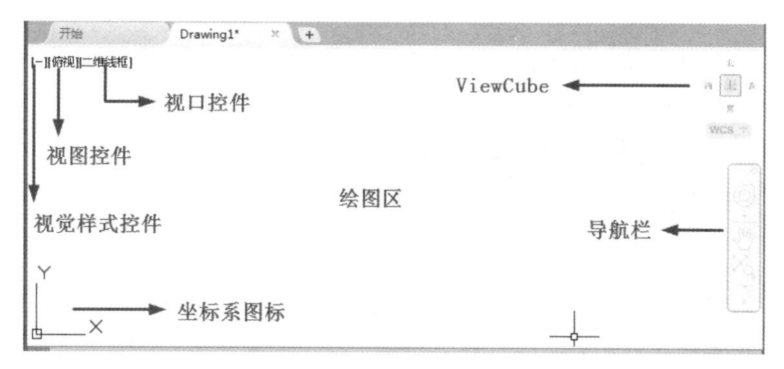

图 2-19　绘图区

2.3.5　十字光标

在绘图窗口中有一个十字光标，其交点表示光标当前所在的位置，用它可以绘制和选择图形。移动鼠标时，光标会因为位于界面的不同位置而改变形状，以反映不同的操作。用户可以根据自己的习惯对十字光标的大小进行设置。操作方法如下：按照上述方法打开【选项】对话框，选择【显示】选项卡，在右下方的【十字光标大小】选项组中更改参数，以调整其大小，如图 2-20 所示。

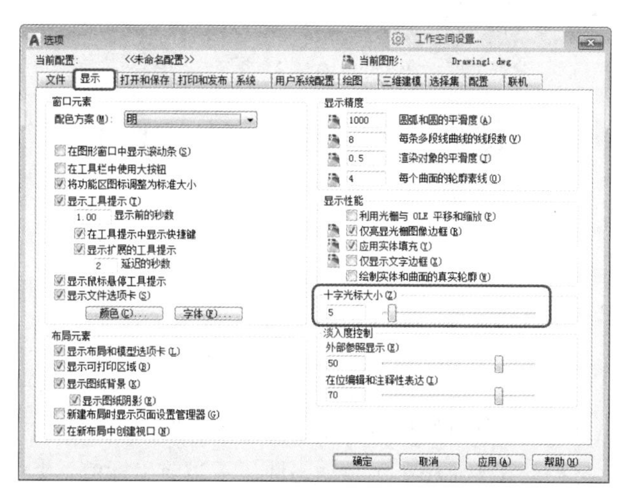

图 2-20　设置十字光标大小

2.3.6　坐标系图标

坐标系图标位于绘图区的左下角，如图 2-21 所示，其主要用于显示当前使用的坐标系及坐标方向等。在不同的视图模式下，该坐标系所指的方向也不同。

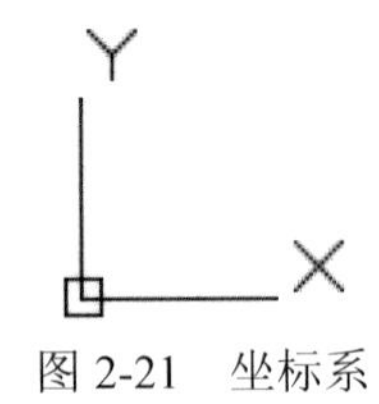

图 2-21　坐标系

2.3.7　命令行

命令行窗口位于绘图窗口的底部，用于接收用户输入的命令，并显示 AutoCAD 的提示信息。在 AutoCAD 2017 中，命令行窗口可以拖放为浮动窗口，如图 2-22 所示。

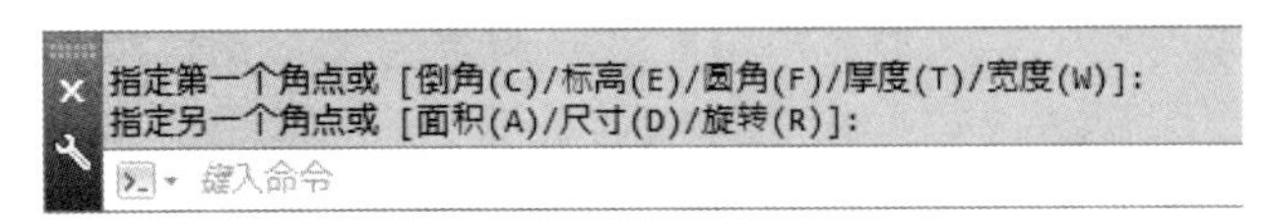

图 2-22　命令行窗口

AutoCAD 文本窗口是记录 AutoCAD 命令的窗口，是放大的命令行窗口，它记录了已执行的命令，也可以用来输入新命令。

在 AutoCAD 2017 中，打开文本窗口的常用方法有以下几种。

- 在命令行中输入 TEXTSCR。
- 在菜单栏中选择【视图】选项卡，在【窗口】面板中选择【用户界面】|【文本窗口】命令。
- 快捷键：按【F2】键。

按【F2】键打开 AutoCAD 文本窗口，它记录了对文档进行的所有操作，如图 2-23 所示。

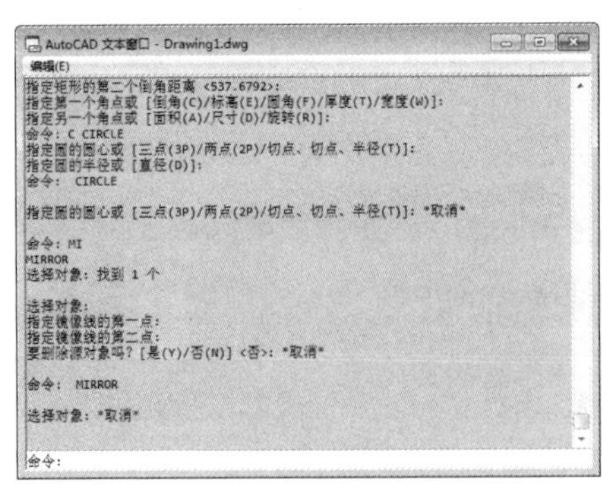

图 2-23　【AutoCAD 文本窗口-Drawing1.dwg】对话框

2.3.8　状态栏

状态栏用来显示 AutoCAD 当前的状态，如当前光标的坐标、命令和按钮的说明等。在绘图窗口中移动光标时，状态栏的【坐标值】区将动态地显示当前坐标值。坐标显示取决于所选择的模式和程序中运行的命令，共有【相对】、【绝对】和【无】3 种模式。

状态栏中还包括【绘图工具】、【快捷特性】、【模型】、【布局】、【快速查看工具】、【导航工具】、【注释工具】、【工作空间】、【锁定】、【全屏显示】等十几个功能区，如图 2-24 所示。

图 2-24　状态栏

2.3.9 自定义用户界面

使用 AutoCAD 的自定义工具，可以调整图形环境使其满足用户的需求。自定义功能（包括【自定义用户界面】文件格式和【自定义用户界面】编辑器）有助于用户轻松创建和修改自定义的内容。基于 XML 的 CUI 文件取代 AutoCAD 2017 之前版本中使用的菜单文件。用户无须使用文字编辑器来自定义菜单文件（MNU 和 MNS 文件），即可在 AutoCAD 内自定义用户界面。用户可以完成以下内容。

① 添加或更改工具栏、菜单和功能区面板（包括快捷菜单、图像平铺菜单和数字化仪菜单）。

② 添加和修改快速访问工具栏中的命令。

③ 创建或更改工作空间。

④ 为各种用户界面元素指定命令。

⑤ 创建或更改宏。

⑥ 定义 DIESEL 字符串。

⑦ 创建或更改别名。

⑧ 添加命令工具提示的描述性文字。

⑨ 控制使用鼠标悬停工具提示时显示的特性。

选择【草图与注释】|【管理】|【用户界面】命令，弹出【自定义用户界面】对话框，如图 2-25 所示。

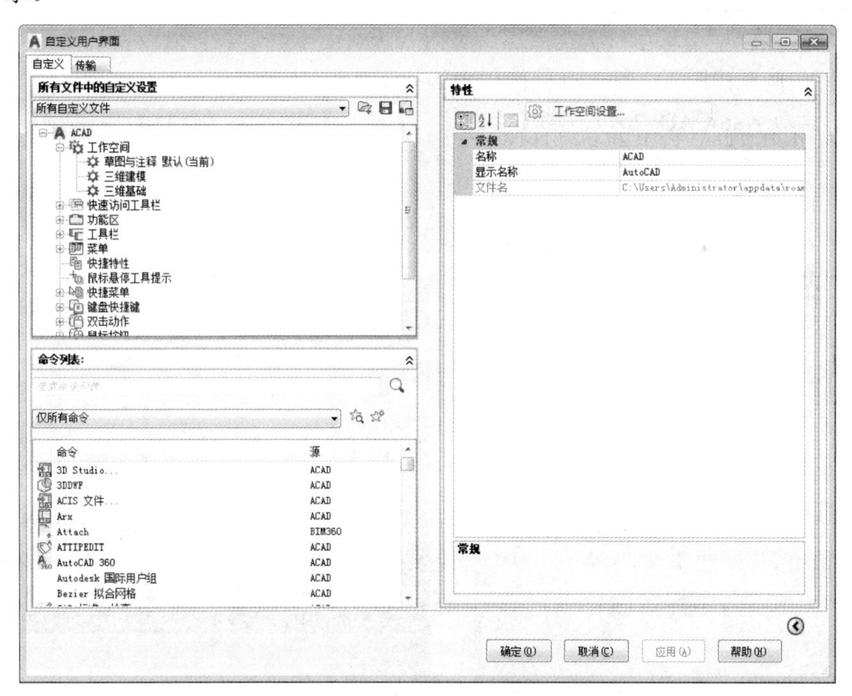

图 2-25 【自定义用户界面】对话框

2.4 管理图形文件

在 AutoCAD 2017 中，图形文件管理包括创建新图形文件、打开已有的图形文件、保存图形文件，以及关闭图形文件等操作。

2.4.1 新建图形文件

执行【新建】(NEW) 命令，或在【标准】工具栏中单击【新建】按钮，此时将打开【选择样板】对话框，可以创建新的图形文件。

在 AutoCAD 2017 中，新建图形文件命令的方法有以下几种。

- 在菜单栏中执行【文件】|【新建】命令。
- 在【快速访问】工具栏中单击【新建】按钮。
- 在命令行中输入 NEW 命令。
- 按【Ctrl+N】组合键。

在【选择样板】对话框中，可以在【名称】列表框中选择某一样板文件，在其右面的【预览】框中将显示该样板的预览图像。单击【打开】按钮，可以选择的样板文件为样板创建新图形，此时会显示图形文件的布局（选择样板文件 acad.dwt 或 acadiso.dwt 时除外），如图 2-26 所示。

图 2-26 选择样板文件

2.4.2 实例——新建图形文件

下面讲解如何新建图形文件，具体操作步骤如下。

Step 01 首先启动 AutoCAD 2017，在【快速访问】工具栏中单击【新建】按钮，弹出【选择样板】对话框，在该对话框中选择【acadiso】图形文件样板，然后单击【确定】按钮，如图 2-27 所示。

Step 02 返回工作界面即可查看新建的图形文件，显示效果如图 2-28 所示。

图 2-27 选择样板

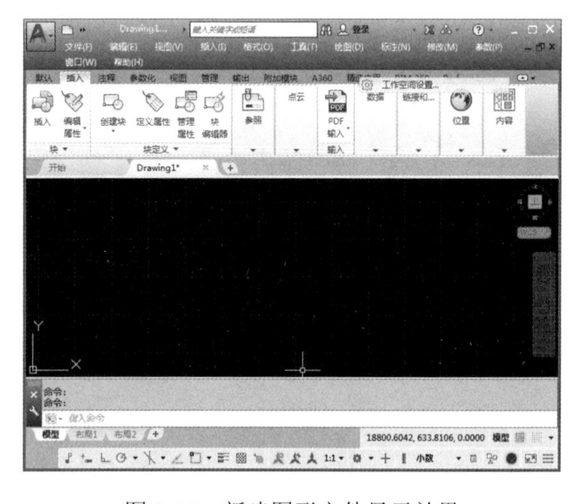

图 2-28 新建图形文件显示效果

2.4.3 打开图形文件

在 AutoCAD 2017 中，打开图形文件命令的方法有以下几种。

- 在菜单栏中执行【文件】|【打开】命令。
- 在【快速访问】工具栏中单击【打开】按钮。
- 在命令行中输入 OPEN 命令。
- 按【Ctrl+O】组合键。

执行【打开】命令，或在【标准】工具栏中单击【打开】按钮，弹出【选择文件】对话框，可以打开已有的图形文件。选择需要打开的图形文件，在右侧的【预览】框中将显示出该图形的预览图像，如图 2-29 所示。默认情况下，打开的图形文件的格式为.dwg。

图 2-29 【选择文件】对话框

在 AutoCAD 中，有【打开】、【以只读方式打开】、【局部打开】和【以只读方式局部打开】4 种打开图形文件的方式。当以【打开】、【局部打开】方式打开图形时，可以对打开的图形进行编辑，如果以【以只读方式打开】、【以只读方式局部打开】方式打开图形时，则无法对打开的图形进行编辑。

如果选择以【局部打开】、【以只读方式局部打开】方式打开图形，将弹出【局部打开】对话框。可以在【要加载几何图形的视图】选项组中选择要打开的视图，在【要加载几何图形的图层】选项组中选择要打开的图层，然后单击【打开】按钮，即可在视图中打开选中图层上的对象。

2.4.4 实例——打开图形文件

下面通过实例讲解如何打开图形文件，具体操作步骤如下。

Step 01 首先启动 AutoCAD 2017，按【Ctrl+O】组合键，弹出【选择文件】对话框，在该对话框中选择配套资源中的素材\第 2 章\【柱子详图.dwg】素材文件，然后单击【打开】按钮，如图 2-30 所示。

Step 02 返回到工作界面中即可查看打开的图形文件，效果如图 2-31 所示。

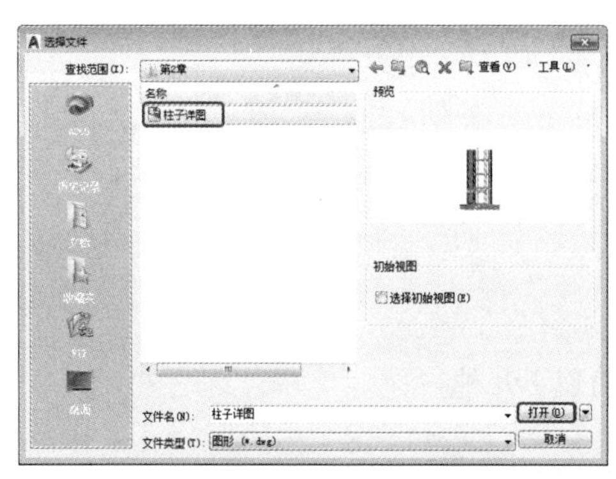

图 2-30 选择图形文件对象

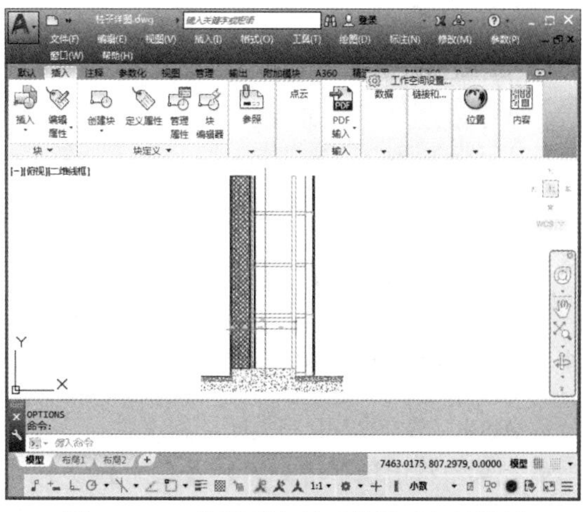

图 2-31 工作界面中显示的图形文件效果

2.4.5 保存图形文件

在 AutoCAD 2017 中，保存图形文件命令的方法有以下几种。

- 在菜单栏中执行【文件】|【保存】命令。
- 在【快速访问】工具栏中单击【保存】按钮。
- 在命令行中输入 SAVE 命令。
- 按【Ctrl+S】组合键。

在 AutoCAD 中，可以使用多种方式将所绘图形以文件形式存入磁盘。例如，可以执行【保存】（QSAVE）命令，或在【标准】工具栏中单击【保存】按钮，以当前使用的文件名保存图形；也可以执行【另存为】（SAVE AS）命令，将当前图形以新的名称保存。

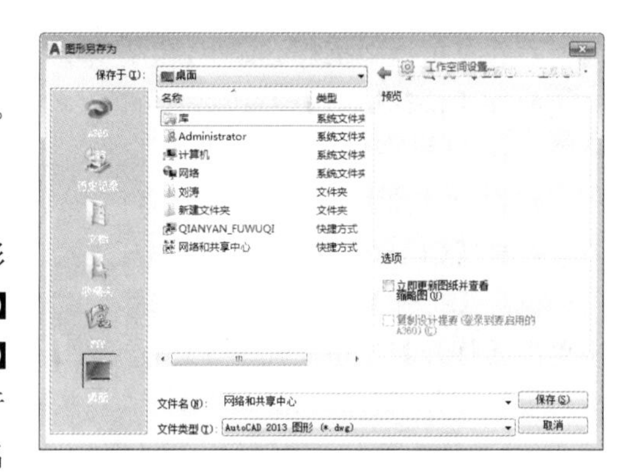

图 2-32 【图形另存为】对话框

在第一次保存创建的图形时，系统将打开【图形另存为】对话框，如图 2-32 所示。默认情况下，文件以【AutoCAD 2017 图形（*.dwg)】格式保存，也可以在【文件类型】下拉列表框中选择其他格式，如 AutoCAD 2007/LT2007 图形（*.dwg)、AutoCAD 图形标准（*.dws）等格式。

2.4.6 实例——定时保存文件

定时保存图形文件就是以一定的时间间隔，自动保存图形文件，免去了手动保存的麻烦，具体操作步骤如下。

Step 01 在绘图区中右击，在弹出的快捷菜单中执行【选项】命令，如图 2-33 所示。

Step 02 弹出【选项】对话框，切换至【打开和保存】选项卡。在【文件安全措施】选项组中勾选【自动保存】复选框，在下面的文本框中输入所需的间隔时间，这里输入 8，如图 2-34 所示，然后单击【确定】按钮，关闭该对话框。

图 2-33 执行【选项】命令

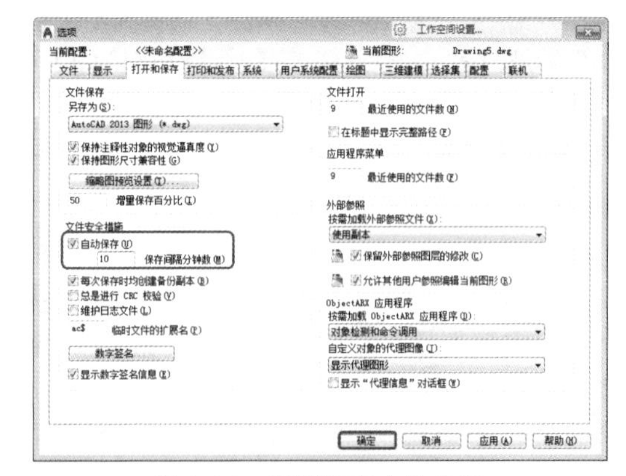

图 2-34 设置保存文件参数

2.4.7 关闭图形文件

在 AutoCAD 2017 中，关闭图形文件命令的方法有以下几种。

- 在菜单栏中执行【文件】|【关闭】命令。
- 在【快速访问】工具栏中单击【关闭】按钮。
- 在命令行中输入 CLOSE 命令。
- 按【Ctrl+F4】组合键。

执行【关闭】（CLOSE）命令，或在绘图窗口中单击【关闭】按钮，可以关闭当前图形文件。

如果当前图形没有存盘，系统将弹出 AutoCAD 警告对话框，询问是否保存文件。此时，单击【是】按钮或直接按【Enter】键，可以保存当前图形文件并将其关闭；单击【否】按钮，可以关闭当前图形文件但不存盘；单击【取消】按钮，取消关闭当前图形文件的操作，既不保存也不关闭。

如果当前所编辑的图形文件没有命名，那么单击【是】按钮后，AutoCAD 会弹出【图形另存为】对话框，要求用户确定图形文件存放的位置和名称。

2.4.8 实例——新建、保存并关闭图形文件

下面以新建一个图形文件，然后将其保存到桌面上，并命名为【新建文件.dwg】为例，来综合练习本节所学的知识。其具体操作步骤如下。

Step 01 启动 AutoCAD 2017，查看系统自动新建的名为【Drawing1.dwg】的文件，如图 2-35 所示。

Step 02 单击快速访问区中的【保存】按钮，弹出【图形另存为】对话框，在【保存于】下拉列表中选择【桌面】选项，在【文件名】文本框中输入文本【新建文件】，然后单击【保存】按钮，如图 2-36 所示。

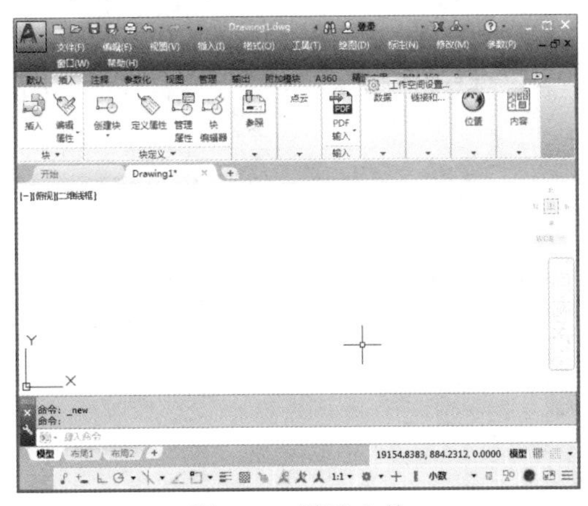

图 2-35 默认文件

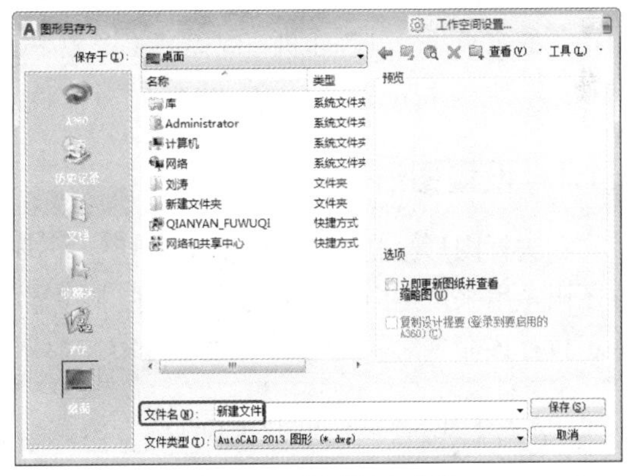

图 2-36 设置保存参数

Step 03 返回工作界面，即可看到标题栏上的名称由原来的 Drawing1.dwg 变成了【新建文件.dwg】，如图 2-37 所示。

Step 04 单击标题栏上的【关闭】按钮，关闭 AutoCAD 2017。返回桌面即可看到刚保存的【新建文件.dwg】图形文件的快捷方式图标，如图 2-38 所示。

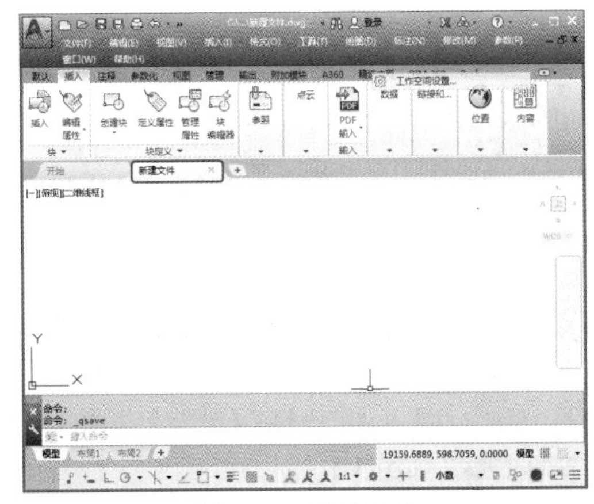

图 2-37 显示效果

图 2-38 新建文件快捷方式图标

增值服务：扫码做测试题，并可观看讲解测试题的微课程。

第 3 章 绘图设置

本章主要讲解运用 AutoCAD 绘图的基础设置，包括设置绘图环境、命令的使用、精确绘图辅助功能设置、设置坐标系、图形的显示与控制。本章所学内容是正式绘图前的准备工作。

3.1 设置绘图环境

通常情况下，完成 AutoCAD 2017 的安装后就可以在其默认状态下绘制图形，但有时为了使用特殊的定点设备、打印机，或提高绘图效率，用户需要在绘制图形前先对系统参数进行必要的设置。

3.1.1 设置图形界限

在进行图形绘制时，用户要在模型空间中设置一个假定的矩形绘图区域，称为图形界限，也称图限，用来规定当前图形的边界和控制边界的检查。设置绘图界限可使用 LIMITS 命令。

执行该命令后，AutoCAD 的命令行将显示如下提示信息：

```
命令： LIMITS ↙
指定左下角点或 [开(ON)/关(OFF)] <0.0000,0.0000>:
指定右上角点 <420.0000,297.0000>:
```

通过选择【开(ON)】或【关(OFF)】选项可以决定能否在图形界限之外指定一点。选择【开(ON)】选项，将打开图形界限检查，则不能在图形界限之外结束一个对象，也不能使用【移动】或【复制】命令将图形移到图形界限之外，但可以指定两个点（中心和圆周上的点）来画圆，圆的一部分可能在界限之外；如果选择【关(OFF)】选项，AutoCAD 禁止图形界限检查，可以在图限之外绘制对象或指定点。

3.1.2 设置绘图单位

在 AutoCAD 中，用户可以采用 1∶1 的比例因子绘图，因此，所有的直线、圆和其他对象都可以以真实大小来绘制，需要打印出图时，再将图形按图纸大小进行缩放。在 AutoCAD 2017 中，可以通过以下几种方式进行单位设置。

- 命令：UNITS。
- 菜单命令：单击菜单浏览器按钮，在弹出的下拉列表中【图形实用工具】|【单位】命令。
- 在菜单栏中执行【格式】|【单位】命令。
- 通过以上方式可以打开【图形单位】对话框，在该对话框中可以设置绘图时使用的长度单位、角度单位，以及单位的显示格式和精度等参数，如图 3-1 所示。

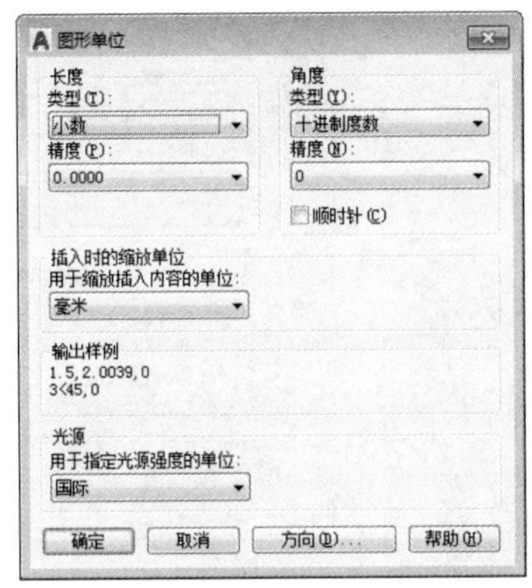

图 3-1 【图形单位】对话框

3.1.3 实例——设置十字光标

十字光标的大小可根据用户个人的习惯进行设置。设置十字光标的大小的具体操作如下。

Step 01 启动 AutoCAD 2017 工作界面之后，在菜单栏中执行【工具】|【选项】命令，如图 3-2 所示。弹出【选项】对话框，将其切换至【显示】选项卡，在【十字光标大小】文本框中输入 30，如图 3-3 所示。

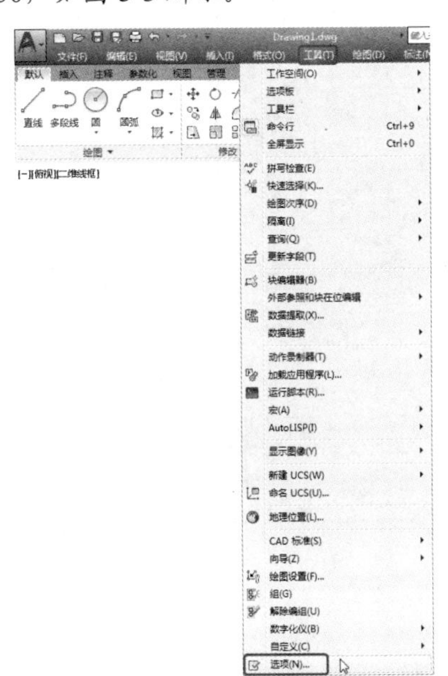

图 3-2 选择【选项】命令

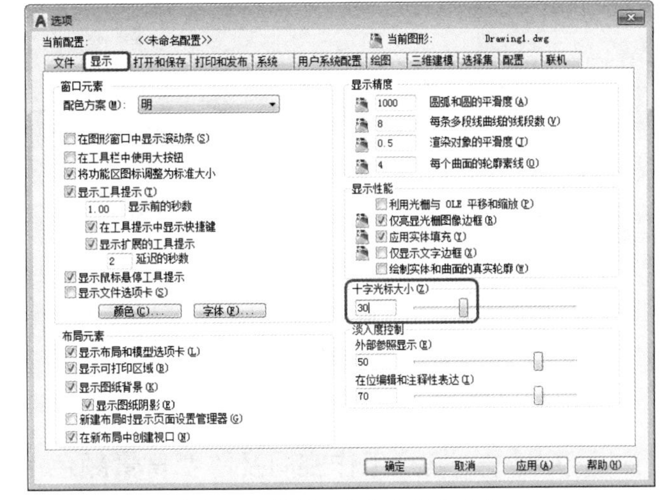

图 3-3 设置【十字光标大小】

Step 02 切换至【选择集】选项卡，然后将【拾取框大小】选项组中的滑块向右拖动，拖到如图 3-4 所示的位置。

Step 03 单击【确定】按钮，进入 AutoCAD 2017 工作界面，此时可以看到十字光标与原来相比更长，拾取框也变大了，显示效果如图 3-5 所示。

注 意

十字光标大小的取值范围一般为 1～100，调整成 100，表示十字光标全屏显示。数值越大，十字光标越长。用户根据个人习惯进行设置即可。

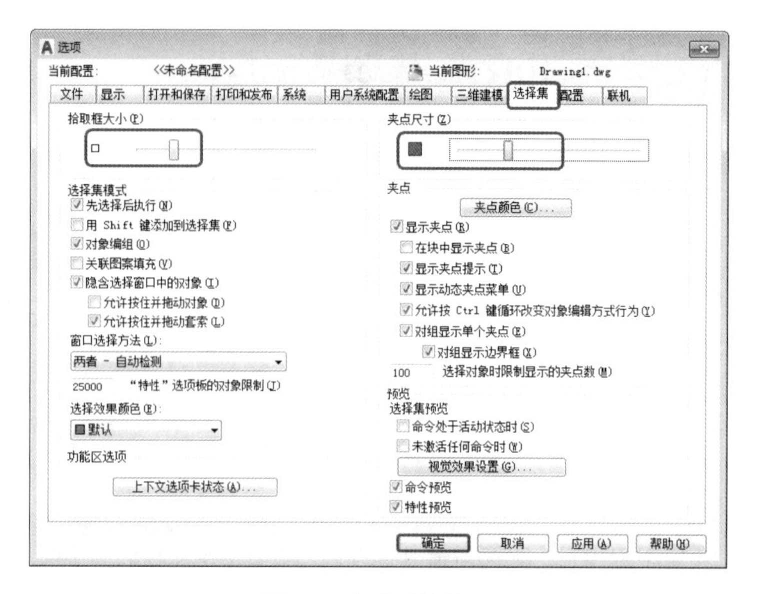

图 3-4　完成后的效果

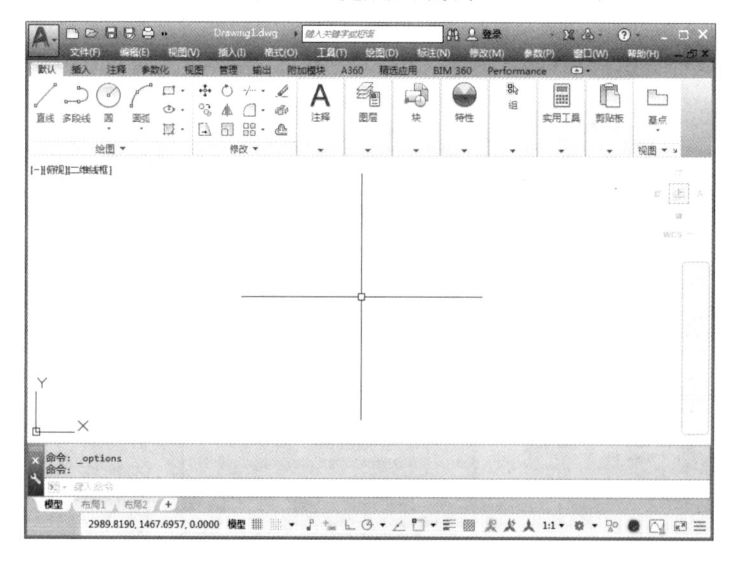

图 3-5　显示效果

3.1.4　实例——切换工作空间及改变背景颜色

用户可根据自己的使用习惯设置自己喜欢的工作环境。下面通过实例讲解怎样设置一个新的工作环境，具体操作步骤如下。

Step 01 新建空白图纸，在菜单栏中选择【格式】|【单位】命令，如图 3-6 所示。弹出【图形单位】对话框，在该对话框的【长度】选项组中选择【精度】下拉列表中的 0 选项，如图 3-7 所示，然后单击【确定】按钮，返回绘图区并右击，在弹出的快捷菜单中执行【选项】命令，如图 3-8 所示。

Step 02 弹出【选项】对话框，切换至【显示】选项卡，将【十字光标大小】大小设置为 25，如图 3-9 所示。切换至【选择集】选项卡，将【拾取框大小】滑块向右拖动至如图 3-10 所示的位置，单击【确定】按钮。

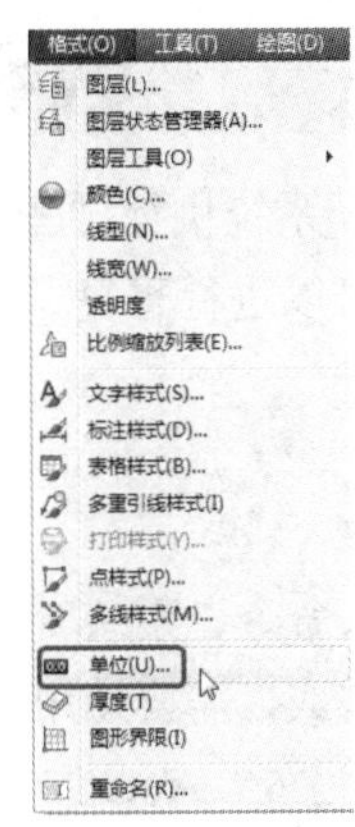

图 3-6 执行【单位】命令

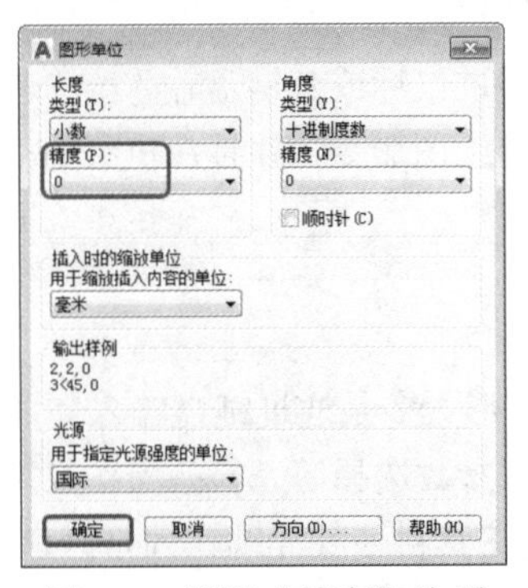

图 3-7 设置【精度】选项

图 3-8 选择【选项】命令

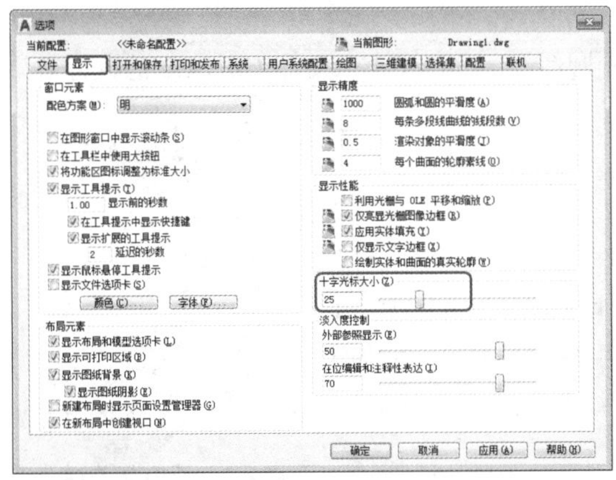

图 3-9 设置十字光标大小

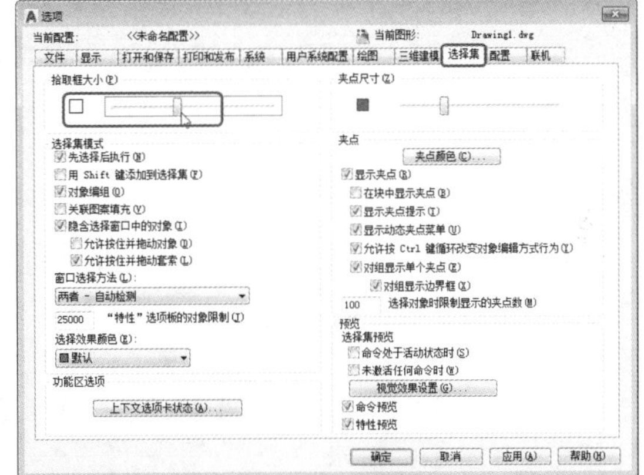

图 3-10 向右拖动滑块

Step 03 切换至【显示】选项卡，单击【窗口】选项组中的【颜色】按钮 颜色(C)... ，弹出【图形窗口颜色】对话框，并在其【颜色】下拉列表中选择【黑色】，单击【应用并关闭】按钮，如图 3-11 所示。返回【选项】对话框并单击【确定】按钮即可。

Step 04 在状态栏中单击【切换工作空间】按钮，在弹出的菜单中选择【三维基础】命令，将工作空间切换至【三维基础】模式，效果如图 3-12 所示。

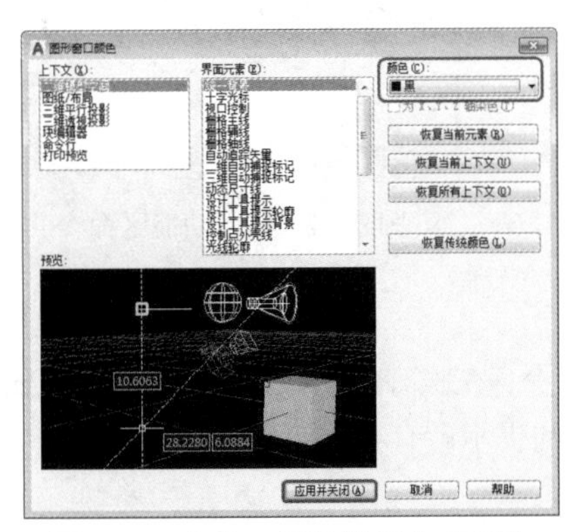

图 3-11 将窗口颜色设置为【黑】

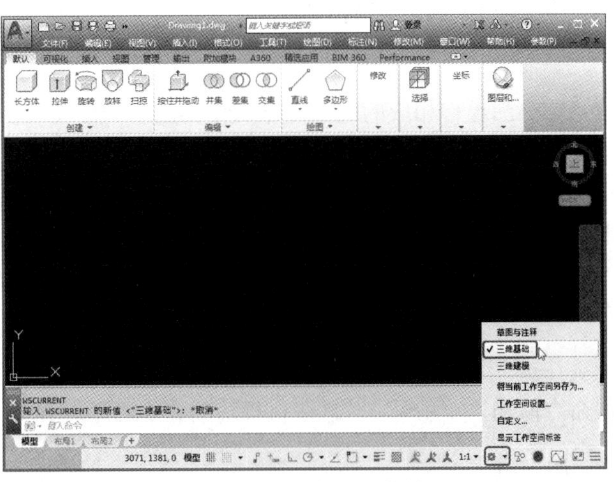

图 3-12 设置完成后的效果

3.2 命令的使用

在中文版 AutoCAD 2017 中，通过鼠标或者键盘输入一个个绘图命令，系统执行这些命令，绘制出图形。可以通过多种方式执行绘图命令，并且在执行命令的过程中可以进行重复、取消等操作，下面将进行讲解。

3.2.1 用键盘输入命令

在 AutoCAD 中，绘图或编辑图形大多是通过键盘输入完成的，如输入命令、系统变量、文字对象、数值参数、点的坐标或进行参数选择等。一些操作只用鼠标不能完成，需要使用一些组合键，如按住【Ctrl】键，然后移动工具栏使其浮动在固定区域里的功能。另外，AutoCAD 中大部分命令都具有别名，用户可以直接在命令行中输入别名，并按【Enter】键来执行命令，这样可以大大提高绘图效率。

在 AutoCAD 中，命令不区分大小写，对于画圆命令，circle、Circle 和 CIRCLE 的执行效果是一样的。

3.2.2 使用菜单栏命令

菜单栏调用是 AutoCAD 2017 提供的功能最全、最强大的命令调用方法。AutoCAD 绝大多数常用命令都分门别类地放置在菜单栏中。3 个绘图工作空间在默认情况下没有菜单栏，需要用户自己调出。例如，若需要在菜单栏中使用【多段线】命令，执行【绘图】|【多段线】命令即可，如图 3-13 所示。

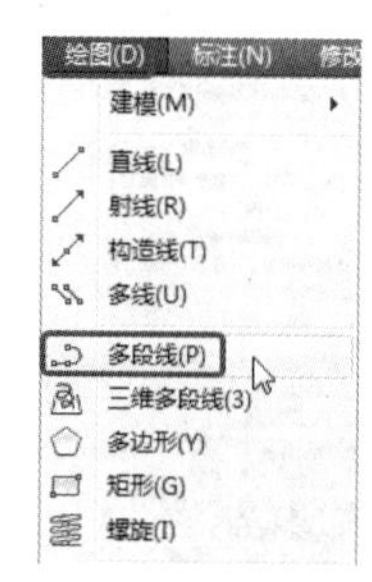

图 3-13 使用菜单栏命令

3.2.3 使用工具栏命令

与菜单栏一样，工具栏不显示于 3 个工作空间。需要通过【工具】|【工具栏】|【AutoCAD】菜单命令调出。单击工具栏中的按钮，即可执行相应的命令。用户在其他工作空间绘图，也可以根据实际需要调出工具栏。

3.2.4 使用功能区命令

功能区使得绘图界面无须显示多个工具栏，系统会自动显示与当前绘图操作相应的面板，从而使得应用程序窗口更加整洁。因此，可以将进行操作的区域最大化，使用单个界面来加快和简化工作。例如：若需要在功能区中使用【多段线】工具，单击【绘图】面板中的【多段线】按钮即可，如图 3-14 所示。

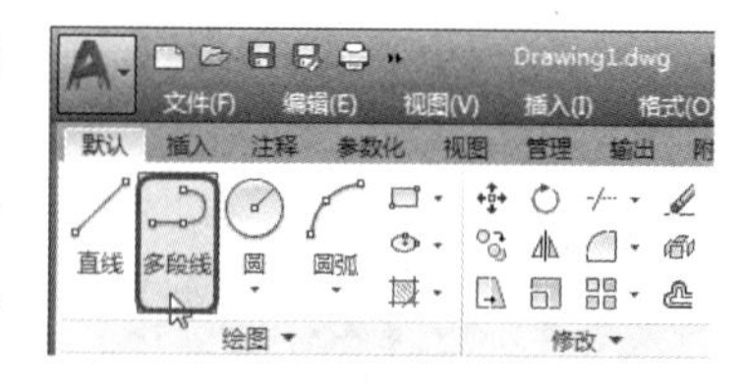

图 3-14 使用功能区命令

3.2.5 使用透明命令

在执行其他命令的过程中仍可以执行的命令称为透明命令。在执行透明命令之前，需要在输入命令前输入单引号“'”。在执行透明命令时，其命令行中的提示前有一个双折号“>>”。

注 意

当命令处于活动状态时，执行 UNDO 命令可以取消其他任何已执行的透明命令。

3.3　精确绘图辅助功能设置

AutoCAD 为用户提供了【捕捉】、【栅格】、【正交】、【极轴追踪】、【对象捕捉】、【对象捕捉追踪】和 DYN（动态输入）等辅助绘图工具，帮助用户快速绘图。

3.3.1　捕捉设置

捕捉功能设定了光标移动间距，即在图形区域内提供了不可见的参考栅格。当打开捕捉模式时，光标只能处于离光标最近的捕捉栅格点上。当使用键盘输入点的坐标或关闭了捕捉模式时，AutoCAD 将忽略捕捉间距的设置。当捕捉模式设置为关闭状态时，捕捉模式对光标不再起任何作用；而捕捉模式设置为打开状态时，光标则不能放置在指定的捕捉设置点以外的位置。

1．开启与关闭捕捉功能

开启与关闭捕捉功能的方法有以下 4 种。

① 在状态栏中，单击【捕捉模式】按钮，即可开启捕捉模式，再次单击【捕捉模式】按钮，即可关闭捕捉模式。

② AutoCAD 系统默认【F9】键为控制捕捉模式的快捷键，用户可用它开启和关闭捕捉模式。

③ 右击状态栏中的【捕捉模式】按钮，在弹出的快捷菜单中选择【栅格捕捉】命令，打开栅格捕捉模式，取消选择【栅格捕捉】命令即关闭捕捉模式。

④ 右击状态栏中的【捕捉模式】按钮，在弹出的快捷菜单中选择【捕捉设置】命令，弹出如图 3-15 所示的【草图设置】对话框，选择【捕捉和栅格】选项卡，勾选【启用捕捉】复选框，即可开启捕捉模式，否则关闭捕捉模式。

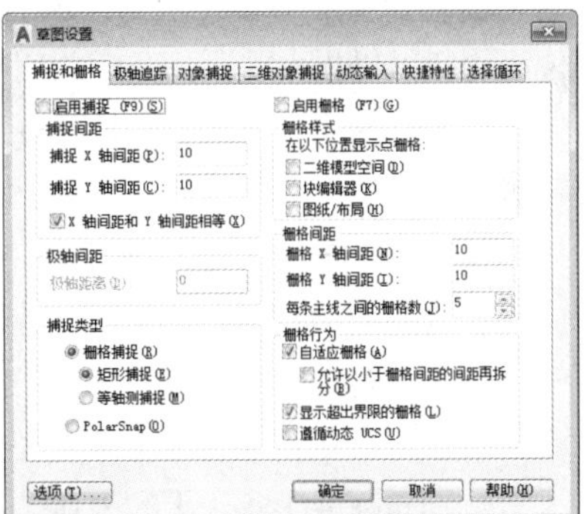

图 3-15　【草图设置】对话框

2．设置捕捉参数

设置捕捉参数主要通过【草图设置】对话框或通过命令 SNAP 进行。

（1）通过【草图设置】对话框进行捕捉设置

打开【草图设置】对话框，并选择【捕捉和栅格】选项卡，此选项卡包含【捕捉】命令的全部设置，如图 3-15 所示。【捕捉与栅格】选项卡中各选项含义如下。

①【捕捉 X 轴间距】文本框：沿 X 轴方向上的捕捉间距。

②【捕捉 Y 轴间距】文本框：沿 Y 轴方向上的捕捉间距。

③【X 轴间距和 Y 轴间距相等】复选框：可以设置 X 轴和 Y 轴方向的间距是否相等，这样方便绘制一些特殊的图形。

④【捕捉类型】选项组：设置为栅格捕捉或是极轴捕捉。【栅格捕捉】模式中包含【矩形捕捉】和【等轴测捕捉】两种样式。在二维图形绘制中，通常使用的是矩形捕捉，这也是系统的默认模式。【Polar Snap】极轴捕捉模式是一种相对捕捉，即相对于上一点的捕捉。如果当前未执行绘图命令，则光标可在图形中自由移动，不受任何限制。当执行某一绘图命令后，光标就只能在特定的极轴角度上，并且定位在距离为间距倍数的点上。

（2）通过 SNAP 命令进行捕捉设置

除了上述利用【草图设置】对话框进行捕捉设置的方法外，通过 SNAP 命令也可以完成所有的捕捉设置。命令行提示如下：

```
命令：SNAP
指定捕捉间距或 [开(ON)/关(OFF)/纵横向间距(A)/样式(S)/类型(T)] <10.0000>:
```

命令行中各选项含义如下。

①【捕捉间距】选项：设置沿 X 轴和 Y 轴方向的捕捉间距。

②【纵横向间距(A)】选项：在 X 轴和 Y 轴方向指定不同的间距。如果当前捕捉模式为【等轴测】，则不能使用此选项。

③【样式(S)】选项：提示用户输入【标准】或【等轴测】选项。其中，【标准】选项是将栅格捕捉设置为矩形捕捉，【等轴测】选项是将栅格捕捉设置为等轴测捕捉。

④【类型(T)】选项：提示用户设置捕捉的类型。这里有两种类型，分别是栅格捕捉和极轴捕捉。

3.3.2 栅格设置

栅格为绘图窗口中的一些标定位置的点，以帮助用户准确定位。用户可以根据需要打开或关闭栅格显示，并能改变点的间距。但是栅格只是绘图的辅助工具，而不是图形的一部分，即它只是一个可见的参考，而不能从打印机中输出，栅格显示如图 3-16 所示。

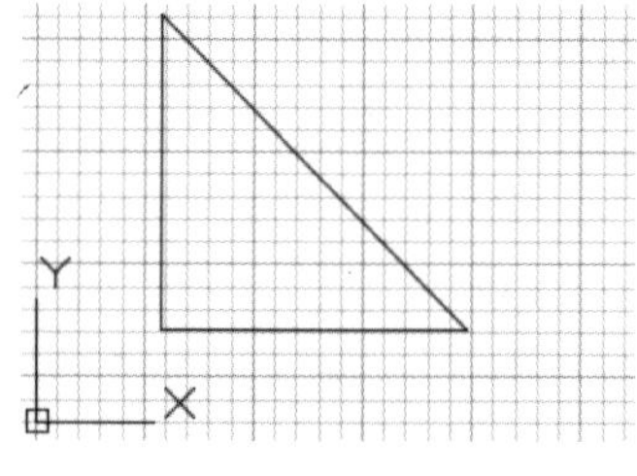

图 3-16 栅格显示

1. 打开与关闭栅格显示

在 AutoCAD 中，用户可以用多种方法打开或关闭栅格显示。

① 在状态栏中，单击【显示图形栅格】按钮，将打开栅格显示，再次单击【显示图形栅格】按钮，将关闭栅格显示。

② AutoCAD 默认【F7】键为控制栅格显示的快捷键，可用它关闭和打开栅格显示。

③ 右击状态栏中的【栅格】按钮，在弹出的快捷菜单中执行【设置】命令，弹出【草图设置】对话框，选择【捕捉和栅格】选项卡，勾选【启用栅格】复选框，可打开栅格显示。

2. 设置栅格间距

设置栅格间距可以通过以下两种方法实现。

① 在【草图设置】对话框中进行设置。选择【捕捉和栅格】选项卡，则可通过【栅格 X 轴间距】和【栅格 Y 轴间距】两个文本框分别输入所需设置的栅格沿 X 轴方向和沿 Y 轴方向的间距。

② 通过 GRID 命令设置栅格间距。命令行提示如下：

```
命令：GRID
指定栅格间距(X) 或 [开(ON)/关(OFF)/捕捉(S)/主(M)/自适应(D)/界限(L)/跟随(F)/纵横向间距(A)] <10.0000>: a
指定水平间距 (X) <10.0000>:
指定垂直间距 (Y) <10.0000>:
```

在第一行命令提示中，如果直接输入距离，系统将默认栅格在水平和垂直方向上的间距相等，即规则的栅格。如果要设定不规则的栅格，则必须在第一行命令提示中选择 A（纵横向间距），然后才能分别进行两个方向上的间距设置。

提 示

栅格间距不要太小，否则将导致图形模糊及屏幕刷新太慢，甚至无法显示栅格。

3．捕捉设置与栅格设置的关系

栅格和捕捉这两个辅助绘图工具之间有着很多联系，尤其是两者间距的设置。有时为了方便绘图，可将栅格间距设置为与捕捉间距相同，或使栅格间距为捕捉间距的倍数。

3.3.3　正交设置

正交辅助工具可以使用户仅能绘制平行于 X 轴或 Y 轴的直线。因此，当绘制众多正交直线时，通常要打开【正交】辅助工具。另外，将捕捉类型设置为等轴测捕捉时，该命令将使绘制的直线平行于当前轴测平面中正交的坐标轴。

在 AutoCAD 中，可以通过多种方法打开正交辅助工具。

① 在状态栏中，单击【正交限制光标】按钮∟，打开【正交】模式，再次单击【正交限制光标】按钮，关闭【正交】模式。

② AutoCAD 系统默认【F8】键为控制【正交】模式的快捷键，用户可用它打开和关闭【正交】模式。

③ 利用 ORTHO 命令打开或关闭【正交】模式。命令行提示如下：

```
命令：ORTHO
输入模式 [开(ON)/关(OFF)] <开>: ON
```

在打开【正交】模式后，则只能在平面内平行于两个正交坐标轴的方向上绘制直线，并指定点的位置，而不用考虑屏幕上光标的位置。绘图的方向由当前光标到其中一条平行坐标轴（如 X 轴）方向上的距离与到另一条平行坐标轴（如 Y 轴）方向上的距离相比来确定，如果沿 X 轴方向的距离大于沿 Y 轴方向的距离，AutoCAD 将绘制水平线；相反的，如果沿 Y 轴方向的距离大于沿 X 轴方向的距离，那么只能绘制垂直线。同时，【正交】辅助工具并不影响从键盘上输入点。

3.3.4　实例——对象捕捉设置

相对于手工绘图来说，使用 AutoCAD 可以绘制出非常精确的工程图，因此高精确度是 AutoCAD 绘图的优点之一，而【对象捕捉】又是 AutoCAD 绘图中用来控制精确性，使误差降到最低的有效工具之一。

在使用 AutoCAD 绘制图形时，常会用到一些图形中的特殊点，比如端点、中点、圆心、交点和切点等，用户可以通过对象捕捉这一功能快速地捕捉到对象上的这些关键几何点。因此，对象捕捉是一个十分有用的工具，它可以将十字鼠标指针强制性地、准确地定位在实体上的某些特定点或特定位置上。具体操作步骤如下。

Step 01 启动 AutoCAD 2017，在状态栏中单击【将光标捕捉到二维参照点】右侧的下三角按钮，在弹出的菜单中选择【对象捕捉设置】命令，如图 3-17 所示。

Step 02 在弹出的对话框中勾选【端点】复选框，如图 3-18 所示。

Step 03 在命令行中输入 REC 命令，在绘图区中指定矩形的第一点，在命令行中输入 D 命令，指定矩形的长度为 900、宽度为 2 050，如图 3-19 所示。

Step 04 在命令行中输入 PL 命令，指定矩形的左下角点作为多段线的起点，向右引导鼠标输入 50，向上引导鼠标输入 2 000，向右引导鼠标输入 800，向下引导鼠标输入 2 000，向右引导鼠标输入 50，按两次【Enter】键确定，如图 3-20 所示。

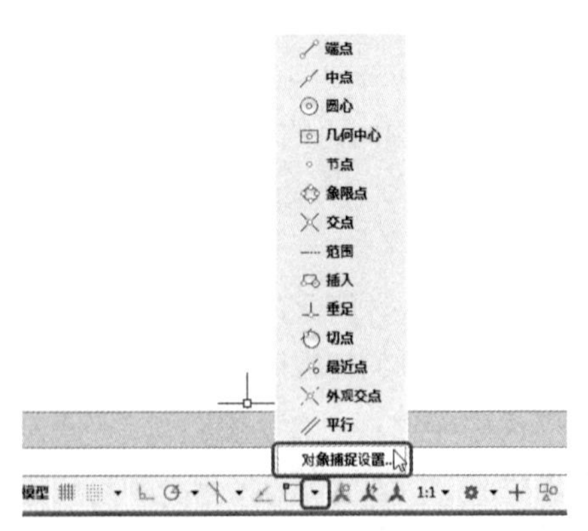

图 3-17 选择【对象捕捉设置】命令

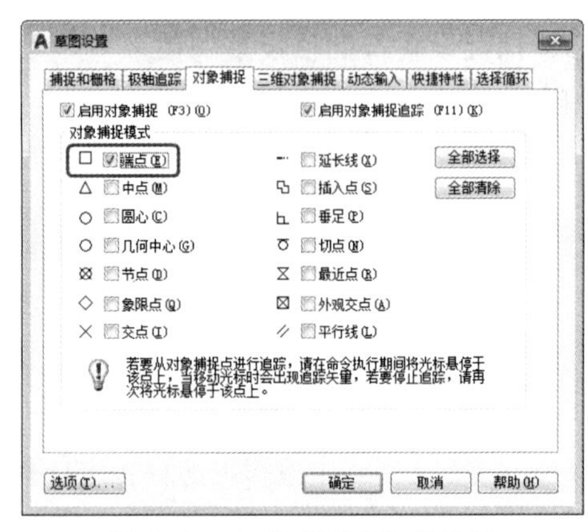

图 3-18 勾选【端点】复选框

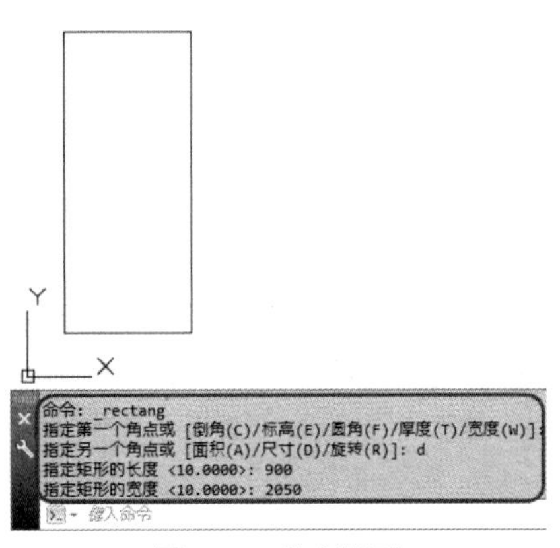

图 3-19 绘制矩形

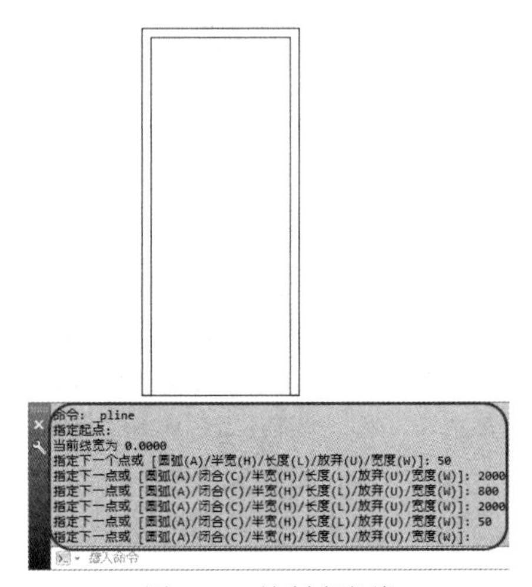

图 3-20 绘制多段线

Step 05 在命令行中输入 O 命令，将外侧的矩形向内部偏移 150，如图 3-21 所示。

Step 06 在命令行中输入 C 命令，绘制半径为 30 的圆，如图 3-22 所示。

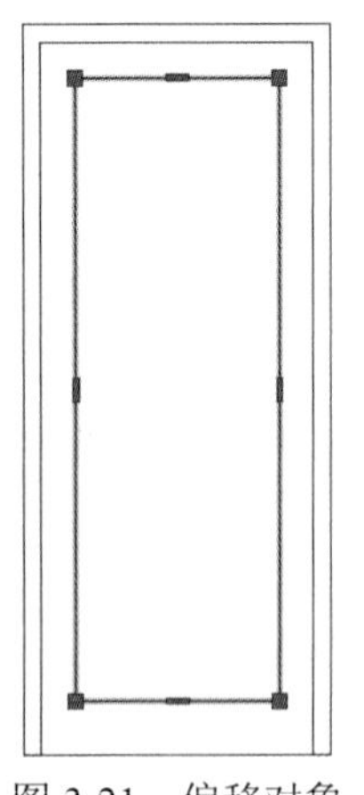

图 3-21 偏移对象

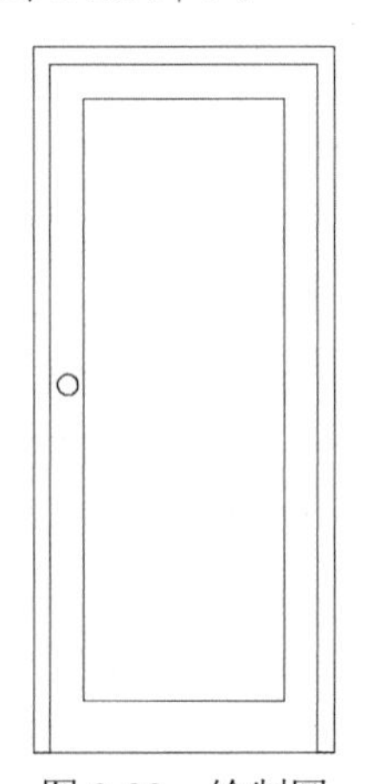

图 3-22 绘制圆

Step 07 使用【矩形】工具，绘制长度为 400、宽度为 400 的矩形，在命令行中输入 RO 命令，将矩形旋转 45°，并调整对象的位置，如图 3-23 所示。

Step 08 在命令行中输入 O 命令，将对象向内部偏移 20，如图 3-24 所示。

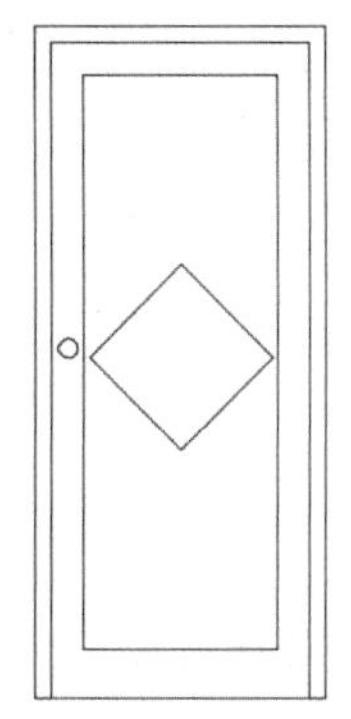

图 3-23　旋转并调整对象位置

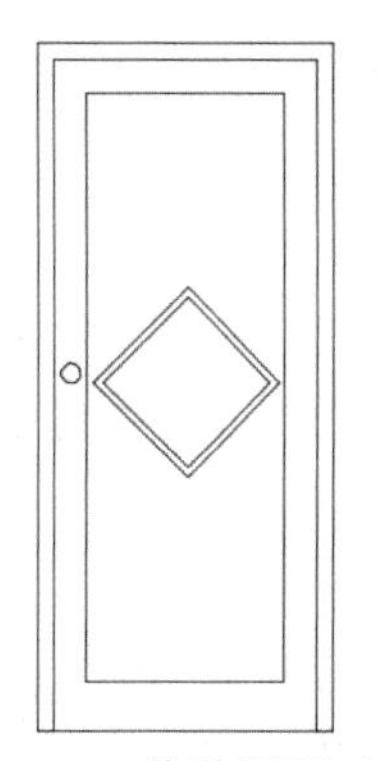

图 3-24　偏移图形对象

对象捕捉可以利用已经绘制的图形上的几何特征点定位新的点。打开对象捕捉的方法与前几种辅助工具类似，可以通过状态栏中的【将光标捕捉到二维参照点】按钮或通过快捷键【F3】来控制，也可以在【草图设置】对话框的【对象捕捉】选项卡中进行设置，如图 3-25 所示。

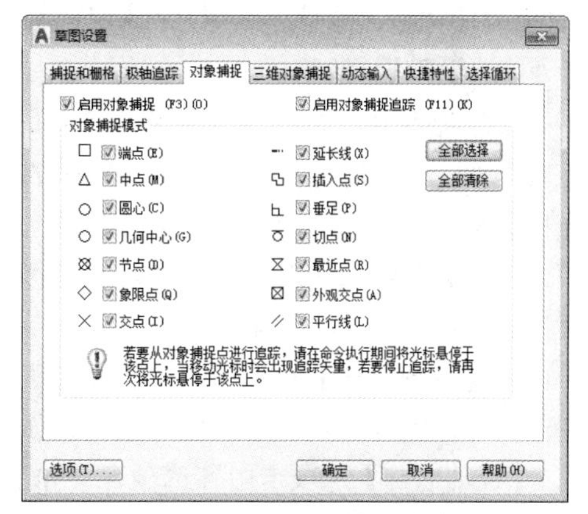

图 3-25 【对象捕捉】选项卡

【对象捕捉】选项卡提供了多种对象捕捉模式，用户可选择相应复选框开启各种捕捉模式。各种对象捕捉模式的说明如下。

①【端点】：捕捉直线、圆弧、椭圆弧、多线、多段线的最近端点，以及捕捉填充直线、图形或三维面域最近的封闭角点。

②【中点】：捕捉直线、圆弧、椭圆弧、多线、多段线、参照线、图形或样条曲线的中点。

③【圆心】：捕捉圆弧、圆、椭圆或椭圆弧的圆心。

④【几何中心】捕捉多段线、二维多段线和二维样条曲线的几何中心点。只有规则的图形才有几何中心，像正方形，正三角形。而每个几何图形都有几何重心（比如三角形就是三条中线的交点），当为均匀介质的规则几何图形时，几何重心就在几何中心。

⑤【节点】：捕捉点对象。

⑥【象限点】：捕捉圆、圆弧、椭圆或椭圆弧的象限点。

⑦【交点】：捕捉两个对象的交点，包括圆弧、圆、椭圆、椭圆弧、直线、多线、多段线、射线、样条曲线或参照线。

⑧【延长线】：光标从一个对象的端点移出时，系统将显示并捕捉沿对象轨迹延伸出来的虚拟点。

⑨【插入点】：捕捉插入图形文件中的块、文本、属性及图形的插入点，即它们插入时的原点。

⑩【垂足】：捕捉直线、圆弧、圆、椭圆弧、多线、多段线、射线、图形、样条曲线或参照线上的一点。该点与用户指定的一点形成一条直线，此直线与用户当前选择的对象正交（垂直），但该点不一定在对象上，有可能在对象的延长线上。

⑪【切点】：捕捉圆弧、圆、椭圆或椭圆弧的切点。此切点与用户所指定的一点形成一条直线，这条直线将与用户当前所选择的圆弧、圆、椭圆或椭圆弧相切。

⑫【最近点】：捕捉对象上最近的一点，一般是端点、垂足或交点。

⑬【外观交点】：捕捉三维空间中两个对象的视图交点（这两个对象实际上不一定相交，但

看上去相交)。在二维空间中，外观交点捕捉模式与交点捕捉模式是等效的。

⑭【平行线】：绘制平行于另一对象的直线。在指定了直线的第一点后，用光标选定一个对象（此时不用单击指定，AutoCAD 将自动帮助用户指定，并且可以选取多个对象），之后再移动光标，这时经过第一点且与选定对象平行的方向上将出现一条参照线，这条参照线是可见的，在此方向上指定一点，那么该直线将平行于选定的对象。

3.3.5 追踪设置

当自动追踪功能打开时，绘图窗口中将出现追踪线（追踪线可以是水平的或垂直的，也可以有一定角度），可以帮助用户精确地确定位置和角度创建对象。在界面的状态栏中可以看到 AutoCAD 提供了两种追踪模式：【极轴】（极轴追踪）和【对象追踪】（对象捕捉追踪）。

1. 极轴追踪

极轴追踪模式的打开和关闭与状态栏上其他绘图辅助工具类似，可以通过界面底部状态栏中的【按指定角度限制光标】按钮 或通过快捷键【F10】来控制。打开极轴追踪模式后，追踪线由相对于起点和端点的极轴角定义。

（1）设置极轴追踪角度

在【草图设置】对话框中，选择【极轴追踪】选项卡，在其中可以完成极轴追踪角度的设置，如图 3-26 所示。

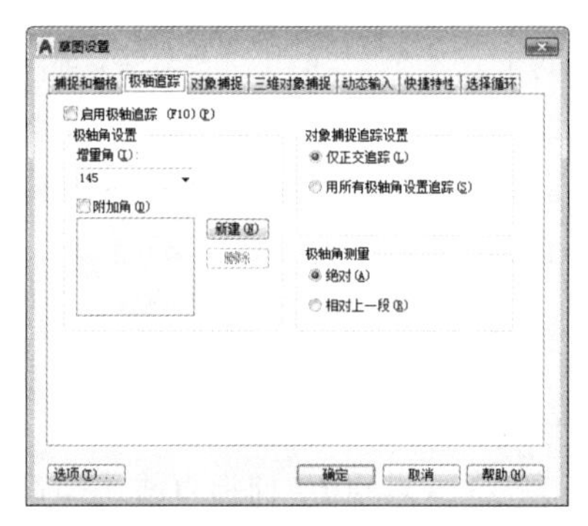

图 3-26 【极轴追踪】选项卡

【极轴追踪】选项卡中各选项含义如下。

① 【增量角】下拉列表：可以设置极轴角度增量的模数，在绘图过程中所追踪到的极轴角度将为此模数的倍数。

② 【附加角】复选框及其列表框：在设置角度增量后，仍有一些角度不等于增量值的倍数。对于这些特定的角度值，可以单击【新建】按钮，添加新的角度，使追踪的极轴角度更加全面（最多只能添加 10 个附加角度）。

③ 【绝对】单选按钮：极轴角度绝对测量模式。选择此模式后，系统将以当前坐标系下的 X 轴为起始轴计算出所追踪到的角度。

④ 【相对上一段】单选按钮：极轴角度相对测量模式。选择此模式后，系统将以上一个创建的对象为起始轴，计算出所追踪到的相对于此对象的角度。

（2）设置极轴捕捉

要打开极轴捕捉模式，在【草图设置】对话框的【捕捉和栅格】选项卡中，设置捕捉的样式和类型为 PolarSnap。此时，【极轴间距】选项组中的【极轴距离】文本框被激活，在其中设置极轴捕捉间距即可。

在打开极轴捕捉后，就可以沿极轴追踪线移动精确的距离。这样在极轴坐标系中，极轴长度和极轴角度两个参数均可以精确指定，实现了快捷地使用极轴坐标进行点的定位。

由于开启【正交】模式，将限制光标使其只能沿着水平或垂直方向移动。因此，【正交】模式和极轴追踪模式不能同时打开。若打开了【正交】模式，极轴追踪模式将自动关闭；反之，若打开了极轴追踪模式，【正交】模式也将关闭。

2. 对象捕捉追踪

在 AutoCAD 中，通过使用对象捕捉追踪可以使对象的某些特征点成为追踪的基准点，根据此基准点沿正交方向或极轴方向形成追踪线，进行追踪。

对象捕捉追踪模式开或关可以通过界面底部状态栏中的【对象追踪】按钮或快捷键【F11】来实现，也可在【草图设置】对话框的【对象捕捉】选项卡中，勾选【启用对象捕捉追踪】复选框对对象捕捉追踪进行控制。

【对象捕捉追踪设置】选项组中各选项的主要含义如下。

①【仅正交追踪】单选按钮：表示仅在水平和垂直方向（即 X 轴和 Y 轴方向）对捕捉点进行追踪（但切线追踪、延长线追踪等不受影响）。

②【用所有极轴角设置追踪】单选按钮：表示可按极轴设置的角度进行追踪。

3.3.6 实例——利用动态输入绘制铺装拼花

下面讲解如何绘制拼花，以练习本节所讲的知识，具体操作步骤如下。

Step 01 新建图形文件，使用【直线】工具，绘制垂直长度为 400 的直线，使用【起点，端点，方向】工具，向右引导鼠标，将【方向角度】设置为-50 绘制圆弧，效果如图 3-27 所示。

Step 02 在命令行中执行 MIRROR 命令，镜像绘制圆弧，并按【Enter】键完成镜像命令，效果如图 3-28 所示。

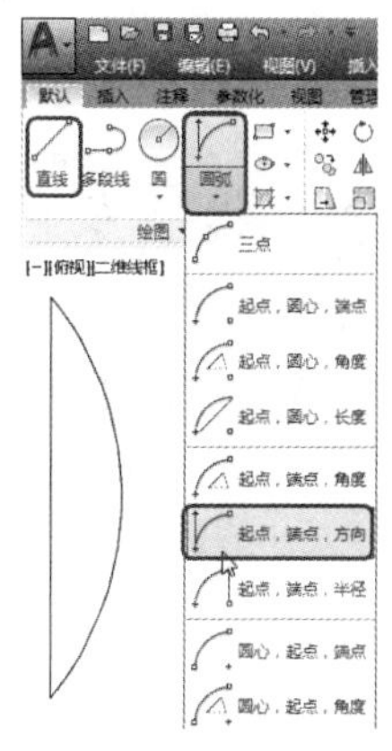

图 3-27 绘制圆弧

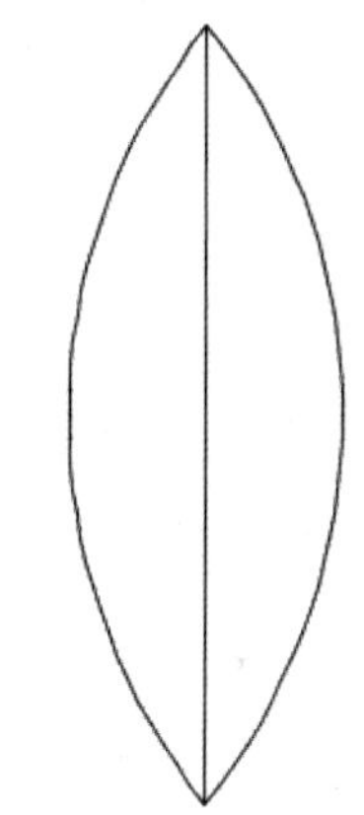

图 3-28 镜像图形对象

Step 03 将绘制的直线删除，在命令行中输入 ARRAYPOLAR 命令，选择绘制的两个圆弧，指定圆弧的下端点作为阵列的基点，对图形进行阵列处理，将【项目数】设置为 6，将【行数】设置为 1，如图 3-29 所示。

Step 04 使用【圆】工具，绘制半径为 400 的圆，如图 3-30 所示。

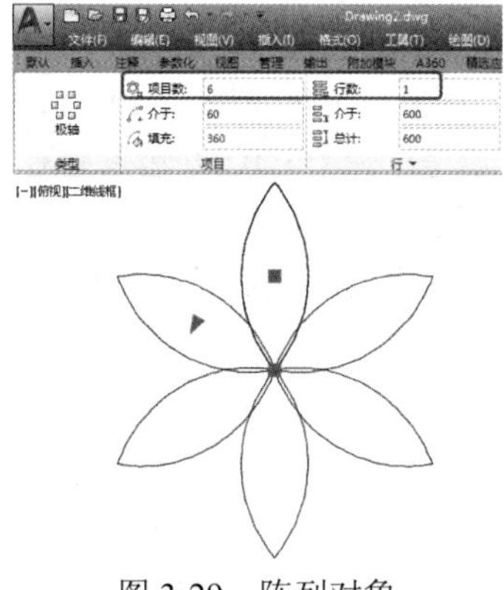

图 3-29 阵列对象

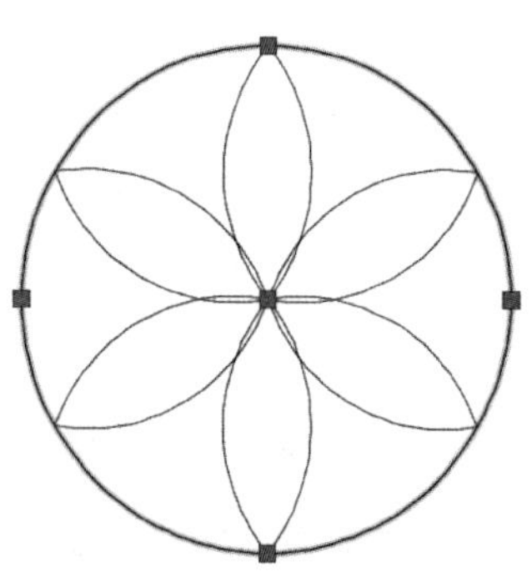

图 3-30 绘制圆

3.3.7 动态UCS设置

单击状态栏中的【将UCS捕捉到活动实体平面】按钮，即可控制动态UCS功能的开和关。打开动态UCS功能后，可以使用动态UCS在三维实体的平整面上创建对象，而无须手动更改UCS方向。在执行命令的过程中，将光标移动到面上方时，动态UCS会临时将UCS的XY平面与三维实体的平整面对齐。

激活动态UCS后，指定的点和绘图工具（如极轴追踪和栅格）都将与动态UCS建立临时UCS相关联。对三维实体使用动态UCS和修改命令ALIGN，可以快速有效地重新定位对象并重新确定对象相对于平整面的方向。使用动态UCS及UCS命令可以在三维实体中指定新的UCS，同时可以大大降低错误概率。

在AutoCAD的对象中，可以使用动态UCS命令的类型如下。

① 简单几何图形：直线、多段线、矩形、圆弧和圆。

② 文字：文字、多行文字和表格。

③ 参照：插入和外部参照。

④ 实体：原型和POLYSOLID。

⑤ 编辑：旋转、镜像和对齐。

⑥ 其他：UCS、区域和夹点工具操作。

3.4 设置坐标系

AutoCAD最大的特点在于它提供了使用坐标系统精确绘制图形的方法，用户可以准确地设计并绘制图形。AutoCAD 2017中的坐标包括世界坐标系（WCS）、用户坐标系（UCS）等多种坐标系，系统默认的坐标系统为世界坐标系。

3.4.1 设置世界坐标系（WCS）

世界坐标系（World Coordinate System）是所有新建图形的默认坐标系。AutoCAD系统以笛卡儿坐标系（直角坐标系）为基础，为绘图的三维空间提供了一个绝对坐标系，即世界坐标系，这个坐标系存在于任何图形之中，并且不能更改。图3-31所示为世界坐标系（二维绘图状态下）。

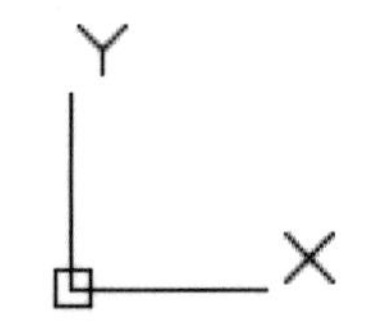

图3-31 世界坐标系

笛卡儿坐标系有3个轴，即X、Y和Z轴。输入坐标值时，需要指示沿X、Y和Z轴相对于坐标系原点（0,0,0）距离（以单位表示）及其方向（正或负）。在二维中，在XY平面（也称为工作平面）上指定点。工作平面类似于平铺的网格纸。笛卡儿坐标的X值指定水平距离，Y值指定垂直距离。原点（0,0）表示两轴相交的位置。极坐标使用距离和角度来定位点。使用笛卡儿坐标和极坐标，均可以基于原点（0,0）输入绝对坐标，或基于上一指定点输入相对坐标。输入相对坐标的另一种方法是：通过移动光标指定方向，然后直接输入距离。此方法称为直接距离输入。由此可见，图形文件中的所有对象都是用相对坐标原点（0,0,0）的距离和方向来控制的。

3.4.2 实例——设置用户坐标系（UCS）

在AutoCAD中，为了能够更好地辅助绘图，经常需要修改坐标系的原点和方向，这时世界坐标系将变为用户坐标系，即UCS。UCS的原点以及X轴、Y轴、Z轴方向都可以移动及旋转，

甚至可以依赖于图形中某个特定的对象。尽管在用户坐标系中 3 个轴之间仍然互相垂直，但是在方向及位置上却更加灵活。另外，UCS 没有“□”形标记。

Step 01 启动 AutoCAD 2017 后，打开配套资源中的素材\第 3 章\【桌子.dwg】图形文件，如图 3-32 所示。

Step 02 在命令行中输入 UCS 命令，根据命令行提示进行操作，将光标移至桌子的圆心处，如图 3-33 所示。

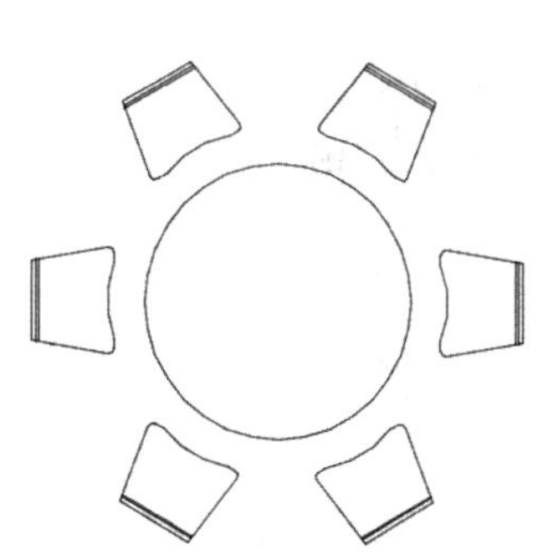

图 3-32　打开素材文件

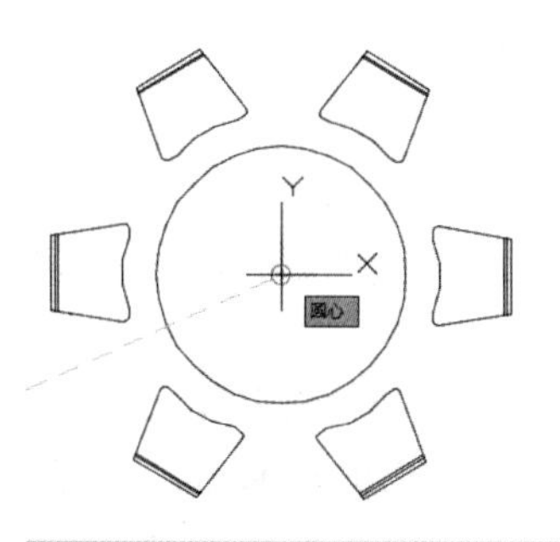

图 3-33　移动光标的位置

Step 03 单击，指定圆心为新坐标系的原点，如图 3-34 所示。

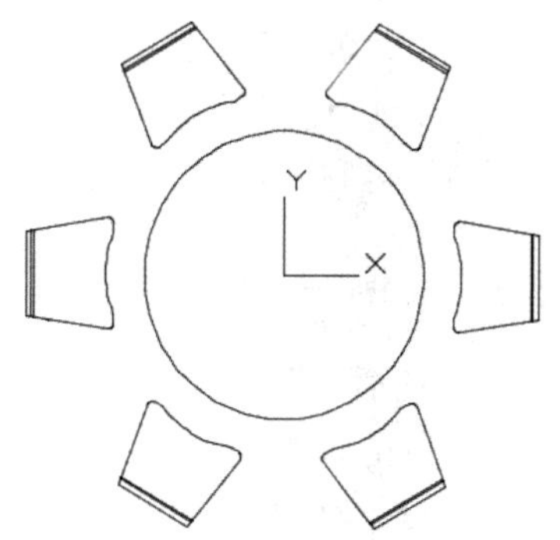

图 3-34　新坐标系原点

3.4.3　设置绝对和相对坐标

下面将讲解如何设置绝对和相对坐标。

1. 绝对坐标

在 AutoCAD 中，绝对坐标系是指以 UCS 坐标系为基础的定位坐标。绘图时，可以通过输入绝对坐标来确定某个点在 AutoCAD 模型空间中的位置。对于 AutoCAD 模型空间中的确定点，当采用不同的 UCS 坐标系时，其坐标值也不同，但其相对于 WCS 坐标系的位置却是不会改变的。

绝对坐标是以原点（0,0）或（0,0,0）为基点定位的所有点，系统默认的坐标原点位于绘图区域的左下角。在绝对坐标系中，X 轴、Y 轴和 Z 轴在原点（0,0,0）处相交。绘图区内的任意一点都是以显示在状态栏的（X,Y,Z）坐标来表示的，例如[illegible]，也可以通过输入 X、Y、Z 坐标值来定义点的位置，坐标值间用逗号隔开，例如（12,18）、（12,18,20）。

2. 相对坐标

在某种情况下，用户需要直接通过点与点之间的相对位移来绘制图形，而不是制定每个点的绝对坐标。为此，AutoCAD 提供了相对坐标的使用。所谓相对坐标，就是某点与相对点的相对位移值。一般情况下，系统将上一步操作的点看作是特定点，后续操作都是相对于上一步操作的点而进行的，如上一步操作点为（21,48），通过键盘输入下一个点的相对坐标为（@24,45），则说明确定该点的绝对坐标为（45,93）。

3.5 图形的显示与控制

用户在使用AutoCAD软件绘制图形的过程中，为了方便观察，随时都需要调整视图中图形的大小和位置。通过视图命令对图形的大小和位置进行调整时，只是改变观察图形的方式，并不改变图形的实际大小。

3.5.1 重生成图形

1. 重画

在绘制和编辑图形的过程中，屏幕上经常会留下对象的选取标记，而这些标记并不是图形中的对象。因此，当前图形画面会显得很乱，这时就需要使用【重画（Redrawll）】命令来清除这些标记。

在中文版AutoCAD 2017中，重画建筑图形可以执行REDRAW命令。

REDRAW为刷新当前视口，REDRAWLL为刷新所有窗口，此命令可以作为透明命令使用。

2. 重生成

【重生成】命令可以在当前视口中重新生成整个图形，并重新计算所有对象的屏幕坐标。

在中文版AutoCAD 2017中，重生成建筑图形可以执行REGEN命令。

REGEN为刷新当前视口，REGENLL为刷新所有窗口。REDRAW只是清除视口中的点标记，而REGEN则为重新生成整个图形，耗时比REDRAW命令长。当绘图窗口中的圆或弧线显示为直线段时，可利用REGEN命令，重新生成图形，圆和弧线显示平滑。

3.5.2 实例——缩放视图

ZOOM命令用于控制图形对象在屏幕上的显示大小和范围。缩放建筑图形有以下3种方法。

- 命令：ZOOM。
- 菜单命令：选择【视图】选项卡，在【视口工具】面板中单击【导航栏】按钮，显示与关闭【导航栏】，在绘图区单击导航栏中的【范围缩放】下的下三角按钮，如图3-35所示。
- 滚动三键鼠标的鼠标中键。

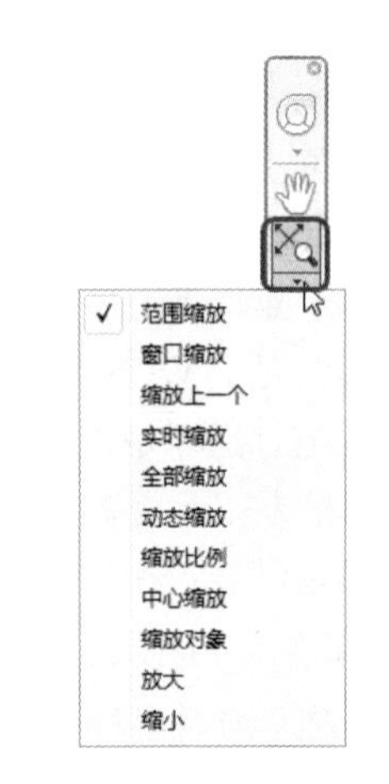

图3-35 【范围缩放】下拉菜单

下面讲解实时缩放视图，具体操作步骤如下。

Step 01 首先打开配套资源中的素材\第3章\【车.dwg】素材文件，如图3-36所示。

Step 02 在菜单栏中执行【视图】|【缩放】命令，在子菜单中执行【实时】命令，如图3-37所示。

Step 03 此时光标变成放大镜形状，在绘图区中单击并向上拖动，即可放大图形，如图3-38所示。

Step 04 单击并向下拖动，即可缩小图形，如图3-39所示。

图 3-36　打开素材图形

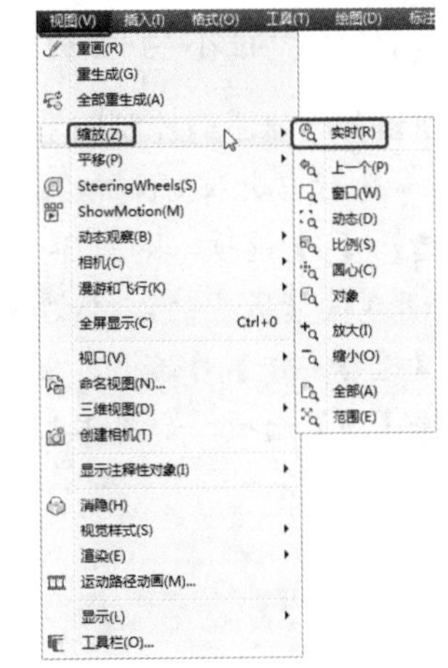

图 3-37　执行【实时】命令

图 3-38　放大图形

图 3-39　缩小图形

3.5.3　平移视图

在中文版 AutoCAD 2017 中用户可以平移视图以重新确定其在绘图区域中的位置，使用 PAN 命令，选择命令行提示信息中的【实时】选项，可以通过移动定点设备进行动态平移。与使用相机平移一样，PAN 命令不会更改图形中的对象位置或比例，而只是更改视图。

平移视图有以下 3 种方法。

- 命令：PAN。
- 菜单命令：选择【视图】选项卡，在【视口工具】面板中单击【导航栏】按钮，显示与关闭【导航栏】，在绘图区单击【导航栏】中的【平移】按钮，如图 3-40 所示。
- 按住三键鼠标的鼠标中键并移动。

默认状态是实时平移模式，用户也可以根据需要选择定点平移或方位平移选项。

图 3-40　导航栏

（1）实时平移

光标形状变为手形。按住定点设备上的拾取键可以锁定光标于相对视口坐标系的当前位置。图形显示随光标向同一方向移动。到达逻辑范围（图纸空间的边缘）时，将在此边缘上的手形光标上显示边界栏。要随时停止平移，可按【Enter】键或【Esc】键。

（2）定点平移

可以通过一点作为基点，然后指定另一点作为移动点，即可完成图形的定点平移。

（3）方位平移

可以将建筑图形向左、右、上、下平移。

3.5.4 实例——显示与控制图形

下面讲解如何显示与控制图形，其操作步骤如下。

Step 01 在命令行中输入 UN 命令，弹出【图形单位】对话框，在【长度】选项组的【精度】下拉列表中选择【0】选项，如图 3-41 所示，然后单击【确定】按钮。

Step 02 打开配套资源中的素材\第 3 章\【圆.dwg】图形文件。单击快速访问区中的【打开】按钮，弹出【选择文件】对话框，在【查找范围】下拉列表中选择【第 3 章】选项，在【名称】列表框中选择【圆】选项，如图 3-42 所示，然后单击【打开】按钮。

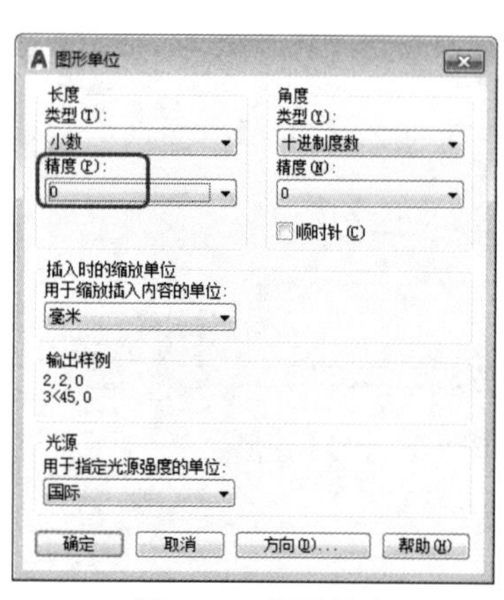

图 3-41 设置精度

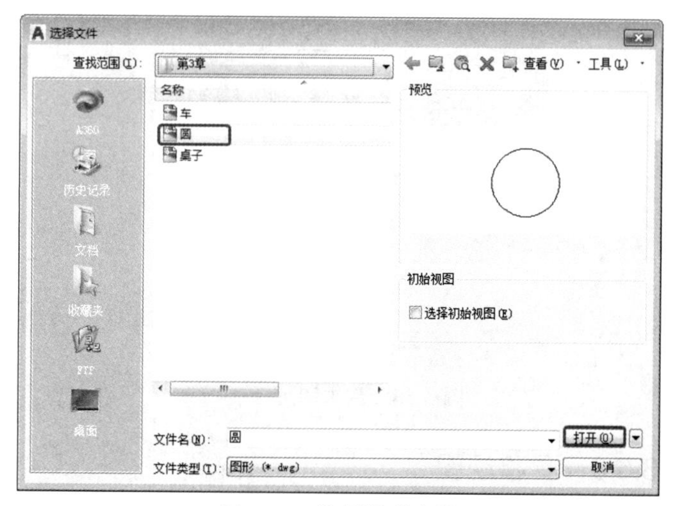

图 3-42 选择图形文件

Step 03 单击【菜单浏览器】按钮，在弹出的菜单中执行【另存为】|【图形】命令，如图 3-43 所示。

Step 04 弹出【图形另存为】对话框，在【保存于】下拉列表中选择【第 3 章】选项，在【文件名】文本框中输入文本【大圆】，如图 3-44 所示，然后单击【保存】按钮，最后在命令行中执行 CLOSE 命令，关闭图形文件。

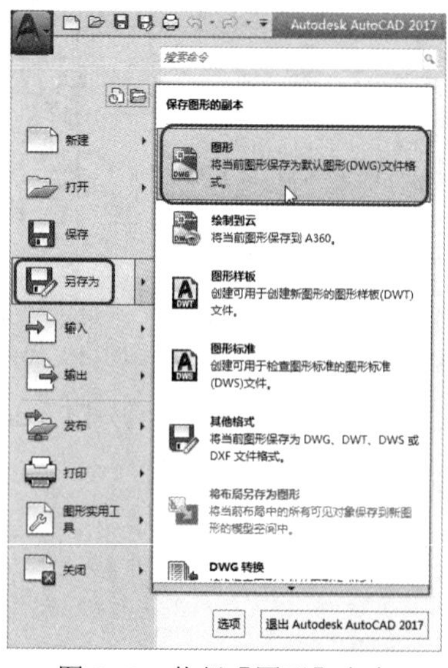

图 3-43 执行【图形】命令

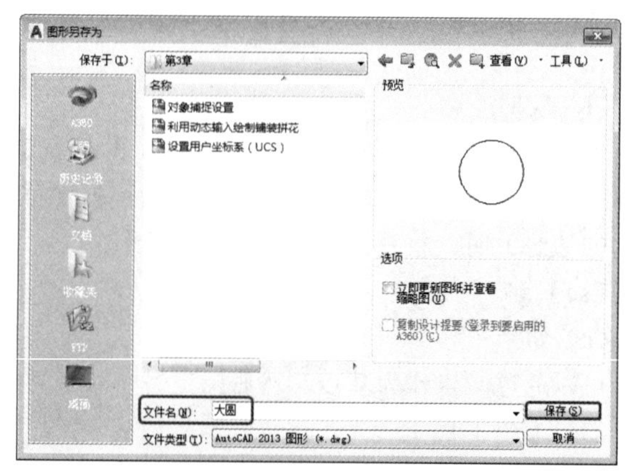

图 3-44 另存为图形对象

3.6　帮助信息

在 AutoCAD 的使用过程中可以通过【F1】功能键来调用帮助系统，在对话框激活的状态下，【F1】功能键无效，只能通过单击对话框中的【帮助】或【?】按钮来打开帮助系统。命令执行状态或在对话框激活的状态下，调用帮助系统将直接链接到相应页面，其他情况则打开帮助主界面。

3.6.1　在帮助中查找信息

帮助窗口左侧窗格中的选项卡提供了多种查找信息的方法。要在当前主题中找到特定的词或短语，则单击主题文字，然后按【Ctrl+F】组合键。

1.【后退】按钮、【前进】按钮、【主页】按钮

① 单击【后退】按钮可以后退至在搜索任何内容后之前的搜索界面中。

② 单击【前进】按钮可以回到单击【后退】按钮之前的搜索界面中。

③ 单击【主页】按钮可以回到再打开帮助窗口未做任何搜索时的界面中。

2. 搜索文本框

① 在文本框中输入要搜索的内容命令等。

② 文本框右侧的搜索按钮可在输入搜索内容后单击进行搜索。

3. 所有内容、设置过滤器

① 单击【所有内容】可选择需要的信息类型。

② 单击【设置过滤器】按钮勾选要过滤的内容，取消不必要的搜索。

4. 帮助主页

① 显示搜索的内容和提示。

② 相关概念：对所搜索到的内容功能概述。

③ 相关任务：系统自动匹配与用户所搜索内容相近似的内容以便参考。

④ 相关参考：将提示与搜索内容相关的【键入命令】。

3.6.2　使用帮助搜索

使用【搜索】功能根据输入的关键字查找相关的主题。

1. 基本的搜索规则

① 以大写或小写形式输入关键字，搜索不区分大小写。

② 可搜索字母（a～z）和数字（0～9）的任意组合。

③ 不要使用标点符号（如句号、冒号、分号、逗号、连字符和单引号），这些标点符号在搜索中将被忽略。

④ 用引号或括号将每个元素分开，以便将这些搜索元素分组。

2. 在帮助中搜索信息的步骤

① 在搜索文本框中，输入要查找的单词或词组。

② 单击【搜索】按钮，即可在右侧显示出与搜索相关的信息，若是未搜索到将会提示。

3.7　综合应用——绘制洗衣机

本例讲解如何绘制洗衣机，其具体操作步骤如下。

Step 01 新建图纸文件，打开【草图设置】对话框，切换至【对象捕捉】选项卡，勾选【启用对象捕捉】和【启用对象捕捉追踪】复选框，单击【对象捕捉模式】组中的【全部选择】按钮，如图 3-45 所示。

Step 02 在命令行中输入 REC 命令，指定矩形的第一角点，指定矩形的长度为 700、宽度为 500，如图 3-46 所示。

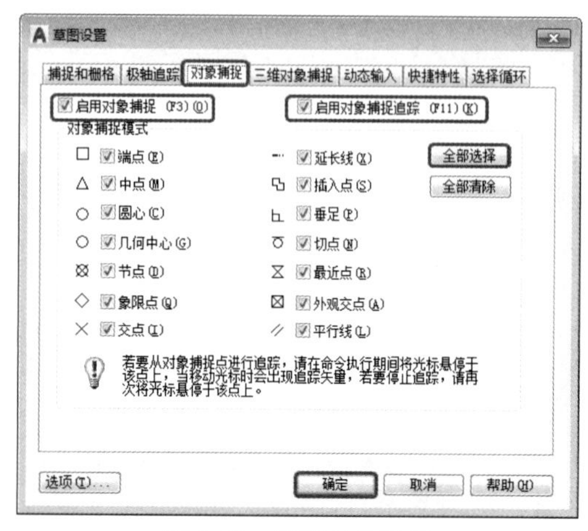

图 3-45　设置对象捕捉

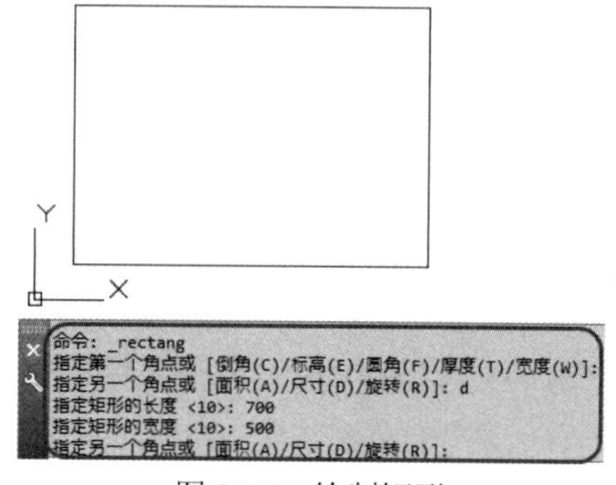

图 3-46　绘制矩形

Step 03 在命令行中输入 EXPLODE 命令，选择绘制的矩形，按【Enter】键即可将矩形进行分解，在命令行中输入 O 命令，将矩形的上侧边向下依次偏移 83、10、390，如图 3-47 所示。

Step 04 按空格键，继续使用【偏移】工具，将矩形的左侧边向右偏移 21、265、20、370，如图 3-48 所示。

图 3-47　偏移对象 1

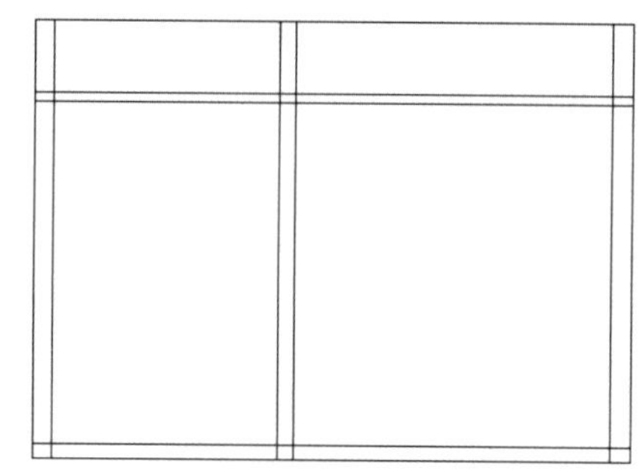

图 3-48　偏移对象 2

Step 05 在命令行中输入 TR 命令，对图形对象进行修剪，如图 3-49 所示。

Step 06 在命令行中输入 L 命令，绘制直线，如图 3-50 所示。

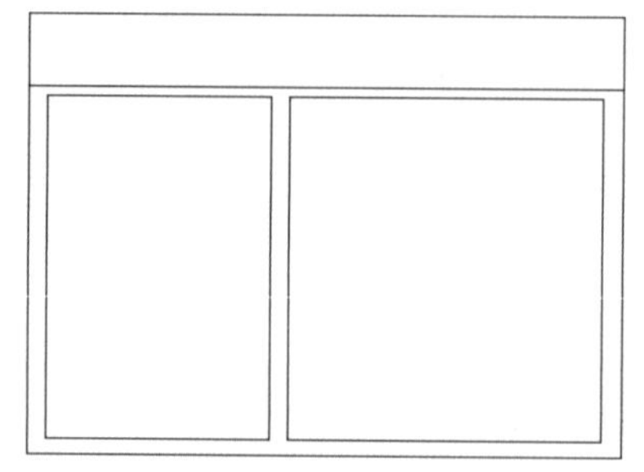

图 3-49　修剪图形对象

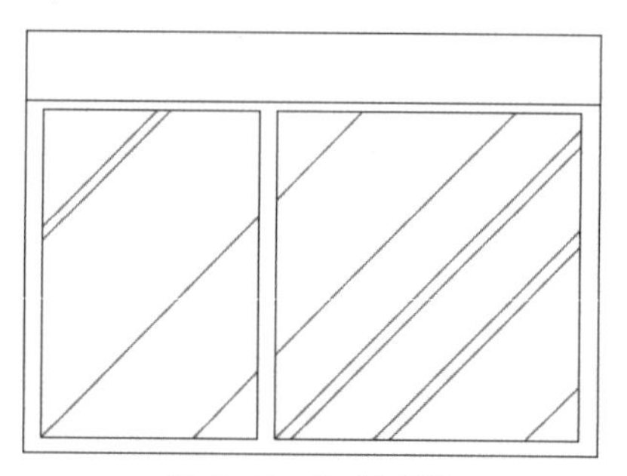

图 3-50　绘制直线

Step 07 在命令行中输入REC命令，绘制长度为25、宽度为20的矩形。在命令行中输入C命令，绘制半径为25的圆，在命令行中输入M命令，调整矩形和圆的位置，如图3-51所示。

Step 08 在命令行中输入CO命令，将矩形向右侧依次复制40、80，如图3-52所示。

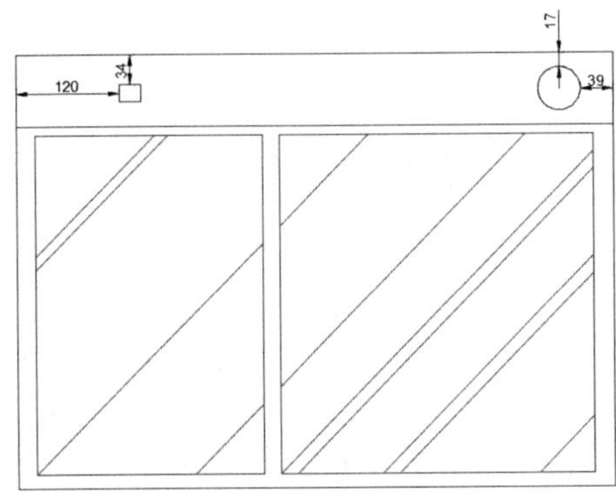

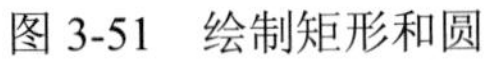

图 3-51 绘制矩形和圆

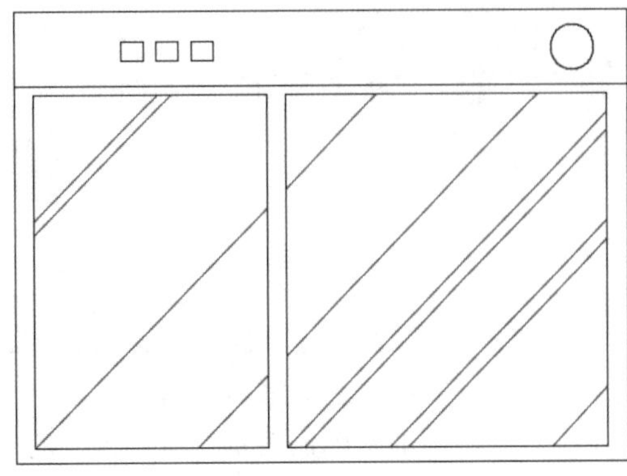

图 3-52 复制矩形

Step 09 在命令行中输入CO命令，将圆向左侧依次复制75、145，如图3-53所示。

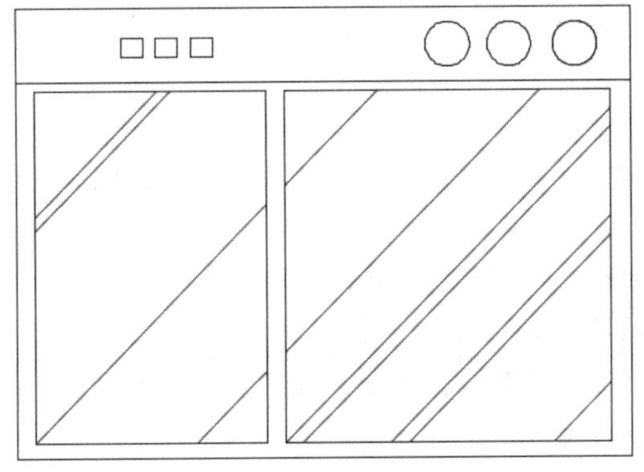

图 3-53 最终效果

增值服务：扫码做测试题，并可观看讲解测试题的微课程。

第 4 章 二维图形的绘制

本章主要讲解在建筑设计中主要应用的二维图形，其中包括点、直线、多线、圆弧等。无论多么复杂的图形都是通过直线二维图形工具绘制而成，这些图形是组成复杂图形的基本元素，也是 AutoCAD 2017 的基础，而本章主要讲解的重点是二维图形工具的使用方法。

4.1 绘制直线类对象

绘制直线命令是绘图中最常见的命令，下面将讲解如何绘制直线和构造线。

4.1.1 绘制直线

直线是各种绘图中最常用、最简单的一类图形对象，只要指定了起点和终点即可绘制一条直线。在 AutoCAD 中，可以用二维坐标（x,y）或三维坐标（x,y,z）来指定端点，也可以混合使用二维坐标和三维坐标。如果输入二维坐标，AutoCAD 将会用当前的高度作为 Z 轴坐标值，在不做任何设定的情况下系统默认 Z 轴坐标值为 0。

在 AutoCAD 2017 中，执行【直线】命令的方法有以下几种。

- 在命令行中输入 LINE 命令。
- 在菜单栏中执行【绘图】|【直线】命令。
- 选择【默认】选项卡，在【绘图】面板中单击【直线】按钮。

在 AutoCAD 2017 中，绘制直线的技巧如下。

- 激活 LINE 命令后，在【指定下一点或[放弃(U)]:】的提示后，用户可以用光标确定端点的位置，也可以输入端点的坐标值来定位，还可以将光标放在所需方向上，然后输入距离值来定义下一个端点的位置。如果直接按【Enter】键或空格键，则 AutoCAD 把最近完成的图元的最后一点指定为此次绘制线段的起点。
- 若在【指定下一点或[放弃(U)]:】的提示后输入 U，则 AutoCAD 将会删去最后面的一条线段。连续输入 U 可以沿线退回到起点。
- 若在【指定下一点或[放弃(U)]:】的提示后输入 C，则 AutoCAD 将会自动形成封闭的多边形。

提 示

直线命令还提供了一种附加功能，可使直线与直线连接或直线与弧线相切连接。

4.1.2 实例——绘制窗户

下面通过实例讲解如何绘制窗户，具体操作步骤如下。

Step 01 在命令行中输入 LINE 命令，按【F8】键将开启正交功能，在绘图区中的任意位置单击确定起点位置，然后向右引导鼠标输入 120，向下引导鼠标输入 80，向左引导鼠标输入 120，最后输入 C 闭合图形对象绘制出一个四边形，绘制效果如图 4-1 所示。

Step 02 在命令行中输入 LINE 命令，在距离第一条水平线段下方 25 的距离处绘制出一条水平线段，绘制效果如图 4-2 所示。

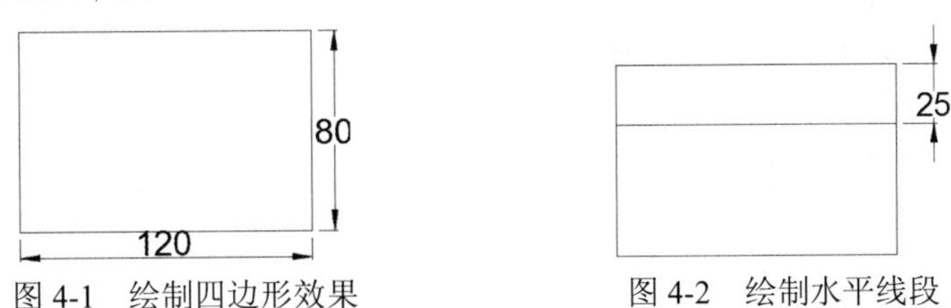

图 4-1　绘制四边形效果　　图 4-2　绘制水平线段

Step 03 在命令行中输入 OFFSET 命令，将右侧垂直线段依次向左偏移 30、60、90 的距离，偏移效果如图 4-3 所示。

Step 04 在命令行中输入 TRIM 命令，对图形对象进行修剪，修剪效果如图 4-4 所示。

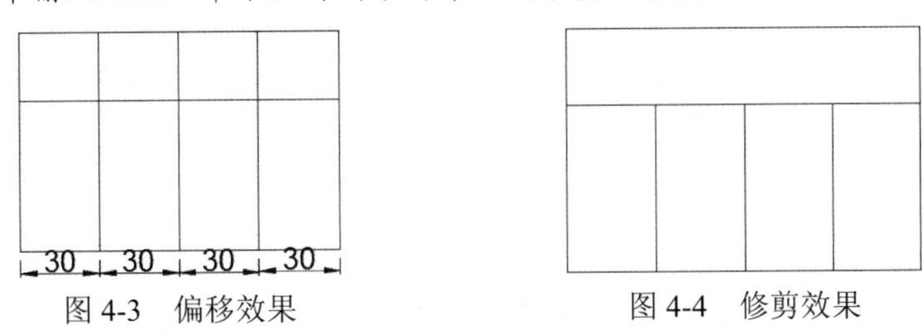

图 4-3　偏移效果　　图 4-4　修剪效果

4.1.3　绘制构造线

构造线是一种无限长的直线，它可以从指定点开始向两个方向无限延伸。在 AutoCAD 2017 中，构造线主要被当作辅助线来使用，单独使用构造线命令不能绘制图形对象。

在 AutoCAD 2017 中，执行【构造线】命令的常用方法有以下几种。

- 在命令行中输入 XLINE 命令。
- 在菜单栏中执行【绘图】|【构造线】命令。
- 选择【默认】选项卡，在【绘图】面板中单击【构造线】按钮。

执行该命令后，AutoCAD 2017 命令行将依次出现如下提示：

```
指定点或[水平(H)/垂直(V)/角度(A)/二等分(B)/偏移(O)]:
```

各选项的作用如下。

1. 指定点

【指定点】是 XLINE 的默认选项，当输入点 A 的坐标后继续响应提示，可给出一组通过 A 点的构造线。如直接按【Enter】键，则 AutoCAD 2017 自动把最近所绘图元的最后一点作为指定点。命令行提示如下：

```
指定通过点:
```

用户应给出构造线将通过的另一点，AutoCAD 2017 给出一条通过两指定点的直线。用户可以不断地指定点来绘制相交于所输入的第一点的多条构造线。

2. 水平

如果要绘制水平的构造线，可在命令行提示中输入 H，或在快捷菜单中选择【水平】命令，来绘制通过指定通过点的平行于当前坐标系 X 轴的垂直构造线。在该提示下，用户可以不断地指定水平构造线的位置来绘制多条水平构造线。

3. 垂直

如果要绘制垂直的构造线，可在命令行提示中输入V，或在快捷菜单中选择【垂直】命令，来绘制通过指定通过点的平行于当前坐标系Y轴的垂直构造线。在该提示下，用户可以不断地指定垂直构造线的位置来绘制多条垂直构造线。

4. 角度

如果要绘制带有指定角度的构造线，可在命令行提示中输入A，或在快捷菜单中选择【角度】命令，来绘制与指定直线成一定角度的构造线。选定该选项后，命令行提示如下：

```
输入构造线的角度(0)或[参照(R)]:
```

用户可输入一个角度值，然后指定构造线的通过点，绘制与坐标系X轴成一定角度的构造线。

如果要绘制与已知直线成指定角度的构造线，则输入R，命令行提示选择直线对象并指定构造线与直线的夹角，然后可以指定通过点来绘制构造线。

5. 二等分

如果要绘制平分角度的构造线，可在提示中输入B，或在快捷菜单中选择【二等分】命令，命令行提示如下：

```
指定角的顶点:
指定角的起点:
指定角的端点:
```

按命令行提示进行操作后，AutoCAD 2017将绘制出一条通过第一点，并平分以第一点为顶点与第二、第三点组成的夹角的结构线。继续提示指定终点，直至退出命令。

6. 偏移

如果要绘制平行于直线的构造线，可在提示中输入O，或在快捷菜单中选择【偏移】命令，命令行提示如下：

```
指定偏移距离或[通过(T)]<当前值>:
```

输入距离后，命令行提示如下：

```
选择直线对象:
指定向哪侧偏移:
```

给定偏移方向后，绘制出构造线并继续提示选择直线对象，直至退出命令。

选择通过对象后，命令行提示如下：

```
选择直线对象:
指定通过点:
```

根据提示进行操作后，绘制出构造线并继续提示选择直线对象，直至退出命令。

注　意

（1）构造线可以使用【修剪】命令使其成为线段或射线。

（2）构造线一般作为辅助作图线，在绘图时可将其置于单独一层，并赋予一种特殊的颜色。

4.2 绘制圆弧类对象

在AutoCAD 2017中圆弧类包括圆、圆弧、椭圆、椭圆弧，下面讲解如何绘制圆弧类对象。

4.2.1　绘制圆

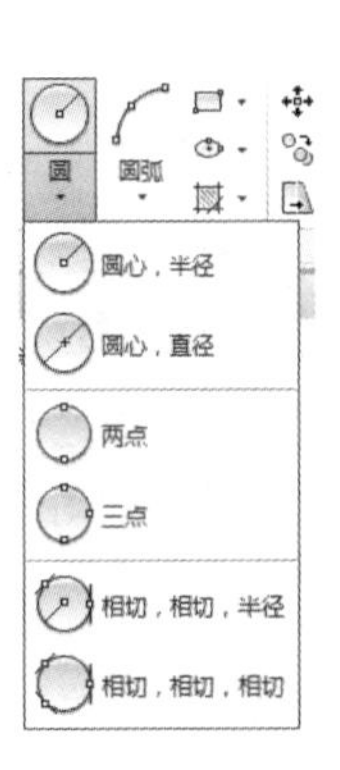

图 4-5　子菜单

圆是绘图过程中使用频率非常高的图形对象，【圆】命令相当于手工绘图中的圆规，可以根据不同的已知条件进行绘制。

在 AutoCAD 2017 中，绘制圆的命令有以下几种方式。

- 在命令行中输入 CIRCLE 命令。
- 在菜单栏中执行【绘图】|【圆】命令。
- 选择【默认】选项卡，在【绘图】面板中单击【圆】按钮。

选择【默认】选项卡，在【绘图】面板中当光标移动到【圆】按钮上时，将弹出【圆】命令的子菜单，如图 4-5 所示。

从图 4-5 可以看出，AutoCAD 2017 提供了 6 种定义圆的尺寸及位置参数的方法。依次介绍如下。

1．圆心、半径（R）

执行该命令后根据命令行的提示直接输入半径值即可，绘制圆的效果如图 4-6 所示。对于半径数值，如果直接输入数值，则此数作为半径值，如果在面板提示中或命令行中输入一个点的相对坐标，则此点与圆心点的距离作为半径值，半径值不能小于或等于零。

2．圆心、直径（D）

在【指定圆的半径或 [直径(D)]:】提示下输入 D，选择输入直径数值，输入方法同上，绘制圆效果如图 4-7 所示。

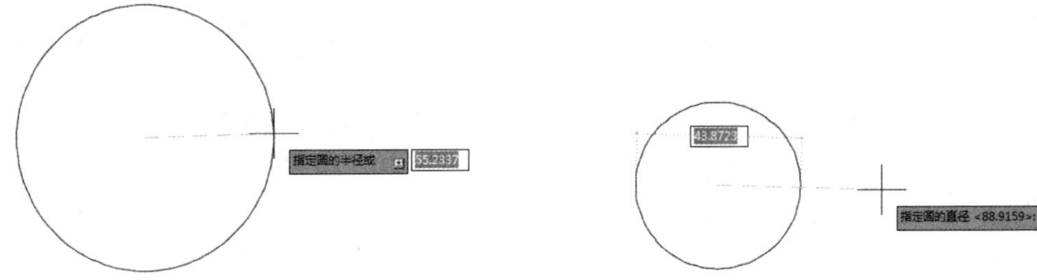

图 4-6 【圆心、半径】绘制圆　　图 4-7 【圆心、直径】绘制圆

3．两点（2P）

在系统命令行的提示中选择 2P 选项，系统顺序提示要求输入所定义圆上某一直径的两个端点，所输入两点的距离为圆的直径，两点中点为圆心，两点重合则定义失败。绘制圆的效果如图 4-8 所示。

4．三点（3P）

在系统命令行的提示中选择 3P 选项，系统顺序提示要求输入所定义圆上的 3 个点，完成圆的定义，如果所输 3 点共线，则定义失败。确定三点后绘制圆显示效果如图 4-9 所示。

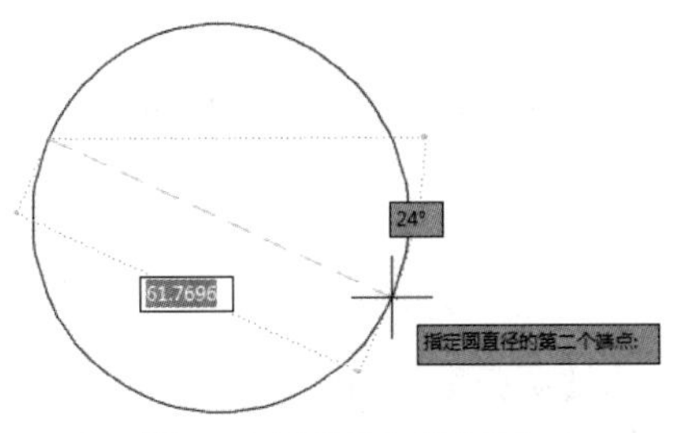

图 4-8 【两点】绘制圆

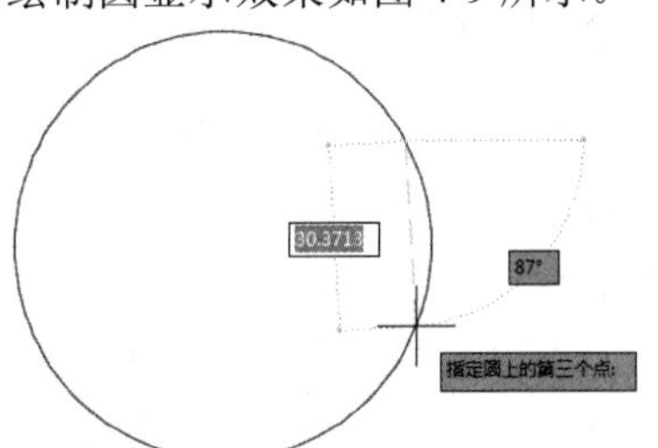

图 4-9 【三点】绘制圆

5．相切、相切、半径（T）

在系统的命令行提示中选择T选项，系统顺序提示要求选择两个与所定义圆相切的实体上的点，并要求输入圆的半径，如果所输入的半径数值过小（小于两个实体最小距离的一半），则定义失败，所定义圆的位置与所选择的切点位置有关，执行该命令绘制圆的效果如图4-10所示。

6．相切、相切、相切

这种方法只能在菜单栏中选择，在系统的提示下顺序选择3个与所定义的圆相切的实体，绘制圆效果如图4-11所示。

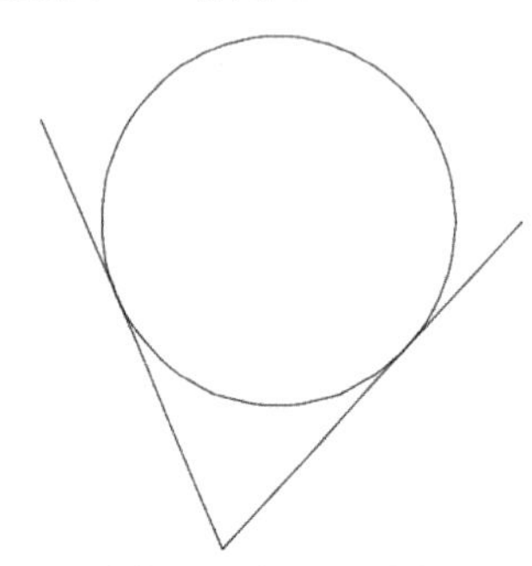

图4-10 【相切、相切、半径】绘制圆

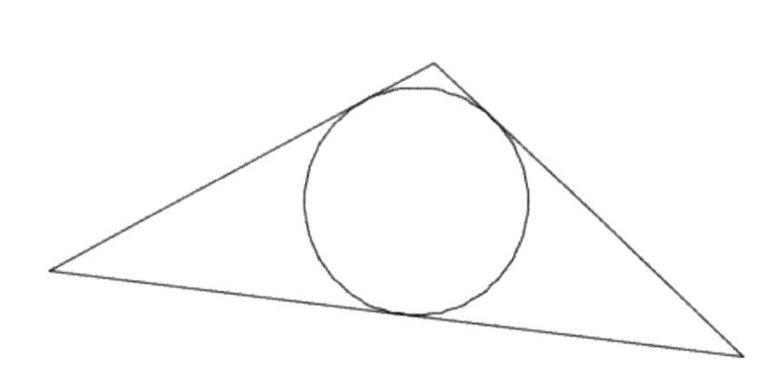

图4-11 【相切、相切、相切】绘制圆

4.2.2 实例——绘制连环圆

下面讲解如何绘制连环圆，具体操作步骤如下。

Step 01 在命令行中输入CIRCLE命令，根据命令行的提示操作执行【圆心、半径】命令，将半径设置为100，绘制一个圆，效果如图4-12所示。

Step 02 在命令行中输入CIRCLE命令，根据命令行的提示执行【两点】画圆，将第一点指定为圆心位置，指定第二点为圆的右象限点，绘制圆效果如图4-13所示。

Step 03 在命令行中输入CIRCLE命令，根据命令行的提示执行【两点】画圆，将第一点指定为小圆心位置，指定第二点为圆的右象限点，绘制完成后的显示效果如图4-14所示。

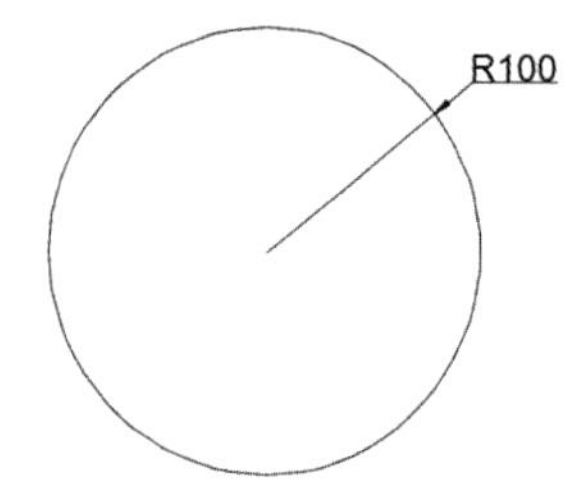

图4-12 绘制圆效果1

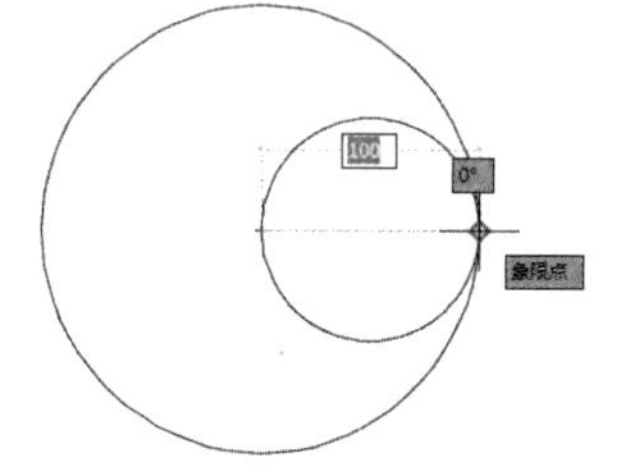

图4-13 绘制圆效果2

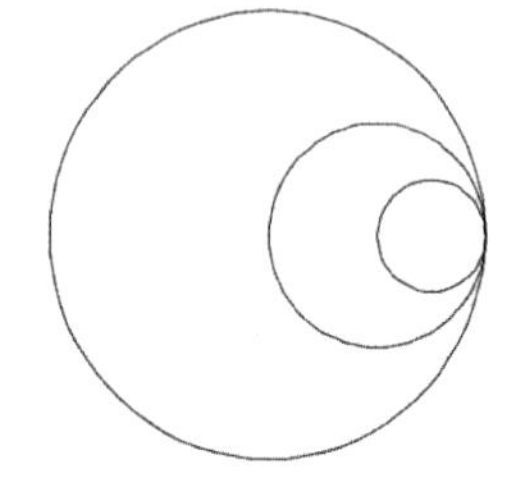

图4-14 完成效果

4.2.3 绘制圆弧

圆弧可以看成是圆的一部分，它不仅有圆心和半径，而且还有起点和端点。

在AutoCAD 2017中，执行圆弧命令的方法有以下几种。

- 在命令行中输入ARC命令。
- 在菜单栏中执行【绘图】|【圆弧】命令。
- 选择【默认】选项卡，在【绘图】面板中单击【圆弧】按钮。

选择【默认】选项卡，在【绘图】面板中当光标移动到【圆弧】按钮上时，将弹出【圆弧】

命令的子菜单，如图 4-15 所示。

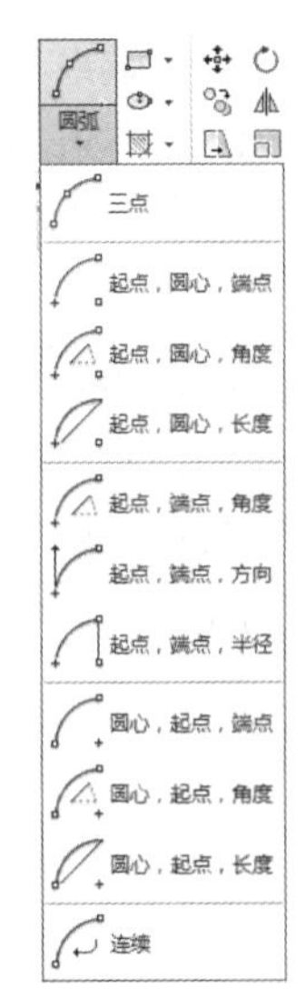

图 4-15　【圆弧】命令子菜单

AutoCAD 2017 提供了 11 种定义圆弧的方法，除【三点】方法外，其他方法都是从起点到端点逆时针绘制圆弧。通过选择下拉菜单中的相应命令，均可执行画圆弧操作。下面分别介绍相应命令的功能。

1．三点

在系统的提示下，顺序输入圆弧上的 3 点，这种方法可以定义顺时针、逆时针的圆弧，如三点共线则定义失败，圆弧的方向由点的输入顺序和位置决定，执行【三点】命令绘制圆弧效果如图 4-16 所示。

2．起点、圆心、端点

通过指定起点、圆心和端点绘制圆弧。如果已知起点、中心点和端点，可以通过首先指定起点或中心点来绘制圆弧。中心点是指圆弧所在圆的圆心。指定终点不一定在圆上，终点与圆心的连线方向确定圆弧的终止角度，执行【起点、圆心、端点】命令绘制圆弧效果如图 4-17 所示。

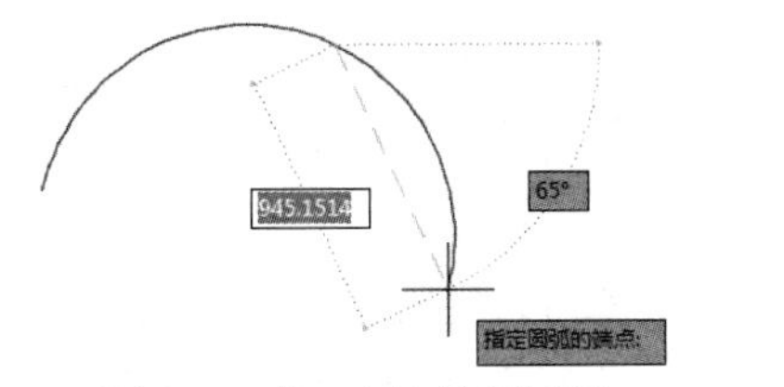

图 4-16　【三点】绘制圆弧

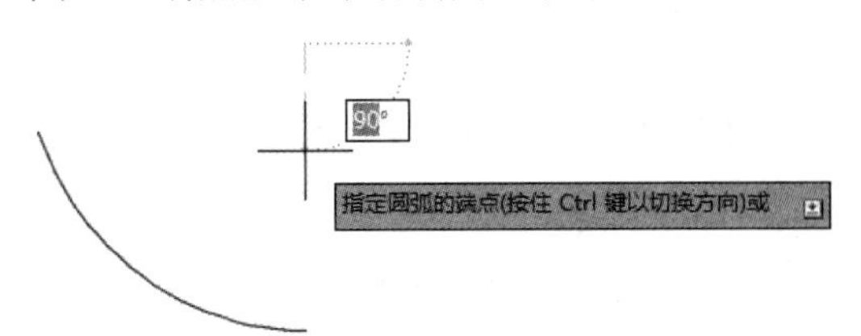

图 4-17　【起点、圆心、端点】绘制圆弧

3．起点、圆心、角度

通过指定起点、圆心和角度绘制圆弧。如果存在可以捕捉到的起点，并且已知包含角度，则使用此种方法，包含角度决定圆弧的端点，执行【起点、圆心、角度】命令绘制圆弧效果如图 4-18 所示。

4．起点、圆心、长度

通过指定起点、圆心和长度绘制圆弧。如果存在可以捕捉到的起点和中心点，并且已知弦长，则使用【起点、圆心、长度】方法来作图，弧的弦长决定包含角度，执行【起点、圆心、长度】命令绘制圆弧效果如图 4-19 所示。

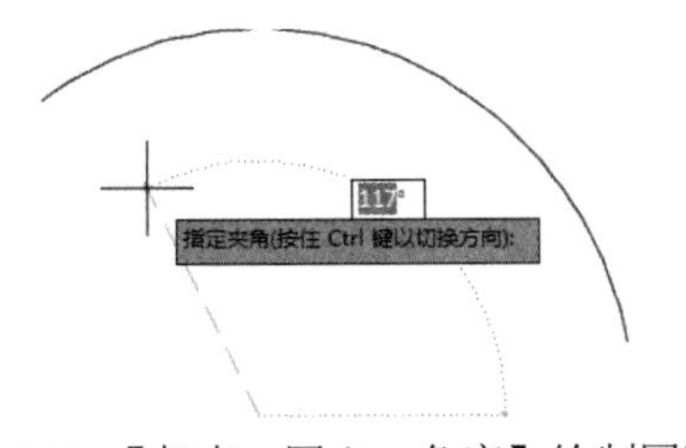

图 4-18　【起点、圆心、角度】绘制圆弧

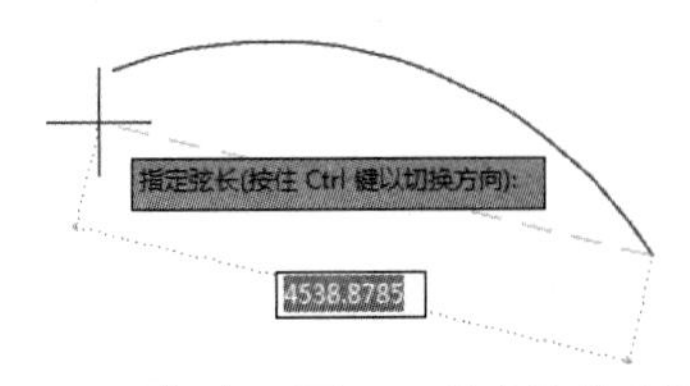

图 4-19　【起点、圆心、长度】绘制圆弧

提　示

绘制的圆弧为逆时针方向，如果所输入的弦长值大于零，则所定义的圆弧包角小于 180°，如果所输入的弦长值小于零，则所定义的圆弧包角大于 180°，如果输入一个点的坐标，起点到该点的距离为弦长，如果所输入的弦长的绝对值大于圆的直径则定义失败。

5．起点、端点、角度

通过起点、端点和包含角度确定一个圆弧，如果包角值大于零则圆弧为逆时针，否则为顺时针，如果输入一个点的坐标，起点与该点的连线方向角为包角，执行【起点、端点、角度】命令绘制圆弧效果如图 4-20 所示。

6．起点、端点、方向

通过指定起点、端点和方向使用鼠标绘制圆弧。向起点和端点的上方移动光标将绘制上凸的圆弧，向下移动光标将绘制上凹的圆弧。如果输入一点坐标，则该点与起始点连线方向角为起始点切线方向角度，执行【起点、端点、方向】命令绘制圆弧的效果如图 4-21 所示。

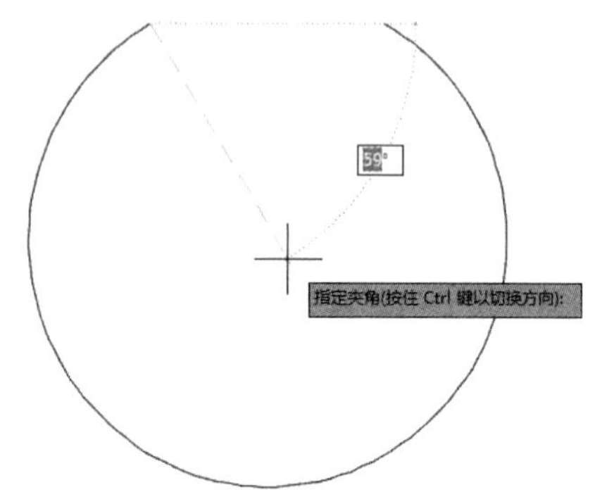

图 4-20 【起点、端点、角度】绘制圆弧

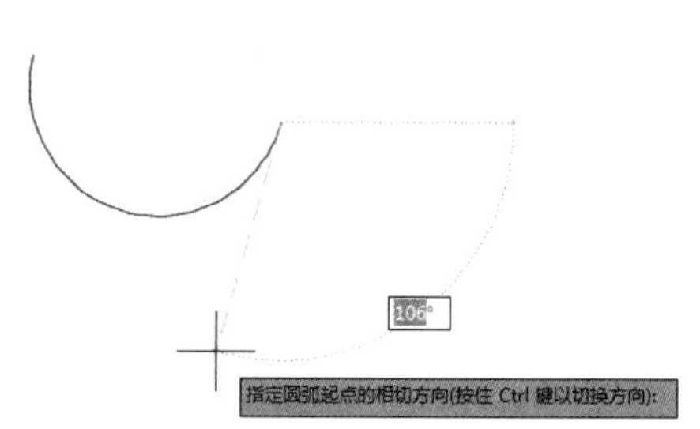

图 4-21 【起点、端点、方向】绘制圆弧

7．起点、端点、半径

通过指定起点、端点和半径绘制圆弧。可以通过输入长度，或者通过顺时针或逆时针移动鼠标，并单击确定一段距离来指定半径，执行【起点、端点、半径】命令绘制圆弧效果如图 4-22 所示。

**提　示**

如果输入的半径值小于零，则定义的圆弧包角大于 180°，如果输入一个点的坐标，终点到该点的距离为半径，如果输入的半径的绝对值小于起点与终点距离的一半，则定义失败。

8．连续

如果按空格键或【Enter】键完成第一个提示，则表示所定义圆弧的起始点坐标与前一个实体的终点坐标重合，圆弧在起始点的切线方向等于前一个实体在终点处的切线方向（光滑连接），系统提示输入圆弧终点位置，这种方法即【起点、端点、方向】方法的变形，执行【连续】命令绘制圆弧的效果如图 4-23 所示。

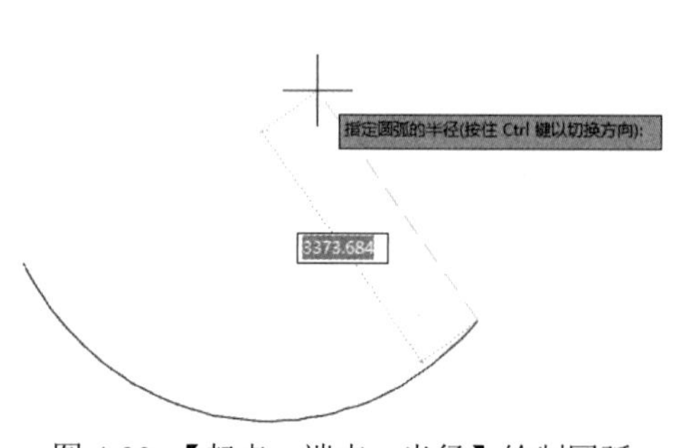

图 4-22 【起点、端点、半径】绘制圆弧

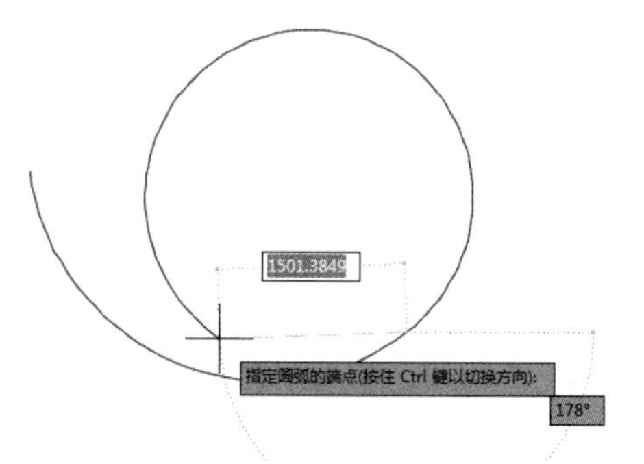

图 4-23 【连续】绘制圆弧

除以上 8 种方法以外，在下拉菜单中还提供以下 3 种方法：【圆心、起点、端点】、【圆心、起点、角度】和【圆心、起点、长度】。

这 3 种方法是前面第 2、3 和 4 这 3 种方法的变形，这 3 种方法的绘制效果如图 4-24～图 4-26 所示。

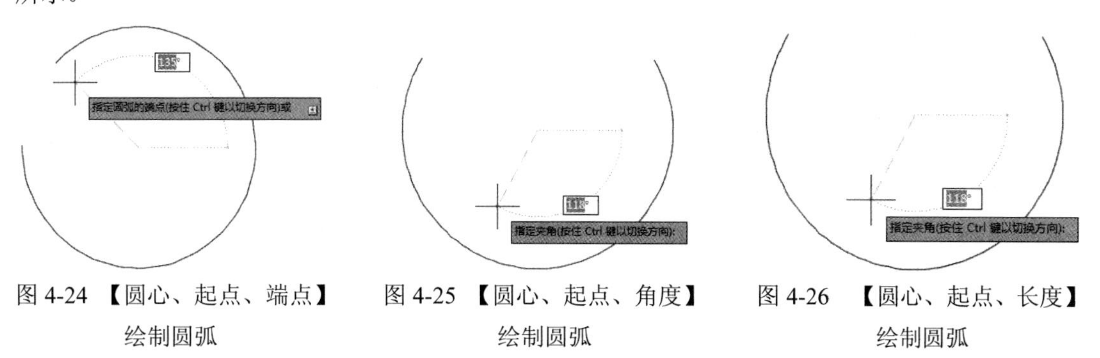

图 4-24　【圆心、起点、端点】绘制圆弧　　图 4-25　【圆心、起点、角度】绘制圆弧　　图 4-26　【圆心、起点、长度】绘制圆弧

4.2.4　实例——绘制餐桌

下面通过实例讲解如何绘制餐桌，具体操作步骤如下。

Step 01 在命令行中输入 CIRCLE 命令，在绘图区中任意位置确定圆心位置，然后分别绘制 3 个半径分别为 580、610、640 的同心圆。绘制圆效果如图 4-27 所示。

Step 02 选中绘制的圆，右击，在弹出的快捷菜单中执行【特性】命令，如图 4-28 所示。

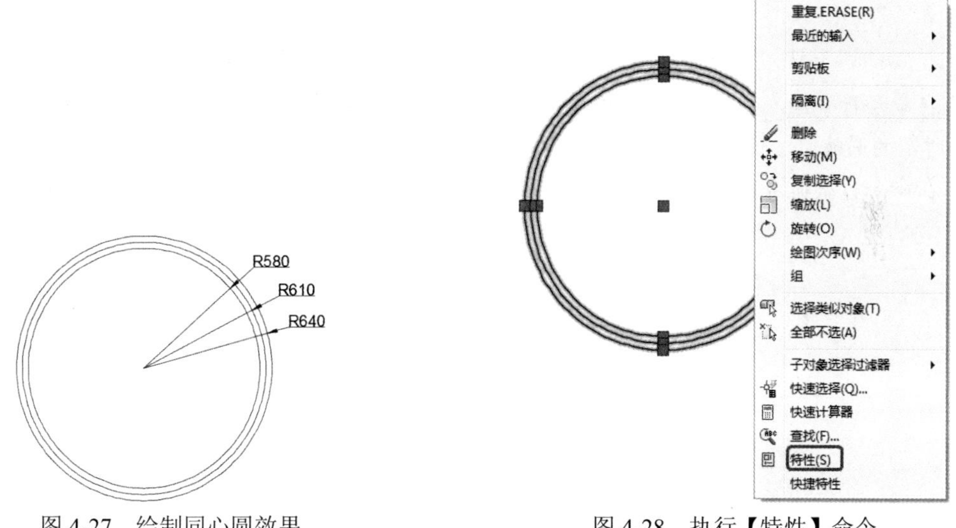

图 4-27　绘制同心圆效果　　图 4-28　执行【特性】命令

Step 03 弹出【特性】选项板，在该选项板的【常规】选项组中将【颜色】设置为【洋红】，如图 4-29 所示。

Step 04 设置颜色后显示效果如图 4-30 所示。

Step 05 在命令行中输入 CIRCLE 命令，以圆心为圆心绘制一个半径为 750 的圆，并使用前面的方法将圆设置为蓝色，绘制圆效果如图 4-31 所示。

Step 06 在命令行中输入 CIRCLE 命令，拾取大圆的上象限点向上引导鼠标输入 250 的距离确定圆心位置，绘制一个半径为 200 的圆，并将颜色设置为洋红，绘制圆效果如图 4-32 所示。

图 4-29　设置颜色参数

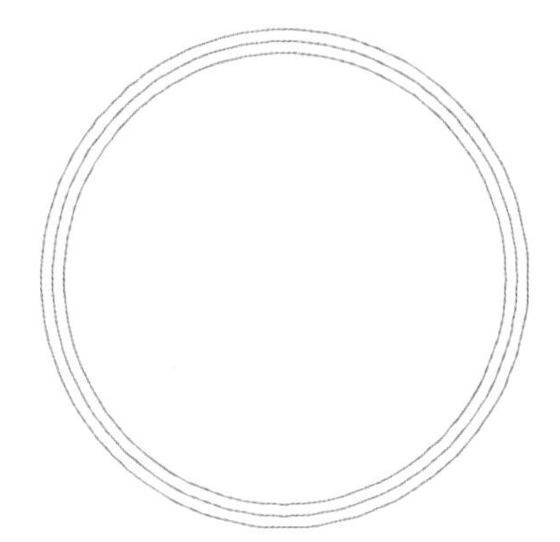

图 4-30　显示效果

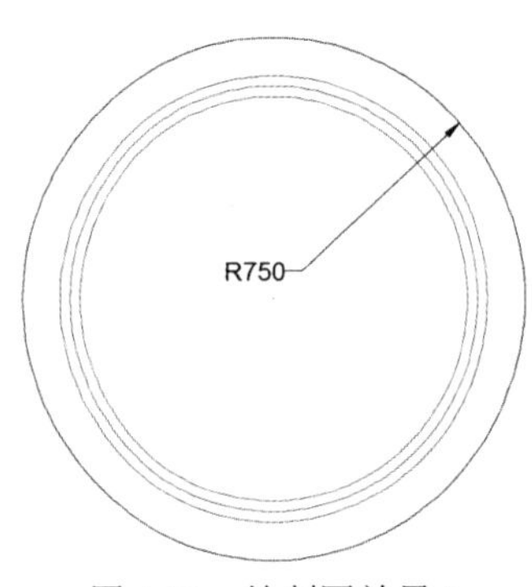

图 4-31　绘制圆效果 1

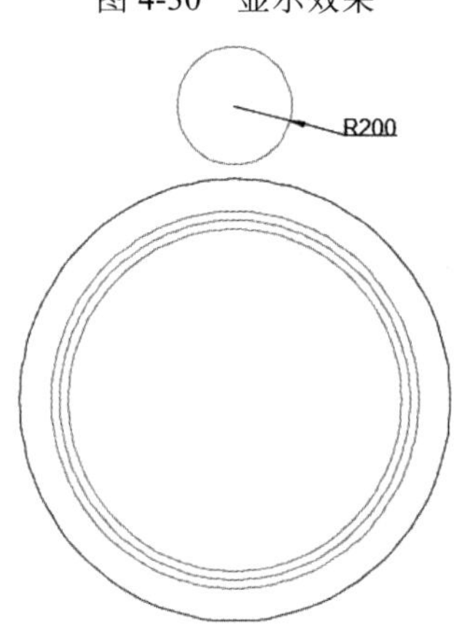

图 4-32　绘制圆效果 2

Step 07 在命令行中输入 ARC 命令，根据命令行的提示执行【圆心、起点、角度】命令，绘制如图 4-33 所示的圆弧。

Step 08 在命令行中输入 OFFSET 命令，将绘制的圆弧向下偏移 100 的距离，偏移效果如图 4-34 所示。

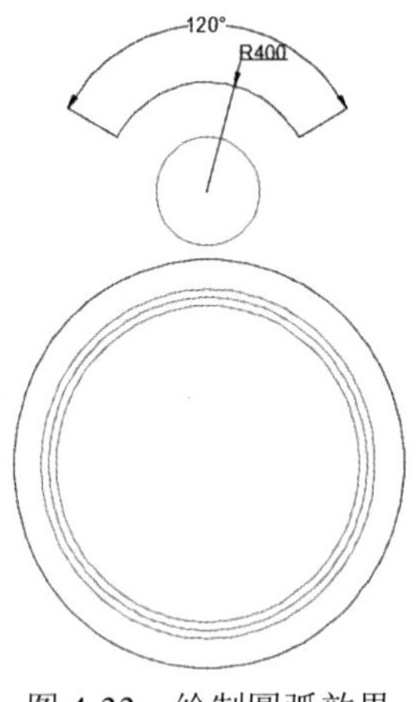

图 4-33　绘制圆弧效果

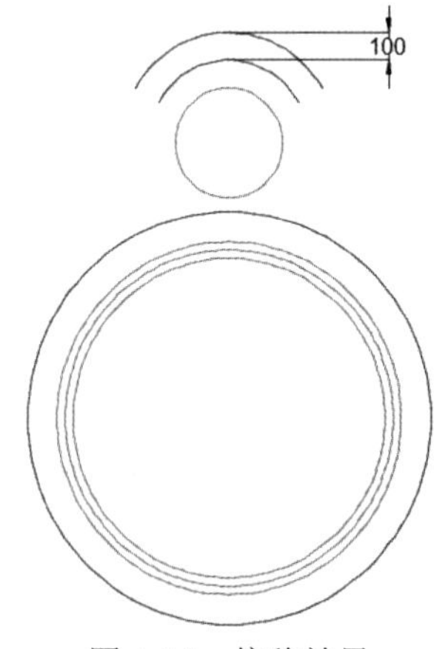

图 4-34　偏移效果

Step 09 在命令行中输入 LINE 命令，连接圆弧的两侧端点，连接效果如图 4-35 所示。

Step 10 在命令行中输入 ARRAYPOLAR 命令，根据命令行的提示选择大圆上面的图形对象作为阵列对象，将【项目】设置为 6，阵列后的显示效果如图 4-36 所示。

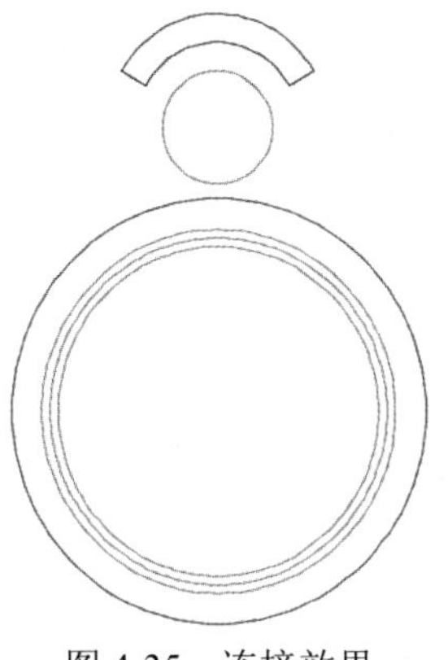

图 4-35　连接效果

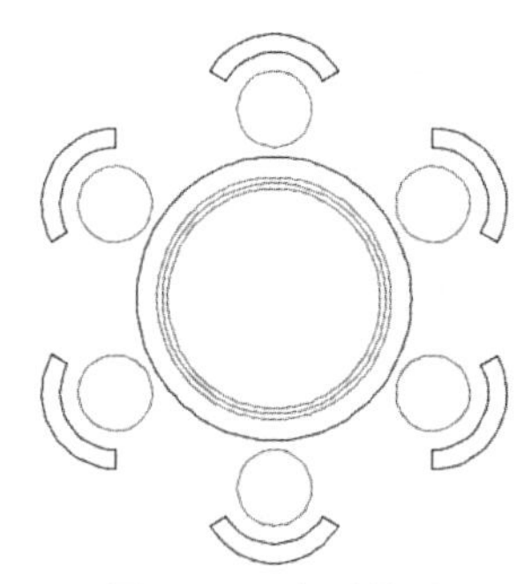

图 4-36　阵列效果

4.2.5　绘制圆环

在绘制圆环时，需要用户指定圆环的内径和外径。

在 AutoCAD 2017 中，执行圆环命令的方法有以下几种。

- 在菜单栏中执行【绘图】|【圆环】命令。
- 选择【默认】选项卡，单击【绘图】面板下面的【绘图】按钮，在弹出的下拉菜单中单击【圆环】按钮。
- 在命令行中输入 DONUT 命令。

执行以上任意命令，根据命令行的提示分别指定圆环的内径和外径的大小，即可确定圆环的大小，在绘图区中可以多次单击连续绘制多个相同的圆环，如图 4-37 所示。

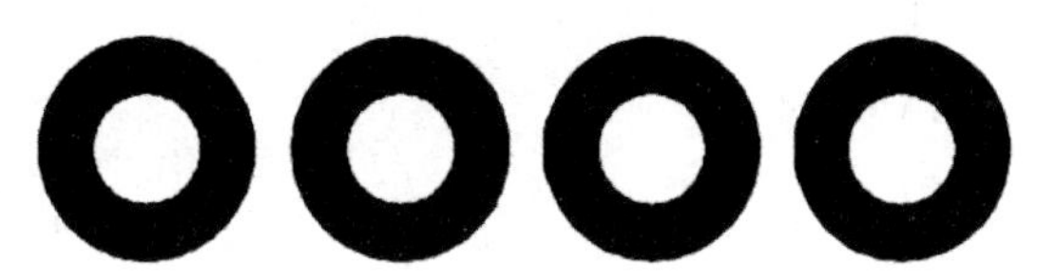

图 4-37　绘制圆环效果

提　示

在绘制圆环时，若内径值为 0，外径值为大于 0 的任意数值，则绘制出的圆环即为实心圆。

4.2.6　椭圆与椭圆弧

绘制椭圆和椭圆弧的方法与绘制圆和圆弧的方法类似，下面将分别讲解如何绘制椭圆和椭圆弧。

1. 绘制椭圆

在绘制的图形中，椭圆是一种重要的实体。椭圆与圆的差别在于，其圆周上的点到中心的距离是变化的。在 AutoCAD 绘图中，椭圆的形状主要用中心、长轴和短轴 3 个参数来描述。

在 AutoCAD 2017 中，绘制椭圆的方法有以下几种。

- 在命令行中输入 ELLIPSE 命令。
- 在菜单栏中执行【绘图】|【椭圆】命令。
- 选择【默认】选项卡，在【绘图】面板中单击【椭圆】按钮。

执行【椭圆】命令绘制椭圆的方式很多，但归根结底，都是以不同的顺序相继输入椭圆的中心点、长轴和短轴 3 个要素。在实际应用中，用户应根据自己所绘椭圆的条件灵活选择这三者的输入，并选择合适的绘制方式。

（1）通过定义两轴绘制椭圆

用此种方法绘图时命令行提示如下：

```
命令： _ELLIPSE
指定椭圆的轴端点或 [圆弧(A)/中心点(C)]：  //用鼠标指定椭圆某个轴的一个端，或输入坐标
指定轴的另一个端点：                      //指定椭圆轴的另一个端点
指定另一条半轴长度或 [旋转(R)]：          //指定另一个半轴的长度
```

如果最后输入一个点的坐标，则该点与椭圆中心的距离为另一半轴长。

（2）通过定义长轴及椭圆旋转绘制椭圆

这种方法将椭圆理解为圆绕某个直径旋转一定角度，并将旋转后的圆向圆表面投影的结果。使用这种方式绘制椭圆，需要首先定义出椭圆长轴的两个端点，然后再确定椭圆绕该轴的旋转角度，从而确定椭圆的位置及形状。椭圆的形状最终由其绕长轴的旋转角度决定。

**提　示**

若旋转角度为 0°，则将画出一个圆；若角度为 30°，将出现一个从视点看去成 30°的椭圆。旋转角度的最大值为 89.4°，若大于此角，则椭圆看上去将像一条直线。

（3）通过定义中心点和两轴端点绘制椭圆

确定椭圆的中心点后，椭圆的位置便随之确定。此时，只需再为两轴各定义一个端点，便可确定椭圆形状，执行命令过程的命令行提示如下：

```
命令： _ELLIPSE↙
指定椭圆的轴端点或 [圆弧(A)/中心点(C)]： C
指定椭圆的中心点：                        //用鼠标指定中心点或输入坐标
指定轴的端点：                            //用鼠标指定半轴端点或输入坐标
指定另一条半轴长度或 [旋转(R)]：          //用鼠标指定另一个半轴的长度
```

（4）通过定义中心点和椭圆旋转绘制椭圆

指定第 1 根轴的端点后，用户还可以通过旋转方式指定第 2 根轴，即选择【旋转】方式，执行命令过程的命令行提示如下：

```
命令： _ELLIPSE↙
指定椭圆的轴端点或 [圆弧(A)/中心点(C)]： C
指定椭圆的中心点：                        //用鼠标指定中心点或输入坐标
指定轴的端点：                            //用鼠标指定半轴端点或输入坐标
指定另一条半轴长度或 [旋转(R)]： R        //选择旋转选项，按【Enter】键
指定绕长轴旋转的角度： 45                 //定义旋转角度，按【Enter】键
```

提　示

系统变量 PELLIPSE：用来控制 ELLIPSE 命令创建的椭圆类型，如果将该系统变量设置为 0，执行该命令创建真正的椭圆对象；如果将该系统变量设置为 1，执行命令能够创建以多段线表示的椭圆。

2．绘制椭圆弧

在 AutoCAD 2017 中，执行椭圆弧命令的方法有以下几种。

- 在菜单栏中执行【绘图】|【椭圆弧】命令。

- 选择【默认】选项卡，单击【绘图】面板中的【椭圆弧】按钮。
- 在命令行中输入 ELLIPSE 命令。

执行上述任意操作后，具体操作过程如下。

```
命令: ELLIPSE                                   //执行 ELLIPSE 命令
指定椭圆的轴端点或 [圆弧(A)/中心点(C)]:a//选择【圆弧】选项
指定椭圆弧的轴端点或 [中心点(C)]:             //在绘图区中拾取一点作为椭圆弧轴的一个端点
指定轴的另一个端点:                             //拾取另一点作为轴的另一个端点
指定另一条半轴长度或 [旋转(R)]:                 //指定椭圆弧另一条轴线的半长
指定起始角度或 [参数(P)]:                       //指定椭圆弧起点角度值，可手动拾取一点来确定
指定终止角度或 [参数(P)/包含角度(I)]:           //指定椭圆弧端点角度值
```

在执行命令的过程中，各选项含义如下。

- 中心点(C)：以指定圆心的方式绘制椭圆弧。选择该选项后指定第一条轴的长度时也只需指定其半长即可。
- 旋转(R)：通过绕第一条轴旋转圆的方式绘制椭圆，再指定起始角度与终止角度绘制出椭圆弧。
- 参数(P)：选择【参数】选项后同样需要输入椭圆弧的起始角度，但系统将通过矢量参数方程式【$p(u) = c+a\cos(u) +b\sin(u)$ 】来绘制椭圆弧。其中，c 表示椭圆的中心点，a 和 b 分别表示椭圆的长轴和短轴。
- 包含角度(L)：定义从起始角度开始的包含角度。

4.2.7 实例——绘制洗脸盆

下面讲解如何绘制洗脸盆，具体操作步骤如下。

Step 01 在命令行中输入 LINE 命令，绘制一个长度为 380、宽度为 635 的四边形，绘制效果如图 4-38 所示。

Step 02 在命令行中输入 FILLET 命令，根据命令行的提示将半径设置为 20，对图形对象进行圆角处理，圆角效果如图 4-39 所示。

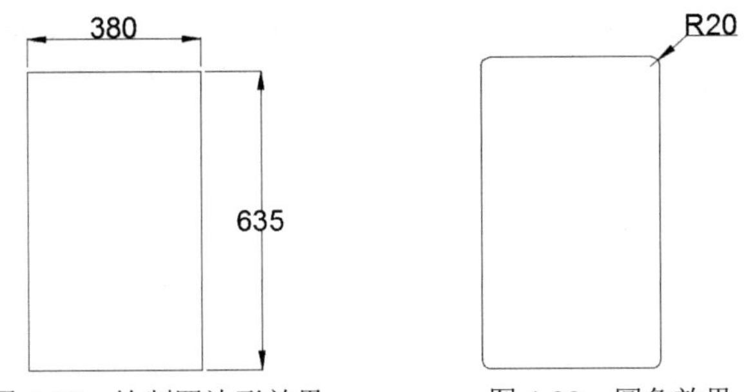

图 4-38 绘制四边形效果　　图 4-39 圆角效果

Step 03 在命令行中输入 OFFSET 命令，将左侧垂直线段向右偏移 85、190、295 的距离，将上面的水平线段向下偏移 75、255、385 的距离，偏移效果如图 4-40 所示。

Step 04 在命令行中输入 CIRCLE 命令，以偏移线段的交点为圆心分别绘制半径为 25、35 的圆，绘制圆效果如图 4-41 所示。

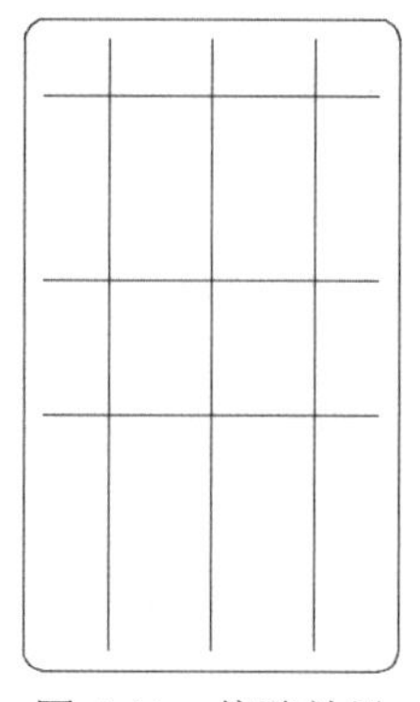

图 4-40 偏移效果

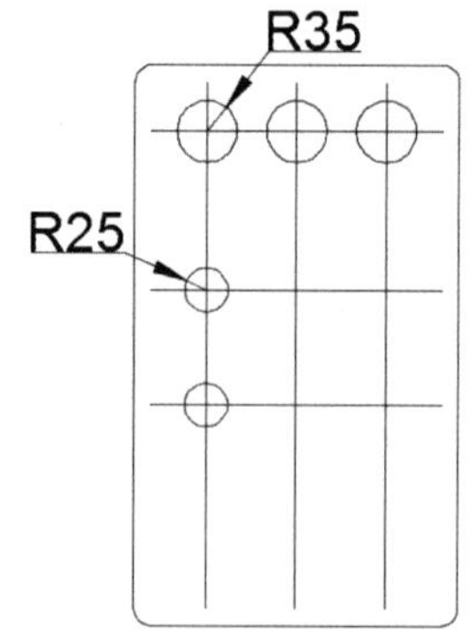

图 4-41 绘制圆效果

Step 05 在命令行中输入ROTATE命令，根据命令行的提示操作分别指定所交圆心为基点，分别将偏移得到的下面的两条水平线段旋转-14° 和 14° ，旋转效果如图 4-42 所示。

Step 06 在命令行中输入 TRIM 命令，对图形对象进行修剪，修剪效果如图 4-43 所示。

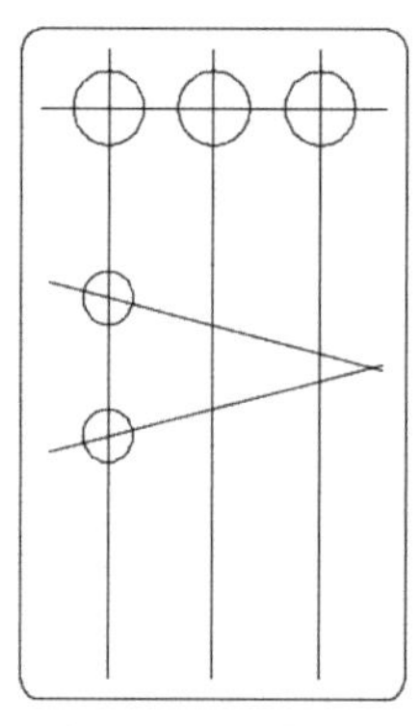
图 4-42 旋转效果

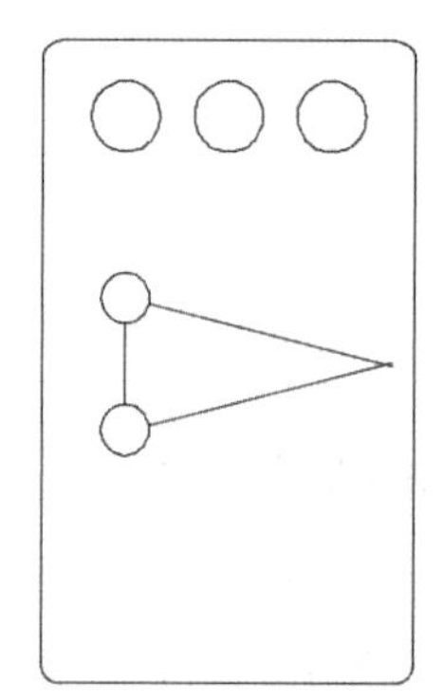
图 4-43 修剪效果

Step 07 在命令行中输入 OFFSET 命令，将修剪后的垂直线段向右偏移 50、100 的距离，偏移效果如图 4-44 所示。

Step 08 在命令行中输入 TRIM 命令，对图形对象进行修剪，修剪效果如图 4-45 所示。

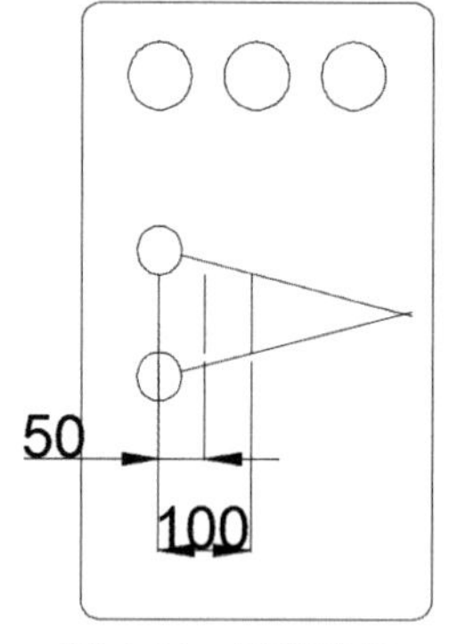

图 4-44 偏移效果

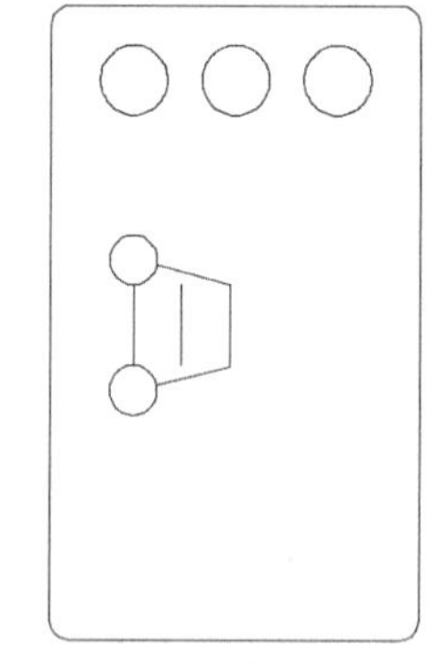
图 4-45 修剪效果

Step 09 在命令行中输入 RECTANG 命令，绘制一个长度为 220、宽度为 280 的矩形，并将其左侧垂直线段的中线点与偏移线段的中线点重叠，绘制矩形效果如图 4-46 所示。

Step 10 在命令行中输入CIRCLE命令，以矩形的几何中心点为圆心，绘制一个半径为38的圆，绘制圆效果如图 4-47 所示。

Step 11 在命令行中输入LINE命令，连接如图4-48所示的两条倾斜线，连接效果如图4-48所示。

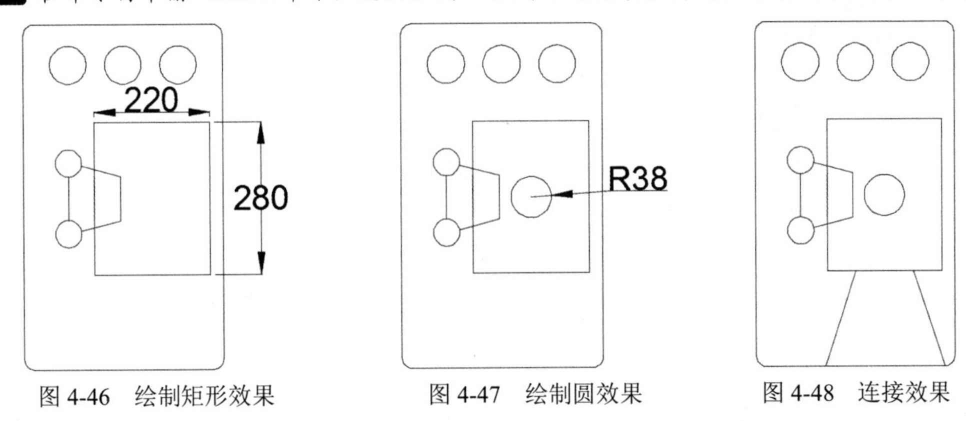

图 4-46　绘制矩形效果　　图 4-47　绘制圆效果　　图 4-48　连接效果

4.3　绘制多边形和点

在二维图形中多边形是由 3 条及 3 条以上的线段首尾连接所组成的封闭图形，包括三角形、矩形、正多边形等。点则是 AutoCAD 中组成图形对象最基本的元素，默认情况下点没有长度和大小，因此在绘制点之前可以对其样式进行设置，以便更好地显示。下面将分别详细讲解如何绘制多边形和点。

4.3.1　绘制矩形

在 AutoCAD 制图中，使用【矩形】命令绘制矩形，实际上是创建矩形形状的闭合多段线。使用该命令不仅可以绘制一般的二维矩形，还能够绘制具有一定宽度、标高和厚度等特性的矩形，并且能够控制矩形角点的类型（圆角、倒角或直角）。

在 AutoCAD 2017 中，执行【矩形】命令有以下几种方法。

- 在命令行中输入 RECTANG 命令。
- 在菜单栏中执行【绘图】|【矩形】命令。
- 选择【默认】选项卡，在【绘图】面板中单击【矩形】按钮。

执行该命令后，命令行提示如下：

```
命令:RECTANG
指定第一个角点或 [倒角(C)/标高(E)/圆角(F)/厚度(T)/宽度(W)]:
指定另一个角点或 [面积(A)/尺寸(D)/旋转(R)]:
```

如果绘制的不是一般的矩形，在绘制矩形之前都需要设置相关的参数。

通过在命令栏的第一行选项，可以定义矩形的其他特征。这些选项的具体含义如下。

- 倒角(C)：用于定义矩形的倒角尺寸（两个倒角边长度）。
- 标高(E)：用于定义矩形的标高，即构造平面的 Z 坐标，系统默认值为 0。
- 圆角(F)：用于定义矩形的圆角半径。
- 厚度(T)：用于定义矩形厚度（三维厚度）。
- 宽度(W)：用于定义矩形轮廓线的线宽。

提　示

在命令行的第二行提示下选择面积（A）选项，则先指定矩形的面积，然后确定长度，最终确定矩形；选择尺寸（D）选项，则依次确定矩形的长和宽，来确定矩形；选择旋转（R）选项，则指定矩形的倾斜角度。

4.3.2 实例——绘制健身器材

下面通过实例讲解如何绘制健身器材，其具体操作步骤如下。

Step 01 在命令行中输入 RECTANG 命令，绘制一个长度为 900、宽度为 510 的矩形，绘制矩形效果如图 4-49 所示。

Step 02 在命令行中输入 OFFSET 命令，将绘制的矩形向内偏移 30 的距离，偏移效果如图 4-50 所示。

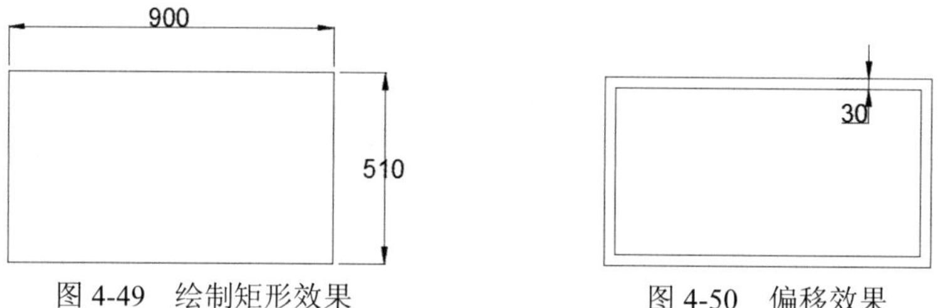

图 4-49 绘制矩形效果　　图 4-50 偏移效果

Step 03 在命令行中输入 RECTANG 命令，绘制一个长度为 400、宽度为 510 的矩形，并将新绘制矩形的右侧垂直线段的中心点与右侧大矩形的左侧垂直线段的中线点重叠，绘制矩形效果如图 4-51 所示。

Step 04 在命令行中输入 RECTANG 命令，绘制一个长度为 207、宽度为 50 的矩形，并将其调整到右侧图形对象的中间位置处，绘制矩形效果如图 4-52 所示。

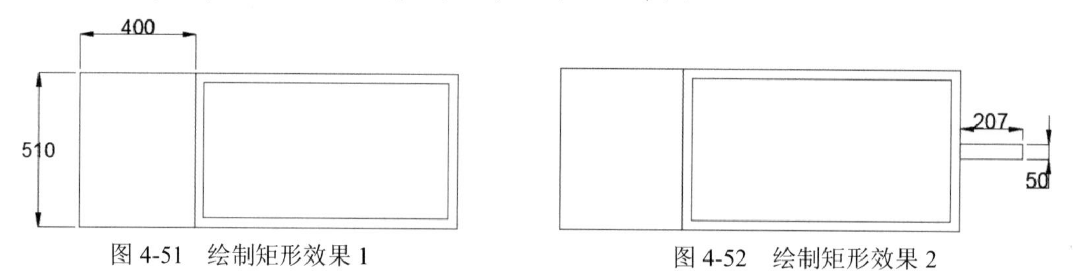

图 4-51 绘制矩形效果 1　　图 4-52 绘制矩形效果 2

Step 05 在命令行中输入 RECTANG 命令，绘制一个长度为 50、宽度为 560 的矩形，并将其调整到合适的位置，绘制矩形效果如图 4-53 所示。

Step 06 在命令行中输入 MOVE 命令，根据命令行的提示选择新绘制的矩形作为移动对象，指定左下角端点为基点，将其向左移动 1 483 的距离，移动效果 4-54 所示。

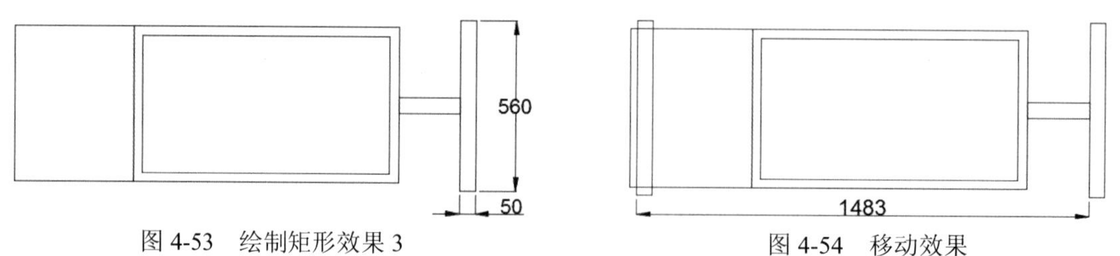

图 4-53 绘制矩形效果 3　　图 4-54 移动效果

Step 07 在命令行中输入 TRIM 命令，对图形对象进行修剪，修剪效果如图 4-55 所示。

Step 08 在命令行中输入 FILLET 命令，根据命令行的提示设置相应的半径，对图形对象进行圆

角处理，圆角效果如图 4-56 所示。

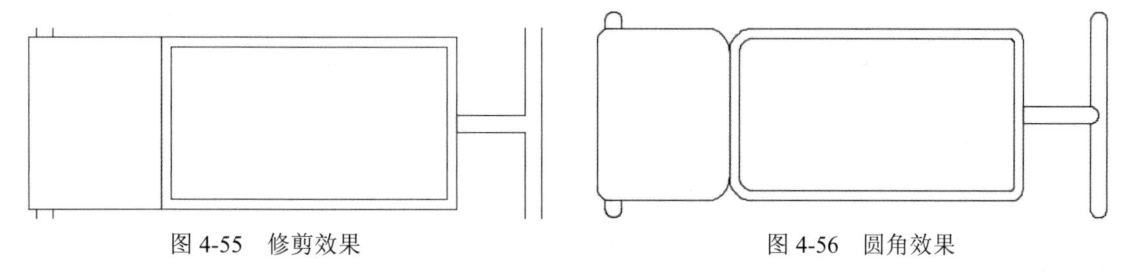

图 4-55　修剪效果　　　　图 4-56　圆角效果

4.3.3　绘制正多边形

正多边形是建筑绘图中经常用到的简单图形，执行【正多边形】命令可以绘制边数从 3～1 024 的二维正多边形。

在 AutoCAD 2017 中，执行【正多边形】命令的方法有以下几种。

- 在菜单栏中执行【绘图】|【正多边形】命令。
- 选择【默认】选项卡，在【绘图】面板中单击【正多边形】按钮。
- 在命令行中输入 POLYGON 命令。

在绘制正多边形的过程中，可以通过指定多边形的边长或指定多边形中心点，以及与圆相切或相接等方式来进行绘制。在实际绘图过程中，应根据实际情况选择相应的方式。

下面将通过实例讲解如何绘制正多边形，其具体操作步骤如下。

Step 01 在命令行中输入 CIRCLE 命令，绘制一个半径为 100 的圆，绘制圆效果如图 4-57 所示。

Step 02 在命令行中输入 POLYGON 命令，根据命令行的提示指定圆心为中心点，然后执行【内接于圆】命令，将半径设置为 100，绘制正六边形的效果如图 4-58 所示。

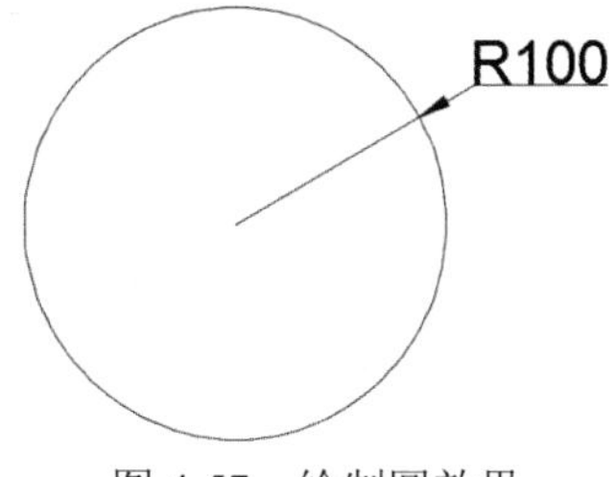

图 4-57　绘制圆效果

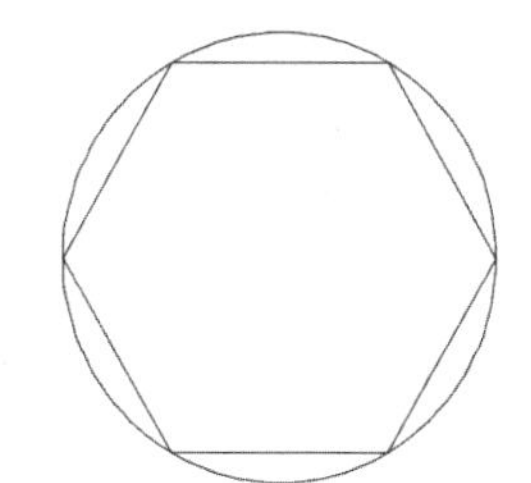

图 4-58　绘制正六边形效果

4.3.4　绘制点

点的绘制包含定数等分点的绘制和定距等分点的绘制两个部分。该部分命令在定距或定数等分一个图形时，无须具体计算长度和数量，非常简便。同时在某一图形上定距或定数插入图形时也很快捷。

定数等分功能是将选中的对象按指定的段数进行等分，并在对象的等分点上设置点的标记或块参照标记。

在 AutoCAD 2017 中，执行【定数等分】命令的方法有以下几种。

- 在菜单栏中执行【绘图】|【点】|【定数等分】命令。
- 在命令行中输入 DIVIDE 命令。

下面通过两个方面来讲解定数等分。

1．设置点的标记

在某个对象上定数等分线段时，往往需要确定等分点的位置，此时，应该使用点作为等分标记。通过选择【绘图】|【点】|【定数等分】命令，或者在命令行中输入 DEVIDE 命令，可以把一个对象分成几份，并得到一系列等分点。

2．设置块参照标记

块是通过定义创建的一个或一组对象的命令集合，将其插入到图形中后称为块参照。

用块参照作为等分点标记，主要是因为点标记只能在平面上显示，而不能在图纸上输出，当用户需要将几何图形绘制在等分点处时，即可以将一个或一组对象定义为块，然后在等分点处插入块参照作为等分点标记。

4.3.5 实例——定数等分

下面通过实例讲解如何定数等分图形对象，具体操作步骤如下。

Step 01 在命令行中输入 ELLIPSE 命令，根据命令行的提示在绘图区中的任意位置处单击指定椭圆的中心点位置，然后向右引导鼠标输入 300，确定长半轴的端点，然后指定另一半轴的长度为 150，绘制椭圆 效果如图 4-59 所示。

Step 02 在命令行中输入 PTYPE 命令，弹出【点样式】对话框，在该对话框中选择合适的点样式，然后单击【确定】按钮，如图 4-60 所示。

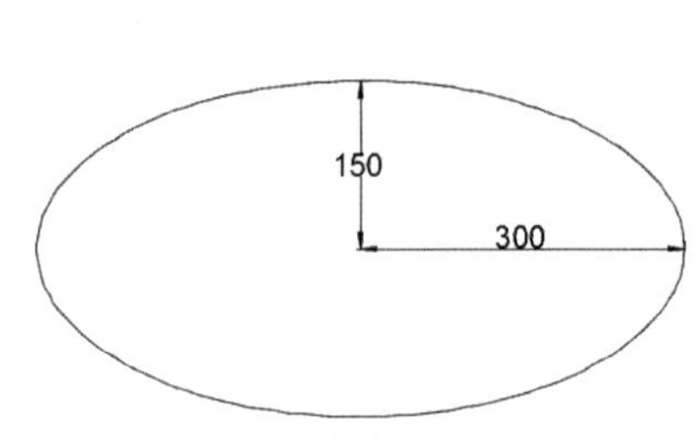

图 4-59 绘制椭圆效果

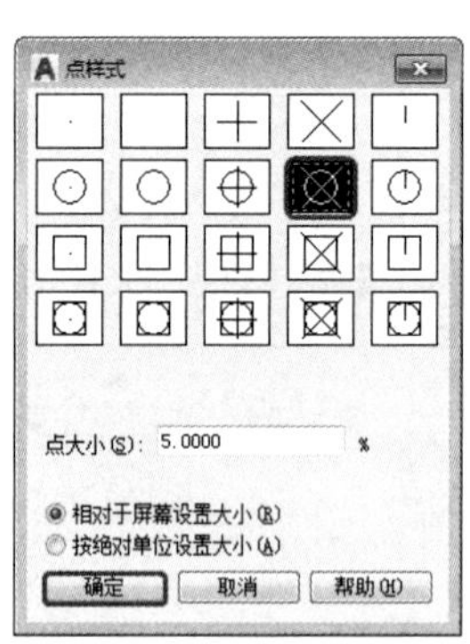

图 4-60 选择点样式

Step 03 在命令行中输入 DIVIDE 命令，根据命令行的提示选择绘制的椭圆作为等分对象，将【数目】设置为 6，并按【Enter】键确定即可，定数等分效果如图 4-61 所示。

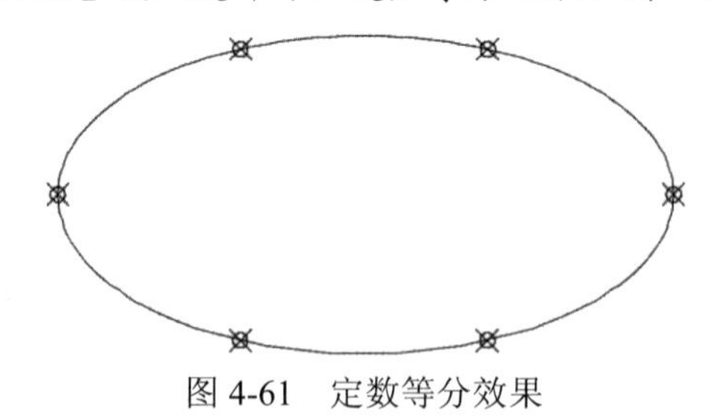

图 4-61 定数等分效果

4.3.6 定距等分

定距等分功能是对选择的对象从起点开始按指定长度进行度量，并在每个度量点处设置定距的等分标识，度量的标记可以是点标记也可以是块参照标记。

在 AutoCAD 2017 中，执行【定距等分】命令的方法有以下几种。

- 在菜单栏中执行【绘图】|【点】|【定距等分】命令。
- 在命令行中输入 MEASURE 命令。

执行上述任一命令后可以通过指定每份的距离把一个图形对象分成几份，得到一系列等分点，如果所给距离不能等分对象，则末段的长度即为残留距离，相当于做完除法运算后的余数。

4.3.7　实例——定距等分

下面通过实例讲解如何定距等分，其具体操作步骤如下。

Step 01 在命令行中输入 LINE 命令，绘制一个长度为 400 的水平线段，绘制效果如图 4-62 所示。

Step 02 在命令行中输入 PTYPE 命令，弹出【点样式】对话框，在该对话框中选择合适的点样式，然后单击【确定】按钮，如图 4-63 所示。

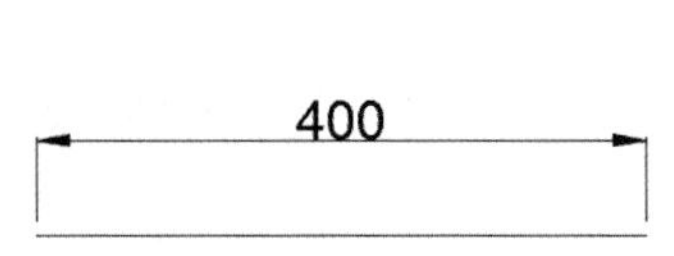

图 4-62　绘制水平线段效果

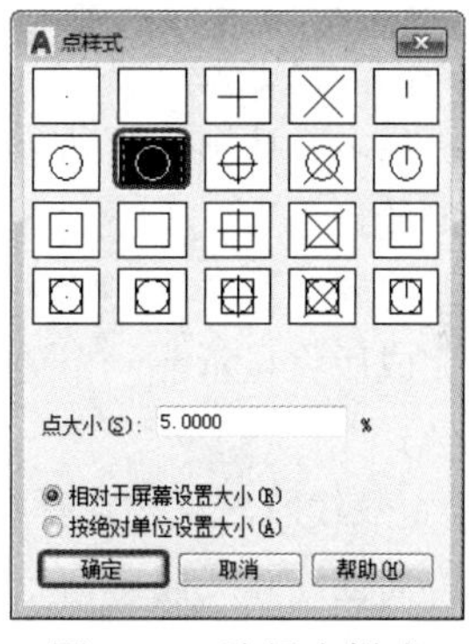

图 4-63　选择点样式

Step 03 在命令行中输入 MEASURE 命令，根据命令行的提示选择水平线段作为定距等分对象，指定线段长度为 30 并确定，定距等分效果如图 4-64 所示。

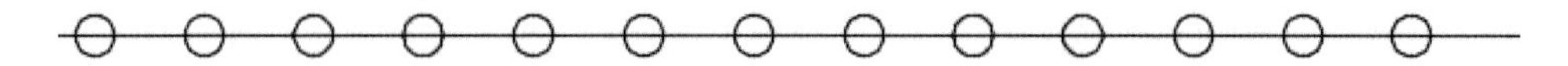

图 4-64　定距等分效果

4.4　绘制多段线

多线段是由等宽或者不等宽的直线或圆弧构成的一种特殊的几何对象。在 AutoCAD 2017 中，多段线被视为一个对象。利用多段线编辑命令可以对其进行各种编辑。可以将由直线段及其圆弧线段构成的连续线段，连接成一条多段线，也可以将其分解成组成它的多条独立的线段。在图形设计的过程中，多段线为设计操作带来了很多方便。

在 AutoCAD 2017 中，执行【多段线】命令的常用方法有以下几种。

- 在命令行中输入 PLINE 命令。
- 在菜单栏中执行【绘图】菜单|【多段线】命令。
- 选择【默认】选项卡，在【绘图】面板中单击【多段线】按钮。

执行该命令后，AutoCAD 2017 命令行将依次出现如下提示：

指定起点:

在上述提示下，在绘图区域拾取一个点作为多段线的起点，命令行会继续提示：

当前线宽为 0.0000

指定下一个点或[圆弧(A)/半宽(H)/长度(L)/放弃(U)/宽度(W)]:

在上述提示下，说明当前线宽为0.0000。

上述各选项的作用如下。

1. 指定下一个点

选择该默认选项，要求指定一点，系统将从前一点到该点绘制直线，画完之后命令行将显示同样的提示，具体如下：

指定下一个点或 [圆弧(A)/闭合(C)/半宽(H)/长度(L)/放弃(U)/宽度(W)]:

2. 圆弧(A)

选择此选项将把弧线段添加到多段线中，命令行提示如下：

指定下一个点或 [圆弧(A)/半宽(H)/长度(L)/放弃(U)/宽度(W)]: //在绘图区单击指定
指定下一个点或 [圆弧(A)/闭合(C)/半宽(H)/长度(L)/放弃(U)/宽度(W)]: A
//选择圆弧选项
指定圆弧的端点或[角度(A)/圆心(CE)/闭合(CL)/方向(D)/半宽(H)/直线(L)/半径(R)/第二个点(S)/放弃(U)/宽度(W)]:

此时系统提供多个选项，下面分别介绍它们的功能。

（1）圆弧的端点

选择【圆弧的端点】选项，则开始绘制弧线段，弧线段从多段线上一段的最后一点开始并与多段线相切，完成后将显示前一个提示。

（2）角度(A)

【角度】指定弧线段的从起点开始的包含角，输入正数将按逆时针方向创建弧线段，输入负数将按顺时针方向创建弧线段，命令行提示如下：

指定圆弧的端点或
[角度(A)/圆心(CE)/方向(D)/半宽(H)/直线(L)/半径(R)/第二个点(S)/放弃(U)/宽度(W)]:
A //选择角度选项
指定包含角: 30 //输入包含角为30°
指定圆弧的端点或 [圆心(CE)/半径(R)]: //指定端点或选择其他选项

此时可以用鼠标指定端点或者输入坐标。选择【圆心】选项可以指定弧线段的圆心，通过圆弧包含角和圆心位置确定圆弧。选择【半径】选项指定弧线段的半径，命令行提示如下：

指定圆弧的端点或 [圆心(CE)/半径(R)]: R //选择半径选项
指定圆弧的半径: 50 //输入半径
指定圆弧的弦方向 <308>: 30 //输入圆弧弦的方向角

（3）圆心(CE)

指定弧线段的圆心，命令行提示如下：

指定圆弧的端点或
[角度(A)/圆心(CE)/方向(D)/半宽(H)/直线(L)/半径(R)/第二个点(S)/放弃(U)/宽度(W)]: CE
//选择【圆心】选项
指定圆弧的圆心: //用鼠标指定也可以输入坐标
指定圆弧的端点或 [角度(A)/长度(L)]:

各个选项的意义如下：

【圆弧的端点】选项指定端点并绘制弧线段；【角度（A）】选项指定弧线段的从起点开始的包含角；【长度（L）】选项指定弧线段的弦长。如果前一线段是圆弧，程序将绘制与前一弧线段相切的新弧线段。

（4）闭合(CL)

使一条带弧线段的多段线闭合。

（5）方向(D)

指定弧线段的起点方向。

（6）半宽(H)

指定从宽多段线线段的中心到其一边的宽度。起点半宽将成为默认的端点半宽。端点半宽在再次修改半宽之前将作为所有后续线段的统一半宽。宽线线段的起点和端点位于宽线的中心。

（7）直线(L)

退出 ARC 选项并返回上一级提示。

（8）半径(R)

指定弧线段的半径。命令行提示如下：

```
指定圆弧的端点或
[角度(A)/圆心(CE)/闭合(CL)/方向(D)/半宽(H)/直线(L)/半径(R)/第二个点(S)/放弃(U)/
宽度(W)]: R                    //输入 R，进入指定圆弧半径状态
指定圆弧的半径: 5              //输入半径参数为 5
指定圆弧的端点或 [角度(A)]: A
```

各个选项的意义如下：

【圆弧的端点】指定端点并绘制弧线段；【角度】指定弧线段的包含角，再通过指定弦的方向确定圆弧。第二个点(S)：指定三点圆弧的第二点和端点。命令行提示如下：

```
指定圆弧上的第二点:            //指定点 2
指定圆弧的端点:                //指定点 3
```

（9）放弃(U)

删除最近一次添加到多段线上的弧线段。

（10）宽度(W)

指定下一弧线段的宽度。起点宽度将成为默认的端点宽度。端点宽度在再次修改宽度之前，将作为所有后续线段的统一宽度。宽线线段的起点和端点位于宽线的中心。

3．半宽(H)

该选项可分别指定多段线每一段起点的半宽和端点的半宽值。所谓半宽是指多段线的中心到其一边的宽度，即宽度的一半。改变后的取值将成为后续线段的默认宽度。

4．长度(L)

以前一线段相同的角度并按指定长度绘制直线段。如果前一线段为圆弧，AutoCAD 将绘制一条直线段与弧线段相切。

5．放弃(U)

删除最近一次添加到多段线上的直线段。

6．宽度(W)

该选项可分别指定多段线每一段起点的宽度和端点的宽度值。改变后的取值将成为后续线段的默认宽度。

在指定多段线的第二点之后，还将增加一个【闭合（C）】选项，用于在当前位置到多段线起点之间绘制一条直线段以闭合多段线，并结束【多段线】命令。

4.4.1　实例——绘制箭头

下面通过实例讲解如何绘制箭头，具体操作步骤如下。

Step 01 在命令行中输入 PLINE 命令，根据命令行的提示执行【半宽】命令，将【起点半宽】和【端点半宽】均设置为 20，向右引导鼠标输入 150。

Step 02 执行【半宽】命令，将【起点半宽】设置为 50，【端点半宽】设置为 0，然后向右引导鼠标输入 100 的距离，并按两次【Enter】键确定即可，绘制箭头效果如图 4-65 所示。

图 4-65 绘制箭头效果

4.4.2 编辑多段线

执行【编辑多段线】命令可以编辑多段线。二维和三维多段线、矩形、正多边形和三维多边形网格都是多段线的变形，均可执行该命令进行编辑。

在 AutoCAD 2017 中，执行【编辑多段线】命令的方法有以下几种。

- 在菜单栏中执行【修改】|【对象】|【多段线】命令。
- 选择【默认】选项卡，在【修改】面板中单击【编辑多段线】按钮。
- 在命令行中输入 PEDIT 命令。

4.4.3 实例——编辑多段线

下面通过实例讲解如何编辑多段线，具体操作步骤如下。

Step 01 打开配套资源中的素材\第 4 章\【编辑多段线素材.dwg】素材文件，如图 4-66 所示。

Step 02 在命令行中输入 PEDIT 命令，根据命令行的提示选择最外面的不规则四边形，再根据命令行的提示执行【样条曲线】命令并确定，编辑完成后的显示效果如图 4-67 所示。

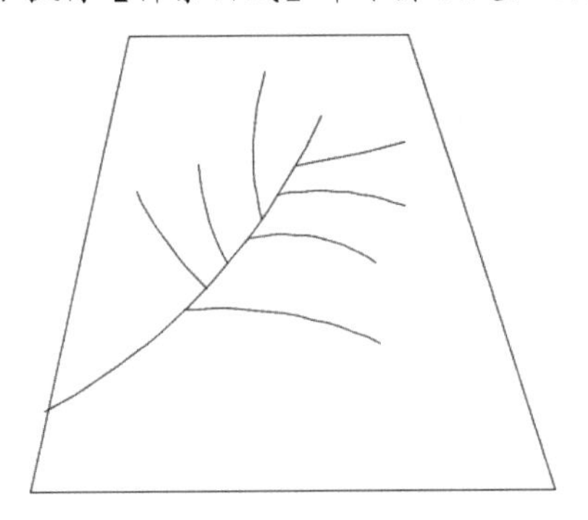

图 4-66 素材效果

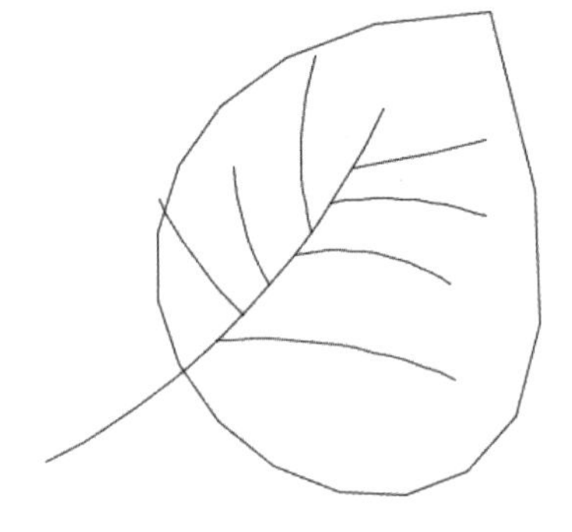

图 4-67 编辑效果

4.5 绘制、编辑样条曲线

使用样条曲线可以生成拟合光滑曲线，使绘制的曲线更加真实、美观，常用来设计某些曲线型工艺品的轮廓线。

4.5.1 绘制样条曲线

AutoCAD 2017 使用的样条曲线是一种特殊的曲线。通过指定的一系列控制点，AutoCAD 2017 可以在指定的允差范围内把控制点拟合成光滑的 NURBS 曲线。所谓允差是指样条曲线与指定拟合点之间的接近程度。允差越小，样条曲线与拟合点越接近。允差为 0，样条曲线将通过拟合点。这种类型的曲线适合于标识具有规则变化曲率半径的曲线，例如建筑基地的等高线、区域

界线等的样线。样条曲线是由一组输入的拟合点生成的光滑曲线。

在 AutoCAD 2017 中，执行样条曲线命令的方法有以下几种。

- 在菜单栏中执行【绘图】|【样条曲线】命令。
- 选择【默认】选项卡，在【绘图】面板中单击【样条曲线拟合】按钮。
- 在命令行中输入 SPLINE 命令。

执行该命令后，命令行提示如下：

```
命令: _SPLINE
指定第一个点或 [对象(O)]:
```

如果用户选择【对象（0)】选项，可将二维或三维的二次或三次样条拟合多段线转换成等价的样条曲线并删除多段线。如果用户指定样条曲线的起点，系统则进一步提示用户指定下一点，并从第三点开始可选择如下选项：

```
指定下一点或 [闭合(C)/拟合公差(F)] <起点切向>:
```

（1）闭合(C)

自动将最后一点定义为与第一点相同，并且在连接处相切，以此使样条曲线闭合。

（2）拟合公差(F)

修改当前样条曲线的拟合公差。样条曲线重定义，以使其按照新的公差拟合现有的点。注意，修改后所有控制点的公差都会相应地发生变化。

（3）起点切向

定义样条曲线的第一点和最后一点的切向，并结束命令。

【对象(0)】选项用于把样条拟合多段线转换为真样条曲线。拟合多段线转换为真样条曲线后，不仅曲线边界更加精确，而且所需要的存储空间也节省了更多。默认情况下，由于拟合公差为 0，因此，拟合点与数据点重合。

4.5.2　编辑样条曲线

在 AutoCAD 2017 中，用户可以通过执行【编辑样条曲线】命令来对样条曲线进行编辑。执行该命令后可以删除样条曲线的拟合点，提高精度而添加拟合点，移动拟合点修改样条曲线的形状，打开或关闭样条曲线，编辑样条曲线的起点切向和端点切向，反转样条曲线的方向，改变样条曲线的公差。

下面通过实例讲解如何编辑样条曲线，具体操作步骤如下。

Step 01 打开配套资源中的素材\第 4 章\【编辑样条曲线素材.dwg】素材文件，如图 4-68 所示。

Step 02 在命令行中输入 SPLINEDIT 命令，根据命令行的提示操作选择最外面的样条曲线，先执行【编辑顶点】命令，再执行【移动】命令，然后执行【选择点】命令，显示效果如图 4-69 所示。

Step 03 将选择点移动到垂直线段的上端点位置处，移动后的显示效果如图 4-70 所示。

Step 04 在命令行中输入 SPLINEDIT 命令，使用同样的方法调整另一端点的位置，调整效果如图 4-71 所示。

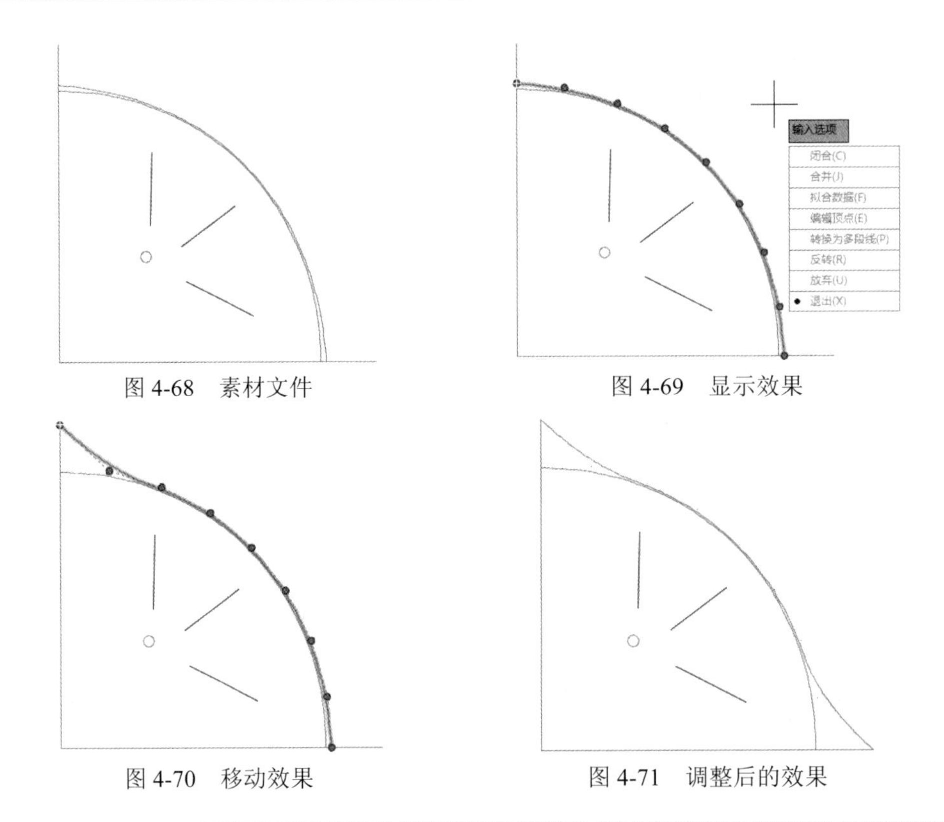

图 4-68　素材文件

图 4-69　显示效果

图 4-70　移动效果

图 4-71　调整后的效果

4.6　绘制徒手线和修订云线

徒手线和云线是两种不规则的线。这两种线正是由于不规则和随意性，给刻板规范的工程图绘制带来很大的灵活性，有利于绘制者个性化和创造性的发挥，更加贴近现实，如图 4-72 所示。

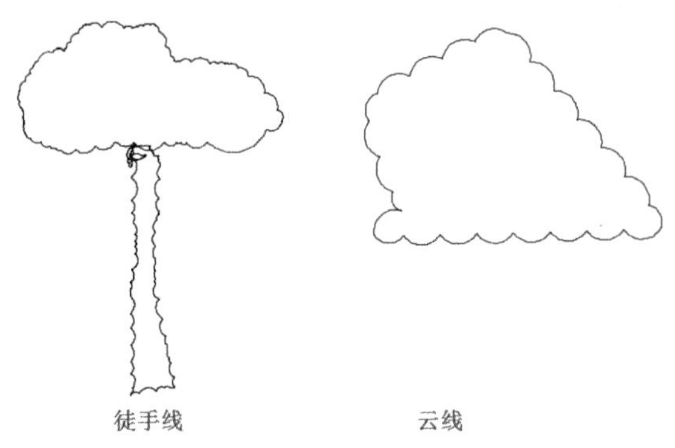

图 4-72　徒手线和云线

4.6.1　绘制徒手线

绘制徒手线主要是通过移动定点设备（如鼠标）来实现，用户可以根据自己的需要绘制任意图形形状。

画徒手线时，定点设备就像画笔一样。单击定点设备把【画笔】放到屏幕上，这时可以进行绘图，再次单击将提起画笔并停止绘图。徒手线是由许多条线段组成的。每条线段都可以是独立的对象或多段线。可以设置线段的最小长度或增量。

在 AutoCAD 2017 中，执行徒手线命令的方法如下。

- 在命令行中输入 SKETCH 命令。

执行徒手线命令后，命令行提示如下：

指定草图或【类型】|【增量】|【公差】

命令行提示中主要选项的解释如下。

- 类型：指定手画线的对象类型。
- 增量：定义每条手画直线段的长度。定点设备所移动的距离必须大于增量值，才能生成一条直线。
- 公差：对于样条曲线，指定样条曲线的曲线布满画线草图的紧密程度。

4.6.2　绘制修订云线

修订云线是右连续圆弧组成的多段线以构成云线形对象，主要是作为对象标记使用。可以从头开始创建修订云线，也可以将闭合对象（例如圆、椭圆、闭合多段线或闭合样条曲线）转换为修订云线。将闭合对象转换为修订云线时，如果系统变量 DELOBJ 设置为 1（默认值），原始对象将被删除。

可以为修订云线的弧长设置默认的最小值和最大值。绘制修订云线时，可以使用拾取点选择较短的弧线段来更改圆弧的大小，也可以通过调整拾取点来编辑修订云线的单个弧长和弦长。

在 AutoCAD 2017 中，执行修订云线命令的方法有以下几种。

- 在菜单栏中执行【绘图】|【修订云线】命令。
- 选择【默认】选项卡，在【绘图】面板中单击【修订云线】按钮。
- 在命令行中输入 REVCLOUD 命令。

执行以上任意命令后，命令行提示如下

指定起点或【弧长】|【对象】|【样式】<对象>

命令行提示中主要选项的含义如下。

- 指定起点：在屏幕上指定起点，并拖动鼠标指定云线路径。
- 弧长：指定组成云线的圆弧的弧长范围。
- 对象：将封闭的图形对象转换成云线，包括圆、圆弧、椭圆、矩形、多边形、多段线和样条曲线等。
- 样式：指定修订云线的样式。

4.7　绘制多线

多线由 1～16 条平行线组成，这些平行线称为元素，根据直线的多少，多线相应地被称为三元素线、五元素线等。平行线之间的间距和数目是可以调整的，多线常用于绘制建筑图中的墙线、窗线和电子线路图等平行线。下面分别介绍如何设置多线样式、绘制多线，以及编辑多线等。

绘制多线时，可以使用包含两个元素的 Standard 样式，也可以指定一个以前创建的样式。开始绘制之前，用户可以创建一个受多线数量限制的样式。所有创建的多线样式都将保存在当前图形中，也可以将多线样式保存在独立的多线样式库文件中，以便在其他图形文件中加载使用。

4.7.1　定义多线样式

每个多线样式控制着该多线样式中元素的数量和每个元素的特征，也控制着背景颜色和多线端口的处理。设置多线样式有以下几种方式。

- 在菜单栏中执行【格式】|【多线样式】命令。
- 在命令行中输入 MLSTYLE 命令。

在中文版 AutoCAD 2017 中，执行【多线样式】命令后，弹出【多线样式】对话框，如图 4-73 所示。

在该对话框中，各主要选项含义如下。

- 【置为当前】按钮：可以将【样式】列表框中选中的多线样式置为当前样式。
- 【新建】按钮：可以新建多线样式。
- 【修改】按钮：可以修改已设置好的多线样式。
- 【重命名】按钮：可以为当前的多线样式重命名。
- 【删除】按钮：可以删除当前的多线样式、默认多线样式及在当前文件中已经使用的多线样式之外的其他多线样式。
- 【加载】按钮：可以在弹出的【加载多线样式】对话框中从多线文件中加载已定义的多线样式。
- 【保存】按钮：可以将当前的多线样式保存到多线样式文件中。

单击【新建】按钮，弹出【创建新的多线样式】对话框，在该对话框中命名新多线样式的名称，如【新多线样式】，如图 4-74 所示。

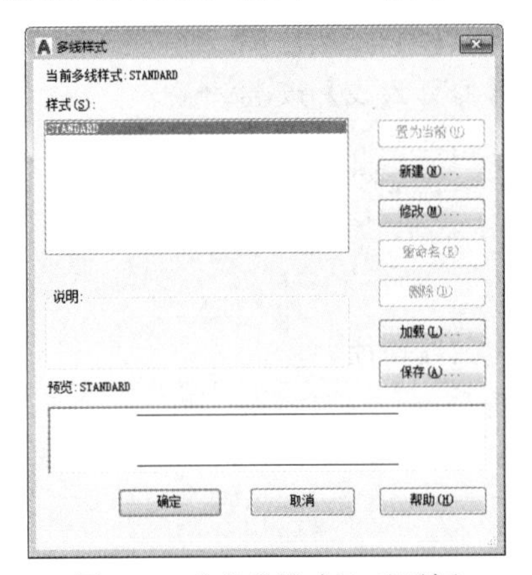

图 4-73 【多线样式】对话框

图 4-74 【创建新的多线样式】对话框

单击【继续】按钮，弹出【新建多线样式：新多线样式】对话框，如图 4-75 所示为以 Standard 为基础样式修改后的对话框。

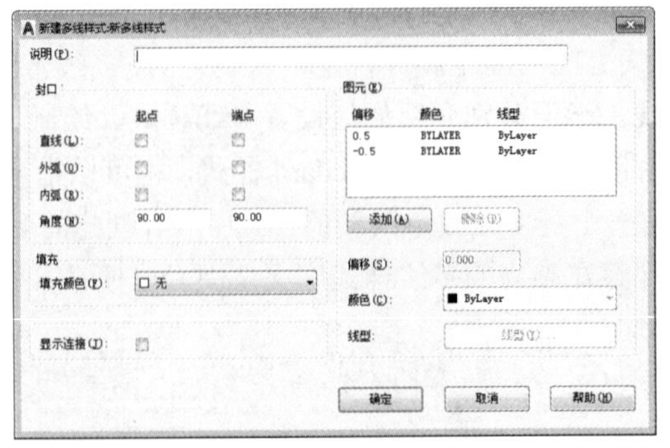

图 4-75 【新建多线样式：新多线样式】对话框

在【新建多线样式：新多线样式】对话框中，各主要选项的含义如下。

- 【说明】：可以为新创建的多线样式添加说明。
- 【直线】：用于确定是否在多线的起点和终点位置绘制封口线，如图 4-76 所示。
- 【外弧】：用于确定是否在多线的起点和终点处，且在位于多线最外侧的两条线同一侧端点之间绘制圆弧，如图 4-77 所示。

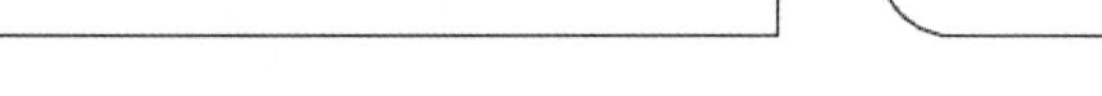

图 4-76　直线封口效果　　图 4-77　外弧封口效果

- 【内弧】：用于确定是否在多线的起点和终点处，且在多线内部成偶数的线之间绘制圆弧，如果选择【内弧】复选框，则绘制圆弧，否则不绘制；如果多线由奇数条组成，则位于中心的线不会绘制圆弧，如图 4-78 所示。图 4-79 为勾选【内弧】和【外弧】的 4 个复选框后所得结果。图 4-80 所示为【修改多线样式：新多线样式】对话框。

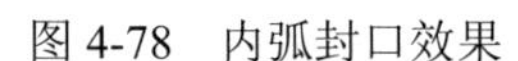

图 4-78　内弧封口效果　　图 4-79　显示效果

图 4-80　【修改多线样式：新多线样式】对话框

- 【角度】：用于控制多线两端的角度，如图 4-81 所示是设置多线左侧角度为 45°、右侧角度为 45° 的效果。
- 【图元】：在该选项区中主要确定多线样式的元素特征，包括多线的线条数量、偏移量、颜色及线型等。
- 【填充】：在该选项区域主要设置多线的填充颜色。
- 【显示连接】：该复选框主要用于确定多线转折处是否显示交叉线，如果勾选该复选框，显示交叉线；反之不显示，效果如图 4-82 所示。

参照上述各项，设置适当参数，然后单击【确定】按钮，返回【多线样式】对话框，单击【置为当前】按钮确定多线模式，单击【确定】按钮关闭对话框，完成多线样式的设置。

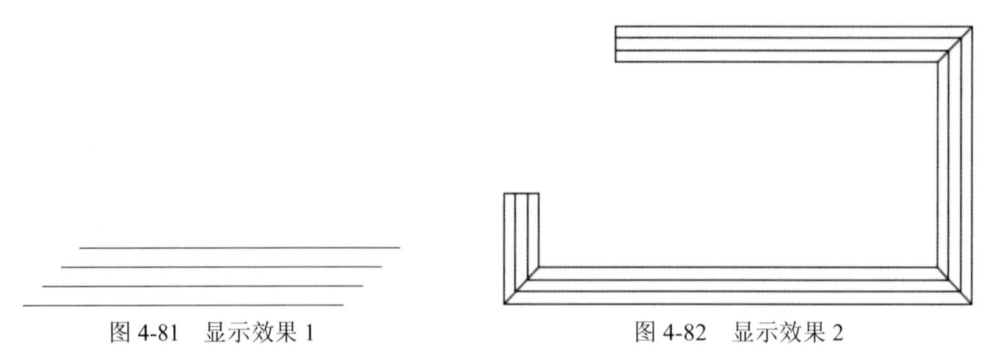

图 4-81　显示效果 1　　　　图 4-82　显示效果 2

4.7.2　绘制多线

在绘制平行线的过程中，对于水平或是垂直的平行线，可以利用【偏移】(OFFSET) 命令进行绘制。当要进行多条平行线或多组平行线绘制时，依然沿用【偏移】命令则降低效率。特别是在建筑制图中，有很多平行线，如墙体、窗户等。在 AutoCAD 中提供了多条平行线绘制的命令——多线命令（MLINE)。绘制多线有以下两种方法。

- 在菜单栏中执行【绘图】|【多线】命令。
- 在命令行中输入 MLINE 命令。

在命令行中输入 MLINE 命令并按【Enter】键，命令行提示如下：

```
命令: MLINE
当前设置: 对正 = 上, 比例 = 1.00, 样式 = 10
指定起点或 [对正(J)/比例(S)/样式(ST)]:
```

在绘图区域确定起点后命令行提示如下：

```
指定下一点:
指定下一点或 [放弃(U)]:
```

各选项的含义如下。

（1）指定起点

指示多线绘制的起点。

（2）指定下一点

用当前多线样式绘制到指定点的多线线段，然后继续提示输入点。

- 放弃：放弃多线上的上一个顶点，将显示上一个提示。
- 闭合：如果连续绘制两条或两条以上的多线，命令行的提示中将包含【闭合】选项。通过将最后一条线段的终点与第一条线段的起点相结合来完成多线的闭合。

（3）对正(J)

通过【对正】选项确定如何在指定的点之间绘制多线，可以设置多线的对正方式，即多线上的那条平行线将随鼠标指针移动，分别设置对正方式为【上】、【无】、【下】绘制墙体，所产生的与轴线的对应关系。命令行提示如下：

```
命令: _MLINE↙
当前设置: 对正 = 无, 比例 = 2.00, 样式 = STANDARD    //当前多线状态信息
指定起点或 [对正(J)/比例(S)/样式(ST)]:  J           //输入 J 然后按【Enter】键，以开
                                                      始设置多线的对齐方式
输入对正类型 [上(T)/无(Z)/下(B)] <无>:              //输入对正类型
```

（4）比例(S)

控制多线的全局宽度。该比例不影响多线的线型比例。比例基于在多线样式定义中建立的宽

度。如果用比例因子为 2 的多线来绘制多线，则多线宽度是样式定义时宽度的两倍。

（5）样式(ST)

指定已加载的样式名或创建的多线库（MLN）文件中已定义的样式名。输入【?】，系统将列出已加载的多线样式。

4.7.3　实例——绘制墙体

下面通过实例讲解如何绘制墙体，具体操作步骤如下。

Step 01 打开配套资源中的素材\第 4 章\【绘制墙体素材.dwg】素材文件，显示效果如图 4-83 所示。

Step 02 在命令行中输入 LAYER 命令，弹出【图层特性管理器】选项板，单击【新建图层】按钮，并将其重命名为【墙体】，然后单击【置为当前】按钮，将新建图层置为当前图层，如图 4-84 所示。

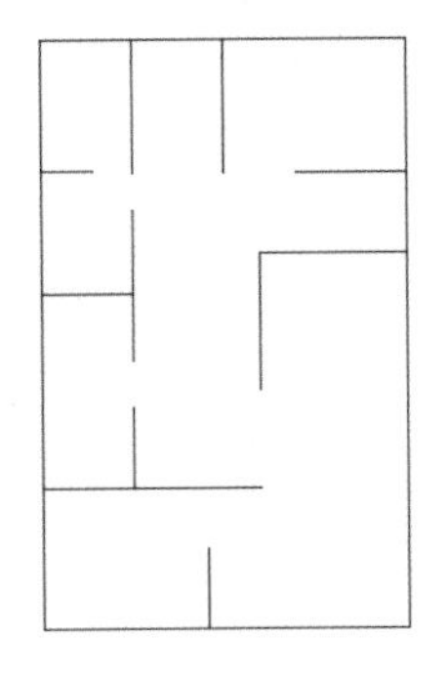

图 4-83　素材文件

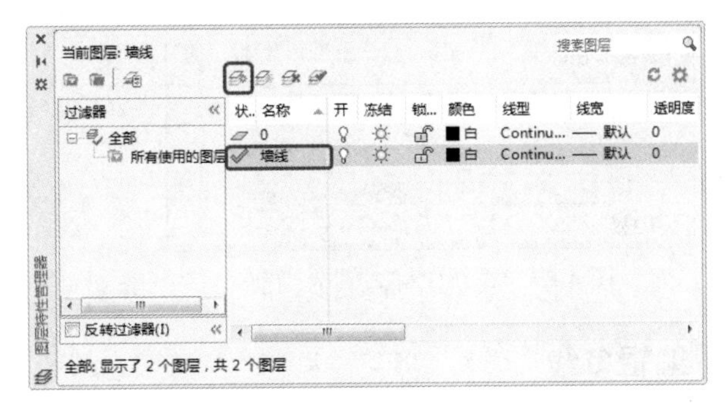

图 4-84　新建图层并置为当前图层

Step 03 在命令行中输入 MLSTYLE 命令，弹出【多线样式】对话框，在该对话框中单击【新建】按钮，弹出【创建新的多线样式】对话框，将【新样式名】设置为【墙体多线样式】，然后单击【继续】按钮，如图 4-85 所示。

Step 04 弹出【新建多线样式：墙体多线样式】对话框，在【封口】选线组中勾选【直线】的【起点】和【端点】复选框，在【图元】选项组中将多线颜色设置为洋红，设置完成后单击【确定】按钮，如图 4-86 所示。

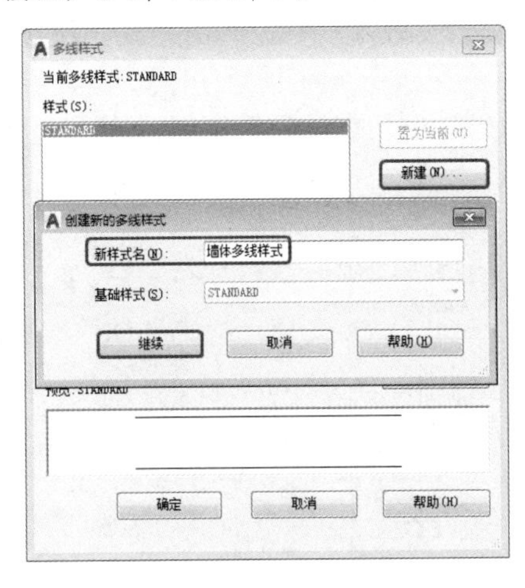

图 4-85　新建多线样式

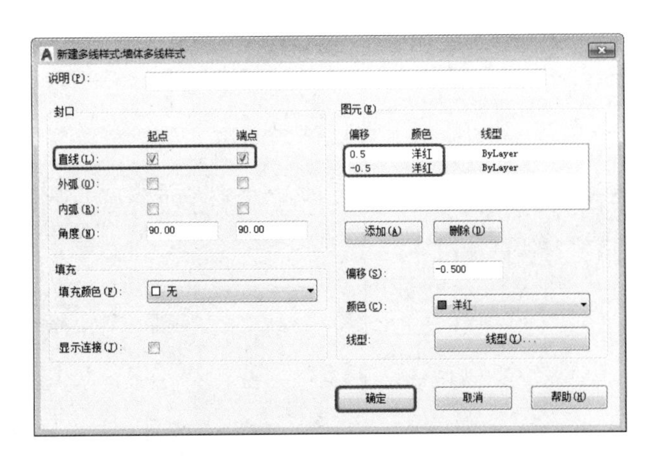

图 4-86　设置新样式参数

Step 05 返回到【多线样式】对话框中，在【样式】列表框中可见新建样式并可在预览区进行预览，然后单击【置为当前】按钮，再单击【确定】按钮即可，如图 4-87 所示。

Step 06 在命令行中输入 MLINE 命令，根据命令行的提示执行【对正】|【无】命令，然后执行【比例】命令，将【比例】设置为 400，然后指定起点位置，绘制如图 4-88 所示的多线，效果如图 4-88 所示。

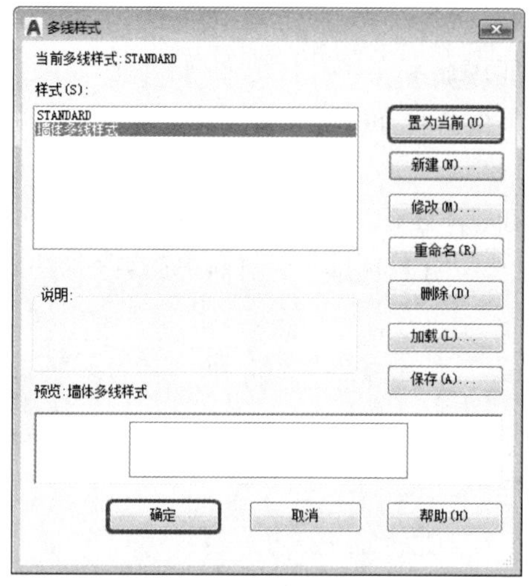

图 4-87　将新建样式置为当前

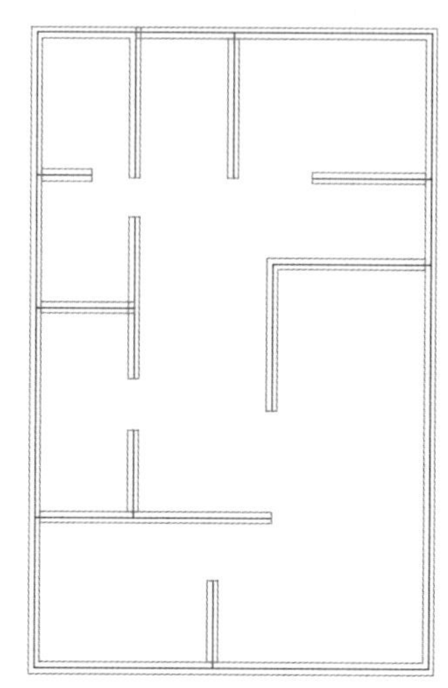

图 4-88　绘制多线效果

4.7.4　编辑多线

通过命令 MLEDIT 可以编辑多线。编辑多线是为了处理多种类型的多线交叉点，如十字交叉点和 T 形交叉点等。调用编辑多线命令有以下两种方法。

- 在菜单栏中执行【修改】|【对象】|【多线】命令。
- 在命令行中输入 MLEDIT 命令。

使用以上两种方法的任意一种都能调用 MLEDIT 命令，并打开如图 4-89 所示的【多线编辑工具】对话框。对话框中的各个图像按钮形象地说明了该对话框具有的编辑功能。

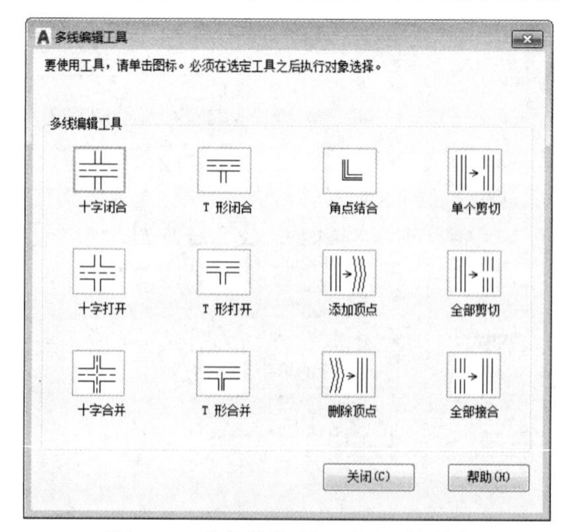

图 4-89　【多线编辑工具】对话框

注　意

在处理T形交叉点时，多线的选择顺序将直接影响交叉点修整后的结果。

4.7.5　实例——编辑多线

下面通过实例讲解如何编辑多线，具体操作步骤如下。

Step 01 继续4.7.3节的操作，打开墙体效果如图4-90所示。

Step 02 在命令行中输入LAYER命令，弹出【图层特性管理器】选项板，在【0】图层中单击【关闭】按钮，将【0】图层隐藏，如图4-91所示。

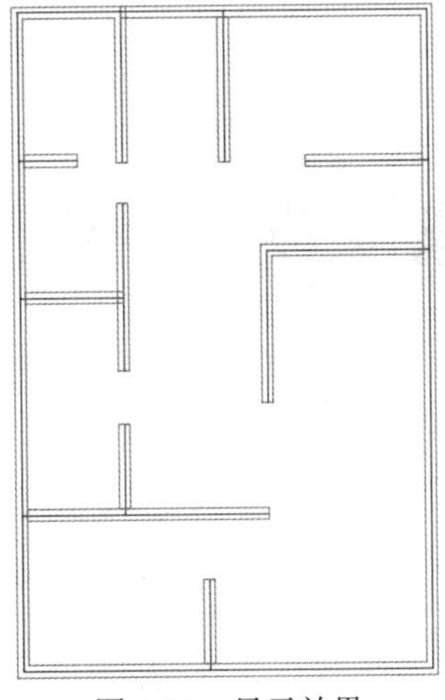

图4-90　显示效果

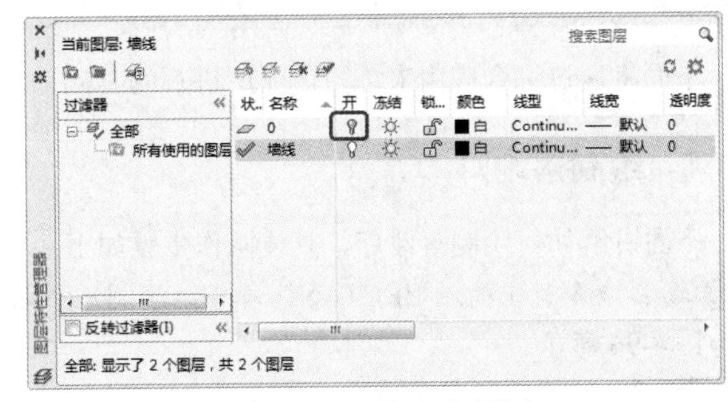

图4-91　隐藏【0】图层

Step 03 在命令行中输入MLEDIT命令，弹出【多线编辑工具】对话框，在该对话框中选择【T形打开】选项，如图4-92所示。

Step 04 返回到绘图区中单击需要打开的T形多线，打开效果如图4-93所示。

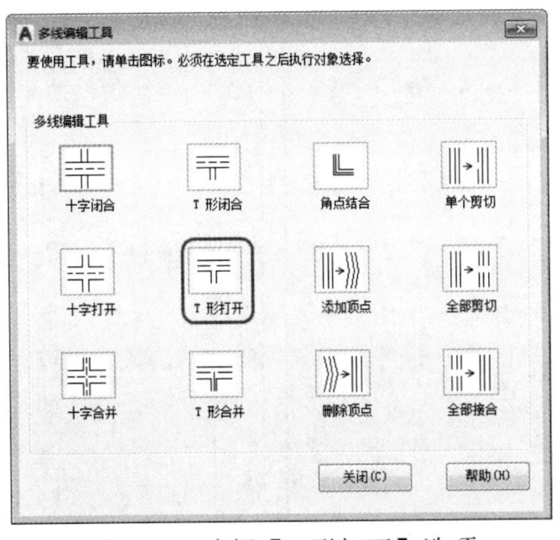

图4-92　选择【T形打开】选项

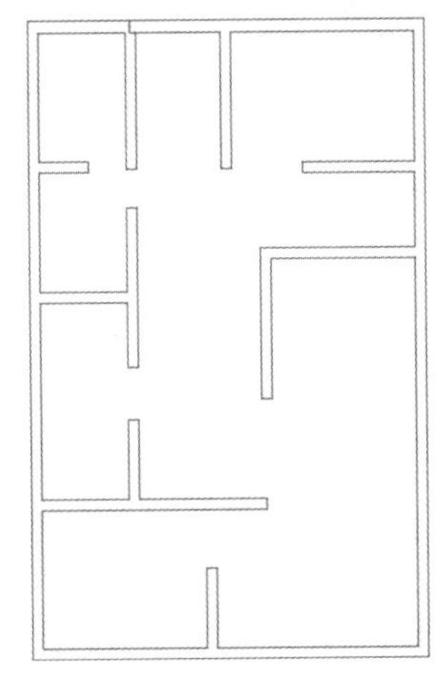

图4-93　打开T形多线效果

Step 05 在命令行中输入MLEDIT命令，在弹出的对话框中选择【角点结合】选项，如图4-94所示。

Step 06 返回到绘图区中，利用鼠标左键选择未完全打开的多线，完成效果如图4-95所示。

图 4-94　选择【角点结合】选项

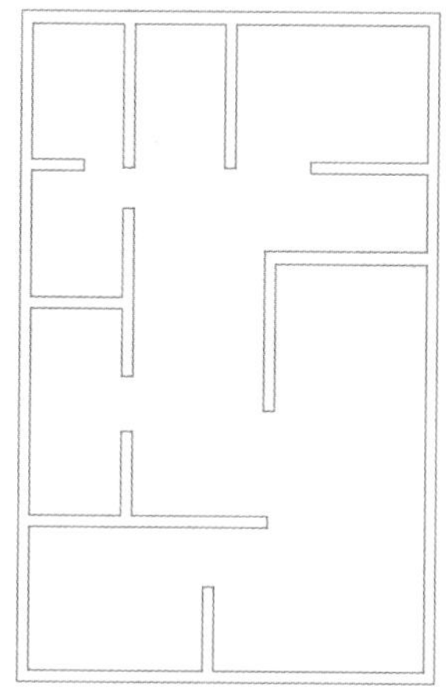

图 4-95　完成效果

4.8　综合应用

下面将通过综合应用来练习前面所讲解的基础知识，以便巩固。

4.8.1　绘制落地灯

下面讲解如何绘制落地灯，具体操作步骤如下。

Step 01 在命令行中输入 RECTANG 命令，绘制一个长度为 318、宽度为 45 的矩形，绘制矩形效果如图 4-96 所示。

Step 02 在命令行中输入 RECTANG 命令，绘制一个长度为 45、宽度为 1170 的矩形，并将其调整到正中间的上方位置处，绘制矩形效果如图 4-97 所示。

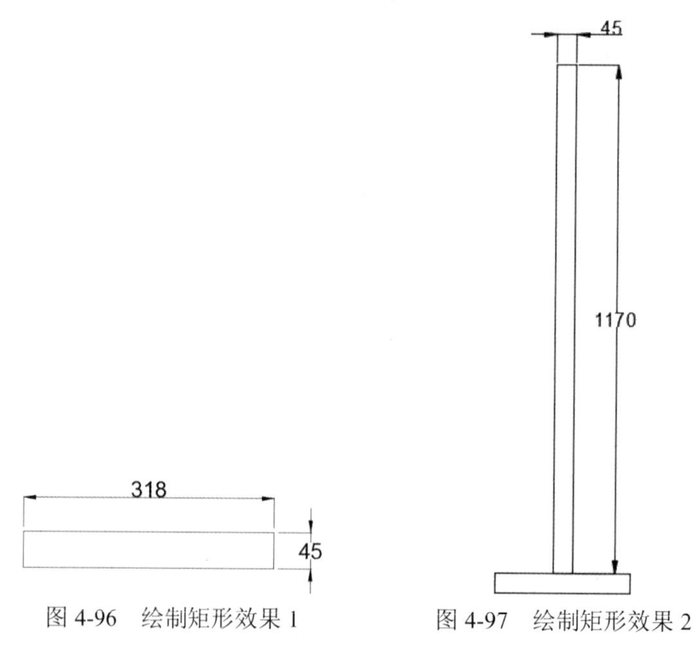

图 4-96　绘制矩形效果 1　　图 4-97　绘制矩形效果 2

Step 03 在命令行中输入 RECTANG 命令，绘制一个长度为 200、宽度为 40 的矩形，并将其调整到合适的位置处，绘制矩形效果如图 4-98 所示。

Step 04 在命令行中输入 FILLET 命令，根据命令行的提示将半径设置为 40，对图形对象进行圆角处理，圆角效果如图 4-99 所示。

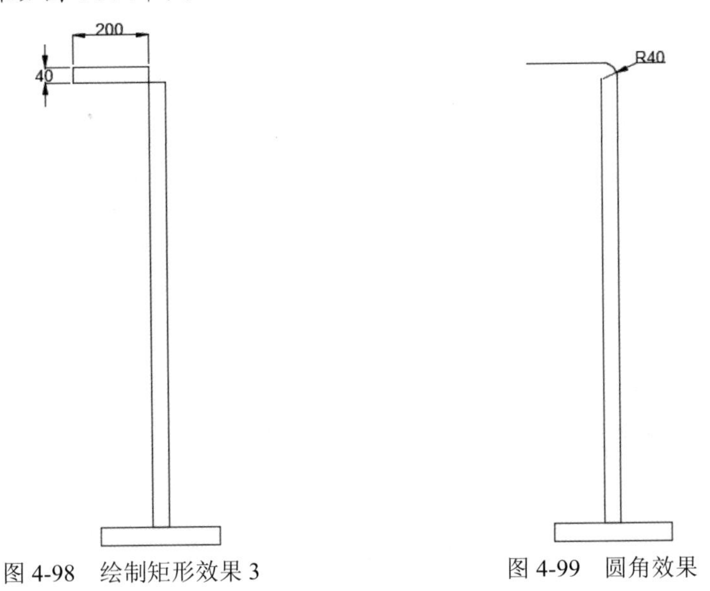

图 4-98　绘制矩形效果 3　　图 4-99　圆角效果

Step 05 在命令行中输入 LINE 命令，以左侧垂直线段的上端点为起点向左引导鼠标绘制一条长度为 250 的水平线，绘制效果如图 4-100 所示。

Step 06 在命令行中输入 RECTANG 命令，绘制一个长度为 50、宽度为 200 的矩形，并将其位置调整到合适的位置，绘制矩形效果如图 4-101 所示。

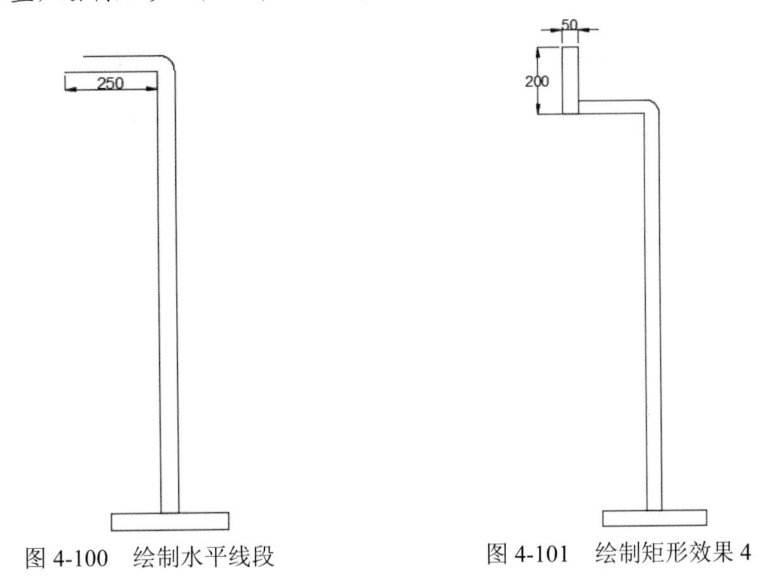

图 4-100　绘制水平线段　　图 4-101　绘制矩形效果 4

Step 07 在命令行中输入 CIRCLE 命令，以新绘制矩形下面水平线的中心点为圆心绘制一个半径为 25 的圆，绘制圆效果如图 4-102 所示。

Step 08 在命令行中输入 TRIM 命令，对图形对象进行修剪，修剪效果如图 4-103 所示。

Step 09 在命令行中输入 PLINE 命令，在绘图区中合适位置指定一点为起点，向右引导鼠标输入 355 的距离，然后输入【@300<110】，再向左引导鼠标输入 150，然后输入【@300<-110】，最后输入【C】命令闭合图形对象，绘制完成后将其下面的中线段与图形对象上面的中心点重叠，

调整后最终效果如图 4-104 所示。

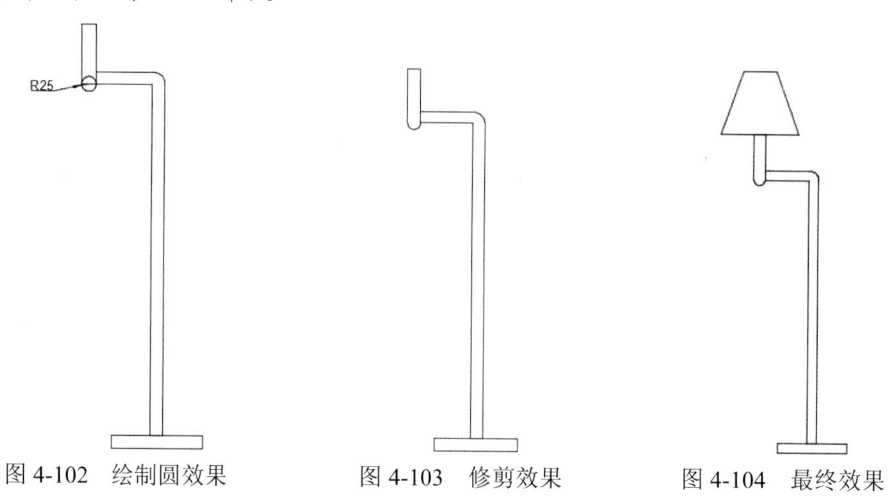

图 4-102　绘制圆效果　　图 4-103　修剪效果　　图 4-104　最终效果

4.8.2　绘制卧室门

下面讲解如何绘制卧室门，具体操作步骤如下。

Step 01 在命令行中输入 RECTANG 命令，绘制一个长度为 900、宽度为 2 000 的矩形，绘制矩形效果如图 4-105 所示。

Step 02 在命令行中输入 EXPLODE 命令，将绘制的矩形分解。然后在命令行中输入 OFFSET 命令，将右侧垂直线段向左偏移 450 的距离，将上面的水平线段向下偏移 580 的距离，偏移效果如图 4-106 所示。

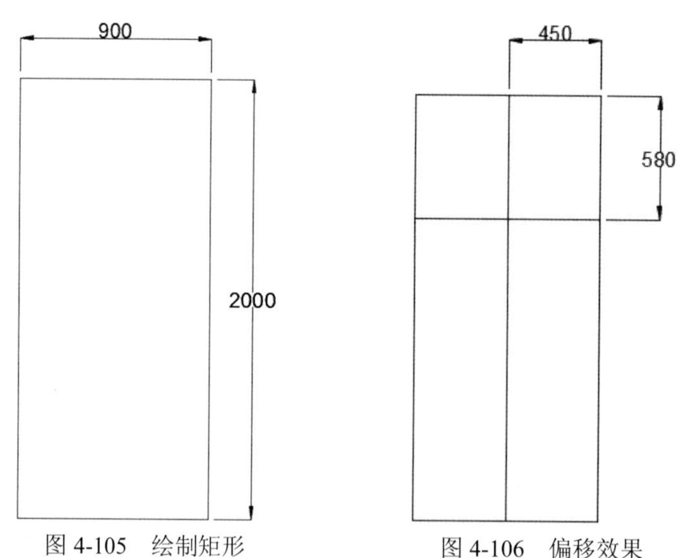

图 4-105　绘制矩形　　图 4-106　偏移效果

Step 03 在命令行中输入 ELLIPSE 命令，根据命令行的提示指定偏移线段的交点为椭圆的中心点，然后向右引导鼠标输入 204 的距离，指定另一条半轴长度为 460，绘制椭圆效果如图 4-107 所示。

Step 04 在命令行中输入 RECTANG 命令，绘制一个长度为 250、宽度为 600 的矩形，并将其调整到合适的位置，绘制矩形效果如图 4-108 所示。

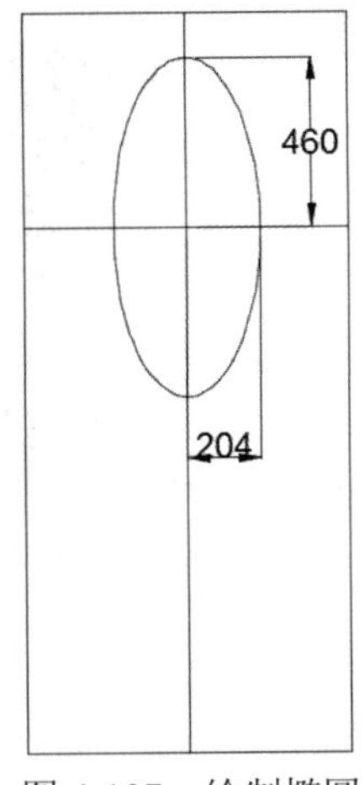

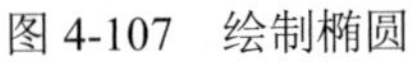

图 4-107　绘制椭圆

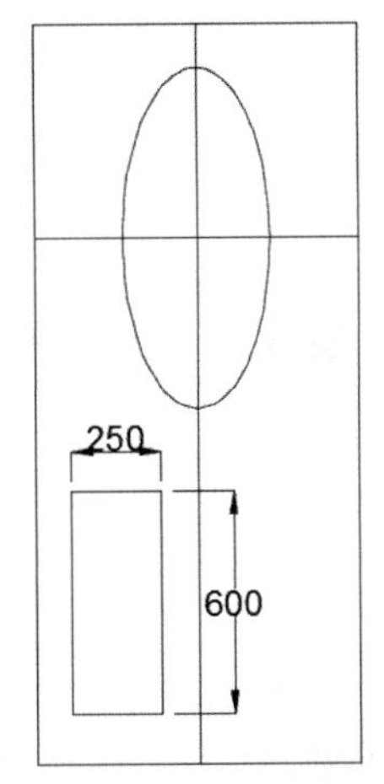

图 4-108　绘制矩形

Step 05 在命令行中输入 MIRROR 命令，选择新绘制的矩形作为镜像对象，以中间的垂直线段作为镜像线，进行镜像操作，镜像效果如图 4-109 所示。

Step 06 在命令行中输入 OFFSET 命令，将绘制的椭圆和矩形分别向内偏移 40、50 的距离，偏移效果如图 4-110 所示。

Step 07 在命令行中输入 TRIM 命令，对图形对象进行修剪，修剪效果如图 4-111 所示。

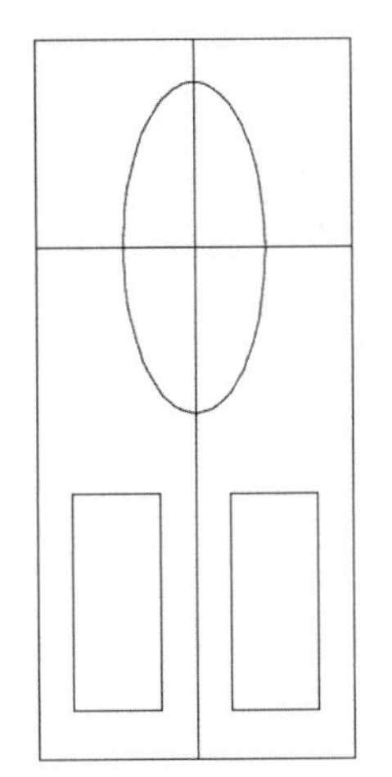

图 4-109　镜像效果

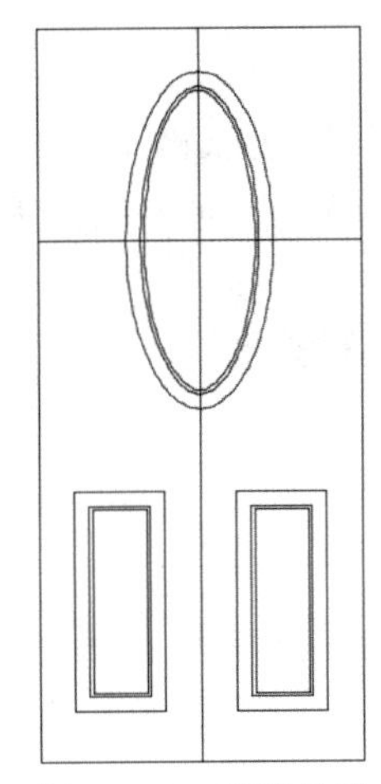

图 4-110　偏移效果

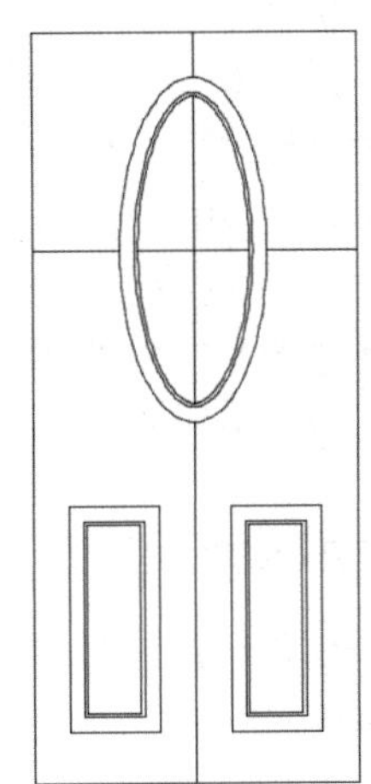

图 4-111　修剪效果

增值服务：扫码做测试题，并可观看讲解测试题的微课程。

第 5 章 编辑与填充二维图形

在掌握了绘制二维图形的基本方法后，本章介绍如何对它们进行编辑。单纯地利用绘图工具只能创建一些简单的基本对象，而对于复杂的对象就需要不断地进行修改才能达到最终的效果，因此需要了解对象的选择方法，然后对其进行复制、镜像、偏移及阵列、夹点编辑等操作。

5.1 复制和镜像对象

在复杂的图形中，可能包含很多相同和相似的图形对象。在 AutoCAD 2017 中，执行【COPY】命令的常用方法有以下几种。

- 在菜单栏中执行【修改】|【复制】命令。
- 在【修改】工具栏中单击【复制】按钮。
- 在命令行中输入 COPY 命令，并按【Enter】键。

在 AutoCAD 2017 中，执行【Mirror】命令的常用方法有以下几种。

- 在菜单栏中执行【修改】|【镜像】命令。
- 在【修改】工具栏中单击【镜像】按钮。
- 在命令行中输入 Mirror 命令，并按【Enter】键。

5.1.1 使用两点指定距离

在 AutoCAD 2017 中， COPY 命令是各种命令中最简单，使用也较频繁的编辑命令。它可以分为两种复制形式：一种是单个复制；另一种是重复复制。下面通过实例讲解如何使用两点指定距离，具体操作步骤如下。

Step 01 启动 AutoCAD 2017，打开配套资源中的素材\第 5 章\【使用两点指定距离素材.dwg】图形文件，如图 5-1 所示。

Step 02 在命令行中输入 COPY 命令并按【Enter】键确定，根据命令行的提示选择所有的图形对象，然后在绘图区中指定基点，如图 5-2 所示。

图 5-1 素材文件

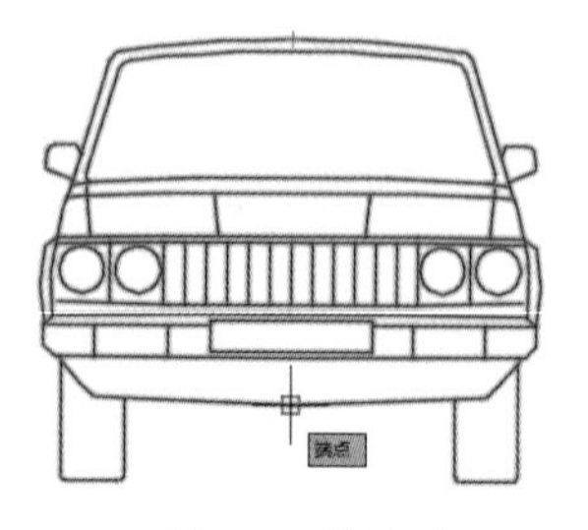

图 5-2 拾取点

Step 03 确定基点后拖动鼠标移动至合适的位置处，如图 5-3 所示。

Step 04 最后单击，即可复制图形，按【Enter】键结束复制，效果如图 5-4 所示。

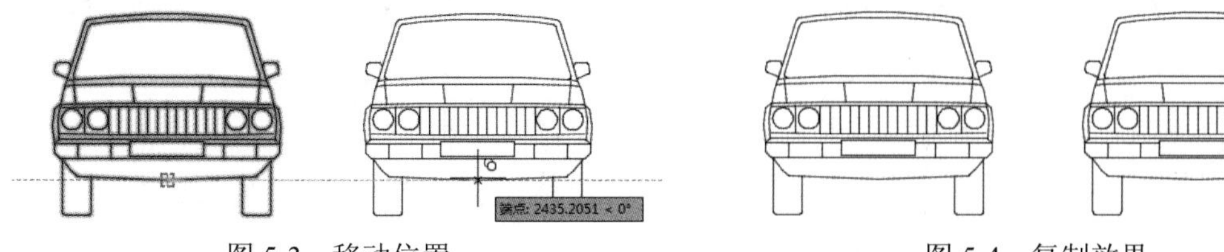

图 5-3　移动位置　　　　图 5-4　复制效果

5.1.2　使用相对坐标指定距离

用户还可以使用相对坐标指定距离来进行复制，通过输入第一点的坐标值并按【Enter】键，然后输入第二点的坐标值，使用相对距离来复制对象。坐标值将作为相对位移，而不是基点位置。注意在输入相对坐标时，无须像通常情况那样包含@标记，因为相对坐标是假设的。在使用相对坐标指定距离进行复制时，还可以在【正交】模式和【极轴追踪】打开的同时使用直接距离输入。

5.1.3　创建多个副本

在复制多个对象时，系统默认重复【COPY】命令。如果用户需要更改系统默认设置，可以使用【COPYMODE】命令更改系统变量。

5.1.4　使用其他方法复制对象

除了使用两点距离和相对坐标进行复制对象外，用户还可以使用夹点来快速移动和复制对象，方法是将对象打散后，选中对象的夹点，按住【Ctrl】键的同时，拖动鼠标至目标位置，即可复制对象。使用此方法，可以在打开的图形以及其他应用程序之间拖动对象。如果用户使用鼠标右键而非左键拖动，系统将显示快捷菜单，菜单选项包括【移动到此处】、【复制到此处】、【粘贴为块】和【取消】。

5.1.5　实例——镜像对象

镜像对创建对称的对象非常有用，因为可以快速绘制半个对象，然后将其镜像，即可创建一个完整的对象，而不必绘制整个对象。

Step 01 启动 AutoCAD 2017，打开配套资源中的素材\第 5 章\【镜像对象素材.dwg】图形文件，如图 5-5 所示。

Step 02 在命令行中输入 MIRROR 命令，并按【Enter】键确认，在绘图区中选择如图 5-6 所示的图形对象。

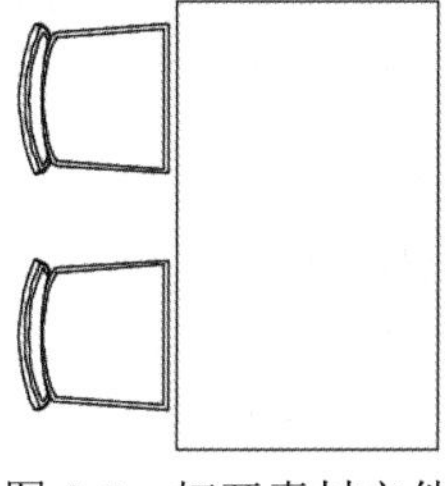

图 5-5　打开素材文件

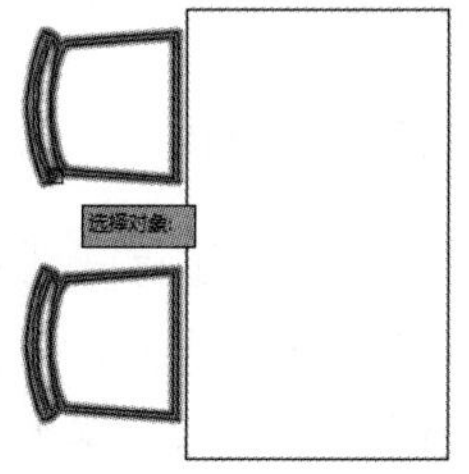

图 5-6　选择对象

Step 03 按【Enter】键确认图形对象的选择，根据命令行的提示指定镜像线为中间矩形的垂直中心线，如图 5-7 所示。

Step 04 根据命令行的提示输入【N】命令并确认，即可完成镜像对象，效果如图 5-8 所示。

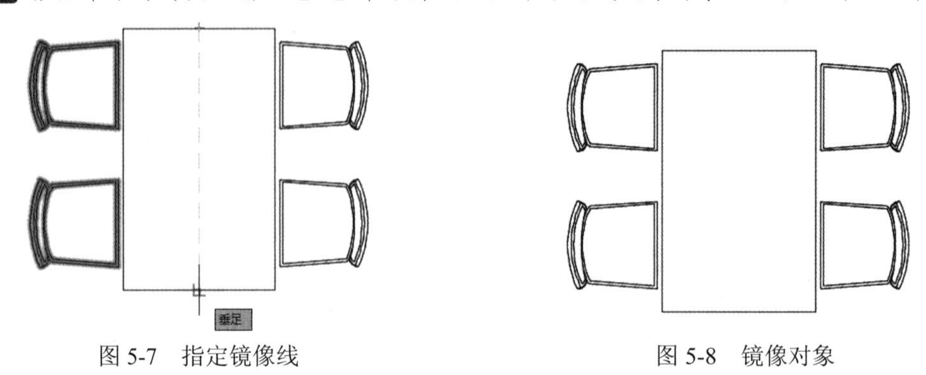

图 5-7　指定镜像线　　图 5-8　镜像对象

5.2　阵列对象

执行【阵列】（ARRAY）命令，可以在矩形或环形（圆形）阵列中创建对象的副本。对于矩形阵列，可以控制行和列的数目，以及它们之间的距离。对于环形阵列，可以控制对象副本的数目并决定是否旋转副本。对于创建多个固定间距的对象，排列比复制要快。

1. 矩形阵列

创建选定对象副本的行和列阵列。

在 AutoCAD 2017 中，调用矩形阵列命令的常用方法有以下几种。

- 命令：ARRAYRECT。
- 工具栏：选择【默认】选项卡，在【修改】面板中单击【阵列】按钮。

2. 环形阵列

通过围绕指定的圆心或旋转轴复制选定对象来创建阵列。

在 AutoCAD 2017 中，调用【环形阵列】命令的常用方法有以下几种。

- 命令：ARRAYPOLAR。
- 工具栏：选择【默认】选项卡，在【修改】面板中单击【环形阵列】按钮。

3. 路径阵列

通过沿指定的路径复制选定对象来创建阵列。路径可以是直线、多段线、三维多段线、样条曲线、螺旋、圆弧、圆或椭圆。

在 AutoCAD 2017 中，调用路径阵列命令的常用方法有以下几种。

- 命令：ARRAYPATH。
- 工具栏：选择【默认】选项卡，在【修改】面板中单击【路径阵列】按钮路径阵列。

5.2.1　实例——矩形阵列

矩形阵列是指对图形对象进行阵列复制后，图形呈矩形分布。下面通过实例讲解如何进行矩形阵列对象，具体操作步骤如下。

Step 01 启动 AutoCAD 2017，打开配套资源中的素材\第 5 章\【矩形阵列对象素材.dwg】图形文件，素材显示效果如图 5-9 所示。

Step 02 在命令行中输入 ARRAYRECT 命令并确定，选择素材文件，按【Enter】键，将【行数】设置为 2，如图 5-10 所示。

图 5-9　素材文件

图 5-10　阵列对象

Step 03 按【Enter】键进行确认，效果如图 5-11 所示。

图 5-11　最终效果

5.2.2　实例——环形阵列

环形阵列是指对图形对象进行阵列复制后，图形呈环形分布。下面通过实例讲解如何进行环形阵列对象，具体操作步骤如下。

Step 01 启动 AutoCAD 2017，打开配套资源中的素材\第 5 章\【环形阵列对象素材.dwg】图形文件，素材显示效果如图 5-12 所示。

Step 02 在命令行中输入 ARRAYPOLAR 命令，按【Enter】键确定，选择椅子，按【Enter】键进行确认，指定圆心为阵列基点，如图 5-13 所示。

图 5-12　素材文件

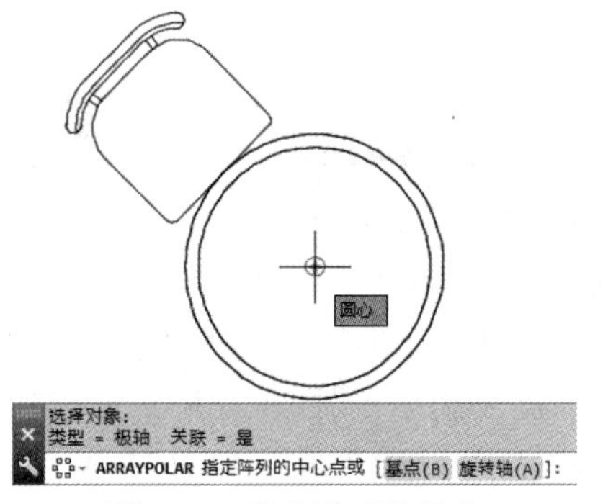

图 5-13　指定阵列的基点

Step 03 将【项目数】设置为 4，如图 5-14 所示。按【Enter】键进行确认，效果如图 5-15 所示。

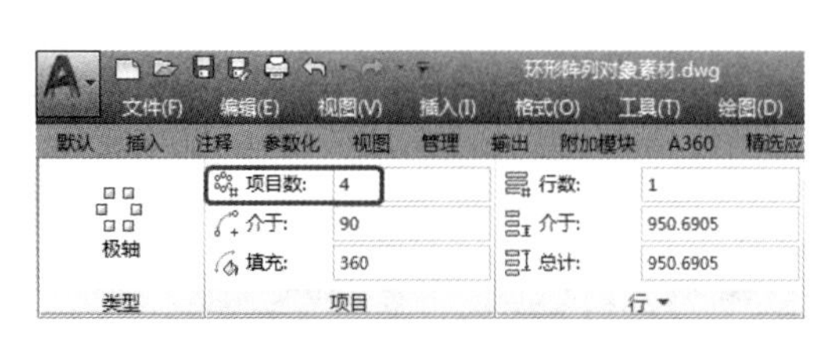

图 5-14 设置项目数

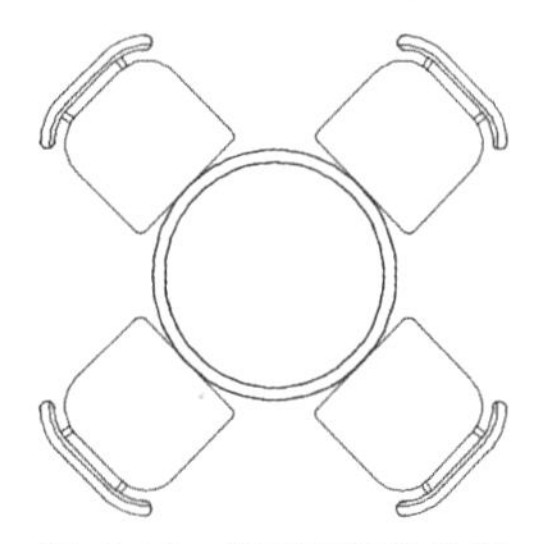

图 5-15 环形阵列效果

5.2.3 实例——路径阵列

路径阵列是指将图形对象沿指定路径进行排列。下面通过实例讲解如何进行路径阵列对象，具体操作步骤如下。

Step 01 启动 AutoCAD 2017，打开配套资源中的素材\第 5 章\【路径阵列对象素材.dwg】图形文件，素材显示效果如图 5-16 所示。

Step 02 在命令行中输入 ARRAYPATH 命令，按【Enter】键确定，然后选择如图 5-17 所示的图形对象。

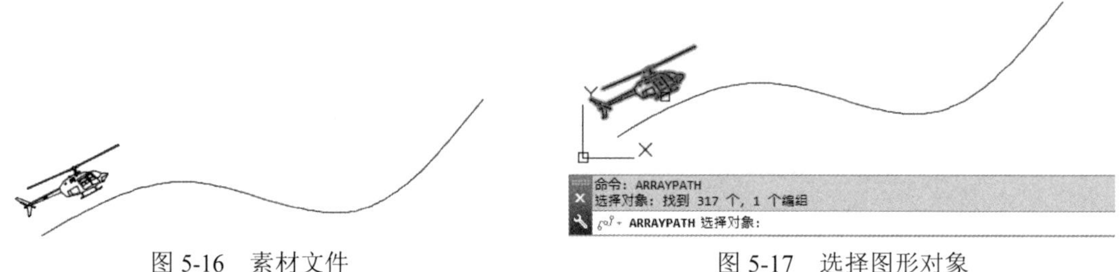

图 5-16 素材文件

图 5-17 选择图形对象

Step 03 按【Enter】键进行确认，选择路径曲线，将【介于】设置为 1 100，如图 5-18 所示。

Step 04 按【Enter】键进行确认，对图形进行路径阵列，如图 5-19 所示。

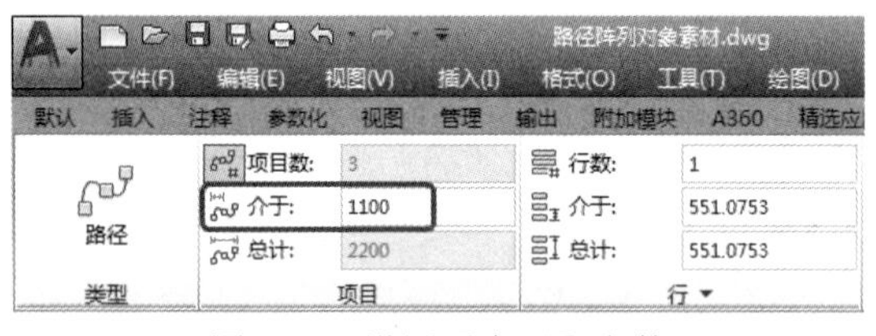

图 5-18 设置【介于】参数

图 5-19 阵列效果

5.3 偏移对象

执行【偏移】命令，创建其造型与原始对象造型平行的新对象。偏移圆或圆弧可以创建更大或更小的圆或圆弧，取决于向哪一侧偏移。

可以偏移的对象有直线、圆、圆弧、椭圆和椭圆弧、二维多段线、构造线（参照线）和射线、样条曲线，而点、图块、属性和文本则不能被偏移。

在 AutoCAD 2017 中，调用【偏移】命令的常用方法有以下几种。

- 命令：OFFSET。

- 工具栏：选择【默认】选项卡，在【修改】面板中单击【偏移】按钮。

调用该命令后，命令行提示如下：

当前设置：删除源 = 当前值 图层 = 当前值 OFFSETGAPTYPE = 当前值
指定偏移距离或 [通过(T) /删除(E)/图层(L)] <当前值>：//指定距离，或输入其他选项，或按【Enter】键

各选项的作用如下。

1. 指定偏移距离

在距离选取对象的指定距离处创建选取对象的副本。

选择要偏移的对象，或[退出(E)/放弃(U)]<退出>：//选择对象或输入其他选项或按【Enter】键结束命令
指定要偏移的那一侧上的点，或 [退出(E)/多个(M)/放弃(U)] <退出>：//在对象一侧指定一点确定偏移的方向或输入选项

（1）退出

结束 OFFSET 命令。

（2）放弃

取消上一个偏移操作。

（3）多个

进入【多个】偏移模式，以当前的偏移距离重复多次进行偏移操作。

指定要偏移的那一侧上的点，或 [退出(E)/放弃(U)] <下一个对象>：//在对象一侧指定一点确定偏移的方向，或输入其他选项

2. 通过(T)

以指定点创建通过该点的偏移副本。

选择要偏移的对象，或[退出(E)/放弃(U)]<退出>：　//选择对象，或输入其他选项
指定通过点，或[退出(E)/多个(M)/放弃(U)] <退出>：//在对象一侧指定一点，或输入其他选项

（1）退出

结束 OFFSET 命令。

（2）放弃

取消上一个偏移操作。

（3）多个

进入【多个】偏移模式，以新指定的通过点对指定的对象进行多次偏移操作。

指定通过点，或[退出(E)/放弃(U)] <下一个对象>：//在对象一侧指定一点确定偏移的方向，或输入其他选项

3. 删除(E)

在创建偏移副本之后，删除或保留源对象。

要在偏移后删除源对象吗? [是(Y)/否(N)] <是>：//输入 Y 或 N 后按【Enter】键，或直接按【Enter】键在偏移后删除源对象

4. 图层(L)

控制偏移副本是创建在当前图层上还是源对象所在的图层上。

输入偏移对象的图层选项[当前(C)/源(S)] <源>：输入 C 或 S 后按【Enter】键，或直接按【Enter】键以当前选择创建偏移副本

5.3.1　实例——使偏移对象通过一点

在执行【偏移】命令时，还可以使偏移的对象通过指定的一点。下面通过实例讲解如何使偏移对象通过一点，具体操作步骤如下。

Step 01 打开配套资源中的素材\第 5 章\【偏移对象素材.dwg】图形文件，如图 5-20 所示。

Step 02 在命令行中输入 O 命令，在命令行中输入 T 命令，选择要偏移的图形对象，如图 5-21 所示。

Step 03 向内部引导鼠标，输入 78，偏移图形对象，效果如图 5-22 所示。

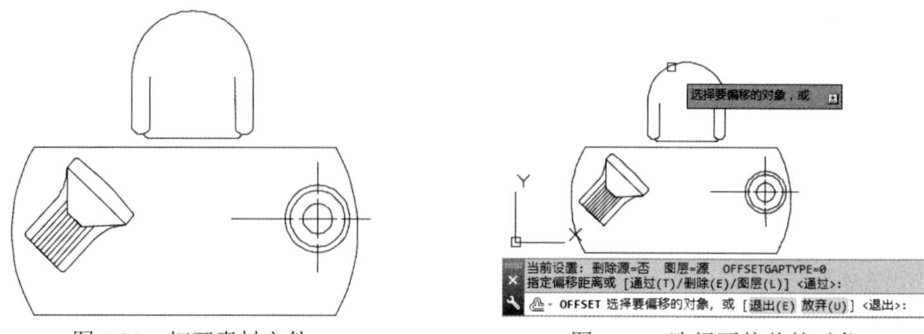

图 5-20　打开素材文件　　　　图 5-21　选择要偏移的对象

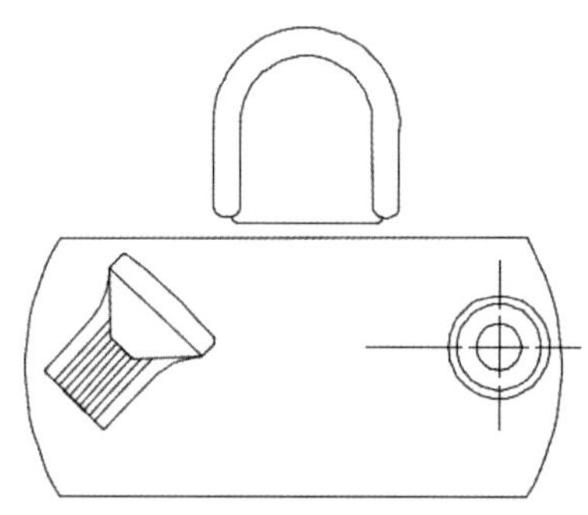

图 5-22　偏移对象

5.3.2　实例——以指定的距离偏移对象

下面介绍【偏移】工具的使用方法，具体操作步骤如下。

Step 01 启动 AutoCAD 2017，在命令行中输入 POLYGON 命令，将侧面数设置为 5，指定正多边形的中心点，然后在命令行中输入 I 命令，将圆的半径设置为 1000，如图 5-23 所示。

Step 02 在命令行提示下，输入 OFFSET 命令，按【Enter】键确认。

Step 03 选择矩形为要偏移的对象，将偏移距离设置为 100，按【Enter】键确认，如图 5-24 所示。偏移效果如图 5-25 所示。

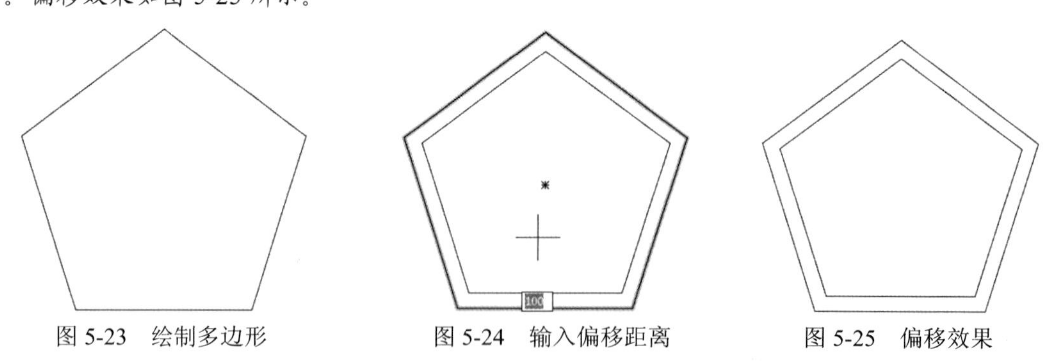

图 5-23　绘制多边形　　　　图 5-24　输入偏移距离　　　　图 5-25　偏移效果

5.4　删除图形对象

在绘制图形时，经常需要删除一些辅助图形及多余的图形，也可能需要将误删除的图形进行

恢复操作。

在 AutoCAD 2017 中，执行【Erase】命令的常用方法有以下几种。

- 在菜单栏中执行【修改】|【删除】命令。
- 在【修改】工具栏中单击【删除】按钮。
- 在命令行中输入【Erase】命令，并按【Enter】键。

执行以上任意命令，在 AutoCAD 2017 命令行中将依次出现如下提示。

```
选择对象:                          //选中要被删除的对象圆
选择对象:                          //继续选中要被删除的对象矩形
选择对象:                          //按【Enter】键，结束命令
```

可选取多个对象进行删除处理，按【Enter】键结束选取。

5.4.1　实例——删除图形

下面通过实例讲解如何删除图形对象，具体操作步骤如下。

Step 01 启动 AutoCAD 2017，打开配套资源中的素材\第 5 章\【删除图形素材.dwg】图形文件，如图 5-26 所示。

Step 02 在命令行中输入 ERASE 命令，并按【Enter】键，将鼠标光标放置在图形对象上时，光标变为，如图 5-27 所示。

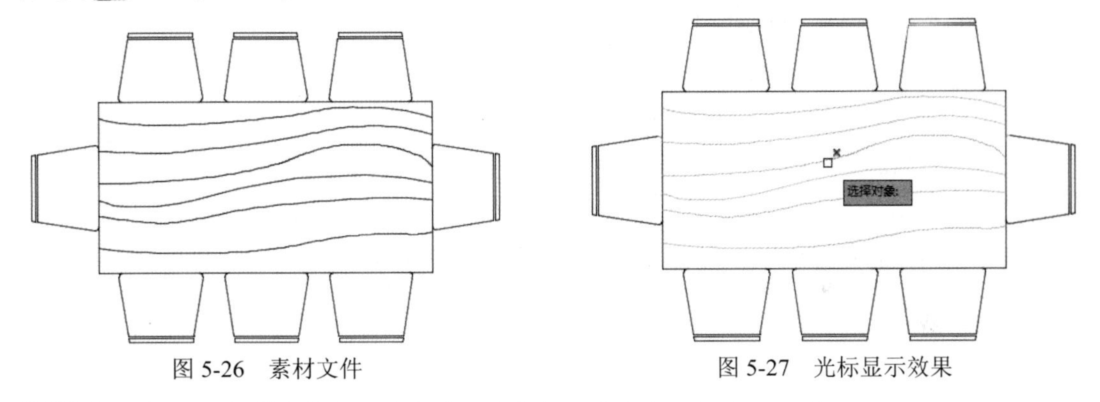

图 5-26　素材文件　　　图 5-27　光标显示效果

Step 03 当光标变为时单击，所选图形对象即可被选中，如图 5-28 所示。

Step 04 选择完图形对象后按【Enter】键确定即可将所选图形对象删除，删除效果如图 5-29 所示。

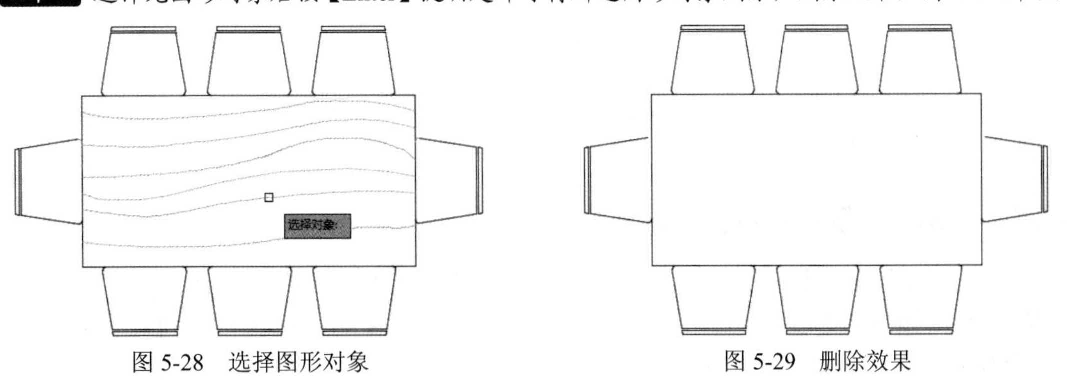

图 5-28　选择图形对象　　　图 5-29　删除效果

5.4.2　恢复删除

当出现误删除时，可以利用 OOPS 命令恢复最后一次用【Erase】命令删除的对象。

恢复命令只能恢复最近一次【删除】命令删除的图形对象，若连续多次使用【删除】命令之后又想要恢复前几次删除的图形对象，只能使用【放弃】命令。

继续 5.4.1 节实例的操作，在命令行中输入【OOPS】命令，并按【Enter】键确定，即可恢复删除了的图形对象，如图 5-30 所示。

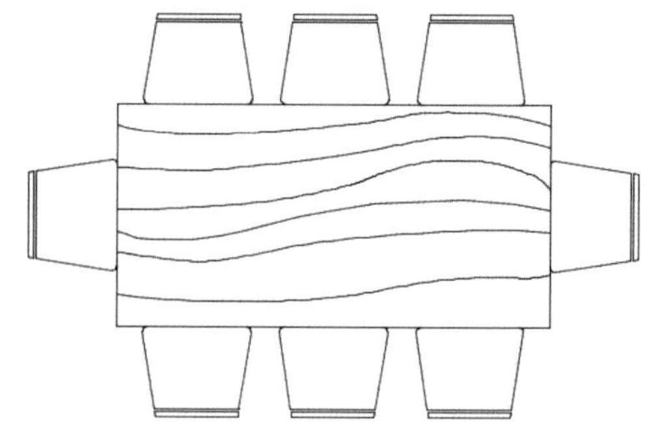

图 5-30 恢复删除图形对象

5.5 移动对象

对象创建完成以后，如果需要调整它在图形中的位置，可以从源对象以指定的角度和方向来移动对象。在这个过程中，使用坐标、栅格捕捉、对象捕捉和其他工具可以精确地移动对象。

在 AutoCAD 2017 中，调用【移动】（MOVE）命令的常用方法有以下几种。

- 命令：MOVE。
- 工具栏：选择【默认】选项卡，在【修改】面板中单击【移动】按钮。

调用该命令后，命令行提示如下：

```
选择对象: //选取要移动的对象
```

按照前面讲解的选择方式选取对象，按【Enter】键结束选择。

```
指定基点或 [位移(D)]/<位移>: //指定基点，或输入 D
```

各选项的作用如下。

1. 基点

指定移动对象的开始点。移动距离和方向的计算都会以其为基准。

```
指定第二个点或 <使用第一个点作为位移>: //指定第二个点或按【Enter】键
```

2. 位移(D)

指定移动距离和方向的 x、y、z 值。

```
指定位移 <上个值>://输入表示矢量的坐标
```

此时，实际上是使用坐标原点作为位移基点，输入的三维数值是相对于坐标原点的位移值。

提　示

要按指定距离移动对象，还可以在【正交】模式和【极轴追踪】模式打开的同时直接输入距离，方向由鼠标指针所在方向确定。

5.5.1 实例——使用两点移动对象

下面讲解如何使用【移动】工具利用两点指定距离移动对象，具体操作步骤如下。

Step 01 启动 AutoCAD 2017，打开配套资源中的素材\第 5 章\【两点移动素材.dwg】图形文件。在命令行中输入 MOVE，按【Enter】键确认。

Step 02 选择凳子作为移动对象，如图 5-31 所示，按【Enter】键结束选择。

Step 03 指定 A 点作为移动基点，如图 5-31（a）所示；指定 B 点为下一点，如图 5-31（b）所示。移动效果如图 5-32 所示。

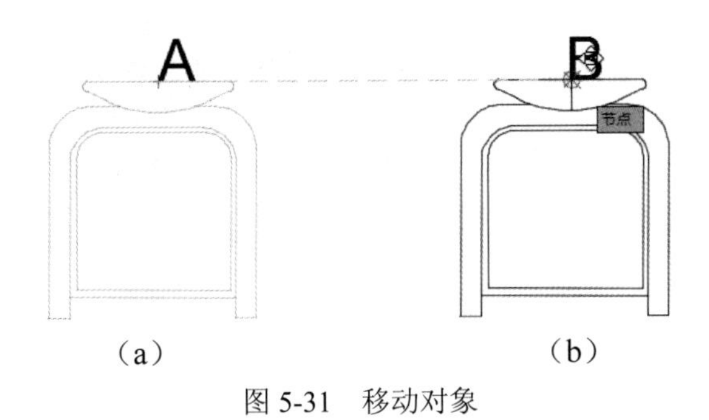

（a） （b）

图 5-31 移动对象

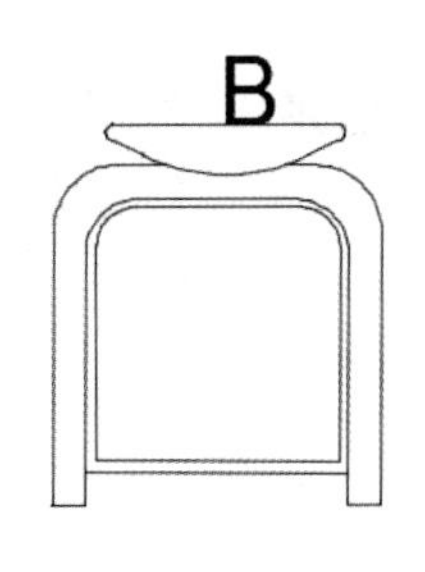

图 5-32 移动后的效果

5.5.2 使用位移移动对象

下面介绍如何使用相对位移移动对象，具体操作步骤如下。

Step 01 启动 AutoCAD 2017，打开配套资源中的素材\第 5 章\【位移移动对象素材.dwg】图形文件。在命令行提示下，输入 MOVE，按【Enter】键确认。

Step 02 选择右侧的矩形作为移动的对象，如图 5-33 所示，按【Enter】键确认选择。

Step 03 指定矩形的左端点作为基点，如图 5-33 所示。

Step 04 指定第 2 个点，移动后的效果如图 5-34 所示。

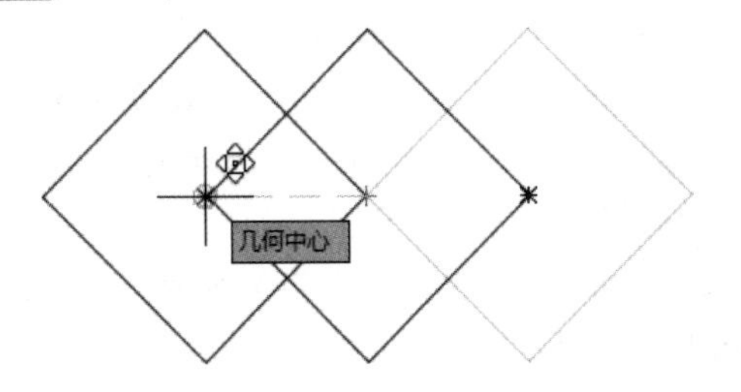

图 5-33 选择移动的对象并指定基点

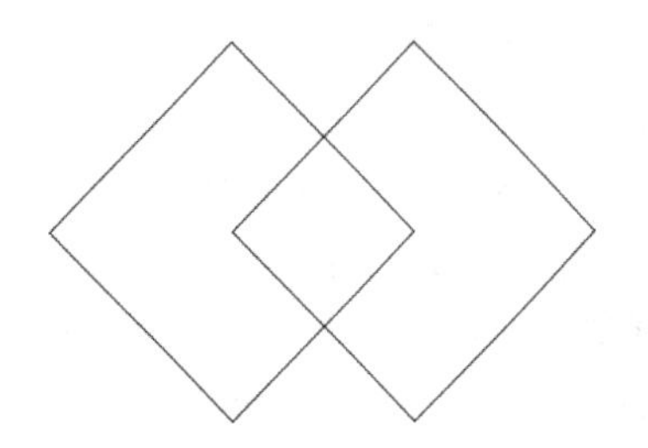

图 5-34 移动后的效果

5.5.3 实例——将对象从模型空间移动到图纸空间

在布局界面中，可以完全模拟图纸页面。默认状态下，布局的视口大小有限，在模型界面中创建的某些对象可能无法显示，这时，可以将这些无法显示的图形添加到当前的布局中。

Step 01 启动 AutoCAD 2017，打开配套资源中的素材\第 5 章\【移动对象空间素材.dwg】图形文件，如图 5-35 所示。

Step 02 单击绘图窗口底部的【布局 1】选项卡，双击【布局 1】视口，其界面周围将显示黑框，此时视口可以被移动，如图 5-36 所示。

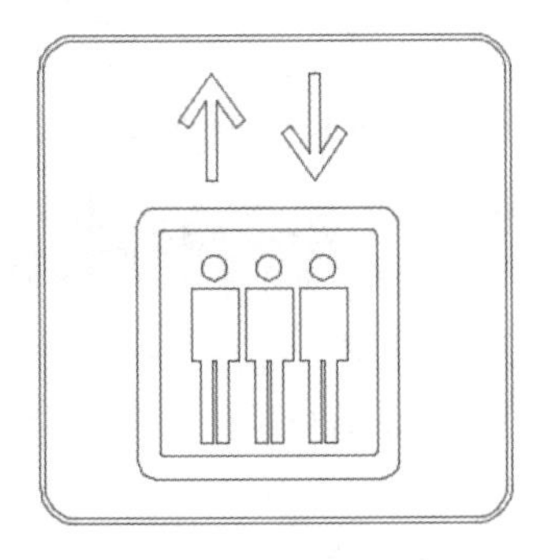

图 5-35 素材文件

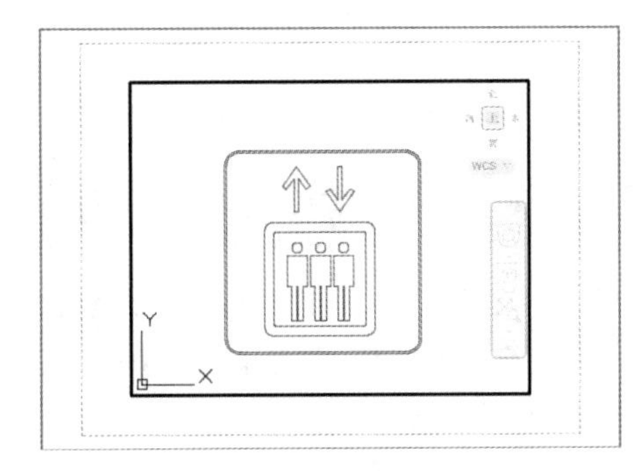

图 5-36 激活【布局 1】视口

Step 03 在命令行中输入 CHSPACE 命令，按【Enter】键确认，在绘图区中选择如图 5-37 所示的图形，按【Enter】键确认。

Step 04 单击绘图窗口底部的【模型】选项卡，即可将选中的圆形从模型空间移动到图纸空间，如图 5-38 所示。

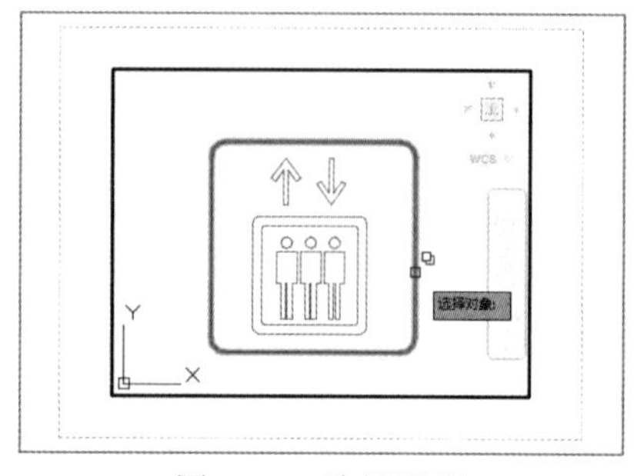

图 5-37 选择图形

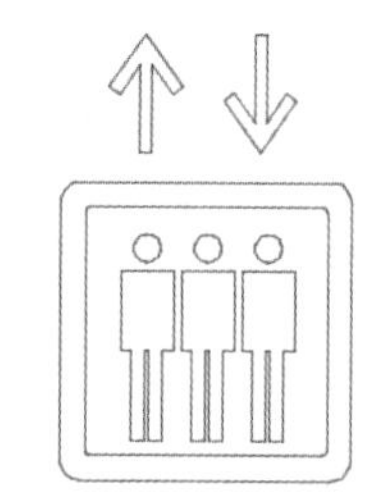
图 5-38 移动图形

5.5.4 实例——通过拉伸来移动

在 AutoCAD 2017 中，除了使用【移动】工具移动对象外，还可以通过【拉伸】命令来移动对象。下面通过实例讲解如何通过拉伸来移动图形对象，具体操作步骤如下。

Step 01 启动 AutoCAD 2017，打开配套资源中素材\第 5 章\【拉伸移动对象素材.dwg】图形文件，在命令行中输入 STRETCH 命令，并按【Enter】键确定，然后选择如图 5-39 所示的图形对象。

Step 02 按【Enter】键确定对象的选择，根据命令行的提示指定基点位置，如图 5-40 所示。

Step 03 指定基点后拖动鼠标向上移动即可移动所选择的图形对象，如图 5-41 所示。

Step 04 当鼠标移动到合适的位置后单击即可，如图 5-42 所示。

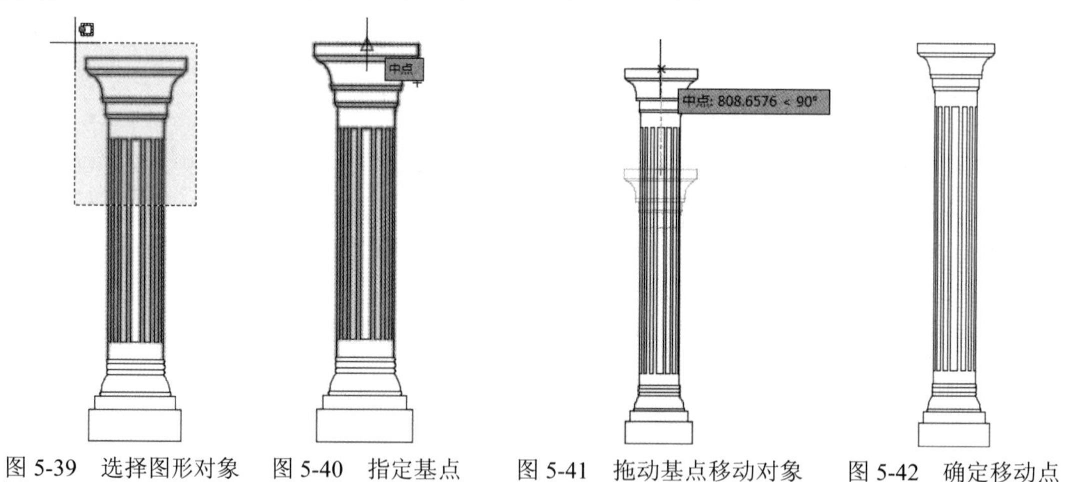

图 5-39 选择图形对象　图 5-40 指定基点　图 5-41 拖动基点移动对象　图 5-42 确定移动点

5.6 旋转对象

在修改图形的过程中，用户可以使用【旋转】命令，调整对象的摆放角度。

在 AutoCAD 2017 中，调用【旋转】（ROTATE）命令的常用方法有以下几种。

- 命令：ROTATE。
- 工具栏：在选择【默认】选项卡，在【修改】面板中单击【旋转】按钮。

调用该命令后，命令行提示如下：

```
选择对象：//选择对象
```

用户可选择多个对象，直到按【Enter】键结束选择。

```
指定基点：//指定一个点作为旋转基点
指定旋转角度或 [复制(C)/参照(R)]/<当前角度值>：//输入旋转角度或指定点，或输入 C 或 R
```

各选项的作用如下。

1．旋转角度

指定对象绕指定的基点旋转的角度。旋转轴通过指定的基点，并且平行于当前用户坐标系的Z轴。在指定旋转角度时，可直接输入角度值，也可直接在绘图区域通过指定的一个点，确定旋转角度。

**提　示**

输入正角度值后是逆时针或顺时针旋转对象，这取决于【图形单位】对话框中的【方向控制】设置，系统默认为正角度值为逆时针旋转。

2．复制(C)

在旋转对象的同时创建对象的旋转副本。

3．参照(R)

将对象从指定的角度旋转到新的绝对角度，可以围绕基点将选定的对象旋转到新的绝对角度。

```
指定参照角 <当前>:                //通过输入值或指定两点来指定角度
指定新角度或 [点(P)] <当前>:      //通过输入值或指定两点来指定新的绝对角度
```

（1）新角度

通过输入角度值或指定两点来指定新的绝对角度。

（2）点(P)

通过指定两点来指定新的绝对角度。

5.6.1　实例——旋转对象

下面通过实例讲解如何旋转对象，其具体操作步骤如下。

Step 01 启动 AutoCAD 2017，打开配套资源中的素材\第 5 章\【旋转对象素材.dwg】图形文件，如图 5-43 所示。

Step 02 在命令行中输入 ROTATE 命令，选择素材文件作为要旋转的图形对象，然后指定旋转的的基点，如图 5-44 所示。

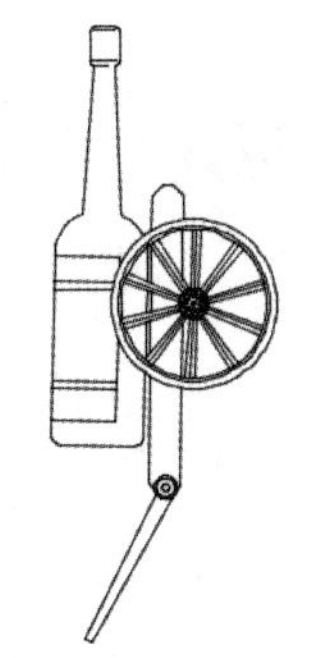

图 5-43　素材文件

图 5-44　指定基点位置

Step 03 将指定旋转角度设置为-60度，如图5-45所示。

Step 04 设置完成后单击【Enter】键确定，完成旋转效果如图5-46所示。

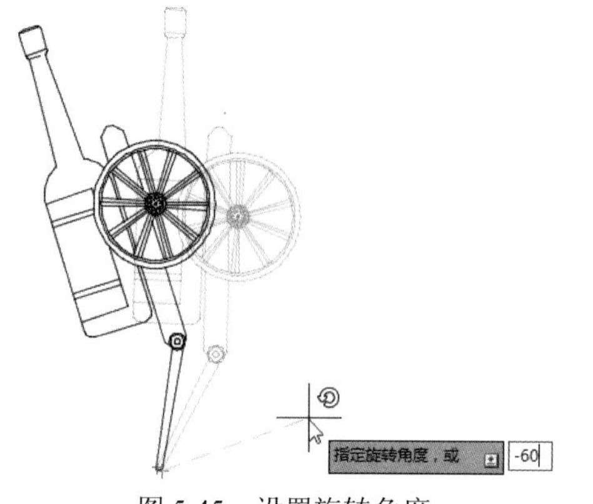

图5-45 设置旋转角度

图5-46 旋转后的效果

5.6.2 实例——将对象旋转到绝对角度

下面介绍如何利用【旋转】工具为对象指定角度进行旋转，其操作步骤如下。

Step 01 启动AutoCAD 2017，打开配套资源中的素材\第5章\【旋转到绝对角度素材.dwg】图形文件，在命令行中输入ROTATE命令，按【Enter】键确定。选择图形文件作为旋转对象，如图5-47所示，按【Enter】键结束选择。

Step 02 指定一个点为旋转基点，如图5-47所示。

Step 03 输入旋转角度-45°，按【Enter】键确定，旋转效果如图5-48所示。

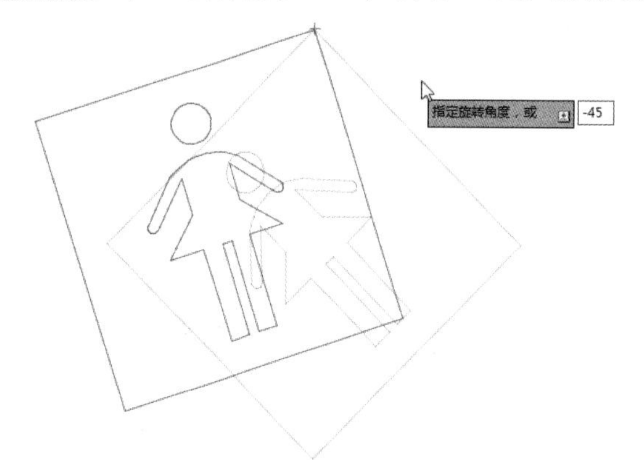

图5-47 选择要旋转的对象

图5-48 旋转对象效果

5.7 缩放和拉伸对象

执行【缩放】（SCALE）命令，可以改变实体的尺寸大小，把整个对象或者对象的一部分沿X、Y、Z方向以相同的比例进行缩放。

在AutoCAD 2017中，调用【缩放】（SCALE）命令的常用方法有以下几种。

- 命令：SCALE。
- 工具栏：选择【默认】选项卡，在【修改】面板中单击【缩放】按钮。

调用该命令后，命令行提示如下：

选择对象：//选择要缩放的对象并按【Enter】键
指定基点：//指定一个点

指定的基点表示选定对象的大小发生改变（从而远离静止基点）时位置保持不变的点。

指定比例因子或 [复制(C)/参照(R)]<当前值>：//输入比例，或输入选项

各选项的作用如下。

1．比例因子

以指定的比例值放大或缩小选取的对象。当输入的比例值大于 1 时，则放大对象，若为 0 和 1 之间的小数，则缩小对象。或指定的距离小于原对象大小时，缩小对象；指定的距离大于原对象大小，则放大对象。

2．复制(C)

在缩放对象时，创建缩放对象的副本。

3．参照(R)

按参照长度和指定的新长度缩放所选对象。

指定参照长度 <当前>：//指定缩放选定对象的起始长度，或按【Enter】键
指定新的长度或 [点(P)] <当前>：//指定将选定对象缩放到的最终长度或输入 P，使用两点来定义长度，或按【Enter】键

若指定的新长度大于参照长度，则放大选取的对象。

【点】表示使用两点来定义新的长度。

使用【拉伸】（STRETCH）命令，可以重新定位穿过或在窗交选择窗口内的对象的端点，具体功能如下：

- 将拉伸交叉窗口部分包围的对象。
- 将移动（而不是拉伸）完全包含在交叉窗口中的对象或单独选定的对象。

在 AutoCAD 2017 中，调用【拉伸】命令的常用方法有以下几种。

- 命令：STRETCH。
- 工具栏：选择【默认】选项卡，在【修改】面板中单击【拉伸】按钮。

调用该命令后，命令行提示如下：

以窗选方式或交叉多边形方式选择要拉伸的对象...
选择对象：//以窗交或圈交选择方法指定点 1 和点 2 以选取对象
选择指定基点或[位移(D)]：//指定基点或者选择 D 以输入位移

1．指定基点

指定第二个点或 <使用第一个点作为位移>：//指定第二个点或默认使用第一个点作为位移

2．位移(D)

在选取了拉伸的对象之后，在命令行提示中输入 D 进行向量拉伸。

指定位移 <上个值>：//输入矢量值

在向量模式下，将以用户输入的值作为矢量拉伸实体。

5.7.1　实例——使用比例因子缩放对象

下面通过实例讲解如何使用比例因子缩放对象，具体操作步骤如下。

Step 01 启动 AutoCAD 2017，打开配套资源中的素材\第 5 章\【使用比例因子缩放对象素材.dwg】图形文件，如图 5-49 所示。

Step 02 在命令行中输入 SCALE 命令，根据命令行的提示选择将要进行缩放的图形对象并按

【Enter】键确定，如图 5-50 所示。

图 5-49　打开素材文件

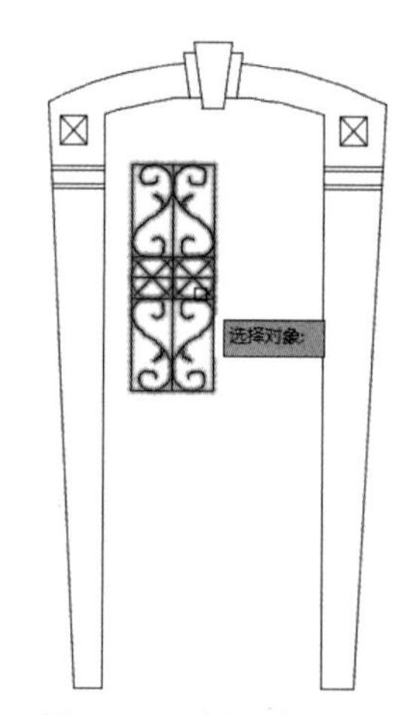

图 5-50　选择图形对象

Step 03 根据命令行的提示指定基点位置，如图 5-51 所示。

Step 04 将指定比例因子设置为 2，如图 5-52 所示。

Step 05 设置完成后单击【Enter】键确定。完成后的缩放效果如图 5-53 所示。

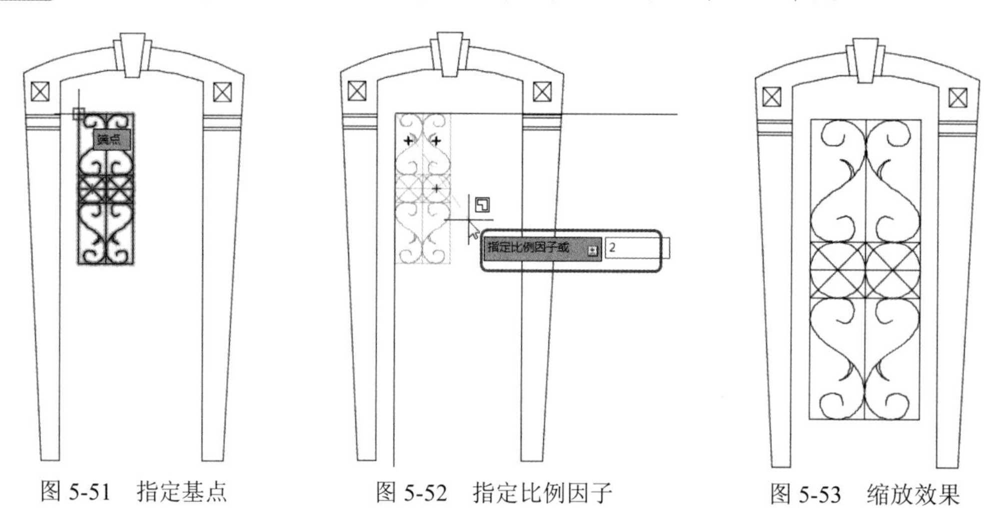

图 5-51　指定基点　　图 5-52　指定比例因子　　图 5-53　缩放效果

5.7.2　实例——使用参照距离缩放对象

下面通过实例讲解如何使用参照距离缩放对象，其具体操作步骤如下。

Step 01 启动 AutoCAD 2017，打开配套资源中的素材\第 5 章\【使用参照距离缩放对象素材.dwg】图形文件，如图 5-54 所示。

Step 02 在命令行中输入 SCALE 命令，选择将要进行缩放的图形对象并按【Enter】键确定，然后指定基点位置，如图 5-55 所示。

Step 03 在命令行中输入 R 命令，选择【参照】命令，在空白位置处单击指定第一点，向下引导光标输入 500，指定第二点，如图 5-56 所示。

Step 04 拖动鼠标放大或缩小图形对象至合适大小，单击即可，如图 5-57 所示，完成效果如图 5-58 所示。

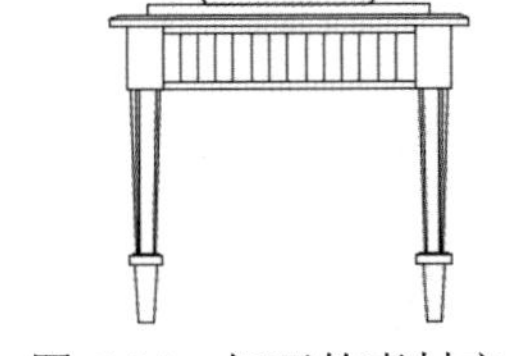

图 5-54　打开的素材文件

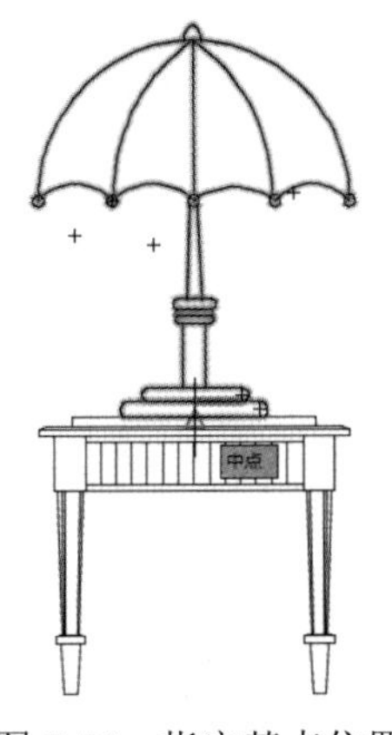

图 5-55　指定基点位置

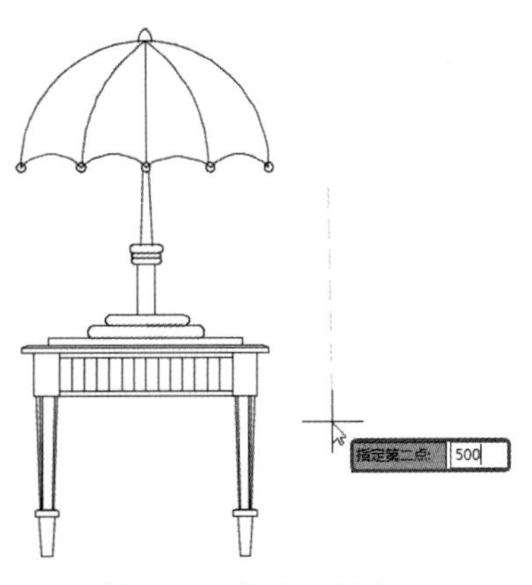

图 5-56　指定参照点

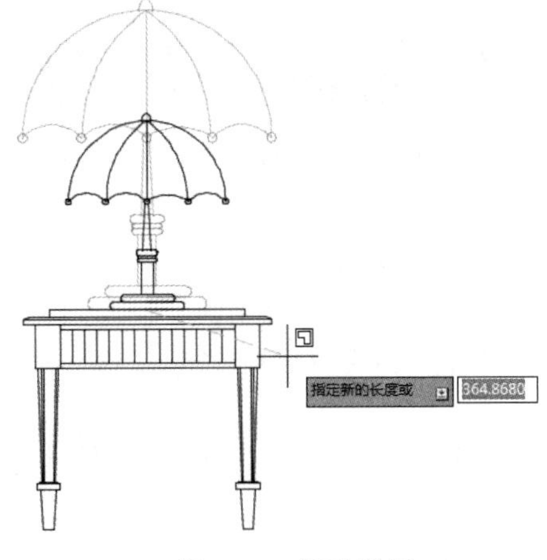

图 5-57　拖动鼠标

图 5-58　最终效果

5.7.3　实例——拉伸对象

下面介绍如何拉伸对象，具体操作步骤如下。

Step 01 启动 AutoCAD 2017，打开配套资源中的素材\第 5 章\【拉伸对象素材.dwg】图形文件。在命令行中输入 STRETCH 命令，按【Enter】键确定，选择要拉伸的对象，如图 5-59 所示。

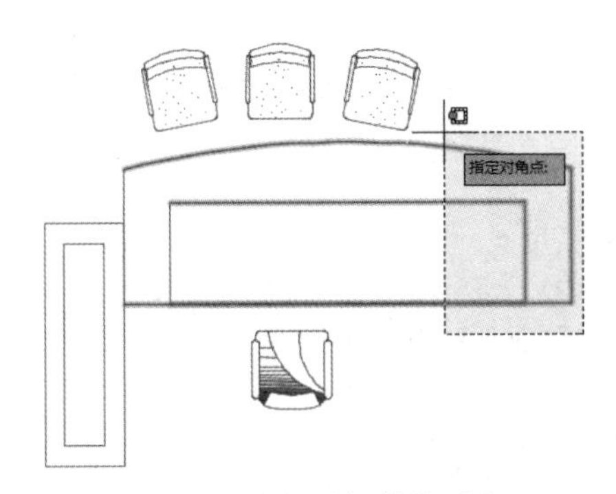

图 5-59　选择要拉伸的对象

Step 02 指定如图 5-60 所示的点作为基点。

Step 03 打开【正交】模式，向左移动鼠标，并输入相对位移 400，按【Enter】键结束命令，拉伸效果如图 5-61 所示。

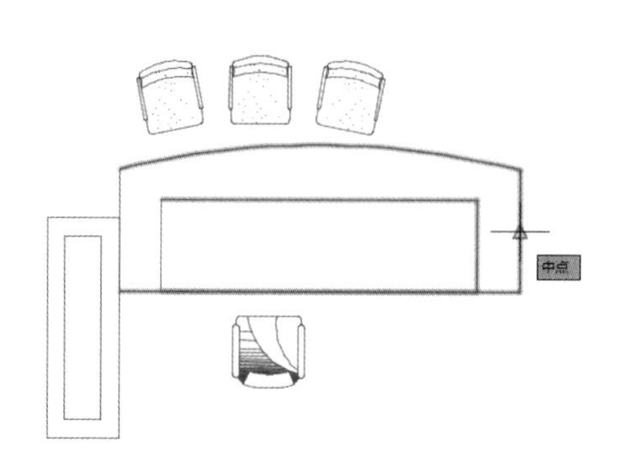

图 5-60　指定拉伸基点

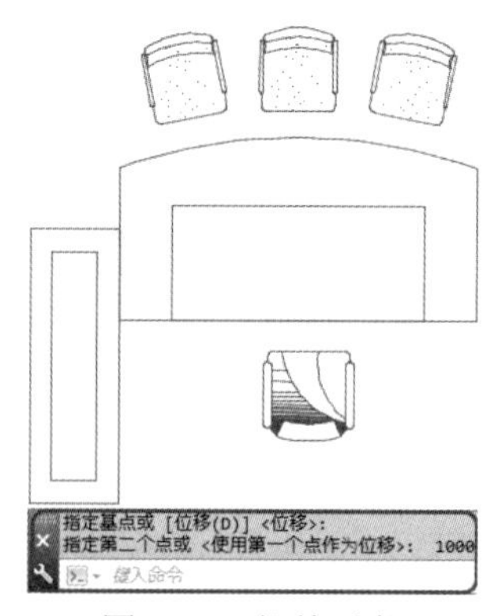

图 5-61　拉伸对象

5.8　拉长对象

使用【拉长】(LENGTHEN) 命令，可以修改圆弧的包含角和直线、圆弧、开放的多段线、椭圆弧、开放的样条曲线等对象的长度。

在 AutoCAD 2017 中，调用【拉长】命令的常用方法有以下几种。

- 命令：LENGTHEN。
- 工具栏：选择【默认】选项卡，在【修改】面板中单击【拉长】按钮。

调用该命令后，命令行提示如下：

```
选择对象或 [增量(DE)/百分数(P)/全部(T)/动态(DY)]:// 选择一个对象或输入选项
```

各选项的作用如下。

1. 选择对象

在命令行提示下选取对象，将在命令行显示选取对象的长度。若选取的对象为圆弧，则显示选取对象的长度和包含角。

```
当前长度: <当前>, 包含角: <当前>
选择对象或 [增量(DE)/百分数(P)/全部(T)/动态(DY)]: //选择一个对象，输入选项或按【Enter】键结束命令
```

2. 增量(DE)

以指定的增量修改对象的长度，该增量从距离选择点最近的端点处开始测量。差值还以指定的增量修改弧的角度，该增量从距离选择点最近的端点处开始测量。

```
输入长度差值或 [角度(A)] <当前>: 指定距离、输入 A 或按【Enter】键
```

(1) 长度差值

以指定的增量修改对象的长度。

```
选择要修改的对象或 [放弃(U)]:// 选择一个对象或输入 U
```

提示将一直重复，直到按【Enter】键结束命令。

(2) 角度

以指定的角度修改选定圆弧的包含角。

```
输入角度差值 <当前角度>: //指定角度或按【Enter】键
选择要修改的对象或 [放弃(U)]:// 选择一个对象或输入 U
```

提示将一直重复，直到按【Enter】键结束命令。

3. 百分数(P)

通过指定对象总长度的百分数设置对象长度。

输入长度百分数 <当前>:// 输入非零正值或按【Enter】键
选择要修改的对象或 [放弃(U)]: // 选择一个对象或输入 U

提示将一直重复，直到按【Enter】键结束命令。

4. 全部(T)

通过指定从固定端点测量的总长度的绝对值，来设置选定对象的长度。【全部】选项也按照指定的总角度设置选定圆弧的包含角。

指定总长度或 [角度(A)] <当前>: //指定距离，输入非零正值，输入 A，或按【Enter】键

部分选项功能如下。

（1）总长度

将对象从离选择点最近的端点拉长到指定值。

选择要修改的对象或 [放弃(U)]:// 选择一个对象或输入 u

提示将一直重复，直到按【Enter】键结束命令。

（2）角度

设置选定圆弧的包含角。

指定总角度 <当前>:// 指定角度或按【Enter】键
选择要修改的对象或 [放弃(U)]:// 选择一个对象或输入 U

提示将一直重复，直到按【Enter】键结束命令。

5. 动态(DY)

打开动态拖动模式。通过拖动选定对象的端点之一来改变其长度。其他端点保持不变。

选择要修改的对象或 [放弃(U)]: //选择一个对象或输入 U

提示将一直重复，直到按【Enter】键结束命令。

5.8.1 实例——拉长对象

使用【拉长】命令可以将对象按照一定方向进行延伸。下面将通过实例讲解如何拉长图形对象，其具体操作步骤如下。

Step 01 启动 AutoCAD 2017，打开配套资源中的素材\第 5 章\【拉长图形对象素材.dwg】图形文件，素材显示效果如图 5-62 所示。

Step 02 在命令行中输入 LENGTHEN 命令并确定，在命令行中输入 DE 命令，将长度增量设置为 300，选择要拉长的图形对象，如图 5-63 所示。

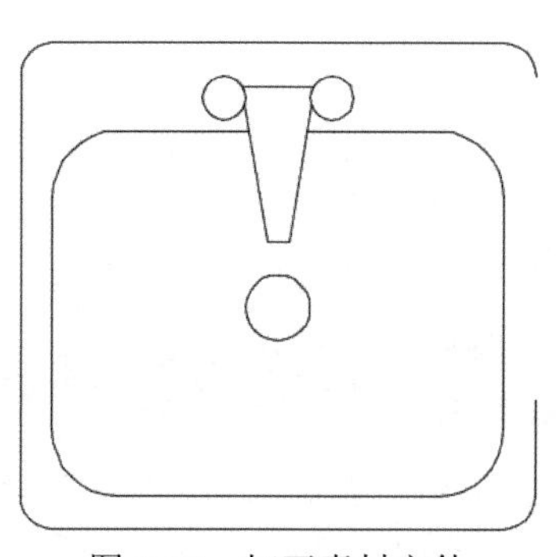

图 5-62　打开素材文件

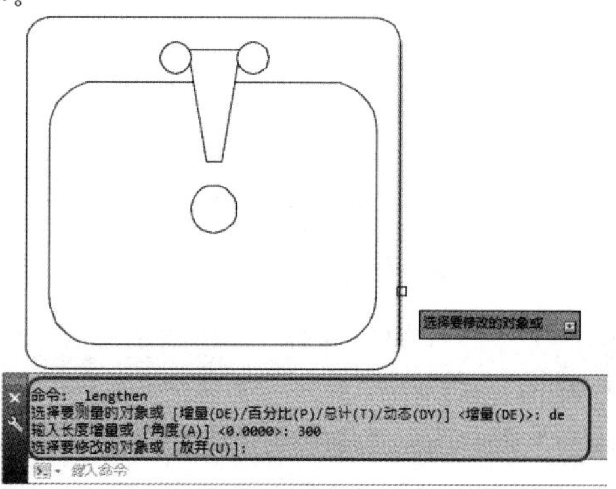

图 5-63　选择要拉长的图形对象

Step 03 按【Enter】键确定，拉长后的效果如图 5-64 所示。

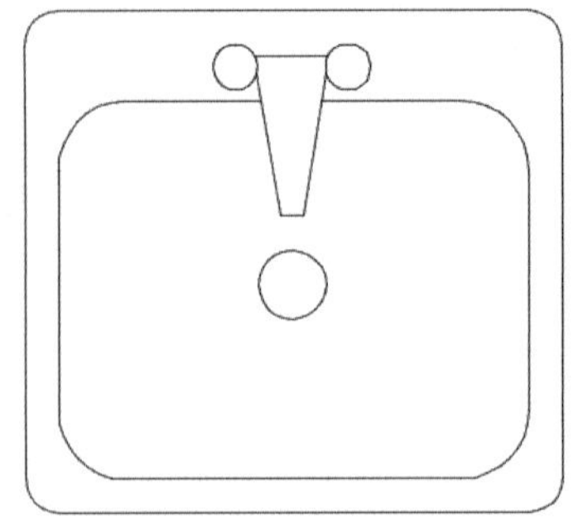

图 5-64　拉长的效果

5.8.2　实例——通过拖动改变对象长度

用户还可以通过拖动改变对象的长度。下面通过实例讲解如何拖动改变对象长度，具体操作步骤如下。

Step 01 继续 5.8.1 为实例的操作，在命令行中输入 LENGTHEN 命令并确定，在命令行中输入 DY 命令，选择图形对象如图 5-65 所示。

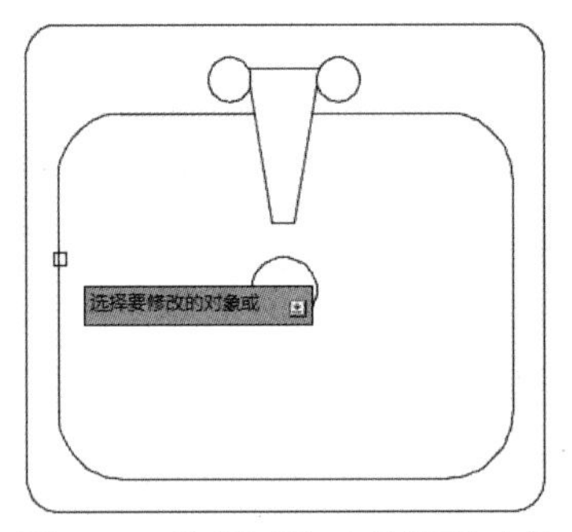

图 5-65　选择要拖动的图形对象

Step 02 指定端点位置如图 5-66 所示，按【Enter】键确定，完成效果如图 5-67 所示。

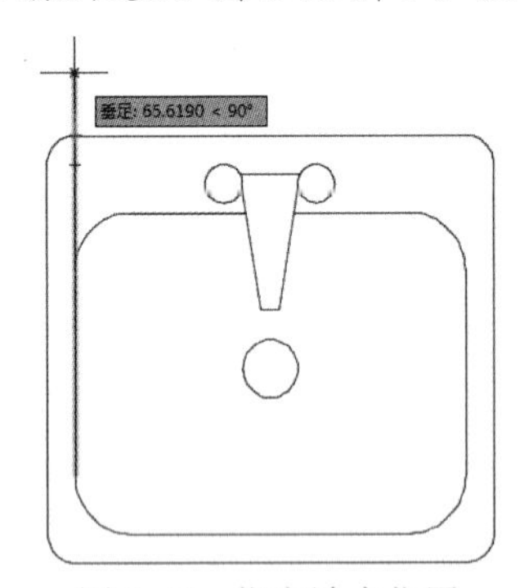

图 5-66　指定端点位置

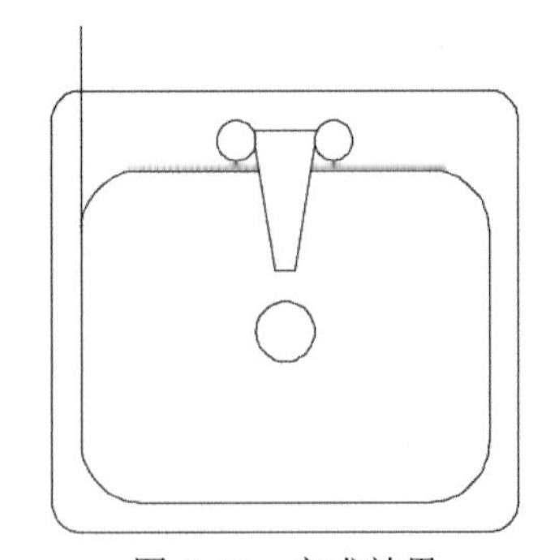

图 5-67　完成效果

5.9　修剪和延伸对象

【修剪】和【延伸】命令可以精确地将某一个对象终止在由其他对象定义的边界处。修建图形对象可以使图形表达得更加清晰，在外形上更加美观。延伸图形对象可以将指定的图形对象延

伸到指定的边界（也可以称为边界的边）。使用【延伸】命令可以延伸图形对象，使该图形对象与其他的图形对象相接或精确地延伸至选定对象定义的边界上。

在 AutoCAD 2017 中，执行【Trim】命令的方法有以下几种。

- 在菜单栏中执行【修改】|【修剪】命令。
- 在【修改】工具栏中单击【修剪】按钮。
- 在命令行中输入 TRIM 命令，并按【Enter】键。

在 AutoCAD 2017 中，执行【延伸】命令的方法有以下几种。

- 在菜单栏中执行【修改】|【延伸】命令。
- 在【修改】工具栏中单击【延伸】按钮。
- 在命令行中输入 Extend 命令，并按【Enter】键。

5.9.1　实例——修剪对象

下面介绍如何利用【修剪】工具修剪对象，其具体操作步骤如下。

Step 01 启动 AutoCAD 2017，打开配套资源中的素材\第 5 章\【修剪对象素材.dwg】图形文件，如图 5-68 所示。

Step 02 在命令行中输入 TRIM 命令，按两次【Enter】键确认，选择要修剪的对象，按【Enter】键结束命令，效果如图 5-69 所示。

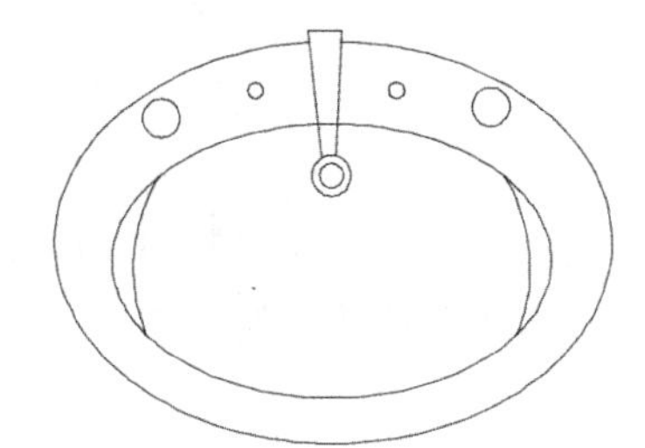

图 5-68　打开素材文件

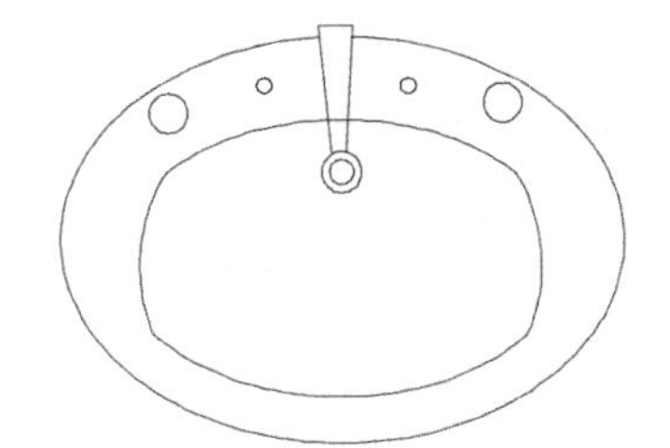

图 5-69　修剪图形对象

5.9.2　实例——延伸对象

延伸对象可以通过缩短或拉长使指定的对象到指定的边，使其与其他对象的边相接。下面通过实例讲解如何延伸对象，其具体操作步骤如下。

Step 01 启动 AutoCAD 2017，打开配套资源中的素材\第 5 章\【延伸图形对象素材.dwg】图形文件，如图 5-70 所示。

Step 02 在命令行中输入 EXTEND 命令，按两次【Enter】键，根据命令行的提示选择要延伸的图形对象，如图 5-71 和图 5-72 所示。

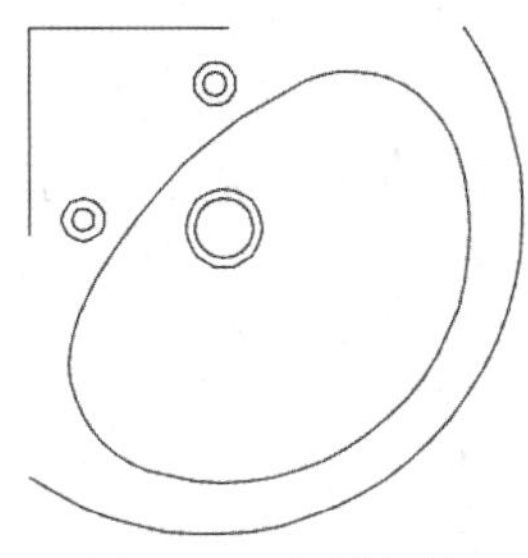

图 5-70　素材文件

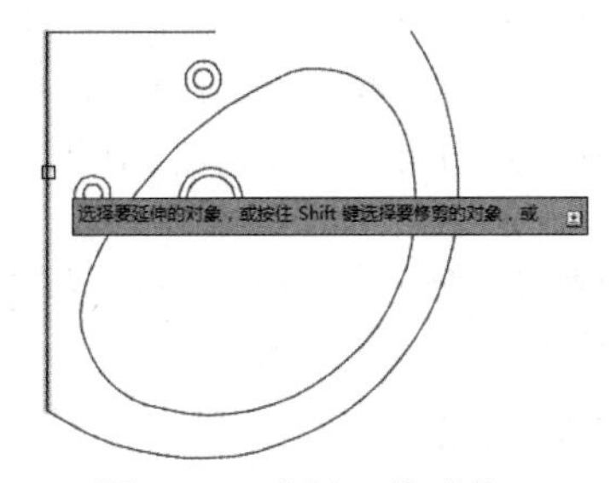

图 5-71　选择延伸对象 1

Step 03 选择完成后按【Enter】键确定即可，完成延伸效果如图 5-73 所示。

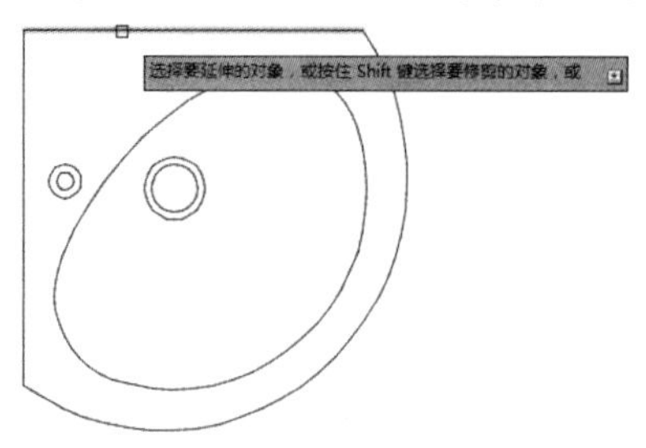

图 5-72　选择延伸对象 2

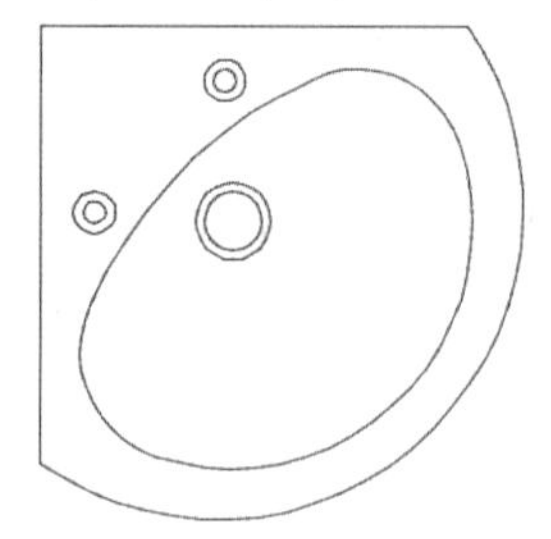

图 5-73　延伸效果

5.9.3　修剪和延伸宽多段线

在对二维宽多段线进行修剪和延伸时，宽多段线的端点始终是正方形。以某一角度修剪宽多段线会导致端点部分延伸出剪切边。两者区别如图 5-74 和图 5-75 所示。

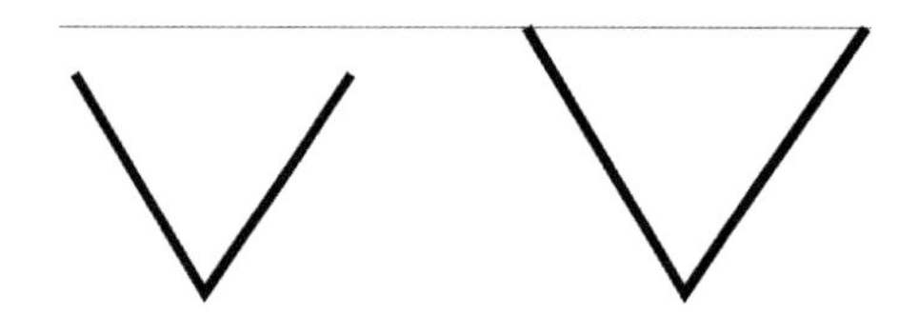

图 5-74　宽多段线延伸前后的对比

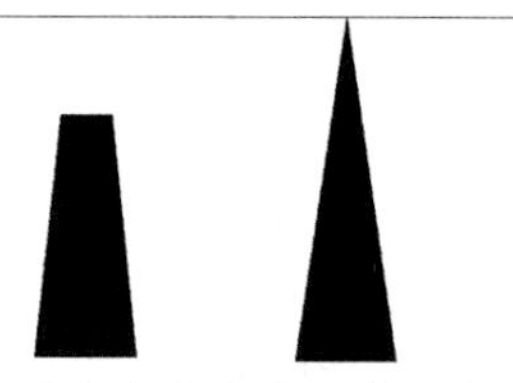

图 5-75　成角度的宽多段线延伸前后的对比

5.9.4　修剪和延伸样条曲线拟合多段线

当对样条曲线拟合多段线进行修剪和延伸时，修剪样条拟合多段线将删除曲线拟合信息，并将样条拟合线段改为普通多段线线段。延伸一个样条曲线拟合的多段线将为多段线的控制框架添加一个新顶点。

5.10　打断与合并对象

在绘图过程中，可以将一个对象打断为两个对象，对象之间可以具有间隙，也可以没有间隙。在 AutoCAD 2017 中，调用【打断】(BREAK）命令的常用方法有以下几种。

- 命令：BREAK。
- 工具栏：选择【默认】选项卡，在【修改】面板中单击【打断】按钮。

调用该命令后，命令行提示如下：

```
选择对象：//使用某种对象选择方法，或指定对象上的第一个打断点 1
```

可以在对象上的两个指定点之间创建间隔，从而将对象打断为两个对象。如果这些点不在对象上，则会自动投影到该对象上。【打断】命令通常用于为块或文字创建空间。

将显示的下一个提示取决于选择对象的方式。如果使用定点设备选择对象，AutoCAD 将选择对象并将选择点视为第一个打断点。在下一个提示下，可以继续指定第二个打断点或替换第一个打断点。

```
指定第二个打断点或 [第一点(F)]:// 指定第二个打断点 2，或输入 F
```

各选项的作用如下。

1. 第二个打断点

该选项指定用于打断对象的第二个点。

2. 第一点(F)

该选项用指定的新点替换原来的第一个打断点。

指定第一个打断点：
指定第二个打断点：

两个指定点之间的对象将部分被删除。如果第二个点不在对象上，将选择对象上与该点最接近的点。因此，要打断直线、圆弧或多段线的一端，可以在要删除的一端附近指定第二个打断点。

要将对象一分为二并且不删除某个部分，则输入的第一个点和第二个点应相同。通过输入 @ 指定第二个点即可实现此过程。

直线、圆弧、圆、多段线、椭圆、样条曲线、圆环，以及其他几种对象类型都可以拆分为两个对象或将其中的一端删除。AutoCAD 将按逆时针方向删除圆上第一个打断点到第二个打断点之间的部分，从而将圆转换成圆弧。

5.10.1　实例——打断图形

使用【打断】命令可以在对象上按指定的间隔将其分成两部分，并将指定的部分删除，【打断】命令不适合【块】、【标注】、【多行】和【面域】对象。

下面通过实例讲解如何打断图形对象，具体操作步骤如下。

Step 01 启动 AutoCAD 2017，打开配套资源中的素材\第 5 章\【打断图形对象素材.dwg】图形文件，如图 5-76 所示。

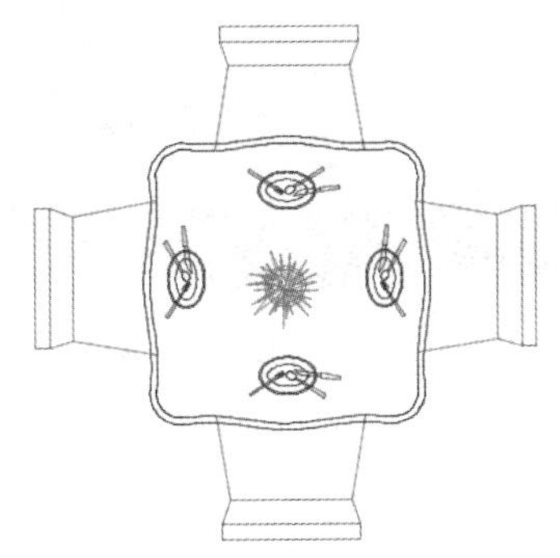

图 5-76　打开素材文件

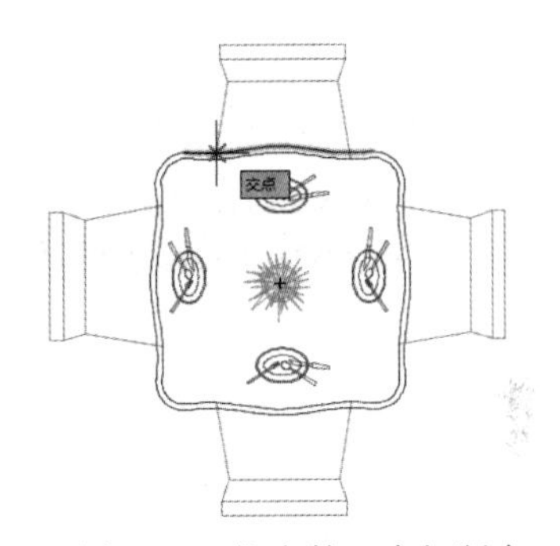

图 5-77　指定第一个打断点

Step 02 在命令行中执行 BREAK 命令并按【Enter】键确定，选择要打断的图形对象，在命令行中输入 F，指定第一个打断点如图 5-77 所示，指定第二个打断点即可打断，如图 5-78 所示。

Step 03 使用同样的方法打断其他的点，打断效果如图 5-79 所示。

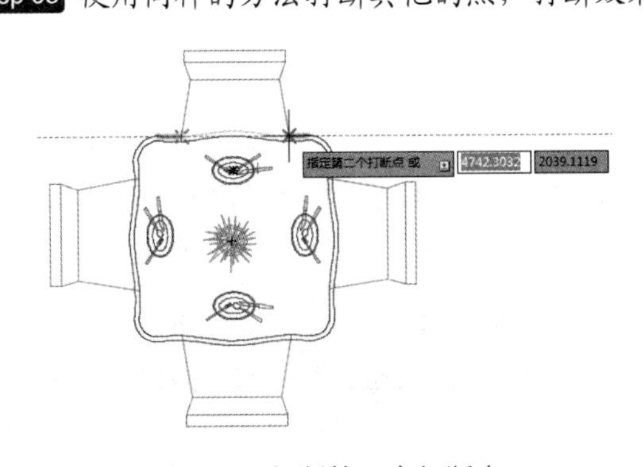

图 5-78　打断第二个打断点

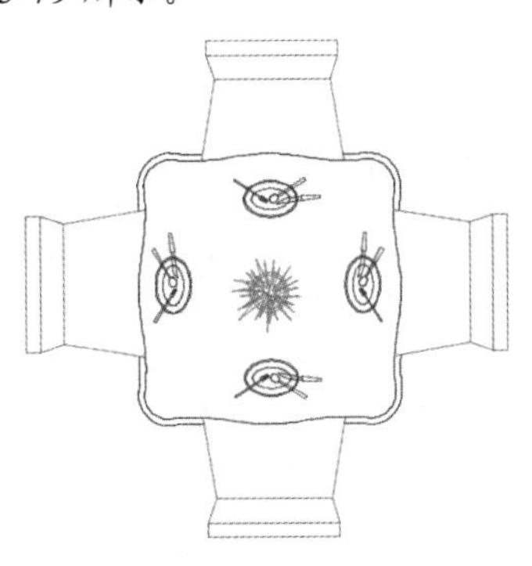

图 5-79　最终效果

5.10.2 实例——合并图形

合并图形可以将两个相似的图形合并为一个整体。

下面通过实例讲解如何合并图形对象，具体操作步骤如下。

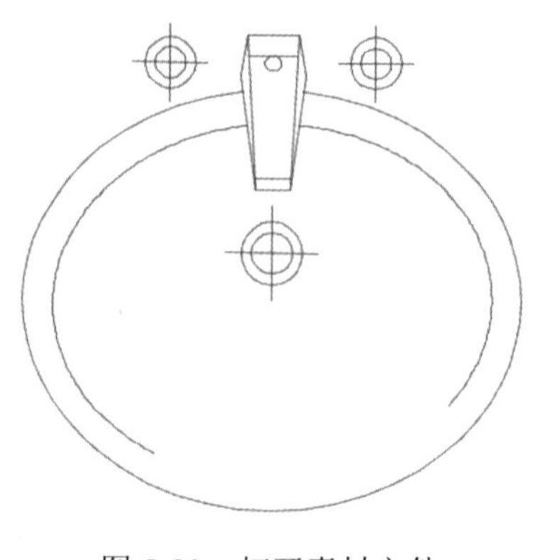

图 5-80 打开素材文件

Step 01 启动 AutoCAD 2017，打开配套资源中的素材\第 5 章\【合并图形对象素材.dwg】图形文件，素材显示效果如图 5-80 所示。

Step 02 在命令行中执行 JOIN 命令并按【Enter】键确定，然后根据命令行的提示选择要合并的对象，如图 5-81 所示。

Step 03 按【Enter】键确定，合并效果如图 5-82 所示。

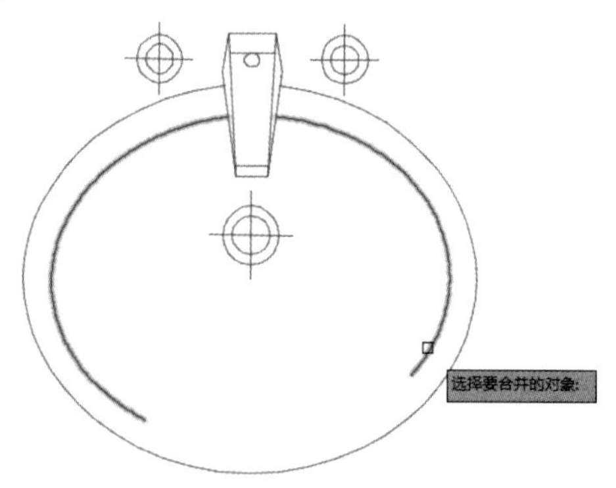

图 5-81 选择合并对象

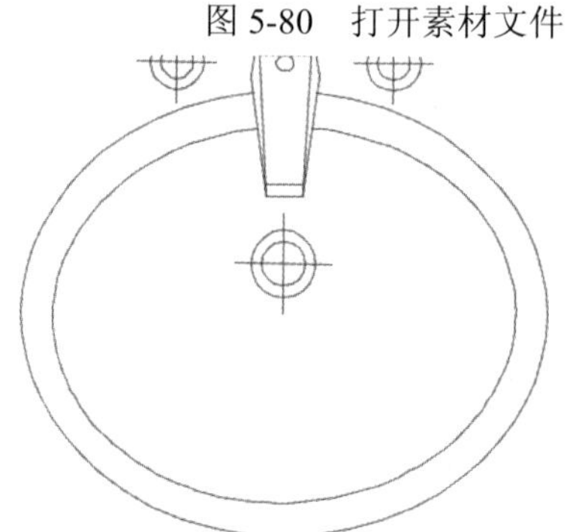

图 5-82 合并后的效果

5.11 倒角对象

使用【倒角】(CHAMFER）命令可以使用成角的直线连接两个对象。它通常用于表示角点上的倒角边。

在 AutoCAD 2017 中，执行【倒角】命令的常用方法有以下几种。

- 命令：CHAMFER。
- 工具栏：选择【默认】选项卡，在【修改】面板中单击【倒角】按钮。

调用该命令后，命令行提示如下：

```
(【修剪】模式) 当前倒角距离 1 = 当前, 距离 2 = 当前
选择第一条直线或 [放弃(U)/多段线(P)/距离(D)/角度(A)/修剪(T)/方式(E)/多个(M)]://选择对象或输入选项
```

各选项的作用如下。

1. 选择第一条直线

选择要进行倒角处理对象的第一条边，或要倒角的三维实体边中的第一条边。

```
选择第二条直线, 或按住【Shift】键并选择要应用角点的对象:// 使用选择对象的方法, 或按住【Shift】键并选择对象, 以创建一个锐角
```

在选择两条多段线的线段来进行倒角处理时，这两条多段线必须相邻或只能被最多一条线段分开。若这两条多段线之间有一条直线或弧线，系统将自动删除此线段并以倒角线来取代。

2. 放弃(U)

恢复在命令中执行的上一个操作。

3. 多段线(P)

为整个二维多段线进行倒角处理。

选择二维多段线：//选取二维多段线

系统将二维多段线的各个顶点全部进行了倒角处理，建立的倒角形成多段线的另一新线段。但若倒角的距离在多段线中两个线段之间无法施展，对此两线段将不进行倒角处理。

4. 距离(D)

创建倒角后，设置倒角到两个选定边的端点的距离。用户选择此选项，代表用户选择了【距离-距离】的倒角方式。

指定第一个倒角距离 <当前值>：//指定倒角距离，或按【Enter】键
指定第二个倒角距离 <当前值>：//指定倒角距离，或按【Enter】键

在指定第一个对象的倒角距离后，第二个对象的倒角距离的当前值将与指定的第一个对象的倒角距离相同。若两个倒角距离指定的值均为 0，选择的两个对象将自动延伸至相交。

5. 角度(A)

指定第一条线的长度和第一条线与倒角后形成的线段之间的角度值，用户选择此选项，代表用户选择了【距离-角度】的倒角方式。

指定第一条直线的倒角长度 <当前值>：//指定或输入长度值，或按【Enter】键
指定第一条直线的倒角角度 <当前值>：//指定或输入角度值，或按【Enter】键

6. 修剪(T)

用户自行选择是否对选定边进行修剪，直到倒角线的端点。

输入修剪模式选项 [修剪(T)/不修剪(N)] <当前>://输入 T 或 N，或按【Enter】键

7. 方式(E)

选择倒角方式。倒角处理的方式有两种：【距离-距离】和【距离-角度】。

输入修剪方法 [距离(D)/角度(A)] <当前>://输 A 或 D，或按【Enter】键

8. 多个(M)

可为多个两条线段的选择集进行倒角处理。系统将不断自动重复提示用户选择【第一个对象】和【第二个对象】，要结束选择，按【Enter】键。但是若用户选择【放弃】选项时，使用【倒角】命令为多个选择集进行的倒角处理将全部被取消。

提　示

默认情况下，对象在倒角时被修剪，但可以用【修剪】(T) 选项指定保持不修剪的状态。

5.11.1　实例——创建倒角

下面通过实例讲解如何创建倒角，具体操作步骤如下。

Step 01 启动 AutoCAD 2017，打开配套资源中的素材\第 5 章\【创建倒角素材.dwg】图形文件，如图 5-83 所示。

Step 02 在命令行中输入 CHAMFER 命令并确定，在命令行中输入 D 命令，将第一个和第二个倒角距离设置为 100，选择如图 5-84 所示的第一条线，选择如图 5-85 所示的第二条直线。

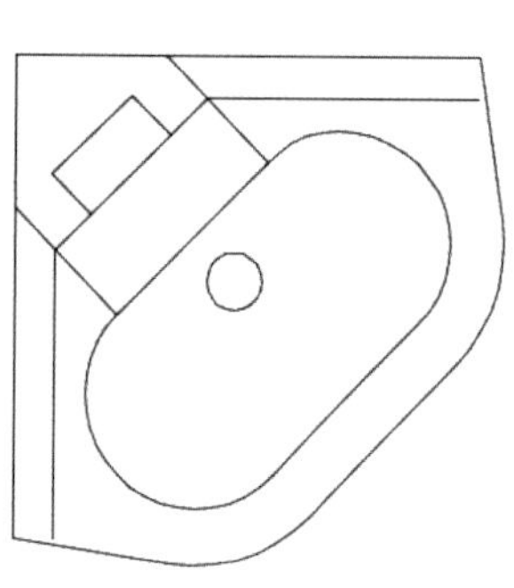

图 5-83　素材文件

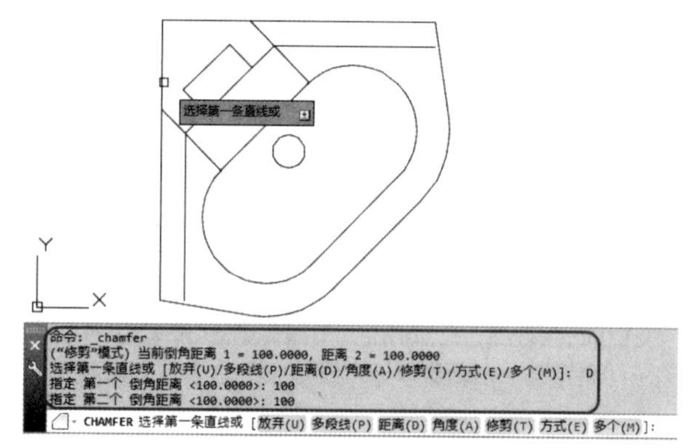

图 5-84　选择第一条直线

Step 03 对图形对象进行倒角处理，效果如图 5-86 所示。

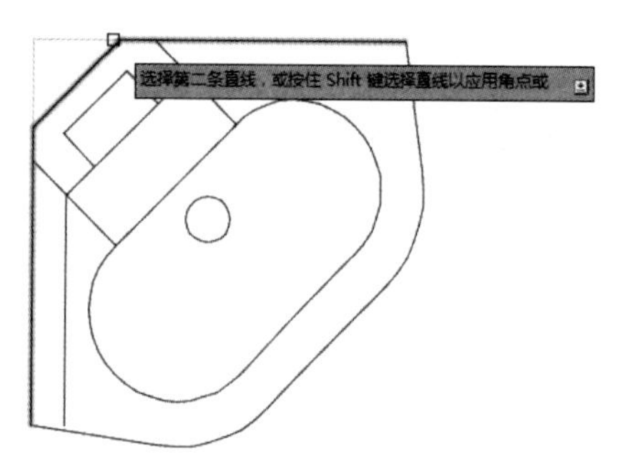

图 5-85　选择第二条直线

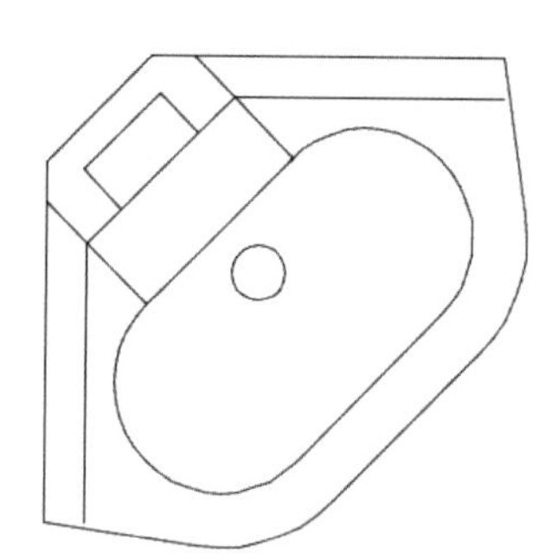

图 5-86　创建倒角效果

5.11.2　设置倒角距离

执行倒角命令的方式有以下两种。

（1）距离—距离

指定要从交点修剪到对象多远的距离。在设置倒角距离时，第 1 个距离的默认值为上一次指定的距离，第 2 个距离的默认值是第一个距离的指定值。用户也可根据实际情况重新设置两个倒角距离。若为两个倒角距离指定的值均为 0，选择的两个对象将自动延伸至相交，倒角对比效果如图 5-87 所示，但不创建倒角线。

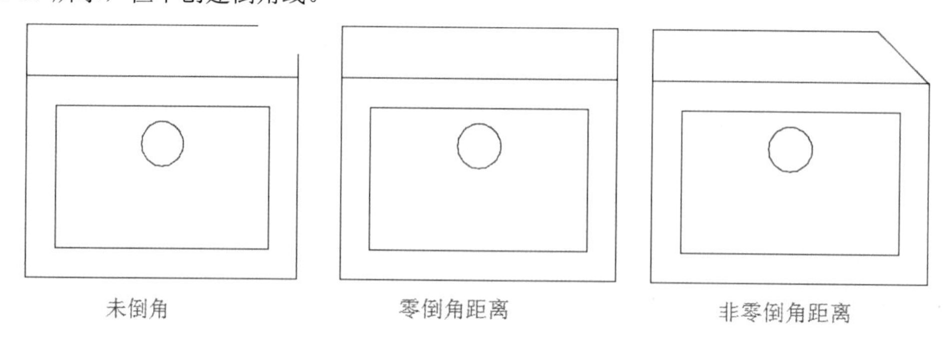

图 5-87　对比效果

在命令行中输入 CHAMFER 命令，在命令行中输入 D 命令，将第一个倒角距离设置为 90，将第二个倒角距离设置为 45，选择 A 线段和 B 线段对其进行倒角处理，倒角效果如图 5-88 所示。

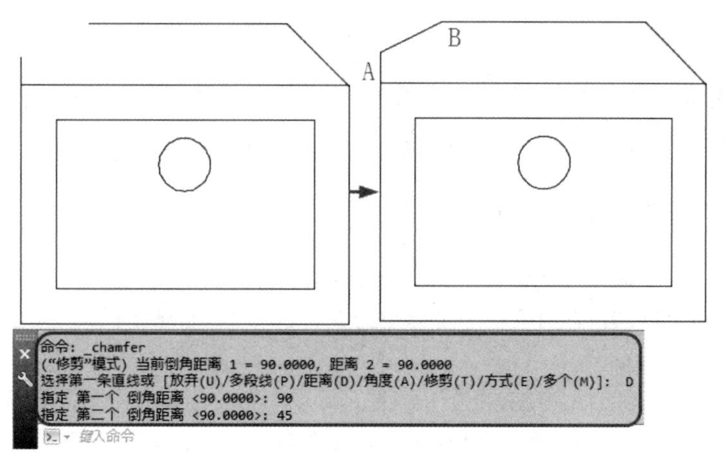

图 5-88　倒角效果

倒角的第一距离和第二距离可以是相等的，也可以是不相等的，结果如图 5-89 所示。

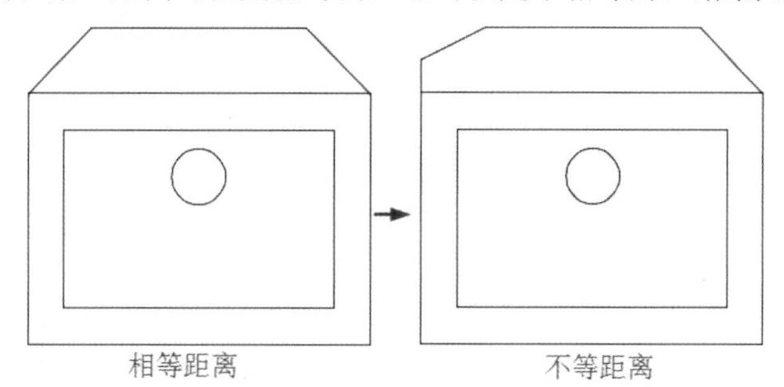

图 5-89　不等距离倒角效果

（2）距离—角度

指定第 1 条线的长度和第 1 条线与倒角后形成的线段之间的角度值。

在命令行中输入 CHAMFER 命令，在命令行中输入 A 命令，将第一个倒角距离设置为 50，将第二个倒角距离设置为 30，选择如图 5-90 所示的线段，对其进行倒角处理，效果如图 5-90 所示。

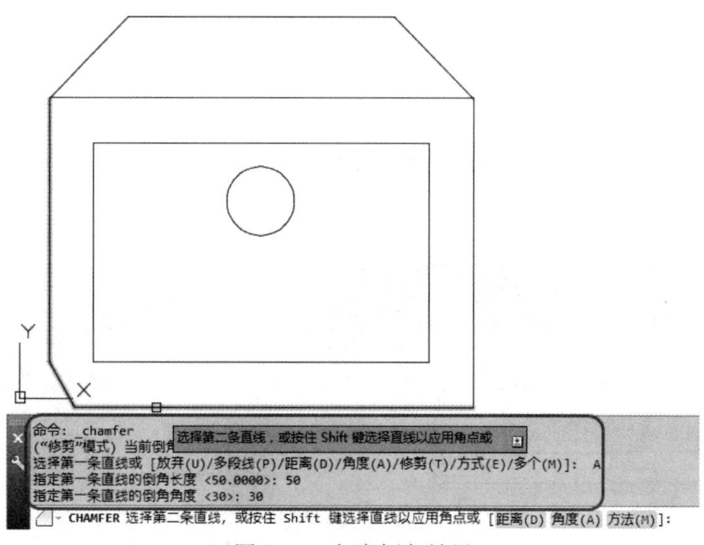

图 5-90　角度倒角效果

提　示

如果两个倒角的对象在同一图层中，则倒角线也在同一图层上，否则，倒角线将在当前图层上，其倒角线的颜色、线型和线宽都随图层的变化而变化。

5.11.3　实例——倒角多个对象

下面通过实例讲解如何倒角多个对象，其具体操作步骤如下。

Step 01 启动 AutoCAD 2017，打开配套资源中的素材\第 5 章\【倒角多个对象素材.dwg】图形文件，如图 5-91 所示。

Step 02 在命令行中输入 CHAMFER 命令并确定，在命令行中输入 D 命令，将第一个和第二个倒角距离设置为 450，在命令行中输入 M 命令，对图形进行多次倒角，选择如图 5-92 所示线段对其进行倒角处理。

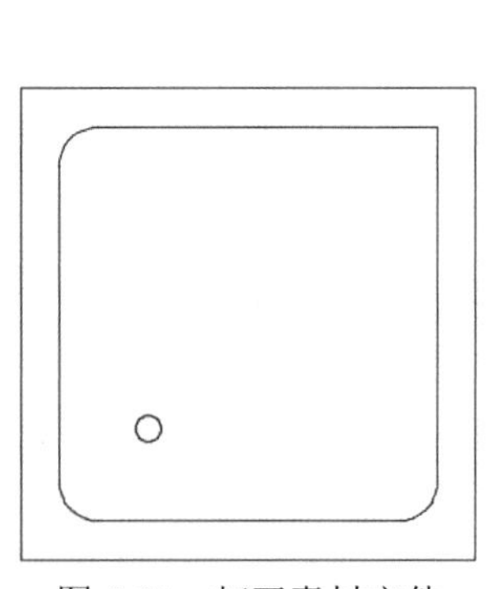

图 5-91　打开素材文件

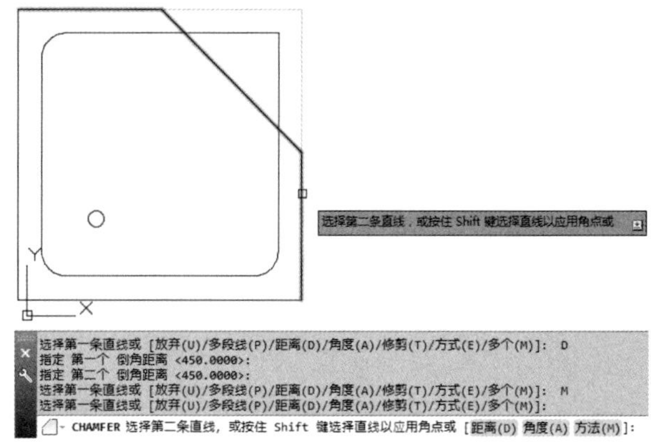

图 5-92　倒角处理 1

Step 03 选择如图 5-93 所示的线段对其进行倒角处理。

Step 04 按【Enter】键进行确定，对图形对象进行倒角处理，效果如图 5-94 所示。

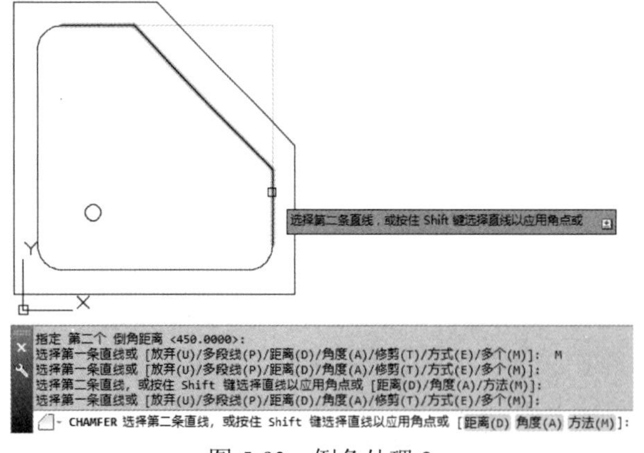

图 5-93　倒角处理 2

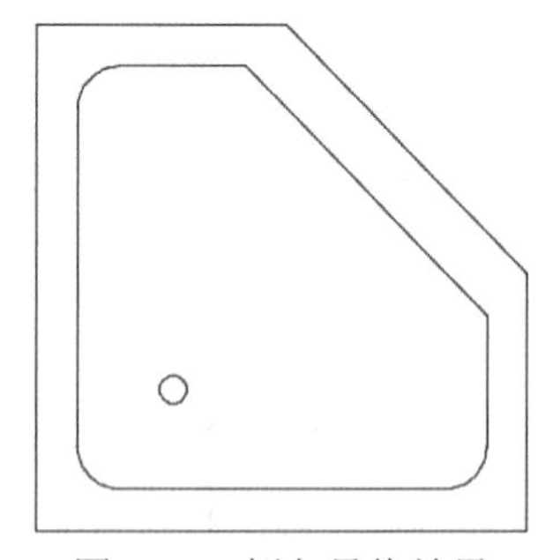

图 5-94　倒角最终效果

5.11.4　实例——为非平行线倒角

下面通过实例讲解如何为非平行线倒角，其具体操作步骤如下。

Step 01 启动 AutoCAD 2017，在命令行中输入 LINE 命令，绘制两条不相交、不平行、不垂直的

线段，如图 5-95 所示。

Step 02 在命令行中输入 CHAMFER 命令并确定，然后根据命令行的提示选择绘制的两条线段，即可对其进行倒角处理，倒角效果如图 5-96 所示。

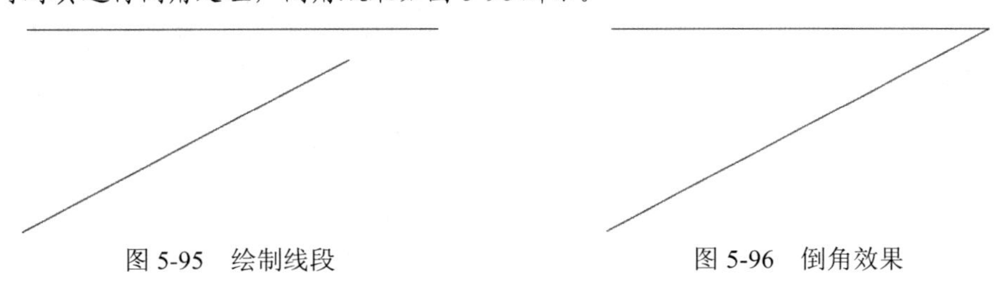

图 5-95　绘制线段　　图 5-96　倒角效果

5.11.5　实例——通过指定角度进行倒角

在执行【倒角】命令时，常常需要以一定的角度进行倒角。

下面通过实例讲解如何通过指定角度进行倒角，其具体操作步骤如下。

Step 01 启动 AutoCAD 2017，打开配套资源中的素材\第 5 章\【角度倒角素材.dwg】图形文件，如图 5-97 所示。

Step 02 在命令行中输入 CHAMFER 命令并确定，在命令行中输入 A 命令，指定第一条直线的倒角长度为 70，指定第二条直线的倒角长度为 30，选择第一条直线，如图 5-98 所示。

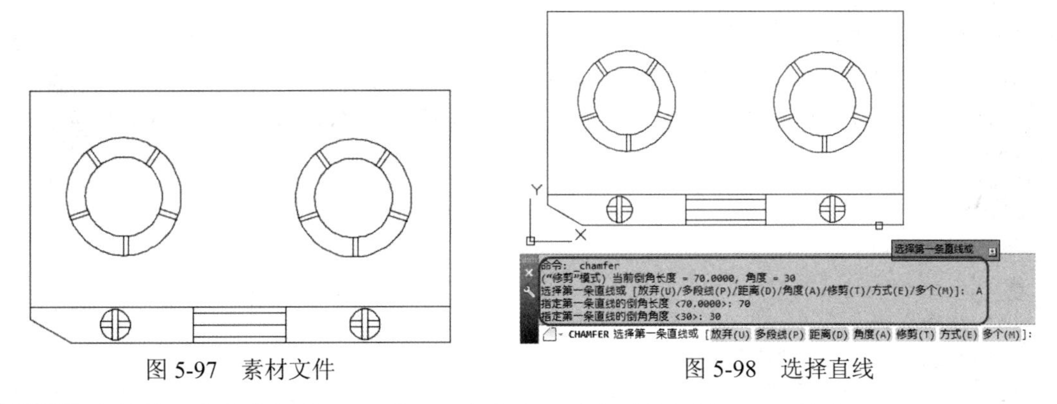

图 5-97　素材文件　　图 5-98　选择直线

Step 03 选择第二条直线如图 5-99 所示，完成后的倒角效果如图 5-100 所示。

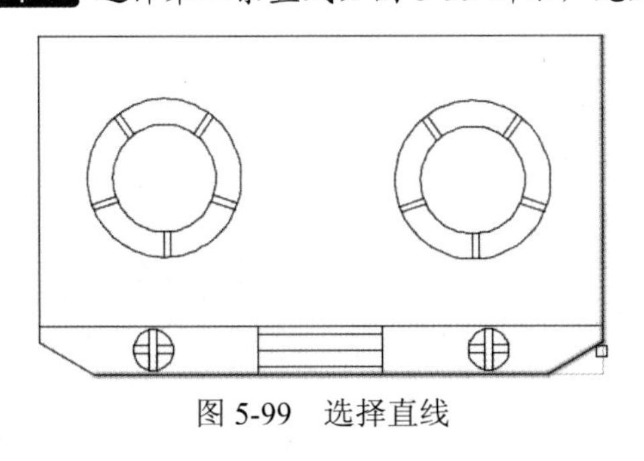

图 5-99　选择直线

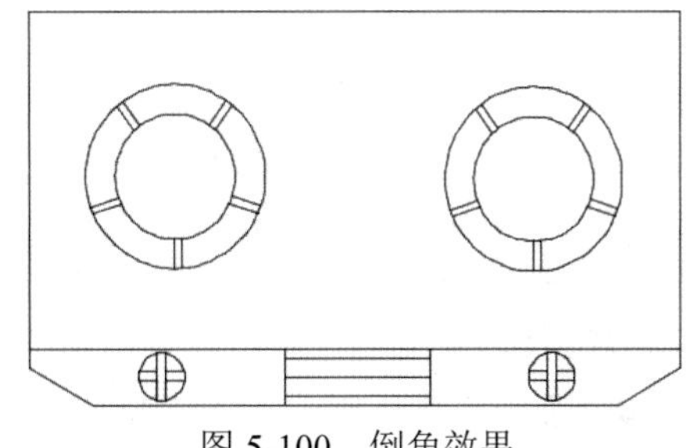

图 5-100　倒角效果

5.11.6　实例——倒角而不修剪

默认情况下，对对象进行倒角后，其拐角边将被删除，用户可以设置其不被删除。

下面通过实例讲解如何倒角而不修剪，具体操作步骤如下。

Step 01 启动 AutoCAD 2017，打开配套资源中的素材\第 5 章\【倒角而不修剪素材.dwg】图形文件，素材显示效果如图 5-101 所示。

Step 02 在命令行中输入 CHAMFER 命令并确定，在命令行中输入 T 命令，在命令行中输入 N 命令，在命令行中输入 D 命令，将指定第一个和第二个倒角距离为 100，选择要倒角的对象，倒角效果如图 5-102 所示。

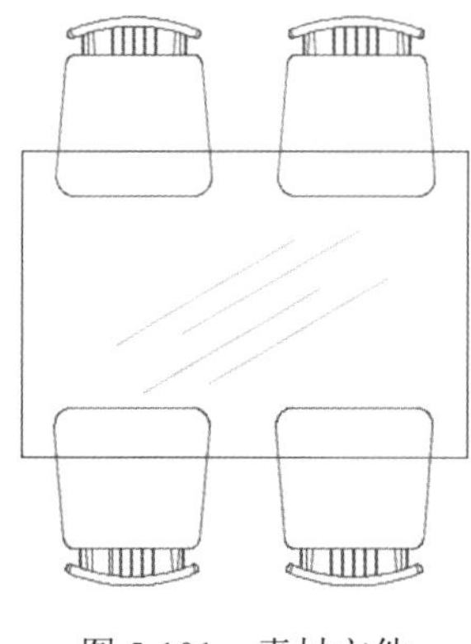

图 5-101　素材文件

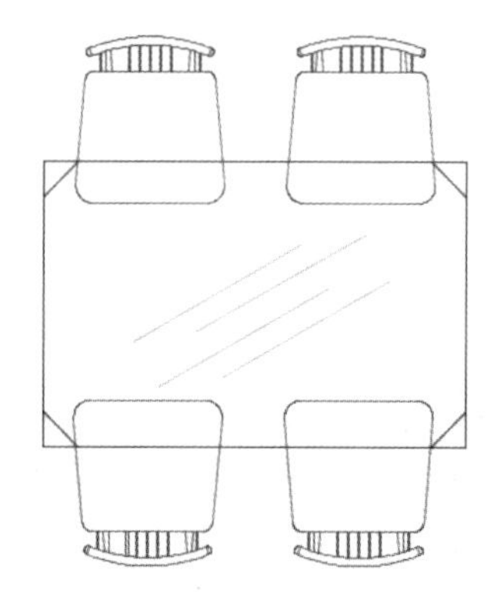

图 5-102　倒角效果

5.12　圆角对象

圆角与倒角相似，也是两个对象之间的一种连接方式，但是圆角使用与对象相切并且具有指定半径的圆弧连接两个对象。内角点称为内圆角，外角点称为外圆角。

可以进行圆角操作的对象包括圆弧、圆、椭圆和椭圆弧、直线、多段线、射线、样条曲线、构造线及三维实体。

在 AutoCAD 2017 中，调用【圆角】（FILLET）命令的常用方法有以下几种。

- 命令：FILLET。
- 工具栏：选择【默认】选项卡，在【修改】面板中单击【圆角】按钮圆角。

调用该命令后，命令行提示如下：

当前设置：模式 = 当前值，半径 = 当前值
选择第一个对象或 [放弃(U)/多段线(P)/半径(R)/修剪(T)/多个(M)]:// 使用对象选择方法或输入选项

各选项的作用如下。

1. 选择第一个对象

选取要创建圆角的第一个对象。这个对象可以是二维对象，也可以是三维实体的一个边。

选择第二个对象，或按住【Shift】键并选择要应用角点的对象:// 使用选择对象的方法，或按住【Shift】键并选择对象，以创建一个锐角

2. 放弃(U)

恢复在命令中执行的上一个操作。

3. 多段线(P)

在二维多段线中的每两条线段相交的顶点处创建圆角。

选择二维多段线: //选取二维多段线

若选取的二维多段线中一条弧线段隔开两条相交的直线段，选择创建圆角后将删除该弧线段而替代为一个圆角弧。

4．半径(R)

设置圆角弧的半径。

```
指定圆角半径 <当前值>: //指定圆角半径长度或按【Enter】键
```

在此修改圆角弧半径后，此值将成为创建圆角的当前半径值。此设置只对新创建的对象有影响。如果设置圆角半径为 0，则被圆角处理的对象将被修剪或延伸直到它们相交，并不创建圆弧。选择对象时，可以按住【Shift】键，以便使用 0 值替代当前圆角半径。

5．修剪(T)

在选定边后，若两条边不相交，选择此选项确定是否修剪选定的边使其延伸到圆角弧的端点。

```
输入修剪模式选项 [修剪(T)/不修剪(N)] <当前>: //输入选项或按 【Enter】键
```

当将系统变量 TRIMMODE 设置为 1 时，【圆角】（FILLET）命令会将相交直线修剪到圆角弧的端点。若选定的直线不相交，系统将延伸或修剪直线以使它们相交。

（1）修剪

修剪选定的边延伸到圆角弧端点。

（2）不修剪

不修剪选定的边。

6．多个(M)

为多个对象创建圆角。选择了此项，系统将在命令行重复显示主提示，按【Enter】键结束命令。在结束后执行【放弃】操作时，凡是用【多个】选项创建的圆角都将被一次性删除。

5.12.1　实例——创建圆角

下面通过实例讲解如何创建圆角，其具体操作步骤如下。

Step 01 启动 AutoCAD 2017，在命令行中输入 LINE 命令，绘制两条如图 5-103 所示的线段。

Step 02 在命令行中输入 Fillet 命令并确定，然后根据命令行的提示选择绘制的两条线段即可创建圆角，创建圆角效果如图 5-104 所示。

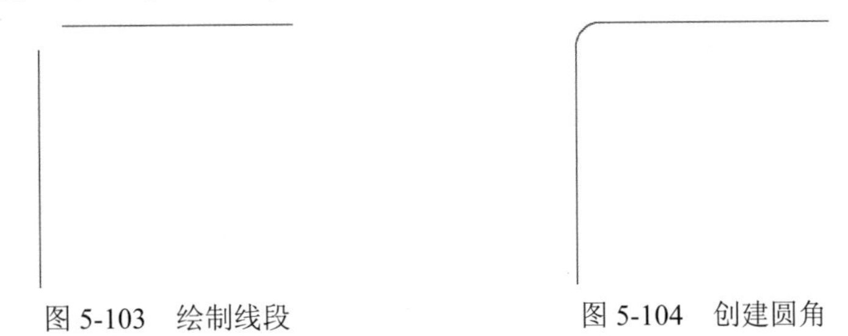

图 5-103　绘制线段　　　图 5-104　创建圆角

5.12.2　实例——设置圆角半径

在为图形进行倒圆角时，首先需要设置倒圆角的角度。下面通过实例讲解如何设置圆角半径，其具体操作步骤如下。

Step 01 启动 AutoCAD 2017，打开配套资源中的素材\第 5 章\【圆角对象.dwg】图形文件，如图 5-105 所示。

Step 02 在命令行中输入 FILLET 命令并按【Enter】键确定，然后根据命令行的提示输入 R，指定圆角半径为 50，选择要倒角的两条边即可，倒角效果如图 5-106 所示。

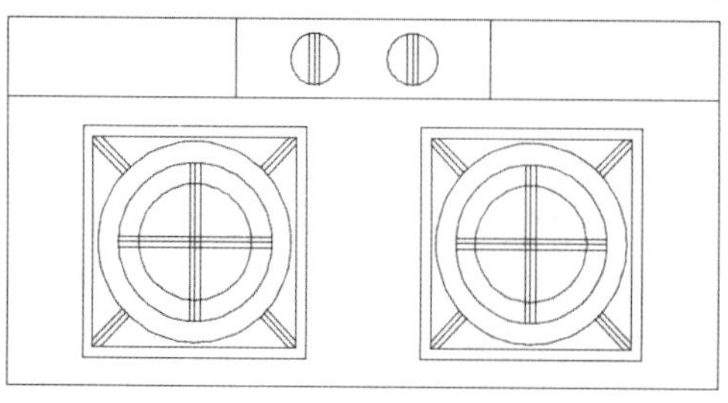

图 5-105　素材文件

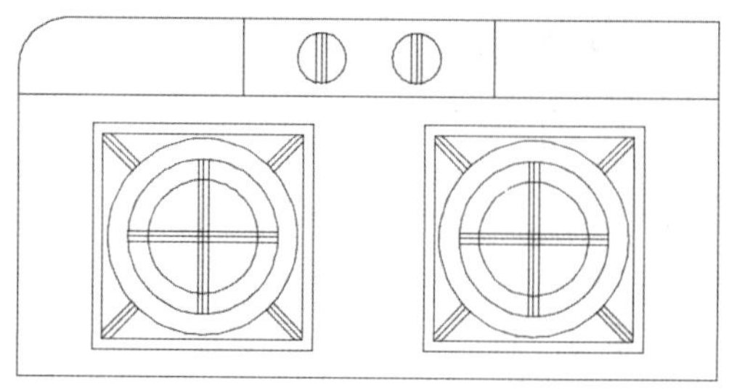

图 5-106　倒圆角效果

Step 03 使用同样的方法倒其他的圆角，最终效果如图 5-107 所示。

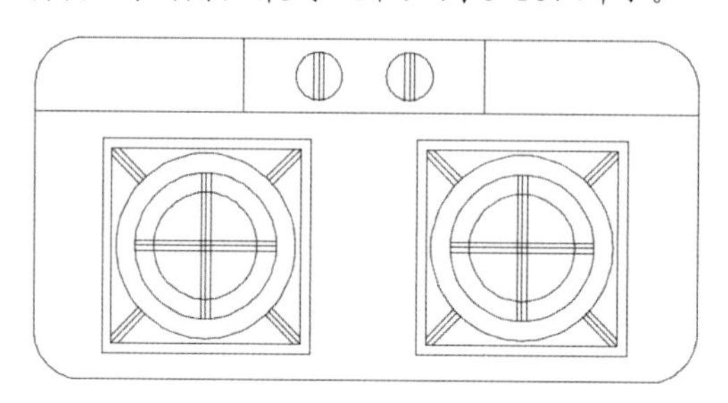

图 5-107　倒圆角最终效果

5.12.3　实例——圆角而不修剪

当需要同时对多处进行圆角处理时，可以使用【圆角】命令中的【多个】功能。

下面通过实例讲解如何圆角而不修剪，其具体操作步骤如下。

Step 01 启动 AutoCAD 2017，打开配套资源中的素材\第 5 章\【圆角对象.dwg】图形文件，素材显示效果如图 5-108 所示。

Step 02 在命令行中输入 FILLET 命令并按【Enter】键确定，在命令行中输入 T 命令，在命令行中输入 N 命令，在命令行中输入 P 命令，选择要圆角的多段线，其圆角效果如图 5-109 所示。

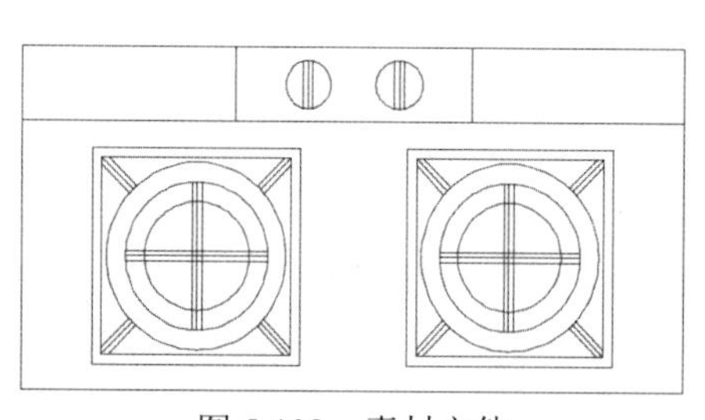

图 5-108　素材文件

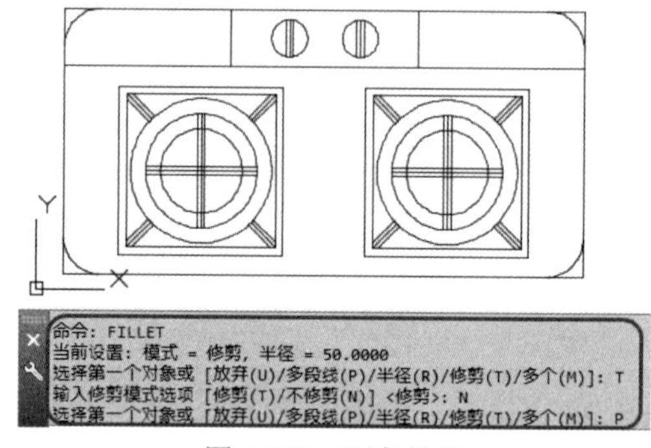

图 5-109　圆角效果

5.13　夹点编辑对象

夹点是指当选取对象时，在对象关键点上显示的小方框。如图 5-110 所示，当选取矩形对象时，其四角就会出现 4 个蓝色矩形框，这就是夹点。将鼠标移动到左上角夹点上，该夹点变成橙色，此时的夹点称为【悬停夹点】，同时会显示矩形的基本尺寸，如图 5-111 所示。单击左上角夹点，该夹点变成红色，处于选择状态下的红色夹点称为【基夹点】或【热夹点】，如图 5-112 所示。

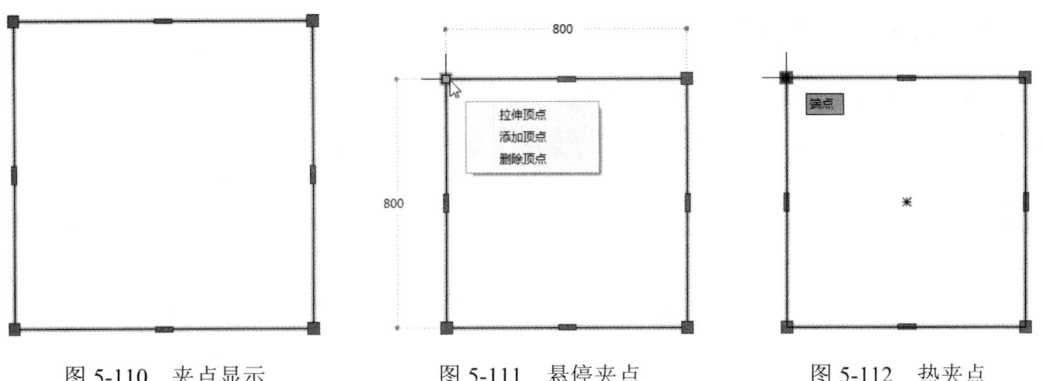

图 5-110　夹点显示　　　　图 5-111　悬停夹点　　　　图 5-112　热夹点

默认状态下，夹点模式处于启动状态，如果当前没有启动夹点模式，可以在菜单栏中选择【工具】|【选项】命令，在打开的【选项】对话框中，选择【选择集】选项卡，勾选其中的【显示夹点】复选框，在该选项卡中还可以设置夹点的大小、颜色等，如图 5-113 所示。

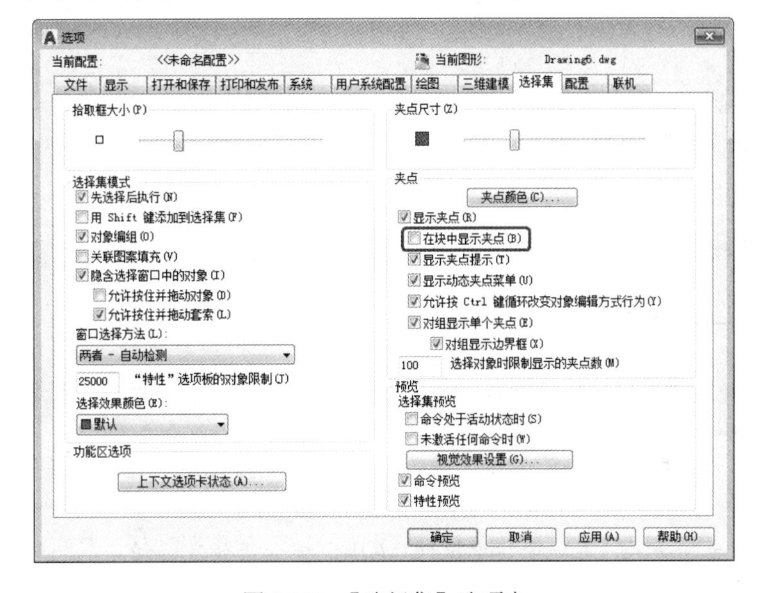

图 5-113　【选择集】选项卡

对于块，用户还可以指定选定块参照，在其插入点显示单个夹点还是显示块内与编组对象关联的多个夹点。如果要显示多个夹点，勾选图 5-113 中的【在块中显示夹点】复选框。其效果如图 5-114 和图 5-115 所示。

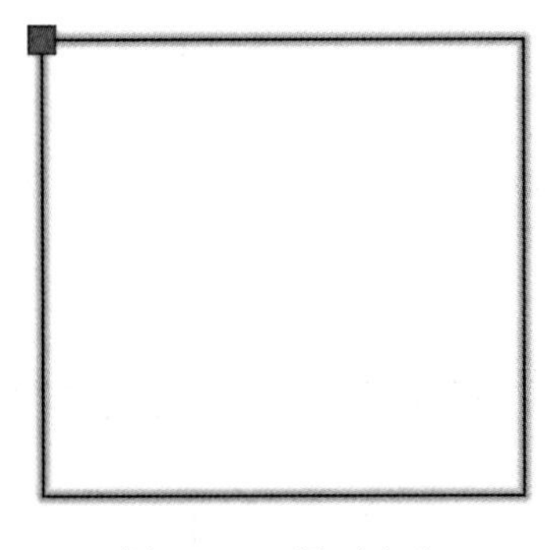

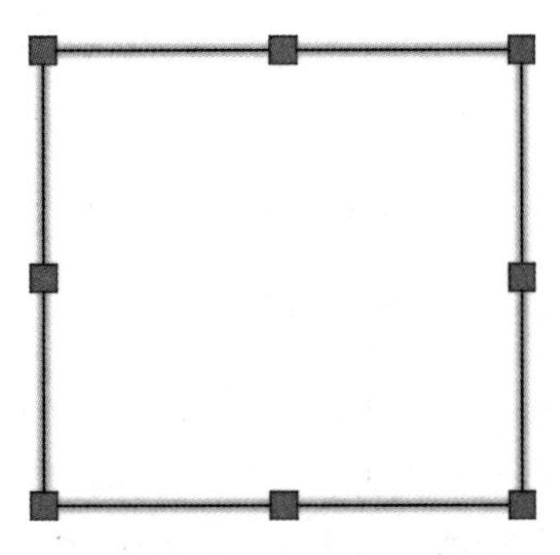

图 5-114　显示夹点　　　　图 5-115　显示多个夹点

5.13.1 实例——拉伸图形

下面通过实例练习拉伸图形命令的使用。

Step 01 打开配套资源中的素材\第 5 章\【拉伸图形素材.dwg】图形文件，选择如图 5-116 所示的对象。

Step 02 选择右侧的夹点进行拉伸，水平向右移动鼠标并输入拉伸距离 300，按【Enter】键确认并退出命令，如图 5-117 所示。

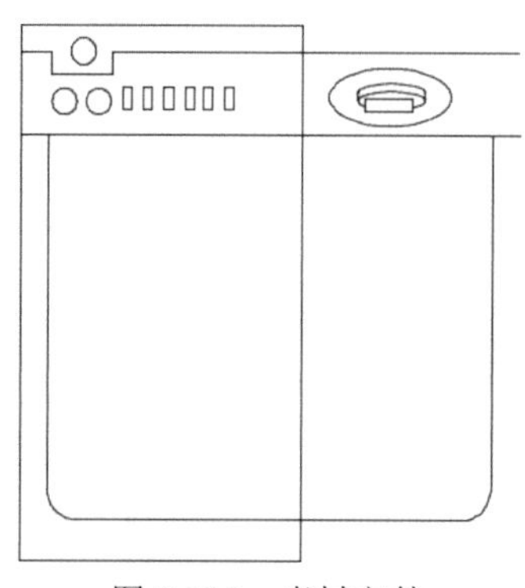
图 5-116　素材文件

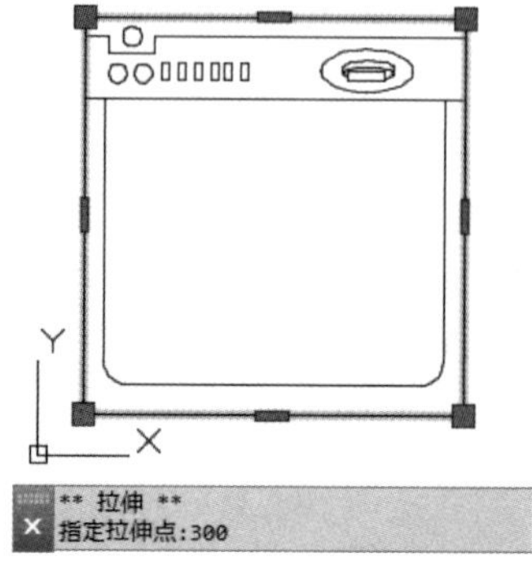

图 5-117　拉伸对象

**注　意**

当选中某个夹点后，系统默认的编辑方式为拉伸。

5.13.2 实例——移动图形

移动夹点与移动对象没有什么区别，只是移动夹点可以对图形对象进行复制等操作，下面通过实例练习移动命令的使用。

Step 01 打开配套资源中的素材\第 5 章\【移动图形素材.dwg】图形文件，选择如图 5-118 所示的图形对象进行夹点移动操作。

Step 02 单击该对象的夹点，在命令行中执行 MOVE 命令，指定移动点，这里单击图形对象左侧的象限点，如图 5-119 所示，按【Esc】键退出命令。移动后的效果如图 5-120 所示。

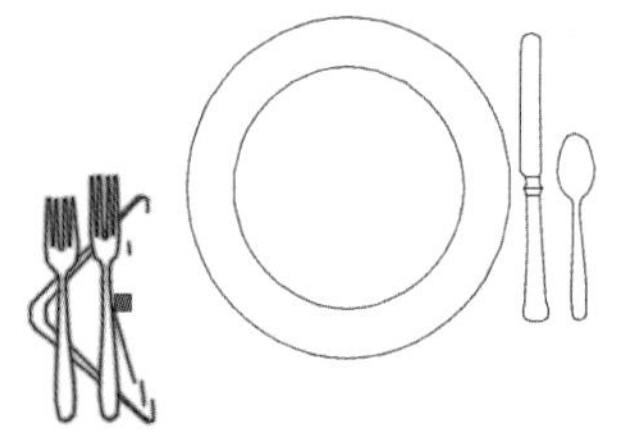
图 5-118　选择要移动的对象

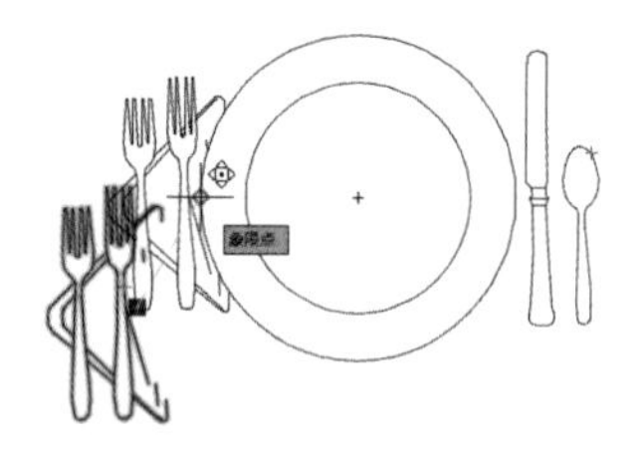
图 5-119　移动位置

图 5-120　最终效果

5.13.3 实例——旋转图形

夹点旋转也就是将选择的图形对象围绕选中的夹点按照指定的角度进行旋转的操作。下面通过实例练习旋转命令的使用，其具体操作步骤如下。

打开配套资源中的素材\第 5 章\【旋转图形素材.dwg】图形文件，选择如图 5-121 所示的素材，单击夹点，在命令行中执行 RO 命令，设置旋转角度为-90°，按空格键确认并退出命令。

旋转后的效果如图 5-122 所示。

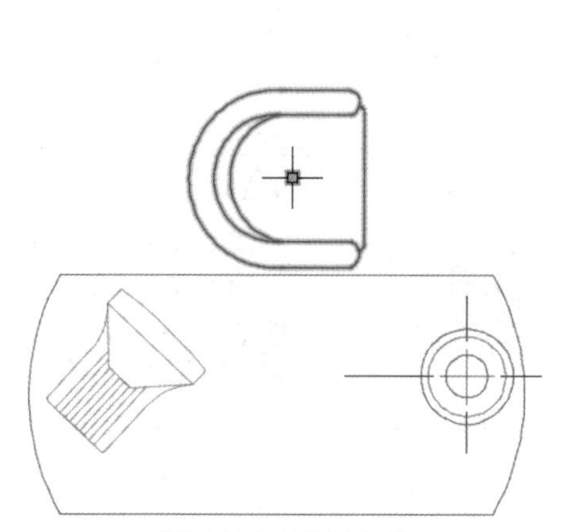

图 5-121 素材文件

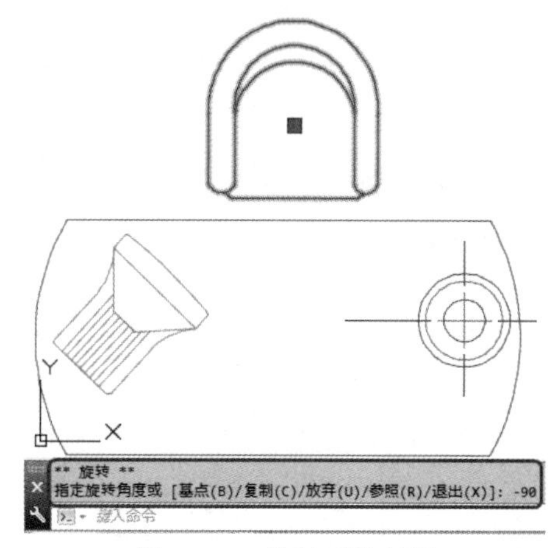

图 5-122 旋转后的效果

5.13.4 实例——缩放图形

夹点缩放方式是指在 X、Y 轴方向等比例缩放图形对象的尺寸，可以进行比例缩放、基点缩放、复制缩放等编辑操作，下面通过实例练习该命令的使用。

Step 01 打开配套资源中的素材\第 5 章\【缩放图形素材.dwg】图形文件，选择如图 5-123 所示的夹点。

Step 02 在命令行中执行 SC 命令，输入比例因子为 0.3，按【Enter】键确认并退出该命令。按【Esc】键退出选择，完成后的效果如图 5-124 所示。

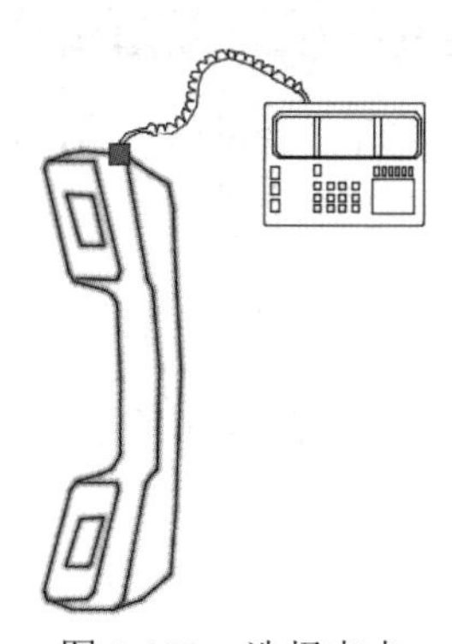

图 5-123 选择夹点

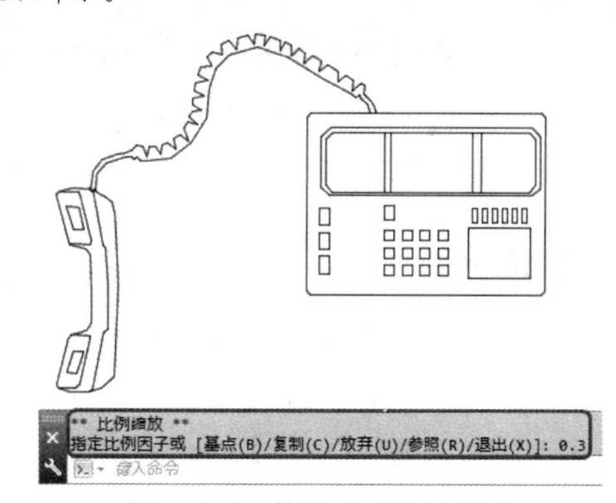

图 5-124 使用夹点缩放图形

5.13.5 镜像图形

夹点镜像用于镜像图形对象，它通过夹点指定基点和第二点的镜像线来镜像图形对象。下面通过实例练习镜像图形命令的使用。

Step 01 打开配套资源中的素材\第 5 章\【镜像图形素材.dwg】图形文件，选择图形对象，单击如图 5-125 所示的夹点。

Step 02 在命令行中执行 MI 命令，在命令行中输入 C 命令，然后指定镜像的第一点和第二点，如图 5-126 所示，按【Enter】键退出该命令，镜像后的效果如图 5-127 所示。

图 5-125　选择夹点

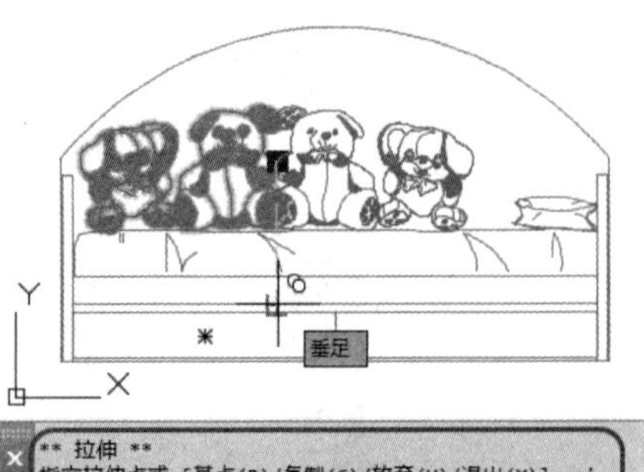

图 5-126 指定镜像的第一点和第二点

图 5-127　镜像后的效果

5.14　创建填充图案

在为图形进行图案填充前，首先需要创建填充边界，图案填充边界可以是圆、矩形等单个封闭对象，也可以是由直线、多段线、圆弧等对象首尾相连而形成的封闭区域。

5.14.1　创建填充边界

创建填充边界后，可以有效地避免填充到不需要填充的图形区域。调用该命令的方法如下。

- 在【默认】选项卡的【绘图】组中单击【图案填充】按钮。
- 在【默认】选项卡的【绘图】组中单击【图案填充】按钮右侧的按钮，在弹出的下拉列表中单击【渐变色】按钮 渐变色 。
- 显示菜单栏，选择【绘图】|【图案填充】或【渐变色】命令。
- 在命令行中执行 BHATCH 命令。

执行上述命令并在命令行中选择【设置】选项后，将弹出【图案填充和渐变色】对话框，单击该对话框右下角的按钮，如图 5-128 所示，展开对话框，如图 5-129 所示，即可创建填充边界。

在创建填充边界时，相关选项一般都保持默认设置，如果对填充方式有特殊要求，可以对相应选项进行设置，其中各选项的含义如下。

- 孤岛检测(D)复选框：指定是否把在内部边界中的对象包括为边界对象。这些内部对象称为孤岛。

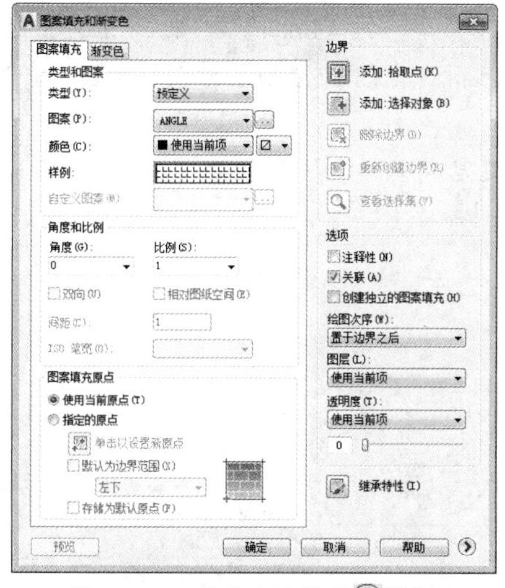

图 5-128　单击右下角的按钮

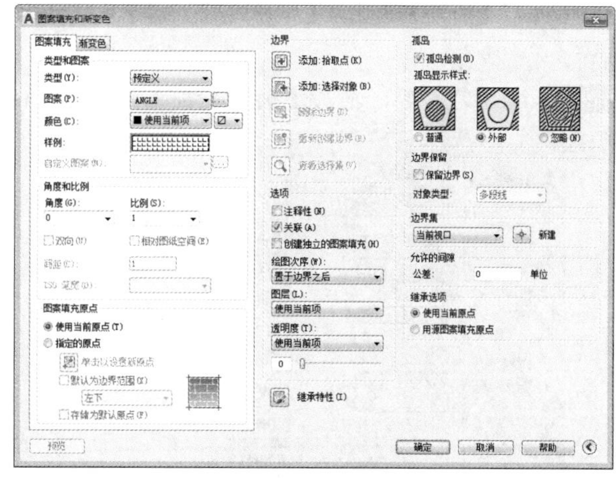

图 5-129　展开对话框

- 孤岛显示样式：用于设置孤岛的填充方式。当指定填充边界的拾取点位于多重封闭区域内部时，需要在此选择一种填充方式。

选中【普通】单选按钮，将从最外层的外边界向内边界填充，第一层填充，第二层不填充，第三层填充，如此交替进行，直到选择边界被填充完毕为止，效果与其上方的图形效果相同。

选中【外部】单选按钮，将只填充从最外层边界向内第一层边界之间的区域，效果与其上方的图形效果相同。

选中【忽略】单选按钮，则忽略内边界，最外层边界的内部将被全部填充，效果与其上方的图形效果相同。

- 【对象类型】下拉列表：用于控制新边界对象的类型。如果勾选【保留边界】复选框，则在创建填充边界时系统会将边界创建为面域或多段线，同时保留源对象。可以在其下拉列表中选择将边界创建为多段线还是面域。如果取消勾选该复选框，则系统在填充指定的区域后将删除这些边界。
- 【边界集】选项区域：指定使用当前视口中的对象还是使用现有选择集中的对象作为边界集，单击【选择新边界集】按钮，可以返回绘图区选择作为边界集的对象。
- 【允许的间隙】选项区域：将几乎封闭一个区域的一组对象视为一个闭合的图案填充边界。默认值为 0，指定对象封闭以后该区域无间隙。

5.14.2　实例——创建填充区域

填充边界内部区域即为填充区域，选择填充区域可以通过拾取封闭区域中的一点或拾取封闭对象两种方法进行。

拾取填充点必须在一个或多个封闭图形内部，AutoCAD 会自动通过计算找到填充边界，具体操作步骤如下。

Step 01 打开配套资源中的素材\第 5 章\【创建填充区域素材.dwg】图形文件，如图 5-130 所示。

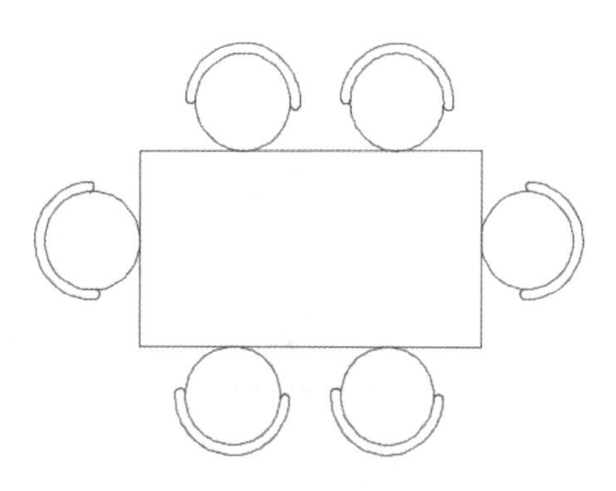

图 5-130　打开素材文件

Step 02 在命令行中执行 BHATCH 命令，在命令行中输入 T 命令，按【Enter】键确认，在弹出的对话框中将【图案】设置为【ANSI32】，将【角度和比例】选项组的【比例】设置为 50，如图 5-131 所示。

Step 03 设置完成后，单击【确定】按钮，按【Enter】键完成填充，填充后的效果如图 5-132 所示。

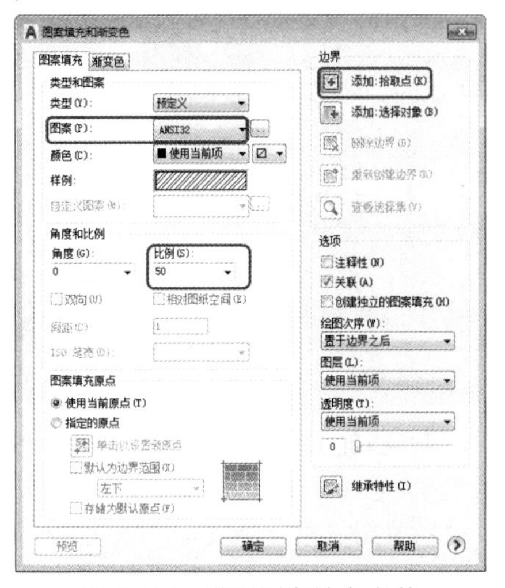

图 5-131　设置图案填充参数

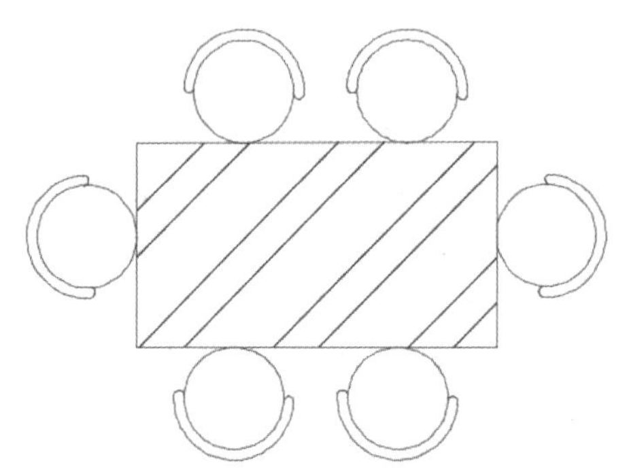

图 5-132　填充图案后的效果

5.14.3　实例——利用拾取对象填充图案

拾取的填充对象可以是一个封闭对象，如矩形、圆、椭圆和多边形等，也可以是多个非封闭对象，但是这些非封闭对象必须互相交叉或相交围成一个或多个封闭区域。其具体操作步骤如下。

Step 01 打开配套资源中的素材\第 5 章\【利用拾取对象填充图案素材.dwg】图形文件，如图 5-133 所示。

Step 02 在命令行中执行 BHATCH 命令，再在命令行中输入 T 命令，按【Enter】键确认，打开【图案填充和渐变色】对话框，将图案设置为【AR-CONC】，将【比例】设置为 1，在该对话框中单击【添加：选择对象】按钮，如图 5-134 所示。

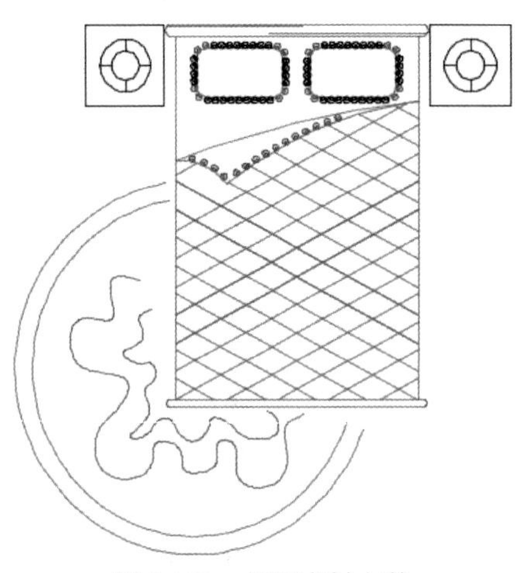

图 5-133　打开素材文件

图 5-134　设置图案填充参数

Step 03 单击该按钮后，即可在绘图区中选择相应的对象，如图 5-135 所示。

Step 04 按【Enter】键进行确认，进行填充即可，效果如图 5-136 所示。

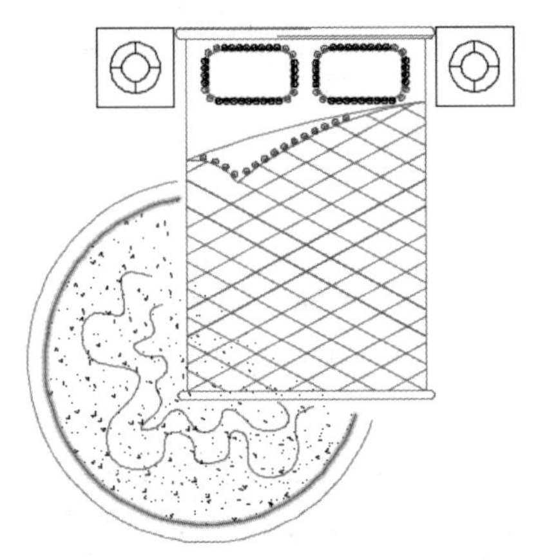

图 5-135　选择要填充的对象

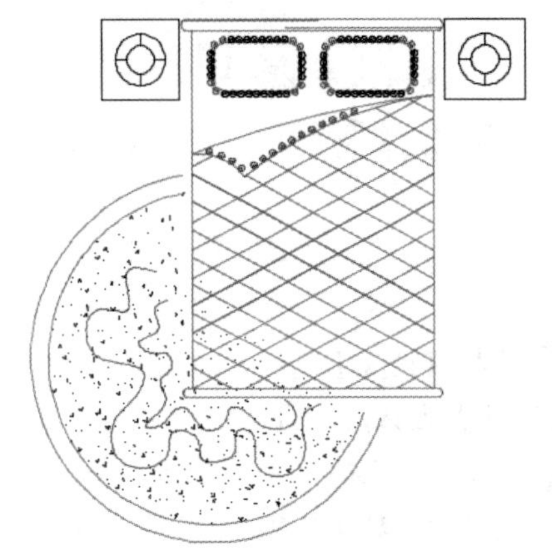

图 5-136　填充图案后的效果

提　示

第一次使用图案填充时，默认情况下将以【拾取点】作为图案填充的拾取方法。

注　意

如果拾取的多个封闭区域呈嵌套状，则系统默认填充外围图形与内部图形之间进行布尔相减后的区域。此外，执行 BHATCH 命令后，系统会打开【图案填充创建】选项卡，在其中可进行相应的设置，大致与【图案填充和渐变色】对话框中的设置方法相同。

5.14.4　填充渐变色

除了可以为图形对象填充图案外，还可以为图形对象填充渐变色。调用渐变色填充命令的方法如下。

- 在【默认】选项卡的【绘图】组中单击【图案填充】按钮右侧的按钮，在弹出的下拉列表中单击【渐变色】按钮。
- 显示菜单栏，选择【绘图】|【渐变色】命令。
- 在命令行中执行 GRADIENT 命令。

5.14.5　实例——对图形填充渐变色

单色渐变填充是指定义从一种颜色到白色或黑色的过渡渐变，具体操作步骤如下。

Step 01 打开配套资源中的素材\第 5 章\【对图形填充渐变色素材.dwg】图形文件，在命令行中执行 GRADIENT 命令，在命令行中输入 T 命令，弹出【图案填充和渐变色】对话框，默认显示【渐变色】选项卡。在【颜色】选项组中选中【单色】单选按钮，然后单击其下方的按钮，弹出【选择颜色】对话框，这里选择【洋红】，如图 5-137 所示。

Step 02 单击【确定】按钮，返回【图案填充和渐变色】对话框，单击【边界】选项组中的【添加：拾取点】按钮，返回绘图区，拾取点如图 5-138 所示。

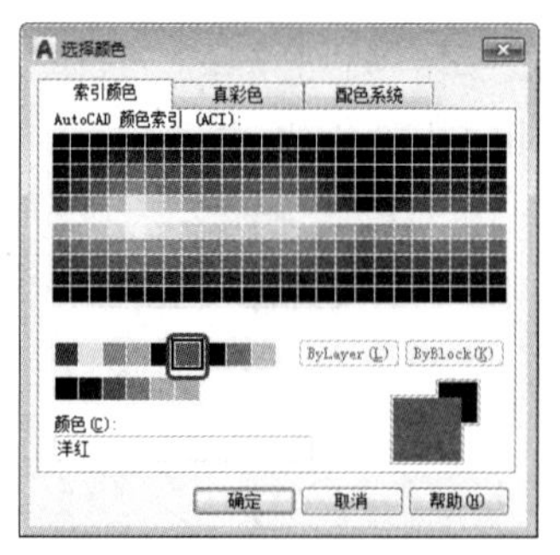

图 5-137　设置颜色值

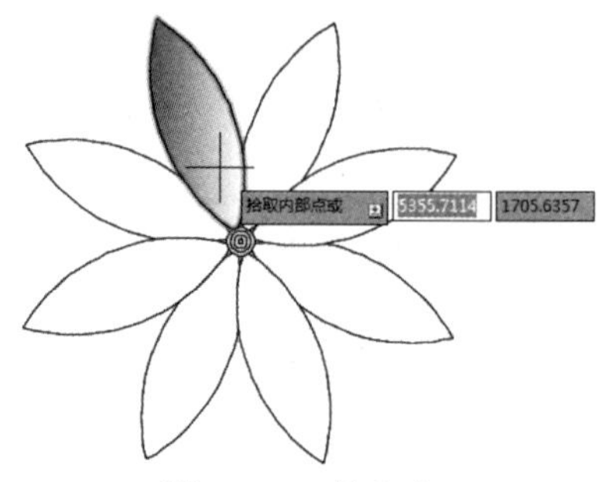

图 5-138　拾取点

Step 03 选择【设置】选项，返回【图案填充编辑】对话框，在中间列表中选择填充样式，然后单击【预览】按钮，如图 5-139 所示。

Step 04 返回绘图区即可看到左侧小矩形对象被填充了颜色，然后按【Esc】键返回到【图案填充和渐变色】对话框，填充其他对象，单击【确定】按钮，完成渐变色的填充操作，预览效果如图 5-140 所示。

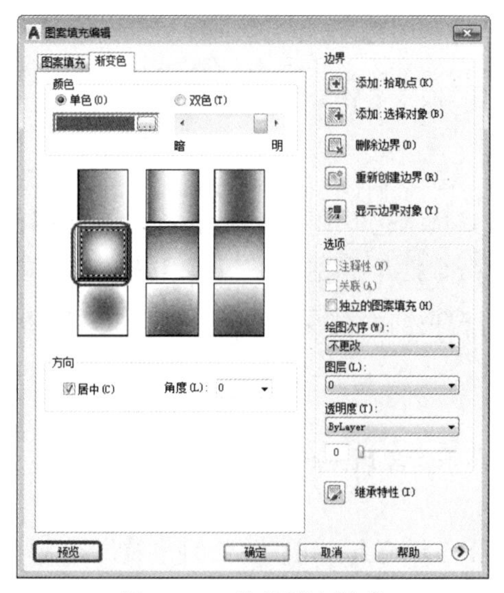

图 5-139　选择填充样式

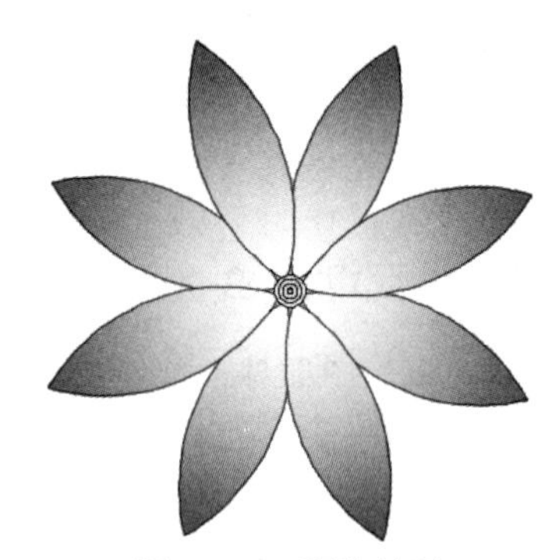

图 5-140　预览效果

在【渐变色】选项卡中各选项的含义如下。

- 【居中】复选框：勾选该复选框可以创建对称性的渐变，取消勾选此复选框，则渐变填充将向左上方变化，创建出光源从对象左边照射的图案效果。
- 【删除边界】按钮：若用户选择了多个填充区域，则单击该按钮，可删除其部分填充区域。
- 【关联】复选框：控制填充图案是否与填充边界关联，即当改变填充边界时，填充图案是否也随之改变。一般保持选中状态。
- 【绘图次序】下拉列表：指定图案填充的绘图顺序。图案填充可以放在其他对象之后、其他所有对象之前、图案填充边界之后或图案填充边界之前。
- 【继承特性】按钮：在绘图区中选择已填充好的填充图案，则在下次进行图案填充时将继承所选对象的参数设置。

5.15　编辑填充图案

如果对图形的填充图案不满意可以对其进行编辑，使其达到更理想的效果。编辑填充图案的操作包括快速编辑填充图案、分解填充图案、设置填充图案的可见性、修剪填充图案等，下面分别进行讲解。

5.15.1　快速编辑填充图案

快速编辑填充图案可以有效地提高绘图效果，调用该命令的方法如下。

- 直接在填充的图案上双击。
- 在命令行中执行 HATCHEDIT 或 HE 命令。

5.15.2　实例——快速编辑填充图案

快速编辑填充图案的具体操作步骤如下。

Step 01 打开配套资源中的素材\第 5 章\【编辑填充图案素材.dwg】图形文件，如图 5-141 所示。

Step 02 在绘图区中选择要进行编辑的图案，在命令行中执行 HATCHEDIT 命令，按【Enter】键确认，在弹出的对话框中将【颜色】设置为【洋红】，将【比例】设置为 1，如图 5-142 所示。

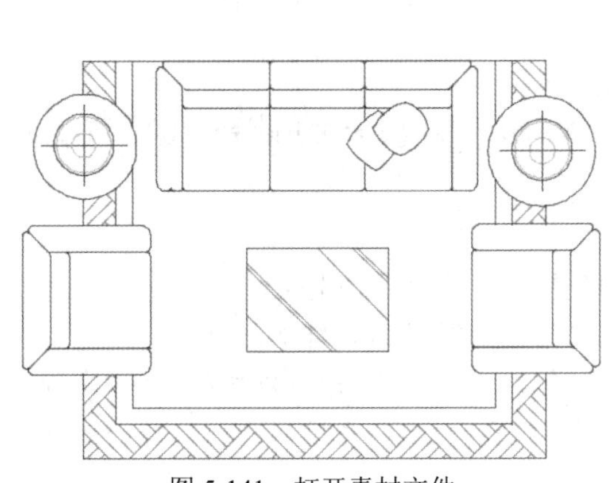

图 5-141　打开素材文件

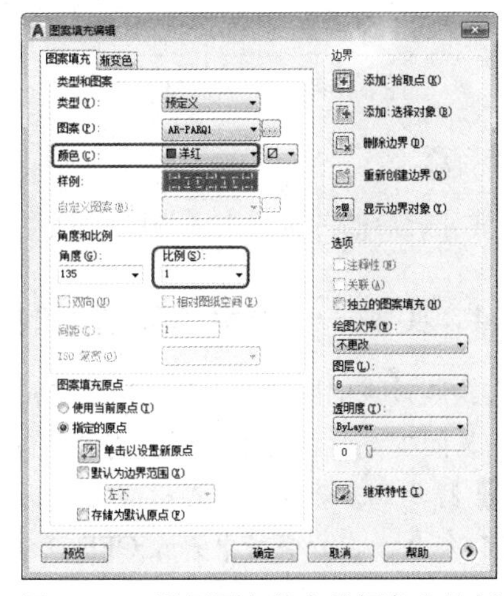

图 5-142　设置图案填充的颜色和比例

Step 03 设置完成后，单击【确定】按钮，编辑填充图案后的效果如图 5-143 所示。

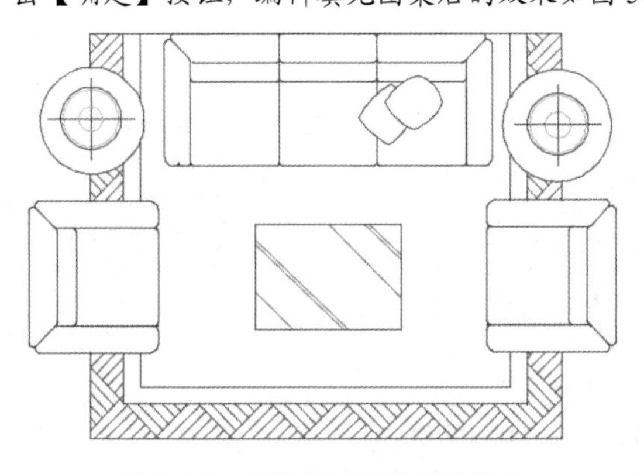

图 5-143　编辑填充图案后的效果

5.15.3 实例——分解填充图案

有时为了满足编辑需要，要将整个填充图案进行分解。调用分解命令的方法如下。

- 选择要分解的图案，在【常用】选项卡的【修改】组中单击【分解】按钮。
- 在命令行中执行EXPLODE命令。

分解填充图案的具体操作步骤如下。

Step 01 打开配套资源中的素材\第5章\【分解填充图案素材.dwg】图形文件，如图5-144所示，在命令行中执行EXPLODE命令，选择填充图案，按【Enter】键确认选择。

Step 02 选择刚分解的图案，即可发现原来的整体对象变成了单独的线条，如图5-145所示。

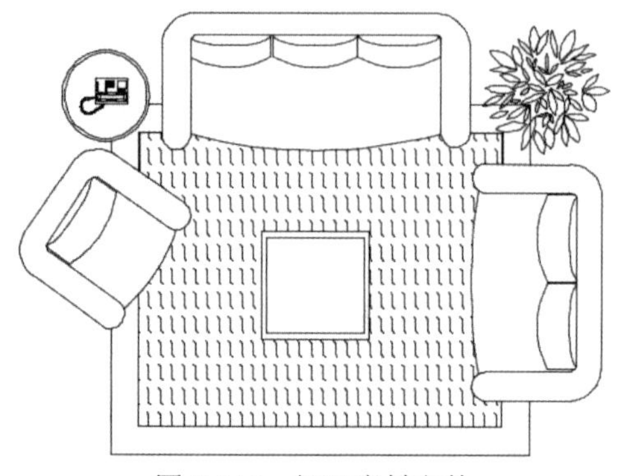
图5-144 打开素材文件

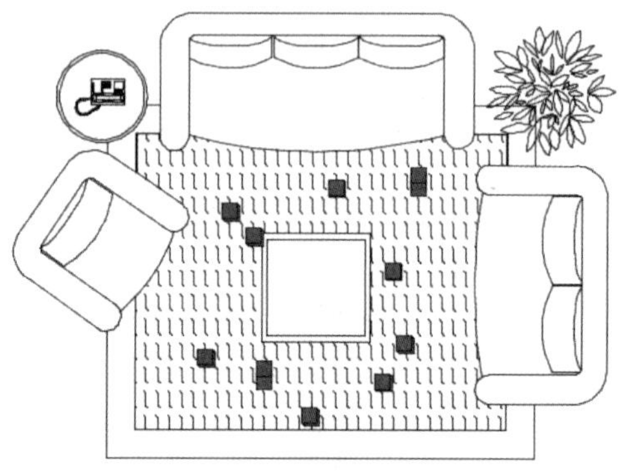
图5-145 分解后的效果

注 意

被分解后的图案失去了与图形的关联性，不能再使用图案填充编辑命令对其进行编辑了。

5.15.4 实例——设置填充图案的可见性

在绘制较大的图形时，需要花费较长时间来等待图形中的填充图案生成，此时可关闭【填充】模式，从而提高显示速度。暂时将图案的可见性关闭，具体操作步骤如下。

Step 01 打开配套资源中的素材\第5章\【桌子.dwg】图形文件，如图5-146所示，在命令行中执行FILL命令，在命令行中输入OFF命令，即不显示填充图案，然后在命令行中输入RE命令，系统自动提示并重新生成图像。

Step 02 在绘图区中即可发现原来填充的图案隐藏了，如图5-147所示。

图5-146 打开素材文件

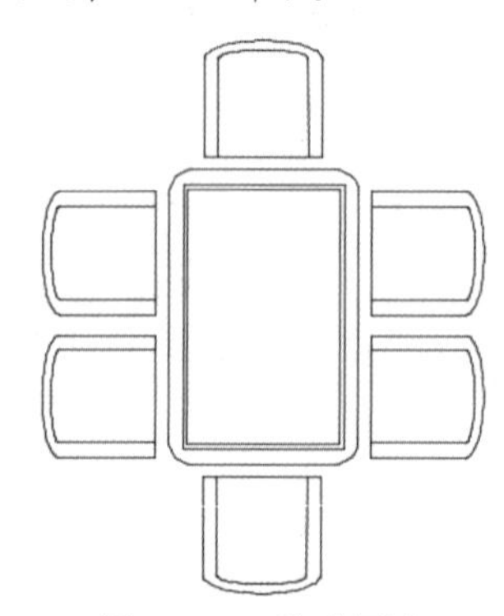
图5-147 隐藏图案

5.15.5　修剪填充图案

修剪填充图案与修剪图形对象一样，调用该命令的方法如下。

- 在【默认】选项卡的【修改】组中单击【修剪】按钮 。
- 显示菜单栏，选择【修改】|【修剪】命令。
- 在命令行中执行 TRIM 或 TR 命令。

5.15.6　实例——修剪填充图案

下面介绍如何修剪填充图案，其具体操作步骤如下。

Step 01 打开配套资源中的素材\第 5 章\【修剪填充图案素材.dwg】图形文件，如图 5-148 所示。

Step 02 在命令行中输入 TR 命令，按两次【Enter】键确认，然后对其进行修剪，按【Enter】键确认，填充效果如图 5-149 所示。

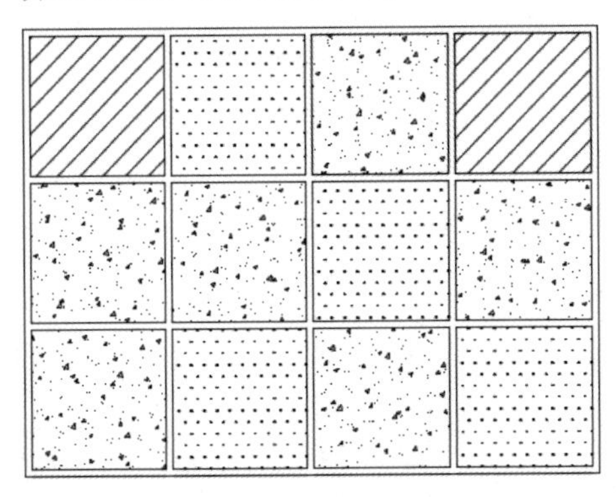

图 5-148　打开素材文件

图 5-149　填充图案

5.16　综合应用——绘制石栏杆

了解了在 AutoCAD 2017 中为绘制的图形对象填充相关图案和渐变色的方法后，本节将通过一个简单实例的实现过程，来加深读者对相关知识的理解和掌握。

Step 01 新建图形文件，在命令行中输入 REC 命令，绘制长度为 30、宽度为 30 的矩形，如图 5-150 所示。

Step 02 在命令行中输入 O 命令，将矩形向内部偏移 4、1，如图 5-151 所示。

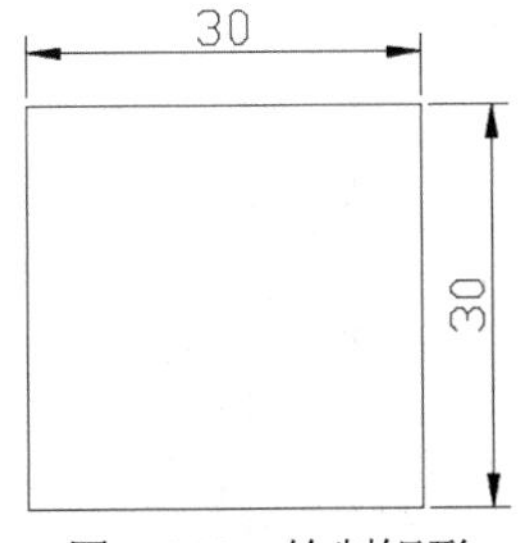

图 5-150　绘制矩形

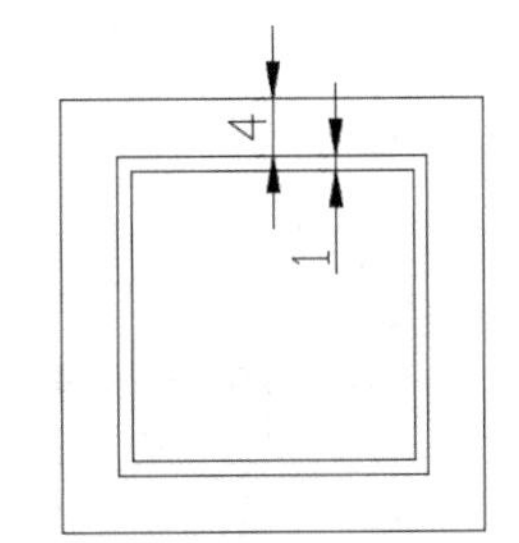

图 5-151　偏移对象

Step 03 在命令行中输入 EXPLODE 命令，将绘制的大矩形进行分解，在命令行中输入 O 命令，将下侧边分别偏移 2.5、2.5、2.5，如图 5-152 所示。

Step 04 在命令行中输入 OS 命令，弹出【草图设置】对话框，切换至【极轴追踪】选项卡，勾选【启用极轴追踪】复选框，将【增量角】设置为45°，如图5-153所示。

图5-152　偏移对象

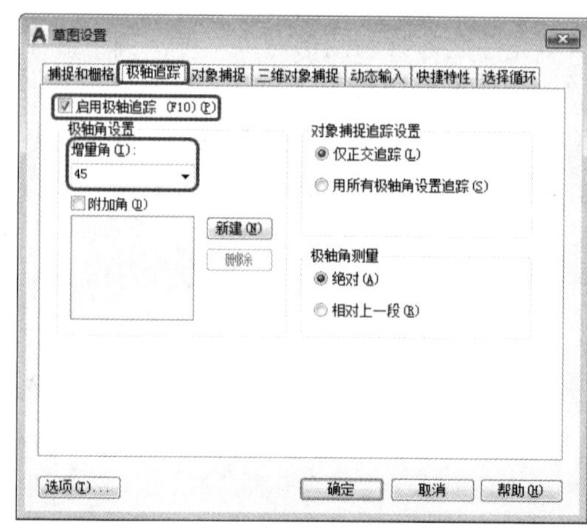

图5-153　设置极轴追踪参数

Step 05 在命令行中输入PL命令，结合【极轴追踪】功能，绘制多段线，如图5-154所示。

Step 06 在命令行中输入TR命令，修剪图形对象，如图5-155所示。

Step 07 在命令行中输入REC命令，绘制长度为30、宽度为90的矩形，如图5-156所示。

Step 08 在命令行中输入O命令，将矩形向内部偏移4、1，如图5-157所示。

图5-154　绘制多段线　　图5-155　修剪后的效果　　图5-156　绘制矩形　　图5-157　偏移矩形

Step 09 在命令行中输入REC命令，绘制长度为35、宽度为74的矩形，如图5-158所示。

Step 10 在命令行中输入ARC命令，绘制圆弧，如图5-159所示。

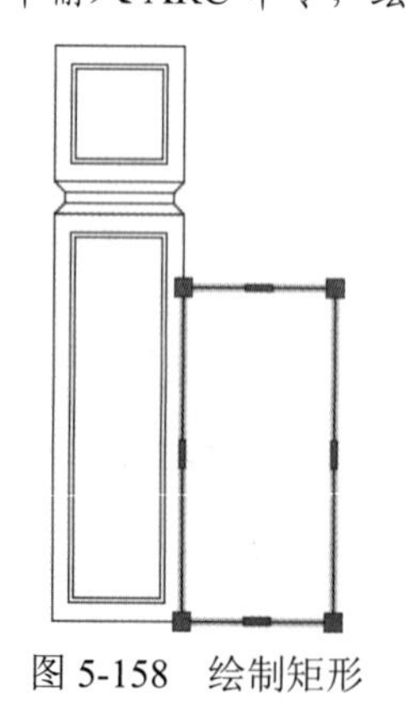

图5-158　绘制矩形

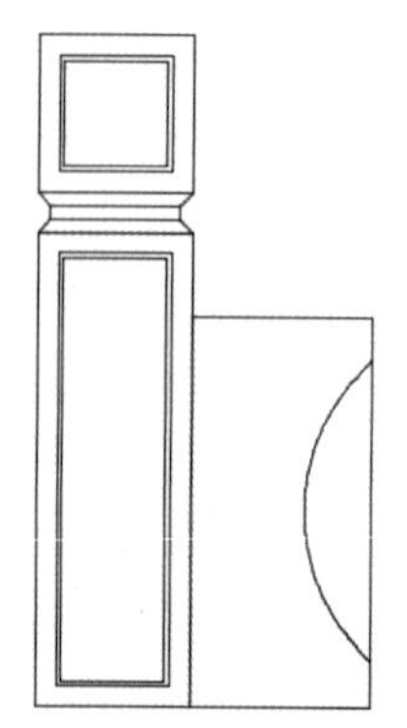

图5-159　绘制圆弧

Step 11 在命令行中输入 TR 命令，修剪图形对象，如图 5-160 所示。

Step 12 在命令行中输入 REC 命令，绘制长度为 200、宽度为 14 的矩形，如图 5-161 所示。

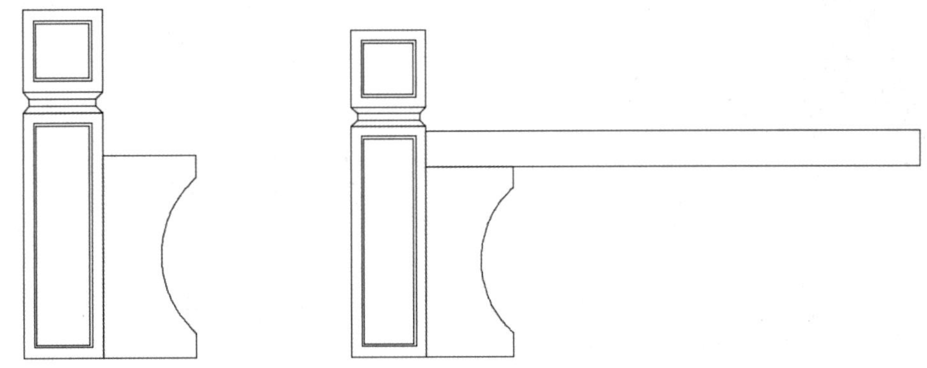

图 5-160　修剪图形对象　　　　图 5-161　绘制矩形

Step 13 在命令行中输入 HATCH 命令，将【图案填充图案】设置为【AR-SAND】，将【图案填充比例】设置为 0.1，对图案进行填充，如图 5-162 所示。

Step 14 在命令行中输入 MI 命令，选择如图 5-163 所示的图形对象。

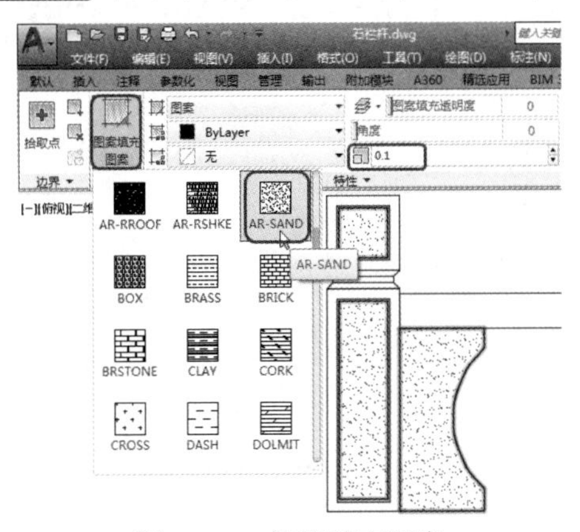

图 5-162　设置填充图案

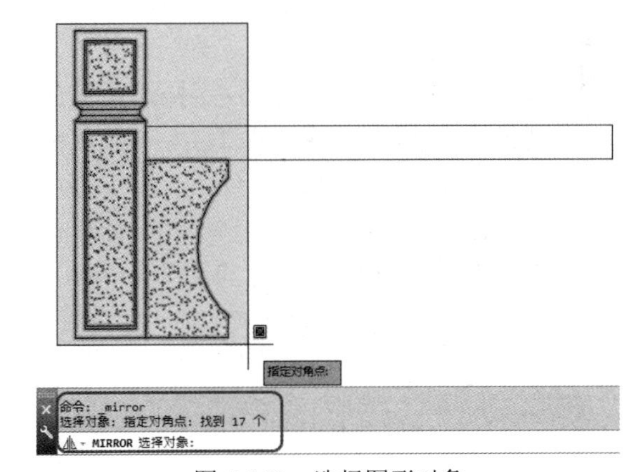

图 5-163　选择图形对象

Step 15 对图形进行镜像处理，效果如图 5-164 所示。

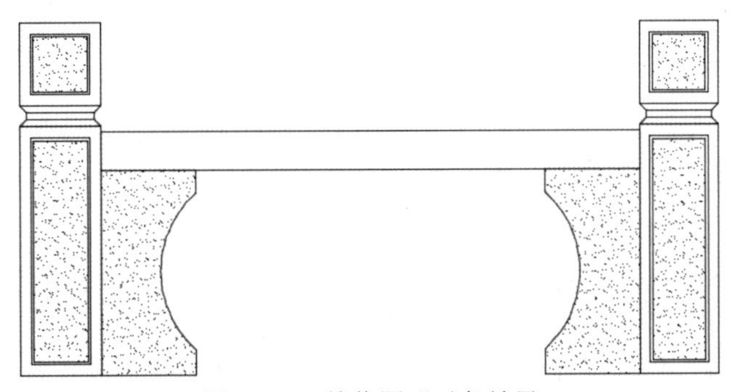

图 5-164　镜像图形对象效果

增值服务：扫码做测试题，并可观看讲解测试题的微课程。

第 6 章 文字与表格

在绘制图形对象时，可以为其添加文字说明，如材料说明、工艺说明、技术说明和施工要求等，直观地表现图形对象的信息。

6.1 文字样式

在 AutoCAD 中，所有文字都有与之相关联的文字样式。在创建文字注释和尺寸标注时，AutoCAD 通常使用当前的文字样式。也可以根据具体要求重新设置文字样式或创建新的样式。文字样式包括字体、字号、角度、方向和其他文本特征。

在 AutoCAD 2017 中，执行文字样式命令的方法如下。

- 选择【注释】选项卡，在【文字】面板中单击右下角按钮。
- 在命令行中输入 STYLE 命令。

执行该命令后，将弹出【文字样式】对话框，如图 6-1 所示。通过该对话框可以修改或创建文字样式，并设置当前的文字样式。

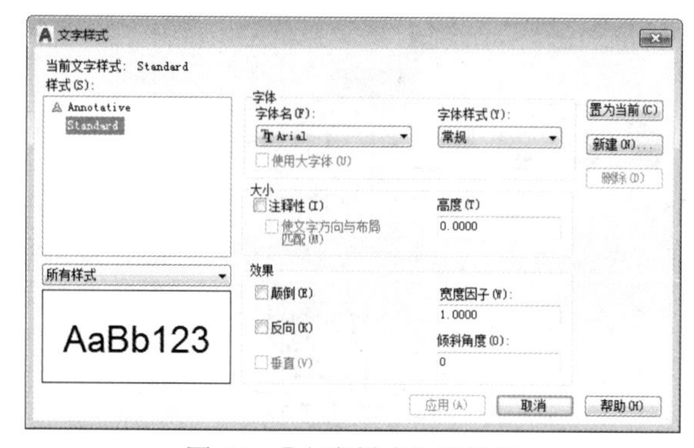

图 6-1 【文字样式】对话框

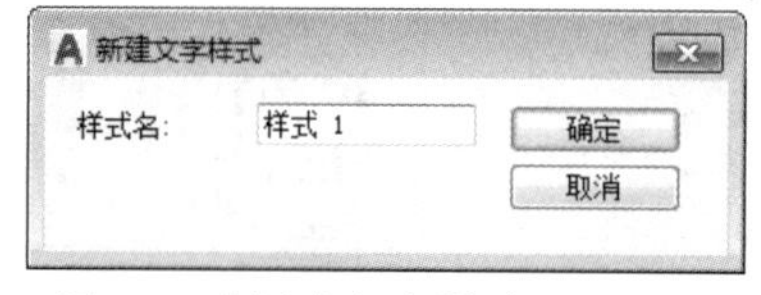

图 6-2 【新建文字样式】对话框

1. 设置样式名

在【文字样式】对话框中，可以显示文字样式的名称、创建新的文字样式、为已有的文字样式重命名及删除文字样式。该对话框中各部分选项的功能如下。

- 【样式】列表框：列出了当前可以使用的文字样式，默认文字样式为 Standard（标准）。
- 【置为当前】按钮：单击该按钮，可以将【样式】列表框中所选择的文字样式设置为当前的文字样式。
- 【新建】按钮：单击该按钮，将打开【新建文字样式】对话框，如图 6-2 所示。在该对话框的【样式名】文本框中输入新建文字样式名称后，单击【确定】按钮，可以创建新的文

字样式，新建的文字样式将显示在【样式】列表框中。

提　示

如果不输入样式名，将自动把文字样式命名为【样式 *n*】，其中 *n*=1，2，3，…。

- 【删除】按钮：单击该按钮，可以删除所选择的文字样式，但无法删除已被使用了的文字样式和默认的 Standard 样式。Standard 的默认样式不能删除。

2．设置字体和大小

在【字体】和【大小】选项区域，可以设置文字样式的字体等属性。用户在【字体名】下拉列表框中选择要设置的字体。AutoCAD 中有两类可用的字体：Windows 自带的 TureType（TTF）字体和 AutoCAD 编译的形字体（SHX）；同时还可通过【字体样式】下拉列表框选择文字的格式，如常规、斜体等。

用户可以设置大字体，大字体是指亚洲语音的象形文字大字体文件。但是，只有在【字体名】下拉列表框中选择了形字体（SHX）时才能设置大字体。【字体名】下拉列表中常用的满足中国制图标准的文字有：英文正体（gbenor.shx）、英文斜体（gbeitc.shx）和中文字体（gbcbig.shx）。

通过【高度】文本框可以设置文字的高度。如果保持文字高度的默认状态为 0，则每次进行文字标注时，AutoCAD 命令行都会提示【指定高度】。但如果在【高度】文本框中输入了文字高度，则 AutoCAD 不会在命令行中提示指定高度。

3．设置文字效果

在【效果】选项区域可以设置文字的显示特征。各复选框的作用如下。

- 【颠倒】复选框：用于设置是否将文字倒过来书写。如图 6-3（a）所示，即为勾选该复选框后的效果。
- 【反向】复选框：用于设置是否将文字反向标注。如图 6-3（b）所示，即为勾选该复选框后的效果。

AutoCAD2017建筑设计

（a）颠倒效果

AutoCAD2017建筑设计

（b）反向效果

图 6-3　显示效果

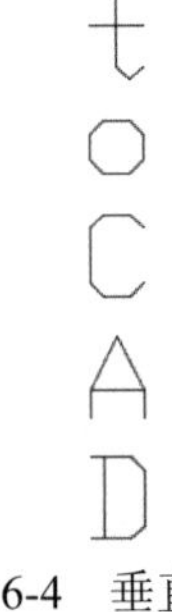

图 6-4　垂直效果

- 【垂直】复选框：用于设置是否将文字垂直标注，只有选定的文字支持双向显示时，才可以使用该功能。垂直效果对汉字字体无效，TureType 字体的垂直定位不可用。如图 6-4 所示，即为勾选该复选框后的效果。
- 【宽度因子】文本框：用于设置文字字符的高度和宽度之比。当【宽度因子】值大于 1 时，文字字符变宽；当【宽度因子】值小于 1 时，文字字符变窄；【宽度因子】值等于 1 时，将按系统定义的比例标注文字。如图 6-5（a）所示，是宽度比例为 0.3 的显示效果，图 6-5（b）是宽度比例为 1 的显示效果，图 6-5（c）是宽度比例为 1.5 的显示效果。

AutoCAD建筑设计

（a）宽度因子为0.3

AutoCAD建筑设计

（b）宽度因子为1

AutoCAD建筑设计

（c）宽度因子为1.5

图 6-5　显示效果

- 【倾斜角度】文本框：用于设置文字的倾斜角度。倾斜角度小于 0 时，文字向左倾，如图 6-6（a）所示文字的效果；倾斜角度大于 0 时，文字右倾，如图 6-6（b）所示文字的效果；倾斜角度等于 0 时，文字不倾斜。

AutoCAD建筑设计

（a）倾斜角度为-60°

（b）倾斜角度为60°

图 6-6　显示效果

提　示

取值只能在-85～85 之间。如图 6-6 所示，输入文字“倾斜角度”，图（a）文字倾斜角度值为-60，图（b）文字倾斜角度值为 60。

6.1.1　实例——新建文字样式

下面通过实例讲解如何新建文字样式，具体操作步骤如下。

Step 01 在命令行中输入 STYLE 命令，弹出【文字样式】对话框，然后单击【新建】按钮，弹出【新建文字样式】对话框。在该对话框中将【样式名】设置为【建筑设计】，然后单击【确定】按钮，如图 6-7 所示。

Step 02 返回【文字样式】对话框，在【字体】选项组中将【字体名】设置为【T 隶书】，在【高度】文本框中输入 15，然后单击【应用】按钮，再单击【关闭】按钮，如图 6-8 所示，保存设置并关闭对话框，完成新文字样式的创建。

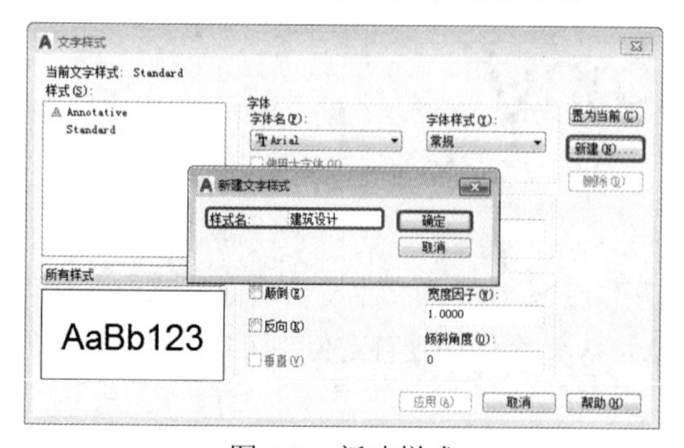

图 6-7　新建样式

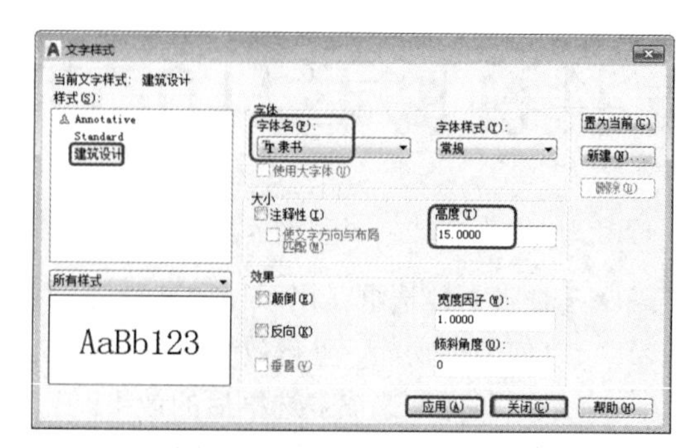

图 6-8　设置文字样式参数

6.1.2 应用文字样式

在 AutoCAD 2017 中，如果要应用某个文字样式，需将该文字样式设置为当前文字样式。

- 在【默认】选项卡的【注释】组中单击【注释】按钮，然后在【文字样式】列表框中选择相应的样式，将其设置为当前的文字样式，如图 6-9 所示。
- 在命令行中输入 STYLE 命令，弹出【文字样式】对话框，在【样式】列表框中选择要置为当前的文字样式，单击【置为当前】按钮，如图 6-10 所示。然后单击【关闭】按钮，关闭该对话框。

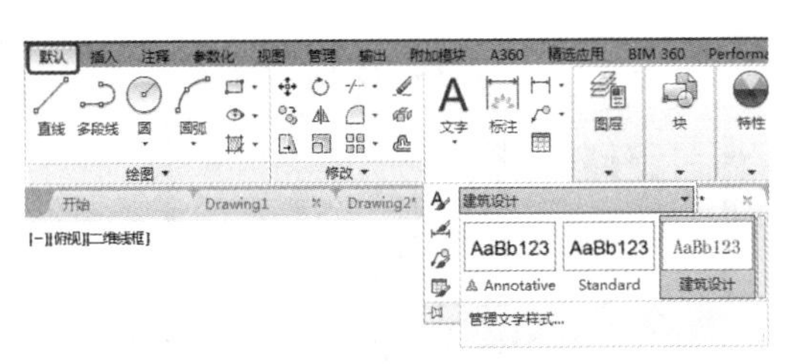

图 6-9 选择文字样式

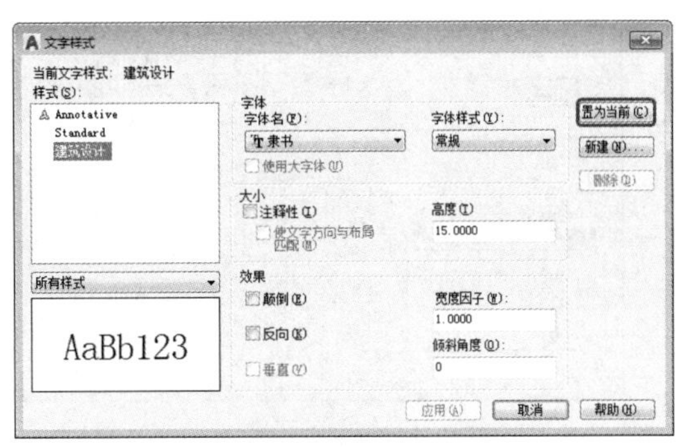

图 6-10 将选择的文字样式置为当前

6.1.3 重命名文字样式

在使用文字样式的过程中，如果对文字样式名称的设置不满意，可以进行重命名操作，以方便查看和使用。但对于系统默认的 Standard 文字样式不能进行重命名操作。

在 AutoCAD 2017 中，重命名文字样式有以下两种方式。

- 在命令行中输入 STYLE 命令，弹出【文字样式】对话框，在【样式】列表框中右击要重命名的文字样式，在弹出的快捷菜单中选择【重命名】命令，如图 6-11 所示。此时被选择的文字样式名称呈可编辑状态，输入新的文字样式名称，然后按【Enter】键确认重命名操作。
- 在命令行中输入 RENAME 命令，弹出【重命名】对话框，在【命名对象】列表框中选择【文字样式】选项，在【项数】列表框中选择要修改的文字样式名称，然后在下方的文本框中输入新的名称，单击【确定】按钮或【重命名为】按钮即可，如图 6-12 所示。

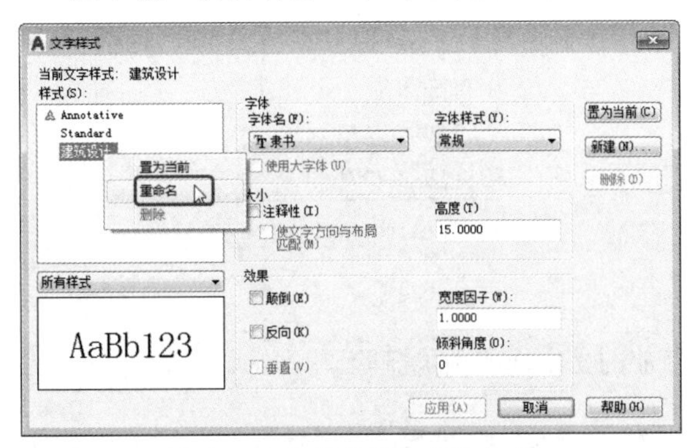

图 6-11 选择【重命名】命令

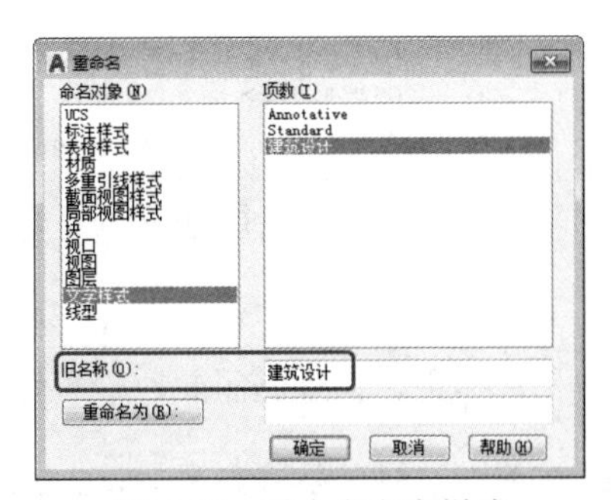

图 6-12 重命名文字样式

6.1.4 删除文字样式

在 AutoCAD 2017 中，如果某个文字样式在图形中没有起到作用，可以将其删除。

- 在命令行中输入 STYLE 命令，弹出【文字样式】对话框，在【样式】列表框中选择要删除的文字样式，单击【删除】按钮，如图 6-13 所示。此时会弹出如图 6-14 所示的【acad 警告】对话框，单击【确定】按钮，即可删除当前选择的文字样式。返回【文字样式】对话框，然后单击【关闭】按钮，关闭该对话框。

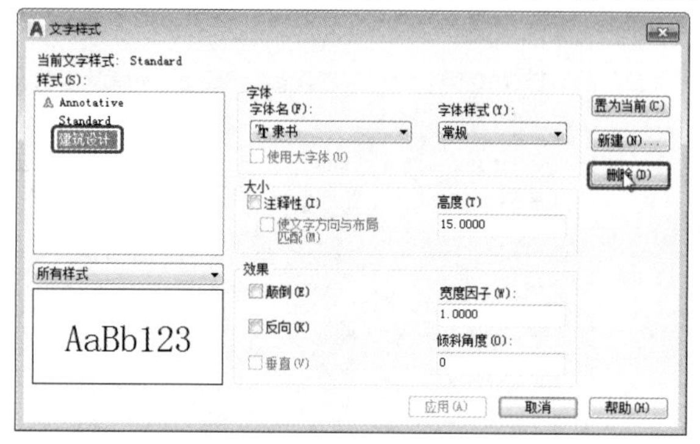

图 6-13 选择要删除的文字样式

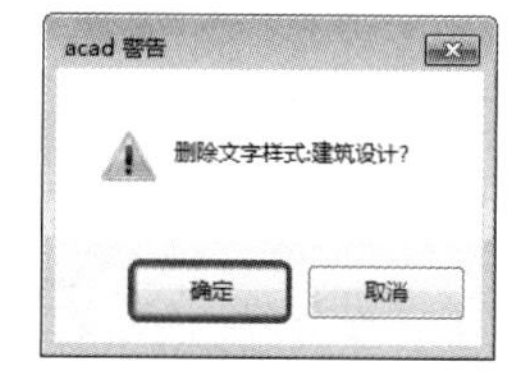

图 6-14 删除文字样式提示

- 在命令行中输入 PURGE 命令，弹出如图 6-15 所示的【清理】对话框。选中【查看能清理的项目】单选按钮，在【图形中未使用的项目】列表框中双击【文字样式】选项，展开此项显示当前图形文件中的所有文字样式，选择要删除的文字样式，然后单击【清理】按钮即可，如图 6-16 所示。

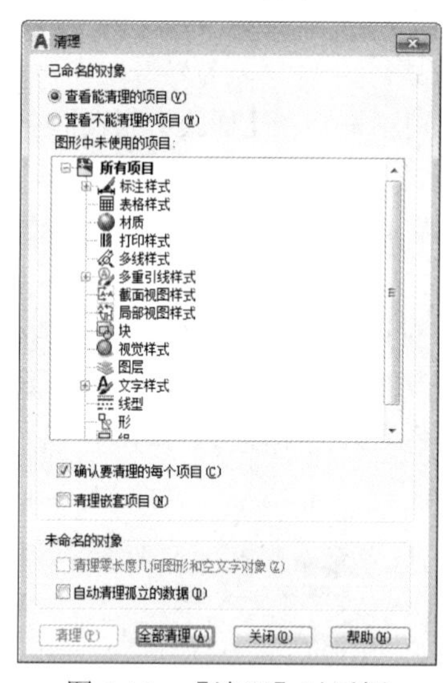

图 6-15 【清理】对话框

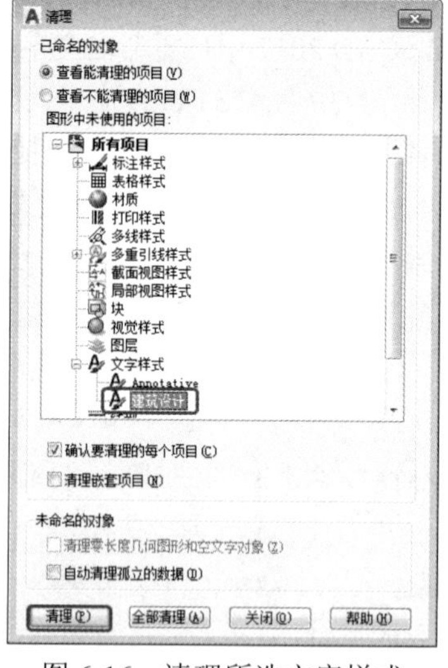

图 6-16 清理所选文字样式

注 意

系统默认的 Standard 文字样式与置为当前的文字样式不能删除。

6.2 文字的输入

在 AutoCAD 图形文件中添加文字可以更为准确地表达各种信息，如复杂的技术要求、标题栏信息及标签，甚至作为图形的一部分。用户可以使用多种方法创建文字，对简单的内容可以使用单行文字，对带有内部格式的较长内容可以使用多行文字，也可以创建带有引线的多行文字。

6.2.1　单行文字的输入

在 AutoCAD 2017 中，单行文字编辑的主要作用是编辑单行文字、标注文字、属性定义和特征控制框。

在 AutoCAD 2017 中，执行单行文字命令的方法如下。

- 在命令行中输入 DTEXT 命令。
- 选择【注释】选项卡，在【文字】面板中单击【单行文字】按钮。

执行该命令后，命令行提示如下：

```
当前文字样式：<当前> 当前文字高度：<当前> 注释性：<当前>
指定文字的起点或 [对正(J)/样式(S)]： //指定点或输入选项
```

各选项的作用如下。

1．指定文字的起点

指定第一个字符的插入点。如果按【Enter】键，则接着最后创建的文字对象定位新的对象。

```
指定高度 <当前>://指定点、输入值或按【Enter】键
```

此提示只有文字高度在当前文字样式设置为 0 时才显示。此时会在文字插入点与鼠标之间产生一条拖引线，单击，可将文字的高度设置为拖引线的长度，也可直接输入高度值。

```
指定文字的旋转角度 <0>: //指定旋转角度或按【Enter】键
```

可以直接输入角度值或通过鼠标移动来指定角度。如果要输入水平文字，将角度设置为 0°；如果要输入垂直文字，将角度设置为 90°。

设置完毕即可输入正文。可以在一行结尾处按【Enter】键换行，继续输入，创建多行文字对象，这样的多行文字每一行之间是相互独立的，AutoCAD 将每一行看作一个文字对象。在此步中用户还可以移动鼠标，在需要插入文字的其他位置单击，在该位置继续输入单行文字。

在按【Enter】键换行后，在空格状态下再次按【Enter】键结束单行文字的输入。

提　示

在输入文字过程中，无论如何设置文字样式，系统都将以适当的大小在水平方向显示文字，以便用户可以轻松地阅读和编辑文字；否则，文字不便阅读（如果文字很小、很大或被旋转）。只有命令结束后，才会按照设置的样式显示。

2．对正(J)

对正决定字符的哪一部分与插入点对齐。

3．样式(S)

指定文字样式，文字样式决定文字字符的外观。创建的文字使用当前文字样式。

```
输入样式名或 [?] <当前>:// 输入文字样式名称或输入【? 】以列出所有文字样式
```

输入【?】将列出当前文字样式、关联的字体文件、字体高度及其他参数。

6.2.2　实例——为剖面图添加标题

下面讲解如何为平面图添加标题，具体操作步骤如下。

Step 01 打开配套资源中的素材\第 6 章\【为剖面图添加标题素材.dwg】素材文件，素材显示效果

如图 6-17 所示。

Step 02 在命令行中输入 LAYER 命令，弹出【图层特性管理器】选项板，单击【新建图层】按钮，新建图层并将其重命名为【文字标注】，将【颜色】设置为洋红，然后单击【置为当前】按钮，将新建图层置为当前图层，如图 6-18 所示。

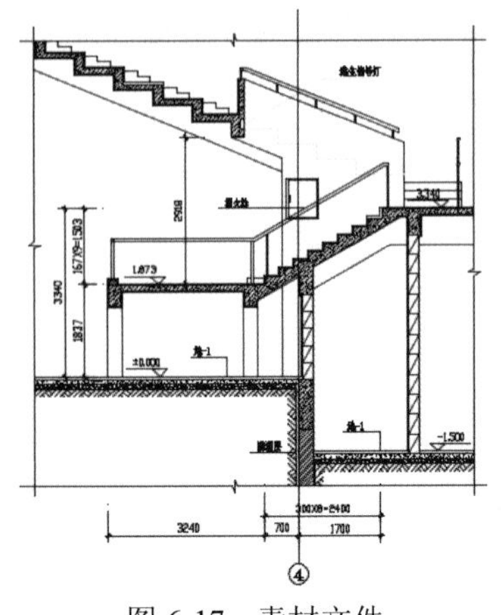

图 6-17　素材文件

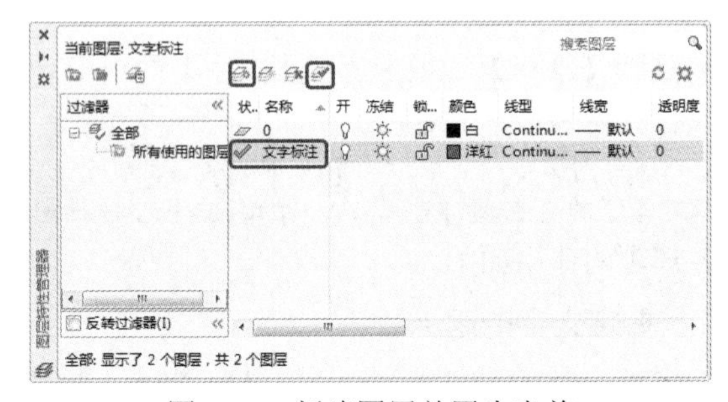

图 6-18　新建图层并置为当前

Step 03 在命令行中输入 DTEXT 命令，根据命令行的提示在图形对象下方合适的位置处指定文字起点，将【文字高度】设置为 500，将【旋转角度】设置为 0，即可显示文本框并输入文字即可，完成效果如图 6-19 所示。

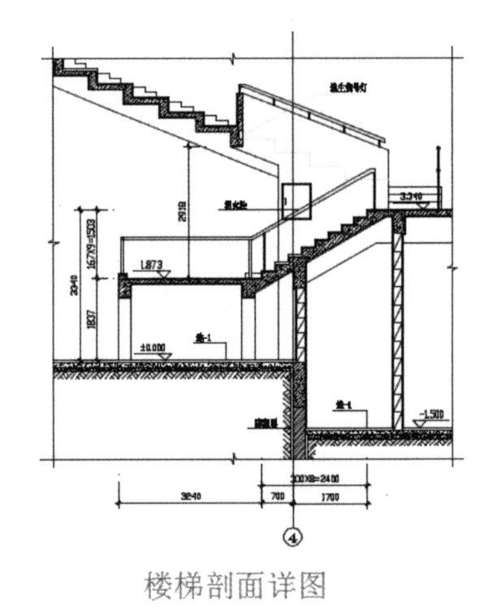

图 6-19　添加标题效果

6.2.3　多行文字的输入

单行文字比较简单，不便于一次输入大量文字说明，此时可以使用【多行文字】命令。多行文字又称为段落文字，是一种更易于管理的文字对象，它由两行以上的文字组成，而且各行文字都是作为一个整体来处理的。在工程制图中，常用多行文字功能创建较为复杂的文字说明，如图样的技术要求等。

在 AutoCAD 2017 中，执行【多行文字】命令的方法如下。

- 在命令行中输入 MTEXT 命令。

● 选择【注释】选项卡，在【文字】面板中单击【多行文字】按钮。

执行该命令后，命令行提示如下：

指定第一角点://在要输入多行文字的位置单击，指定第一个角点
指定对角点或 [高度(H)/对正(J)/行距(L)/旋转(R)/样式(S)/宽度(W)/栏(C)]:

各选项的作用如下。

1. 对角点

指定边框的对角点以定义多行文字对象的宽度。

此时如果功能区处于活动状态，则将显示【文字编辑器】选项卡，如图 6-20 所示。

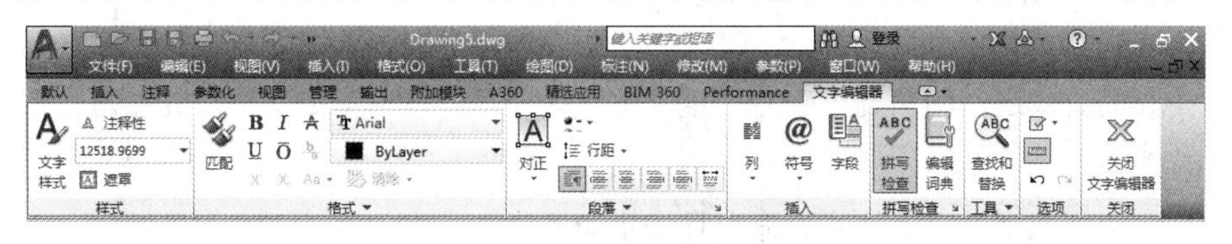

图 6-20 【文字编辑器】选项卡

如果功能区未处于活动状态，则将显示文字编辑器说明，如图 6-21 所示。

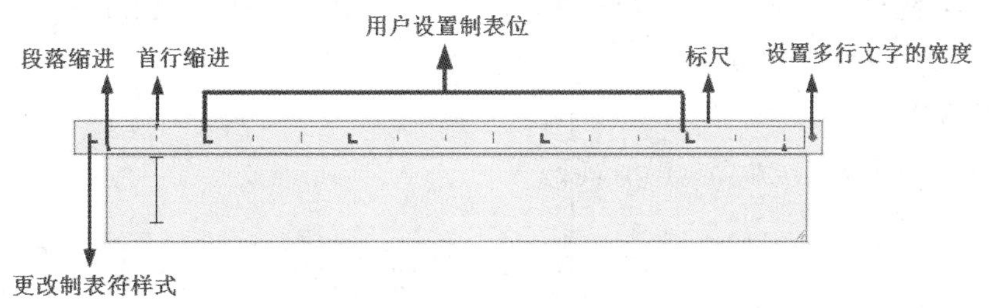

图 6-21　文字边界器说明

2. 高度(H)

用于指定多行文字字符的文字高度。

3. 对正(J)

根据文字边界，确定新文字或选定文字的文字对齐方式和文字走向。当前的对正方式（默认是左上）被应用到新文字中。根据对正设置和矩形上的 9 个对正点之一将文字在指定矩形中对正。对正点由用来指定矩形的第一点决定。文字根据其左右边界居中对正、左对正或右对正。在一行的末尾输入的空格是文字的一部分，并会影响该行的对正。文字走向根据其上下边界控制文字是与段落中央、段落顶部还是与段落底部对齐。

4. 行距(L)

指定多行文字对象的行距。行距是一行文字的底部（或基线）与下一行文字底部之间的垂直距离。命令行提示如下：

输入行距类型 [至少(A)/精确(E)] <当前类型>:

（1）至少

根据行中最大字符的高度自动调整文字行。当选定【至少】时，包含更高字符的文字行会在行之间加大间距。命令行提示如下：

输入行距比例或行距 <当前>:

● 行距比例：将行距设置为单倍行距的倍数。单倍行距是文字字符高度的 1.66 倍。可以以数字后跟 x 的形式输入行距比例，表示单倍行距的倍数。例如，输入 1x 指定单倍行距，

输 2x 指定双倍行距。

- 行距：将行距设置为以图形单位测量的绝对值。有效值必须在 0.0833（0.25x）～1.3333（4x）之间。

（2）精确

强制多行文字对象中所有文字行之间的行距相等。间距由对象的文字高度或文字样式决定。

5. 旋转(R)

指定文字边界的旋转角度。命令行提示如下：

```
指定旋转角度 <当前>://指定点或输入值
```

如果使用定点设备指定点，则旋转角度通过 X 轴和由最近输入的点【默认情况下为（0,0,0)】与指定点定义的直线之间的角度来确定。重复上一个提示，直到指定文字边界的对角点为止。

6. 样式(S)

指定用于多行文字的文字样式。命令行提示如下：

```
输入样式名或 [?] <当前值>:
```

各选项功能如下。

- 样式名：指定文字样式名。文字样式可以使用 STYLE 命令来定义和保存。
- ?：列出文字样式名称和特性。

7. 宽度(W)

指定文字边界的宽度。命令行提示如下：

```
指定宽度://指定点或输入值
```

如果用定点设备指定点，那么宽度为起点与指定点之间的距离。多行文字对象每行中的单字可自动换行以适应文字边界的宽度。

8. 栏(C)

指定多行文字对象的栏选项。命令行提示如下：

```
输入栏类型 [动态(D)/静态(S)/不分栏(N)] <动态(D)>:
```

各选项功能如下。

- 动态：指定栏宽、栏间距宽度和栏高。动态栏由文字驱动。调整栏将影响文字流，而文字流将导致添加或删除栏。
- 静态：指定总栏宽、栏数、栏间距宽度（栏之间的间距）和栏高。
- 不分栏：将不分栏模式设置给当前多行文字对象。

6.3 编辑文字

无论以何种方式创建的文字，都可以像其他对象一样进行修改，可以移动、旋转、删除和复制，可以在【特性】选项板中修改文字特性。

6.3.1 编辑单行文字

下面讲解如何编辑单行文字，具体内容介绍如下。

1. 修改单行文字的内容

对于单行文字，如果只修改内容可以执行【编辑单行文字】命令或直接双击文字对象打开编辑文本框，此时跟随光标的插入点，用户可以直接在该文本框中添加、删除和修改内容，在文字

上右击还可以弹出快捷菜单，如图 6-22 所示。

2. 修改单行文字的特性

如果要修改内容、样式、注释性、对正、高度、旋转和其他特性，则用户可以选择要修改的文字并右击，在弹出的快捷菜单中执行【特性】命令，弹出【特性】选项板，如图 6-23 所示，在相应的选项栏中修改文字的特性即可。

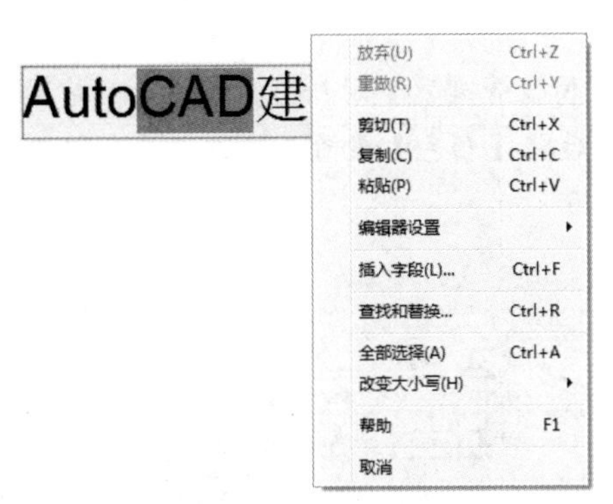

图 6-22 快捷菜单

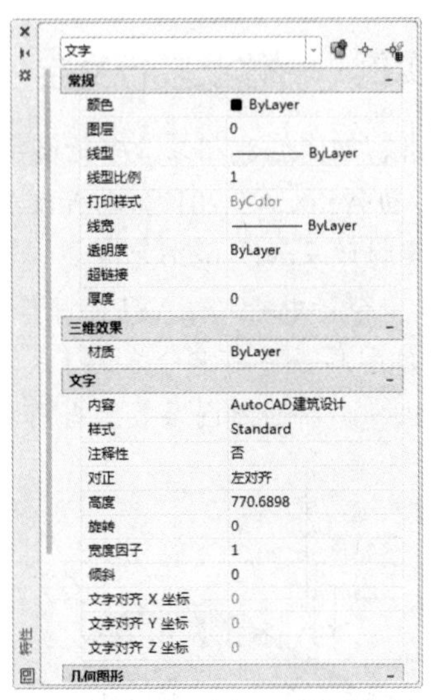

图 6-23 【特性】选项板

6.3.2 编辑多行文字

下面讲解如何编辑多行文字，具体讲解内容如下。

1. 修改多行文字的位置

使用夹点可以移动多行文字或调整行的宽度。多行文字对象在文字边界的 4 个角点（某些情况下是在对正点处）显示夹点，其左上角夹点用于调整多行文字的位置，其他夹点用于调整多行文字的宽度或高度。

2. 修改多行文字的特性

如果要修改内容、样式、注释性、对正、方向、高度、旋转和其他特性，则用户可以选择要修改的文字并右击，在弹出的快捷菜单中执行【特性】命令，弹出【特性】选项板，如图 6-24 所示，在相应的选项栏中修改文字的特性即可。

3. 进行文字的单个修改或修改文字的格式、段落

对于多行文字，可以双击多行文字内容或执行【编辑多行文字】命令，或在多行文字上右击，在弹出的快捷菜单中选择【编辑多行文字】命令，打开多行文字在位编辑器和【文字编辑器】选项卡，如图 6-25 所示，进行文字的单个修改，例如对某些文字加粗或加下画线，或修改文字的格式、段落等。

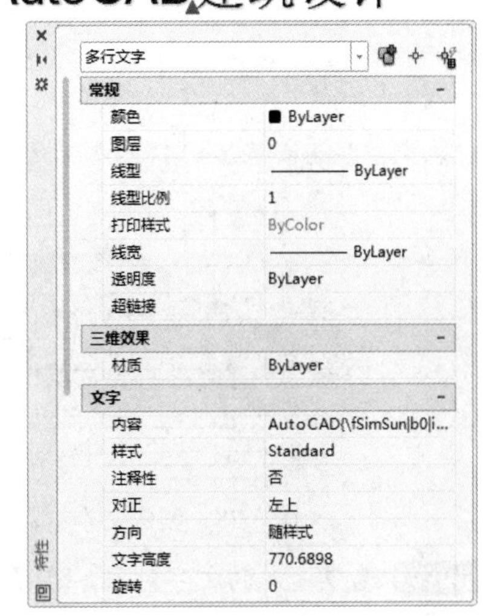

图 6-24 【特性】选项板

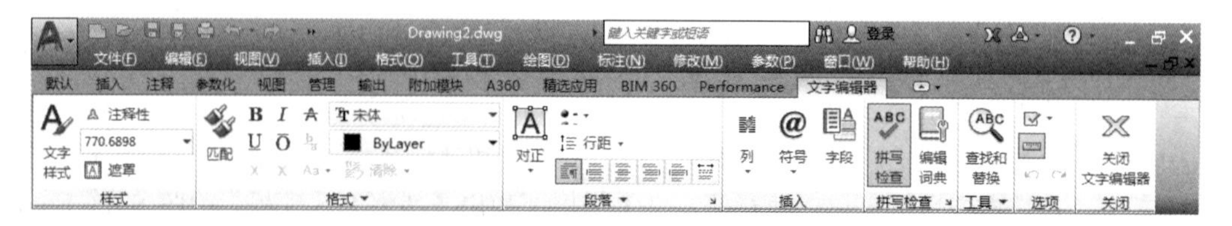

图 6-25 【文字编辑器】选项卡

6.3.3 实例——修改多行文字

本例讲解如何创建和修改多行文字工具，操作步骤如下。

Step 01 启动 AutoCAD 2017，打开配套资源中的素材\第 6 章\【修改多行文字素材.dwg】素材文件，显示素材效果如图 6-26 所示。

Step 02 在命令行中输入 LAYER 命令，弹出【图层特性管理器】对话框，单击【新建图层】按钮，新建图层并将其重命名为【文字标注】，然后将【颜色】设置为洋红，最后单击【置为当前】按钮，将新建图层置为当前图层，如图 6-27 所示。

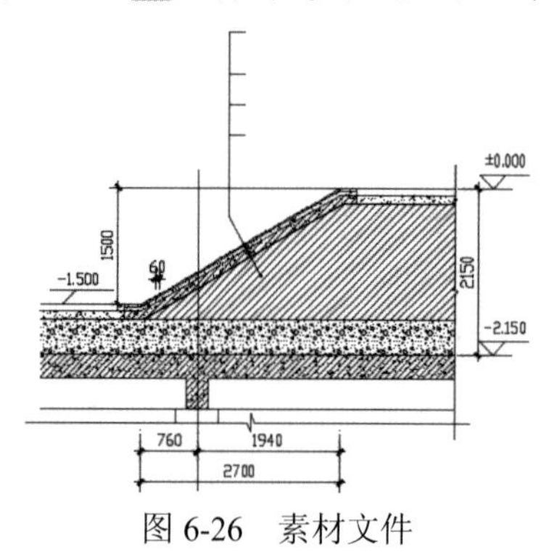

图 6-26 素材文件

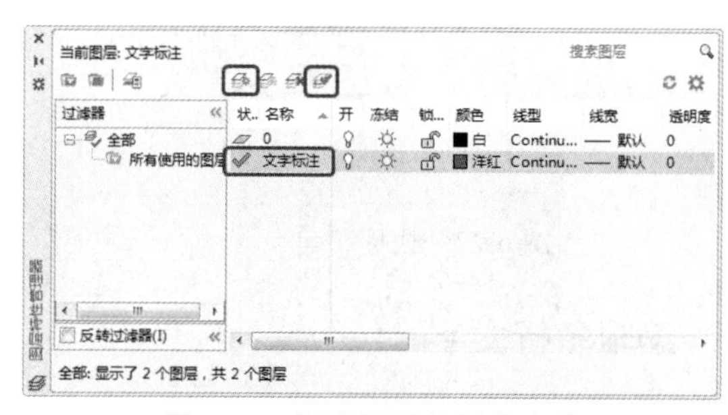

图 6-27 新建图层并置为当前

Step 03 在命令行中输入 MTEXT 命令，按【Enter】键确认，在要输入文字的位置单击指定第一角点，然后执行【高度】命令并将其设置为 200，拖动鼠标指定第二角点位置，显示出文本框，如图 6-28 所示。

Step 04 在文本框中输入文字对象，输入文字效果如图 6-29 所示。

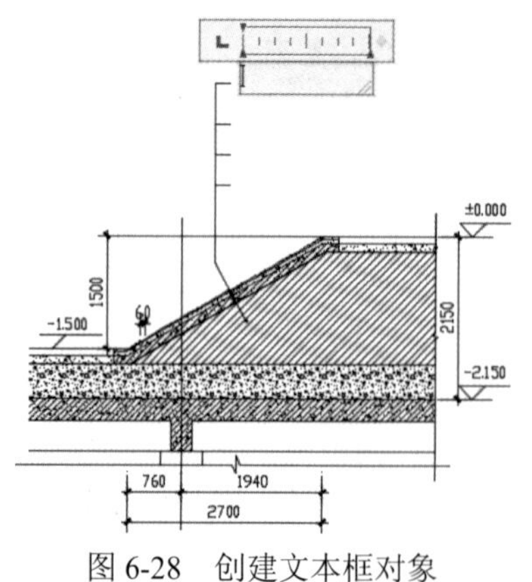

图 6-28 创建文本框对象

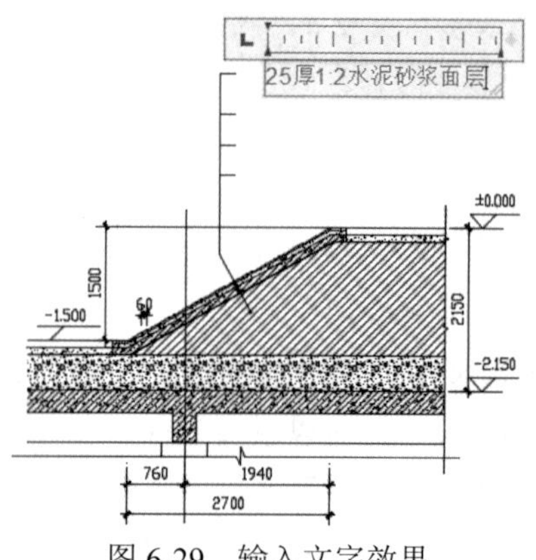

图 6-29 输入文字效果

Step 05 选中输入的文字对象，在【格式】选项卡中单击【加粗】按钮 **B**，如图 6-30 所示。

Step 06 设置完成后在任意位置单击即可，完成效果如图 6-31 所示。

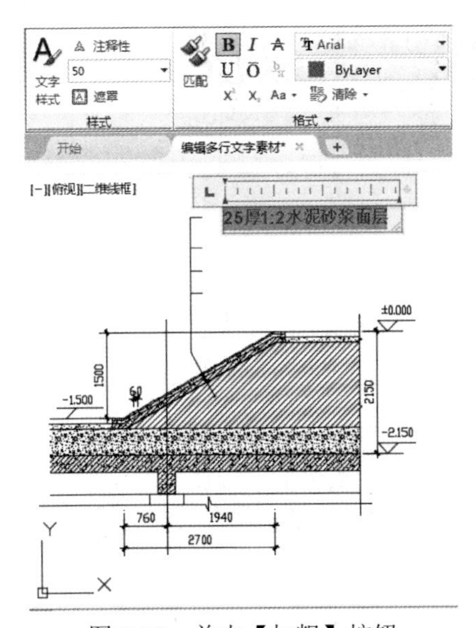

图 6-30　单击【加粗】按钮

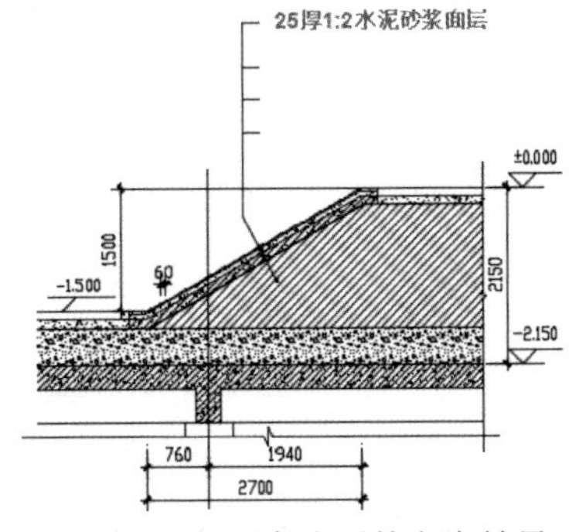

图 6-31　设置完成后的文字效果

Step 07 使用同样的方法输入其他多行文字，最终完成效果如图 6-32 所示。

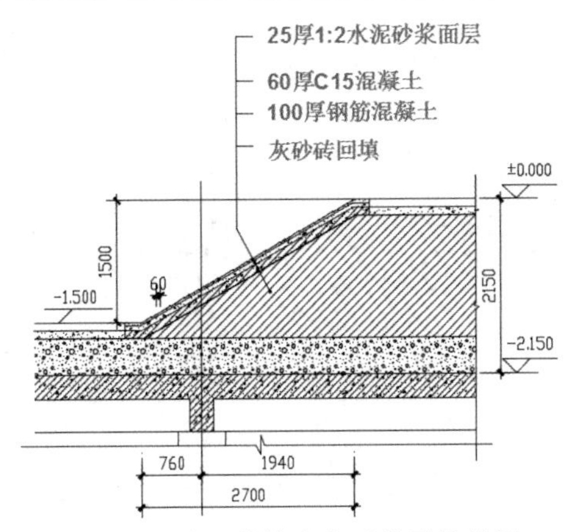

图 6-32　输入其他文字后的最终效果

6.4　查找与替换

当输入的文字内容过多时，为了避免出现错别字，用户可以通过 AutoCAD 的查找与替换功能对其进行检测。

在 AutoCAD 2017 中，执行该命令的方法有以下几种。

- 选择【注释】选项卡，在【文字】面板中的【查找文字】文本框中输入要查找的文本，然后单击按钮。
- 双击需要查找与替换的文本，启动【文字编辑器】选项卡，在【工具】面板中单击【查找和替换】按钮。
- 在命令行中输入 FIND 命令。

查找与替换文本的具体操作步骤如下。

Step 01 打开配套资源中的素材\第 6 章\【查找与替换素材.dwg】素材文件，如图 6-33 所示。

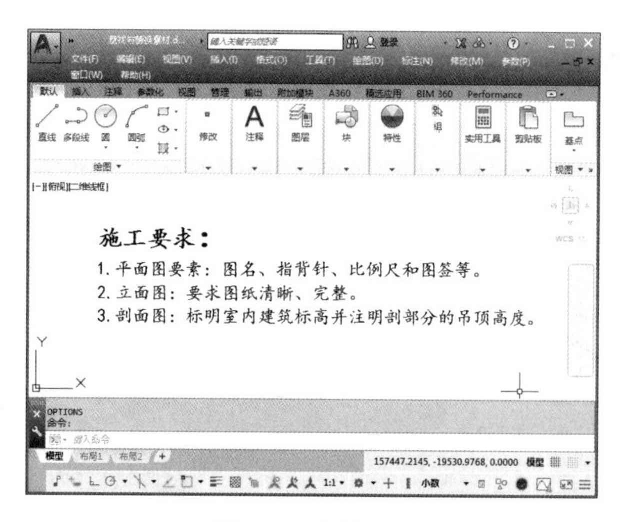

图 6-33　素材文件

Step 02 在命令行中输入 FIND 命令，弹出【查找和替换】对话框，在【查找内容】文本框中输入【背】，在【替换为】文本框中输入【北】，在【查找位置】下拉列表中选择【当前空间/布局】选项，如图 6-34 所示。

Step 03 单击【查找】按钮，所要查找的文字以灰色方式显示，查找效果如图 6-35 所示。

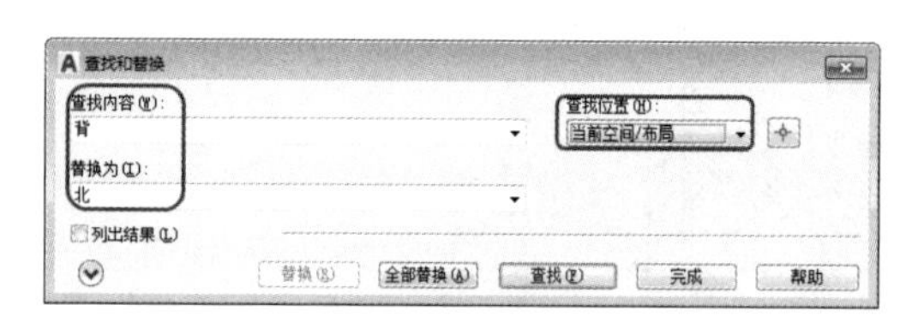

图 6-34　设置查找文字

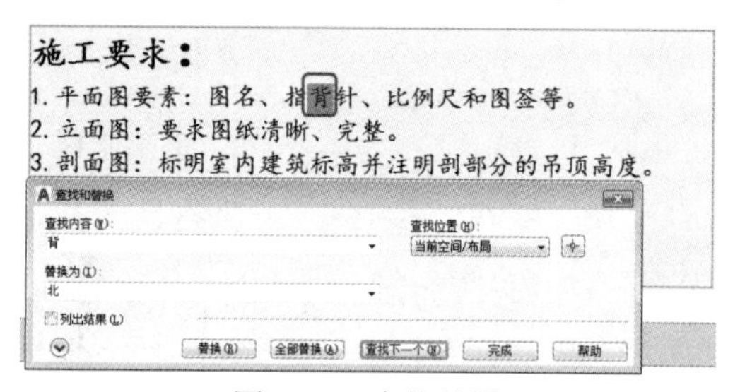

图 6-35　查找效果

Step 04 单击【全部替换】按钮，系统将弹出【查找与替换】对话框，直接单击【确定】按钮，如图 6-36 所示。

Step 05 返回【查找和替换】对话框，单击【完成】按钮。在绘图区中可以看到所有的“背”文本内容被替换成了“北”字，完成效果如图 6-37 所示。

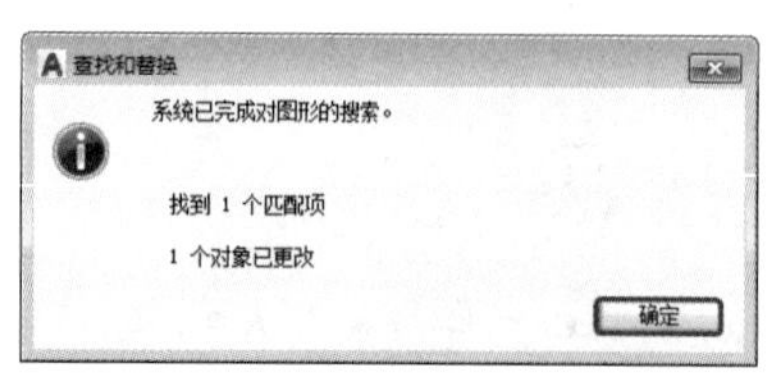

图 6-36　单击【确定】按钮

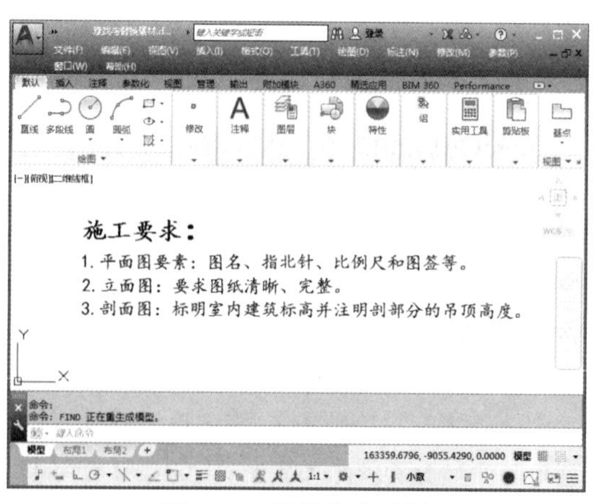

图 6-37　替换完成效果

6.5　拼写与检查

为了提高文本的输入准确度，在输入文本内容后，可以使用 AutoCAD 提供的拼写检查功能对其进行检查。如果文本中出现错误，系统会建议对其进行修改。

在 AutoCAD 2017 中，执行该命令的方法有以下几种。

- 在【注释】选项卡的【文字】组中单击【拼写检查】按钮。
- 双击需要进行拼写检查的文本，启动【文字编辑器】选项卡，在【拼写检查】组中单击【拼写检查】按钮。
- 在命令行中输入 SPELL 命令。

对文本进行拼写检查的具体操作过程如下。

Step 01 打开配套资源中的素材\第 6 章\【拼写与检查素材.dwg】素材文件，如图 6-38 所示。

Step 02 在命令行中输入 SPELL 命令，弹出【拼写检查】对话框，单击【开始】按钮，系统会自动进行拼写检查，在【不在词典中】文本框中显示错误的单词“enly”，在【建议】文本框中给出与原单词最接近的修改单词。在其下方的列表框中，系统还提供了很多建议修改方式供用户选择，这里在下拉列表框中选择“only”，单击【修改】按钮，如图 6-39 所示。

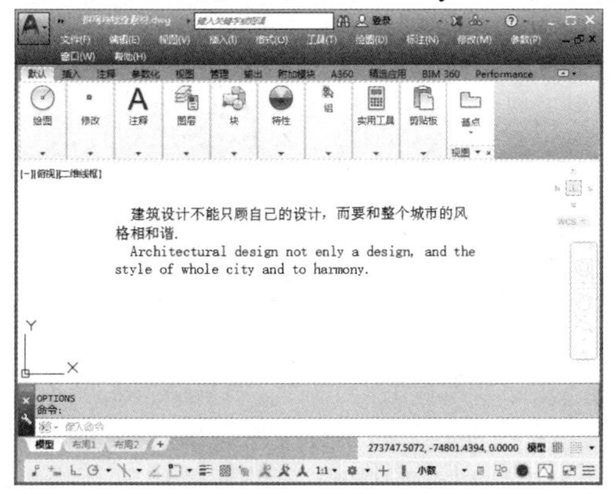

图 6-38　素材文件

图 6-39　检查效果

Step 03 弹出如图 6-40 所示的对话框，提示拼写检查完成，单击【确定】按钮即可，如图 6-40 所示。

Step 04 返回【拼写检查】对话框，单击【关闭】按钮。返回绘图区，即可看到文本中错误的“enly”单词被修改成了“only”，完成效果如图 6-41 所示。

图 6-40　单击【确定】按钮

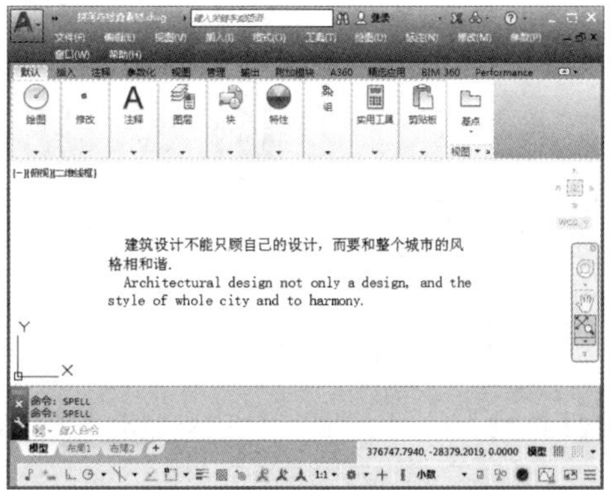

图 6-41　文本修改完成效果

【拼写检查】对话框中各选项的含义如下。

- 【不在词典中】文本框：显示查找到的拼写有误的单词。
- 【建议】文本框：显示当前词典中建议的替换词列表，用户可从中选择一个替换词或输入一个替换词。
- 【添加到词典】按钮：将当前词语添加到自定义词典中。
- 【忽略】按钮：单击该按钮，将不更改当前查找到的词语。
- 【全部忽略】按钮：单击该按钮，将跳过所有与【当前词语】相同的词语。
- 【修改】按钮：单击该按钮，将以【建议】文本框中的词语替换拼写有误的词语。
- 【全部修改】按钮：单击该按钮，将以【建议】文本框中的词语替换所有与【当前词语】相同的词语。

6.6 表格

在 AutoCAD 2017 中，可以使用【创建表格】命令创建表格，还可以从 Microsoft Excel 中直接复制表格，并将其作为 AutoCAD 表格对象粘贴到图形中，也可以从外部直接导入表格对象。此外，还可以输出来自 AutoCAD 的表格数据，以供在 Microsoft Excel 或其他应用程序中使用。

6.6.1 新建或修改表格样式

表格样式控制着一个表格的外观，用于保证标准的字体、颜色、文本、高度和行距。可以使用默认的表格样式，也可以根据需要自定义表格样式。

在 AutoCAD 2017 中，执行【表格样式】命令的方法如下。

- 选择【注释】选项卡，在【表格】面板中单击对话框启动器按钮↘。
- 在命令行中输入 TABLESTYLE 命令。

执行该命令后，弹出【表格样式】对话框，如图 6-42 所示。

单击【新建】按钮，可以在打开的【创建新的表格样式】对话框中创建新表格样式。在该对话框中用户可以设置【新样式名】，在【基础样式】下拉列表框中选择一个表格样式，为新的表格样式提供默认设置，如图 6-43 所示。

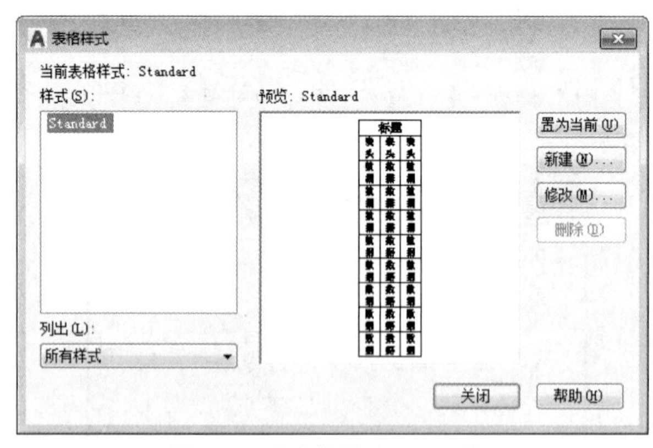

图 6-42 【表格样式】对话框

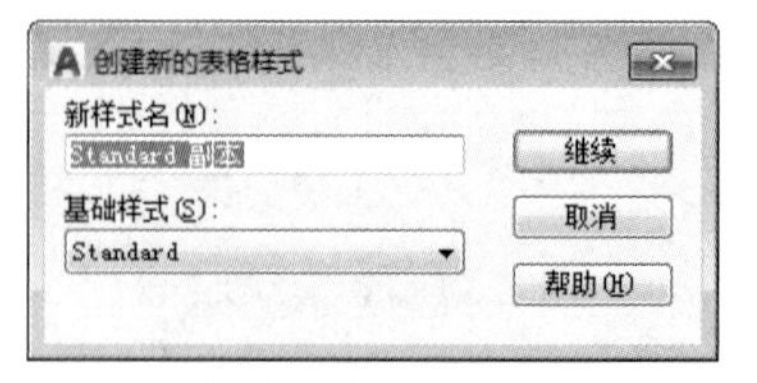

图 6-43 【创建新的表格样式】对话框

单击【继续】按钮，打开【新建表格样式：Standard 副本】对话框，如图 6-44 所示。

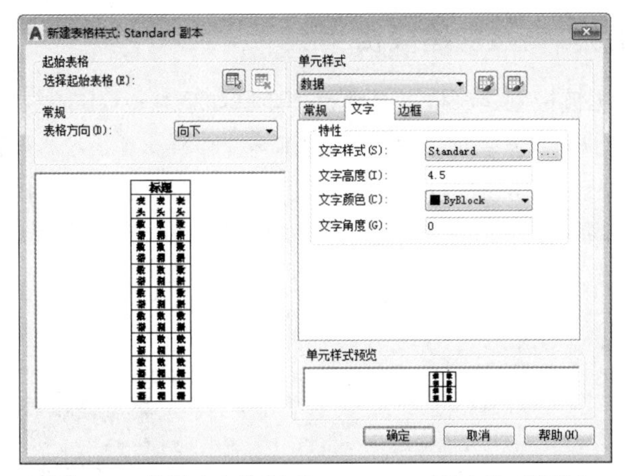

图 6-44 【新建表格样式：Standard 副本】对话框

6.6.2　设置表格的数据、标题和表头样式

在【新建表格样式：Standard 副本】对话框中，包括【起始表格】、【常规】和【单元样式】3 个选项区域。

在【常规】选项区域中的【表格方向】下拉列表中，用户可以为表格设置方向。默认为【向下】。如果选择【向上】选项，将创建由下而上读取的表格，标题行和列标题行都在表格的底部。

用户可以在【单元样式】选项区域的下拉列表中选择【数据】、【标题】和【表头】选项来分别设置表格的数据、标题和表头对应样式。

对于【数据】、【标题】和【表头】3 个单元样式，可在【常规】、【文字】和【边框】3 个选项卡中进行设置，它们的内容基本相似，分别指定单元基本特性、文字特性和边界特性。

1.【常规】选项卡

- 【填充颜色】下拉列表框：默认为【无】颜色，即不使用填充颜色，用户也可以为表格选择一种背景色。
- 【对齐】下拉列表框：为单元内容指定一种对齐方式。
- 【格式】：为表格中【数据】、【列表题】或【标题】行设置数据类型和格式。单击右边的[...]按钮，弹出【表格单元格式】对话框，如图 6-45 所示，在其中可以进一步设置数据类型、格式或其他选项。
- 【类型】下拉列表框：将单元样式指定为标签或数据。
- 【水平】和【垂直】文本框：设置单元边框和单元内容之间的水平和垂直间距，默认设置是数据行中文字高度的 1/3，最大高度是数据行中文字的高度。

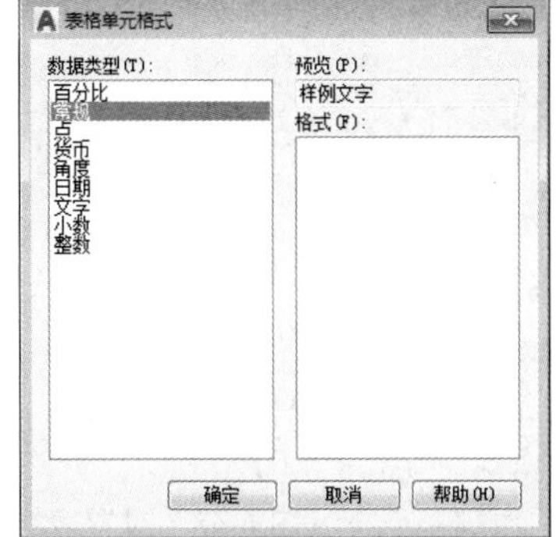

图 6-45 【表格单元格式】对话框

2.【文字】选项卡

设置表格单元中的文字样式、高度、颜色和角度等特性。

3.【边框】选项卡

单击边框设置按钮，可以设置表格的边框是否存在。当表格具有边框时，还可以设置表格的线宽、线型、颜色和间距等特性。

6.6.3 实例——自数据链接创建表格

下面讲解如何自数据链接创建表格，具体操作步骤如下。

Step 01 新建一个图纸文件，在命令行中输入TABLE命令，弹出【插入表格】对话框，在该对话框中选中【自数据链接】单选按钮，然后单击右边的按钮，单击【确定】按钮，如图6-46所示。

Step 02 在弹出的【选择数据链接】对话框中选择【创建新的Excel数据链接】选项，如图6-47所示。

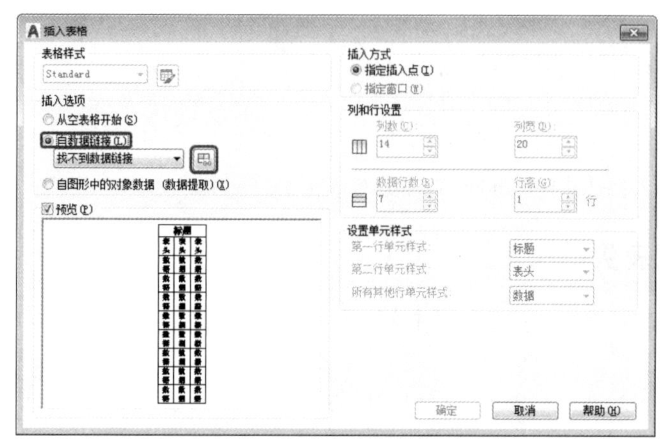

图6-46 【插入表格】对话框

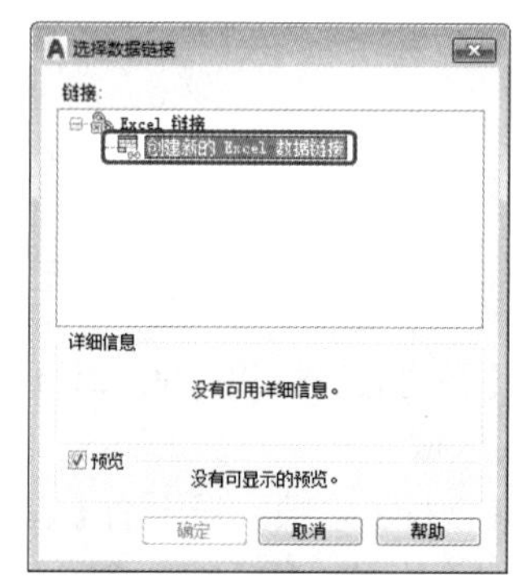

图6-47 选择【创建新的Excel数据链接】选项

Step 03 弹出【输入数据链接名称】对话框，在该对话框中将【名称】设置为【表格1】，然后单击【确定】按钮，如图6-48所示。

Step 04 弹出【新建Excel数据链接：表格1】对话框，单击【浏览文件】右侧的按钮，单击【确定】按钮，如图6-49所示。

图6-48 设置表格名称

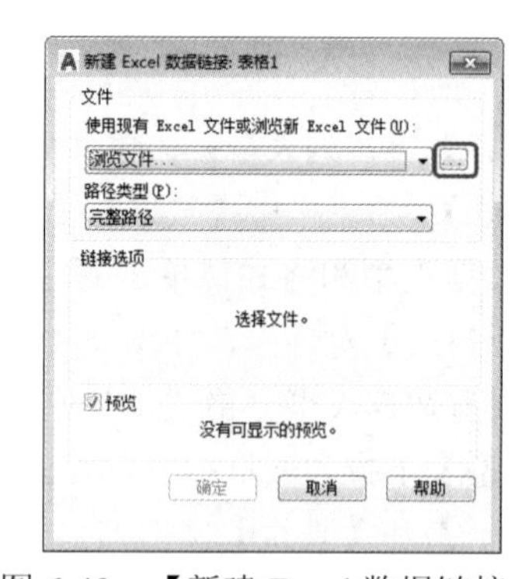

图6-49 【新建Excel数据链接：表格1】对话框

Step 05 弹出【另存为】对话框，选择配套资源中的素材\第6章\【电子产品销售图表.xlsx】素材文件，如图6-50所示。

Step 06 单击【打开】按钮，弹出【新建Excel数据链接：表格1】对话框，可以在其中进行设置更新，如图6-51所示，并在【链接选项】选项区域及【预览】选项区域，显示该Excel表格文件的相关选项和内容，在这里用户可以选择链接到Excel表格中的某个工作表或者进一步指定其表格范围。

Step 07 单击【确定】按钮，弹出更新后的【选择数据链接】对话框，选择【表格 1】选项，如图 6-52 所示。

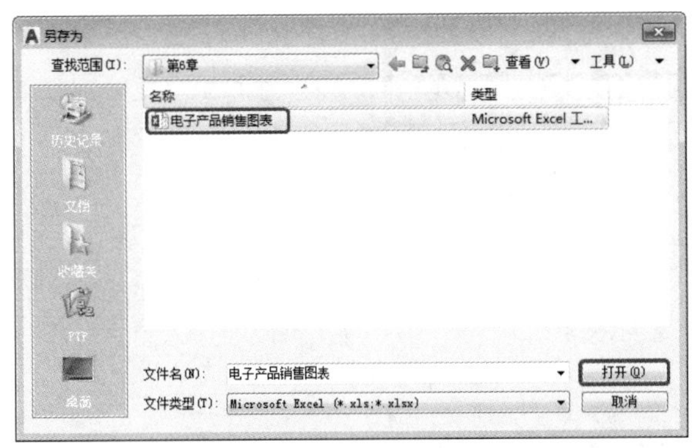

图 6-50　选择素材文件

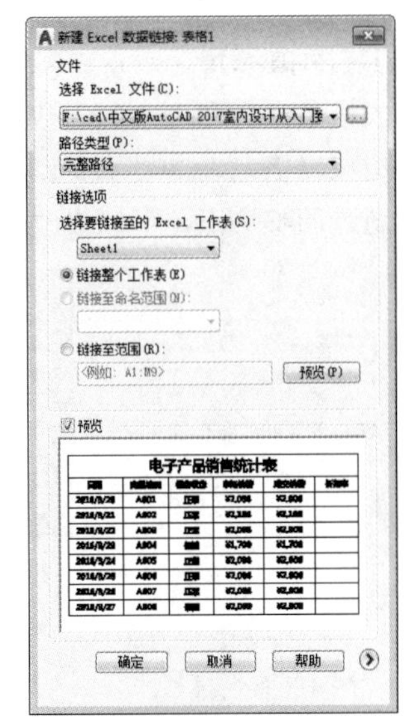

图 6-51　【新建 Excel 数据链接：表格 1】对话框

Step 08 单击【确定】按钮，进入更新后的【插入表格】对话框，如图 6-53 所示。

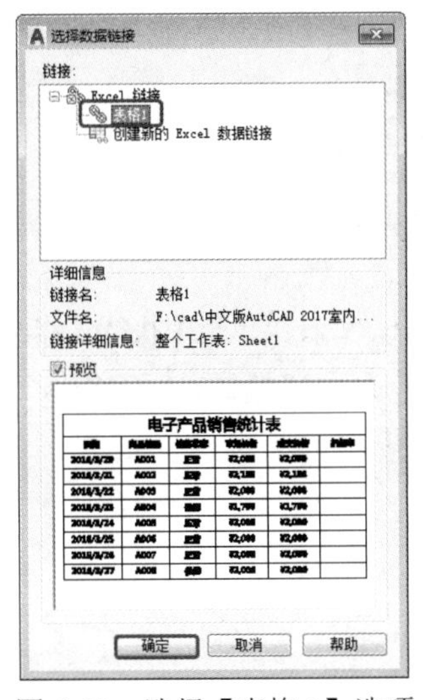

图 6-52　选择【表格 1】选项

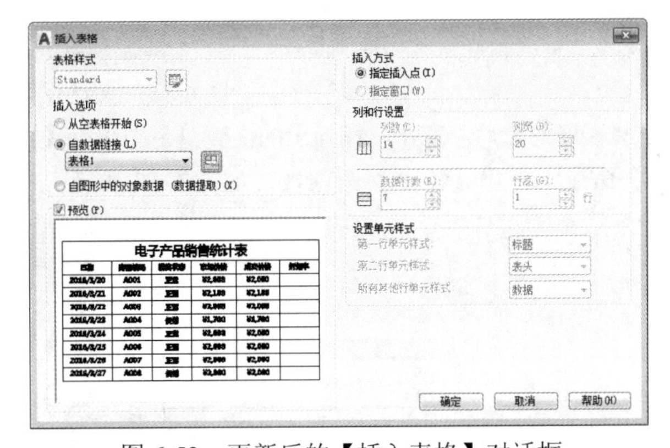

图 6-53　更新后的【插入表格】对话框

Step 09 单击【确定】按钮，关闭【插入表格】对话框，在绘图区域指定插入点，即可快速地将外部制作好的 Excel 表格插入进来，插入后的显示效果如图 6-54 所示。

电子产品销售统计表					
日期	商品编码	销售状态	市场价格	成交价格	折扣率
2016/3/20	A001	正常	¥2,088	¥2,000	
2016/3/21	A002	正常	¥2,188	¥2,188	
2016/3/22	A003	正常	¥2,008	¥2,008	
2016/3/23	A004	促销	¥1,700	¥1,700	
2016/3/24	A005	正常	¥2,008	¥2,000	
2016/3/25	A006	正常	¥2,008	¥2,000	
2016/3/26	A007	正常	¥2,008	¥2,000	
2016/3/27	A008	促销	¥2,000	¥2,000	

图 6-54　插入效果

6.6.4 编辑表格和表格单元

下面讲解如何编辑表格和表格单元，讲解内容如下。

1. 编辑表格

表格是在行和列中包含数据的对象。表格创建完成后，用户可以单击该表格上的任意网格线以选中该表格，表格显示夹点，如图 6-55 所示，然后通过【特性】选项板或夹点来修改该表格。

通过调整夹点，可以修改表格对象，其各个夹点的具体作用如图 6-56 所示。

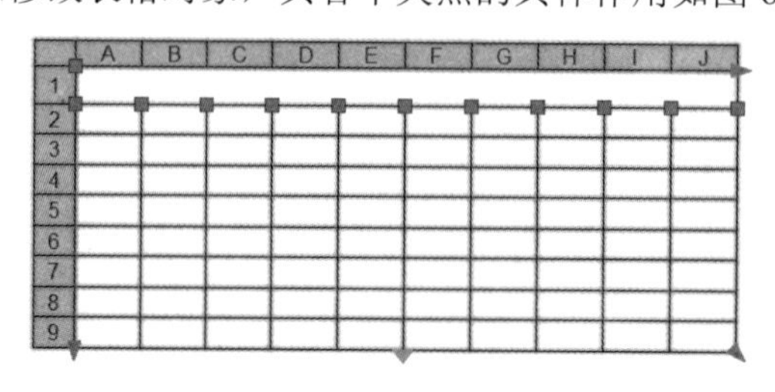

图 6-55 显示夹点

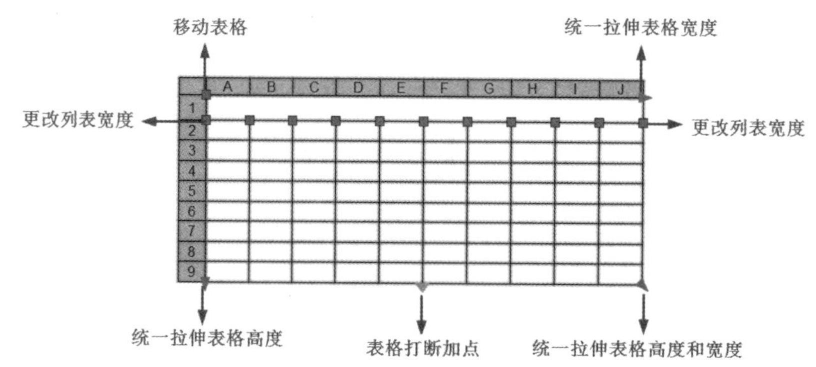

图 6-56 夹点作用解释

选择表格对象后，右击，在弹出的快捷菜单中执行【特性】命令，或在菜单栏中执行【修改】|【特性】命令，弹出【特性】选项板，如图 6-57 所示，在其中可根据需要调整表格的各项参数。

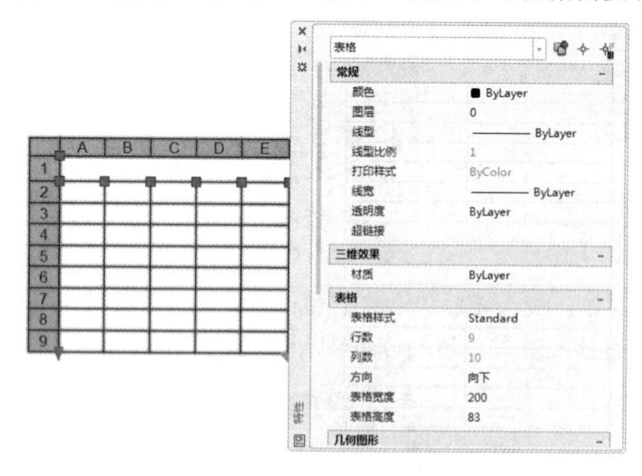

图 6-57 【特性】选项板

2. 向表格中添加数据

表格单元中的数据可以是文字或块。表格创建完成后，在表格单元内单击即可开始添加数据。要在单元格中创建换行符，则按【Alt+Enter】组合键。

在表格中插入块，具体请参考下面关于编辑表格的相关内容。

按【Tab】键可以移动到下一个单元格。在表格的最后一个单元格中，按【Tab】键可以添加一个新行；按【Shift+Tab】组合键可以移动到上一个单元格；当光标位于单元格中文字的开始或结束位置时，使用箭头键可以将光标移动到相邻的单元格，也可以使用【Ctrl+箭头】组合键；单元格中的文字处于亮显状态时，按箭头键将取消选择，并将光标移动到单元格中文字的开始或结束位置；按【Enter】键可以向下移动一个单元格。

要保存并退出，可以按【Ctrl+Enter】组合键。

3. 编辑表格单元

在某个单元格内单击就可以选中它，选中单元格边框的中央将显示夹点，如图 6-58 所示，拖动单元格上的夹点可以使单元格及其列或行更宽或更小。按住【Shift】键并在另一个单元格内单击，可以同时选中这两个单元格以及它们之间的所有单元格。选择多个单元格，还可以单击并在多个单元格上拖动。

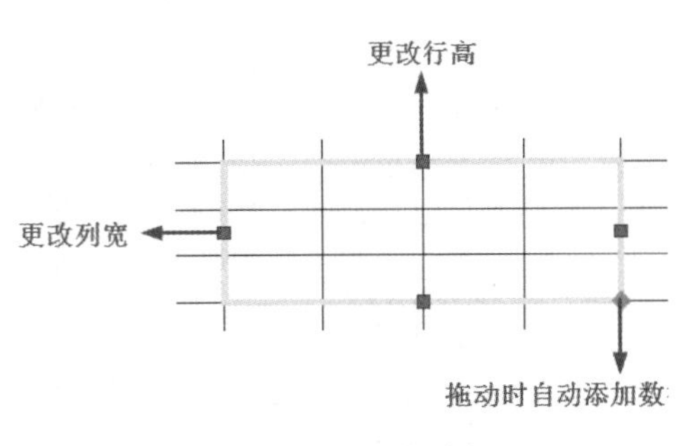

图 6-58 单元格边框

如果在功能区处于活动状态时在表格单元格内单击，将显示【表格单元】选项卡，如图 6-59 所示。

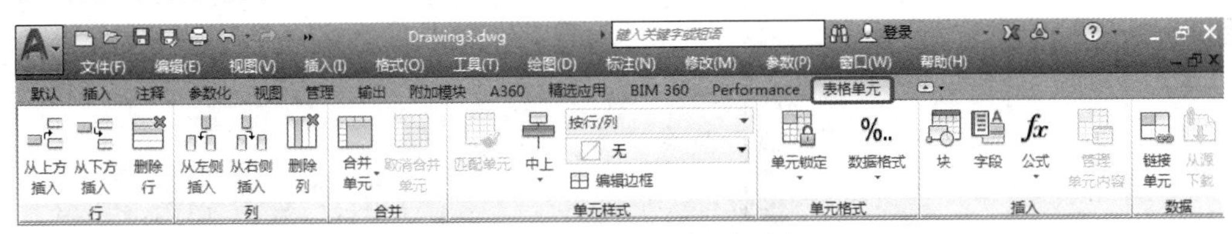

图 6-59 【表格单元】选项卡

其各面板功能如下。

(1)【行】面板

- 从上方插入：在当前选定单元格或行的上方插入行。
- 从下方插入：在当前选定单元格或行的下方插入行。
- 删除行：删除当前选定行。

(2)【列】面板

- 从左侧插入：在当前选定单元格或行的左侧插入列。
- 从右侧插入：在当前选定单元格或行的右侧插入列。
- 删除列：删除当前选定列。

(3)【合并】面板

- 合并单元：将选定单元合并到一个大单元中。
- 取消合并单元：对之前合并的单元取消合并。

(4)【单元样式】面板

- 匹配单元：将选定单元的特性应用到其他单元。
- 表格单元样式：列出包含在当前表格样式中的所有表格单元样式。表格单元样式标题、表头和数据通常包含在任意表格样式中，且无法删除或重命名。
- 编辑边框：设置选定表格单元的边界特性。单击该按钮，弹出【单元边框特性】对话框，如图 6-60 所示，在其中可以设置边框的线宽、线型、颜色、是否指定双线，以及双线的间距等。

- 对齐：对单元内的内容指定对齐。内容相对于单元的顶部边框和底部边框进行居中对齐、上对齐或下对齐。内容相对于单元的左侧边框和右侧边框居中对齐、左对齐或右对齐。
- 表格单元背景色：指定填充颜色。选择【无】选项或选择一种背景色，或者选择【选择颜色】选项，将打开【选择颜色】对话框。

（5）【单元格式】面板

- 单元锁定：锁定单元内容和/或格式（无法进行编辑）或对其解锁。
- 数据格式：显示数据类型列表（【角度】、【日期】、【十进制数】等），从而可以设置表格行的格式。用户还可以执行【自定义表格单元格式】选项，弹出【表格单元格式】对话框，如图 6-61 所示，在其中进一步设置其格式和精度。

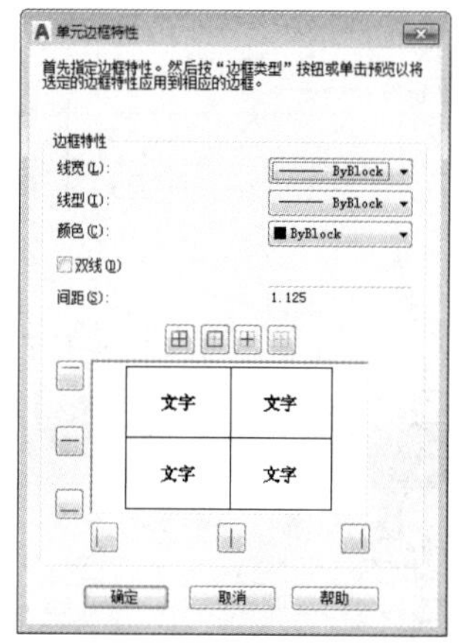

图 6-60 【单元边框特性】对话框

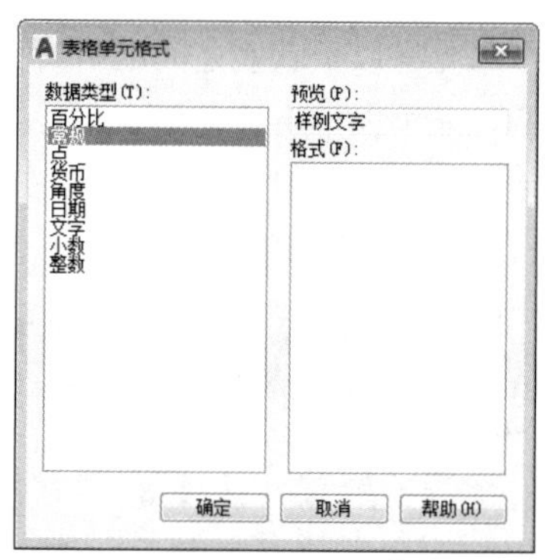

图 6-61 【表格单元格式】对话框

（6）【插入】面板

- 块：单击该按钮，弹出【在表格单元中插入块】对话框，如图 6-62 所示，从中可将块插入当前选定的表格单元中。在该对话框中，【名称】文本框用于指定需要插入的块；【比例】文本框用于指定块参照的比例，可以输入值或勾选【自动调整】复选框以适应选定的单元；【全局单元对齐】下拉列表用于指定块在表格单元中的对齐方式。
- 字段：单击该按钮，将打开【字段】对话框，如图 6-63 所示。

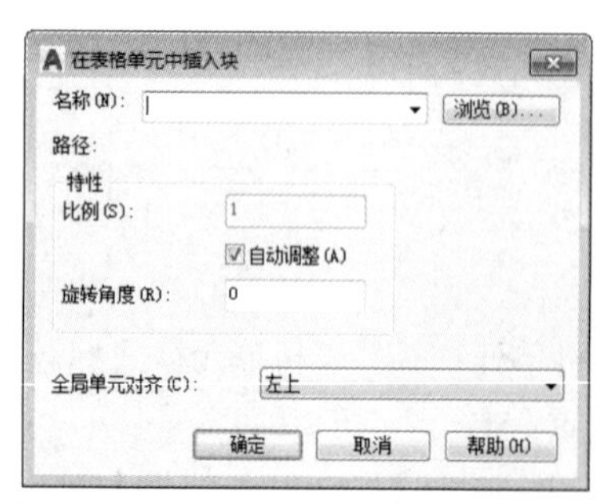

图 6-62 【在表格单元中插入块】对话框

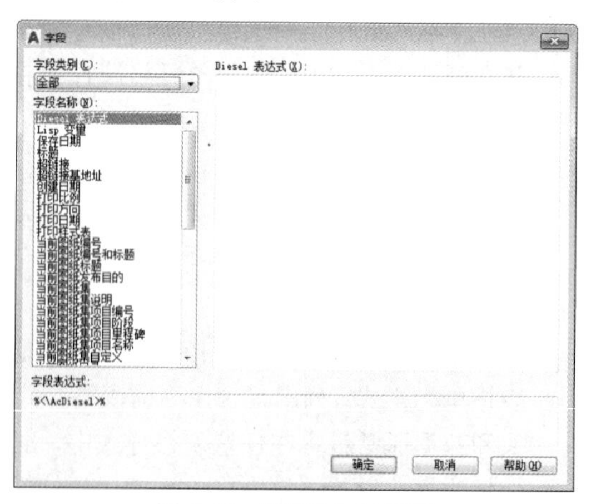

图 6-63 【字段】对话框

- 公式：单击该按钮，将公式插入当前选定的表格单元中。公式必须以等号开始。用于求和、求平均值和计数的公式将忽略空单元，以及未解析为数值的单元。
- 管理单元内容：单击该按钮，将打开【管理单元内容】对话框，显示选定单元的内容。可以更改单元内容的次序，以及单元内容的显示方向。例如在表格单元中有多个块，即可用它定义单元内容的显示方式。

（7）【数据】面板

- 链接单元：单击该按钮，将打开【选择数据链接】对话框。
- 从源下载：更新由已建立的数据链接中的已更改数据参照的表格单元中的数据。
- 选择表格单元对象后，右击，在弹出的快捷菜单中执行【特性】命令，弹出【特性】选项板，如图 6-64 所示，在其中可根据需要调整表格的各项参数。

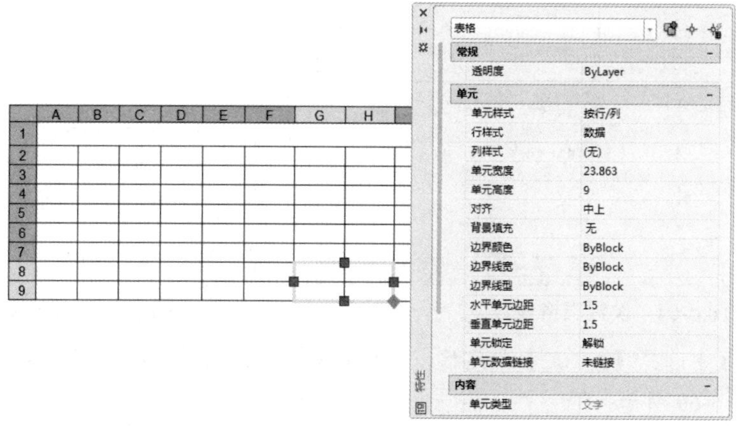

图 6-64　【特性】选项板

在 AutoCAD 2017 中，还可以使用表格的快捷菜单编辑表格。当选中整个表格时，其快捷菜单如图 6-65 所示；当选中表格单元时，其快捷菜单如图 6-66 所示。

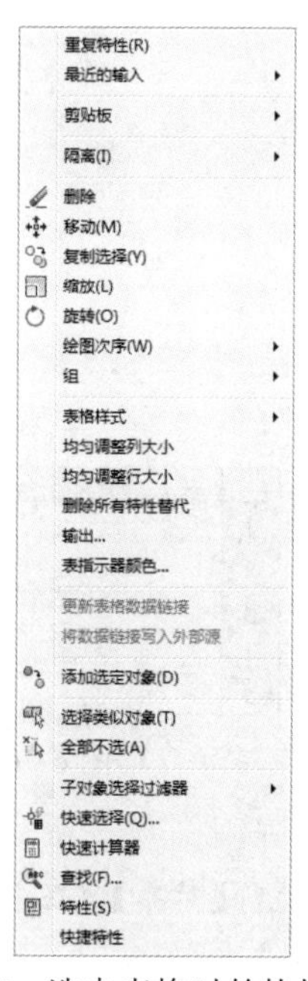

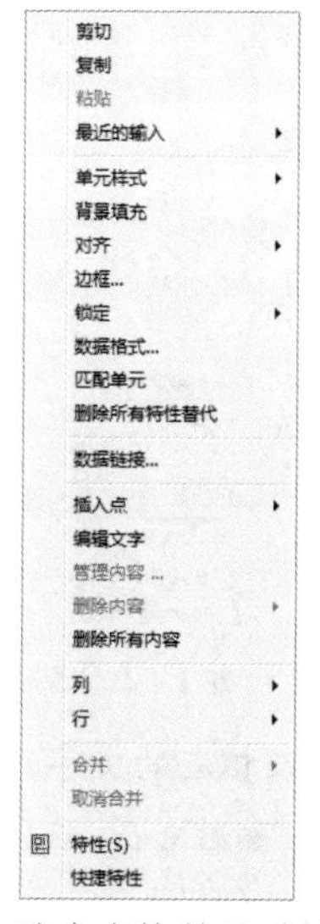

图 6-65　选中表格时的快捷菜单　图 6-66　选中表格单元时的快捷菜单

6.6.5 实例——创建标题栏

下面以创建标题栏为例，来综合练习本节所讲的知识，具体操作步骤如下。

Step 01 启动AutoCAD 2017，新建一个空白文档，在命令行中输入TABLE命令，在弹出的对话框中选中【指定插入点】单选按钮，将【列数】、【列宽】、【数据行数】和【行高】分别设置为7、18、3和1，将【第一行单元样式】、【第二行单元样式】都设置为【数据】，如图6-67所示。

Step 02 设置完成后，单击【确定】按钮，在绘图区中合适的位置单击插入表格，效果如图6-68所示。

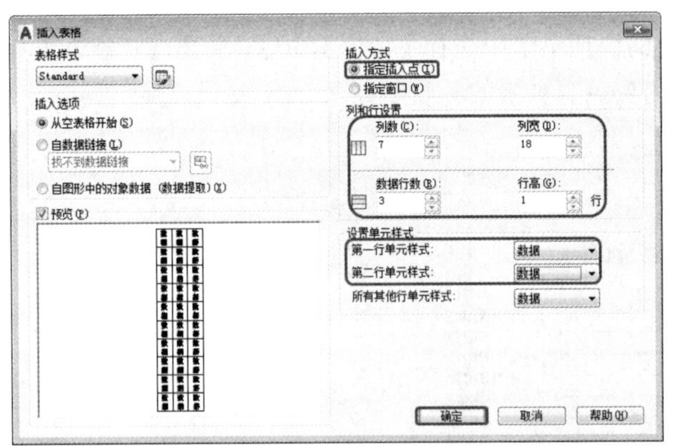

图6-67　设置表格参数

图6-68　插入表格效果

Step 03 在绘图区中选择【A1:C2】单元格，然后右击，在弹出的快捷菜单中执行【合并】|【全部】命令，如图6-69所示。

Step 04 使用同样的方法，分别选择【F1:G2】、【D4:G5】单元格并将其合并，合并后的显示效果如图6-70所示。

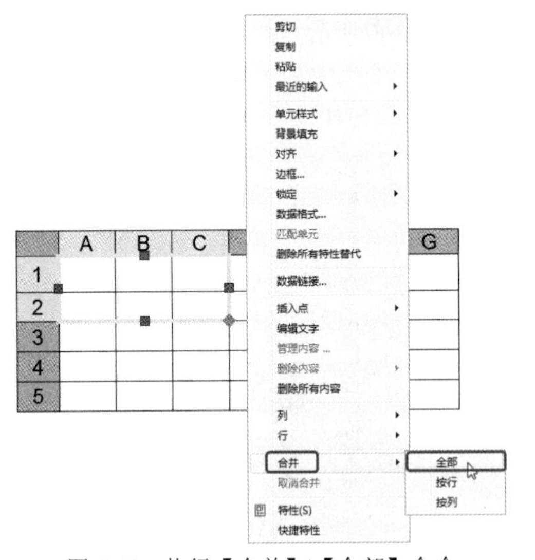

图6-69　执行【合并】|【全部】命令

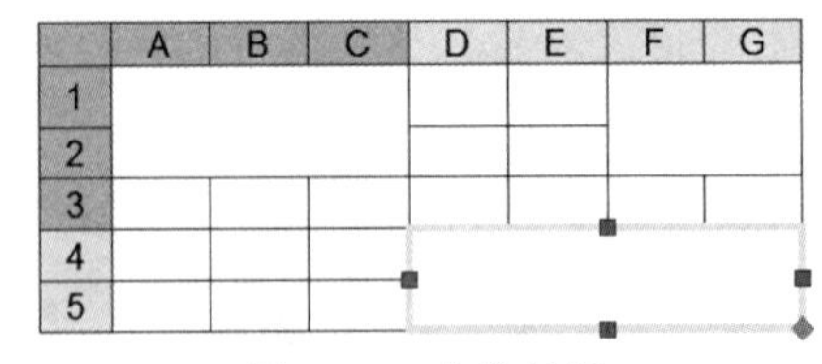

图6-70　合并效果

Step 05 在单元格中输入相应的文字，效果如图6-71所示。

Step 06 选中整个表格，然后右击，在弹出的快捷菜单中执行【对齐】|【正中】命令，如图6-72所示。

图名			比例		图号	
			数量			
设计			材料		重量	
审核			单位名称			
批准						

图 6-71　输入文字效果

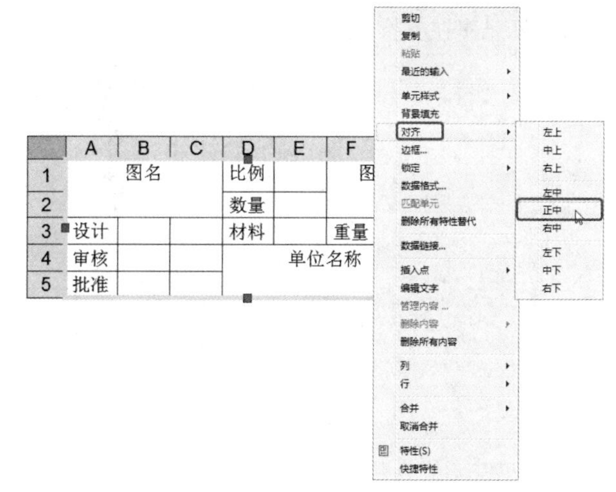

图 6-72　执行【对齐】|【正中】命令

Step 07 执行该命令后，即可完成标题栏的创建，显示效果如图 6-73 所示。

图名			比例		图号	
			数量			
设计			材料		重量	
审核			单位名称			
批准						

图 6-73　完成标题栏的创建

6.7 注释

注释是说明或其他类型的说明性符号或对象，通常用于向图形中添加信息。

通常用于注释图形的对象有一个特性称为注释性。使用此特性，用户可以自动完成缩放注释的过程，从而使注释能够以正确的大小在图纸上打印或显示。

用户不必在各个图层、以不同尺寸创建多个注释，而是可以按对象或样式打开注释性特性，并设置布局或模型视口的注释比例。注释比例控制注释性对象相对于图形中模型几何图形的大小。

6.7.1 实例——创建注释性对象

将注释添加到图形中时，用户可以打开这些对象的注释性特性。这些注释性对象将根据当前注释比例设置进行缩放，并自动以正确的大小显示。注释性对象按图纸高度进行定义，并以注释比例确定的大小显示。以下对象可以为注释性对象（具有注释性特性）：图案填充、文字（单行和多行）、标注、公差、引线和多重引线、块、属性。

用于创建这些对象的许多对话框都包含【注释性】复选框。在【文字样式】对话框中，【大小】选项区域就包含【注释性】复选框，当用户勾选此复选框时，就可以使所选定的文字样式为注释性对象。

通过在【特性】选项板中更改注释性特性，用户可以将现有对象更改为注释性对象。选择文字【注释性】选项，然后右击，在弹出的快捷菜单中选择【特性】命令，打开【特性】选项板，在其【文字】选项组中就可以设置是否将对象改为注释性对象。

将光标悬停在支持一个注释比例的注释性对象上时，光标将显示为🙟图标。

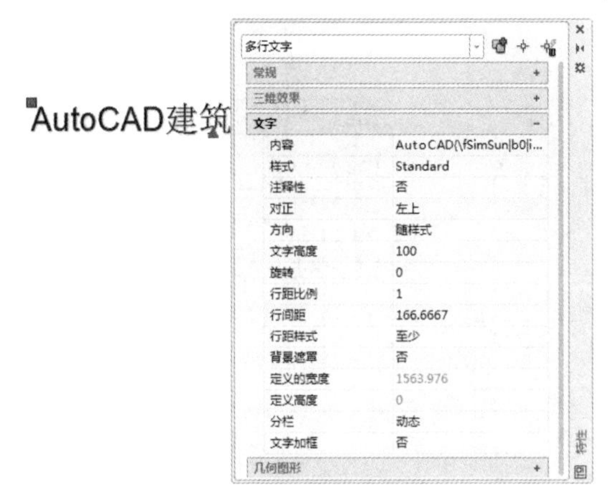

图 6-74 【特性】选项板

6.7.2 实例——设置注释行比例

注释比例是与模型空间、布局视口和模型视图一起保存的设置。将注释性对象添加到图形中时，它们将支持当前的注释比例，根据该比例设置进行缩放，并自动以正确的大小显示在模型空间中。

将注释性对象添加到模型中之前，先设置注释比例。考虑将在其中显示注释的视口的最终比例设置。注释比例（或从模型空间打印时的打印比例）应设置为与布局中的视口（在该视口中将显示注释性对象）比例相同。例如，如果注释性对象将在比例为 1∶2 的视口中显示，则要将注释比例设置为 1∶2。

使用模型选项卡时，或选定某个视口后，当前注释比例将显示在应用程序状态栏或图形状态栏上。用户可以通过状态栏来更改注释比例。

6.8 综合应用——绘制图框

下面通过综合应用讲解如何绘制图框，具体操作步骤如下。

Step 01 在命令行中输入 RECTANG 命令，绘制一个长度为 500、宽度为 300 的矩形，绘制矩形效果如图 6-75 所示。然后在命令行中输入 EXPLODE 命令，将矩形分解。

Step 02 在命令行中输入 OFFSET 命令，将水平线段分别向内偏移 20 的距离，将右侧的垂直线段向左偏移 35 的距离，将左侧的垂直线段向右偏移 20 的距离，偏移效果如图 6-76 所示。

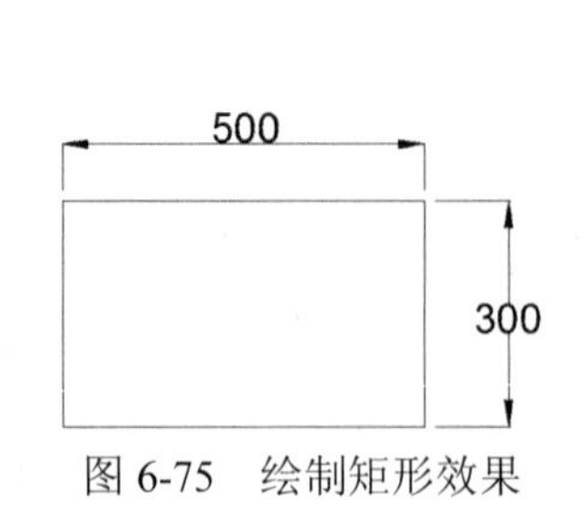

图 6-75 绘制矩形效果

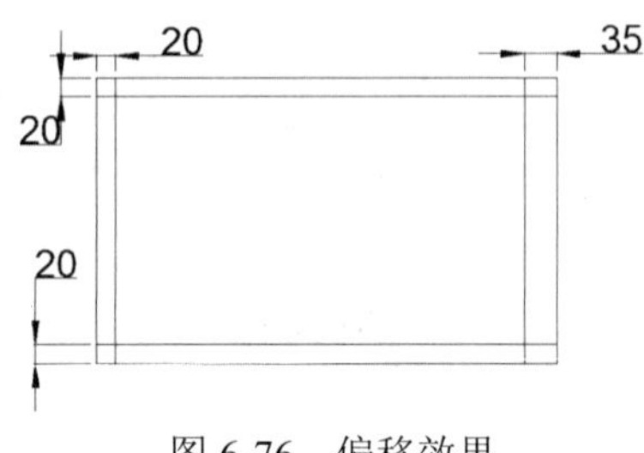

图 6-76 偏移效果

Step 03 在命令行中输入 TRIM 命令，对图形对象进行修剪，修剪效果如图 6-77 所示。

Step 04 在命令行中输入 TABLESTYLE 命令，弹出【表格样式】对话框，单击【新建】按钮，

弹出【创建新的表格样式】对话框，将【新样式名】设置为【图框】，然后单击【继续】按钮，如图 6-78 所示。

图 6-77 修剪效果

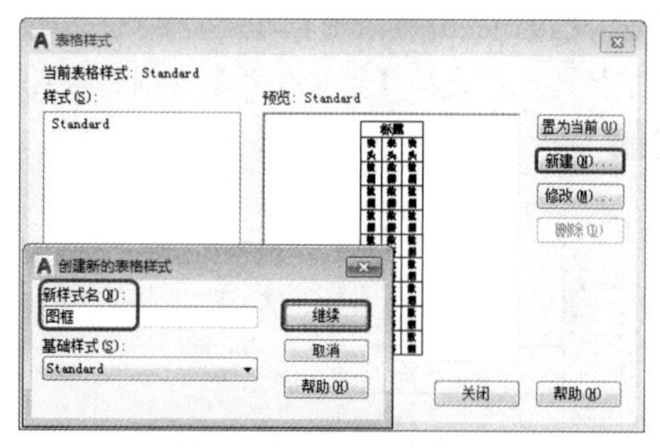

图 6-78 新建表格样式

Step 05 弹出【新建表格样式：图框】对话框，在【单元样式】下拉列表中选择【数据】选项，在【常规】选项卡中将【对齐】设置为【正中】，如图 6-79 所示。

Step 06 单击【确定】按钮，返回【表格样式】对话框，选择创建的表格样式，单击【置为当前】按钮，并单击【关闭】按钮，如图 6-80 所示。

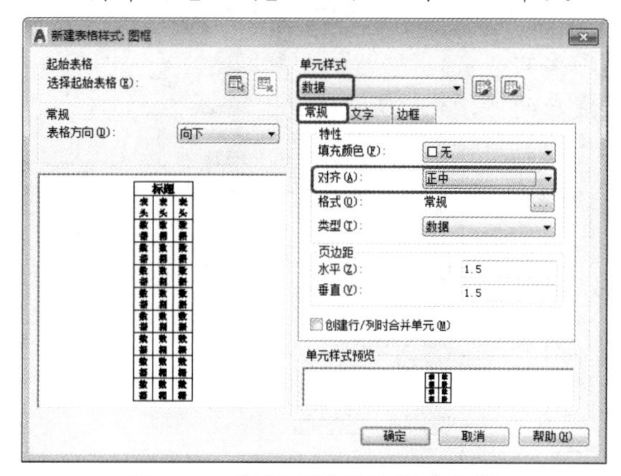

图 6-79 设置【数据】样式参数

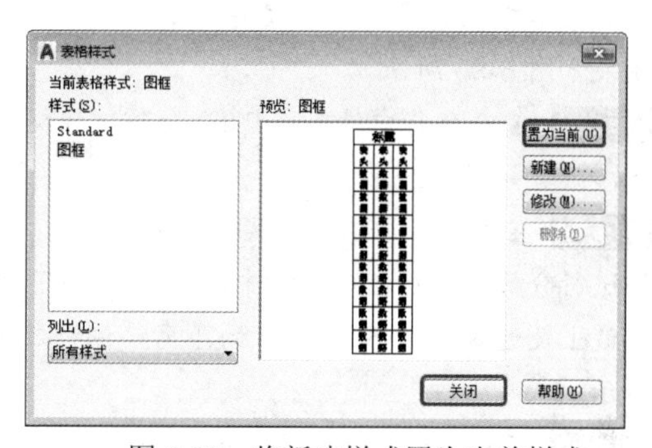

图 6-80 将新建样式置为当前样式

Step 07 在命令行中输入 TABLE 命令，弹出【插入表格】对话框，在【插入方式】组中选中【指定插入点】单选按钮，将【列数】设置为 3，将【列宽】设置为 25，将【数据行数】设置为 6，将【行高】设置为 2，然后单击【确定】按钮，如图 6-81 所示。

Step 08 返回到绘图区中插入表格，并调整表格位置，如图 6-82 所示。

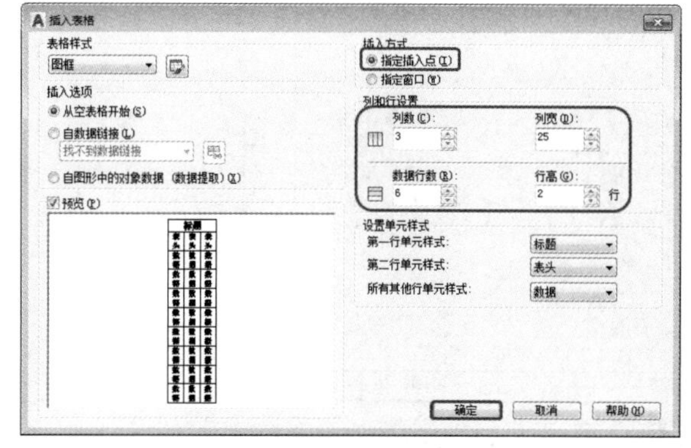

图 6-81 设置表格参数

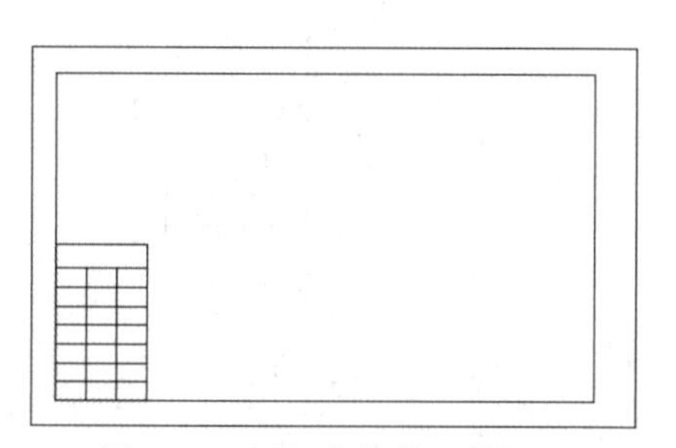

图 6-82 插入表格并调整位置

Step 09 选择【A1:C2】单元格，在【表格单元】选项卡的【合并】选项组中单击【合并单元】按钮，在其下拉列表中选择【合并全部】选项，合并效果如图 6-83 所示。

Step 10 使用同样的方法选择【B3：C8】单元格，在【合并】选项组中单击【合并单元】按钮，在其下拉列表中选择【按行合并】选项，合并效果如图 6-84 所示。

Step 11 合并好单元格后在表格中输入文字对象，效果如图 6-85 所示。

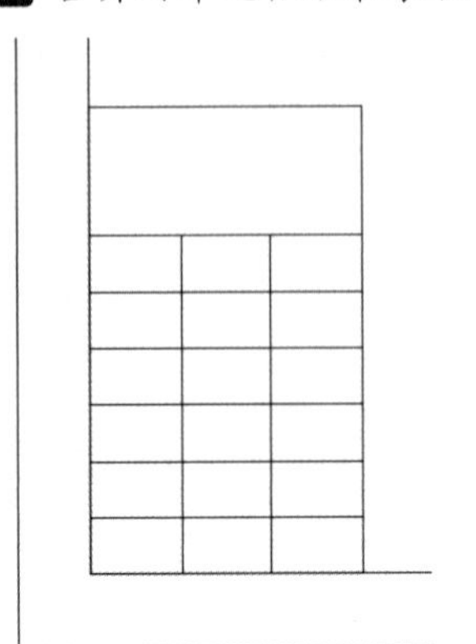

图 6-83　合并效果 1

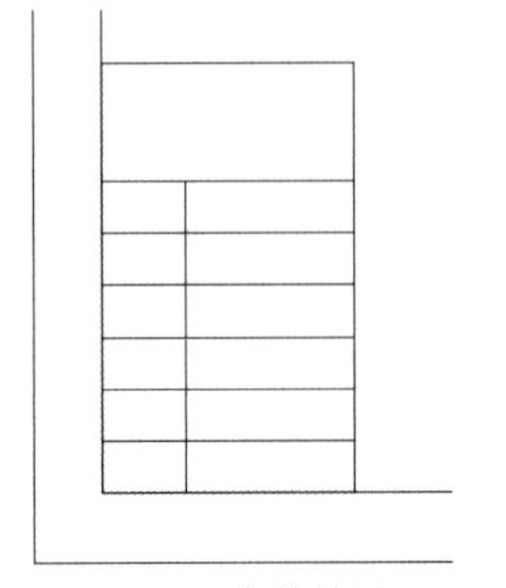

图 6-84　合并效果 2

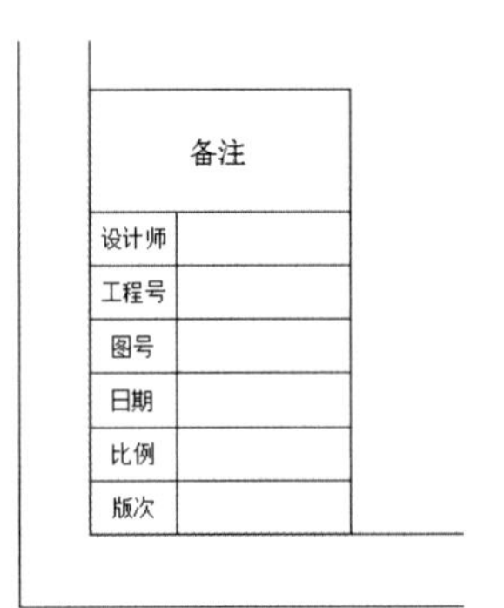

图 6-85　输入文字效果

Step 12 选择文字"备注"所在表格，右击，在弹出的快捷菜单中执行【对齐】|【左上】命令，设置完成后的效果如图 6-86 所示。

Step 13 在命令行中输入 LINE 命令，捕捉端点绘制直线，效果如图 6-87 所示。

Step 14 在命令行中输入 EXPLODE 命令，将插入的表格进行分解。然后在命令行中输入 OFFSET 命令，将表格最上侧边向上偏移 45、90 的距离，偏移效果如图 6-88 所示。

Step 15 在命令行中输入 MTEXT 命令，在绘图区中的合适位置指定第一角点，然后根据命令行的提示将【文字高度】设置为 6，输入文字效果如图 6-89 所示。

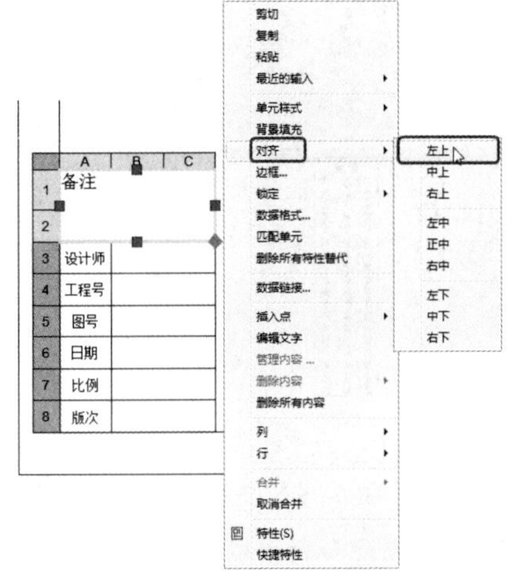

图 6-86　显示效果

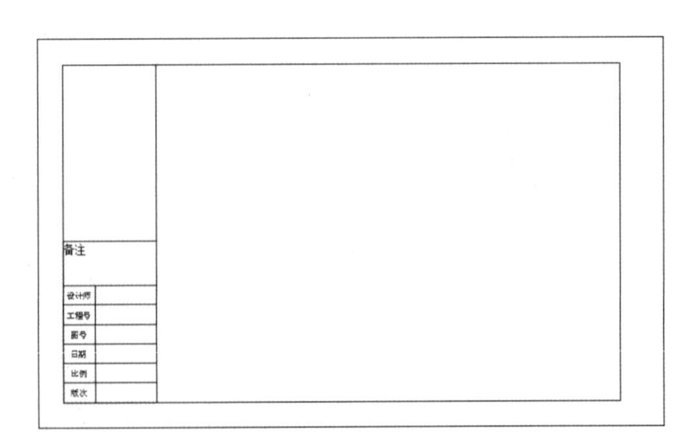

图 6-87　绘制直线效果

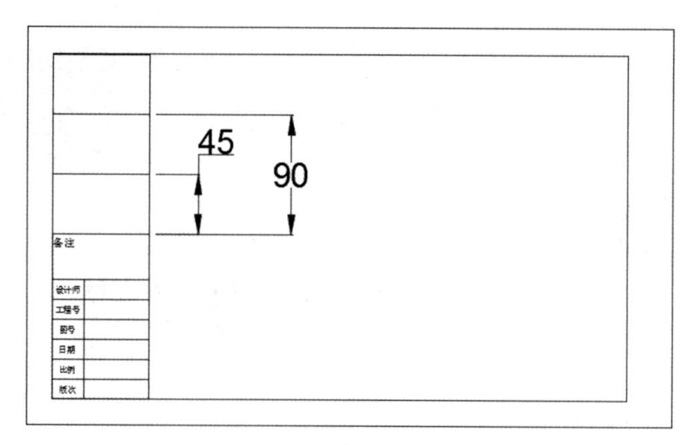

图 6-88 偏移效果

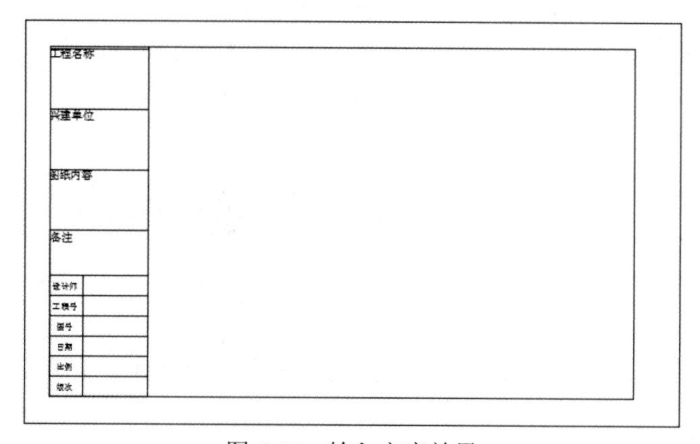

图 6-89 输入文字效果

增值服务：扫码做测试题，并可观看讲解测试题的微课程。

第 7 章 图层的设置

AutoCAD 中绘制任何对象都是在图层上进行的。图层相当于图纸绘图中使用的重叠图纸，它是图形中使用的主要组织工具。可以使用图层对内容进行编组、执行线型、颜色及其他标准的设置。例如，可以将构造线、文字、标注和标题栏置于不同的图层上，如果用图层来管理它们，不仅能使图形的各种信息清晰、有序，便于观察，而且也会给图形的编辑和输出带来很大的方便。下面将对其内容进行具体讲解。

7.1 图层的创建及设置

通过 AutoCAD 2017 可以为在设计概念上相关的每一组对象（如墙或标注）创建和命名新图层，并为这些图层指定常用特性。

通过将对象组织到图层中，可以分别控制大量对象的可见性和对象特性，并进行快速更改。

7.1.1 认识图层

图层就像透明的覆盖层，类似于电影胶片，用户可以在上面组织和编组图形中的对象。图层是对 AutoCAD 2017 图形中的对象按类型分组管理的工具。AutoCAD 允许在一张图上设置多达 32 000 个【层】，可以把这些【层】想象为若干张重叠在一起的没有厚度的透明胶片，各层上的图形可以设定为不同的颜色、线型和线宽。不管用户设置了多少层，它们都是完全对齐的，即统一坐标点互相对准，并且图形界线、坐标系统和缩放比例因子都相同。

将各种实体按性质分别绘制在不同的层上，然后可以将各层分别设置为【打开/关闭】、【冻结/解冻】、【打印/不打印】等状态，从而控制各层的可见性和可操作性，以便于制图。还可以利用各种不同层的组合，构成一个工程项目所需的各个专业的设计图，如建筑工程所用的各楼层的建筑结构图、给排水管道设计图、动力和照明路线设计图等。

提 示

图层的存在使用户便于区分图形对象和分类管理，显然，熟练应用图层操作可以大大提高工作效率。另外，还可以节省绘图空间，因为不必分别给每一个图元设定颜色、线型等属性。

利用图层可以执行以下操作。

- 图层上的对象在任何视口中是可见还是暗显。
- 是否打印对象及如何打印对象。
- 为图层上的所有对象指定颜色。
- 为图层上的所有对象指定默认或其他线型和线宽。

- 指定图层上的对象是否可以修改。
- 确定对象是否在各个布局视口中显示不同的图层特性。

提　示

每个图形都包含一个名为【0】的图层。无法删除或重命名图层【0】。该图层有两个用途：一是确保每个图形至少包括一个图层。二是提供与块中的控制颜色相关的特殊图层。建议创建几个新图层来组织不同图形，而不是将整个图形均创建在图层【0】上。

图层的操作方法有以下几种。

- 命令：LAYER。
- 菜单命令：选择【格式】|【图层】命令。
- 工具栏：单击【图层特性管理器】选项板按钮。

以上任一种操作都将打开【图层特性管理器】选项板，如图 7-1 所示。

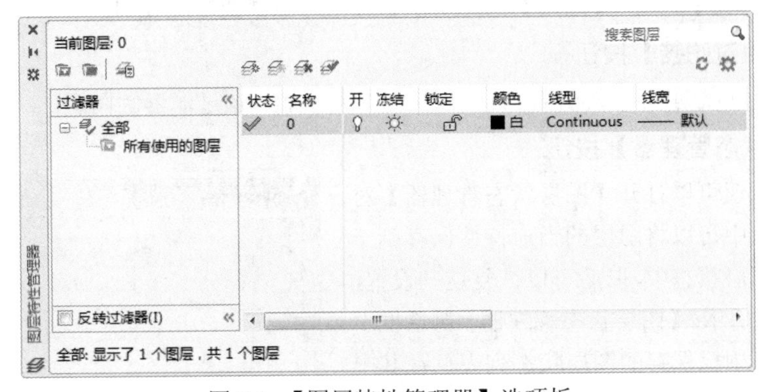

图 7-1　【图层特性管理器】选项板

由图 7-1 可以看出，【图层特性管理器】选项板是由若干功能选项按钮组成的。各功能选项按钮的作用如下。

1.【新建特性过滤器】按钮

单击该按钮可以打开【图层过滤器特性】对话框。在该对话框中可以根据图层的一个或多个特性建立图层过滤器，如图 7-2 所示。

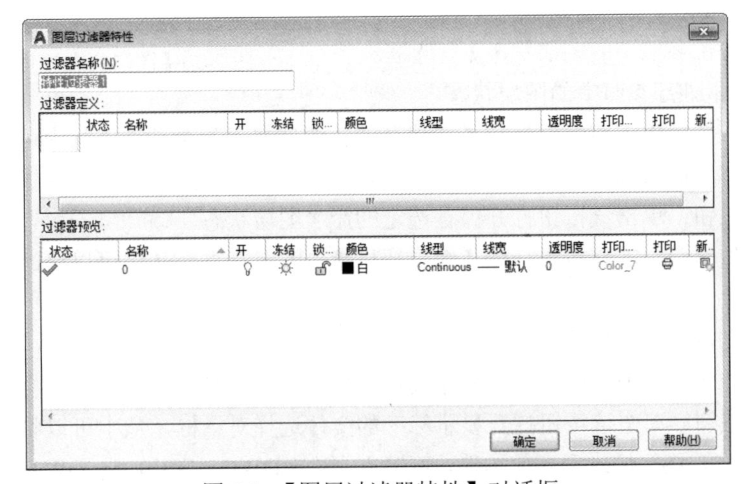

图 7-2　【图层过滤器特性】对话框

【图层过滤器特性】对话框中各选项的作用如下。

- 【状态】：单击【正在使用】按钮或【未使用】按钮。
- 【名称】：在过滤器图层名中使用通配符。例如，输入*mech*，则包括所有名称中带有 mech 的图层。
- 【开】：单击【开】或【关】按钮。
- 【冻结】：单击【冻结】或【解冻】按钮。
- 【锁定】：单击【锁定】或【解锁】按钮。
- 【颜色】：单击【颜色】按钮打开【选择颜色】对话框。
- 【线型】：单击【线型】按钮打开【选择线型】对话框。
- 【线宽】：单击【线宽】按钮打开【线宽】对话框。
- 【打印样式】：单击【选择打印样式】按钮打开【选择打印样式】对话框。
- 【打印】：单击【打印】按钮或【不打印】按钮可打印或取消打印操作。
- 【新视口冻结】：单击【冻结】或【解冻】按钮可冻结或解冻视口。

2.【新建组过滤器】按钮

单击该按钮可以创建组过滤器，其中包括选择并添加到该过滤器的图层。

3.【图层状态管理器】按钮

- 单击该按钮可以打开【图层状态管理器】对话框，从中可以将图层的当前特性保存到一个命名图层状态中，以后可以恢复这些设置，如图 7-3 所示。【图层状态管理器】对话框中显示图形中已保存的图层状态列表，在其中可以新建、重命名、编辑和删除图层状态。

【图层状态管理器】对话框中各选项的作用如下。

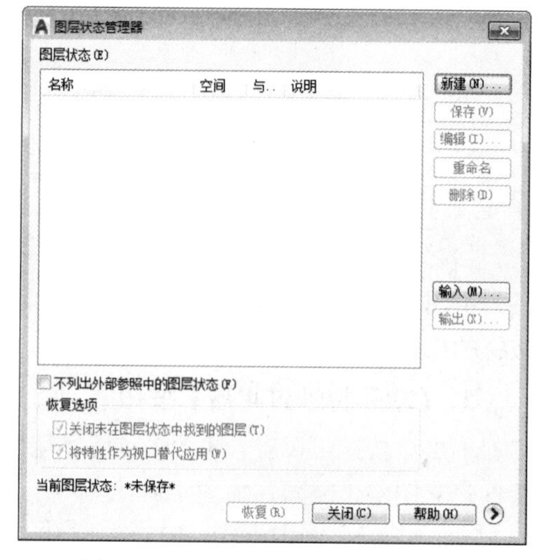

图 7-3 【图层状态管理器】对话框

- 【图层状态】列表框：列出已保存在图形中的命名图层状态、保存它们的空间（模型空间、布局或外部参照）、图层列表是否与图形中的图层列表相同以及可选说明。
- 【不列出外部参照中的图层状态】复选框：控制是否显示外部参照中的图层状态。
- 【新建】按钮：单击该按钮打开【要保存的新图层状态】对话框，从中可以提供新命名图层状态的名称和说明。
- 【保存】按钮：单击该按钮打开保存选定的命名图层状态。
- 【编辑】按钮：单击该按钮打开【编辑图层状态】对话框，从中可以修改选定的命名图层状态。
- 【重命名】按钮：单击该按钮允许编辑图层状态名。
- 【删除】按钮：单击该按钮打开删除选定的命名图层状态。
- 【输入】按钮：单击该按钮打开显示标准的文件选择对话框，从中可以将之前输出的图层状态文件（LAS）加载到当前图形。可输入文件（DWG、DWS 或 DWT）中的图层状态。

输入图层状态文件可能导致创建其他图层。选定 DWG、DWS 或 DWT 文件后，将打开【选择图层状态】对话框，从中可以选择要输入的图层状态。

- 【输出】按钮：单击该按钮打开标准的文件选择对话框，从中可以将选定的命名图层状态保存到图层状态（LAS）文件中。
- 【恢复】按钮：将图形中所有图层的状态和特性设置恢复为之前保存的设置。仅恢复勾选复选框指定的图层状态和特性设置。
- 【关闭】按钮：单击该按钮关闭图层状态管理器并保存更改。

4.【新建图层】按钮

单击该按钮可以创建新图层。新建的图层名称处于可编辑状态。

5.【在所有视口中都被冻结的新图层视口】按钮

单击该按钮可以创建新图层，然后在所有现有布局视口中将其冻结。

6.【删除图层】按钮

单击该按钮删除选定的图层。只能删除未被参照的图层。参照的图层包括图层 0 和 DEFPOINTS，包含对象（包括块定义中的对象）的图层、当前图层，以及依赖外部参照的图层。

7.【置为当前】按钮

单击该按钮可将选定图层设置为当前层。将在当前层上绘制创建的对象。

8.【刷新】按钮

通过扫描图形中的所有图元来刷新图层使用信息。

9.【设置】按钮

单击该按钮打开【图层设置】对话框，从中可以设置是否将图层过滤器更改应用于【图层】工具栏和更改图层特性替代的背景色，如图 7-4 所示。

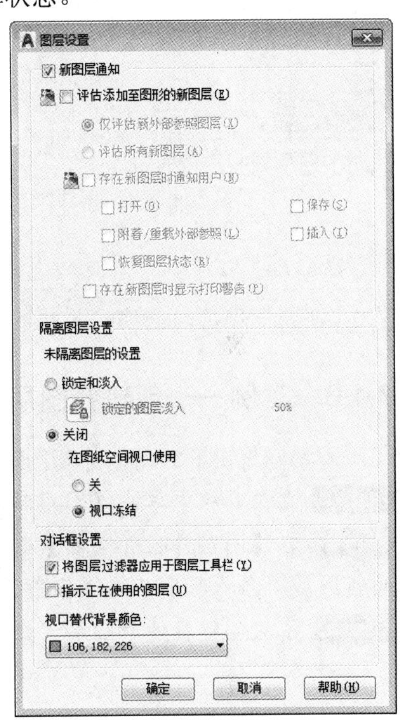

图 7-4 【图层设置】对话框

7.1.2　创建图层

通过创建新的图层，可以将类型相似的对象指定给同一个图层使其相关联。例如，可以将构造线、文字、标注和标题栏分别置于不同的图层上，并为这些图层指定通用特性。通过将对象分类放到各自的图层中，可以快速有效地控制对象的显示，并对其进行更改。

新建的 AutoCAD 文档中只能自动创建一个名为 0 的特殊图层。默认情况下，图层 0 将被指定使用 7 号颜色、CONTINUOUS 线型、【默认】线宽，以及 NORMAL 打印样式。不能删除或重命名图层 0。

图形文件中所有的图层是通过【图层特性管理器】选项板进行管理的，所有的图层又是按名称的字母顺序来排列的。

创建新图层的具体操作步骤如下。

Step 01 在命令行中输入 LAYER 命令，在【图层特性管理器】选项板中单击【新建图层】按钮，建立新图层，如图 7-5 所示。

Step 02 此时系统默认新图层名为【图层 1】。可以根据绘图需要，更改图层名，例如改为【实体层】、【中心线层】或【标准层】等。要修改特性，可单击【颜色】、【线型】、【线宽】或【打印样式】按钮，打开相应的对话框。以单击【颜色】按钮为例，打开【选择颜色】对话框，如图 7-6 所示。选择好颜色后，单击【确定】按钮完成图层颜色的修改。

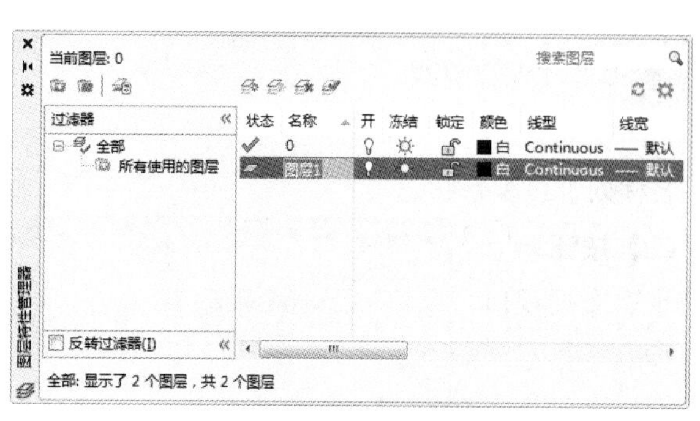

图 7-5 新建图层

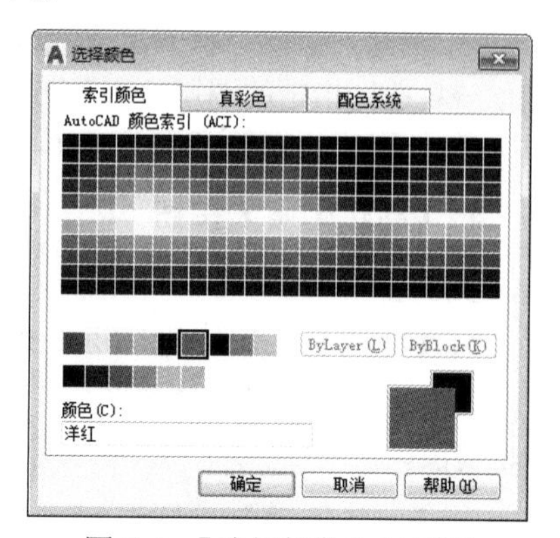

图 7-6 【选择颜色】对话框

注 意

在图形中可以创建的图层数及在每个图层中可以创建的对象数实际上是没有限制的。

7.1.3 实例——创建新图层

本案例将讲解如何创建新图层，其具体操作步骤如下。

Step 01 在工具栏中单击【图层特性】按钮，打开【图层特性管理器】选项板。

Step 02 在【图层特性管理器】选项板中单击【新建图层】按钮，将自动生成名称为【图层 1】的新图层。名称处于可编辑状态，表示可以输入新名称。

Step 03 依次创建其他新图层，结果如图 7-7 所示。

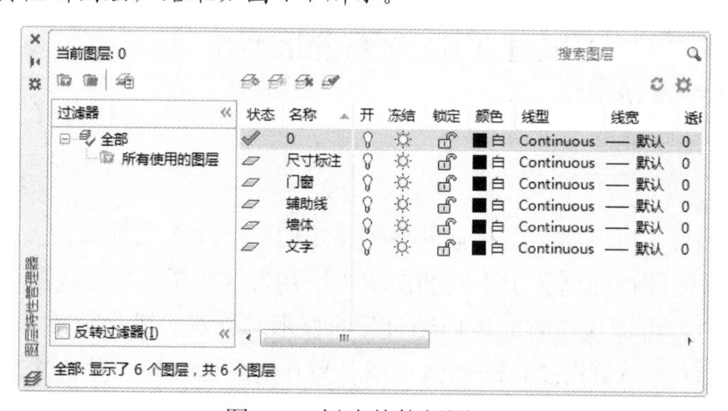

图 7-7 创建其他新图层

注 意

如果长期使用某一特定的图层方案，可以使用指定的图层、线型和颜色建立图形样板。

7.1.4 设置图层特性

因为图形中的所有内容都与图层相关联，所以在规划和创建图形的过程中，可能需要更改图

层上的图形特性或改变组合图层的方式。

通过设置图层特性可以改变图层名称和图层的其他特性（包括颜色和线型）。AutoCAD 2017 用户可以通过特性的设置来改变下列内容：

- 修改图层名称。
- 修改图层的默认颜色、线型或其他特性。

7.1.5　设置颜色

AutoCAD 2017 绘制的图形对象都具有一定的颜色，为使绘制的图形清晰明了，可以把同一类的对象使用相同的颜色进行绘制，而使不同类的对象具有不同的颜色，以示区分。为此，需要适当地对颜色进行设置。

AutoCAD 2017 用户对颜色的设置可以分为以下两种。

- 为图层设置颜色（及随层色 BYLAYER）。
- 为将要新建的图形对象设置当前颜色，还可以改变已有图形对象的颜色。

为某一图层设置随层颜色的方法如下。

- 菜单命令：选择【格式】|【图层】命令，在【图层特性管理器】选项板中单击【颜色】按钮。
- 工具栏：单击【图层特性】按钮，在【图层特性管理器】选项板中单击【颜色】按钮。

为某一图层中将要新建的图形设置颜色的方法如下。

- 命令：COLOR。
- 菜单命令：选择【格式】|【颜色】命令。

注　意

如果未对将要新建的图形设定颜色，系统将默认颜色为 BYLAYER（即随层色），图形颜色将遵从系统默认。如果仅设定图层颜色，那么该层所有图形的颜色将显示为随层颜色。如果既设定图层颜色，又设定当前图形颜色，那么该层新建的图形将优先显示为当前颜色。

7.1.6　实例——设置图层颜色

在本上机操作中所有图层颜色均为白色。本操作将【绿化】图层的随层颜色由白色改为绿色，来验证【绿化】图层中的树木组合图形由白变绿。

设置图层颜色的具体操作步骤如下。

Step 01 打开配套资源中的素材\第 7 章\【植物.dwg】图形文件，如图 7-8 所示。

图 7-8　打开素材文件

Step 02 在命令行中输入 LA 命令，在打开的选项板中选择【植物】图层，单击【颜色】按钮，弹出【选择颜色】对话框，选择【红】颜色，如图 7-9 所示。

Step 03 设置完颜色后查看效果，如图 7-10 所示。

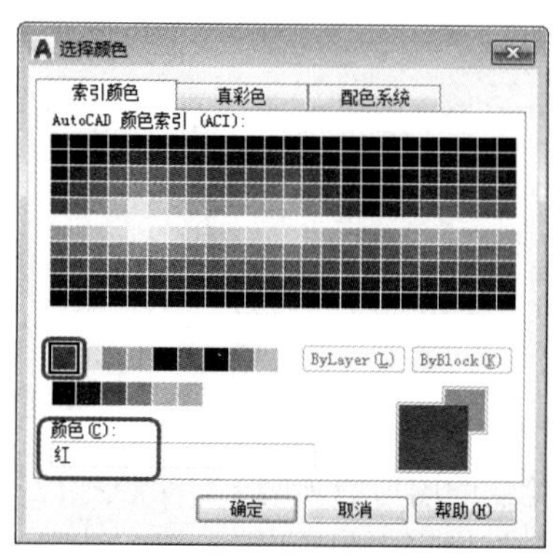

图 7-9　设置颜色

图 7-10　查看效果

7.1.7　设置线型

在国家标准中，对各种图样中使用的线的线型、名称和线宽等均做了规定。AutoCAD 2017 中为用户准备了各种线型，以备使用需要。

为某一图层设置随层线型的方法如下。

- 菜单命令：选择【格式】|【图层】命令，在【图层特性管理器】选项板中设置线型。
- 工具栏：单击【图层特性】按钮。

为当前层中将要新建的图形设置线型的方法有如下两种。

- 菜单命令：选择【格式】|【线型】命令。
- 命令：LINETYPE。

使用该命令后，即可打开【线型管理器】对话框，如图 7-11 所示。

**提　示**

如果【选择线型】对话框的【已加载的线型】列表框中没有要选择的线型，可以单击【加载】按钮，打开【加载或重载线型】对话框，如图 7-12 所示，在其中选择要加载的线型，单击【确定】按钮。

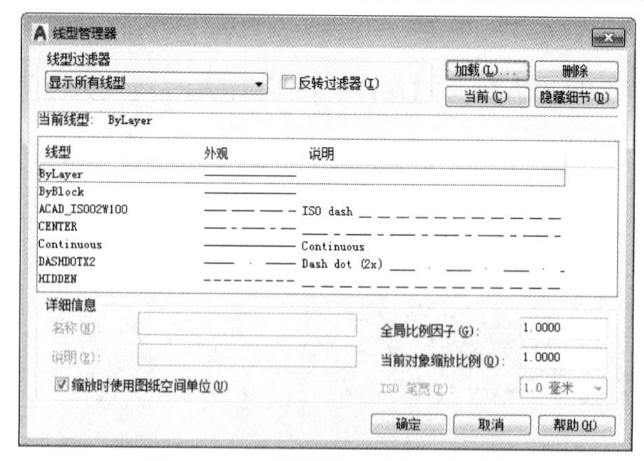

图 7-11　【线型管理器】对话框

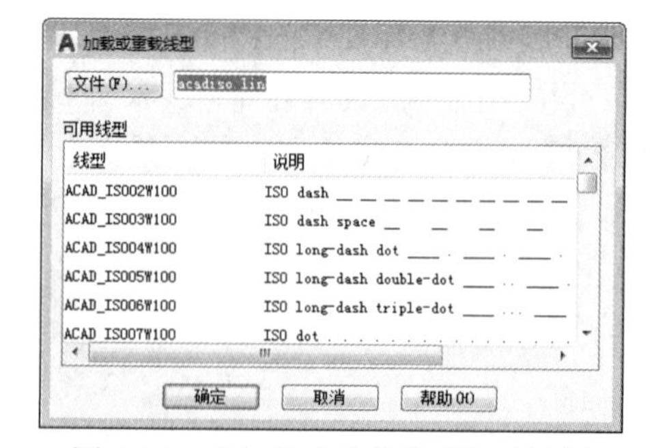

图 7-12　【加载或重载线型】对话框

7.1.8　实例——设置图层线型

本例将讲解如何改变图层的线型，其具体操作步骤如下。

Step 01 打开配套资源中的素材\第 7 章\【标志.dwg】图形文件，如图 7-13 所示。

Step 02 在命令行中输入 LA 命令，单击【标志】图层的【线型】按钮，弹出【选择线型】对话框，选择【ACAD_IS002W100】线型，单击【确定】按钮，如图 7-14 所示。

图 7-13　打开素材文件

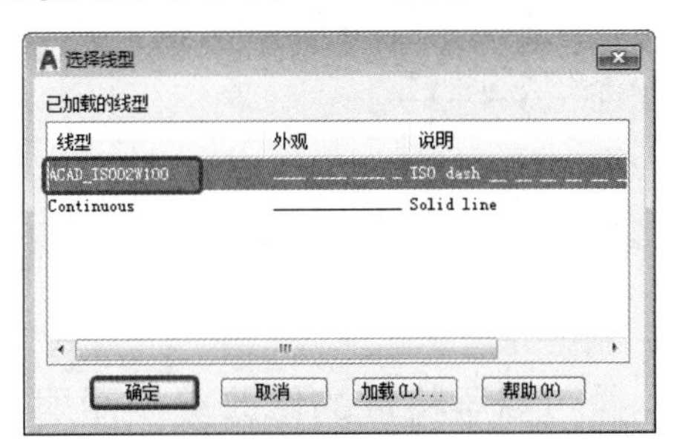

图 7-14　选择线型

Step 03 返回至【图层特性管理器】选项板，即可看到【线型】发生了变化，如图 7-15 所示。

Step 04 在命令行中输入 LINETYPE 命令，选择【ACAD_ISO02W100】线型，将【全局比例因子】设置为 10，单击【确定】按钮，如图 7-16 所示。

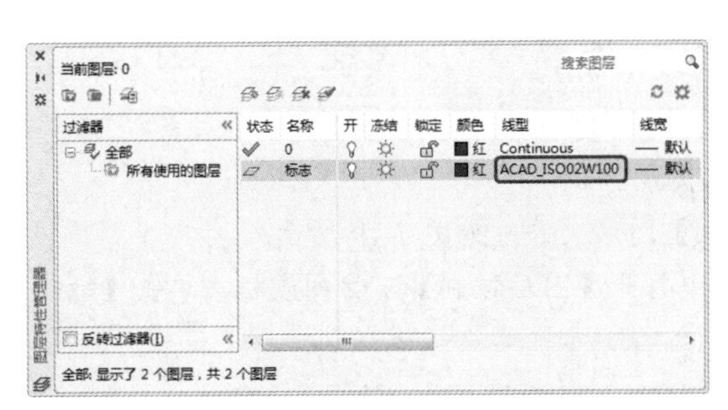

图 7-15　更改线型后的效果

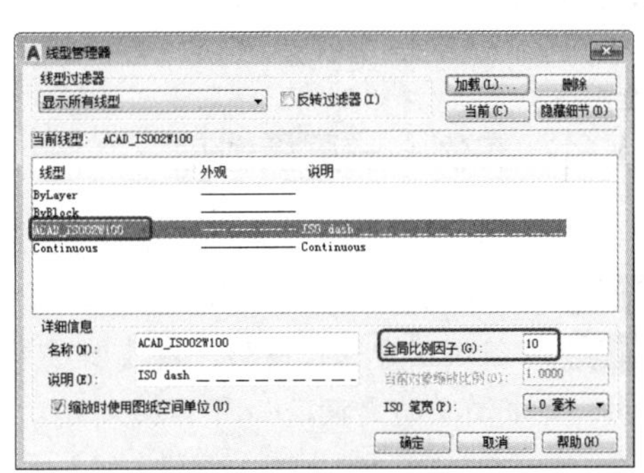

图 7-16　设置全局比例因子

Step 05 弹出【AutoCAD】对话框，单击【确定】按钮即可，如图 7-17 所示，效果如图 7-18 所示。

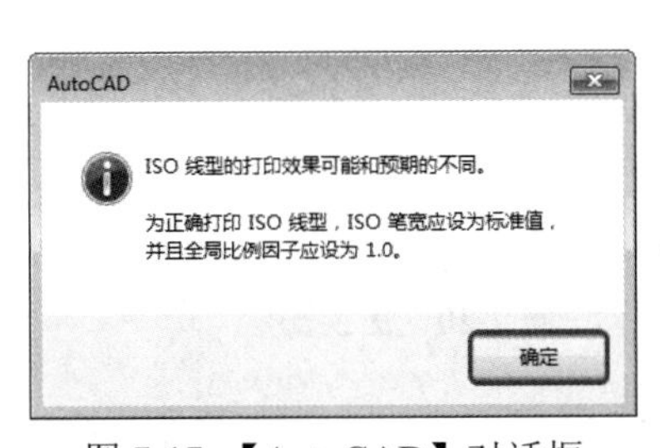

图 7-17　【AutoCAD】对话框

图 7-18　最终效果

7.1.9　修改图层特性

通过图层特性的修改，AutoCAD 2017 用户也可将对象从一个图层再指定给另一个图层。

如果在错误的图层上创建了对象或者决定修改图层的组织方式，则可以将对象重新指定给不同的图层。

注 意

除非已明确设置了图形对象的颜色、线型或其他特性，否则，重新指定给不同图层的对象将默认为新图层的特性。

可以在【图层特性管理器】选项板和【图层】工具栏的【图层】控件中修改图层特性。单击相应按钮进行修改即可。下面通过更换图层和重命名图层，以及放弃修改来讲解对图层特性的修改。

7.1.10 通过图层特性的修改更换图层

通过修改图层特性可以将图形由一个图层指定到另一个图层。

该修改过程的具体操作步骤如下。

Step 01 选择要更改图层状态的图形对象。

Step 02 在【图层】工具栏中打开【图层控制】下拉列表框，重新选择要更改到的另一个图层即可。

7.1.11 实例——更换图层

在本上机操作中，将讲解如何为【树】更换图层。

Step 01 打开配套资源中的素材\第 7 章\【树.dwg】图形文件，如图 7-19 所示。

Step 02 在绘图区中选择图形，在【图层】面板中打开【图层控制】下拉列表框，单击【绿化】图层，完成图层的更换，如图 7-20 所示。

图 7-19 打开素材文件

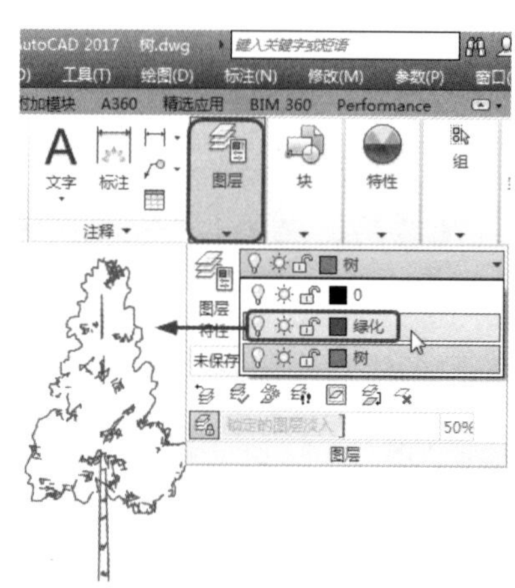

图 7-20 更换图层

7.1.12 通过图层特性的修改更改图层名称

该修改过程的具体操作步骤如下。

Step 01 选择【格式】|【图层】命令，或在命令行中输入 LAYER。

Step 02 在【图层特性管理器】选项板中，选择相应图层，然后双击图层名称栏。

Step 03 名称处于可编辑状态时，输入新的名称。

7.1.13　实例——更改图层名称

下面讲解如何更改图层名称，具体操作步骤如下。

Step 01 打开配套资源中的素材\第 7 章\【吊篮.dwg】图形文件，如图 7-21 所示。

Step 02 选择【格式】|【图层】命令，打开【图层特性管理器】选项板，在其中选择【TREE】图层，然后单击该图层名称，如图 7-22 所示。

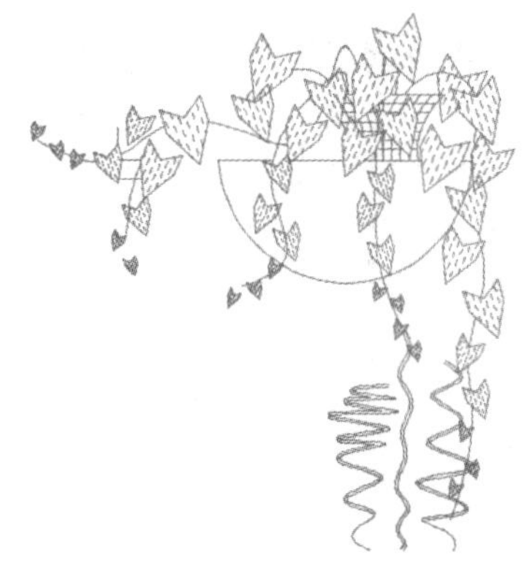

图 7-21　打开素材文件

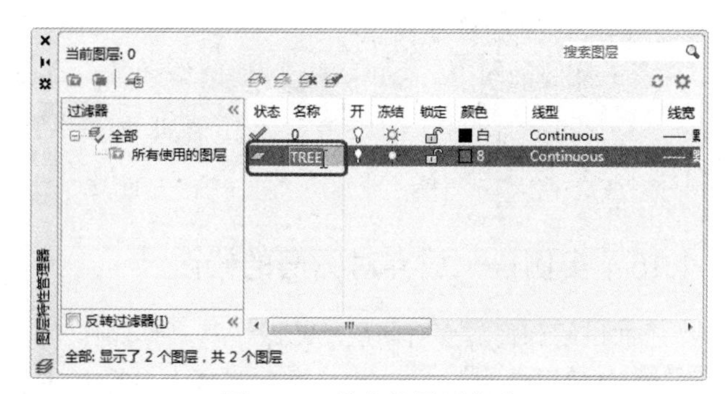

图 7-22　单击该图层名称

Step 03 名称处于可编辑状态时，输入新的名称【吊篮】，如图 7-23 所示。

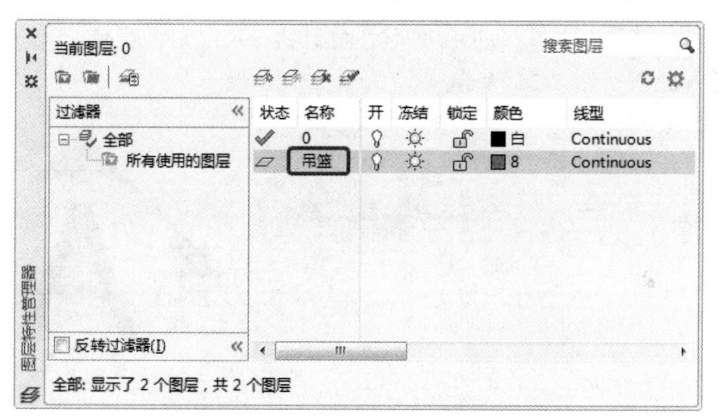

图 7-23　更改图层的名称

7.1.14　放弃对图层设置的修改

放弃对图层的修改，可以使用【上一个图层】放弃对图层设置所做的修改。该操作的具体步骤如下。

Step 01 在命令行中输入 LAYERPMODE 命令，或在【图层】工具栏中单击【上一个图层】按钮。

Step 02 系统显示当前的【上一个图层】追踪状态。

Step 03 在命令行中输入 ON，打开图层设置的【上一个图层】追踪，或输入 OFF 关闭追踪。

例如，先冻结若干图层并修改图形中的某些几何图形，然后又要解冻冻结的图层，则可以使用单个命令来完成此操作，而不会影响几何图形的修改。另外，如果修改了若干图层的颜色和线型之后，又决定使用修改前的特性，可以使用【上一个图层】撤销所做的修改，并恢复原始的图层设置。

使用【上一个图层】，可以放弃使用【图层控制】下拉列表框或使用【图层特性管理器】选项板最近所做的修改。用户对图层设置所做的每个修改都将被追踪，并且可以使用【上一个图层】放弃操作。在不需要图层特性追踪功能时，例如在运行大型脚本时，可以使用 LAYERPMODE 命令暂停该功能。关闭【上一个图层】追踪后，系统性能将在一定程度上有所提高。

注　意

【上一个图层】无法放弃以下修改：

（1）重命名的图层。如果重命名某个图层，然后修改其特性，则【上一个图层】将恢复除原始图层名以外的所有原始特性。

（2）删除的图层。如果删除或清理某个图层，则使用【上一个图层】无法恢复该图层。

（3）添加的图层。如果将新图层添加到图形中，则使用【上一个图层】不能删除该图层。

7.1.15　实例——放弃对图层的修改

下面讲解如何放弃对图层的修改，其具体操作步骤如下。

Step 01 打开配套资源中的素材\第 7 章\【索引符号.dwg】图形文件。

Step 02 在命令行中输入 LA 命令，选择 A 图层，设置图层颜色为【蓝】，效果如图 7-24 所示。

Step 03 在菜单栏中执行【格式】|【图层工具】|【上一个图层】命令，如图 7-25 所示。或在工具栏中单击【上一个图层】按钮。几何图形就被撤销一次以前的操作。此时对【A】图层所做的修改已经被取消，结果如图 7-26 所示。

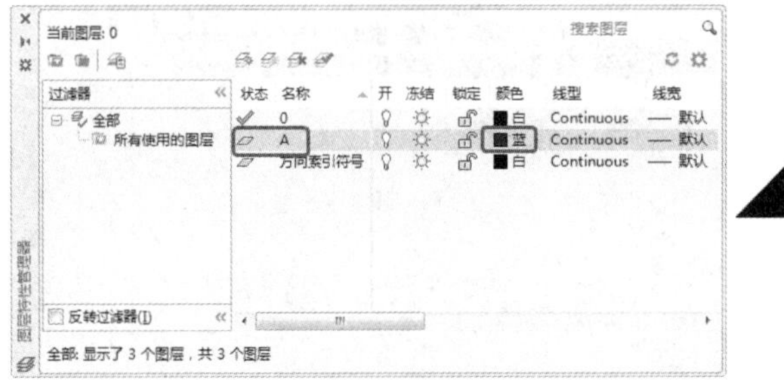

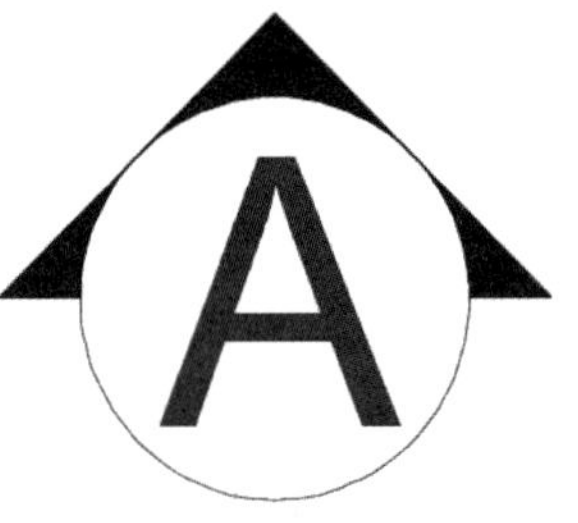

图 7-24　设置图层颜色

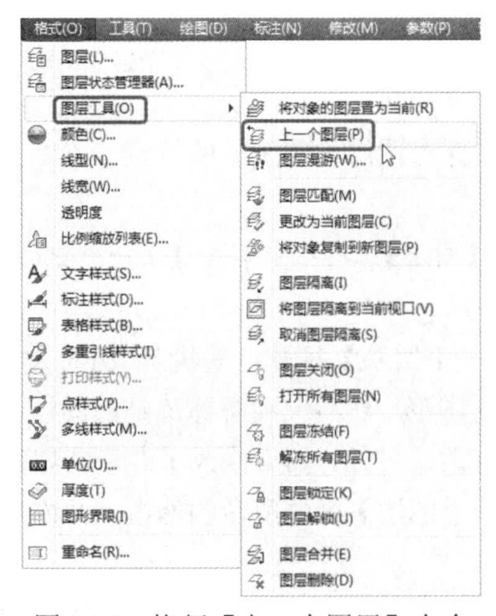

图 7-25　执行【上一个图层】命令

图 7-26　放弃对图层的修改

7.2　控制图层

通过控制图层状态，用户既可以使用图层控制对象的可见性，又可以使用图层将特性指定给对象，还可以锁定图层以防止对象被修改。

通过控制如何显示或打印对象，可以降低图形视觉上的复杂程度并提高显示性能。例如，可以使用图层控制相似对象（如建筑部件或标注）的特性和可见性，也可以锁定图层，以防止意外选定和修改该图层上的对象。

7.2.1　控制图层上对象的可见性

通过关闭或冻结图形所在图层可以使其不可见。如果在处理特定图层或图层集的细节时需要无遮挡的视图，如果不需要打印细节（如构造线），关闭或冻结图层会很有用。是否选择冻结或关闭图层取决于用户的工作方式和图形的大小，其具体操作步骤如下。

1．开/关

已关闭图层上的对象不可见，但使用 HIDE 命令时它们仍然会遮盖其他对象。打开和关闭图层时，不会重生成图形。

2．冻结/解冻

已冻结图层上的对象不可见，并且不会遮盖其他对象。在大型图形中，冻结不需要的图层将加快显示和重生成的操作速度。解冻一个或多个图层可能会使图形重新生成。冻结和解冻图层比打开和关闭图层需要更多的时间。在布局中，可以冻结各个布局视口中的图层。

7.2.2　实例——冻结图层

本例讲解如何冻结图层，其具体操作步骤如下。

Step 01 打开配套资源中的素材\第 7 章\【表.dwg】素材文件，如图 7-27 所示。

Step 02 在【图层】工具栏中单击【图层特性】按钮，打开【图层特性管理器】选项板。

Step 03 单击【图层特性管理器】选项板中的【装饰】图层的冻结图标☼，或直接从【图层】工具栏中单击【冻结】图标，如图 7-28 所示。操作完成后显示结果如图 7-29 所示。

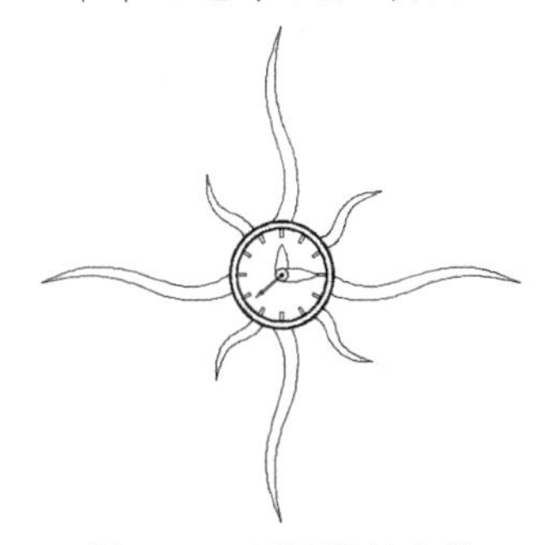

图 7-27　打开素材文件

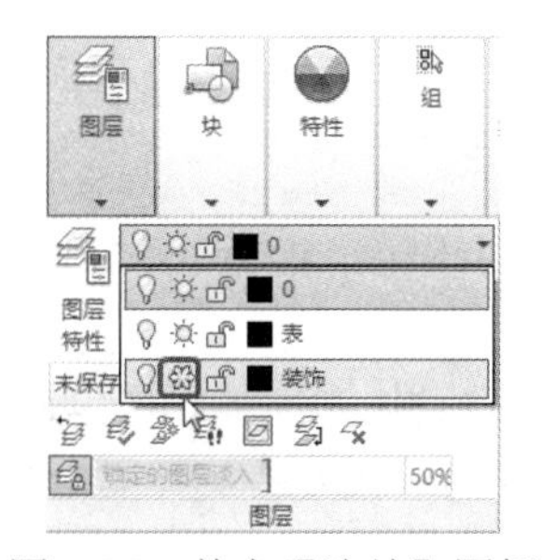

图 7-28　单击【冻结】图标

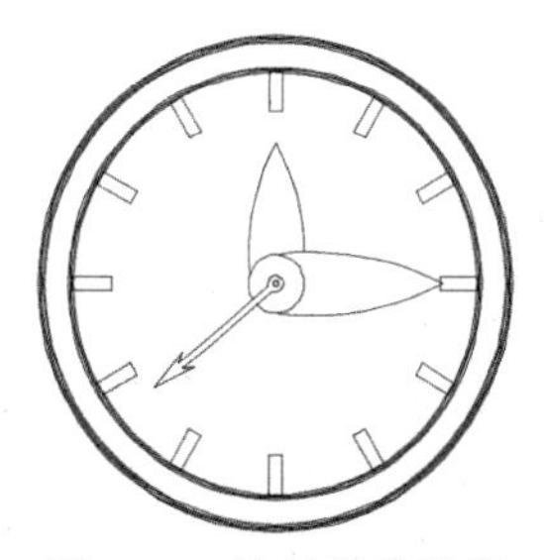

图 7-29　冻结后的效果

7.2.3　锁定图层上的对象

锁定某个图层时，该图层上的所有对象均不可修改，直到解锁该图层。锁定图层可以减小对象被意外修改的可能性。此时仍然可以将对象捕捉应用于锁定图层上的对象，并且可以执行不会修改对象的其他操作。

使用【图层】工具栏中锁定或解锁图层的步骤如下。

Step 01 在菜单栏中选择【格式】|【图层】命令，或在命令行输入 LAYER 命令。

Step 02 在【图层特性管理器】选项板中，单击要锁定或解锁的图层名的挂锁图标。如果挂锁打开，则图层解锁。

还可以淡入锁定图层上的对象。主要有以下两个用途。

- 可以轻松查看锁定图层上有哪些对象。
- 可以降低图形的视觉复杂程度，但仍然保持视觉参照和对那些对象的捕捉能力。
- LAYLOCKFADECTL 系统变量控制应用于锁定图层的淡入。淡入的锁定图层可正常打印。

7.2.4 实例——锁定图层

下面讲解如何锁定图层， 其具体操作步骤如下：

Step 01 打开配套资源中的素材\第 7 章\【画.dwg】图形文件。在【图层】工具栏中单击【图层特性】按钮，打开【图层特性管理器】选项板。

Step 02 选择【花】图层，单击锁定图标，如图 7-30 所示。

Step 03 在命令行中输入 LAYLOCKFADECTL 命令，输入系统量值 80。操作完成后显示结果如图 7-31 所示。

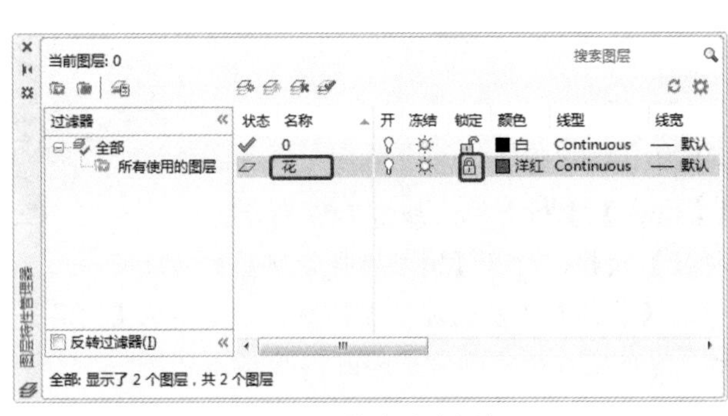

图 7-30 单击锁定图标

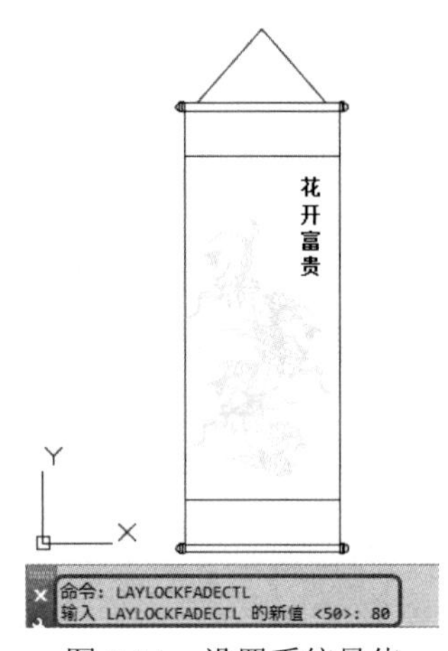

图 7-31 设置系统量值

7.2.5 删除图层

在 AutoCAD 2017 中可以使用 PURGE 命令，或者通过【图层特性管理器】选项板删除不使用的图层。

删除图层时只能删除未被参照的图层。参照的图层包括图层 0 和 DEFPOINTS、包含对象（包括块定义中的对象）的图层、当前图层，以及依赖外部参照的图层。

删除图层的步骤如下。

Step 01 在菜单栏中选择【格式】|【图层】命令，或在命令行中输入 LAYER 命令，或直接单击【图层特性】按钮。

Step 02 在【图层特性管理器】选项板中，选择要删除的图层。单击【删除图层】按钮，选定的图层即被删除。

提　示

已指定对象的图层不能删除，除非那些对象被重新指定给其他图层或者被删除。不能删除 0 图层和 DEFPOINTS 及当前图层。

7.3　图层过滤器

在设计图形文件的过程中，需要组织好自己的图层设置方案，也要仔细选择图层名称。如果使用共同的前缀来命名有相关图形部件的图层，即可在需要快速查找那些图层时，在图层名过滤器中使用【通配符】来查找。这样将大大提高绘图的工作效率。

图层过滤器可以限制【图层特性管理器】选项板，以及【图层】工具栏上的【图层控制】下拉列表框显示的图层名。在大型图形中，利用图层过滤器，可以仅显示要处理的图层，而隐藏暂时不需要的图层。

图层过滤器有以下两种。

1．图层特性过滤器

图层特性过滤器可以控制【图层特性管理器】选项板中列出的图层名，并且可以按图层名或图层特性（如颜色或可见性）对其进行排序。

该图层过滤器的作用图层包括名称或其他特性相同的图层。

例如，可以定义一个过滤器，其中包括的图层颜色均为红色，并且名称包括字符 mech 的所有图层。

2．图层组过滤器

该图层过滤器的作用图层包括在定义时放入过滤器的图层，而不考虑其名称或特性。

该图层过滤器组的建立步骤：通过将选定的图层拖到预先建立好的组过滤器中，就可以将该图层从图层列表中添加到选定的图层组过滤器中。

【图层特性管理器】选项板中的树状图显示了默认的图层过滤器，以及当前图形中创建并保存的所有命名过滤器，但不能重命名、编辑或删除默认过滤器。

一旦命名并定义了图层过滤器，就可以在树状图中选择该过滤器，以便在列表视图中显示图层。还可以将过滤器应用于【图层】工具栏，以使【图层控制】下拉列表框仅显示当前过滤器中的图层，如图 7-32 所示。

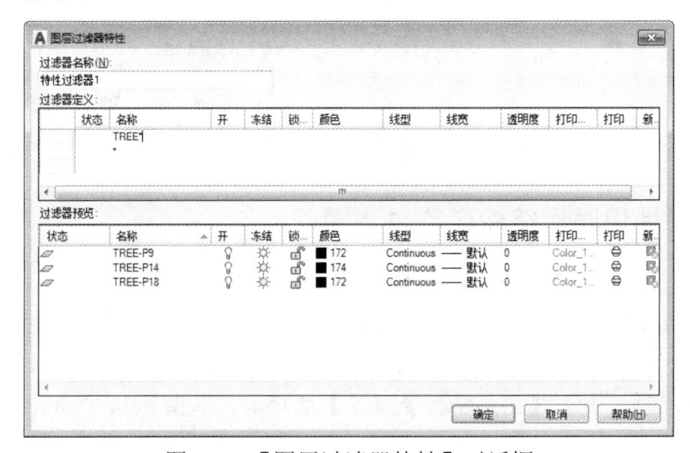

图 7-32 【图层过滤器特性】对话框

在树状图中选择一个过滤器并右击时，可以使用快捷菜单中的选项删除、重命名或修改过滤器。例如，可以将图层特性过滤器转换为图层组过滤器。也可以修改过滤器中所有图层的某个特性。【隔离组】选项则可以关闭图形中未包括在选定过滤器中的所有图层。

7.3.1 定义图层过滤器

图层特性过滤器中的图层可能会因图层特性的改变而改变。例如，定义了一个名为 Site 的图层特性过滤器，该过滤器包含名称中带有字母 Site 并且线型为【Continuous】的所有图层；随后，更改了其中某些图层中的线型，则具有新线型的图层将不再属于过滤器 Site，应用该过滤器时，这些图层将不再显示。

图层特性过滤器可以嵌套在其他特性过滤器或组过滤器下。

图层特性过滤器可以在【图层过滤器特性】对话框中进行定义。在该对话框中可以选择要包括在过滤器定义中的以下任何特性：图层名、颜色、线型、线宽和打印样式，图层是否正被使用，打开还是关闭图层，在活动视口或所有视口中冻结图层还是解冻图层，锁定图层还是解锁图层，是否设置打印图层。

下面通过两个例子来说明。

（1）如图 7-32 所示的是名为【TREE】的过滤器，将显示同时符合以下所有条件的图层：正在使用、名称中包含字母 anno 和处于打开状态。

（2）如图 7-33 所示的过滤器，将同时显示符合以下所有条件的图层：处于打开状态、处于冻结状态和层颜色为青或绿。

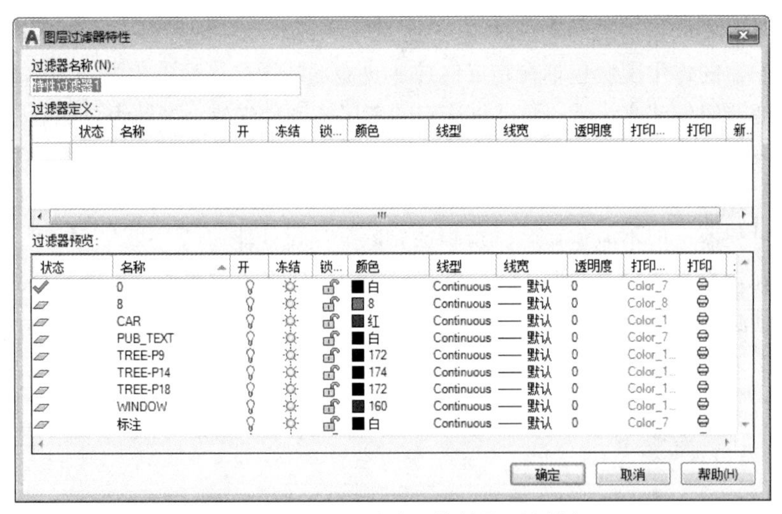

图 7-33 【图层过滤器特性】对话框

7.3.2 实例——使用通配符按名称过滤图层

在如图 7-34 所示的某图形文件的【图层特性管理器】选项板中，设置不同的图层过滤器以显示名称中有字符 JIAJU 的图层列表，其具体操作步骤如下。

Step 01 打开配套资源中的素材\第 7 章\【图层过滤器素材 1.dwg】素材文件，在【图层】面板中单击【图层特性】按钮，打开【图层特性管理器】选项板，如图 7-34 所示。

Step 02 单击【新建特性过滤器】按钮，打开【图层过滤器特性】对话框。在该对话框中单击【名称】列第一个单元格，在【*】前输入 JIAJU，将得到图层名称前有 JIAJU 的过滤器列表，结果如图 7-35 所示。

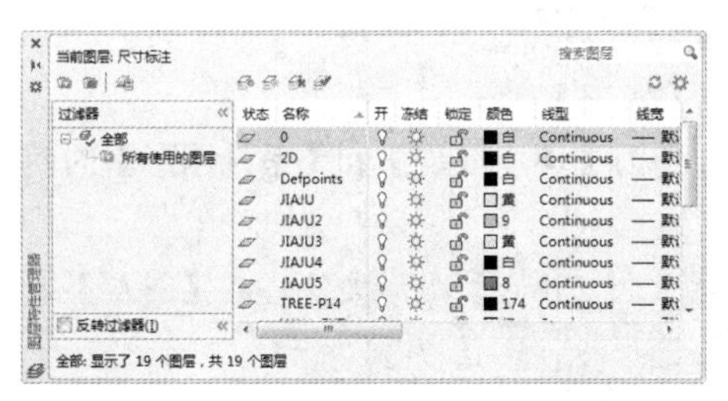

图 7-34 【图层特性管理器】选项板

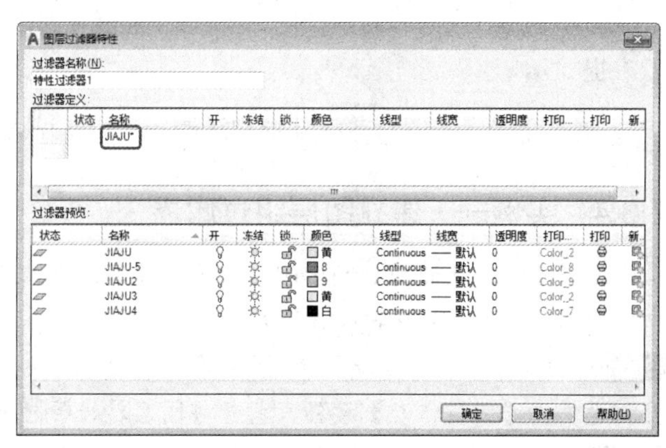

图 7-35 图层名称前有 JIAJU 的过滤器列表

Step 03 单击该对话框中的【名称】列第一个单元格，在【*】后输入 JIAJU，将得到图层名称后有 JIAJU 的过滤器列表，如图 7-36 所示。单击对话框中的【名称】列第一个单元格，在两个【*】中输入 JIAJU，将得到图层名称前有 JIAJU 和名称后有 JIAJU 的过滤器列表，如图 7-37 所示。

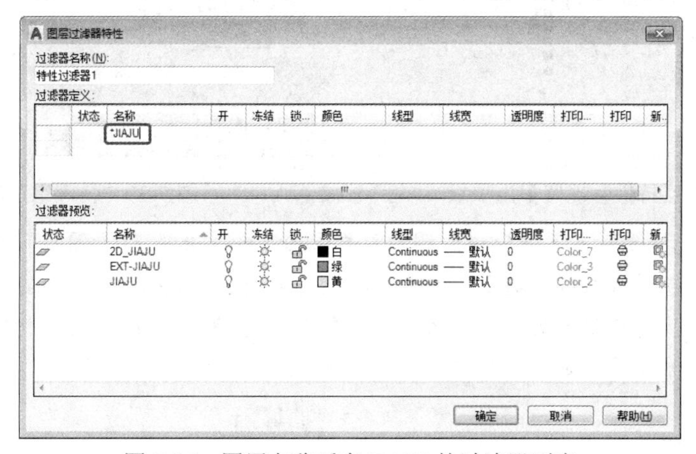

图 7-36 图层名称后有 JIAJU 的过滤器列表

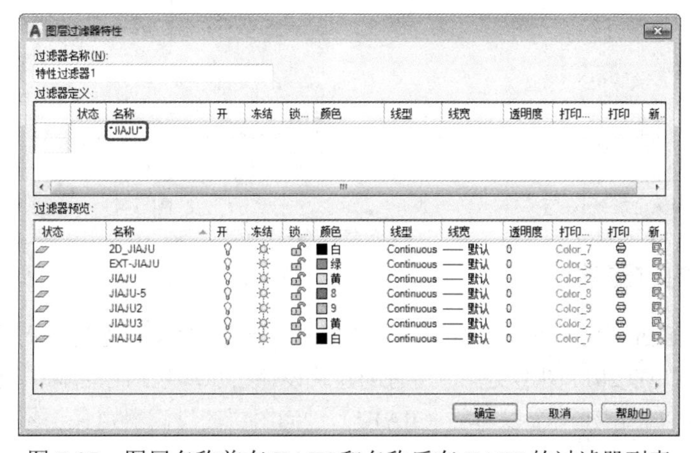

图 7-37 图层名称前有 JIAJU 和名称后有 JIAJU 的过滤器列表

7.3.3 定义图层组过滤器

图层组过滤器只包括那些明确指定到该过滤器中的图层。即使修改了指定到该过滤器中图层的特性，这些图层仍属于该过滤器。图层组过滤器只能嵌套到其他图层组过滤器下。

**提 示**

通过单击选定图层并将其拖到过滤器，可使过滤器中包含来自图层列表的图层。

7.3.4 实例——建立图层组过滤器

本例将讲解如何建立图层组过滤器，其中建立名称分别为【环境图层】和【系统图层】的两个图层组过滤器，具体操作步骤如下。

Step 01 首先打开配套资源中的素材\第 7 章\【图层过滤器素材 2.dwg】图形文件，在【图层】工具栏中单击【图层特性】按钮，打开【图层特性管理器】选项板，如图 7-38 所示。

Step 02 单击【新建组过滤器】按钮，将新建【组过滤器 1】，且名称处于可编辑状态。输入【环境图层】组过滤器名称。按照同样的方法建立【系统图层】组过滤器，如图 7-39 所示。

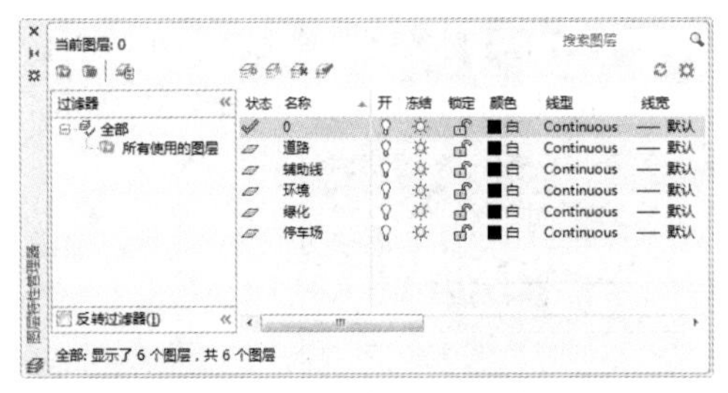

图 7-38 【图层特性管理器】选项板

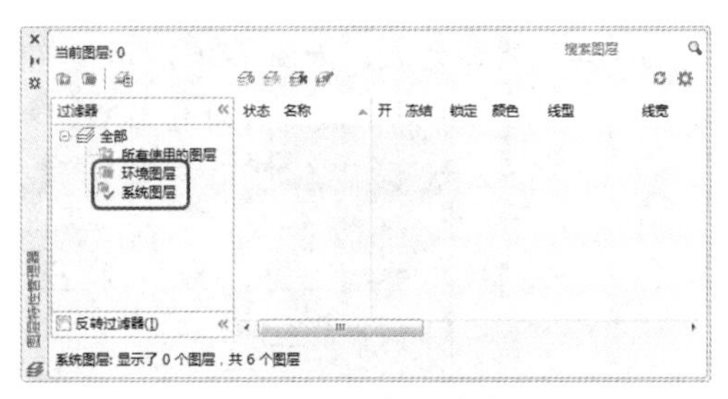

图 7-39 新建组过滤器

Step 03 在【图层特性管理器】选项板右侧的图层信息栏中，选择【0】图层和【辅助线】图层，直接向左侧刚建立的图层组过滤器【系统图层】中拖动，然后将另外 4 个图层拖动到图层组过滤器【环境图层】中。完成操作后，打开系统过滤器发现【0】图层和【辅助线】图层已经存在于图层组过滤器的【系统图层】中，效果如图 7-40 和图 7-41 所示。

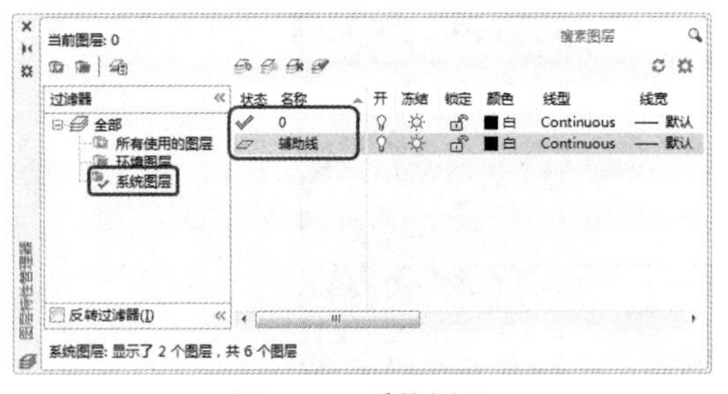

图 7-40 系统图层

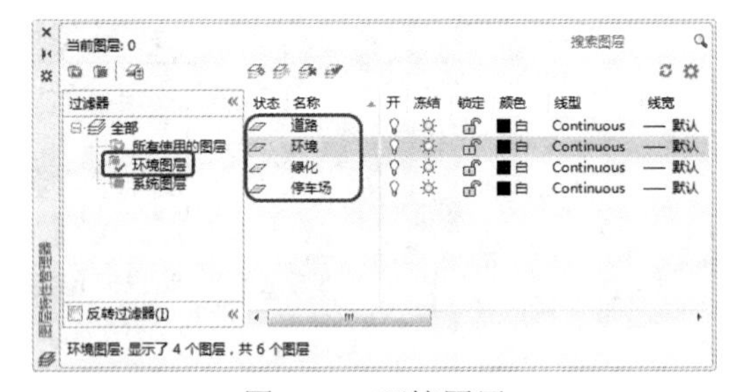

图 7-41 环境图层

7.3.5 定义反向过滤器

图层信息可以通过图层过滤器和图层组过滤器进行筛选，也可以通过反向图层过滤器进行反向筛选。例如，AutoCAD 2017 图形文件中所有的建筑设计信息均包括在名称中包含字符 JIAJU 的多个图层中，则可以先创建一个以名称（JIAJU）过滤图层的过滤器定义。然后使用【反向过滤器】选项，这样，该过滤器即包括除建筑设计信息以外的所有图层信息。

7.3.6　实例——使用【反向过滤器】选项快速选择图层

本例讲解如何在【图层特性管理器】选项板中，利用【反向过滤器】选项快速选择名称中不含 JIAJU 的图层。其具体操作步骤如下。

Step 01 打开配套资源中的素材\第 7 章\【图层过滤器素材 1.dwg】图形文件，在【图层】工具栏中单击【图层特性】按钮，打开【图层特性管理器】选项板，单击【新建组过滤器】按钮，新建【组过滤器 1】，且名称处于可编辑状态。输入【JIAJU】组过滤器，则将所有名称中有 JIAJU 的图层拖动至【JIAJU】组过滤器中，此时【JIAJU】图层组过滤器列表如图 7-42 所示。

Step 02 勾选【图层特性管理器】左下角的【反转过滤器】复选框，将显示名称中不含 JIAJU 的图层组过滤器列表，如图 7-43 所示。

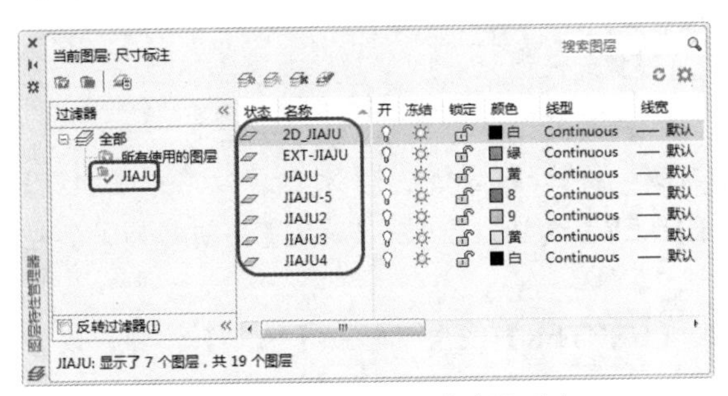

图 7-42　【JIAJU】图层组过滤器列表

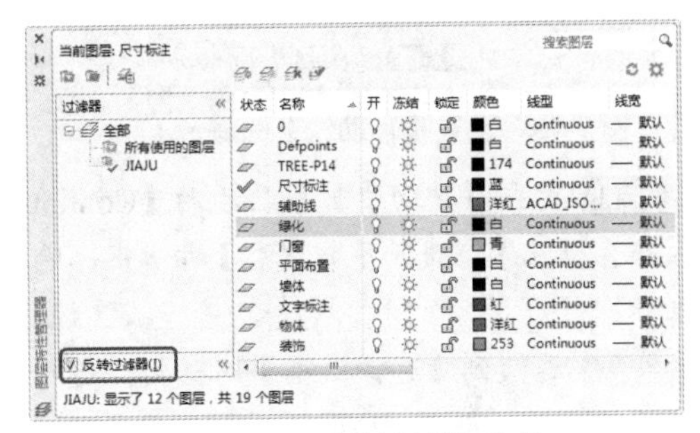

图 7-43　反转过滤器列表

7.3.7　对图层进行排序

一旦创建了图层，就可以使用名称或其他特性对其进行排序。在【图层特性管理器】选项板中，单击图层状态栏的列标题就可以按该列中的特性排列图层。图层名称可以按字母的升序或降序排列。

7.4　综合应用——标注建筑平面图

本例将通过讲解如何标注建筑平面图，来巩固本章所学习的内容，具体操作步骤如下。

Step 01 启动软件后，新建空白图纸集，在命令行中输入 LAYER 命令，打开【图层特性管理器】选项板，此时只有【0】图层，如图 7-44 所示。

Step 02 按【Alt+N】组合键或单击【新建图层】按钮，创建新图层，如图 7-45 所示。

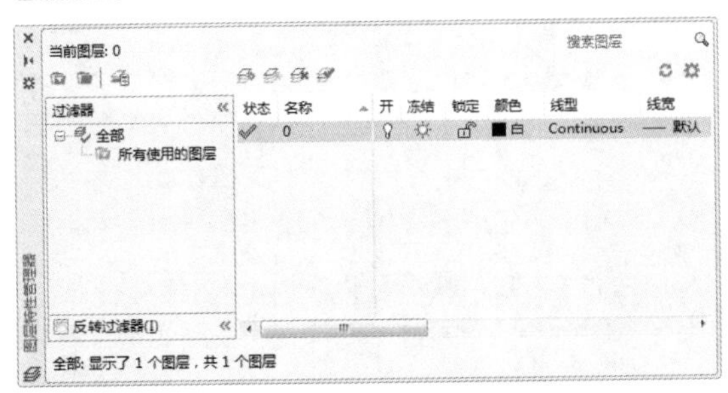

图 7-44 【图层特性管理器】选项板

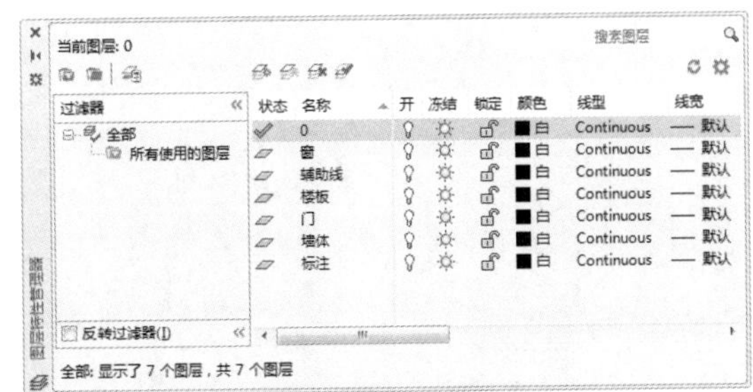

图 7-45　创建新图层

Step 03 单击【辅助线】图层后的颜色按钮，弹出【选择颜色】对话框，这里选择【红】，并单击【确定】按钮，如图 7-46 所示。

Step 04 使用同 Step 03 一样的方法修改其他图层的颜色，用户可以根据自己的喜好进行设置，也可以参考如图 7-47 所示进行设置。

图 7-46　设置【辅助线】的颜色

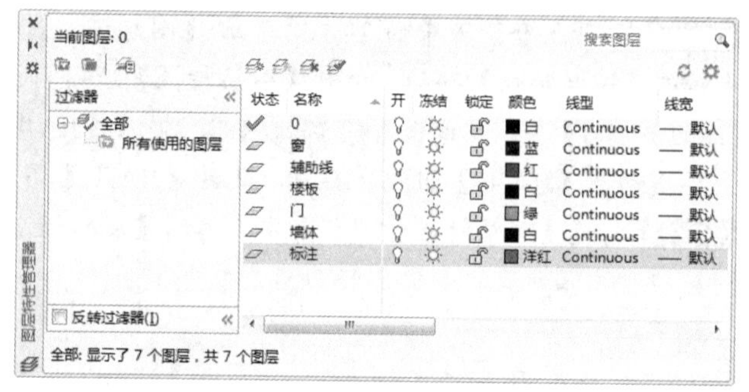

图 7-47　修改其他图层的颜色

Step 05 单击【辅助线】图层后的【Continuous】按钮，弹出【选择线型】对话框，单击【加载】按钮，弹出【加载或重载线型】对话框，选择【CENTER】线型，并单击【确定】按钮，如图 7-48 所示。

Step 06 返回到【选择线型】对话框，选择加载的【CENTER】线型，单击【确定】按钮，设置线型后显示如图 7-49 所示。

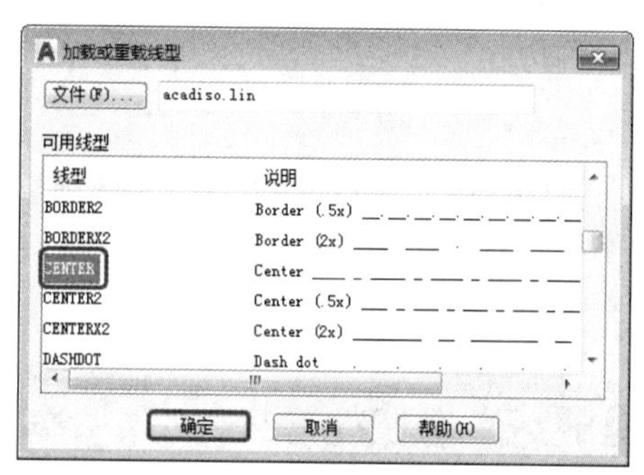

图 7-48　设置线型

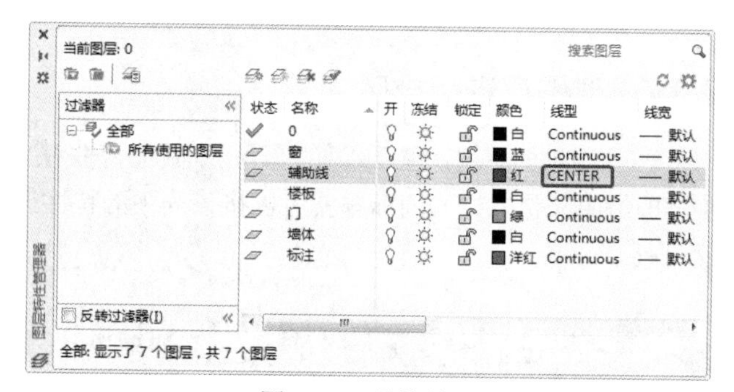

图 7-49　最终效果

增值服务：扫码做测试题，并可观看讲解测试题的微课程。

第 8 章 尺寸标注

在图形设计中，尺寸标注是绘图设计工作中的一项重要内容。因为绘制图形的根本目的是反映对象的形状，并不能表达清楚图形设计尺寸的大小，而图形中各个对象的真实大小和相互位置只有经过尺寸标注后才能确定。AutoCAD 提供了完整、灵活的尺寸标注功能，使标注变得异常简单，并且减少大量的重复性劳动，极大地提高了工作效率。本章主要介绍标注尺寸的样式、类型，以及通过典型的建筑实例来讲解标注的技巧应用。

8.1 尺寸标注基础知识

由于尺寸标注对传达有关设计元素的尺寸和材料等信息有着非常重要的作用，因此在对图形进行标注前，应先了解尺寸标注的组成、类型、规则及步骤等。

8.1.1 尺寸标注的规则

在 AutoCAD 2017 中，对绘制的图形进行尺寸标注时应遵循以下规则。

（1）物体的真实大小应以图样上所标注的尺寸数值为依据，与图形的大小及绘图的准确度无关。

（2）图样中的尺寸以 mm 为单位时，不需要标注计量单位的代号或名称。如采用其他单位，则必须注明相应计量单位的代号或名称，如 °、m 及 cm 等。

（3）图样中所标注的尺寸为该图样所表示的物体的最后完工尺寸，否则应另加说明。

（4）建筑部件对象每一尺寸一般只标注一次，并标注在最能清晰反映该部件结构特征的视图上。

（5）尺寸的配置要合理，功能尺寸应该直接标注；同一要素的尺寸应尽可能集中标注；数字之间不允许任何图线穿过，必要时可以将图线断开。

8.1.2 尺寸标注的组成

在建筑制图或其他工程绘图中，一个完整的尺寸标注应由标注文字、尺寸线、尺寸界线和剪头等组成，如图 8-1 所示。

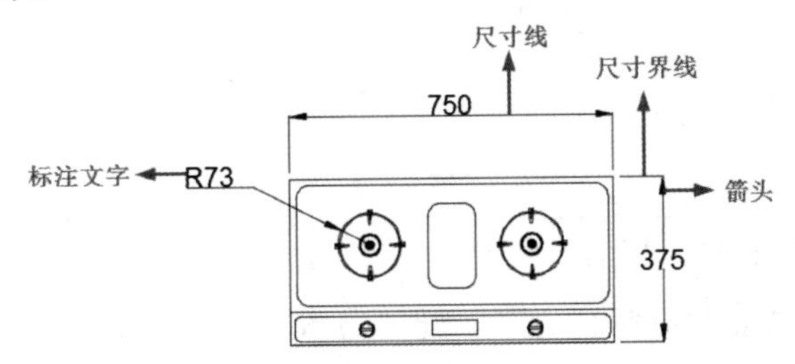

图 8-1　尺寸标注组成元素

8.1.3 尺寸标注的类型

AutoCAD 2017 提供了十余种标注工具以标注图形对象，分别位于【标注】面板或【注释】选项卡中。使用它们可以进行角度、直径、半径、线性、对齐、连续、圆心及基线等的标注，如图 8-2 所示。

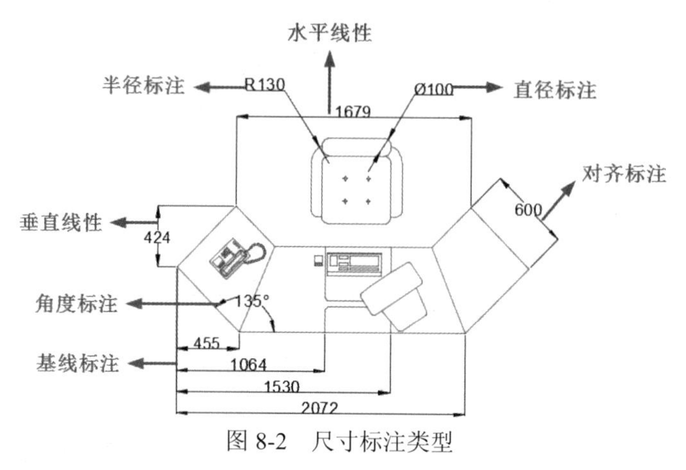

图 8-2 尺寸标注类型

8.2 尺寸标注样式

在 AutoCAD 2017 中，使用标注样式可以控制标注的格式和外观，建立强制执行的绘图标准，并有利于对标注格式及用途进行修改。本节将着重介绍使用【标注样式管理器】对话框创建标注样式的方法。

8.2.1 新建标注样式

要创建标注样式，在功能区选项板中选择【注释】选项卡，在【标注】面板中单击对话框启动器（右下角箭头），弹出【标注样式管理器】对话框，如图 8-3 所示。单击【新建】按钮，弹出【创建新标注样式】对话框，如图 8-4 所示，在该对话框中即可创建新标注样式。在【新样式名】文本框中输入新尺寸标注样式名称，在【基础样式】下拉列表框中选择新尺寸标注样式的基准样式，在【用于】下拉列表框中指定新尺寸标注样式应用范围。

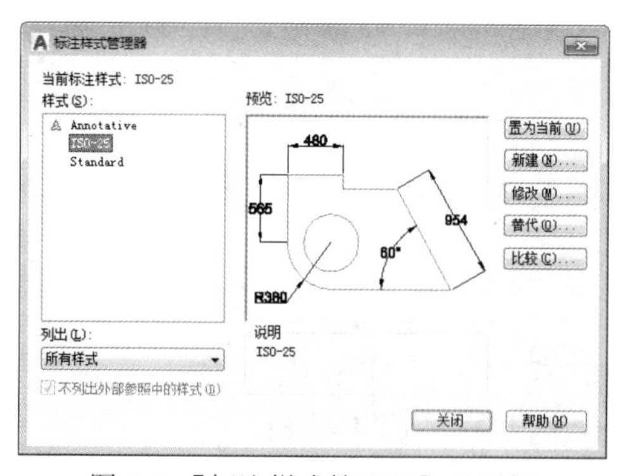

图 8-3 【标注样式管理器】对话框

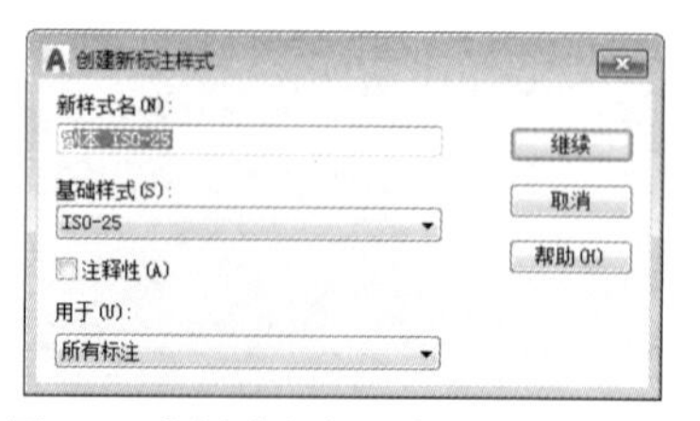

图 8-4 【创建新标注样式】对话框

在【创建新标注样式】对话框中，单击【继续】按钮，弹出图 8-5 所示的【新建标注样式：副本 ISO-25】对话框，用户可以在各选项卡中设置相应的参数。

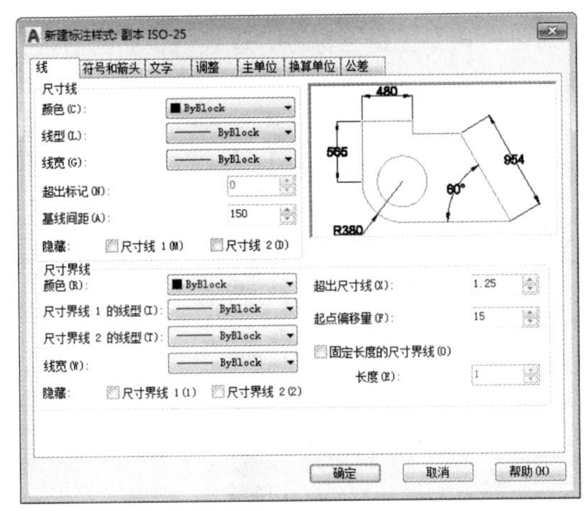

图 8-5 【新建标注样式：副本 ISO-25】对话框

8.2.2 设置线性样式

在图 8-5 所示的【新建标注样式：副本 ISO-25】对话框中，使用【线】选项卡可以设置尺寸线和延伸线的格式和位置。下面介绍【线】选项卡中各主要内容。

1.【尺寸线】选项组

【尺寸线】选项组中各选项含义如下。

①【颜色】下拉列表框：设置尺寸线的颜色。

②【线型】下拉列表框：设置尺寸线的线型。

③【线宽】下拉列表框：设定尺寸线的宽度。

④【超出标记】文本框：设置尺寸线超出尺寸界线的距离。

⑤【基线间距】文本框：设置使用基线标注时各尺寸线的距离。

⑥【隐藏】选项：控制尺寸线的显示。【尺寸线 1】复选框用于控制第一条尺寸线的显示，【尺寸线 2】复选框用于控制第二条尺寸线的显示。

2.【尺寸界线】选项组

【尺寸界线】选项组中各选项含义如下。

①【颜色】下拉列表框：设置尺寸界线的颜色。

②【尺寸界线 1 的线型】和【尺寸界线 2 的线型】下拉列表框：设置尺寸界线的线型。

③【线宽】下拉列表框：设置尺寸界线的宽度。

④【超出尺寸线】文本框：设置尺寸界线超出尺寸线的距离。

⑤【起点偏移量】文本框：设置尺寸界线相对于尺寸界线起点的偏移距离。

⑥【隐藏】选项：设置尺寸界线的显示。【尺寸界线 1】用于控制第一条尺寸界线的显示，【尺寸界线 2】用于控制第二条尺寸界线的显示。

⑦【固定长度的尺寸界线】复选框及其【长度】文本框：设置尺寸界线从尺寸线开始到标注原点的总长度。

8.2.3 设置符号和箭头样式

在【新建标注样式：副本 ISO-25】对话框中，选择【符号和箭头】选项卡，在该选项卡中可以设置箭头、圆心标记、弧长符号和半径折弯标注，以及线性折弯标注的格式与位置，如图 8-6 所示。下面介绍【符号和箭头】选项卡中各主要内容。

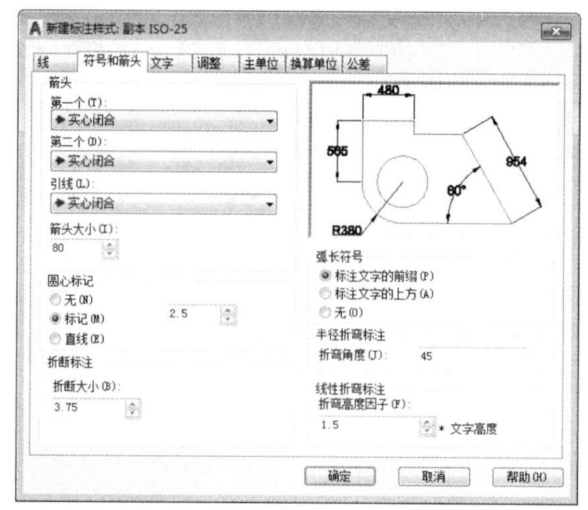

图 8-6 【符号和箭头】选项卡

（1）【箭头】选项组

【箭头】选项组用于设置表示尺寸线端点的箭头的外观形式。各选项含义如下。

①【第一个】和【第二个】下拉列表框：设置标注的箭头形式。

②【引线】下拉列表框：设置尺寸线引线的形式。

③【箭头大小】文本框：设置箭头相对于其他尺寸标注元素的大小。

（2）【圆心标记】选项组

【圆心标记】选项组用于控制在标注半径和直径尺寸时，中心线和中心标记的外观。各选项含义如下。

①【无】单选按钮：设置在圆心处不放置中心线和圆心标记。

②【标记】单选按钮：设置在圆心处放置一个与【大小】文本框中的值相同的圆心标记。

③【直线】单选按钮：设置在圆心处放置一个与【大小】文本框中的值相同的中心线标记。

（3）【折断标注】选项组

【折断大小】文本框：显示和设定用于折断标注的间隙大小。

（4）【弧长符号】选项组

【弧长符号】选项组控制弧长标注中圆弧符号的显示。各选项含义如下。

①【标注文字的前缀】单选按钮：将弧长符号放在标注文字的前面。

②【标注文字的上方】单选按钮：将弧长符号放在标注文字的上方。

③【无】单选按钮：不显示弧长符号。

（5）【半径折弯标注】选项组

【半径折弯标注】选项组控制折弯（z 字形）半径标注的显示。半径折弯标注通常在中心点位于页面外部时创建。【折弯角度】文本框确定用于连接半径标注的尺寸界线和尺寸线的横向直线的角度。

（6）【线性折弯标注】选项组

【线性折弯标注】选项组用于控制线性标注折弯的显示。通过形成折弯的角度的两个顶点之间的距离确定折弯高度，线性折弯大小由【折弯高度因子】和【文字高度】的乘积确定。

8.2.4　设置文字样式

在【新建标注样式：副本 ISO-25】对话框中，选择【文字】选项卡，在其中可以设置标注文字的外观、位置和对齐方式，如图 8-7 所示。下面介绍【文字】选项卡中各主要内容。

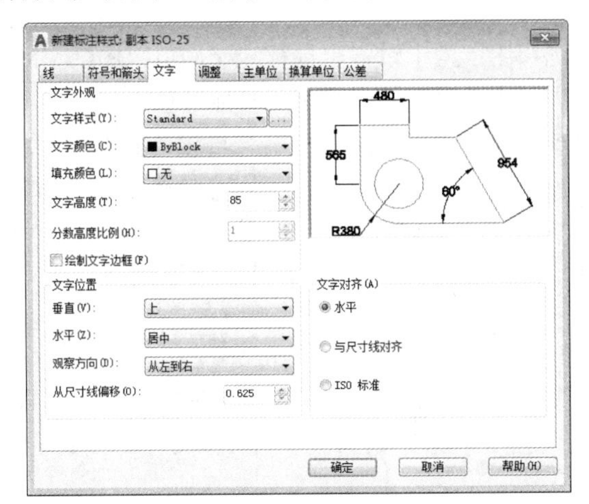

图 8-7 【文字】选项卡

（1）【文字外观】选项组

【文字外观】选项组可设置标注文字的格式和大小。各选项功能如下。

①【文字样式】下拉列表框：设置标注文字所用的样式，单击其右侧的按钮，打开【文字样式】对话框。

②【文字颜色】下拉列表框：设置标注文字的颜色。

③【填充颜色】下拉列表框：设置标注中文字背景的颜色。

④【文字高度】文本框：设置当前标注文字样式的高度。

⑤【分数高度比例】文本框：设置分数尺寸文本的相对高度系数。

⑥【绘制文字边框】复选框：控制是否在标注文字四周绘制一个文字边框。

（2）【文字位置】选项组

【文字位置】选项组用于设置标注文字的位置。各选项功能如下。

①【垂直】下拉列表框：设置标注文字沿尺寸线在垂直方向上的对齐方式。

②【水平】下拉列表框：设置标注文字沿尺寸线和尺寸界线在水平方向上的对齐方式。

③【观察方向】下拉列表框：设置标注文字的方向。

④【从尺寸线偏移】文本框：设置文字与尺寸线的间距。

（3）【文字对齐】选项组

【文字对齐】选项组用于设置标注文字的方向。各选项功能如下。

①【水平】单选按钮：选中该单选按钮，标注文字沿水平线放置。

②【与尺寸线对齐】单选按钮：选中该单选按钮，标注文字沿尺寸线方向放置。

③【ISO 标准】单选按钮：当标注文字在尺寸界线之间时，沿尺寸线的方向放置；当标注文字在尺寸界线外侧时，则水平放置标注文字。

8.2.5　设置调整样式

在【新建标注样式：副本 ISO-25】对话框中，可以使用【调整】选项卡设置标注文字、尺寸线、尺寸箭头的位置，如图 8-8 所示。下面介绍【调整】选项卡中各主要内容。

①【调整选项】选项组：用于控制基于尺寸界线之间可用空间的文字和箭头的位置。

②【文字位置】选项组：用于设置标注文字从默认位置（由标注样式定义的位置）移至其他位置时标注文字的位置。

③【标注特征比例】选项组：用于设置全局标注比例值或图纸空间比例。

④【优化】选项组：提供用于设置标注文字的其他选项。

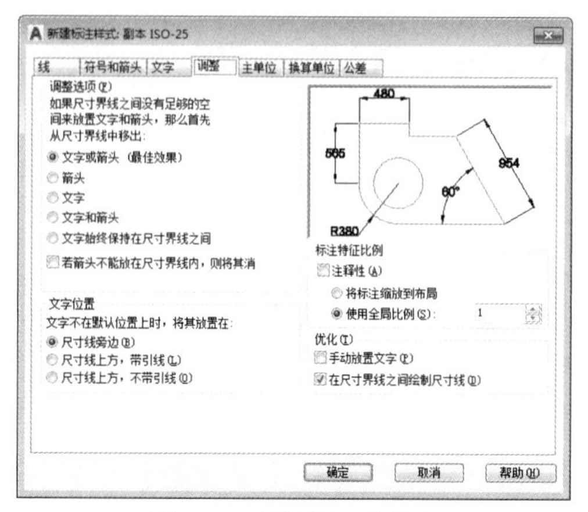

图 8-8 【调整】选项卡

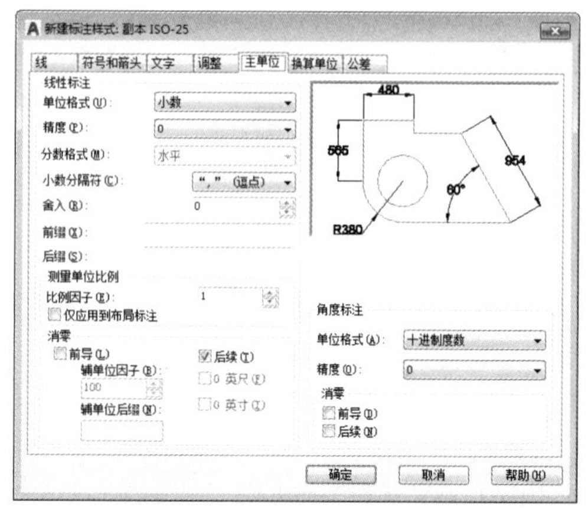

图 8-9 【主单位】选项卡

8.2.6 设置主单位样式

在【新建标注样式：副本 ISO-25】对话框中，选择【主单位】选项卡，在其中可以设置主单位的格式与精度等属性，如图 8-9 所示。下面介绍【主单位】选项卡中各主要内容。

（1）【线性标注】选项组

【线性标注】选项组用于设置线性标注单位的格式及精度。各选项功能如下。

①【单位格式】下拉列表框：设置可用于所有尺寸标注类型（除角度标注外）的当前单位格式。

②【精度】下拉列表框：显示和设置标注文字中的小数位数。

③【分数格式】下拉列表框：设置分数的格式。

④【小数分隔符】下拉列表框：设置小数格式的分隔符号。

⑤【舍入】文本框：设置所有尺寸标注类型（除角度标注外）的测量值的取整规则。

⑥【前缀】文本框：设置在标注文字中包含前缀。可以输入文字或使用控制代码显示特殊符号。

⑦【后缀】文本框：设置在标注文字中包含后缀。可以输入文字或使用控制代码显示特殊符号。

（2）【测量单位比例】选项组

【测量单位比例】选项组用于确定测量时的缩放系数。

（3）【消零】选项组

【消零】选项组控制是否显示前导 0 或尾数 0。

（4）【角度标注】选项组

【角度标注】选项组用于设置角度标注的角度格式。

①【单位格式】下拉列表框：设置角度单位格式。

②【精度】下拉列表框：设置角度标注的小数位数。

8.2.7　设置换算单位样式

在【新建标注样式：副本 ISO-25】对话框中，选择【换算单位】选项卡，在其中可以设置换算单位的格式，如图 8-10 所示。

勾选【显示换算单位】复选框，则【换算单位】选项卡可用。【换算单位】和【消零】选项组与【主单位】选项卡中的相同选项功能类似，【位置】选项组控制标注文字中换算单位的位置。

8.2.8　设置公差样式

在【新建标注样式：副本 ISO-25】对话框中，可以使用【公差】选项卡设置是否标注公差，以及以何种方式进行标注，如图 8-11 所示。

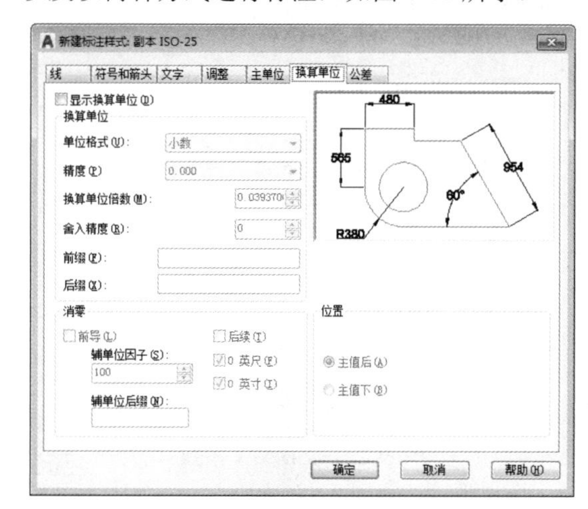

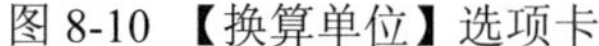
图 8-10 【换算单位】选项卡

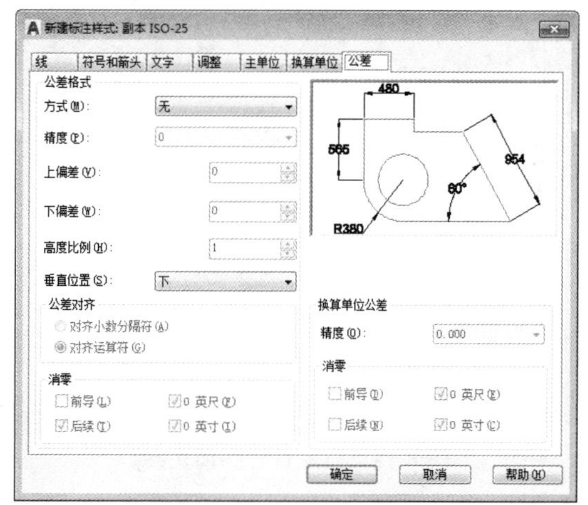

图 8-11 【公差】选项卡

8.2.9　实例——创建建筑尺寸标注样式

下面通过实例讲解如何创建建筑尺寸标注样式，其具体操作步骤如下。

Step 01 启动 AutoCAD 2017，在命令行中输入 DIMSTYLE 命令，弹出【标注样式管理器】对话框。在该对话框中单击【新建】按钮 新建(N)... ，弹出【创建新标注样式】对话框，在该对话框中将【新样式名】设置为【建筑尺寸标注】，然后单击【继续】按钮，如图 8-12 所示。

Step 02 弹出【新建标注样式：建筑尺寸标注】对话框，选择【线】选项卡，在【尺寸线】选项组中将【颜色】设置为红色，将【基线间距】设置为 150，在【尺寸界线】选项组中，将【超出尺寸线】设置为 2，将【起点偏移量】设置为 4，如图 8-13 所示。

Step 03 选择【符号和箭头】选项卡，在【箭头】组中将【第一个】设置为【建筑标记】，将【箭头大小】设置为 25，如图 8-14 所示。

Step 04 选择【文字】选项卡，在【文字外观】选项组中将【文字颜色】设置为红色，将【文字高度】设置为 40，在【文字位置】选项组中将【从尺寸线偏移】设置为 10，在【文字对齐】选项组中选中【水平】单选按钮，如图 8-15 所示。

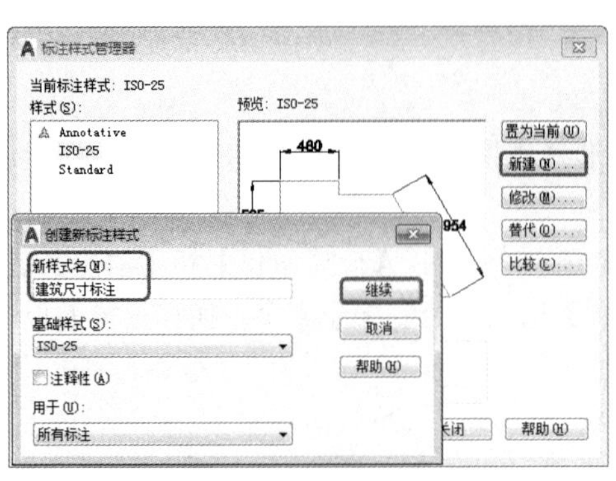

图 8-12　新建样式

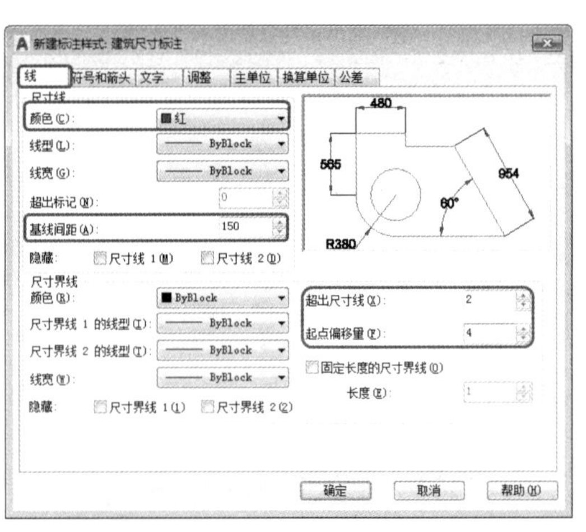

图 8-13　设置线参数

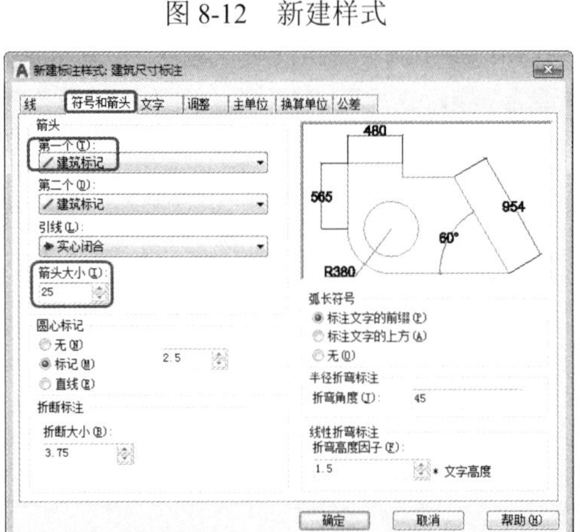

图 8-14　设置符号和箭头参数

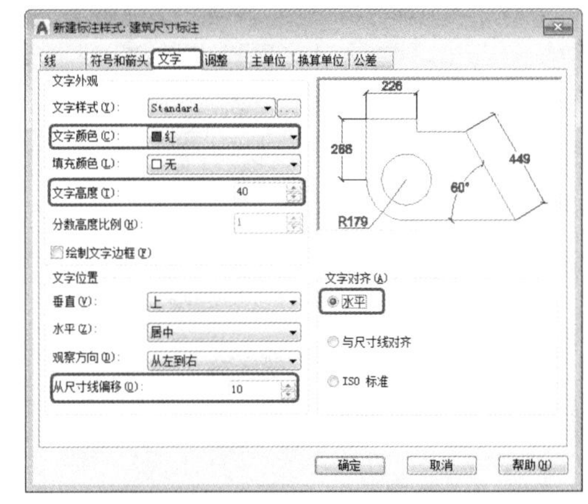

图 8-15　设置文字参数

Step 05 选择【主单位】选项卡，在【线性标注】选项组中将【精度】设置为 0，设置完成后单击【确定】按钮即可，如图 8-16 所示。

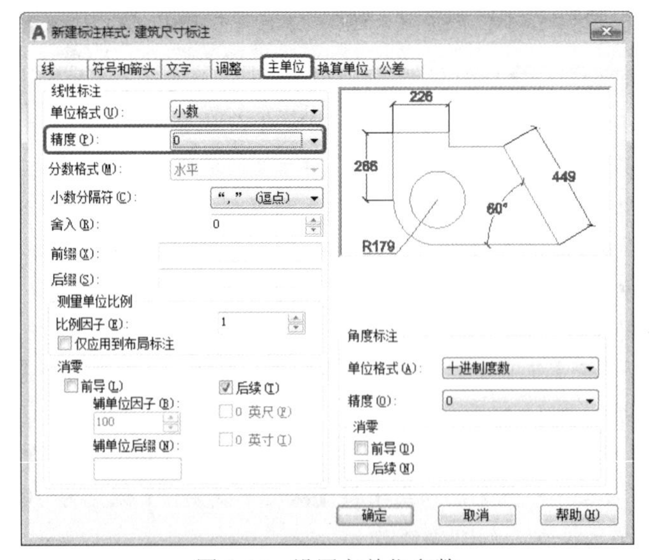

图 8-16　设置主单位参数

8.3 尺寸标注类型

在了解了尺寸标注的相关概念及标注样式的创建和设置方法后，本节介绍如何在中文版 AutoCAD 2017 中标注图形尺寸。

8.3.1 实例——使用【线性】标注命令进行尺寸标注

在 AutoCAD 2017 中，执行【线性】标注命令的方法有以下几种。

- 在菜单栏中执行【标注】|【线性】命令。
- 选择【注释】选项卡，在【标注】面板中单击【线性】按钮。
- 在命令行中输入 DIMLINEAR 命令。

执行上述任意命令后，AutoCAD 2017 命令行将依次出现如下提示，用户可根据命令行提示选取需要标注尺寸的对象：

```
指定尺寸线位置或[多行文字(M)/文字(T)/角度(A)/水平(H)/垂直(V)/旋转(R)]:
```

各选项的作用如下。

① 尺寸线位置：AutoCAD 使用指定点定位尺寸线并且确定绘制延伸线的方向。指定位置之后，将绘制标注。

② 多行文字：要编辑或替换生成的测量值，则删除文字，输入新文字，然后单击【确定】按钮。

③ 文字：在命令行自定义标注文字。

④ 角度：修改标注文字的角度。

⑤ 水平：创建水平线性标注。

⑥ 垂直：创建垂直线性标注。

⑦ 旋转：创建旋转线性标注。

下面通过实例讲解如何执行【线性】标注命令进行尺寸标注，具体操作步骤如下。

Step 01 打开配套资源中的素材\第 8 章\【线性标注素材.dwg】素材文件，如图 8-17 所示。

Step 02 在命令行中输入 DIMLINEAR 命令，根据命令行的提示指定第一个尺寸界线原点为图形对象的左上角端点，指定第二条尺寸界线原点为右上角端点，然后拖动鼠标至合适的位置单击即可，标注效果如图 8-18 所示。

Step 03 使用同样的方法，继续在命令行中输入 DIMLINEAR 命令，对图形对象进行其他部分的标注，完成效果如图 8-19 所示。

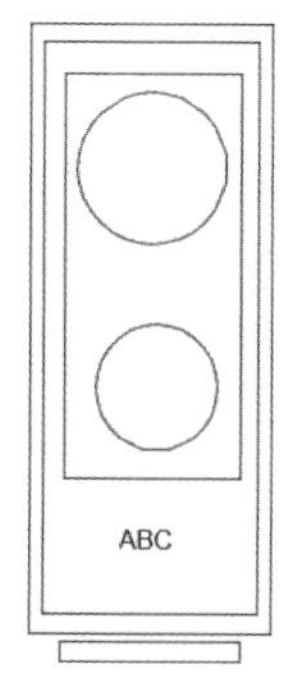

图 8-17 素材文件

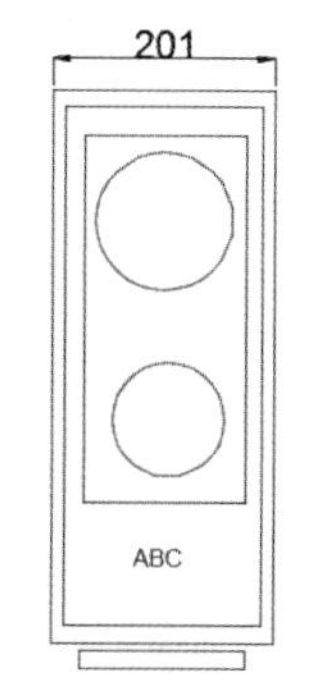

图 8-18 标注效果

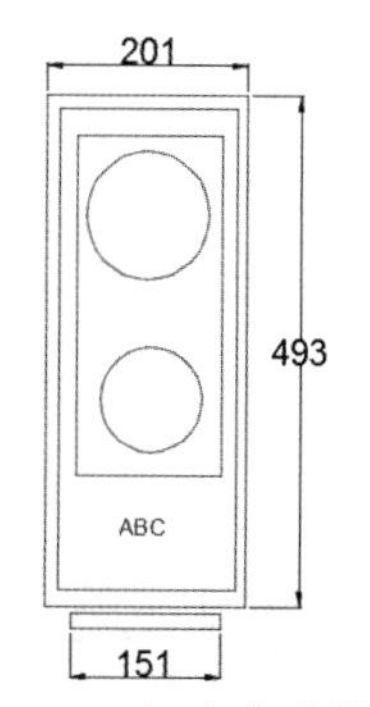

图 8-19 标注完成效果

8.3.2 实例——使用【对齐】标注命令进行尺寸标注

在 AutoCAD 2017 中，执行【对齐】标注命令的方法有以下几种。

- 在菜单栏中执行【标注】|【对齐】命令。
- 选择【注释】选项卡，在【标注】面板中单击【对齐】按钮。
- 在命令行中输入 DIMALIGNED 命令。

执行上述任一命令后，AutoCAD 2017 命令行将依次出现如下提示，用户可根据命令行提示选取需要标注尺寸的对象。

```
指定第一个尺寸界线原点或 <选择对象>:指定点(1)
指定第二条延伸线原点://指定点(2)
指定尺寸线位置或[多行文字(M)/文字(T)/角度(A)]:
```

各选项的作用如下。

① 多行文字：要编辑或替换生成的测量值，则删除尖括号，输入新的标注文字，然后单击【确定】按钮。

② 文字：在命令行自定义标注文字。生成的标注测量值显示在尖括号中。

③ 角度：修改标注文字的角度。

下面通过实例讲解如何执行【对齐标注】命令进行尺寸标注，具体操作步骤如下。

Step 01 打开配套资源中的素材\第 8 章\【对齐标注素材.dwg】素材文件，如图 8-20 所示。

Step 02 在命令行中输入 DIMALIGNED 命令，根据命令行的提示指定第一个尺寸界线原点，如图 8-21 所示。

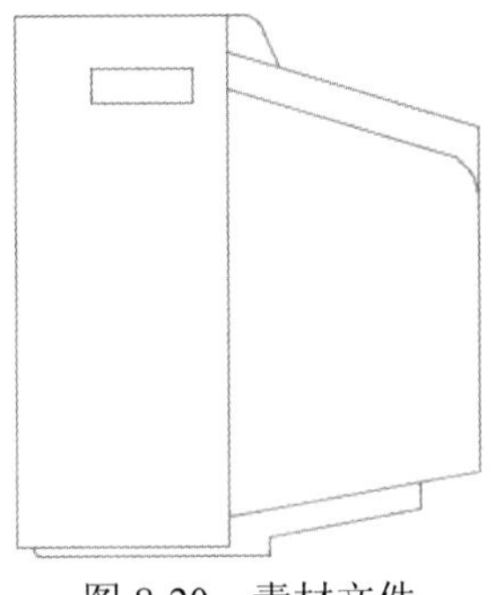

图 8-20 素材文件

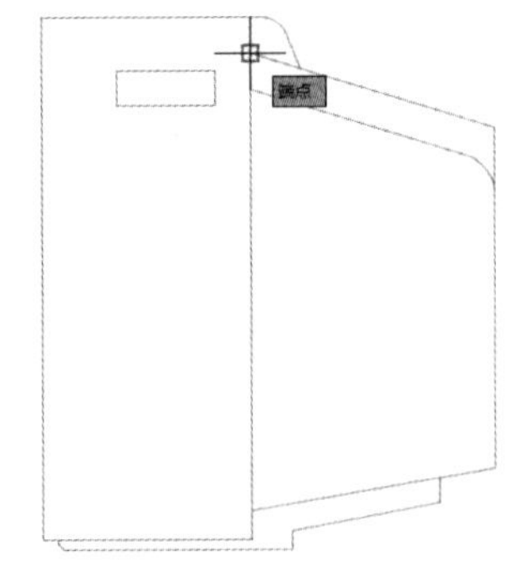

图 8-21 指定第一个尺寸界线原点

Step 03 指定第二个尺寸界线原点，如图 8-22 所示。

Step 04 指定完成后即可拖动鼠标至合适的位置，如图 8-23 所示。

Step 05 确定位置后单击即可，完成标注效果如图 8-24 所示。

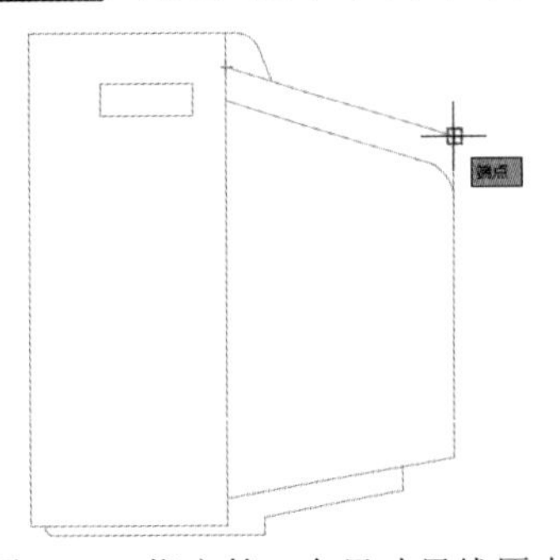

图 8-22 指定第二个尺寸界线原点

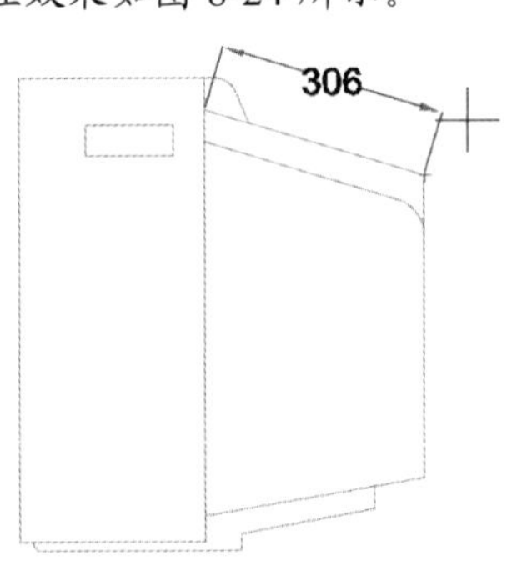

图 8-23 拖动鼠标至合适位置

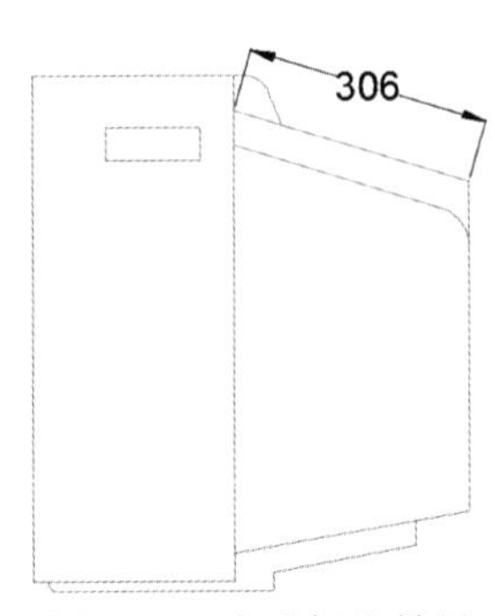

图 8-24 完成标注效果

8.3.3　实例——使用【弧长】标注命令进行尺寸标注

在 AutoCAD 2017 中，执行【弧长】标注命令的方法有以下几种。

- 在菜单栏中执行【标注】|【弧长】命令。
- 选择【注释】选项卡，在【标注】面板中单击【弧长】按钮。
- 在命令行中输入 DIMARC 命令。

执行上述任意命令后，AutoCAD 2017 命令行将依次出现如下提示，用户可根据命令行提示选取需要标注尺寸的弧线：

```
选择弧线段或多段线弧线段://使用对象选择方法
指定弧长标注位置或 [多行文字(M)/文字(T)/角度(A)/部分(P)/引线(L)]://指定点或输入选项
```

各选项的作用如下。

① 指定弧长标注位置：指定尺寸线的位置并确定延伸线的方向。

② 多行文字：要编辑或替换生成的测量值，则删除文字，输入新文字，然后单击【确定】按钮。

③ 文字：在命令行提示下，自定义标注文字。生成的标注测量值显示在尖括号中，命令行提示如下：

```
输入标注文字 <当前>://输入标注文字，或按【Enter】键接受生成的测量值
```

④ 角度：修改标注文字的角度。命令行提示如下：

```
指定标注文字的角度://输入角度
```

⑤ 部分：缩短弧长标注的长度。命令行提示如下：

```
指定弧长标注的第一个点://指定圆弧上弧长标注的起点
指定弧长标注的第二个点://指定圆弧上弧长标注的终点
```

⑥ 引线：添加引线对象。命令行提示如下：

```
指定弧长标注位置或 [多行文字(M)/文字(T)/角度(A)/部分(P)/无引线(N)]://指定点或输入选项
```

下面通过实例讲解如何执行【弧长标注】命令对图形对象进行标注，具体操作步骤如下。

Step 01 打开配套资源中的素材\第 8 章\【弧长标注素材.dwg】素材文件，如图 8-25 所示。

Step 02 在命令行中输入 DIMARC 命令，根据命令行的提示选择需要标注的弧线段，单击圆弧上的任意一点，如图 8-26 所示。

Step 03 拖动鼠标至合适的位置处，单击即可完成弧长标注，完成效果如图 8-27 所示。

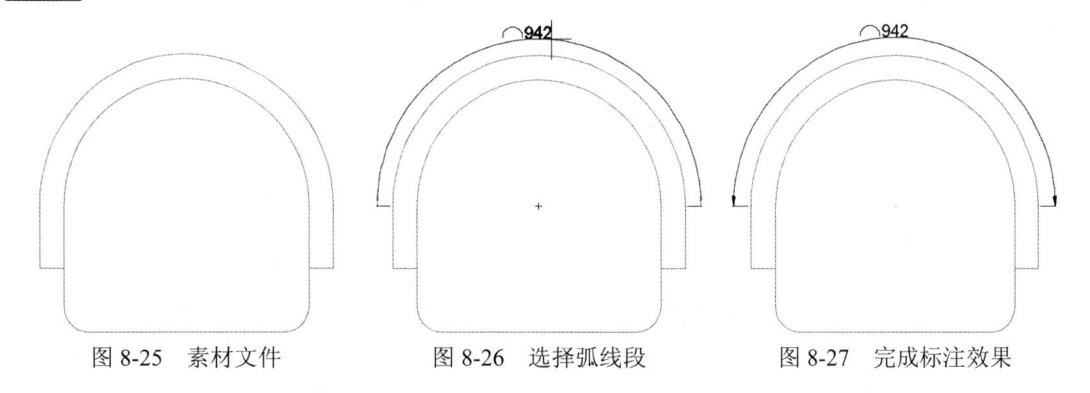

图 8-25　素材文件　　图 8-26　选择弧线段　　图 8-27　完成标注效果

8.3.4　实例——使用【基线】标注命令进行尺寸标注

【基线】标注命令可以创建一系列由相同的标注原点测量出来的标注，与连续标注一样，在进行基线标注之前也必须先创建（或选择）一个线性、坐标或角度标注作为基准标注，然后执行

DIMBASELINE 命令。

在 AutoCAD 2017 中，执行【基线】标注命令的方法有以下几种。

- 在菜单栏中执行【标注】|【基线】命令。
- 选择【注释】选项卡，在【标注】面板中单击【基线】按钮。
- 在命令行中输入 DIMBASELINE 命令。

执行上述任意命令后，命令行提示如下：

```
指定第二条延伸线原点或 [放弃(U)/选择(S)] <选择>://指定点、输入选项或按【Enter】键选择基准标注
```

各选项的作用如下。

① 放弃：放弃在命令执行期间上一次输入的基线标注。

② 选择：AutoCAD 提示选择一个线性标注、坐标标注或角度标注作为基线标注的基准。命令行提示如下：

```
选择基准标注://选择线性标注、坐标标注或角度标注
```

下面通过实例讲解如何执行【基线】标注命令对图形对象进行标注，具体操作步骤如下。

Step 01 打开配套资源中的素材\第 8 章\【基线标注素材.dwg】素材文件，如图 8-28 所示。

Step 02 在命令行中输入 DIMBASELINE 命令，根据命令行的提示选择基准标注为上面的尺寸界线，如图 8-29 所示。

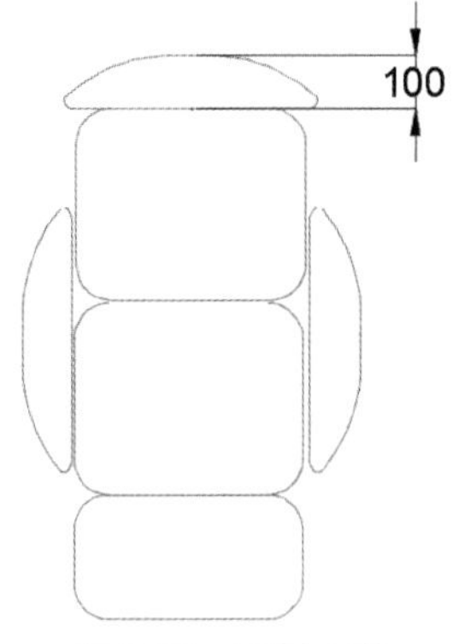

图 8-28　素材文件

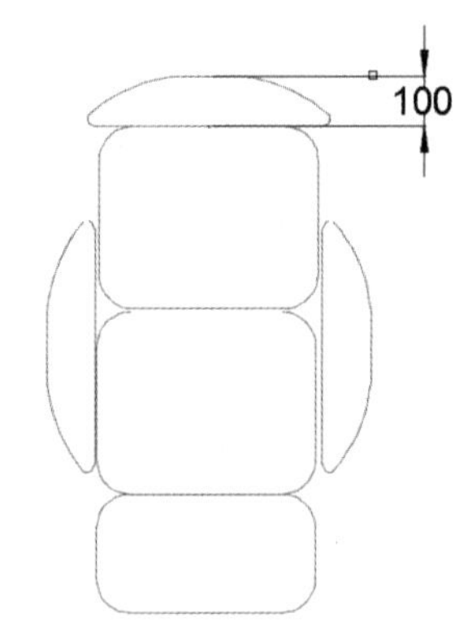

图 8-29　选择基准标注

Step 03 选择基准标注后指定第二个尺寸界线原点，如图 8-30 所示。

Step 04 根据命令行的提示指定第三个尺寸界线原点，如图 8-31 所示。

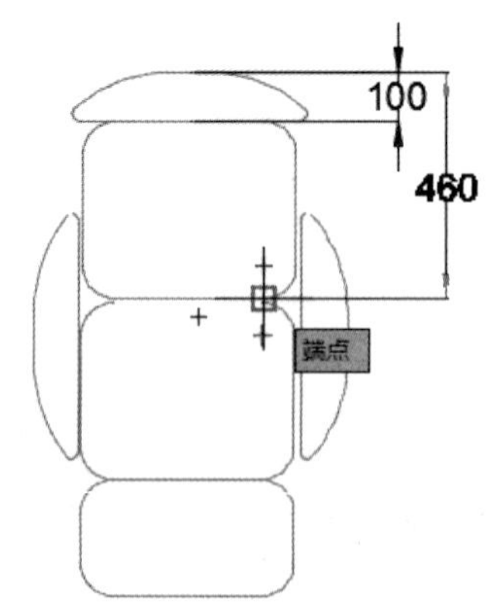

图 8-30　指定第二个尺寸界线原点

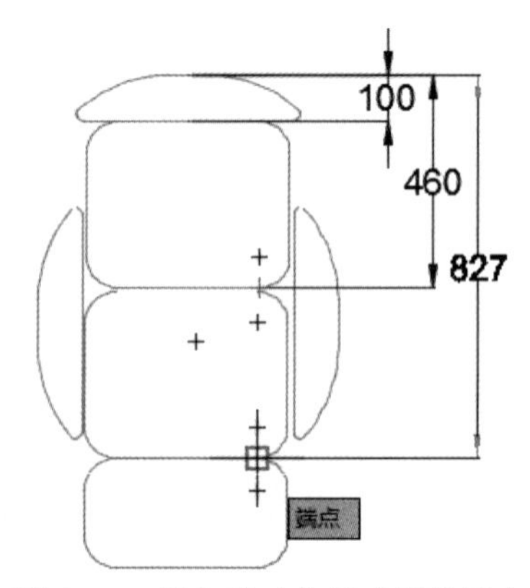

图 8-31　指定第三个尺寸界线原点

Step 05 根据命令行的提示指定第四个尺寸界线原点，如图 8-32 所示。

Step 06 标注完成后按【Enter】键确定即可，完成后的显示效果如图 8-33 所示。

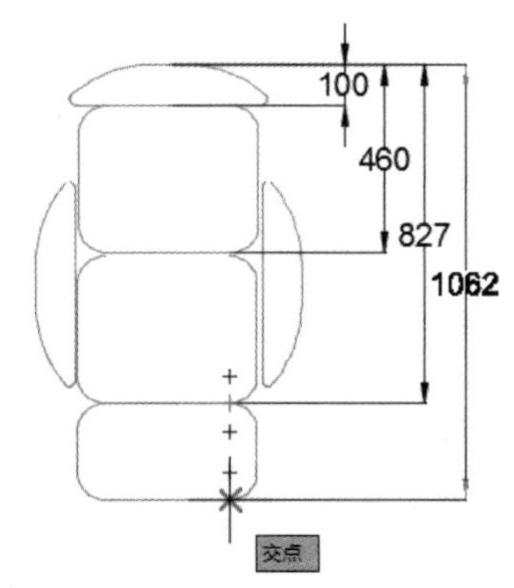

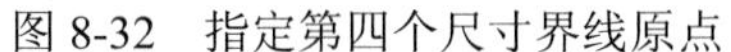

图 8-32 指定第四个尺寸界线原点

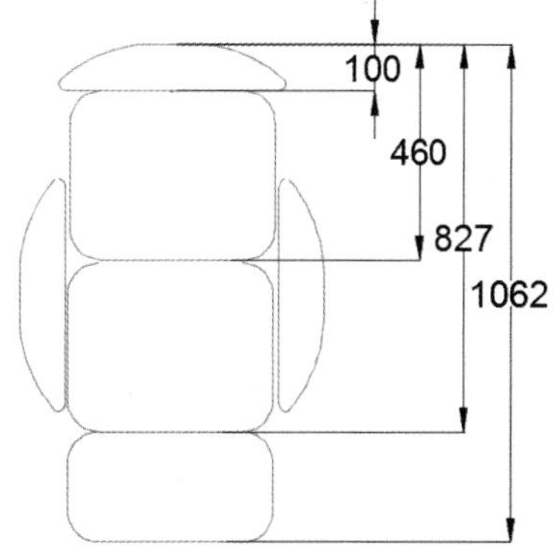

图 8-33 标注完成效果

8.3.5 实例——使用【连续】标注命令进行尺寸标注

【连续】标注命令可以创建一系列端对端放置的标注，每个连续标注都从前一个标注的第二个尺寸界线处开始。在进行连续标注之前，必须先创建（或选择）一个线性、坐标或角度标注作为基准标注，以确定连续标注所需要的前一尺寸标注的尺寸界线，然后执行 DIMCONTINUE 命令。

在 AutoCAD 2017 中，执行【连续】标注命令的方法有以下几种。

- 在菜单栏中执行【标注】|【连续】命令。
- 选择【注释】选项卡，在【标注】面板中单击【连续】按钮。
- 在命令行中输入 DIMCONTINUE 命令。

执行上述任意命令后，命令行提示如下：

```
选择连续标注://选择连续标注的基点
指定第二条延伸线原点或 [放弃(U)/选择(S)] <选择>://指定点、输入选项或按【Enter】键选择基准标注
```

各选项的作用如下。

① 放弃：放弃在命令执行期间上一次输入的连续标注。

② 选择：AutoCAD 提示选择线性标注、坐标标注或角度标注作为连续标注，命令行提示如下：

```
选择连续标注://选择线性标注、坐标标注或角度标注
```

下面通过实例讲解如何执行【连续】标注命令对图形对象进行标注，具体操作步骤如下。

Step 01 打开配套资源中的素材\第 8 章\【连续标注素材.dwg】素材文件，如图 8-34 所示。

Step 02 在命令行中输入 DIMCONTINUE 命令，根据命令行的提示选择连续标注，如图 8-35 所示。

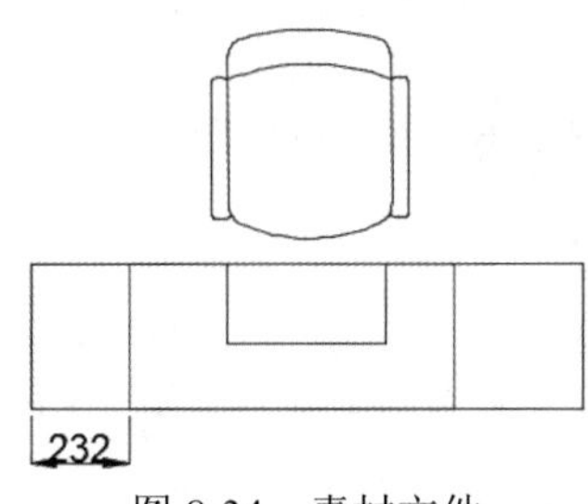

图 8-34 素材文件

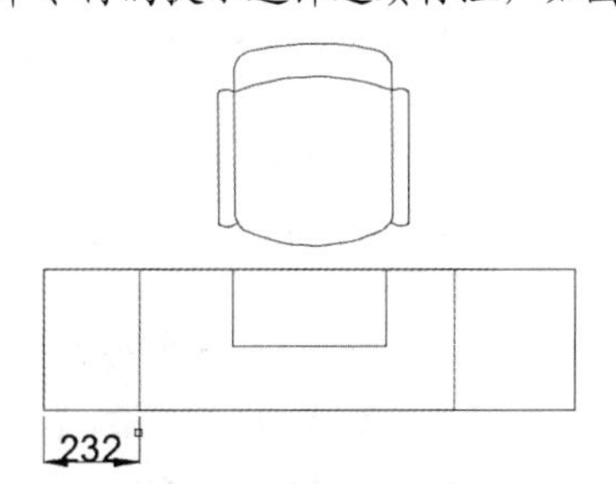

图 8-35 选择连续标注

Step 03 指定第二个尺寸界线原点，如图 8-36 所示。

Step 04 指定尺寸界线原点为右下角端点，如图 8-37 所示。

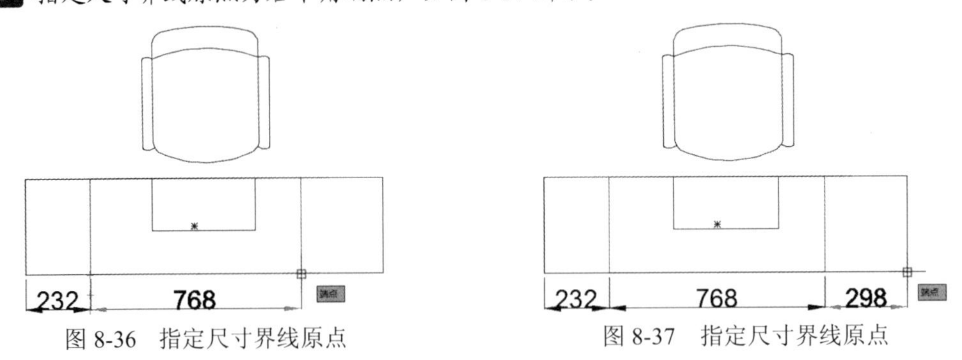

图 8-36　指定尺寸界线原点　　　图 8-37　指定尺寸界线原点

Step 05 标注完成后按两次【Enter】键可结束命令，标注效果如图 8-38 所示。

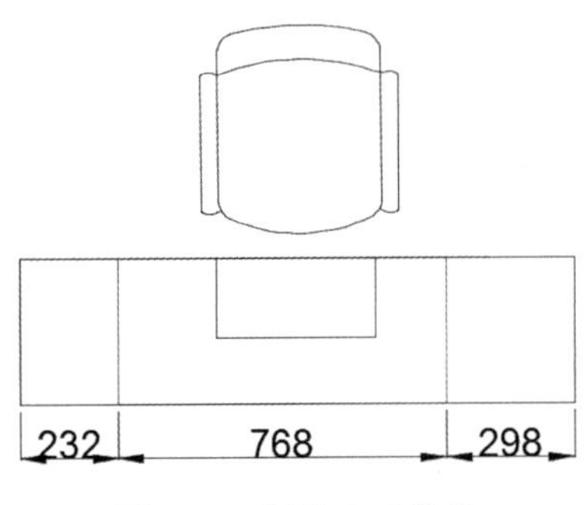

图 8-38　标注完成效果

8.3.6　实例——使用【半径】标注命令进行尺寸标注

在 AutoCAD 2017 中，执行【半径】标注命令的方法有以下几种。

- 在菜单栏中执行【标注】|【半径】命令。
- 选择【注释】选项卡，在【标注】面板中单击【半径】按钮。
- 在命令行中输入 DIMRADIUS 命令。

执行上述任意命令后，命令行提示如下：

选择圆弧或圆://测量选定圆或圆弧的半径，并显示前面带有半径符号的标注文字
指定尺寸线位置或 [多行文字(M)/文字(T)/角度(A)]://指定点或输入选项

各选项的作用如下。

① 指定尺寸线位置：确定尺寸线的角度和标注文字的位置。

② 多行文字：要编辑或替换生成的测量值，则删除文字，输入新文字，然后单击【确定】按钮。

③ 文字：在命令行提示下，自定义标注文字。生成的标注测量值显示在尖括号中，命令行提示如下：

输入标注文字 <当前>：//输入标注文字，或按【Enter】键接受生成的测量值

④ 角度：修改标注文字的角度，命令行提示如下：

指定标注文字的角度://输入角度

下面通过实例讲解如何执行【半径】标注命令对图形对象进行标注，具体操作步骤如下。

Step 01 打开配套资源中的素材\第 8 章\【半径标注素材.dwg】素材文件，如图 8-39 所示。

Step 02 在命令行中输入 DIMRADIUS 命令，根据命令行的提示选择最外面的大圆图形对象，然后移动光标至合适的位置单击即可完成标注，标注效果如图 8-40 所示。

图 8-39　素材文件

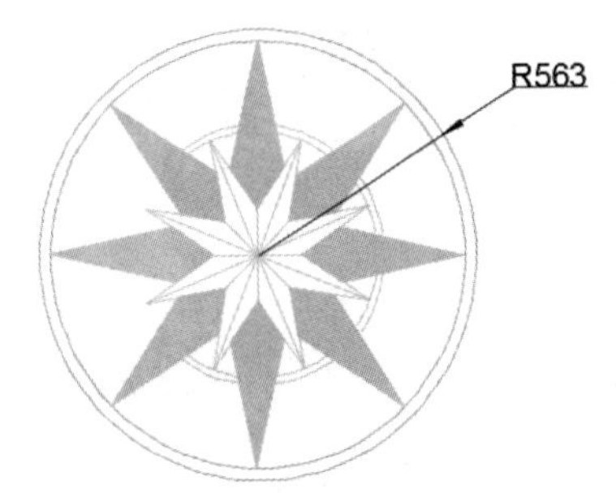

图 8-40　标注完成效果

8.3.7　实例——使用【折弯】标注命令进行尺寸标注

【折弯】标注的标注方式与【半径】标注方法基本相同，但需要指定一个位置代替圆或圆弧的圆心。

在 AutoCAD 2017 中，执行【折弯】标注命令的方法有以下几种。

- 在菜单栏中执行【标注】|【折弯】命令。
- 选择【注释】选项卡，在【标注】面板中单击【折弯】按钮。
- 在命令行中输入 DIMJOGGED 命令。

执行上述任意命令后，AutoCAD 2017 命令行将依次出现如下提示，用户可根据命令行提示选择需要标注的对象：

```
选择圆弧或圆://选择一个圆弧、圆或多段线弧线段
指定图示中心位置://指定点
接受折弯半径标注的新圆心，以用于替代圆弧或圆的实际圆心
指定尺寸线位置或 [多行文字(M)/文字(T)/角度(A)]://指定点或输入选项
```

各选项的作用如下。

① 指定尺寸线位置：确定尺寸线的角度和标注文字的位置。

② 多行文字：要编辑或替换生成的测量值，则删除文字，输入新文字，然后单击【确定】按钮。

③ 文字：在命令行提示下，自定义标注文字。生成的标注测量值显示在尖括号中，命令行提示如下：

```
输入标注文字 <当前>: //输入标注文字，或按【Enter】键接受生成的测量值
```

④ 角度：修改标注文字的角度。命令行提示如下：

```
指定标注文字的角度://输入角度
指定折弯位置://指定点
指定折弯的中点
```

下面通过实例讲解如何执行【折弯】标注命令对图形对象进行标注，具体操作步骤如下。

Step 01 打开配套资源中的素材\第 8 章\【折弯标注素材.dwg】素材文件，如图 8-41 所示。

Step 02 在命令行中输入 DIMJOGGED 命令，根据命令行的提示选择最大圆弧对象，然后指定圆心位置，如图 8-42 所示。

Step 03 拖动鼠标指定尺寸线的位置，如图 8-43 所示。

Step 04 最后指定折弯的位置，如图 8-44 所示。

图 8-41　素材文件

图 8-42　指定圆心位置

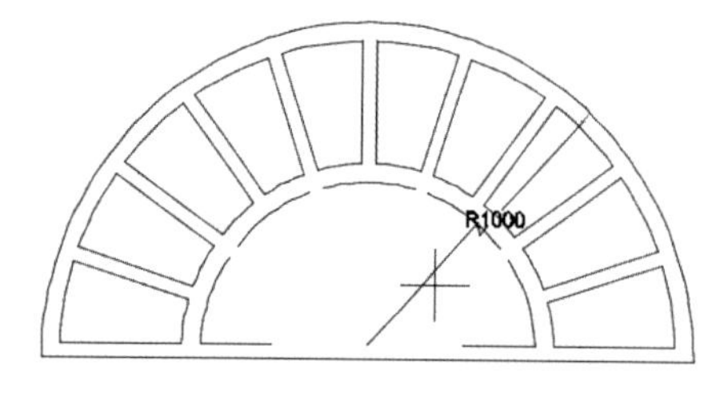

图 8-43　指定尺寸线位置

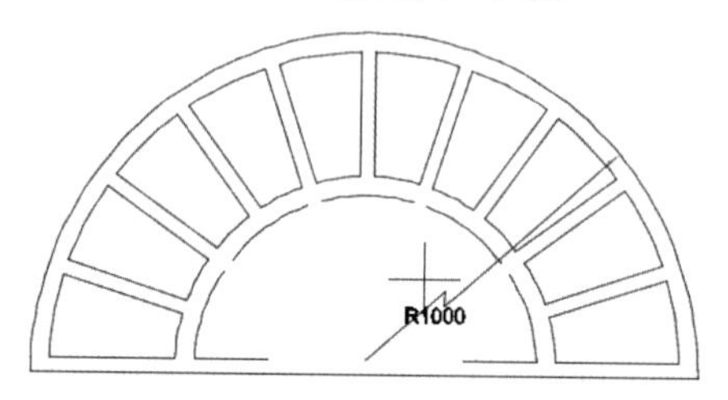

图 8-44　指定折弯位置

最终完成后的显示效果如图 8-45 所示。

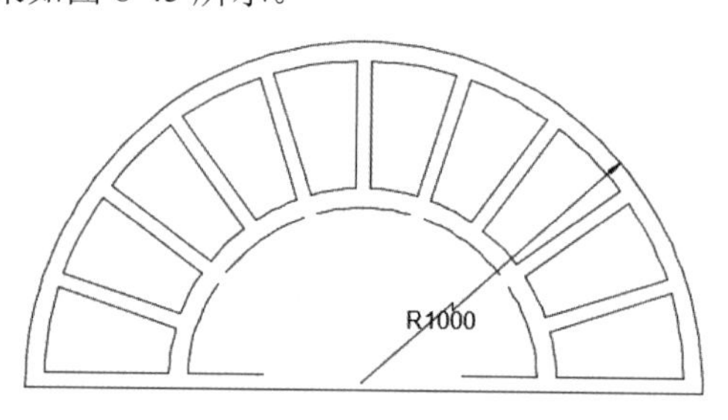

图 8-45　完成效果

8.3.8　实例——使用【直径】标注命令进行尺寸标注

在 AutoCAD 2017 中，执行【直径】标注命令的常用方法有以下几种。

- 在菜单栏中执行【标注】|【直径】命令。
- 选择【注释】选项卡，在【标注】面板中单击【直径】按钮。
- 在命令行中输入 DIMDIAMETER 命令。

执行上述任意命令后，AutoCAD 2017 命令行将依次出现如下提示，用户可根据命令行提示选择要标注的对象：

```
选择圆弧或圆：//测量选定圆或圆弧的直径，并显示前面带有直径符号的标注文字
指定尺寸线位置或 [多行文字(M)/文字(T)/角度(A)]：//指定点或输入选项
```

各选项的作用如下。

① 指定尺寸线位置：确定尺寸线的角度和标注文字的位置。

② 多行文字：要编辑或替换生成的测量值，则删除文字，输入新文字，然后单击【确定】按钮。

③ 文字：在命令行提示下，自定义标注文字。生成的标注测量值显示在尖括号中，命令行提示如下：

```
输入标注文字 <当前>://输入标注文字，或按【Enter】键接受生成的测量值
```

④ 角度：修改标注文字的角度。命令行提示如下：

指定标注文字的角度：//输入角度

下面通过实例讲解如何执行【直径】标注命令对图形对象进行标注，具体操作步骤如下。

Step 01 打开配套资源中的素材\第 8 章\【直径标注素材.dwg】素材文件，如图 8-46 所示。

Step 02 在命令行中输入 DIMDIAMETER 命令，根据命令行的提示选择外面的最大的圆图形对象，拖动光标指定尺寸线的位置，然后单击即可，标注完成效果如图 8-47 所示。

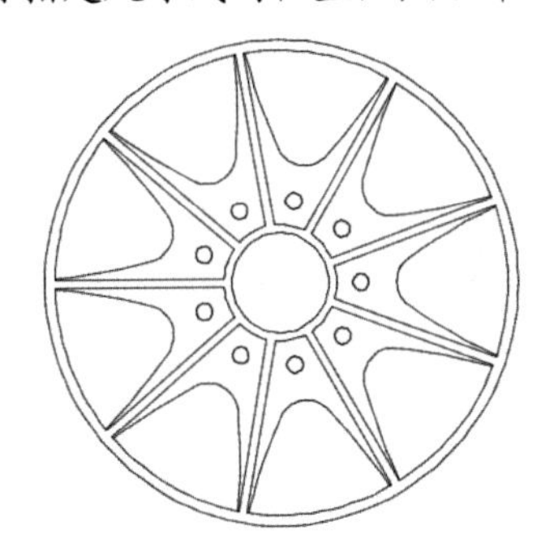

图 8-46　素材文件

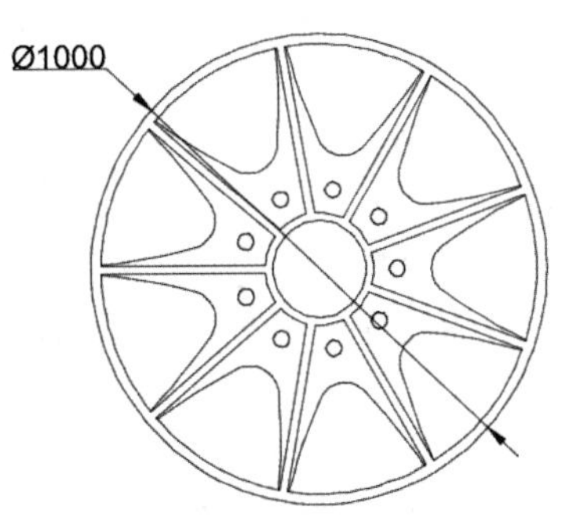

图 8-47　标注完成效果

8.3.9　实例——使用【圆心标记】命令进行圆心标记

在 AutoCAD 2017 中，执行【圆心标记】命令的常用方法有以下几种。

- 在菜单栏中执行【标注】|【圆心标记】命令。
- 在命令行中输入 DIMCENTER 命令。

执行上述任意命令后，AutoCAD 2017 命令行将依次出现如下提示，用户可根据命令行提示选择需要标注的对象：

选择圆弧或圆：//使用选择对象的方法选择需要标注的对象

下面讲解如何执行【圆心标记】命令对图形对象进行标注，具体操作步骤如下。

Step 01 打开配套资源中的素材\第 8 章\【圆心标记素材.dwg】素材文件，如图 8-48 所示。

Step 02 在命令行中输入 DIMCENTER 命令，根据命令行的提示选择中间的圆对象，即可进行圆心标记，完成效果如图 8-49 所示。

图 8-48　素材文件

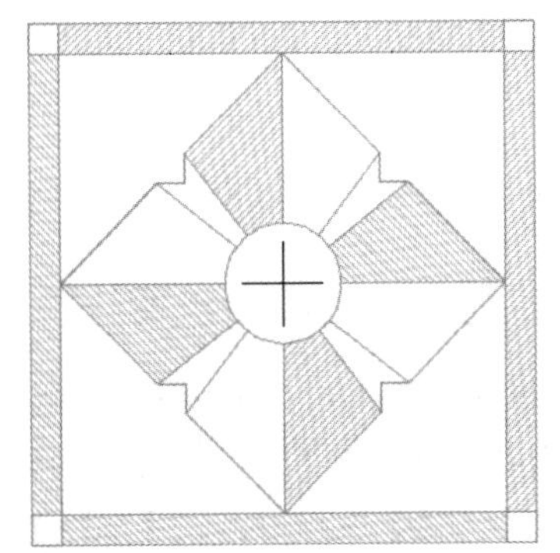

图 8-49　完成效果

8.3.10　实例——使用【角度】标注命令进行尺寸标注

在 AutoCAD 2017 中，执行【角度】标注命令的方法有以下几种。

- 在菜单栏中执行【标注】|【角度】命令。
- 选择【注释】选项卡，在【标注】面板中单击【角度】按钮。
- 在命令行中输入 DIMANGULAR 命令。

执行上述任一命令后，命令行提示如下：

选择圆弧、圆、直线或 <指定顶点>://选择圆弧、圆、直线，或按【Enter】键通过指定 3 个点来创建角度标注

指定标注弧线位置或 [多行文字(M)/文字(T)/角度(A)/象限点(Q)]://测量选定的对象或 3 个点之间的角度

各选项的作用如下。

① 指定标注弧线位置：指定尺寸线的位置并确定绘制延伸线的方向。

② 多行文字：要编辑或替换生成的测量值，则删除文字，输入新文字。

③ 文字：在命令行提示下，自定义标注文字。生成的标注测量值显示在尖括号中。命令行提示如下：

输入标注文字 <当前>://输入标注文字，或按【Enter】键接受生成的测量值

④ 角度：修改标注文字的角度。命令行提示如下：

指定标注文字的角度://输入角度

⑤ 象限点：指定标注应锁定到的象限。命令行提示如下：

指定象限://指定象限

下面通过实例讲解如何执行【角度】标注命令对图形对象进行标注，具体操作步骤如下。

Step 01 打开配套资源中的素材\第 8 章\【角度标注素材.dwg】素材文件，如图 8-50 所示。

Step 02 在命令行中输入 DIMANGULAR 命令，根据命令行的提示选择如图 8-51 所示的线段，如图 8-51 所示。

Step 03 根据命令行的提示选择第二条线段并拖动鼠标指定弧线的位置，单击，标注完成效果如图 8-52 所示。

图 8-50　素材文件

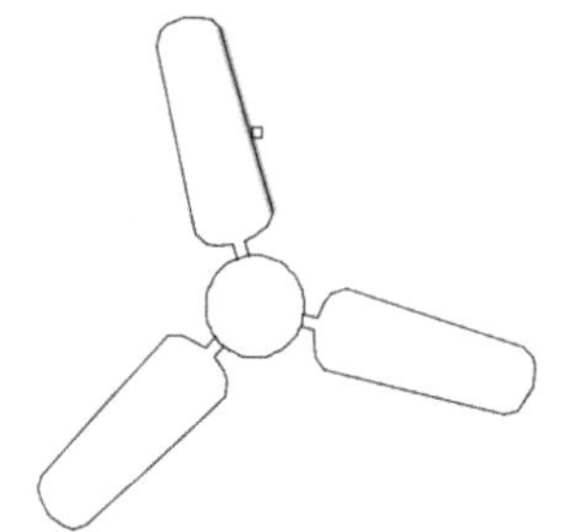
图 8-51　选择线段对象

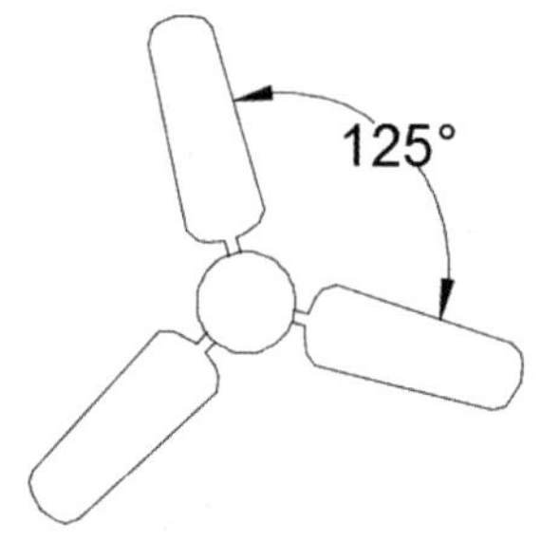

图 8-52　标注效果

8.3.11　实例——使用【折弯线性】标注命令进行尺寸标注

在 AutoCAD 2017 中，执行【折弯线性】标注命令的方法有以下几种。

- 在菜单栏中执行【标注】|【折弯线性】命令。
- 选择【注释】选项卡，在【标注】面板中单击【折弯标注】按钮。
- 在命令行中输入 DIMJOGLINE 命令。

执行上述任一命令后，命令行提示如下：

选择要添加折弯的标注或 [删除(R)]://选择线性标注或对齐标注

各选项的作用如下。

① 选择要添加折弯的标注：指定要向其添加折弯的线性标注或对齐标注。命令行提示如下：

指定折弯位置（或按【Enter】键）：//指定一点作为折弯位置，或按【Enter】键以将折弯放在标注文字和第一条延伸线之间的中点处，或基于标注文字位置的尺寸线的中点处

② 删除：指定要从中删除折弯的线性标注或对齐标注。命令行提示如下：

选择要删除的折弯：//选择线性标注或对齐标注

下面通过实例讲解如何执行【折弯线性】标注命令对图形对象进行标注，具体操作步骤如下。

Step 01 打开配套资源中的素材\第 8 章\【折弯线性标注素材.dwg】素材文件，如图 8-53 所示。

Step 02 在命令行中输入 DIMJOGLINE 命令，根据命令行的提示选择要添加折弯的标注，然后指定折弯位置，完成效果如图 8-54 所示。

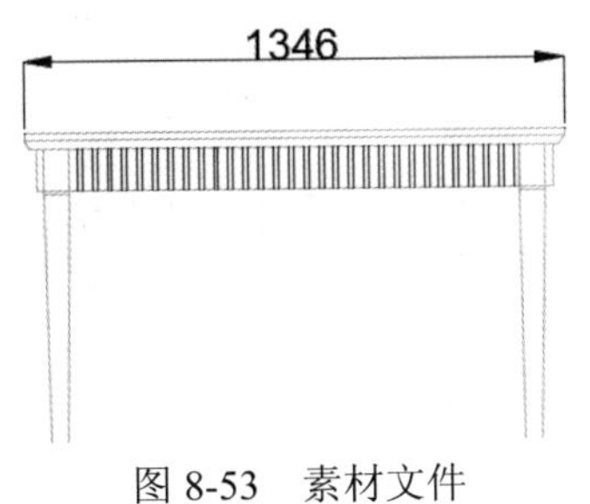

图 8-53　素材文件

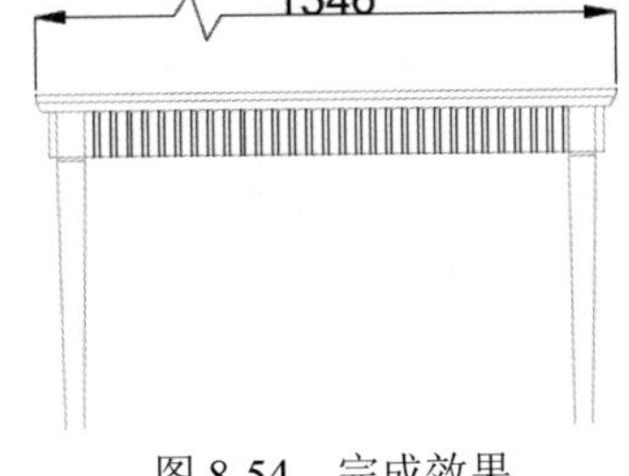

图 8-54　完成效果

8.3.12　实例——使用【坐标】标注命令进行尺寸标注

在 AutoCAD 2017 中，执行【坐标】标注命令的方法有以下几种。

- 在菜单栏中执行【标注】|【坐标】命令。
- 选择【注释】选项卡，在【标注】面板中单击【坐标】按钮。
- 在命令行中输入 DIMORDINATE 命令。

执行上述任一命令后，AutoCAD 2017 命令行将依次出现如下提示，用户可根据命令行提示捕捉要进行标注的点：

指定点坐标：//指定点或捕捉对象

指定引线端点或 [X 基准(X)/Y 基准(Y)/多行文字(M)/文字(T)/角度(A)]：//指定点或输入选项

各选项的作用如下。

① 指定引线端点：使用点坐标和引线端点的坐标差可确定它是 X 坐标标注还是 Y 坐标标注。如果 Y 坐标的坐标差较大，标注就测量 X 坐标；否则就测量 Y 坐标。

② X 基准：测量 X 坐标并确定引线和标注文字的方向。

③ Y 基准：测量 Y 坐标并确定引线和标注文字的方向。

④ 多行文字：要编辑或替换生成的测量值，则删除文字，输入新文字。

⑤ 文字：在命令行提示下，自定义标注文字。生成的标注测量值显示在尖括号中。命令行提示如下：

输入标注文字 <当前>：//输入标注文字，或按【Enter】键接受生成的测量值

⑥ 角度：修改标注文字的角度。命令行提示如下：

指定标注文字的角度：//输入角度

下面通过实例讲解如何执行【坐标标注】命令对图形对象进行标注，具体操作步骤如下。

Step 01 打开配套资源中的素材\第 8 章\【坐标标注素材.dwg】素材文件，如图 8-55 所示。

Step 02 在命令行中输入 DIMORDINATE 命令，根据命令行的提示指定需要标注的点，然后指定引线端点的位置，完成标注效果如图 8-56 所示。

图 8-55　素材效果

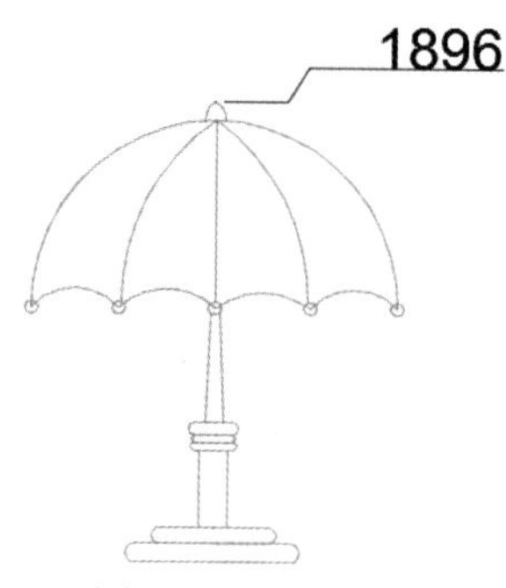

图 8-56　标注效果

8.3.13　实例——使用【快速标注】命令进行尺寸标注

【快速标注】命令可以快速创建成组的基线、连续和坐标标注，快速标注多个圆、圆弧，以及编辑现有标注的布局。

在 AutoCAD 2017 中，执行【快速标注】命令的方法有以下几种。

- 在菜单栏中执行【标注】|【快速标注】命令。
- 选择【注释】选项卡，在【标注】面板中单击【快速标注】按钮。
- 在命令行中输入 QDIM 命令。

执行上述任一命令后，AutoCAD 2017 命令行将依次出现如下提示，用户可根据需要选择要标注的几何图形：

```
选择要标注的几何图形://选择要标注的对象或要编辑的标注并按【Enter】键
指定尺寸线位置或 [连续(C)/并列(S)/基线(B)/坐标(O)/半径(R)/直径(D)/基准点(P)/编辑(E)/设置(T)] <当前>://输入选项或按【Enter】键
```

各选项的作用如下。

① 连续：创建一系列连续标注。

② 并列：创建一系列并列标注。

③ 基线：创建一系列基线标注。

④ 坐标：创建一系列坐标标注。

⑤ 半径：创建一系列半径标注。

⑥ 直径：创建一系列直径标注。

⑦ 基准点：为基线和坐标标注设置新的基准点。命令行提示如下：

```
选择新的基准点: //指定点
```

⑧ 编辑：编辑一系列标注。将提示用户在现有标注中添加或删除点。命令行提示如下：

```
指定要删除的标注点或 [添加(A)/退出(X)] <退出>: //指定点、输入 A或按【Enter】 键返回到上一个提示
```

⑨ 设置：为指定延伸线原点设置默认对象捕捉。命令行提示如下：

```
关联标注优先级 [端点(E)/交点(I)]
```

下面通过实例讲解如何执行【快速标注】命令对图形对象进行标注，具体操作步骤如下。

Step 01 打开配套资源中的素材\第 8 章\【快速标注素材.dwg】素材文件，如图 8-57 所示。

Step 02 在命令行中输入 QDIM 命令，根据命令行的提示选择要标注的几何图形，如图 8-58 所示。

Step 03 选择好几何图形后按【Enter】键确定，然后指定尺寸线位置，完成标注，效果如图 8-59 所示。

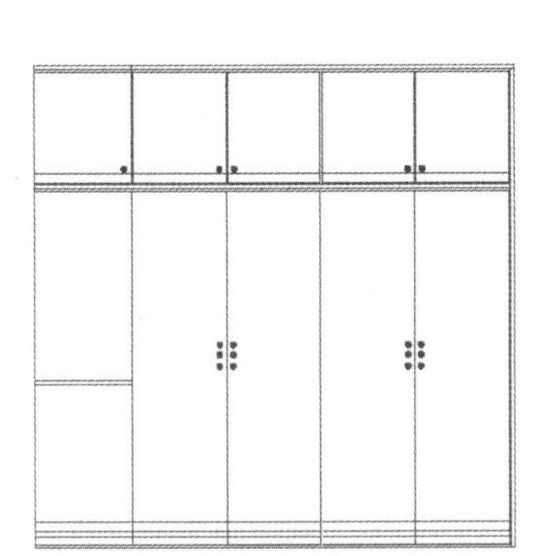

图 8-57　素材文件

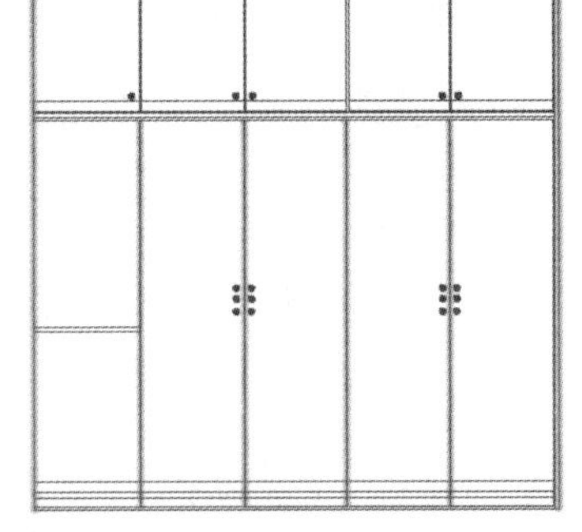

图 8-58　选择需标注的几何图形

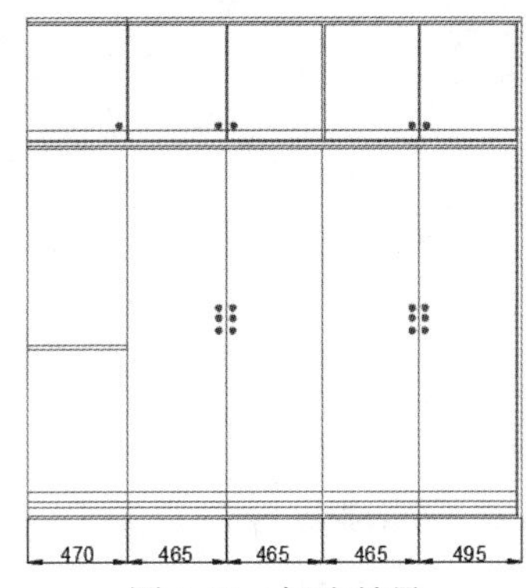

图 8-59　标注效果

8.3.14　实例——使用【调整间距】命令修改尺寸标注

单击【调整间距】按钮，可以修改已经标注的图形中的标注线的位置间距大小。

在 AutoCAD 2017 中，执行【调整间距】命令的方法有以下几种。

- 在菜单栏中执行【标注】|【调整间距】命令。
- 选择【注释】选项卡，在【标注】面板中单击【调整间距】按钮。
- 在命令行中输入 DIMSPACE 命令。

执行上述任一命令后，AutoCAD 2017 命令行将依次出现如下提示，用户可根据命令行提示选择已有的基准标注：

```
选择基准标注：//选择平行线性标注或角度标注
选择要产生间距的标注：//选择平行线性标注或角度标注以从基准标注均匀隔开，并按【Enter】键
输入值或 [自动(A)] <自动>://指定间距或按【Enter】键
```

各选项的作用如下。

① 输入值：指定从基准标注均匀隔开选定标注的间距值。

② 自动：基于在选定基准标注的标注样式中指定的文字高度自动计算间距，所得的间距值是标注文字高度的两倍。

下面通过实例讲解如何执行【调整间距】命令对图形对象进行标注，具体操作步骤如下。

Step 01 打开配套资源中的素材\第 8 章\【调整间距标注素材.dwg】素材文件，如图 8-60 所示。

Step 02 在命令行中输入 DIMSPACE 命令，根据命令行的提示选择如图 8-61 所示的基准标注。

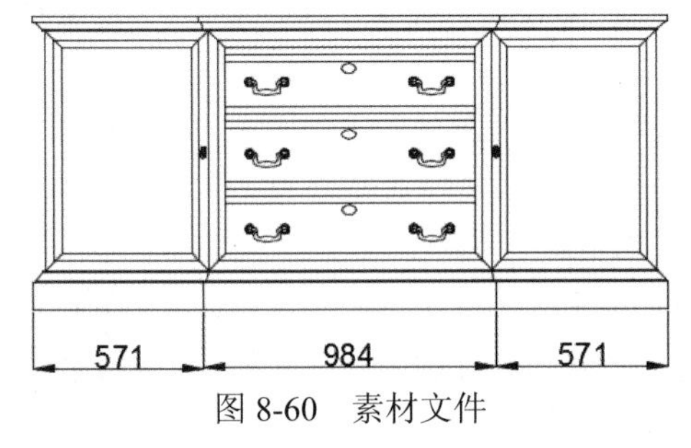

图 8-60　素材文件

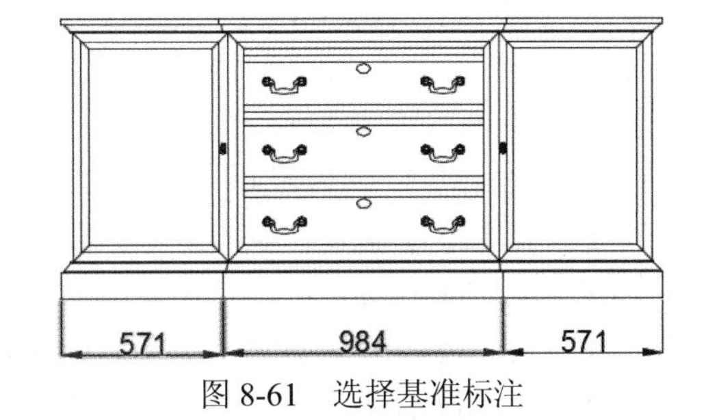

图 8-61　选择基准标注

Step 03 选择好基准标注后按【Enter】键确定，根据命令行的提示将调整间距设置为 80 并按【Enter】键确定，完成后的效果如图 8-62 所示。

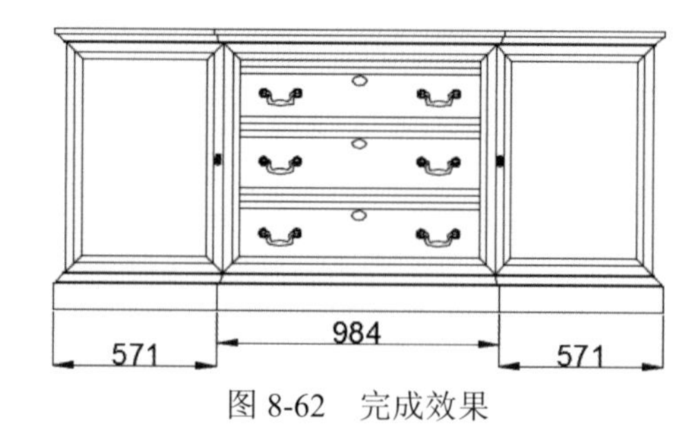

图 8-62　完成效果

8.4　编辑标注尺寸

在 AutoCAD 2017 中，可以对已标注对象的文字、位置及样式等内容进行修改，而不必删除所标注的尺寸对象再重新进行标注。

8.4.1　编辑标注

在功能区选项板中选择【注释】选项卡，在【标注】面板中单击【倾斜】按钮，使线性标注的延伸线倾斜。

在菜单栏中执行【标注】|【倾斜】命令，命令行提示【输入标注编辑类型[默认(H)/新建(N)/旋转(R)/倾斜(O)]<默认>】。

命令行中各选项的含义如下。

① 【默认(H)】选项：将尺寸文本按 DDIM 所定义的默认位置和方向重新放置。

② 【新建(N)】选项：更新所选择的尺寸标注的尺寸文本。

③ 【旋转(R)】选项：旋转所选择的尺寸文本。

④ 【倾斜(O)】选项：实行倾斜标注，即编辑线性尺寸标注，使其尺寸界线倾斜一定的角度，不再与尺寸线相垂直，常用于标注锥形图形。

8.4.2　编辑标注文字的位置

在功能区选项板中选择【注释】选项卡，在【标注】面板中分别单击【左对正】、【居中对正】、【右对正】按钮，可以修改尺寸的文字位置。

在菜单栏中执行【标注】|【左对正】命令，命令行提示【为标注文字指定新位置或[左对齐(L)/右对齐(R)/居中(C)/默认(H)/角度(A)]】。

命令行中各选项含义如下。

① 【左对齐(L)】选项：更改尺寸文本沿尺寸线左对齐。

② 【右对齐(R)】选项：更改尺寸文本沿尺寸线右对齐。

③ 【居中(C)】选项：更改尺寸文本沿尺寸线中间对齐。

④ 【默认(H)】选项：将尺寸文本按 DDIM 所定义的默认位置和方向重新放置。

⑤ 【角度(A)】选项：旋转所选择的尺寸文本。

8.4.3　实例——使用【倾斜】命令倾斜标注文字

下面通过实例讲解如何执行【倾斜标注】命令标注文字，具体操作步骤如下。

Step 01 打开配套资源中的素材\第 8 章\【倾斜标注素材.dwg】素材文件，如图 8-63 所示。

Step 02 选择【注释】选项卡，单击【标注】面板按钮 标注 ▾ ，在弹出的下拉列表中单击【倾斜】按钮，根据命令行的提示选择线性标注并确定，如图 8-64 所示。

Step 03 根据命令行的提示将【倾斜角度】设置为 45° 并确定即可，完成效果如图 8-65 所示。

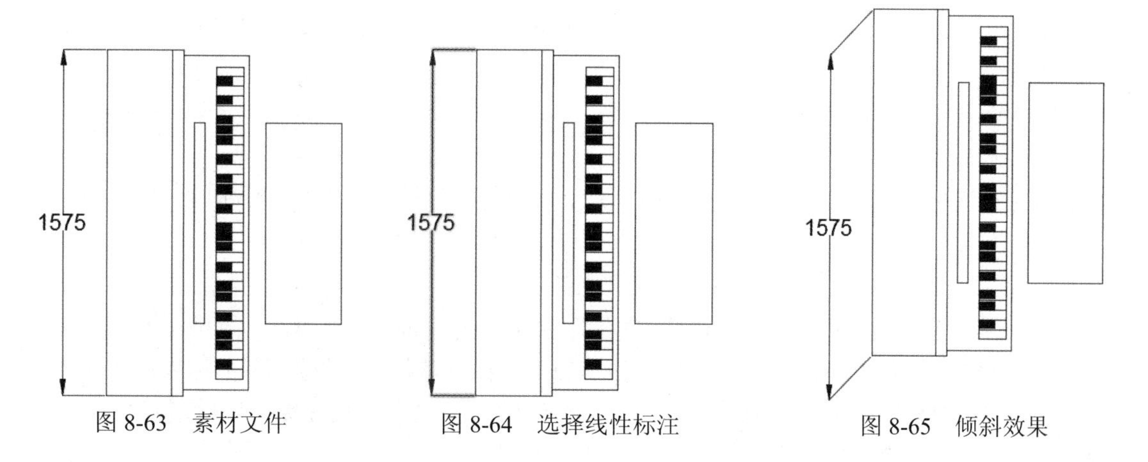

图 8-63 素材文件　　图 8-64 选择线性标注　　图 8-65 倾斜效果

8.4.4 替代标注

在功能区选项板中选择【注释】选项卡，在【标注】面板中单击【替代】按钮（DIMOVERRIDE），可以临时修改尺寸标注的系统变量设置，并按该设置修改尺寸标注。该操作只对指定的尺寸对象进行修改，并且修改后不影响原系统的变量设置。

使用标注样式替代，无须更改当前标注样式，便可临时更改标注系统变量。标注样式替代是对当前标注样式中的指定设置所做的修改。它与在不修改当前标注样式的情况下修改尺寸标注系统变量等效。

可以为单独的标注或当前的标注样式定义标注样式替代。

对于个别标注，可能需要在不创建其他标注样式的情况下创建替代样式，以便不显示标注的尺寸延伸线，或者修改文字和箭头的位置，使它们不与图形中的几何图形重叠。

也可以为当前标注样式设置替代。以该样式创建的所有标注都将包含替代，直到删除替代，将替代保存到新的样式中或将另一种标注样式置为当前。例如，如果单击【标注样式管理器】中的【替代】按钮，并在【直线】选项卡上修改了尺寸延伸线的颜色，则当前标注样式会保持不变。但是，颜色的新值存储在 DIMCLRE 系统变量中。创建的下一个标注的尺寸延伸线将以新颜色显示。可以将标注样式替代保存为新标注样式。

某些标注特性对于图形或尺寸标注的样式来说是通用的，因此适合作为永久标注样式设置。其他标注特性一般基于单个基准应用，因此可以作为替代以便更有效地应用。例如，图形通常使用单一箭头类型，因此将箭头类型定义为标注样式的一部分是有意义的。但是，隐藏尺寸延伸线通常只应用于个别情况，更适于标注样式替代。

有几种设置标注样式替代的方式。可以在对话框中更改选项，也可以在命令行提示下更改系统变量设置。可以通过将修改的设置返回其初始值来撤销替代。替代将应用到正在创建的标注，以及所有使用该标注样式随后创建的标注，直到撤销替代或将其他标注样式置为当前为止。

8.4.5 更新标注

在功能区选项板中选择【注释】选项卡，在【标注】面板中单击【更新】按钮，可以更新标注，使其采用当前的标注样式。

通过指定其他标注样式修改现有的标注。修改标注样式后，可以选择是否更新与此标注样式相关联的标注。

创建标注时，当前标注样式将与之相关联。标注将保持此标注样式，除非对其应用新标注样式或设置标注样式替代。

可以恢复现有的标注样式或将当前标注样式（包括任何标注样式替代）应用到选定标注。

8.4.6 尺寸关联

尺寸关联是指所标注尺寸与被标注对象有关联。如果标注的尺寸值是按自动测量值进行标注的，且尺寸标注是按尺寸关联模式标注的，那么改变被标注对象的大小后相应的标注尺寸也将发生改变，即延伸线、尺寸线的位置都将改变到相应的新位置，尺寸值也改变成新测量值。反之，改变延伸线起始点的位置，尺寸值也会发生相应的变化。

在某些情况下可能需要修改关联性，例如：

① 重定义图形中有效编辑的标注的关联性。

② 为局部解除关联的标注添加关联性。

③ 在传统图形中为标注添加关联性。

提　示

创建或修改关联标注时，务必仔细定位关联点，以便在将来修改设计时使几何对象与其关联标注一起改变。

8.5 引线标注

引线对象是一条线或样条曲线，其一端带有箭头，另一端带有多行文字对象或块。在某些情况下，有一条短水平线（又称为基线）将文字或块和特征控制框连接到引线上，如图 8-66 所示。

基线和引线与多行文字对象或块关联，因此当重定位基线时，内容和引线将随其移动。

当打开关联标注，并使用对象捕捉确定引线箭头的位置时，引线则与附着箭头的对象相关联。如果重定位该对象，箭头也随之重定位，并且基线相应拉伸。

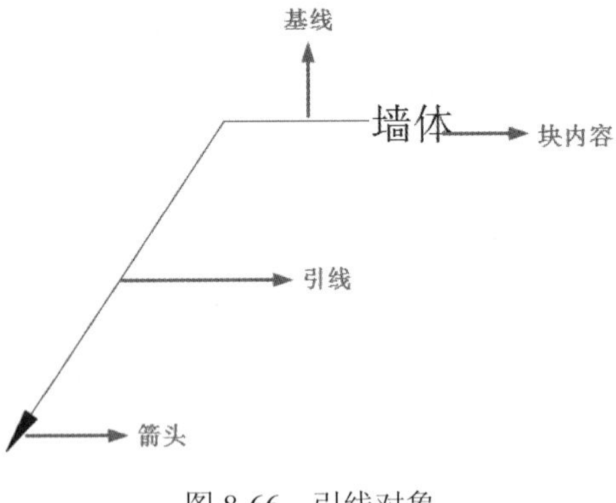

图 8-66　引线对象

8.5.1 新建或修改多重引线样式

在 AutoCAD 2017 中，执行【多重引线】命令的方法如下。

- 选择【注释】选项卡，将鼠标光标放置在【引线】面板上，在弹出的下拉列表中单击右下角的【多重引线样式】按钮。
- 在菜单栏中执行【格式】|【多重引线样式】命令。

- 在命令行中输入 MLEADERSTYLE 命令。

执行上述任一命令后，将弹出【多重引线样式管理器】对话框，如图 8-67 所示，单击【新建】按钮，弹出【创建新多重引线样式】对话框，如图 8-68 所示，在该对话框中可以定义新多重引线样式。

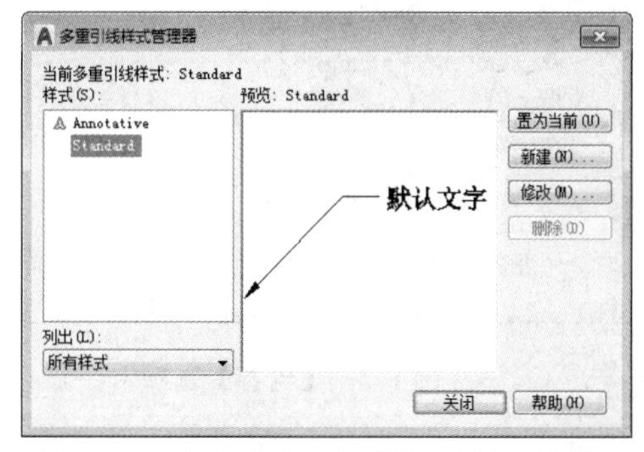

图 8-67　【多重引线样式管理器】对话框

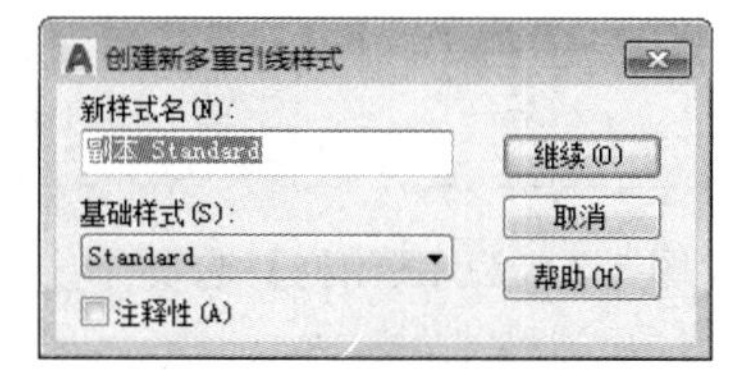

图 8-68　【创建新多重引线样式】对话框

单击【继续】按钮，弹出【修改多重引线样式：副本 Standard】对话框，在该对话框中有【引线格式】、【引线结构】、【内容】3 个选项卡，如图 8-69 所示。

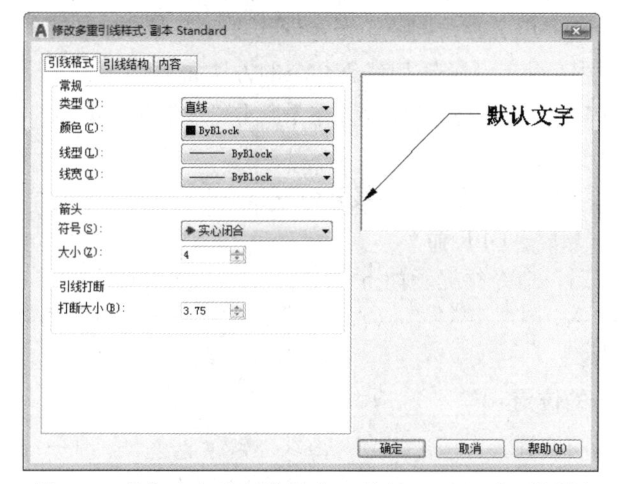

图 8-69　【修改多重引线样式：副本 Standard】对话框

1.【引线格式】选项卡

可以设置引线的类型（直线或样条曲线）、颜色、线型、线宽，箭头符号的形式、大小，以及引线打断的大小。

2.【引线结构】选项卡

可以设置引线的最大点数、第一段角度（引线中第一点的角度）、第二段角度（引线中第二点的角度），是否主动包含基线及基线的距离，指定多重引线的缩放比例，如图 8-70 所示。

3.【内容】选项卡

可以设置多重引线的类型（是包含文字还是块），设置文字的样式、角度、颜色、高度，以及是否始终左对正、文字是否加框，还可以设置引线连接到文字的方式，如图 8-71 所示。

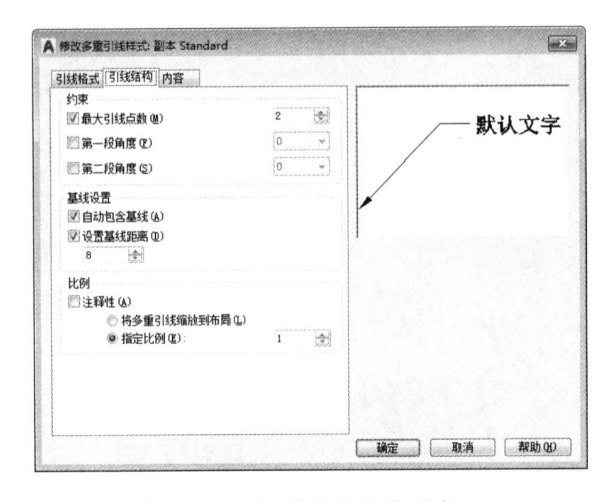

图 8-70 【引线结构】选项卡

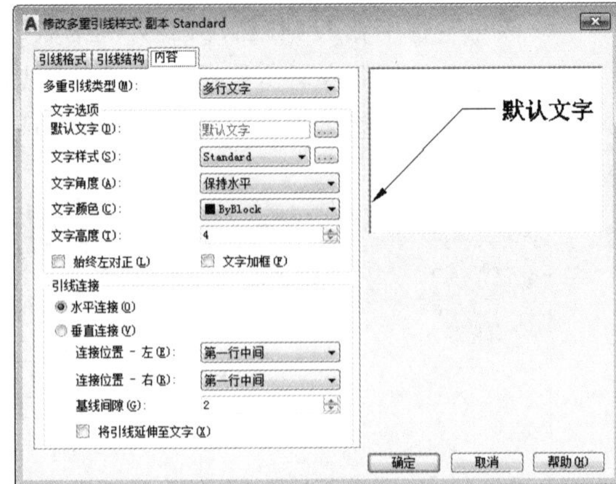

图 8-71 【内容】选项卡

8.5.2 创建多重引线

多重引线对象是一条线或样条曲线，其一端带有箭头，另一端带有多行文字对象或块。在某些情况下，有一条短水平线（又称为基线）将文字或块和特征控制框链接到多重引线上。基线和多重引线与多行文字对象或块关联，因此当重定位基线时，内容和多重引线将随其移动。

在 AutoCAD 2017 中，执行【多重引线】命令的方法如下。

- 选择【注释】选项卡，将鼠标光标放置在【多重引线】面板上面，在弹出的下拉列表中单击【多重引线】按钮。
- 在菜单栏中执行【标注】|【多重引线】命令。
- 在命令行中输入 MLEADER 命令。

执行上述任一命令后，命令行提示如下：

指定引线箭头的位置或 [引线基线优先(L)/内容优先(C)/选项(O)] <选项>:

各选项的作用如下。

1. 指定引线箭头的位置

指定多重引线箭头的位置。

如果此时退出命令，则不会有与多重引线相关联的文字。

2. 引线基线优先(L)

指定创建多重引线时先创建基线，指定后，后续的多重引线也将先创建基线（除非另外指定）。

3. 内容优先(C)

指定先创建与多重引线对象相关联的文字或块的位置。

4. 选项(O)

指定用于放置多重引线对象的选项。命令行提示如下：

输入选项 [引线类型(L)/引线基线(A)/内容类型(C)/最大节点数(M)/第一个角度(F)/第二个角度(S)/退出选项(X)]:

各选项功能如下。

(1) 引线类型

指定要使用的引线类型。

(2) 引线基线

更改水平基线的距离。命令行提示如下：

使用基线 [是(Y)/否(N)]：

如果此时选择【否】选项，则不会有与多重引线对象相关联的基线。

（3）内容类型

指定要使用的内容类型。命令行提示如下：

输入内容类型 [块(B)//无(N)]：

各选项含义如下。

- 块：指定图形中的块，以与新的多重引线相关联。
- 无：指定【无】内容类型。

（4）最大节点数

指定新引线的最大点数。

（5）第一个角度

约束新引线中的第一个点的角度。

（6）第二个角度

约束新引线中的第二个点的角度。

（7）退出选项

返回第一个 MLEADER 命令提示。

8.5.3 实例——设置多重引线样式

下面通过实例讲解如何设置多重引线样式，具体操作步骤如下。

Step 01 在命令行中输入 MLEADERSTYLE 命令，弹出【多重引线样式管理器】对话框，在该对话框中单击【新建】按钮，弹出【创建新多重引线样式】对话框，在该对话框中将【新样式名】设置为【引线样式 1】，然后单击【继续】按钮，如图 8-72 所示。

Step 02 弹出【修改多重引线样式：引线样式 1】对话框，选择【引线格式】选项卡，在【常规】组中将【颜色】设置为【洋红】；在【箭头】组中将【符号】设置为【点】，将【大小】设置为 5，如图 8-73 所示。

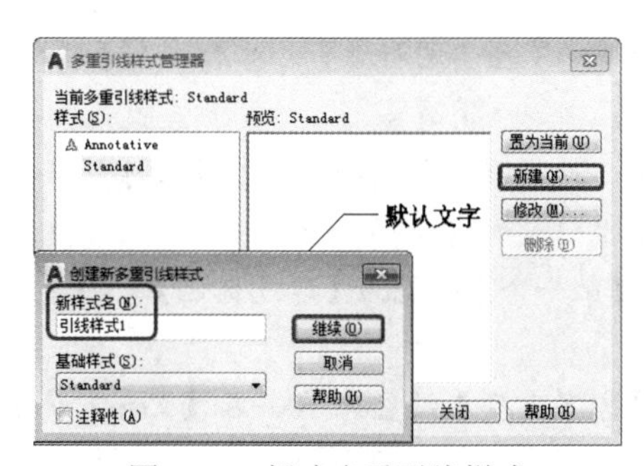

图 8-72 新建多重引线样式

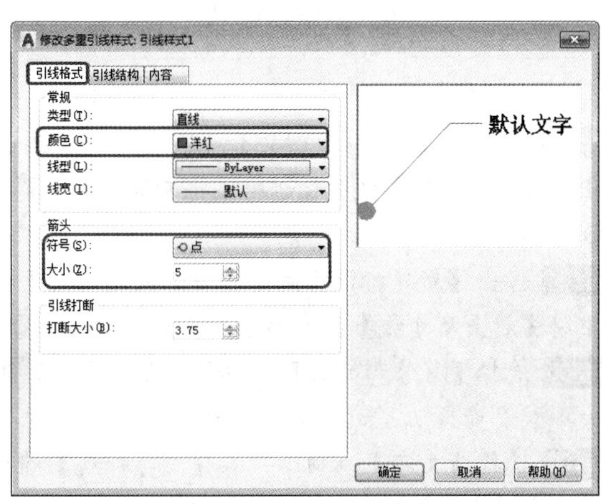

图 8-73 设置引线格式参数

Step 03 选择【内容】选项卡，在【文字选项】组中将【文字颜色】设置为【蓝】，将【文字高度】设置为 6，然后勾选【文字加框】复选框，设置完成后单击【确定】按钮，如图 8-74 所示。

Step 04 返回到【多重引线样式管理器】对话框中，在【样式】列表框中可以看到新创建的样式，选择新建样式后单击【置为当前】按钮，最后单击【关闭】按钮即可，如图 8-75 所示。

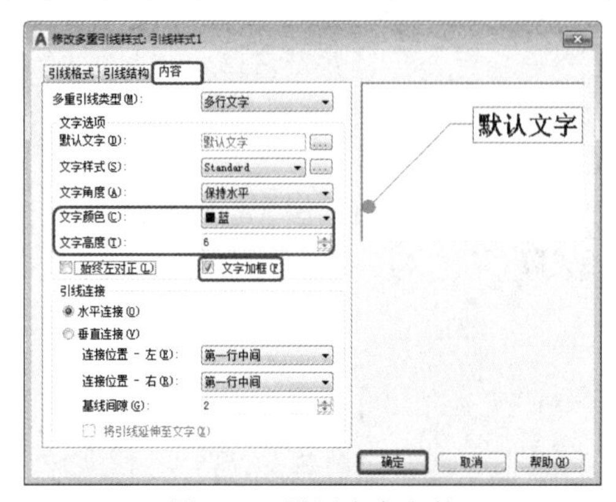

图 8-74　设置内容参数

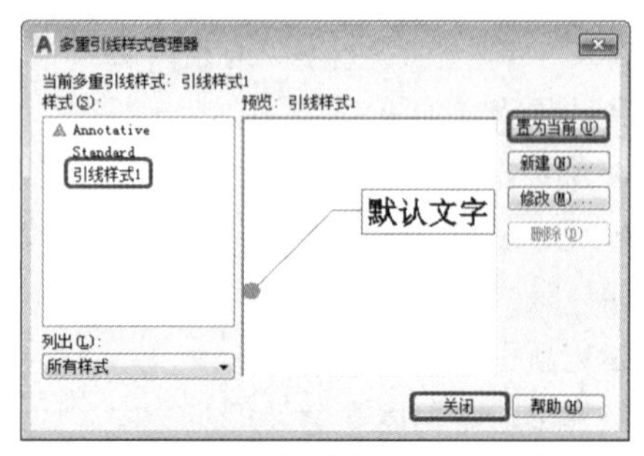

图 8-75　将新建样式置为当前

8.6　综合应用——标注建筑立面图

下面通过综合应用来讲解如何对立面图进行标注，具体操作步骤如下。

Step 01 打开配套资源中的素材\第 8 章\【标注建筑立面图素材.dwg】素材文件，如图 8-76 所示。

Step 02 在命令行中输入 LAYER 命令，弹出【图层特性管理器】选项板，在该选项板中单击【新建图层】按钮，新建图层并将其重命名为【尺寸标注】，将该图层的颜色设置为【蓝】，然后单击【置为当前】按钮，将新建图层置为当前图层，如图 8-77 所示。

图 8-76　素材文件

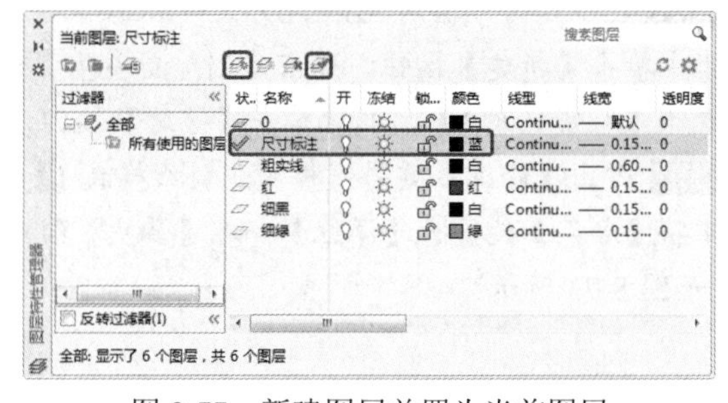

图 8-77　新建图层并置为当前图层

Step 03 在命令行中输入 DIMSTYLE 命令，弹出【标注样式管理器】对话框，单击【新建】按钮弹出【创建新标注样式】对话框，将【新样式名】设置为【建筑立面图标注】，然后单击【继续】按钮，如图 8-78 所示。

Step 04 弹出【新建标注样式：建筑立面图标注】对话框，选择【线】选项卡，在【尺寸界线】组中将【超出尺寸线】设置为 5，将【起点偏移量】设置为 3，如图 8-79 所示。

Step 05 选择【符号和箭头】选项卡，在【箭头】组中将【第一个】设置为【建筑标记】，将【箭头大小】设置为 7，如图 8-80 所示。

Step 06 选择【文字】选项卡，在【文字外观】组中将【文字高度】设置为 10，在【文字对齐】组中选中【水平】单选按钮，如图 8-81 所示。

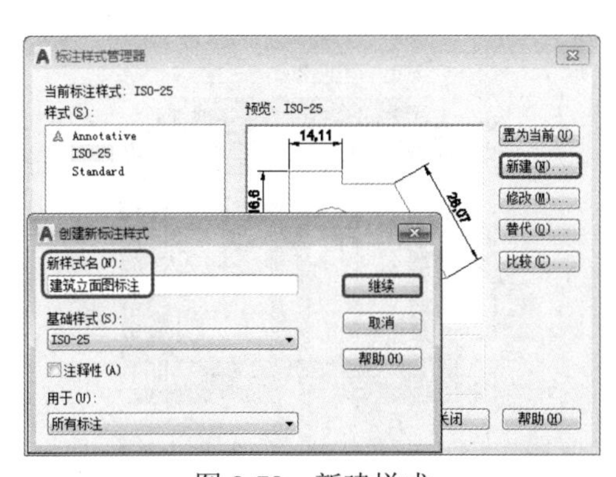

图 8-78　新建样式

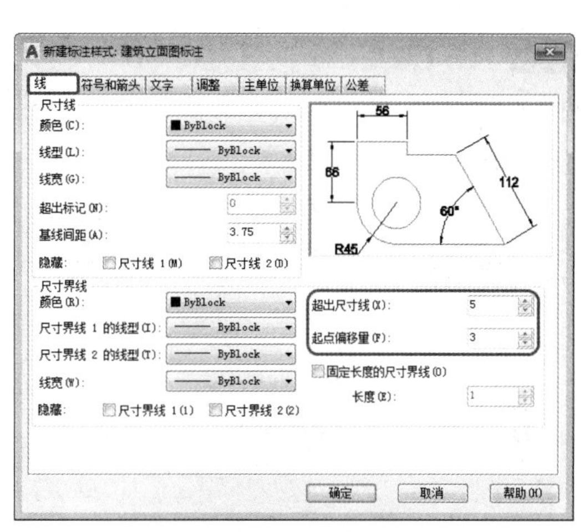

图 8-79　设置线参数

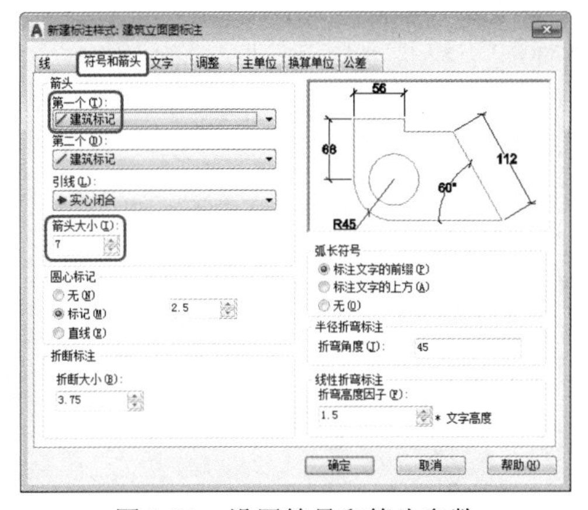

图 8-80　设置符号和箭头参数

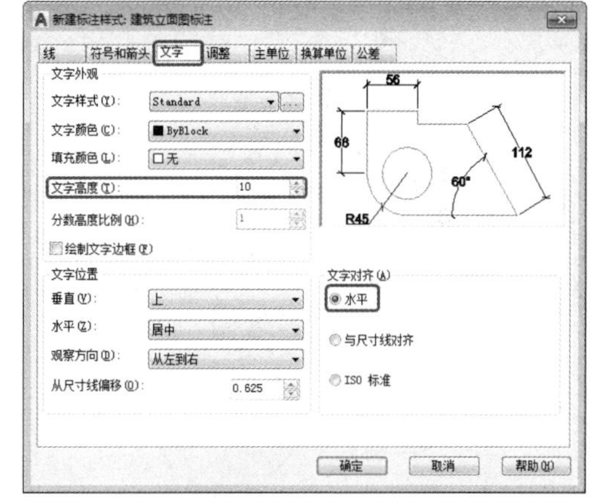

图 8-81　设置文字参数

Step 07 选择【调整】选项卡，在【文字位置】组中选中【尺寸线上方，带引线】单选按钮，如图 8-82 所示。

Step 08 选择【主单位】选项卡，在【线性标注】组中将【精度】设置为 0，如图 8-83 所示。

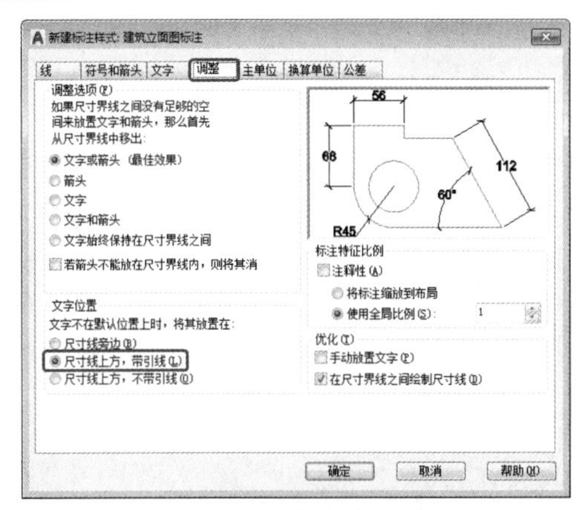

图 8-82　设置调整参数

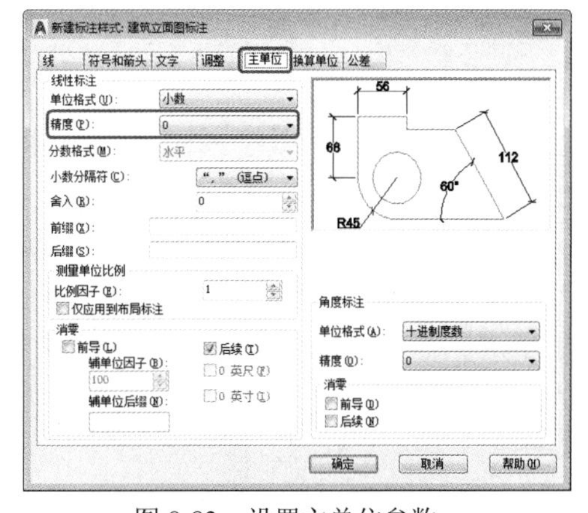

图 8-83　设置主单位参数

Step 09 设置完成后单击【确定】按钮，返回到【标注样式管理器】对话框，在【样式】列表框中可看到新建样式，然后单击【置为当前】按钮，最后单击【关闭】按钮，如图 8-84 所示。

Step 10 执行【线性标注】和【角度标注】命令对图形对象进行标注即可，标注完成效果如图 8-85 所示。

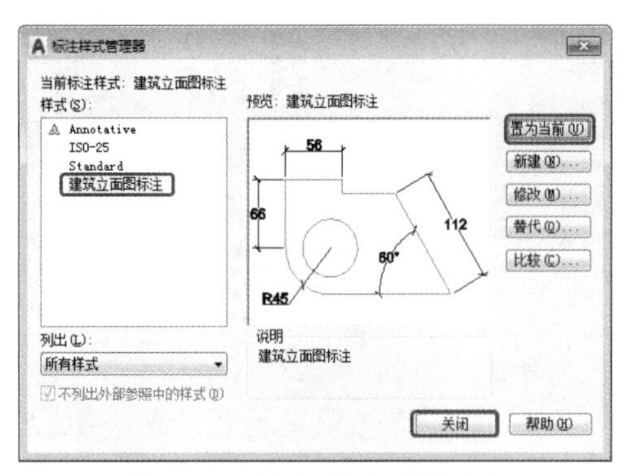

图 8-84　将新建样式置为当前

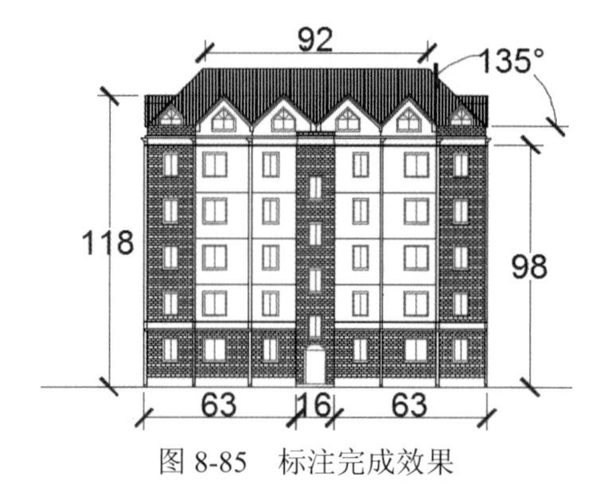

图 8-85　标注完成效果

增值服务：扫码做测试题，并可观看讲解测试题的微课程。

第 9 章 图块和设计中心

图块也称为块，它是由一组图形对象组成的集合，一组对象一旦被定义为图块，它们将成为一个整体，拾取图块中任意一个图形对象即可选中构成图块的所有图形对象。如果图形中有大量相同或相似的内容，或者需要重复使用所绘制的图形，则可以把要重复绘制的图形创建成块（也称为图块），在需要时直接把它们插入到图形中，从而提高绘图效率。可以根据需要创建不同的块类型，如注释块、带属性或注释属性的块及动态块。通过对本章内容的学习，读者应掌握创建与编辑块、编辑和管理属性块的方法，并能够在图形中附着外部参照图形。

9.1 图块的概述

在绘制工程图纸过程中，经常需要多次使用相同或类似的图形，如螺栓螺母等标准件、表面粗糙度符号等图形。每次需要这些图形时都得重复绘制，不仅耗时费力，还容易发生错误。为了解决这个问题，AutoCAD 提供了图块的功能。用户可以把常用的图形创建成块，在需要时插入到当前图形文件中，从而提高绘图效率。

1. 图块的优点

图块是指一个或多个图形对象的集合，可以帮助用户在同一图形或其他图形中重复使用对象。用户可以对它进行移动、复制、缩放、删除等修改操作。组成图块的图形对象都有自己的图层、线型、颜色等属性。图块一旦创建好，就是一个整体，即单一的对象。图块具有以下优点。

- 提高绘图速度。将经常使用的图形创建成图块，需要时插入到图形文件中，可以减少不必要的重复工作。
- 节省磁盘空间。在图形中插入块是对块的引用，不管图块多么复杂，在图形中只保留块的引用信息和该块的定义，所以使用块可以减少图形存储空间。
- 方便修改图形。工程设计是一个不断完善的过程，图纸需要经常修改，只要对图块进行修改，图中插入的所有该块均会自动修改。
- 可以添加属性。可以把文字信息等属性添加到图块当中，并且可以在插入的块中指定是否显示这些属性，还可以从图中提取这些信息。

2. 图块的分类

图块可分为内部块和外部块两大类。

- 内部块：只能存在于定义该块的图形中，而其他图形文件不能使用该图块。
- 外部块：作为一个图形文件单独存储在磁盘等媒介上，可以被其他图形引用，也可以单独被打开。

3. 图块的操作步骤

Step 01 创建块。为新图块命名，选择组成图块的图形对象，确定插入点。

Step 02 插入块。将块插入到指定的位置。

9.2 图块的操作

本节将详细讲解内部块和外部块的创建、插入，以及图块的删除、重命名和分解命令。

9.2.1 创建图块

用户可以通过【默认】选项卡|【块】组对块进行操作，【块】对话框如图9-1所示。

要使用块，必须首先创建块，可以通过以下方法创建块。

- 【块】组|【创建】按钮。
- 菜单命令：【绘图】|【块】|【创建】。
- 命令行：BLOCK。

执行以上任一命令后，弹出【块定义】对话框，如图9-2所示。

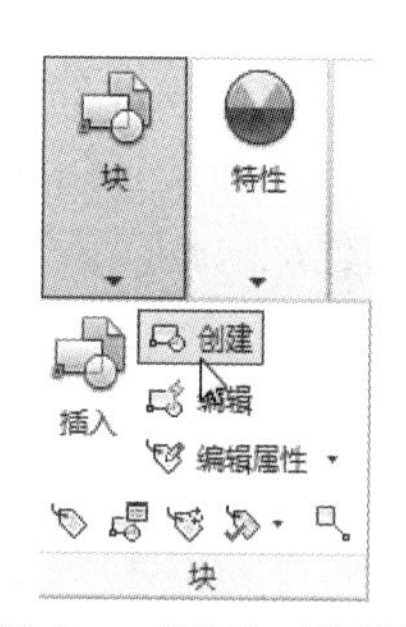

图9-1 【块】对话框

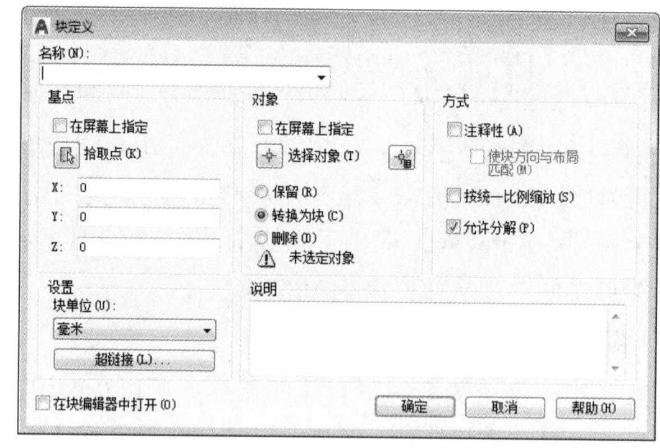

图9-2 【块定义】对话框

其中各选项的含义如下。

- 【名称】文本框：输入要定义的图块名称。
- 【基点】选项组：设置块的插入基点。

➢【在屏幕上指定】复选框：关闭对话框时，将提示用户指定基点。

➢【拾取点】按钮：暂时关闭对话框以使用户能在当前图形中拾取插入基点。

➢X：指定X坐标值。

➢Y：指定Y坐标值。

➢Z：指定Z坐标值。

- 【对象】选项组：可以指定新块中包含的对象，以及创建块以后是否保留选定的对象，或将它们转换成块。

➢单击【选择对象】按钮，切换到绘图窗口，选择需要创建的对象。

➢单击【快速选择】按钮，打开【快速选择】对话框，使用该对话框可以定义选择集，如图9-3所示。

➢【保留】单选按钮：在选择了组成块的对象后，保留被选择的对象不变。

➢【转换为块】单选按钮：被选中组成块的对象转换为该图块的一个实例。该项为默认设置。
➢【删除】单选按钮：创建块结束后，选中的图形对象在原位置被删除。
● 【说明】文本区域：输入与块有关的文字说明。
● 【方式】选项组：指定块的方式。
➢【注释性】复选框：指定块为注释性。
➢ 使块方向与布局匹配：指定在图纸空间视口中的块参照的方向与布局的方向匹配。如果未选择【注释性】选项，则该选项不可用。
➢ 按统一比例缩放：指定是否阻止块参照不按统一比例缩放。
➢ 允许分解：指定块参照是否可以被分解。
● 【设置】选项组：指定块的设置。
➢【块单位】下拉列表：指定块参照插入单位。
➢【超链接】按钮：单击该按钮，打开【插入超链接】对话框，可以插入超链接文档，如图 9-4 所示。

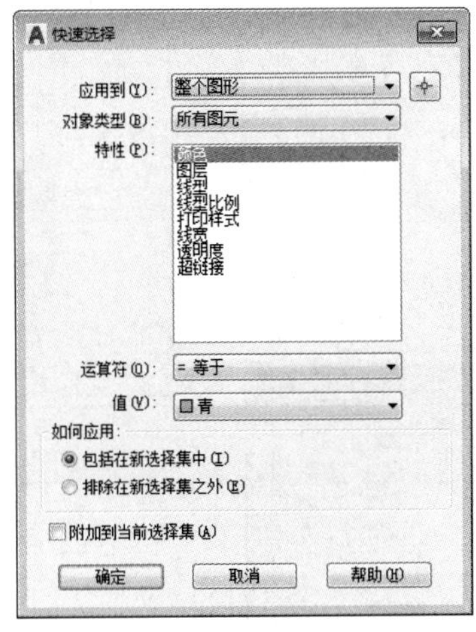

图 9-3 【快速选择】对话框

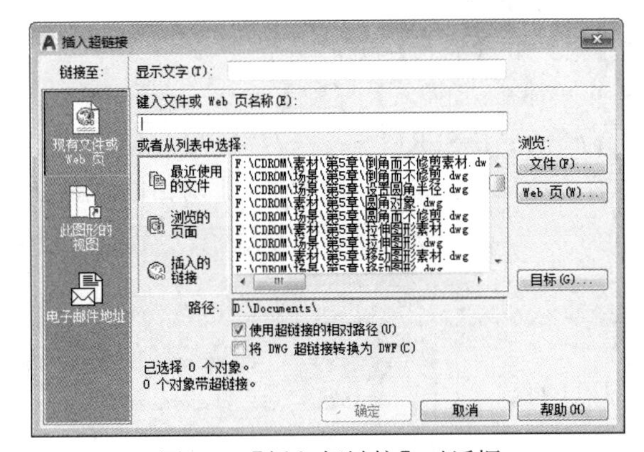

图 9-4 【插入超链接】对话框

9.2.2 实例——创建内部块

下面介绍如何创建内部块，其具体操作步骤如下。

Step 01 打开配套资源中的素材\第 9 章\【跑车.dwg】图形文件，如图 9-5 所示。

Step 02 单击【块】组中的【创建】按钮，打开【块定义】对话框，单击【拾取点】按钮，拾取如图 9-6 所示的点作为插入基点。

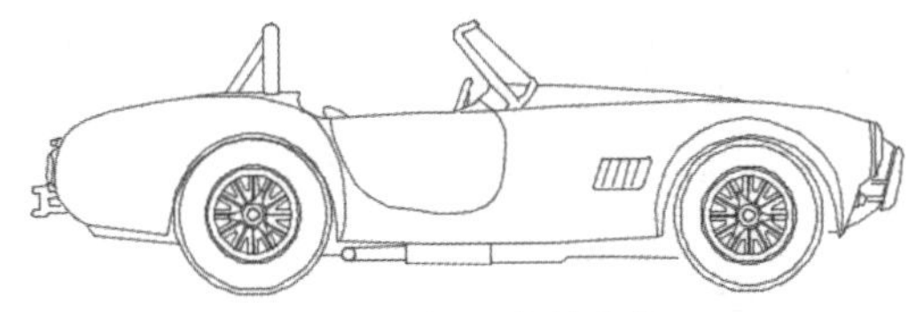

图 9-5 打开素材文件

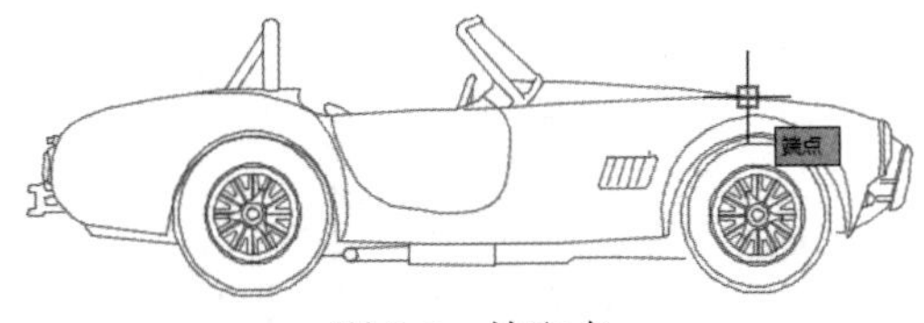

图 9-6 拾取点

Step 03 单击【选择对象】按钮，在绘图区中选择所有的对象，按【Enter】键完成选择，在【名称】文本框中输入【跑车】，如图 9-7 所示。

Step 04 设置完成后，单击【确定】按钮，即可完成块的创建，如图 9-8 所示。

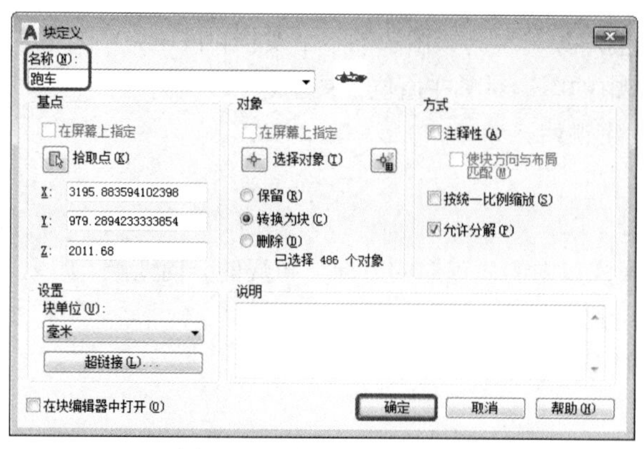

图 9-7 【块定义】对话框

图 9-8 定义块后的效果

9.2.3 实例——插入建筑块对象

创建好图块后，就可以在图形中反复使用。将块插入到图形中的操作非常简单，就如同在文档中插入图片一样。在插入块的过程中，还可以缩放和旋转块。

插入块的方法如下。

- 【块】组|【插入】按钮。
- 菜单命令：【插入】|【块】。
- 命令行：INSERT。

执行上述任一命令，打开【插入】对话框，如图 9-9 所示。

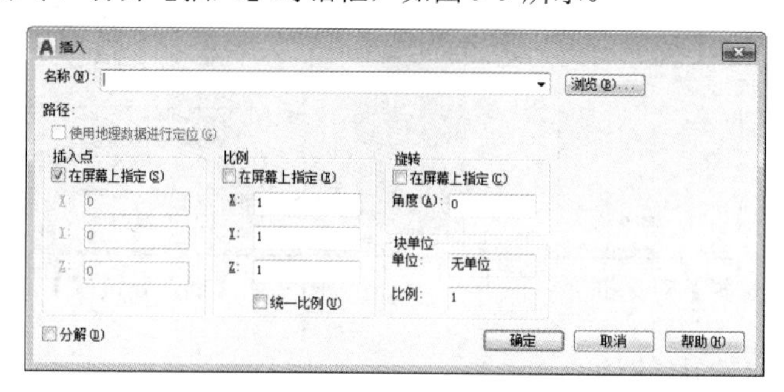

图 9-9 【插入】对话框

下面介绍如何插入建筑块对象，其具体操作步骤如下。

Step 01 打开配套资源中的素材\第 9 章\【餐桌.dwg】图形文件，效果如图 9-10 所示。

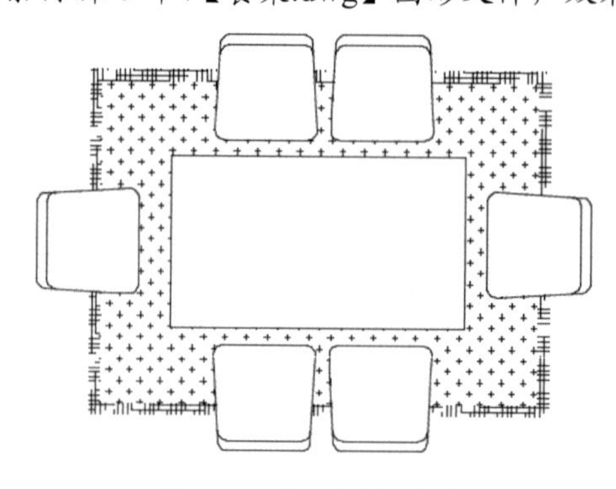

图 9-10 打开素材文件

Step 02 在命令行中执行 INSERT 命令，在弹出的对话框中单击【浏览】按钮，如图 9-11 所示。

Step 03 在弹出的对话框中打开配套资源中的素材\第 9 章\【餐具.dwg】图形文件，如图 9-12 所示。

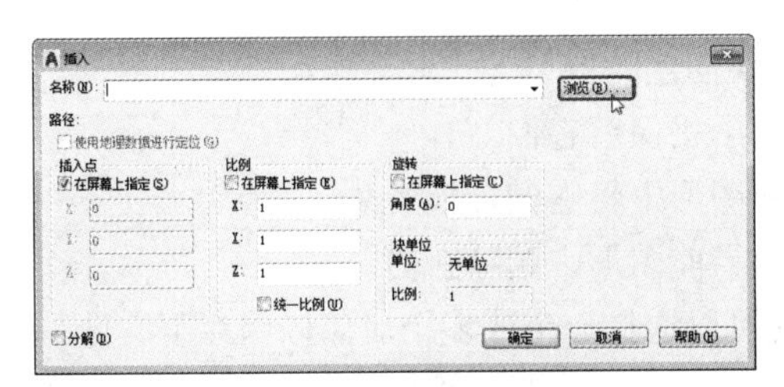

图 9-11　单击【浏览】按钮

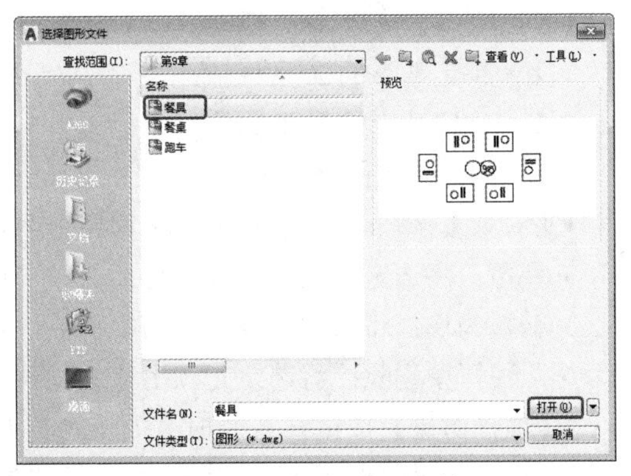

图 9-12　选择图形文件

Step 04 单击【打开】按钮，返回至【插入】对话框，单击【确定】按钮，在绘图区中指定插入点，即可插入块，然后调整图块的位置，效果如图 9-13 所示。

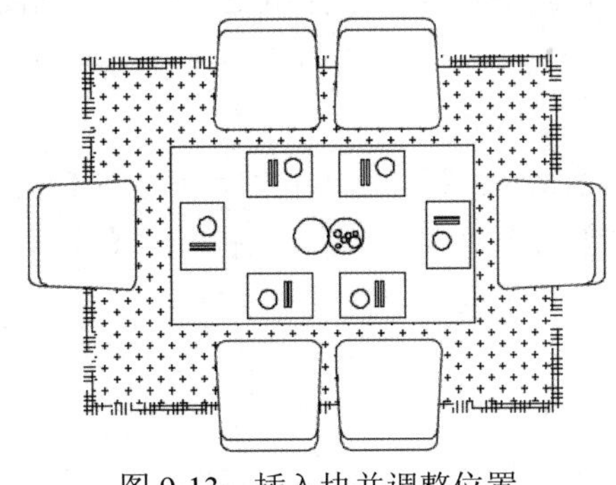

图 9-13　插入块并调整位置

9.2.4　外部图块

通过 BLOCK 命令创建的块只能存在于定义该块的图形中，不能应用到其他图形文件中。如果要让所有的 AutoCAD 文档共用图块，可以用 WBLOCK 命令创建块为外部块，将该图块作为一个图形文件单独存储在磁盘上。

在命令行中输入 WBLOCK，按【Enter】键后打开【写块】对话框，如图 9-14 所示。

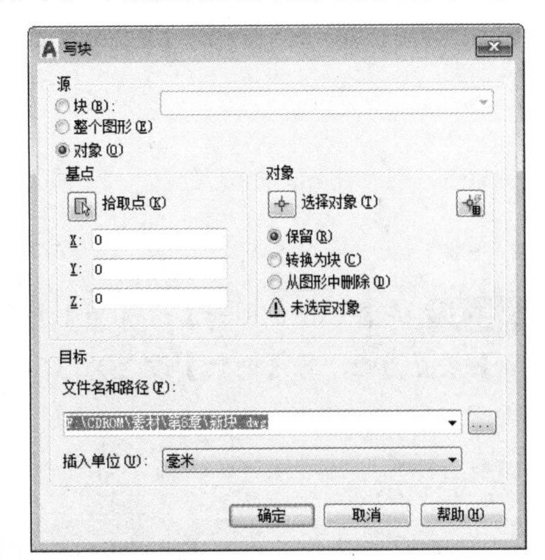

图 9-14　【写块】对话框

其中各选项的含义如下。

- 【源】选项组：指定块和对象，将其另存为文件并指定插入点。
  - ➢【块】文本框：将定义好的内部块保存为外部块，可以在下拉列表框中选择。
  - ➢【整个图形】单选按钮：将当前的全部图形保存为外部块。
  - ➢【对象】单选按钮：可以在随后的操作中设定基点

并选择对象，该项为默认设置。

- 【基点】选项组：指定块的基点。默认值是（0,0,0）。
- 【拾取点】按钮：暂时关闭对话框以使用户能在当前图形中拾取插入基点。
  - X：指定基点的 X 坐标值。
  - Y：指定基点的 Y 坐标值。
  - Z：指定基点的 Z 坐标值。
- 【对象】选项组：设置用于创建块的对象上的块创建的效果。
  - 保留：将选定对象另存为文件后，在当前图形中仍保留它们。
  - 转换为块：将选定对象另存为文件后，在当前图形中将它们转换为块。
  - 从图形中删除：将选定对象另存为文件后，从当前图形中删除它们。
  - 【选择对象】按钮：临时关闭该对话框以便可以选择一个或多个对象以保存至文件。
  - 【快速选择】按钮：打开【快速选择】对话框，从中可以过滤选择集。
- 【目标】选项组：用于输入块的文件名和保存文件的路径。单击按钮，打开【浏览文件夹】对话框，设置文件保存的位置。
- 【插入单位】文本框：从下拉列表框中选择由设计中心拖动图块时的缩放单位。

9.2.5 插入外部块

插入外部块的操作和插入内部块的操作基本相同，也是在【插入】对话框中完成的。外部块实际上是【.dwg】图形文件。单击【浏览】按钮，在打开的【选择图形文件】对话框中选择所需的图形文件，其余的步骤与插入内部块相同。

9.2.6 实例——多重插入块

用户可以通过 MINSERT 命令同时插入多个块。下面介绍如何多重插入块，其具体操作步骤如下。

Step 01 打开配套资源中的素材\第 9 章\【多重块素材.dwg】图形文件，在命令行中输入 MINSERT 命令，在命令行中输入块名为【牛】，在绘图区中指定对象的插入点，如图 9-15 所示。

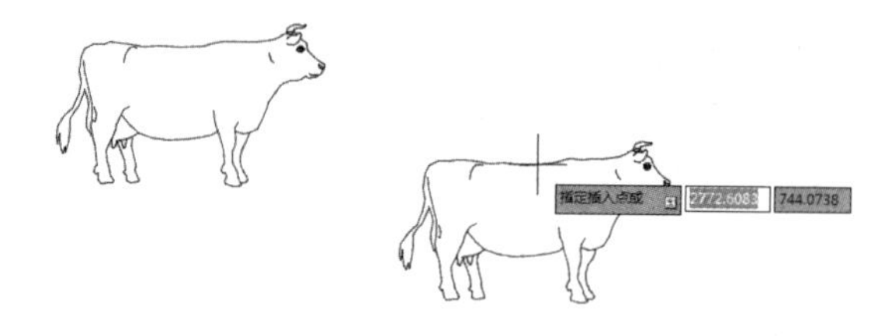

图 9-15 指定插入点

Step 02 将【X 比例因子】设置为 1，将【Y 比例因子】设置为 1，将【旋转角度】设置为 0，将【行数】设置为 2，将【列数】设置为 3，输入【行间距】为 100，将【列间距】设置为 150，如图 9-16 所示。

提 示

> 多重插入产生的块阵列是一个整体，不能分解和编辑。而先插入块后阵列，则每个块是一个对象。

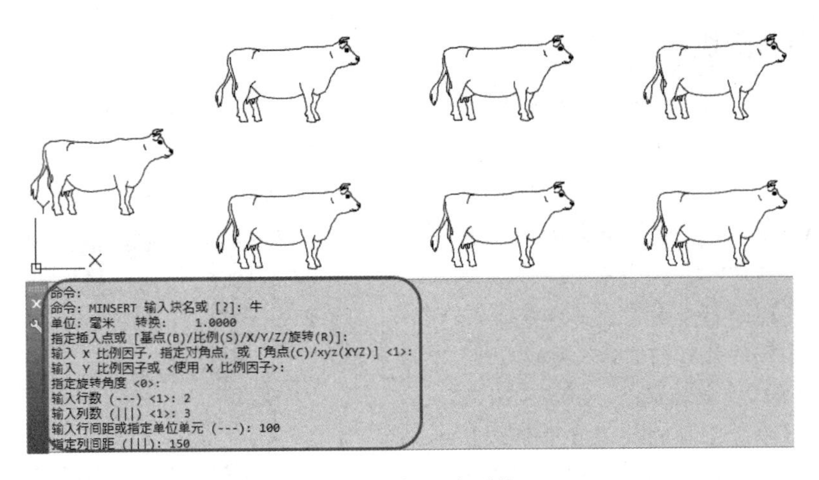

图 9-16　插入多重块

9.2.7　删除图块

图形中未被使用的图块可以被清除，已插入到图形中被使用的图块不能被清除。删除已定义但未被使用的内部图块的方法如下。

- 显示菜单栏，选择【文件】|【图形实用工具】|【清理】命令。
- 在命令行中执行 PURGE 命令。

在命令行中执行 PURGE 命令，打开【清理】对话框，如图 9-17 所示，选中【查看能清理的项目】单选按钮，在【图形中未使用的项目】列表框中双击【块】选项，展开此项显示当前图形文件中所有未使用过的内部图块。选择要删除的图块，然后单击【清理】按钮，系统弹出【清理 - 确认清理】对话框，如图 9-18 所示，选择【清理此项目】选项，完成图块的清除工作。

选中【查看不能清理的项目】单选按钮，在【图形中当前使用的项目】列表框中双击【块】选项，将显示当前图形文件中所有使用过的内部图块，并在下方提示栏中显示出不能清理此块的原因，如图 9-19 所示。

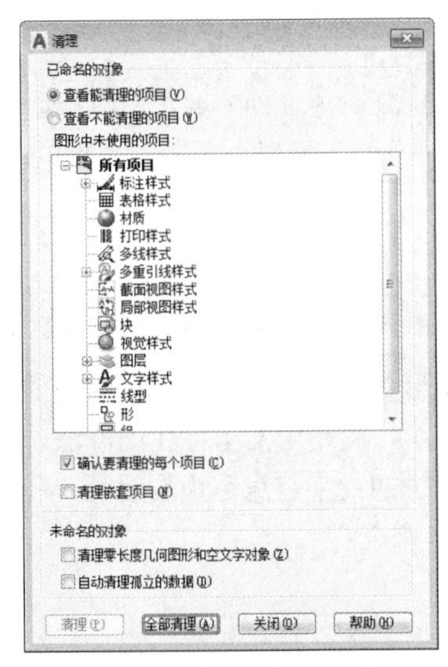

图 9-17　【清理】对话框

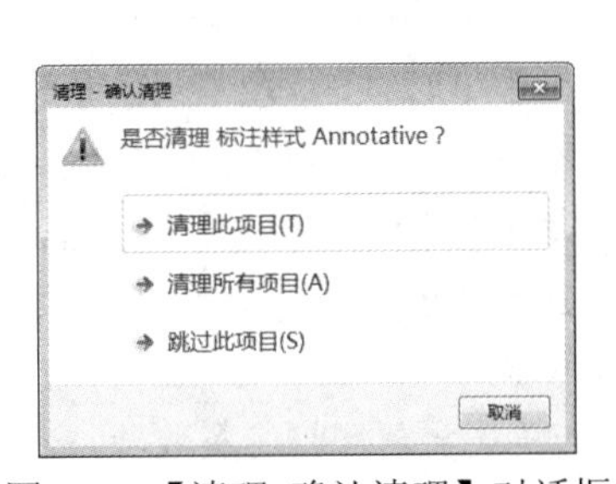

图 9-18　【清理-确认清理】对话框

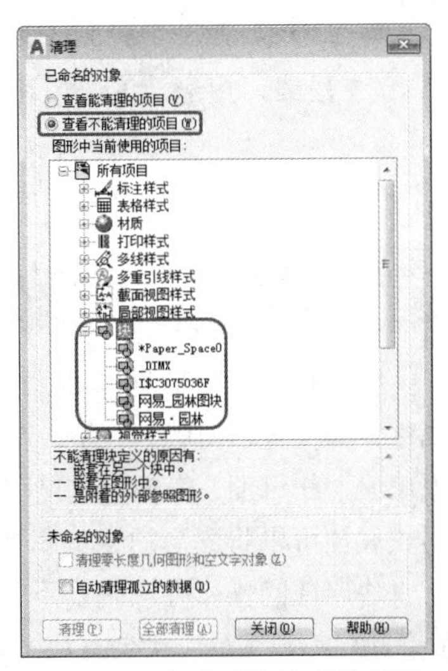

图 9-19　查看不能清理的项目

9.2.8 重命名图块

对于内部图块文件，可直接在保存目录中进行重命名，其方法比较简单。在命令行中执行RENAME或REN命令即可对内部图块进行重命名，具体操作过程如下。

Step 01 在命令行中执行RENAME命令，弹出【重命名】对话框，然后在左侧的【命名对象】列表框中选择【块】选项。此时在【项数】列表框中即显示了当前图形文件中的所有内部块，选择要重命名的图块，在下方的【旧名称】文本框中会自动显示该图块的名称。在【重命名为】按钮右侧的文本框中输入新的名称，然后单击【重命名为】按钮确认重命名操作，如图9-20所示。

Step 02 单击【确定】按钮关闭【重命名】对话框。如需重命名多个图块名称，则可在该对话框中继续选择要重命名的图块，然后进行相关操作，最后单击【确定】按钮关闭对话框。

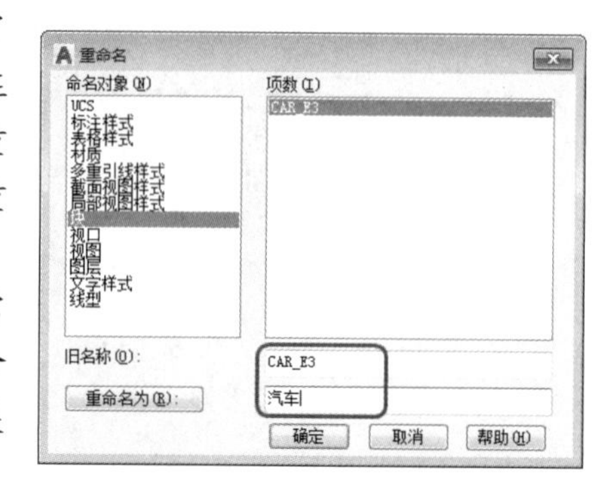

图9-20 【重命名】对话框

9.2.9 实例——分解图块

由于插入的图块是一个整体，有时因为绘图需要，必须将其分解，这样才能使用各种编辑命令对其进行编辑。分解图块的方法如下。

- 在【默认】选项卡的【修改】对话框中单击【分解】按钮。
- 显示菜单栏，选择【修改】|【分解】命令。
- 在命令行中执行EXPLODE或X命令。

执行上述任一命令后，按【Enter】键即可分解图块。图块被分解后，它的各个组成元素将变为单独的对象，即可单独对各个组成元素进行编辑。

如果插入的图块是以等比例方式插入的，则分解后它将成为原始对象组件；如果插入图块时在X、Y、Z轴方向上设置了不同的比例，则图块可能被分解成未知的对象。

提 示

多段线、矩形、多边形和填充图案等对象也可以使用EXPLODE命令进行分解，但直线、样条曲线、圆、圆弧和单行文字等对象不能被分解，使用多重插入命令和阵列命令插入的块也不能被分解。

9.3 定义属性块

图块包含两种信息：图形信息和非图形信息。图形信息是和图形对象的几何特征直接相关的属性，如位置、图层、线型、颜色等。非图形信息不能通过图形表示，而是由文本标注的方法表现出来，如日期、表面粗糙度值、设计者、材料等。我们把这种附加的文字信息称为块属性，利用块属性可以将图形的这些属性附加到块上，成为块的一部分。

块属性的操作方法有以下几个步骤。

Step 01 定义属性：要创建块属性，首先要创建描述属性特征的属性定义，特征包括标记、插入块时显示的提示、值的信息、文字格式、位置和可选模式。

Step 02 在创建图块时附加属性。

Step 03 在插入图块时确定属性值。

打开【属性定义】对话框的方法如下。

- 【块】组|【定义属性】按钮。
- 菜单命令：【绘图】|【块】|【定义属性】。
- 命令行：ATTDEF。

执行上述任一命令，打开【属性定义】对话框，如图 9-21 所示，可以定义属性模式、属性标记、属性值、插入点以及属性的文字选项。

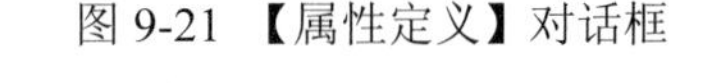

图 9-21 【属性定义】对话框

- 【模式】选项组：通过复选框设定属性的模式，部分复选框的含义如下。
  - ➢【不可见】复选框：插入图块并输入图块的属性值后，该属性值不在图中显示出来。
  - ➢【固定】复选框：定义的属性值是常量，在插入图块时，属性值将保持不变。
  - ➢【验证】复选框：在插入图块时系统将对用户输入的属性值给出校验提示，以确认输入的属性值是否正确。
  - ➢【预设】复选框：在插入图块时将直接以图块默认的属性值插入。
  - ➢【锁定位置】复选框：锁定块参照中属性的位置。解锁后，属性可以相对于使用夹点编辑的块的其他部分移动，并且可以调整多行文字属性的大小。
  - ➢【多行】复选框：指定属性值可以包含多行文字，并且允许指定属性的边界宽度。
- 【属性】选项组：设置属性。
  - ➢标记：属性的标签，该项是必须要输入的。
  - ➢提示：作为输入时提示用户的信息。
  - ➢默认：用户设置的属性值。
- 【插入点】选项组：设置属性插入位置。可以通过输入坐标值来定位插入点，也可以在屏幕上指定。
  - ➢【在屏幕上指定】复选框：关闭对话框后将显示【起点】提示。使用定点设备来指定属性相对于其他对象的位置。
  - ➢X：指定属性插入点的 X 坐标。
  - ➢Y：指定属性插入点的 Y 坐标。
  - ➢Z：指定属性插入点的 Z 坐标。
- 【文字设置】选项组：设置文字。
  - ➢【对正】：下拉列表框：包含了所有的文本对正类型，可以从中选择一种对正方式。
  - ➢【文字样式】下拉列表框：可以选择已经设定好的文字样式。
  - ➢【文字高度】文本框：定义文本的高度，可以直接由键盘输入。
  - ➢【旋转】文本框：设定属性文字行的旋转角度。
- 【在上一个属性定义下对齐】复选框：如果前面定义过属性，则该项可以使用。当前属性定义的插入点和文字样式将继承上一个属性的性质，不需要再定义。

9.3.1　实例——创建带属性的图块

下面介绍如何创建带属性的图块，并将其插入到绘图区中，其具体操作步骤如下。

Step 01 使用【圆】工具，绘制半径为700的圆，如图9-22所示。

Step 02 在命令行中输入ATTDEF命令，在弹出的对话框中将【标记】和【默认】都设置为1，将【对正】设置为【居中】，将文字高度设置为800，如图9-23所示。

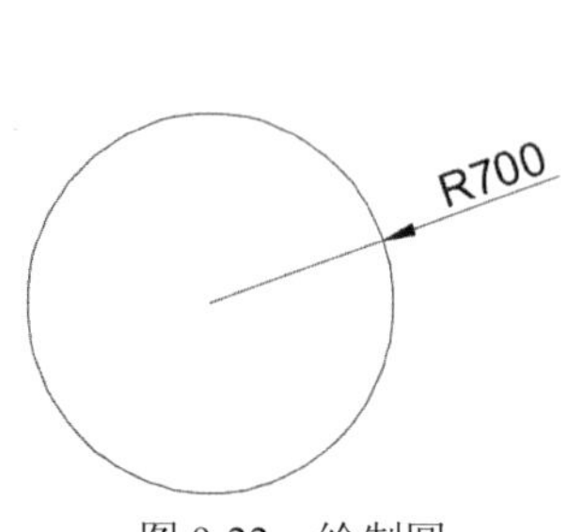

图9-22 绘制圆

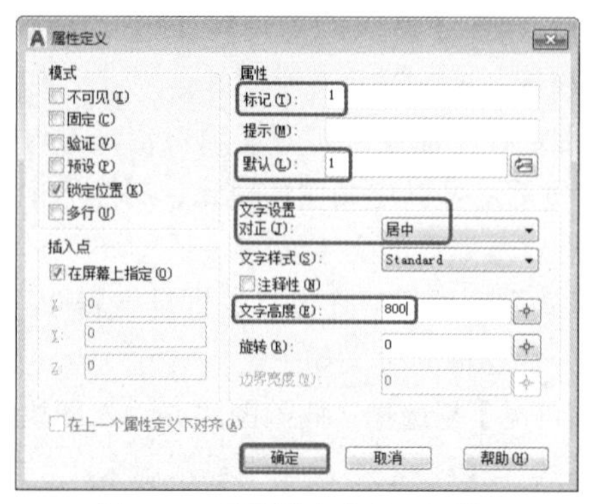

图9-23 【属性定义】对话框

Step 03 设置完成后，单击【确定】按钮，在绘图区中指定对象的位置，如图9-24所示。

Step 04 在命令行中执行BLOCK命令，在弹出的对话框中将名称设置为【1】，单击【拾取点】按钮，在绘图区中指定插入点，如图9-25所示。

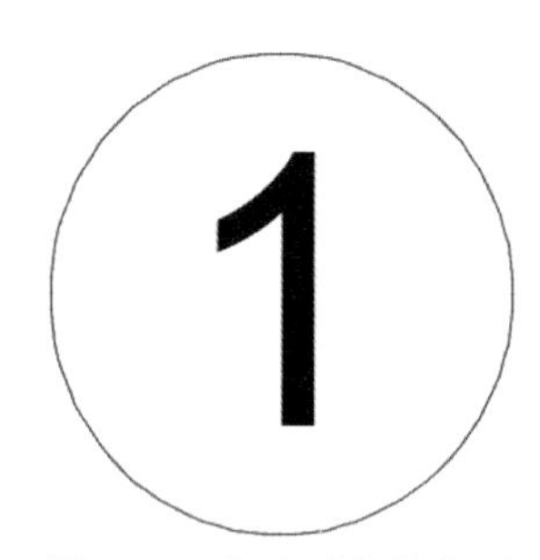

图9-24 指定对象的位置

图9-25 指定插入点

Step 05 在【块定义】对话框中单击【选择对象】按钮，在绘图区中选择要定义为块的对象，如图9-26所示。

Step 06 按【Enter】键完成选择，单击【确定】按钮，在弹出的【编辑属性】对话框中单击【确定】按钮，编辑块后的效果如图9-27所示。

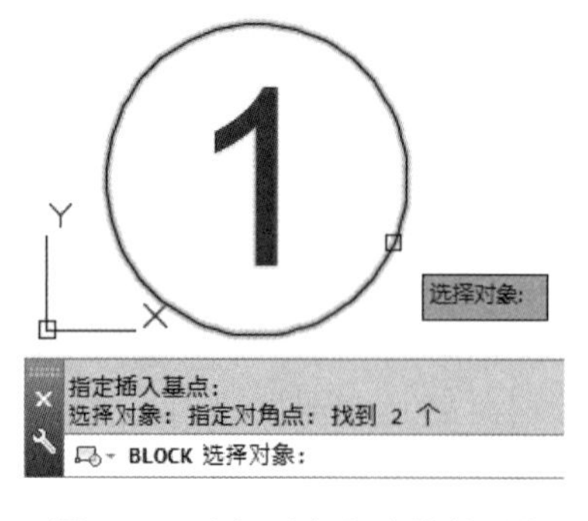

图9-26 选择要定义为块的对象

图9-27 编辑块后的效果

Step 07 在命令行中输入INSERT命令，在弹出的对话框中选择【1】块对象，参照图9-28进行

设置，然后单击【确定】按钮。

Step 08 在绘图区中指定对象的位置，在弹出的对话框中输入 1，如图 9-29 所示。

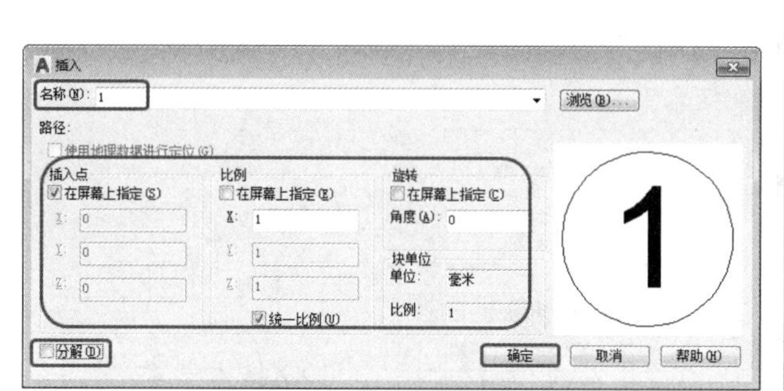

图 9-28 【插入】对话框

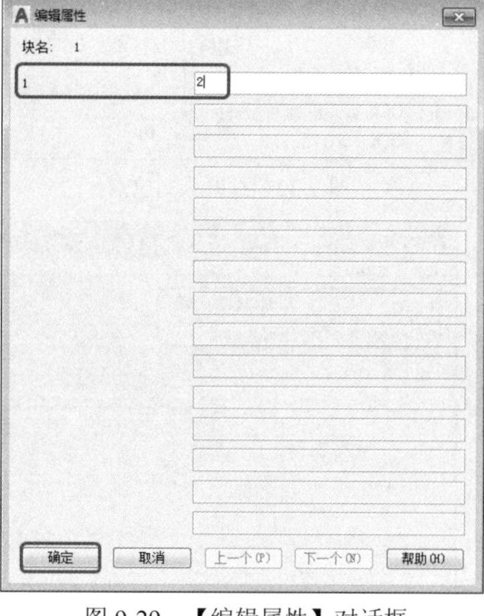

图 9-29 【编辑属性】对话框

Step 09 设置完成后，单击【确定】按钮，即可插入块，如图 9-30 所示。

Step 10 使用同样的方法可以多次插入即可创建带有属性的块，效果如图 9-31 所示。

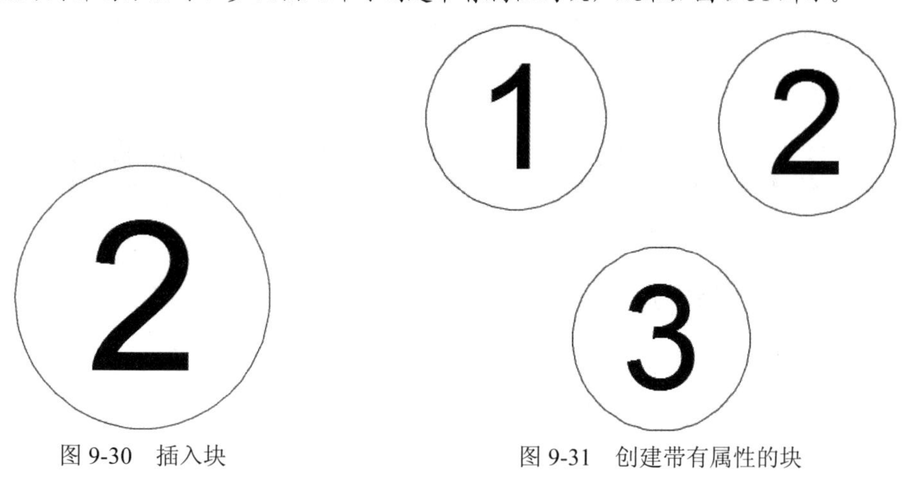

图 9-30　插入块

图 9-31　创建带有属性的块

9.3.2　实例——创建带属性的标题栏图块

下面介绍如何将标题栏创建为带有属性的图块，其具体操作步骤如下。

Step 01 打开配套资源中的素材\第 9 章\【标题栏.dwg】图形文件，如图 9-32 所示。

Step 02 在命令行中执行 INSERT 命令，在弹出的对话框中单击【浏览】按钮，在弹出的【插入】对话框中选择【标题栏】素材文件，如图 9-33 所示。

Step 03 设置完成后，单击【确定】按钮，在绘图区中单击，指定插入点，在弹出的对话框中输入相应的名称，如图 9-34 所示。

Step 04 设置完成后，单击【确定】按钮，即可完成插入，效果如图 9-35 所示。

图名			比例	材料	图号
制图	XXX	日期	单位名称		
审核	XXX	2015. 8. 2			

图 9-32　打开素材文件

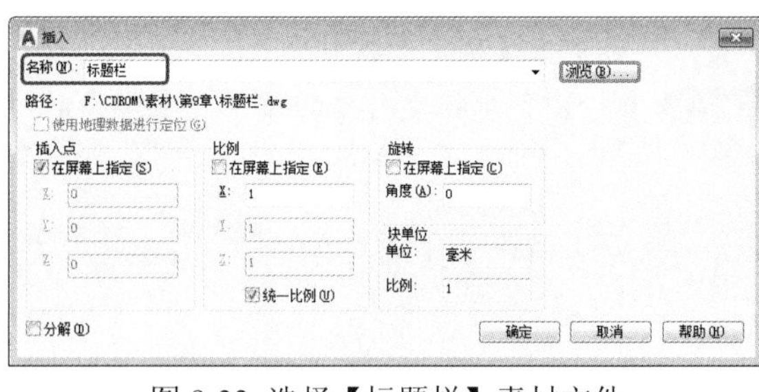

图 9-33 选择【标题栏】素材文件

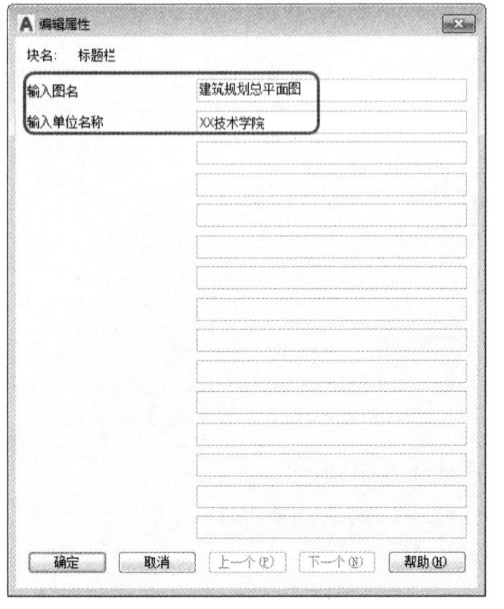

图 9-34 【编辑属性】对话框

建筑规划总平面图			比例	材料	图号
制图	XXX	日期	XX技术学院		
审核	XXX	2015. 8. 2			

图名			比例	材料	图号
制图	XXX	日期	单位名称		
审核	XXX	2015. 8. 2			

图 9-35　最终效果

9.4　编辑和管理块属性

在绘制工程图纸的过程中，要对图块及其属性进行修改和编辑。

9.4.1　实例——编辑图块

利用【块参照】快捷特性对话框只能修改图块属性的属性值，不能修改属性文本的格式。用【增强属性管理器】可以对属性文本的内容和格式进行修改。

增强属性管理器的打开方式如下。

- 【块】组|【单个】按钮 编辑属性 。
- 菜单命令：执行【修改】|【对象】|【属性】|【单个】命令。
- 命令行：EATTEDIT。

下面通过实例来讲解如何编辑块属性，其具体操作步骤如下。

Step 01 打开配套资源中的素材\第 9 章\【编辑图块素材.dwg】图形文件，如图 9-36 所示。

Step 02 双击图形对象，弹出【增强属性编辑器】对话框，切换至【属性】选项卡，将【值】设置为【直升飞机】，如图 9-37 所示。

Step 03 切换至【文字选项】选项卡，将【高度】设置为 300，如图 9-38 所示。

Step 04 单击【确定】按钮，效果如图 9-39 所示。

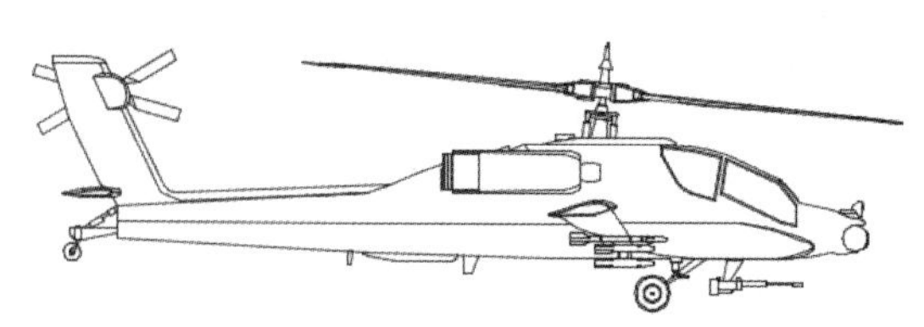

图 9-36 打开素材文件

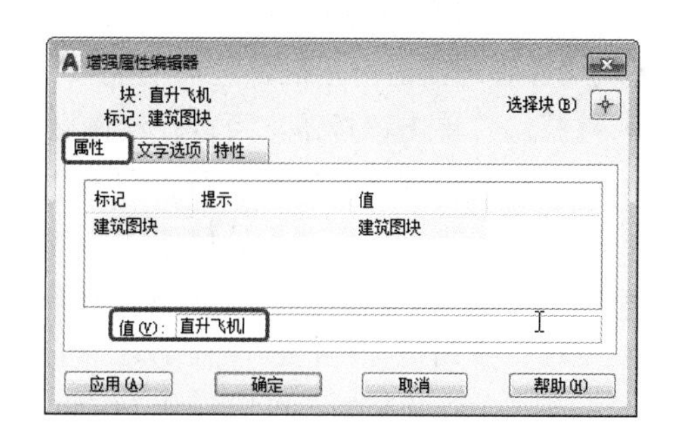

图 9-37 设置属性参数

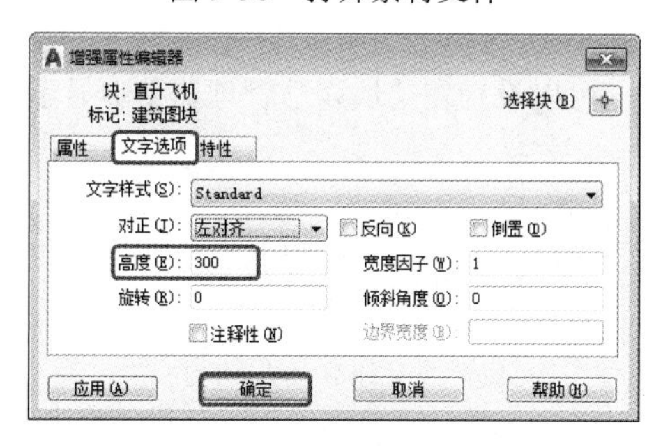

图 9-38 设置文字高度

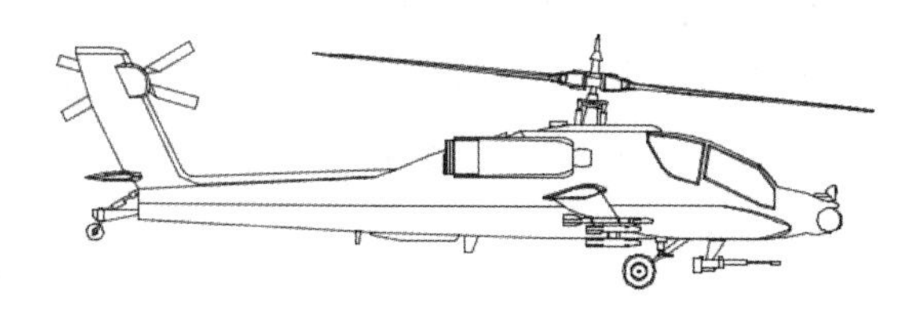

图 9-39 更改后的效果

【增强属性编辑器】对话框中各选项功能如下。

- 【属性】选项卡：显示了块中每个属性的标记、提示和值。在列表框中选择某一属性后，在【值】文本框中将显示出该属性对应的属性值，可以通过它来修改属性值。
- 【文字选项】选项卡：用于编辑属性文字的格式，包括文字样式、对正、高度、旋转、反向、倒置、宽度因子和倾斜角度等。
- 【特性】选项卡：用于设置属性所在的图层、线型、线宽、颜色及打印样式等。

9.4.2 图块的重新定义

通过对块的重新定义，可以更新所有的块实例，实现自动修改的功能，操作方法如下。

Step 01 用分解命令将块分解。

Step 02 将图形重新进行修改编辑。

Step 03 重新定义图块。

注 意

在重新定义块时，如不分解图块，AutoCAD 将提示操作错误。

9.4.3 块属性管理器

使用【块属性管理器】可以管理块的属性定义。打开【块属性管理器】对话框的方法如下。

- 菜单栏：执行【修改】|【对象】|【属性】|【块属性管理器】命令。
- 命令行：BATTMAN。

打开【块属性管理器】对话框，如图 9-40 所示。

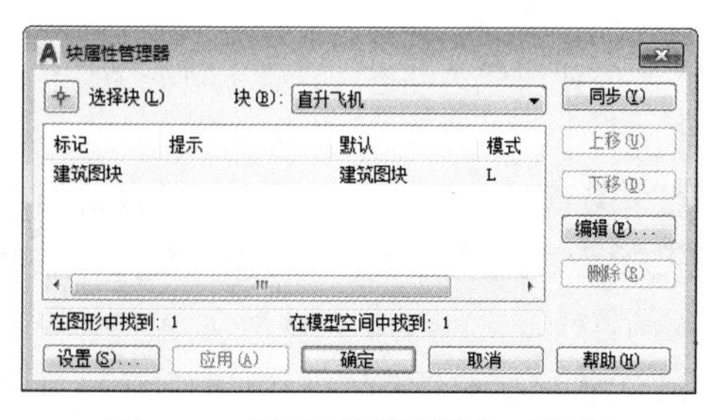

图 9-40 【块属性管理器】对话框

【块属性管理器】对话框各选项功能如下。

- 选择块：单击该按钮，可以在绘图区域选择块。
- 块：在下拉列表中显示具有属性的全部块定义。
- 同步：单击该按钮，更新修改的属性定义。
- 上移：单击该按钮，向上移动选中的属性。
- 下移：单击该按钮，向下移动选中的属性。
- 编辑：单击该按钮，可以打开【编辑属性】对话框，使用该对话框可以修改属性特性，如图 9-41 所示。
- 删除：单击该按钮，删除块定义中选中的属性。
- 设置：单击该按钮，打开【块属性设置】对话框，可以设置在【块属性管理器】中显示的属性信息，如图 9-42 所示。
- 应用：单击该按钮，将所做的属性更改应用到图形中。

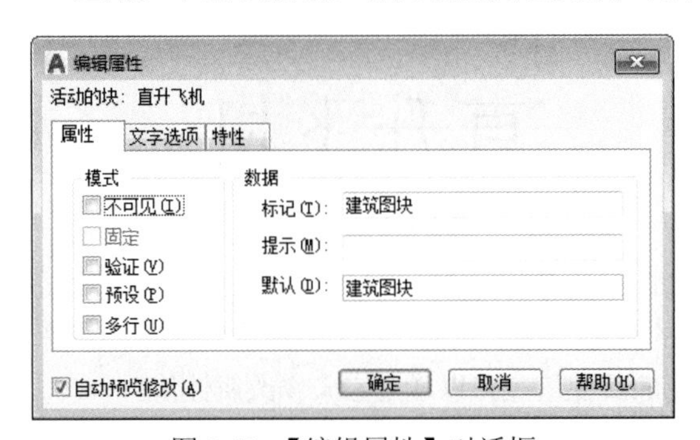

图 9-41 【编辑属性】对话框

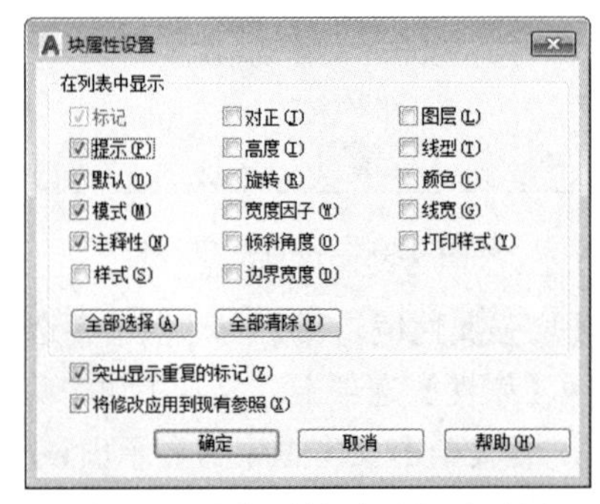

图 9-42 【块属性设置】对话框

9.4.4 实例——块编辑器

块编辑器是一个独立的环境，用于为当前图形创建和更改块定义，还可以使用块编辑器给块添加动态行为。

动态块具有灵活性和智能性。用户在操作时可以轻松地更改图形中的动态块参照。可以通过自定义夹点或自定义特性来操作动态块参照中的几何图形。这使得用户可以根据需要调整块，而无须重新定义该块或插入另一个块。要成为动态块的块必须至少包含一个参数以及一个与该参数关联的动作。

启动块编辑器的方法如下。

- 【块】组|【块编辑器】按钮。
- 菜单命令：【工具】|【块编辑器】。
- 命令行：BEDIT。

要使块成为动态块，必须首先为块添加参数，然后添加与参数相关联的动作。动态块创建的步骤如下。

Step 01 首先绘制一个三角形，按照前面介绍的方法创建普通块。

Step 02 在菜单栏中执行【工具】|【块编辑器】命令，弹出【编辑块定义】对话框，选择要创建或编辑的三角，如图 9-43 所示。

Step 03 设置动态参数，然后利用属性对话框设置该参数的相关属性，如图 9-44 所示。

Step 04 对于大部分动态参数来说，设置好动态参数后，还应设置用来控制该动态参数和选定图形元素的动作。

Step 05 保存块定义并退出块编辑器。

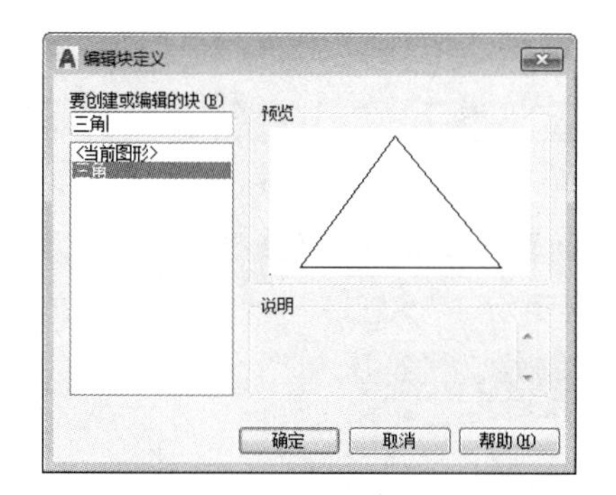

图 9-43　【编辑块定义】对话框

图 9-44　设置属性参数

表 9-1 所示为参数、夹点和动作之间的关系。

表 9-1　参数、夹点和动作之间的关系

参数类型	夹点形状	说　明	可与参数关联的动作
点		定义一个 X 和 Y 位置	移动、拉伸
线性		定义两个固定点之间的距离。编辑块参照时，约束夹点沿预置角度移动	移动、缩放、拉伸、阵列
极轴		定义两个固定点之间的距离和角度。可以使用夹点和【特性】选项板来共同更改距离值和角度值	移动、缩放、拉伸、极轴、拉伸、阵列
XY		定义距参数基点的 X 距离和 Y 距离	移动、缩放、拉伸、阵列
旋转		定义旋转基点、半径和默认角度	旋转
翻转		定义投影线	翻转
对齐		定义 X 和 Y 位置和一个角度。对齐参数总是应用于整个块，并且无须与任何动作关联。对齐参数允许块参照自动围绕一个点旋转，以便与图形中的另一对象对齐。对齐参数会影响块参照的旋转特性	无(此动作隐含在参数中)
可见性		控制块中对象的可见性。可见性参数总是应用于整个块，并且无须与任何动作相关联。在图形中单击夹点可以显示块参照中所有可见性状态列表	无（此动作是隐含的，并且受可见性状态的控制）
查询		与查询动作相关联，定义一个查询特性列表。在块编辑器中，查询参数显示为带有关联夹点的文字。编辑块参照时，单击该夹点将显示一个可用值列表	查询
基点		在动态块参照中相对于该块中的几何图形定义一个基点。该参数无法与任何动作相关联，但可以归属于某个动作的选择集	无

9.4.5　实例——创建动态块

下面介绍如何创建动态块，其具体操作步骤如下。

Step 01 使用【矩形】工具，绘制长度为 1 000、宽度为 1 000 的矩形，并为绘制的椭圆创建内部块，如图 9-45 所示。

Step 02 在命令行中执行 BEDIT 命令，在弹出的对话框中选择新建的块对象，如图 9-46 所示。

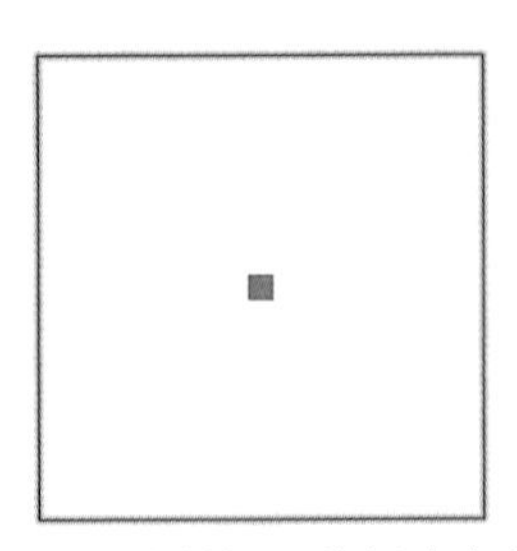

图 9-45　绘制矩形并创建内部块

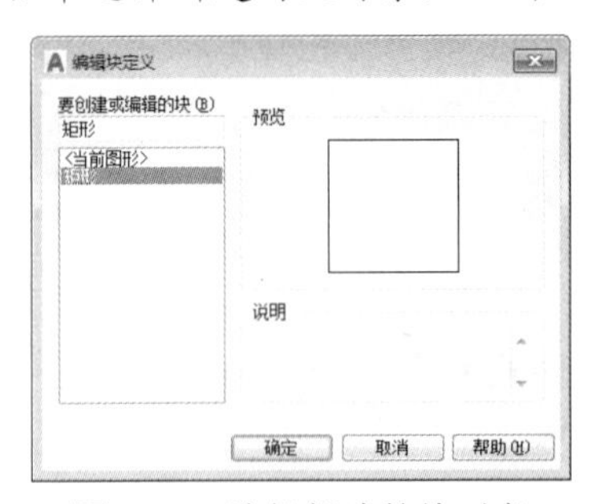

图 9-46　选择新建的块对象

Step 03 单击【确定】按钮，在【块编写选项板】中单击【参数】选项卡中的【线性】按钮，在绘图区中创建一个标有【距离】的【线性参数】，如图 9-47 所示。

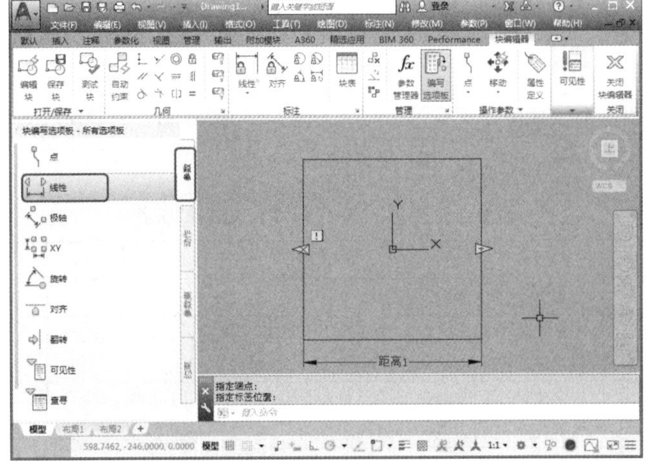

图 9-47　创建线性参数

Step 04 在【块编写选项板】中单击【动作】选项卡中的【拉伸】按钮，选择【距离 1】参数，指定线性参数右侧的固定点，指定拉伸的范围，选中该对象的右半部分，效果如图 9-48 所示。

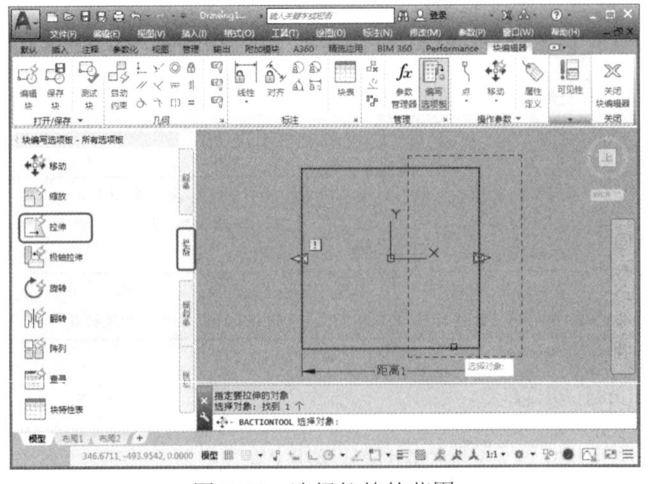

图 9-48　选择拉伸的范围

Step 05 在【块编辑器】选项卡中单击【关闭块编辑器】按钮，在弹出的对话框中单击【将更改保存到矩形（S）】按钮，如图 9-49 所示。

Step 06 选中块对象，在绘图区中单击左侧的固定点，向左或向右将该矩形进行拉伸，效果如图 9-50 所示。

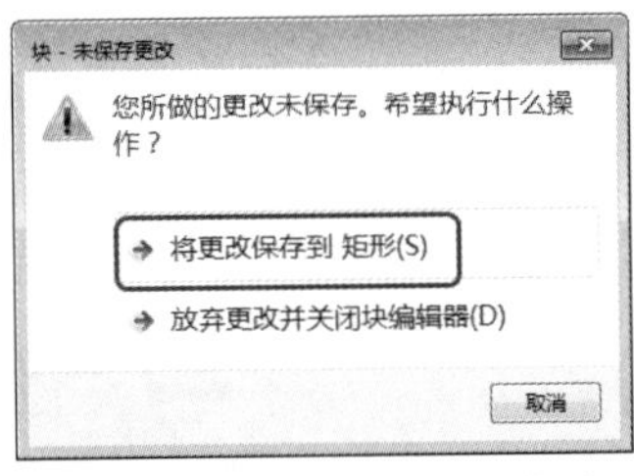

图 9-49　保存块对象的修改

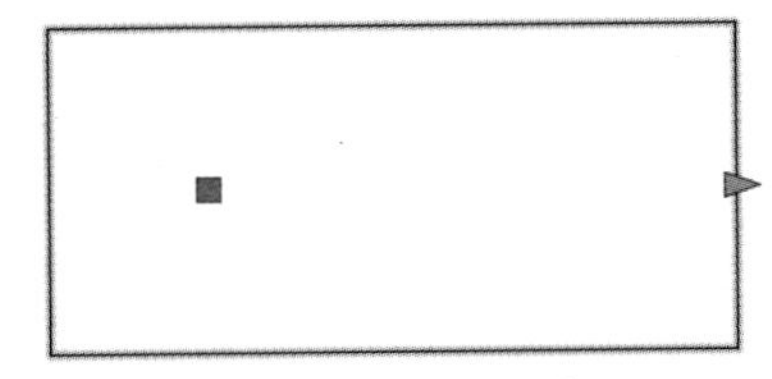

图 9-50　拉伸对象

9.4.6　提取块属性

AutoCAD 的块及其属性中含有大量的数据，例如，块的名字、块的插入点坐标、插入比例、各个属性的值等。可以根据需要将这些数据提取出来，并将它们写入到文件中作为数据文件保存起来，以供其他高级语言程序分析使用，也可以传送给数据库。

在命令行中输入 ATTEXT 命令，即可提取块属性的数据，此时将打开【属性提取】对话框，如图 9-51 所示。各选项功能如下。

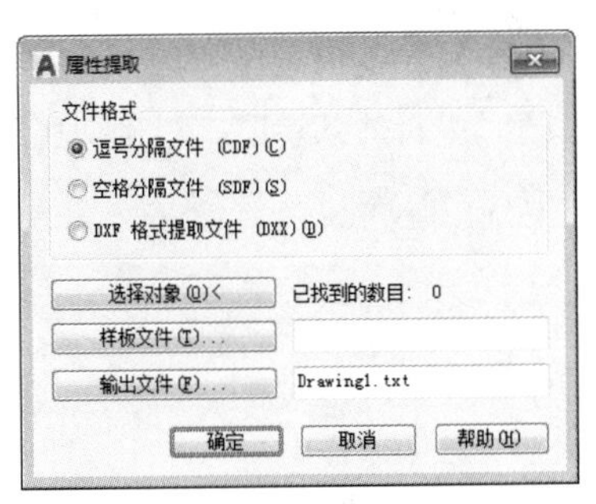

图 9-51　【属性提取】对话框

- 【文件格式】选项组：设置数据提取的文件格式。用户可以在 CDF、SDF、DXF 3 种文件格式中选择，选中相应的单选按钮即可。
  - 逗号分隔文件格式（CDF）：CDF 文件（Comma Delimited File）是【*.txt】类型的数据文件，是一种文本文件。该文件以记录的形式提取每个块及其属性，其中每个记录的字段由逗号分隔符隔开，字符串的定界符默认为单引号对。
  - 空格分隔文件格式（SDF）：SDF 文件（Space Delimited File）是【*.txt】类型的数据文件，也是一种文本文件。该文件以记录的形式提取每个块及其属性，但在每个记录中使用空格分隔符，记录中的每个字段占有预先规定的宽度（每个字段的格式由样板文件规定）。
  - DXF 格式提取文件格式（DXX）：DXF 文件（Drawing Interchange File，图形交换文件）格式与 AutoCAD 的标准图形交换文件格式一致，文件类型为【*.dxf】。
- 【选择对象】按钮：用于选择块对象。单击该按钮，AutoCAD 将切换到绘图窗口，用户可以选择带有属性的块对象，按【Enter】键后返回【属性提取】对话框。
- 【样板文件】按钮：用于选择样板文件。用户可以直接在【样板文件】按钮后的文本框内输入样板文件的名字，也可以单击【样板文件】按钮，打开【样板文件】对话框，从中选择样板文件。
- 【输出文件】按钮：用于设置提取文件的名字。可以直接在其后的文本框中输入文件名，也可以单击【输出文件】按钮，打开【输出文件】对话框并指定存放数据文件的位置和文件名。

9.5 外部参照图形

外部参照与块有相似的地方，但它们的主要区别是：一旦插入了块，该块就永久性地成为当前图形的一部分；而以外部参照方式将图形插入到某一图形（称为主图形）后，被插入图形文件的信息并不直接加入主图形中，主图形只是记录参照的关系。例如，参照图形文件的路径等信息。另外，对主图形的操作不会改变外部参照图形文件的内容。当打开具有外部参照的图形时，系统会自动把各外部参照图形文件重新调入内存，并在当前图形中显示出来。

AutoCAD 的这个功能能使用户很方便地看出该图形属性来自哪个外部参照，而且当外部参照与主文件的图形属性设置同名时也不会导致混淆。

在 AutoCAD 2017 中，可以通过选择【插入】菜单中的【外部参照】命令，打开【外部参照】选项板，如图 9-52 所示。

图 9-52 【外部参照】选项板

提 示

使用外部参照的优点是打开图形时，所有DWG参照（外部参照）将自动更新。在绘图过程中用户也可以在外部参照上右击，在弹出的快捷菜单中执行“重载”命令，如图9-53所示，随时更新外部参照，以确保图形中显示最新版本。外部参照在多人联合绘制大型图纸时十分有用。

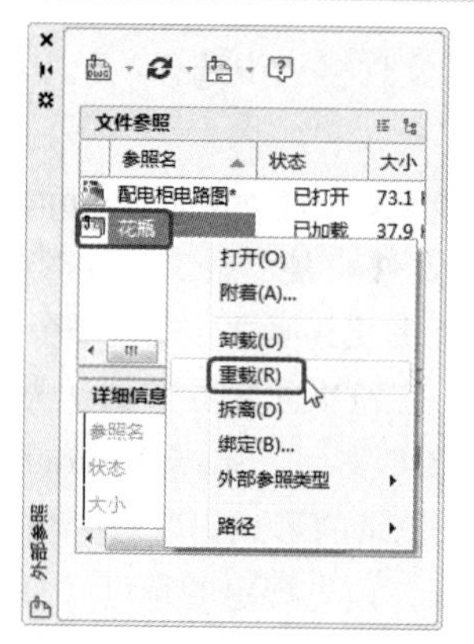

图 9-53 执行【重载】命令

9.5.1 实例——附着外部参照

附着外部参照的具体操作步骤如下。

Step 01 在菜单栏中执行【插入】|【外部参照】命令。打开【外部参照】选项板。单击左上角的按钮，在其下拉菜单中选择【附着 DWG】命令。打开【选择参照文件】对话框，选择配套资源中的素材\第 9 章\【山羊.dwg】图形文件，如图 9-54 所示。

Step 02 选择参照文件后，单击【选择参照文件】对话框中的【打开】按钮，将打开如图 9-55 所示的【附着外部参照】对话框。设置对话框中的【参照类型】为【覆盖型】，其他选项选择默认设置。

Step 03 单击【确定】按钮，即可将图形文件以外部参照的形式插入当前图形中，如图 9-56 所示。

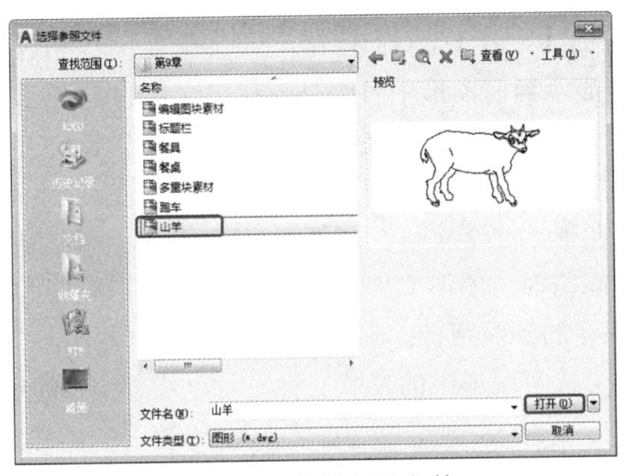

图 9-54　选择参照文件

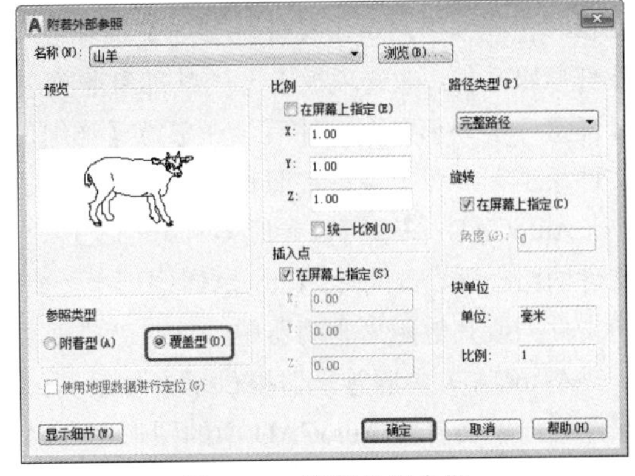

图 9-55　附着外部参照

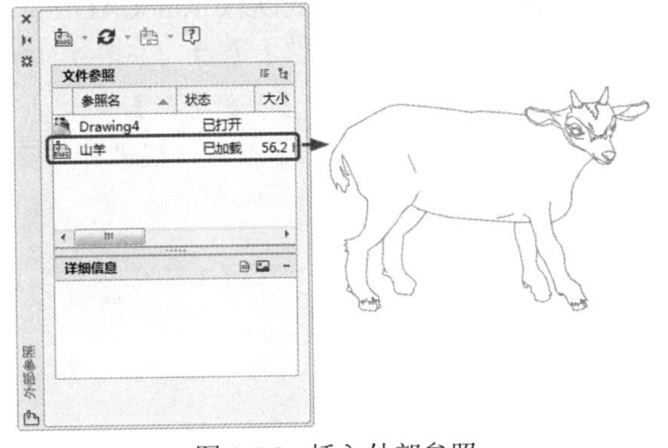

图 9-56　插入外部参照

提　示

在 AutoCAD 2017 中，可以使用 3 种路径类型附着外部参照，它们是【完整路径】、【相对路径】和【无路径】。具体作用如下。

（1）【完整路径】选项：外部参照的精确路径将保存到当前主文件中。此选项灵活性小，如果移动文件夹，可能会使 AutoCAD 无法融入任何使用完整路径附着的外部参照。

（2）【相对路径】选项：使用相对路径附着外部参照时，将保持外部参照相对于当前主文件的路径，此选项灵活性较大。如果改变文件夹位置，只要外部参照相对于当前主文件的位置未发生变化，AutoCAD 仍可融入附着的外部参照。

（3）【无路径】选项：在不使用路径附着外部参照时，AutoCAD 在当前主文件的文件夹中查找外部参照。当外部参照文件与主文件位于同一个文件夹时一般用此选项。

提　示

【完整路径】选项一般用于有固定路径的【工程图形库】的外部参照。【相对路径】可以用于同一个工程设计名下的不同专业和不同人员之间的相互参照。【无路径】用于单一工程的参照，参照与设计文件在同一文件夹内。

9.5.2　外部参照管理器

在 AutoCAD 2017 中，用户可以在【插入】菜单中的【外部参照】命令中对外部参照进行编辑和管理。用户单击【外部参照】选项板左上方的【附着 DWG】按钮，可以添加不同格式的外部参照文件；在选项板下方的外部参照列表框中显示当前图形中各个外部参照文件的名称；选择任意一个外部参照文件后，在下方【详细信息】选项组中显示该外部参照的名称、加载状态、文件大小、参照类型、参照日期及参照文件的储存路径等内容。

AutoCAD 图形可以参照多种外部文件，包括图形、文字字体、图像和打印配置。这些参照文件的路径保存在每个 AutoCAD 图形中。有时可能需要将图形文件或它们参照的文件移动到其他文件夹或其他磁盘驱动器中，这时就需要更新保存的参照路径。

AutoCAD 参照管理器提供了多种工具，列出了选定图形中的参照文件，可以修改保存的参照路径而不必打开 AutoCAD 中的图形文件。

参照管理器的操作步骤如下。

Step 01 单击【开始】按钮，选择【所有程序】|AutoDesk |AutoCAD 2017-简体中文版（Simplified Chinese）|【参照管理器】命令，打开【参照管理器】窗口，如图 9-57 所示。

Step 02 在该窗口右击，在弹出的快捷菜单中选择【添加图形】命令，选择要进行参照管理的主图形后，单击【打开】按钮，即可进入【参照管理器】对话框进行参照路径修改管理的设置。

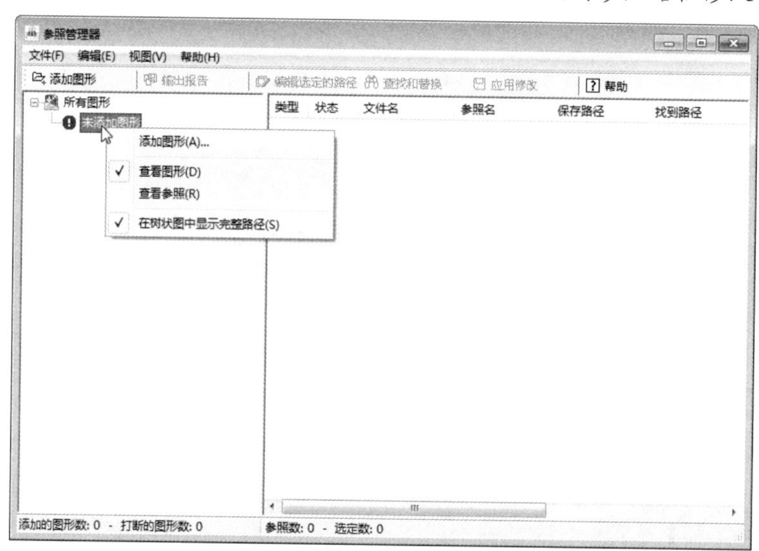

图 9-57 【参照管理器】窗口

在已经打开主文件的【参照管理器】对话框中，展开图形文件特性树，单击要修改的参照路径。

9.5.3 实例——剪裁外部参照

插入到主图形的外部参照可能存在冗余部分。此时可以通过定义外部参照或块的剪裁边界，将冗余部分剪掉。外部参照的剪裁并不是真的剪掉了边界以外的图形，只是 AutoCAD 通过特殊方式对剪裁边界以外的外部参照进行了隐藏，隐藏后的外部参照部分不会在打印图上出现。

命令操作方式。

- 命令：XCLIP。
- 菜单命令：选择 【修改】|【剪裁】|【外部参照】命令。

剪裁外部参照的具体操作过程如下。

Step 01 使用附着外部参照的方法，附着配套资源中的素材\第 9 章\【家具.dwg】图形文件，

如图 9-58 所示。

图 9-58　附着外部参照

Step 02 在命令行中执行 XCLIP 命令，选择整个对象，确认对象的选择，按空格键，默认选择【新建边界】选项，再次按空格键，默认选择【矩形】方式选择边界，框选需要保留部分的图形对象，这里选择左侧的沙发，如图 9-59 所示。

Step 03 剪裁外部参照后的效果如图 9-60 所示。

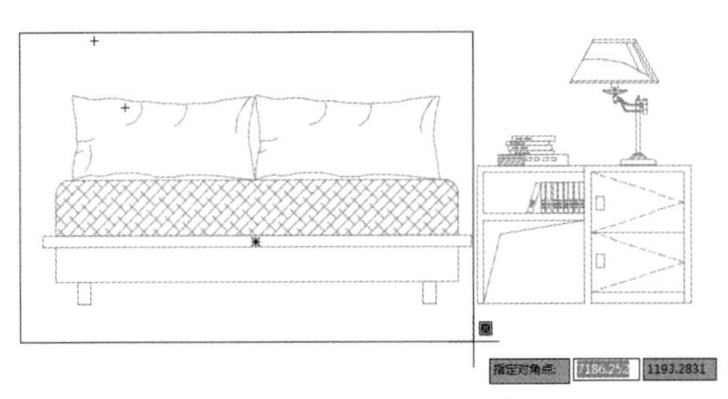

图 9-59　选择沙发对象

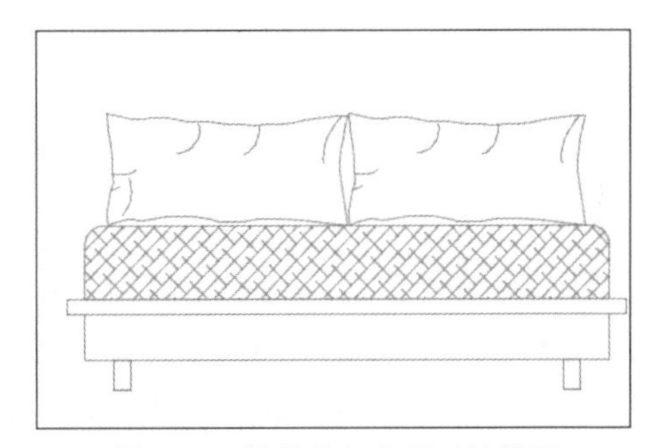

图 9-60　剪裁外部参照后的效果

执行该命令且选择参照图形后，命令行将显示如下信息：

```
输入剪裁选项
[开(ON)|关(OFF)|剪裁深度(C)|删除(D)|生成多段线(P)|新建边界(N)]<新建边界>:
```

各选项功能如下。

- 【开(ON)】选项：打开外部参照剪裁功能。为参照图形定义了剪裁边界后，在主图形中仅显示位于剪裁边界之内的参照部分。
- 【关(OFF)】选项：此选项可显示全部参照图形。
- 【剪裁深度(C)】选项：为参照的图形设置前后剪裁面。
- 【删除(D)】选项：用于取消置顶外部参照的剪裁边界，以便显示整个外部参照。
- 【生成多段线(P)】选项：自动生成一条与剪裁边界一致的多段线。
- 【新建边界(N)】选项：新建一条剪裁边界。

提　示

设置剪裁边界后，可以利用系统变量 XCLIPFRAME 控制是否显示该剪裁边界。当其值为 0 时不显示边界，为 1 时显示边界。

9.6　设计中心

AutoCAD 设计中心是 AutoCAD 中的一个非常有用的工具。它有着类似 Windows 资源管理器的界面，可管理图块、外部参照、光栅图像，以及来自其他源文件或应用程序的内容，将位于本地计算机、局域网或因特网上的图块、图层、外部参照和用户自定义的图形内容复制并粘贴到当前绘图区中。同时，如果在绘图区打开多个文档，在多文档之间也可以通过简单的拖放操作来实现图形的复制和粘贴。粘贴内容除了包含图形本身外，还包含图层定义、线型和字体等内容。这样资源可得到再利用和共享，提高了图形管理和图形设计的效率。

通过设计中心，用户可以组织对图形、块、图案填充和其他图形内容的访问。可以将源图形中的任何内容拖动到当前图形中。可以将图形、块和填充拖动到工具选项板上。源图形可以位于用户的计算机上、网络位置或网站上。另外，如果打开了多个图形，则可以通过设计中心在图形之间复制和粘贴其他内容（如图层定义、布局和文字样式）来简化绘图过程。

9.6.1 设计中心的功能

在 AutoCAD 2017 中，使用 AutoCAD 设计中心可以完成如下工作。

① 浏览用户计算机、网络驱动器和 Web 页上的图形内容（如图形或符号库）。

② 在定义表中查看图形文件中命名对象（如块和图层）的定义，然后将定义插入、附着、复制和粘贴到当前图形中。

③ 更新（重定义）块定义。

④ 创建指向常用图形、文件夹和 Internet 网址的快捷方式。

⑤ 向图形中添加内容（如外部参照、块和填充）。

⑥ 在新窗口中打开图形文件。

⑦ 将图形、块和填充拖动到工具选项板上以便于访问。

9.6.2 使用设计中心

使用 AutoCAD 设计中心，可以方便地在当前图形中插入块，引用光栅图像及外部参照，在图形之间复制块，复制图层、线型、文字样式、标注样式，以及用户定义的内容等。在 AutoCAD 中，设计中心是一个与绘图窗口相对独立的窗口，因此在使用时应先启动 AutoCAD 设计中心。

在 AutoCAD 2017 中，启动设计中心的方法如下。

- 命令：ADCENTER。
- 菜单命令：选择【工具】|【选项板】|【设计中心】命令。
- 快捷键：【Ctrl+2】。

通过以上方式，可以打开【设计中心】选项板，如图 9-61 所示。

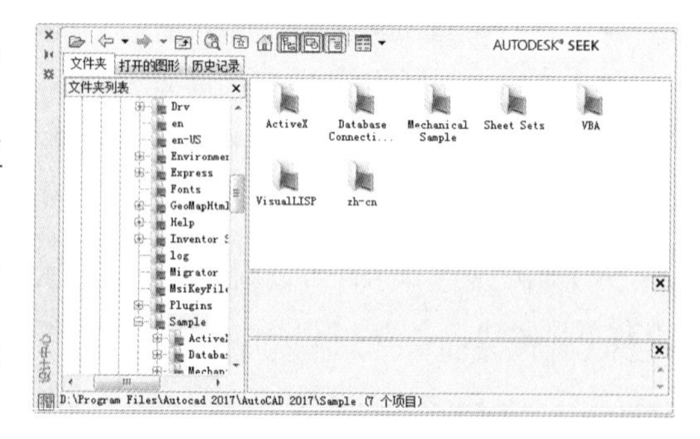

图 9-61 【设计中心】选项板

AutoCAD 设计中心主要由上部的工具栏按钮和各种视图构成，其含义和功能如下。

①【文件夹】选项卡：显示设计中心的资源，可以将设计中心的内容设置为本计算机的桌面，或是本地计算机的资源信息，也可以是网上邻居的信息。

②【打开的图形】选项卡：显示当前打开的图形的列表。单击某个图形文件，然后单击列表中的一个定义表可以将图形文件的内容加载到内容

区中。

③【历史记录】 选项卡：显示设计中心中打开过的文件的列表。双击列表中的某个图形文件，可以在【文件夹】选项卡中的树状视图中定位此图形文件，并将其内容加载到内容区中。

④【树状图切换】按钮：可以显示或隐藏树状视图。

⑤【收藏夹】按钮：在内容区域中显示【收藏夹】文件夹的内容。【收藏夹】文件夹包含经常访问项目的快捷方式。

⑥【加载】按钮：单击该按钮，将打开【加载】对话框，使用该对话框可以从 Windows 的桌面、收藏夹或通过 Internet 加载图形文件。

⑦【预览】按钮：该按钮控制预览视图的显示与隐藏。

⑧【说明】按钮：该按钮控制说明视图的显示与隐藏。

⑨【视图】按钮：指定控制板中内容的显示方式。

⑩【搜索】按钮：单击该按钮后，可以通过【搜索】对话框查找图形、块和非图形对象。

9.6.3　在设计中心查找内容

使用 AutoCAD 设计中心的查找功能，可以通过【搜索】对话框快速查找图形、块、图层、尺寸样式等图形内容或设置，单击按钮，可打开【搜索】对话框，如图 9-62 所示。

1．查找文件

在【搜索】下拉列表中选择【图形】选项，在【于】下拉列表中选择查找的位置，即可查找图形文件。用户可以使用【修改日期】和【高级】选项卡来设置文件名、修改日期和高级查找条件。

设置查找条件后，单击【立即搜索】按钮开始搜索，搜索结果将显示在对话框下部的列表框中。

2．查找其他信息

在【搜索】下拉列表中选择【图层】等其他选项，在【于】下拉列表中选择搜索路径，在【搜索文字】文本框中输入要查找的名称，然后单击【立即搜索】按钮开始搜索，可以搜索相应的图形信息，如图 9-63 所示。

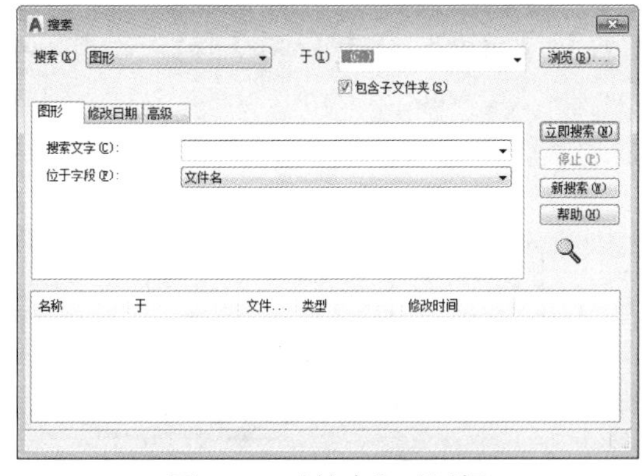

图 9-62　【搜索】对话框

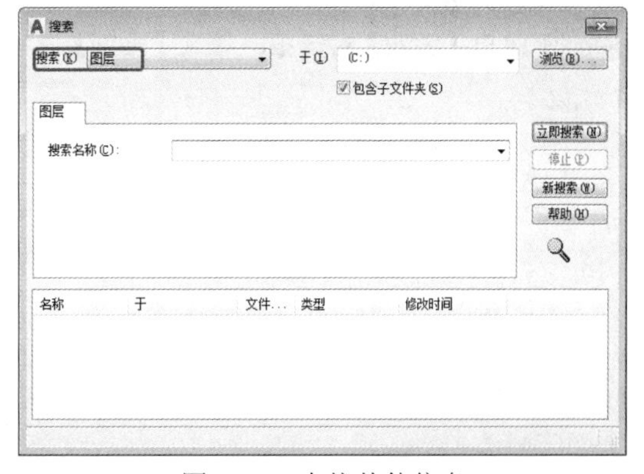

图 9-63　查找其他信息

9.6.4　通过设计中心添加内容

可以在【设计中心】窗口右侧对显示的内容进行操作。双击内容区上的项目可以按层次顺序显示详细信息。例如，双击图形图像将显示若干图标，包括代表块的图标。双击【块】图标将显示图形中每个块的图像，如图 9-64 所示。

可以预览图形内容，例如内容区中的图形、外部参照或块；还可以显示文字说明，如图 9-65 所示。

图 9-64 显示图形中每个块的图像

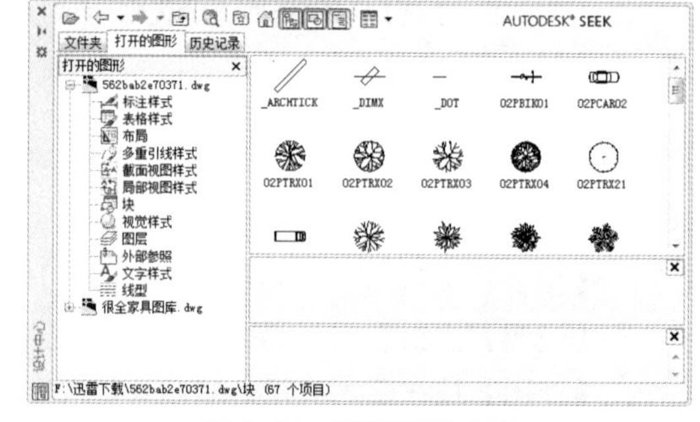

图 9-65 预览图形内容

使用以下方法可以在内容区中向当前图形添加内容，具体操作步骤如下。

Step 01 将某个项目拖动到某个图形的图形区，按照默认设置（如果有）将其插入。

Step 02 在内容区中的某个项目上右击，将显示包含若干选项的快捷菜单。

Step 03 双击【块】将打开【插入】对话框，双击图案填充将打开【边界图案填充】对话框。

9.6.5 实例——设计中心更新块定义

与外部参照不同，当更改块定义的源文件时，包含此块的图形的块定义并不会自动更新。通过设计中心，可以决定是否更新当前图形中的块定义。块定义的源文件可以是图形文件或符号库图形文件中的嵌套块。

下面讲解如何设计中心更新块定义，具体操作步骤如下。

Step 01 打开配套资源中的素材\第 9 章\【狗.dwg】图形文件，按【Ctrl+2】组合键，打开【设计中心】选项板，选择【文件夹】选项卡，在内容区中的块或图形文件上右击，选择快捷菜单中的【插入块】命令，如图 9-66 所示。

Step 02 弹出【插入】对话框，修改【比例】选项组中的【X】值为 3，单击【确定】按钮，如图 9-67 所示。

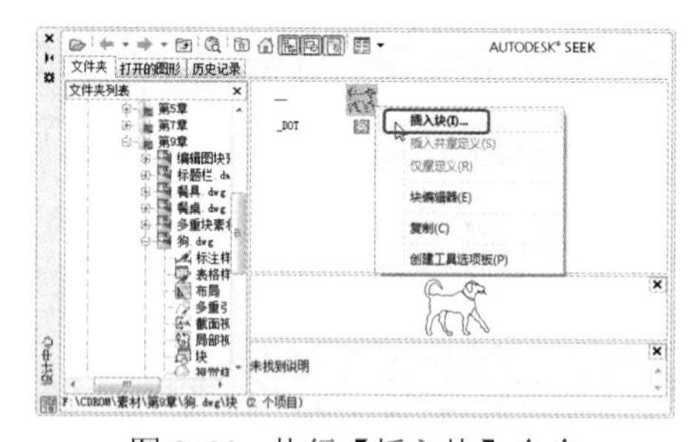

图 9-66 执行【插入块】命令

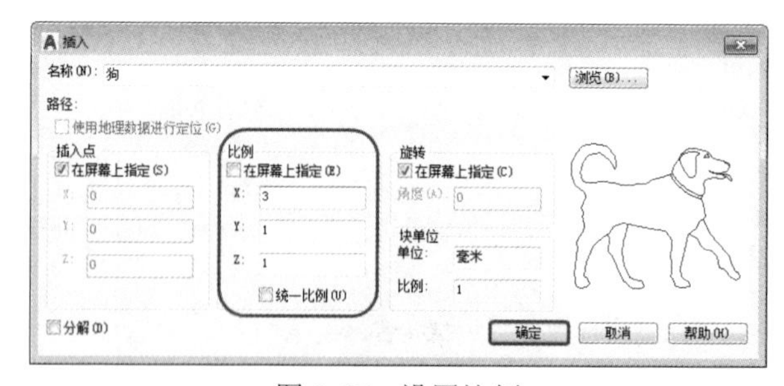

图 9-67 设置比例

Step 03 在当前图形文件中插入该块。如图 9-68（a）所示为原块，图 9-68（b）所示为【插入并重定义】后的块。

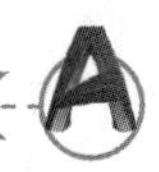

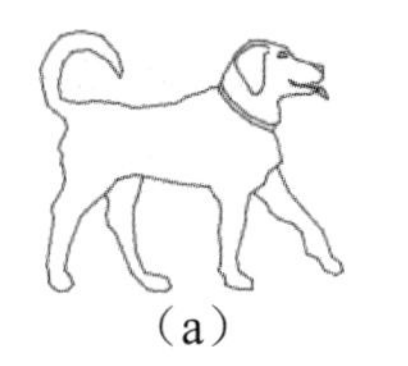

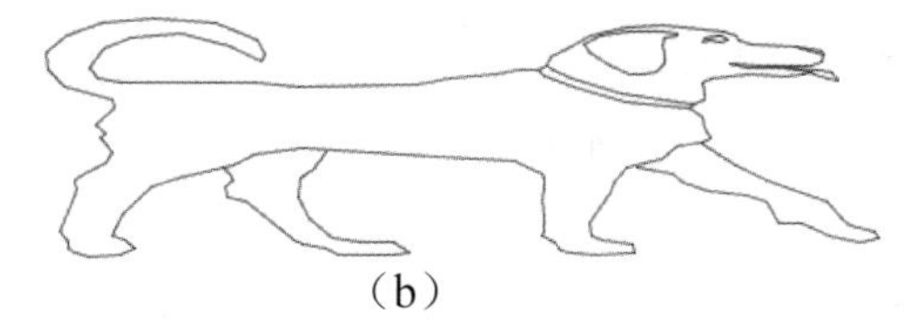

（a）（b）

图 9-68 插入后的效果

9.7 综合应用——绘制桌椅图块

下面通过讲解如何绘制桌椅图块对本章所学习的内容进行巩固，操作步骤如下。

Step 01 在命令行中输入 C 命令，绘制两个半径为 500、550 的圆，如图 9-69 所示。

Step 02 在命令行中输入 REC 命令，绘制两个 450 × 45、450 × 455 的矩形，如图 9-70 所示。

Step 03 在命令行中输入 ARRAYPOLAR 命令，选择绘制的椅子，指定圆的中心点作为阵列的基点，将【项目数】设置为 6，将【行数】设置为 1，如图 9-71 所示。

Step 04 按【Enter】键进行确认，阵列后的效果如图 9-72 所示。

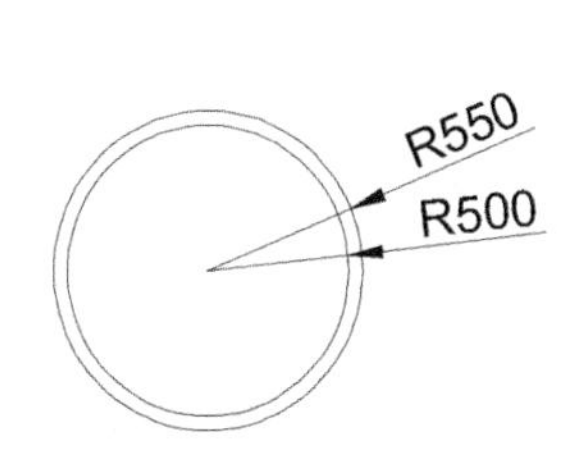

图 9-69 绘制圆

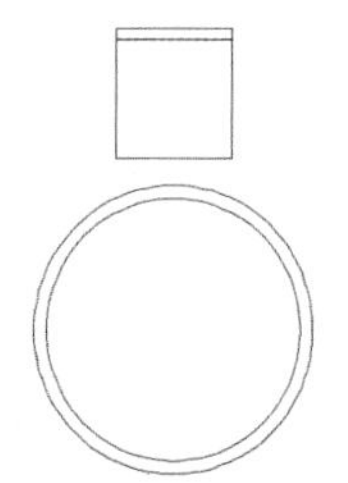

图 9-70 绘制矩形

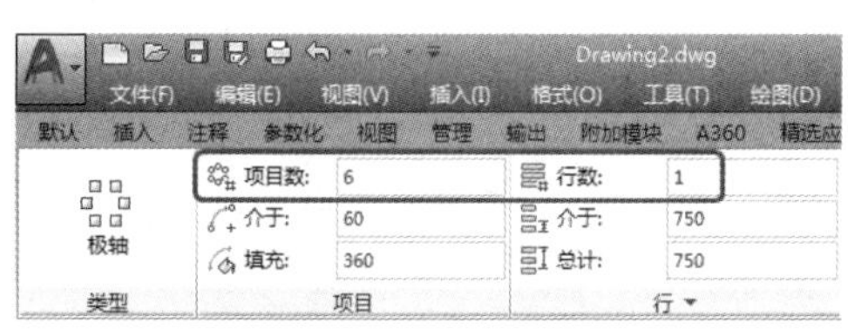

图 9-71 阵列图形对象

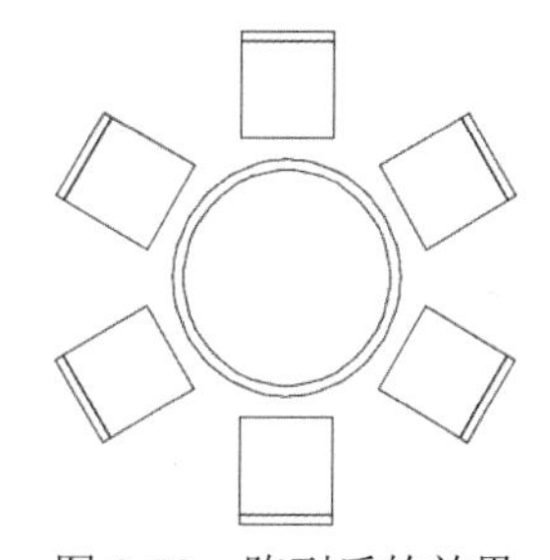

图 9-72 阵列后的效果

Step 05 在命令行中输入 BLOCK 命令，弹出【块定义】对话框，单击【选择对象】按钮，选择桌椅图形对象，如图 9-73 所示。

Step 06 按【Enter】键进行确认，单击【拾取点】按钮，拾取圆的中心点，如图 9-74 所示。

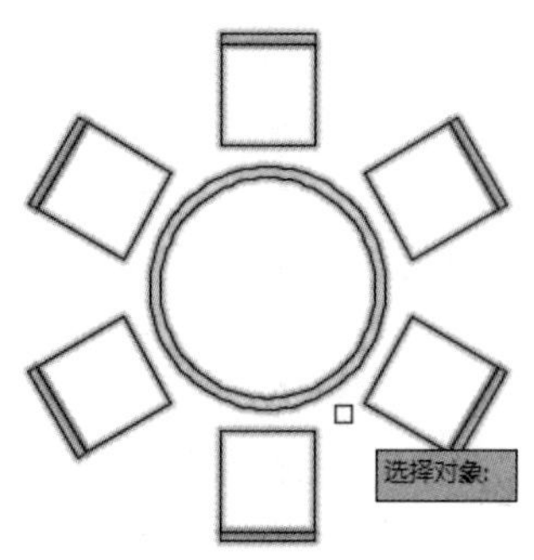

图 9-73 选择要成块的图形

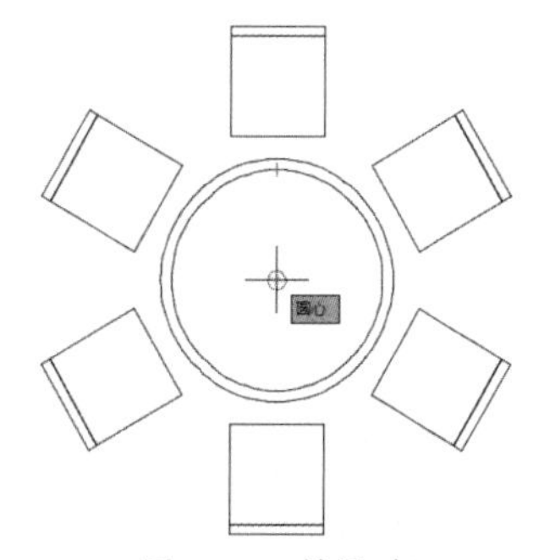

图 9-74 拾取点

Step 07 返回至【块定义】对话框，将名称设置为【桌椅】，单击【确定】按钮，如图 9-75 所示。成块后的效果如图 9-76 所示。

图 9-75　输入块定义名称

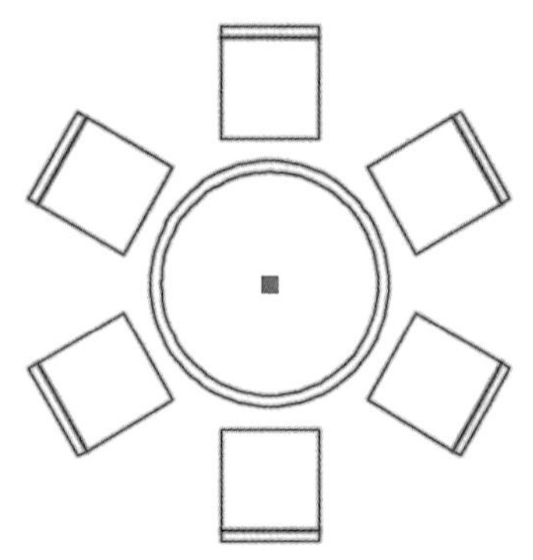
图 9-76　成块后的效果

增值服务：扫码做测试题，并可观看讲解测试题的微课程。

第 10 章 打印输出文件

图纸绘制完成后需要将其打印输出，AutoCAD 2017 提供了图形输入与输出接口，不仅可以将其他应用程序中处理好的数据传送给 AutoCAD，以显示其图形，还可以将在 AutoCAD 中绘制好的图形打印出来，或者将相关信息传送给其他应用程序。此外，AutoCAD 2017 强化了 Internet 功能，可以创建 Web 格式的文件（DWF），以及发布 AutoCAD 图形文件到 Web 页。

10.1 模型空间和图纸空间

在 AutoCAD 2017 中，有两个制图空间：模型空间和图纸空间。

图纸空间用于创建最终的打印布局，而不用于绘图或设计工作。而模型空间用于创建图形。如果仅绘制二维图形文件，那么在模型空间和图纸空间没有太大差别，均可以进行设计工作。但如果是三维图形设计，则只能在模型空间进行图形的文字编辑和图形输出等工作。

10.1.1 模型空间

模型空间是指可以在其中绘制二维和三维模型的三维空间，即一种造型工作环境，如图 10-1 所示。在这个空间中可以使用 AutoCAD 的全部绘图、编辑命令，它是 AutoCAD 为用户提供的主要工作空间。前面各章实例的绘制都是在模型空间中进行的，AutoCAD 在运行时自动默认在模型空间中进行图形的绘制与编辑。

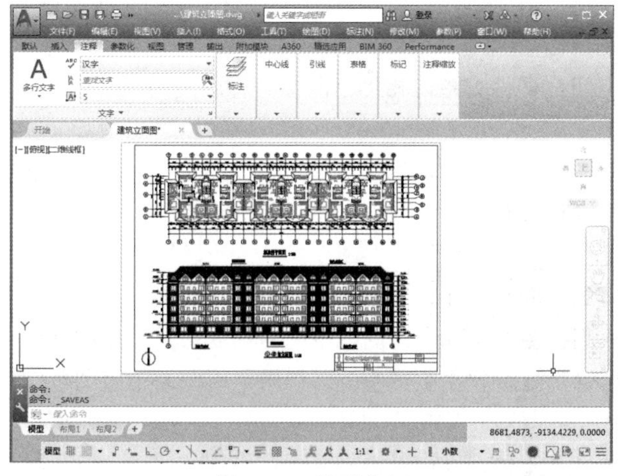

图 10-1　模型空间

模型空间提供了一个无限的绘图区域。在模型空间中，可以按 1∶1 的比例绘图，并确定一个单位是 1 毫米、1 分米还是其他常用的单位。

10.1.2 图纸空间

单击【布局】选项卡，进入图纸空间。图纸空间是一个二维空间，类似绘图时的绘图纸。图纸空间主要用于图纸打印前的布图、排版，添加注释、图框，设置比例等工作。因此将其称为【布局】。

图纸空间作为模拟的平面空间，其所有坐标都是二维的，其采用的坐标和在模型空间中采用的坐标是一样的，只有UCS图标变为三角形显示。

图纸空间像一张实际的绘图纸，也有大小，如A1、A2、A3、A4等，其大小由页面设置确定，虚线范围内为打印区域，如图10-2所示。

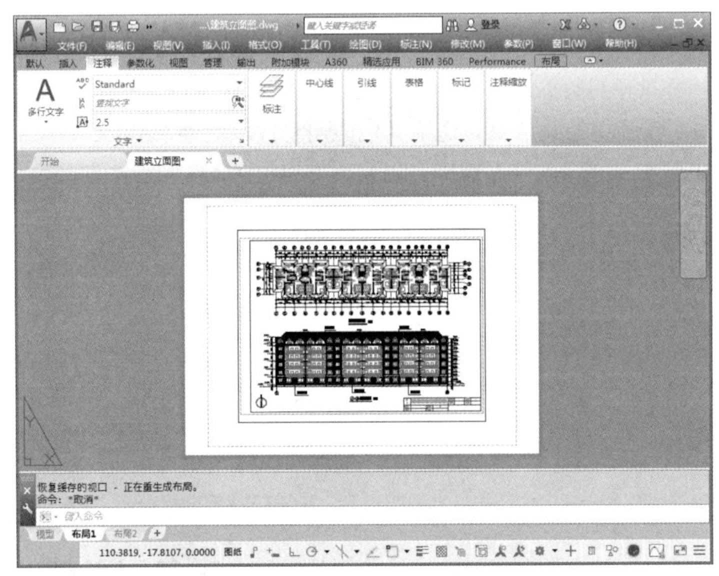

图10-2　打印区域

10.1.3 模型空间和图纸空间的关系

通过上面的简单介绍，可以看出在AutoCAD 2017中，模型空间与图纸空间大致呈以下关系。

（1）平行关系

模型空间与图纸空间是平行关系，相当于两张平行放置的纸。

（2）单向关系

如果把模型空间和图纸空间比喻成两张纸，那么模型空间在底部，图纸空间在上部，从图纸空间可以看到模型空间（通过视口），但模型空间看不到图纸空间，因此它们之间是单向关系。

（3）无连接关系

因为模型空间和图纸空间相当于两张平行放置的纸，它们之间没有连接关系。也就是说，要么画在模型空间，要么画在图纸空间。在图纸空间激活视口，然后在视口内绘图，它是通过视口画在模型空间上的，尽管所处位置在图纸空间，相当于用户面对着图纸空间，把笔伸进视口到达模型空间编辑。

这种无连接关系与图层不同，尽管对象被放置在不同的层内，但图层与图层之间的相对位置始终保持一致，使得对象的相对位置永远正确。模型空间与图纸空间的相对位置可以变化，甚至完全可以采用不同的坐标系，但是，至今尚不能做到将部分对象放置在模型空间，将部分对象放

置在图纸空间。

10.2　图形布局

AutoCAD 提供了模型空间和图纸空间两种工作空间来进行图形的绘制与编辑。当打开 AutoCAD 时，系统将自动新建一个 DWG 格式的图形文件，在绘图左下边缘可以看到【模型】、【布局 1】、【布局 2】3 个选项卡。默认状态是【模型】选项卡，当处于【模型】选项卡时，绘图区就属于模型空间状态。当处于【布局】选项卡时，绘图区就属于图纸空间状态。

10.2.1　布局的概念

在 AutoCAD 2017 中，图纸空间是以布局的形式来使用的。它模拟图纸页面，提供直观的打印设置。在布局中可以创建并放置视口对象，还可以添加标题栏或其他几何图形。一个图形文件可以包含多个布局，每个布局代表一张单独的打印输出图纸，其包含不同的打印比例和图纸尺寸。布局显示的图形与图纸页面上打印出来的图形完全一样。

布局最大的特点就是解决了多样的出图方案，更为方便地解决设计完成后，应用不同的出图方案将图纸输出。例如，在设计过程中，为了查看方便而且节约成本，设计师们用 A3 纸打印即可，而正式出图时需要使用 A0 纸出图。这在设计过程中是一个往返的过程，如果单纯使用模型空间绘制，每次输出都需要进行一些调整与配置。AutoCAD 2017 的多布局功能可以很好地解决类似的情况，从而提高工作效率。

10.2.2　创建布局

在 AutoCAD 2017 中，用户可以创建多种布局，每个布局都代表一张单独的打印输出图纸，创建新布局后，就可以在布局中创建浮动视口。视口中的各个视图可以使用不同的打印比例，并能控制视图中图层的可见性。创建新布局的方法有两种：直接创建空白布局和使用【创建布局】向导。

1. 直接创建空白布局

在命令行中输入 LAYOUT 命令，在命令行提示下输入新布局的名称，比如【工程 B2】，即可创建一个名为【工程 B2】的新布局。

用户还可以右击【布局】选项卡，从弹出的快捷菜单中执行【新建布局】命令，如图 10-3 所示，即可创建一个名为【布局 3】的新布局。

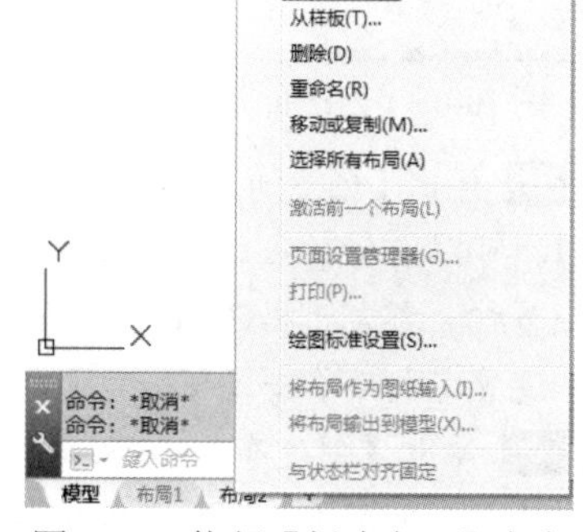

图 10-3　执行【新建布局】命令

2. 使用【创建布局】向导

这是新建布局常用的方法。布局向导包含一系列页面，这些页面可以引导用户逐步完成新建布局的过程。可以选择从头创建新布局，也可以基于现有的布局样板创建新布局。根据当前配置的打印设备，从可用的图纸尺寸中选择一种图纸尺寸。还可以选择预定义标题块，应用于新的布局。

10.2.3 实例——创建布局向导

下面通过实例讲解如何创建布局向导，具体操作步骤如下。

Step 01 在命令行中输入 LAYOUTWIZARD 命令，弹出【创建布局-开始】对话框，在该对话框中将【输入新布局的名称】设置为【新布局】，然后单击【下一步】按钮，如图 10-4 所示。

Step 02 弹出【创建布局-打印机】对话框，用户可以为新布局选择合适的绘图仪，然后单击【下一步】按钮，如图 10-5 所示。

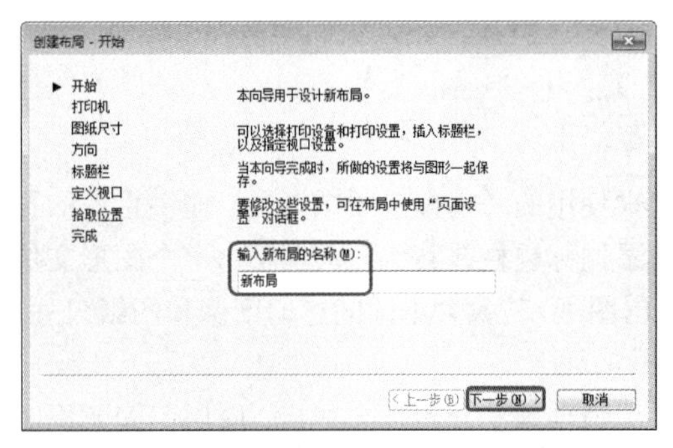

图 10-4 【创建布局-开始】对话框

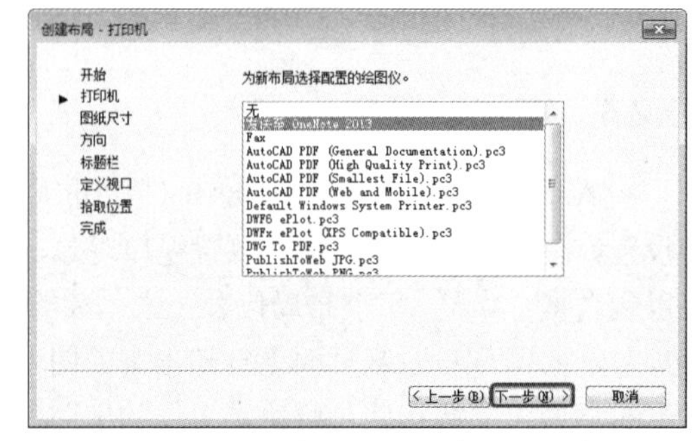

图 10-5 【创建布局-打印机】对话框

Step 03 弹出【创建布局-图纸尺寸】对话框，用户可以为新布局选择合适的图纸尺寸，并选择新布局的图纸单位。图纸尺寸根据不同的打印设备可以有不同的选择，图纸单位有【毫米】和【英寸】，一般以【毫米】为基本单位，设置完成后单击【下一步】按钮，如图 10-6 所示。

Step 04 弹出【创建布局-方向】对话框，用户可以在这个对话框中选择图形在新布局图纸上的排列方向。图形在图纸上有【纵向】和【横向】两种方向，用户可以根据图形大小和图纸尺寸选择合适的方向，设置完成后单击【下一步】按钮，如图 10-7 所示。

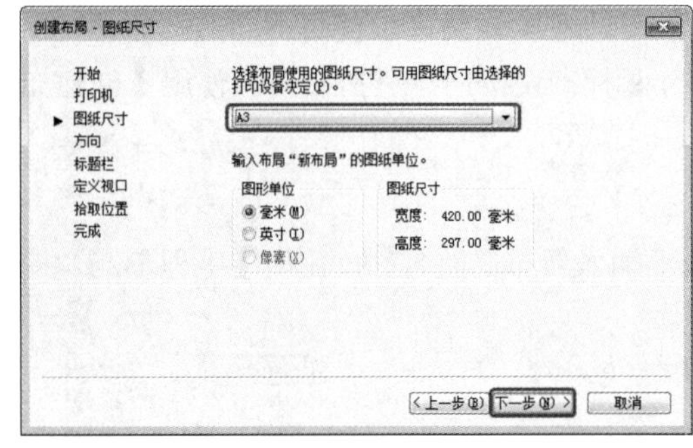

图 10-6 【创建布局-图纸尺寸】对话框

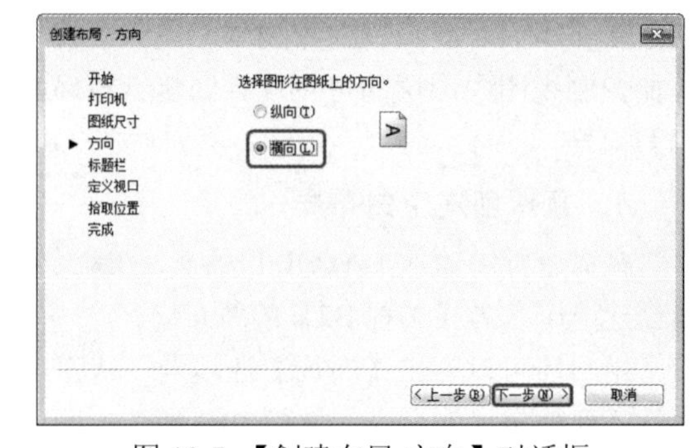

图 10-7 【创建布局-方向】对话框

Step 05 弹出【创建布局-标题栏】对话框，在该对话框中，用户需要选择用于插入新布局中的标题栏。可以选择插入的标题栏有两种类型：标题栏块和外部参照标题栏。系统提供的标题栏块有很多种，都是根据不同的标准和图纸尺寸定的，用户根据实际情况选择合适的标题栏插入即可，设置完成后单击【下一步】按钮，如图 10-8 所示。

Step 06 弹出【创建布局-定义视口】对话框，在该对话框中，用户可以选择新布局中视口的数目、类型和比例等，设置完成后单击【下一步】按钮，如图 10-9 所示。

Step 07 弹出【创建布局-拾取位置】对话框，单击【选择位置】按钮，用户可以在新布局内选择要创建的视口配置的角点，来指定视口配置的位置，设置完成后单击【下一步】按钮，如图 10-10 所示。

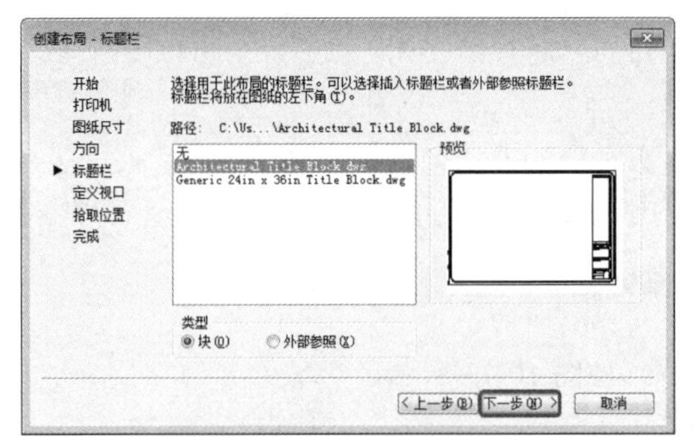

图 10-8 【创建布局-标题栏】对话框

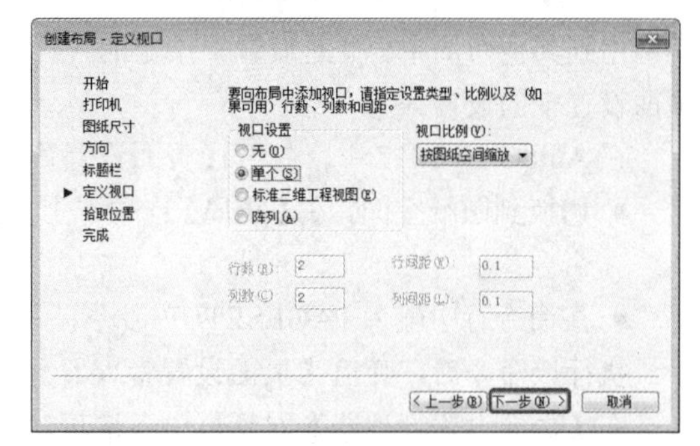

图 10-9 【创建布局-定义视口】对话框

Step 08 弹出【创建布局-完成】对话框，单击【完成】按钮，这样就完成了一个新的布局，如图 10-11 所示。

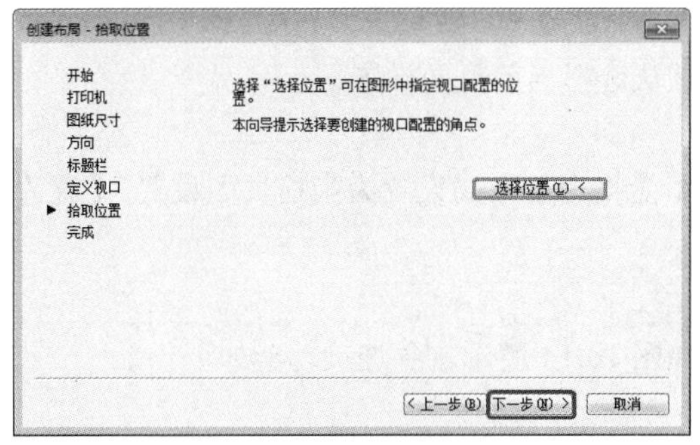

图 10-10 【创建布局-拾取位置】对话框

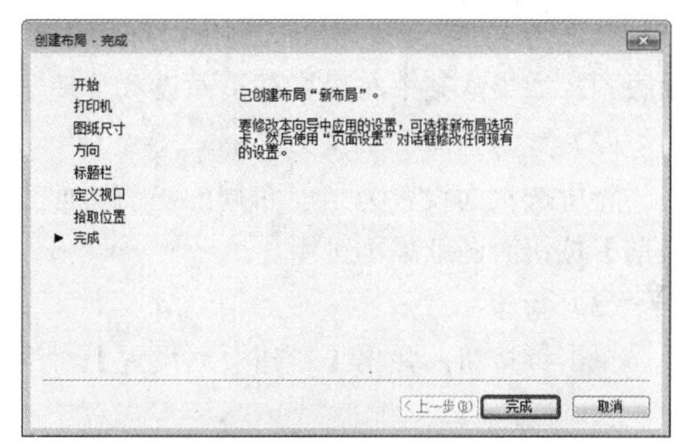

图 10-11 【创建布局-完成】对话框

Step 09 在新的布局中包括标题栏、视口、图纸尺寸界线，以及【模型】布局中当前视口里的图形对象，如图 10-12 所示。

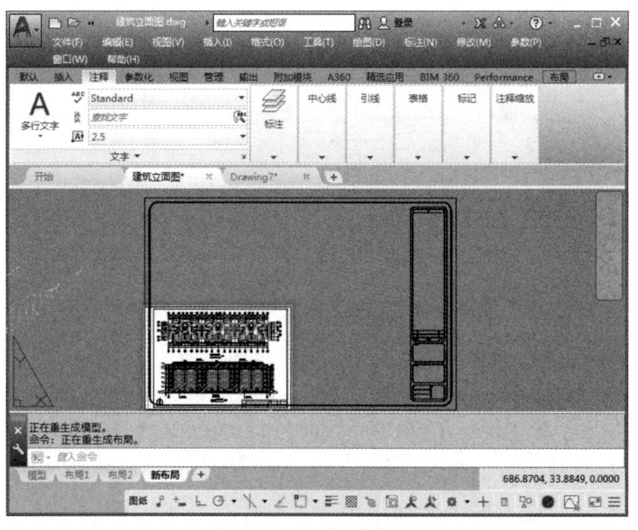

图 10-12　新建布局

10.3　页面设置

页面设置是打印设备和其他影响最终输出的外观和格式设置的集合，可以修改这些设置并将其应用到其他布局中。页面设置中指定的各种设置和布局一起存储在图形文件中。可以随时修改页面设置中的设置。

在 AutoCAD 2017 中，打开【页面设置管理器】对话框的方法如下。

- 切换到图纸空间，在【布局】选项卡上右击，在弹出的快捷菜单中选择【页面设置管理器】命令。
- 在命令行中输入 PAGESETUP 命令。

执行该命令后，弹出【页面设置管理器】对话框，如图 10-13 所示。

在【页面设置管理器】对话框中各选项功能如下。

（1）当前页面设置

显示应用于当前布局的页面设置。由于在创建整个图纸集后，不能再对其应用页面设置，因此，如果从图纸集管理器中打开页面设置管理器，将显示【不适用】。

其下为页面设置列表框，列出可应用于当前布局的页面设置，或列出发布图纸集时可用的页面设置。如果从某个布局打开页面设置管理器，则默认选择当前页面设置。

（2）置为当前

将所选页面设置为当前布局的当前页面设置。不能将当前布局设置为当前页面设置。【置为当前】按钮对图纸集不可用。

（3）新建

单击该按钮，弹出【新建页面设置】对话框，如图 10-14 所示。各选项功能如下。

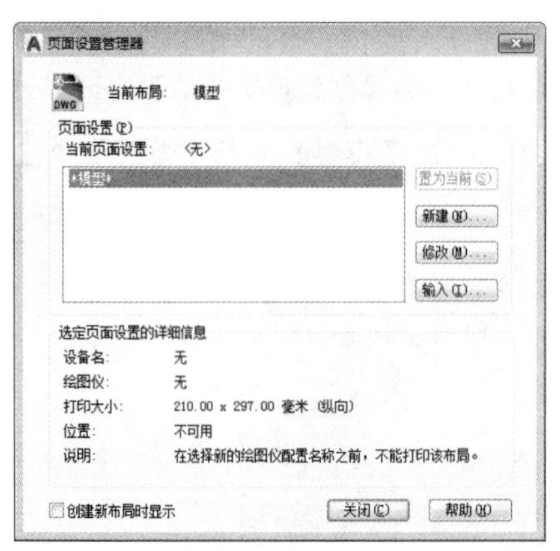

图 10-13 【页面设置管理器】对话框

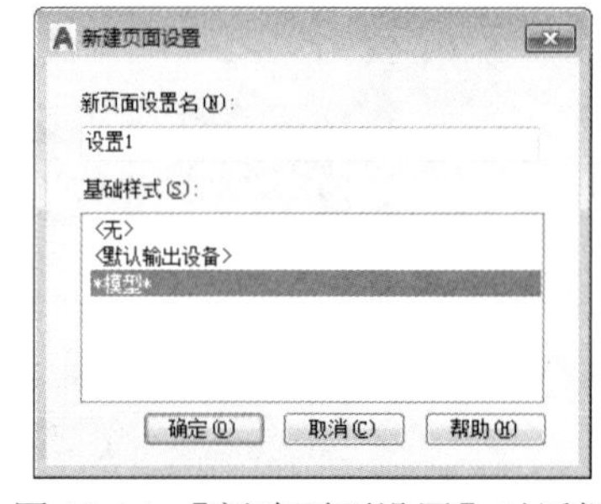

图 10-14 【新建页面设置】对话框

① 新页面设置名：指定新建页面设置的名称。

② 基础样式：指定新建页面设置要使用的基础页面设置。

- 无：指定不使用任何基础页面设置，可修改【页面设置】对话框中的默认设置。
- 默认输出设备：指定将【选项】对话框中的【打印和发布】选项卡中指定的默认输出设备，设置为新建页面设置的打印机。
- 上一次打印：指定新建页面设置使用上一个打印作业中指定的设置。

（4）修改

单击该按钮，弹出【页面设置-模型】对话框，如图 10-15 所示。

（5）输入

显示【输入页面设置】对话框。

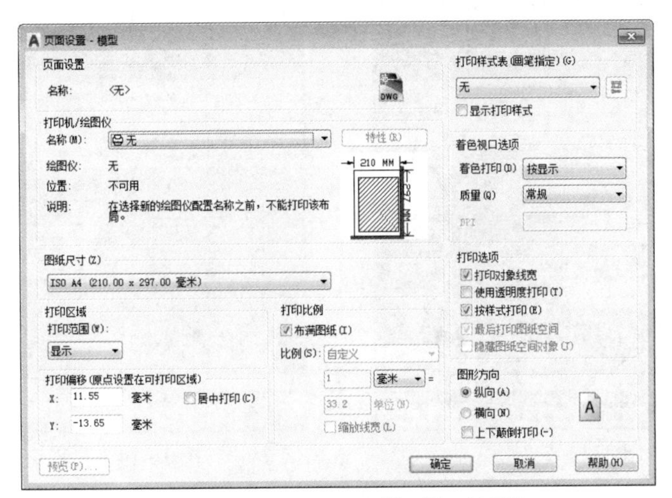

图 10-15 【页面设置-模型】对话框

（6）选定页面设置的详细信息

显示所选页面设置的信息。指定的打印设备的名称、类型，指定的打印大小和方向，指定的输出设备的物理位置、文字说明。

（7）创建新布局时显示

指定当选中新的布局选项卡或创建新的布局时，显示【页面设置】对话框。

10.4　布局视口

图纸空间可以理解为覆盖在模型空间上的一层不透明的纸，需要从图纸空间看模型空间的内容，必须进行开窗操作，也就是开视口，如图 10-16 和图 10-17 所示。视口的大小、形状可以随意使用，视口的大小将决定在某特定比例下所看到的对象的多少，如图 10-18 所示。

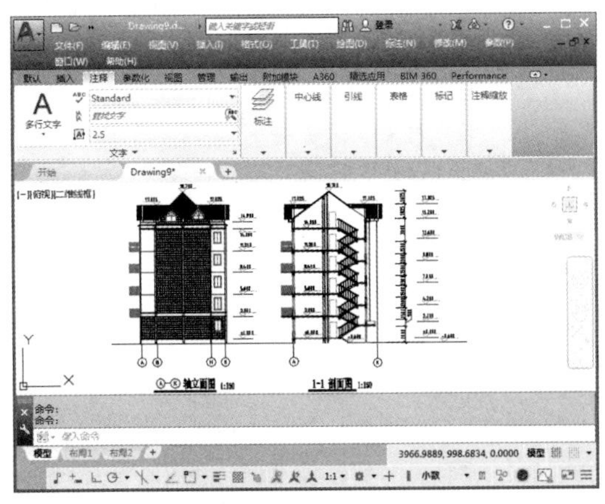
图 10-16　模型空间

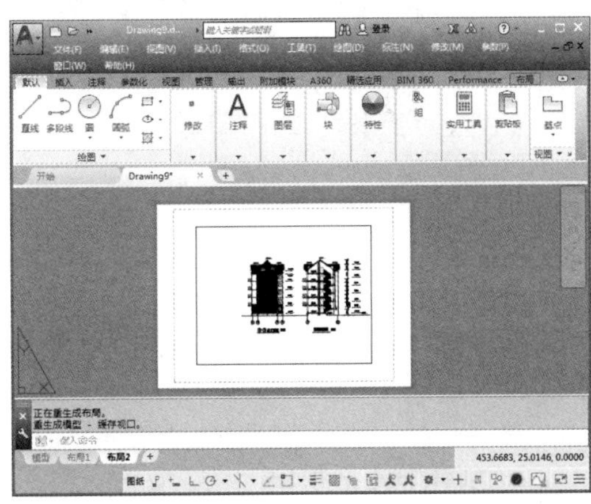
图 10-17　布局格式

在视口中对模型空间的图形进行缩放（ZOOM）、平移（PAN）和改变坐标系（UCS）等的操作，可以理解为拿着这张开有窗口的纸放在眼前，然后离模型空间的对象远或者近（等效 ZOOM）、左右移动（等效 PAN）、旋转（等效 UCS）等操作。更形象地说，即这些操作是针对图纸空间这张纸的，因此在图纸空间进行若干操作，但是对模型空间没有任何影响，如图 10-19 所示。

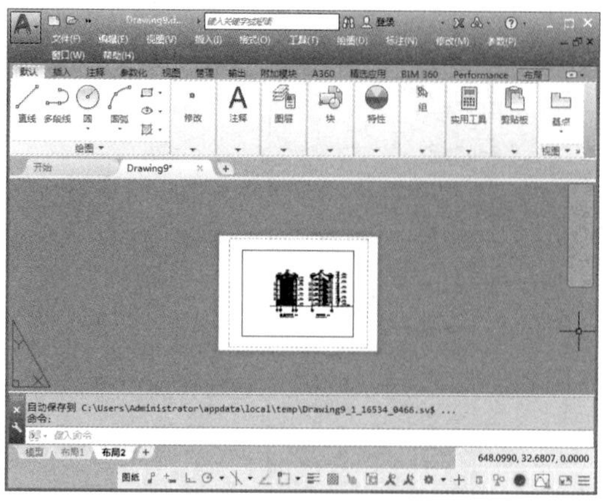

图 10-18　缩小视口效果

图 10-19　再次缩小视口效果

10.4.1　创建和修改布局视口

下面讲解如何创建和修改布局视口。

1. 创建矩形视口

在图纸空间中创建视口的方式与【模型】布局中创建视口的方法一样，都是通过视口命令来执行的，具体有以下方式。

- 在菜单栏中执行【视口】|【新建】命令。
- 在命令行中输入 VPORTS 命令。

执行以上命令可以打开操作【视口】对话框，如图 10-20 所示。在【新建视口】选项卡中选择需要的选项，完成视口操作。

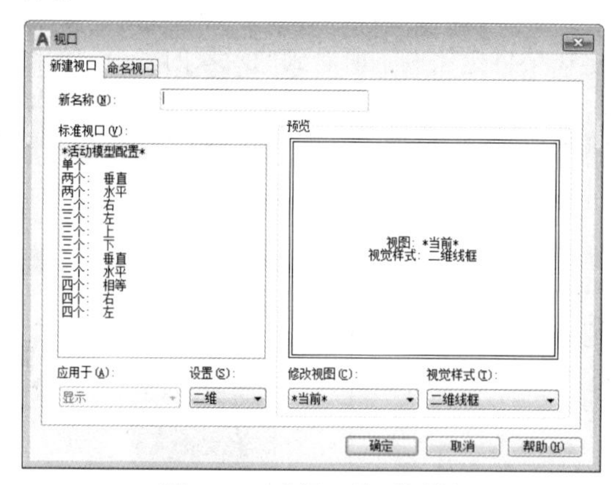

图 10-20 【视口】对话框

2. 创建非矩形视口

（1）创建多边形视口

用指定的点创建具有不规则外形的视口，如图 10-21 所示。执行该命令的方法如下。

- 在菜单栏中执行【视图】|【多边形视口】命令。
- 选择【布局】选项卡，在【布局视口】面板中单击【多边形】按钮。

执行该命令后，命令行提示如下：

```
指定起点://指定点
指定下一个点或 [圆弧(A)/合(C)/度(L)/弃(U)]://定点或输入选项
```

各选项作用如下。

- 指定下一个点：指定点。
- 圆弧：向多边形视口添加圆弧段。命令行提示如下。

```
指定圆弧的端点或[角度(A)/圆心(CE)/闭合(CL)/方向(D)/直线(L)/半径(R)/第二个点(S)/放弃(U)/圆弧端点(E)] <圆弧端点>://输入选项或按【Enter】键
```

- 闭合：闭合边界。如果在指定至少 3 个点之后按【Enter】键，边界将会自动闭合。
- 长度：在与上一线段相同的角度方向上绘制指定长度的直线段。如果上一线段是圆弧，将绘制与该弧线段相切的新直线段。
- 放弃：删除最近一次添加到多边形视口中的直线或圆弧。

（2）从【对象】创建视口

指定在图纸空间中创建的封闭的多段线、椭圆、样条曲线、面域或圆以转换到视口中，如图 10-22 所示。指定的多段线必须是闭合的，并且至少包含 3 个顶点。它可以是自相交的，也可以包含圆弧和线段。调用该命令的方法如下。

- 在菜单栏中执行【视图】|【对象】命令。
- 选择【布局】选项卡，在【视口】面板中单击【对象】按钮。

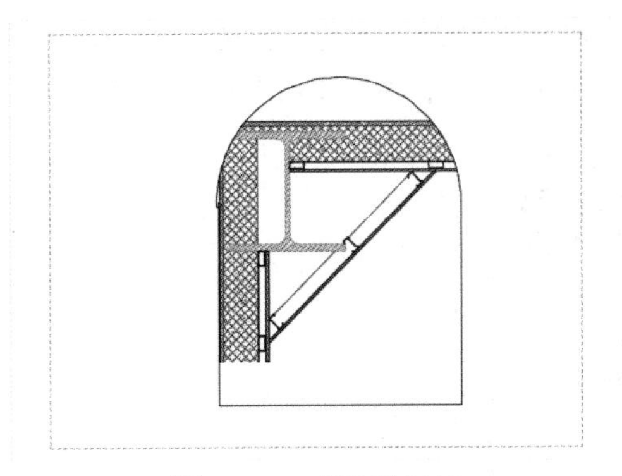

图 10-21　多边形视口

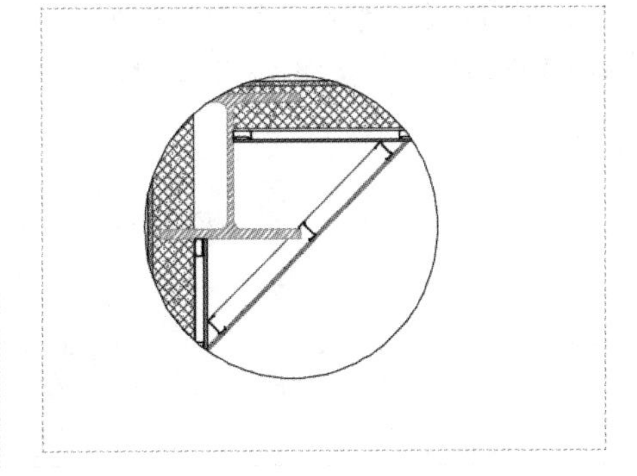

图 10-22　对象视口

10.4.2　实例——设置布局视口

1. 调整视口的大小及位置

相对于图纸空间，浮动视口和一般的图形对象没有区别。在构造布局图时，可以将浮动视口视为图纸空间的图形对象，使用通常的图形编辑方法来编辑浮动视口。

可以通过拉伸和移动夹点来调整浮动视口的边界，改变视口的大小，就像使用夹点编辑其他物体一样。

可以对其进行移动和调整。浮动视口可以相互重叠或分离。每个浮动视口均被绘制在当前层上，且采用当前层的颜色和线型。可以通过复制和阵列创建多个视口。

2. 在布局视口中缩放视图（设置比例）

在布局视口中视图的比例因子代表显示在视口中模型的实际尺寸与布局尺寸的比率。图纸空间单位除以模型空间单位即可得到此比率。例如，对于 1∶4 比例的图形，比率应该是一个比例因子，该比例因子是一个图纸空间单位对应 4 个模型空间单位（1∶4）。

① 通过执行 MSPACE 命令、单击状态栏上的【图纸】按钮，或双击浮动视口区域中的任意位置，激活浮动视口，进入浮动模型空间，然后利用【平移】、【实时缩放】等命令，将视图调整

到合适位置。要想精确调整其比例，可以在执行 ZOOM 命令后选择 XP 选项。

② 使用【特性】选项板修改布局视口缩放比例。选择要修改其比例的视口的边界。然后右击，在弹出的快捷菜单中选择【特性】命令。在【特性】选项板中选择【标准比例】选项，然后从其下拉列表中选择新的缩放比例，选定的缩放比例将应用到视口中，如图 10-23 所示。

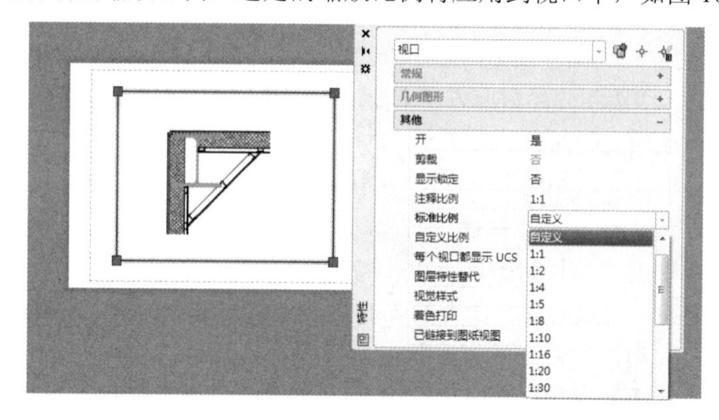

图 10-23　选择缩放比例

③ 利用状态栏修改布局视口缩放比例。单击要修改其比例视口的边界，然后单击视口工具栏中的【视口比例】按钮，在弹出的列表中选择需要的缩放比例，如图 10-24 所示。这是比较常用的方法。

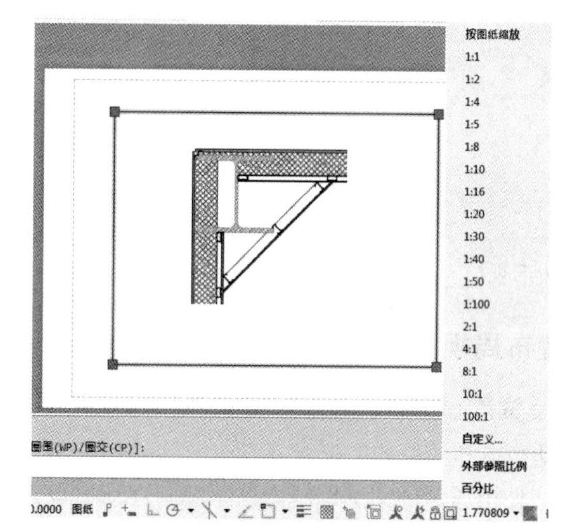

图 10-24　选择缩放比例

3．锁定布局视口的比例

比例锁定将锁定选定视口中设置的比例。锁定比例后，可以继续修改当前视口中的几何图形而不影响视口比例。具体方法：单击要锁定其比例的视口的边界，然后单击视口工具栏中的【锁定|解锁视口】按钮即可。

**提　示**

视口比例锁定还可用于非矩形视口。要锁定非矩形视口，必须在【特性】选项板中额外执行一个操作，以选择视口对象而不是视口剪裁边界。

10.5　打印样式

为了使打印出的图形更符合要求，在对图形对象进行打印之前，应先创建需要的打印样式，在设置打印样式后还可以对其进行编辑。

10.5.1　创建打印样式表

创建打印样式表是在【打印 - 模型】对话框中进行的，打开该对话框的方法有以下几种。

- 单击快速访问区中的【打印】按钮。
- 单击【菜单浏览器】按钮，在弹出的菜单中选择【文件】|【打印】命令。
- 直接按【Ctrl+P】组合键。
- 在命令行中输入 PLOT 命令。

下面讲解如何创建打印样式表，具体操作步骤如下。

Step 01 在命令行中输入 PLOT 命令，弹出【打印-模型】对话框，在【打印样式表】下拉列表中选择【新建】选项，如图 10-25 所示。

Step 02 弹出【添加颜色相关打印样式表-开始】对话框，选中【创建新打印样式表】单选按钮，然后单击【下一步】按钮，如图 10-26 所示。

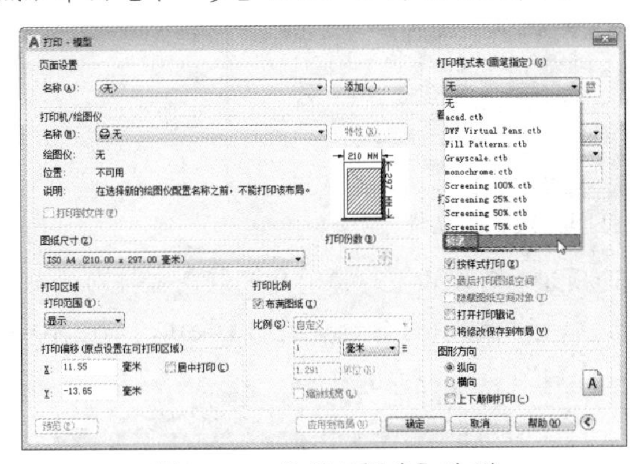

图 10-25　选择【新建】选项

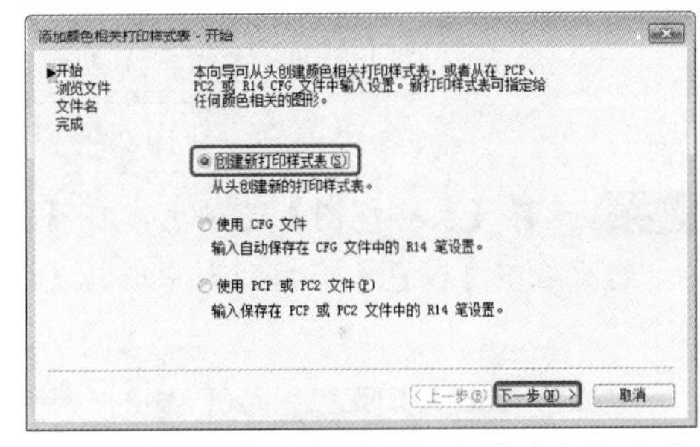

图 10-26　选中【创建新打印样式表】选项

Step 03 弹出【添加颜色相关打印样式表-文件名】对话框，将【文件名】设置为【建筑立面图】，单击【下一步】按钮，如图 10-27 所示。

Step 04 弹出【添加颜色相关打印样式表-完成】对话框，单击【完成】按钮，如图 10-28 所示，完成打印样式表创建。

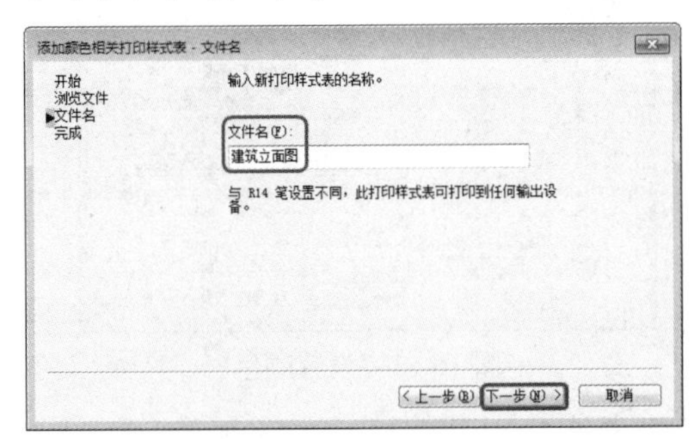

图 10-27　设置文件名

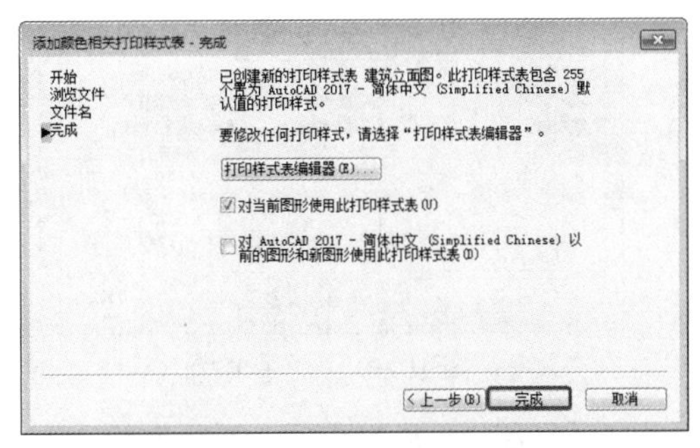

图 10-28　单击【完成】按钮

10.5.2 编辑打印样式表

下面讲解如何编辑打印样式表，具体操作步骤如下。

Step 01 在菜单栏中执行【文件】|【打印样式管理器】命令，打开系统保存打印样式表的文件夹，双击要修改的打印样式表，这里双击名为DWF Virtual Pens.ctb的打印样式表，如图10-29所示。

Step 02 弹出【打印样式表编辑器-DWF Virtual Pens.ctb】对话框，选择【表视图】选项卡，在该选项卡下选择需要修改的选项，这里在【线宽】右侧的第一个下拉列表中选择0.3000毫米，如图10-30所示。

图10-29 系统保存打印样式表的文件夹

Step 03 选择【表格视图】选项卡，在【特性】选项组中可以设置对象打印的颜色、抖动、灰度等，这里在其【颜色】下拉列表中选择【洋红】选项，然后单击【保存并关闭】按钮，如图10-31所示。

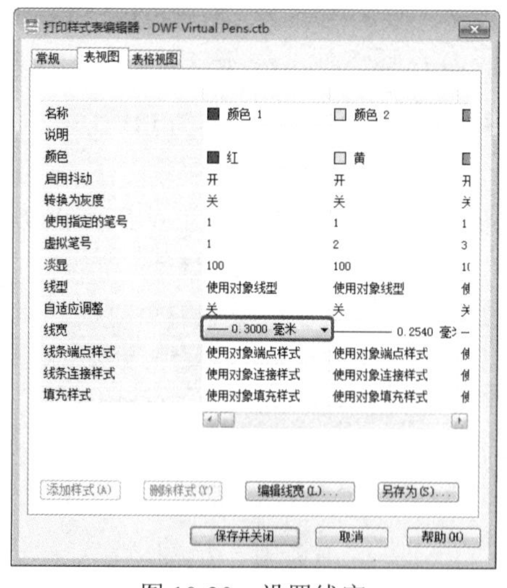

图10-30 设置线宽

图10-31 设置颜色

在【打印样式表编辑器】对话框的【表格视图】选项卡中，部分选项的含义如下。

- 【颜色】下拉列表：指定对象的打印颜色。打印样式颜色的默认设置为【使用对象颜色】。

如果指定打印样式颜色，在打印时该颜色将替代使用对象的颜色。

- 【抖动】下拉列表：打印机采用抖动来靠近点图案的颜色，使打印颜色看起来似乎比AutoCAD 颜色索引（ACI）中的颜色要多。如果绘图仪不支持抖动，将忽略抖动设置。为避免由细矢量抖动所带来的线条打印错误，抖动通常是关闭的。关闭抖动还可以使较暗的颜色看起来更清晰。在关闭抖动时，AutoCAD 将颜色映射到最接近的颜色，从而导致打印时颜色范围较小，无论使用对象颜色还是指定打印样式颜色，都可以使用抖动。
- 【灰度】下拉列表：如果绘图仪支持灰度，则将对象颜色转换为灰度。如果关闭【灰度】选项，AutoCAD 将使用对象颜色的 RGB 值。
- 【笔号】数值选择框：指定打印使用该打印样式的对象时要使用的笔。可用笔的范围为 1～32。如果将打印样式颜色设置为【使用对象颜色】，或正编辑颜色相关打印样式表中的打印颜色，则不能更改指定的笔号，其设置为【自动】。
- 【虚拟笔号】数值选择框：在 1～255 之间指定一个虚拟笔号。许多非笔式绘图仪都可以使用虚拟笔模仿笔式绘图仪。对于许多设备而言，都可以在绘图仪的前面板上对笔的宽度、填充图案、端点样式、合并样式和颜色淡显进行设置。
- 【淡显】数值选择框：指定颜色强度。该设置确定打印时 AutoCAD 在纸上使用的墨的多少。有效范围为 0～100。选择 0 将显示为白色；选择 100 将以最大的浓度显示颜色。要启用淡显，则必须将【抖动】选项设置为【开】。
- 【线型】下拉列表：用样例和说明显示每种线型的列表。打印样式线型的默认设置为【使用对象线型】。如果指定一种打印样式线型，则打印时该线型将替代对象的线型。
- 【自适应】下拉列表：调整线型比例以完成线型图案。如果未将【自适应】选项设置为【开】，直线将有可能在图案的中间结束。如果线型缩放比例更重要，那么应先将【自适应】选项设为【关】。
- 【线宽】下拉列表：显示线宽及其数字值的样例。可以毫米为单位指定每个线宽的数值。打印样式线宽的默认设置为【使用对象线宽】。如果指定一种打印样式线宽，打印时该线宽将替代对象的线宽。
- 【端点】下拉列表：提供线条端点样式，如柄形、方形、圆形和菱形。线条端点样式的默认设置为【使用对象端点样式】。如果指定一种直线端点样式，打印时该直线端点样式将替代对象的线端点样式。
- 【连接】下拉列表：提供线条连接样式，如斜接、倒角、圆形和菱形。线条连接样式的默认设置为【使用对象连接样式】。如果指定一种直线合并样式，打印时该直线合并样式将替代对象的线条合并样式。
- 【填充】下拉列表：提供填充样式，如实心、棋盘形、交叉线、菱形、水平线、左斜线、右斜线、方形点和垂直线。填充样式的默认设置为【使用对象填充样式】。如果指定一种填充样式，打印时该填充样式将替代对象的填充样式。
- 【添加样式】按钮：向命名打印样式表添加新的打印样式。打印样式的基本样式为【普通】，它使用对象的特性，不默认使用任何替代样式。创建新的打印样式后必须指定要应用的替代样式。颜色相关打印样式表包含 255 种映射到颜色的打印样式，不能向颜色相关打印样式表中添加新的打印样式，也不能向包含转换表的命名打印样式表添加打印样式。
- 【删除样式】按钮：从打印样式表中删除选定样式。被指定了这种打印样式的对象将以【普通】样式打印，因为该打印样式已不再存在于打印样式表中。不能从包含转换表的命名打印样式表中删除打印样式，也不能从颜色相关打印样式表中删除打印样式。

- 【编辑线宽】按钮：单击此按钮将弹出【编辑线宽】对话框。共有 28 种线宽可以应用于打印样式表中的打印样式。如果存储在打印样式表中的线宽列表不包含所需的线宽，可以对现有的线宽进行编辑。不能在打印样式表的线宽列表中添加或删除线宽。

10.6 保存与调用打印设置

保存打印设置在以后打印相同图形对象时可以将其调出使用，可以节省再次进行打印设置的时间。

10.6.1 保存打印设置

下面通过实例讲解如何保存打印设置，具体操作步骤如下。

Step 01 启动 AutoCAD 2017，单击快速访问区中的【打印】按钮，弹出【打印-模型】对话框，在【页面设置】选项组中单击【添加】按钮，如图 10-32 所示。

Step 02 弹出【添加页面设置】对话框，在【新页面设置名】文本框中输入要保存的打印设置名称，这里输入【建筑平面图】，然后单击【确定】按钮，如图 10-33 所示。当保存图形文件时，即可将打印参数一起保存。

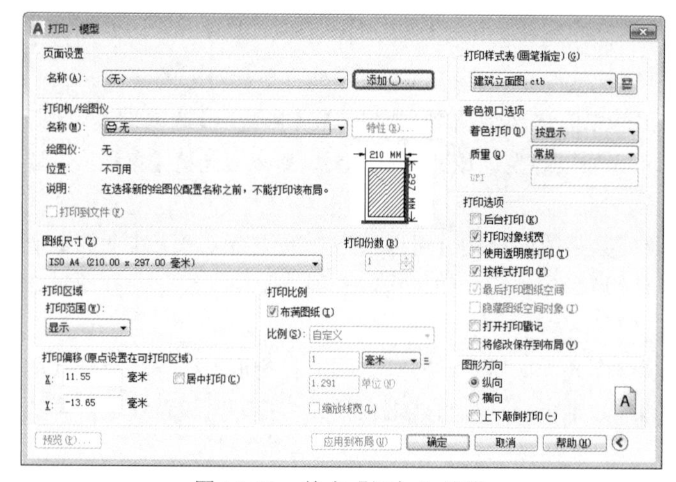

图 10-32　单击【添加】按钮

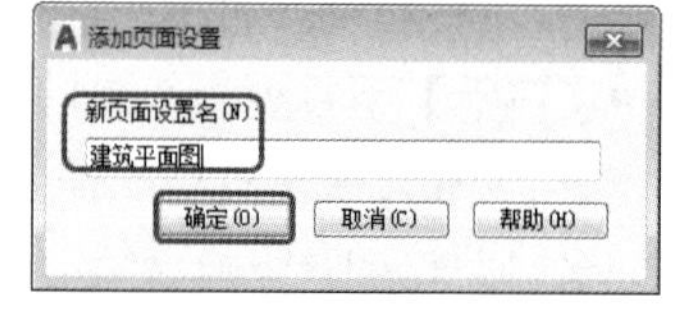

图 10-33　设置新页面名称

10.6.2 调用打印设置

将打印设置保存到计算机中后，在需要时即可调用该设置，具体操作步骤如下。

Step 01 启动 AutoCAD 2017，单击快速访问区中的【打印】按钮，弹出【打印-模型】对话框，在【页面设置】选项组的【名称】下拉列表中选择【输入】选项，如图 10-34 所示。

Step 02 弹出【从文件选择页面设置】对话框，选择保存打印设置的图形文件，然后单击【打开】按钮，如图 10-35 所示。

Step 03 弹出【输入页面设置】对话框，在【页面设置】列表框中显示该图形文件中的打印设置名称，这里选择【建筑平面图】选项，单击【确定】按钮，如图 10-36 所示。

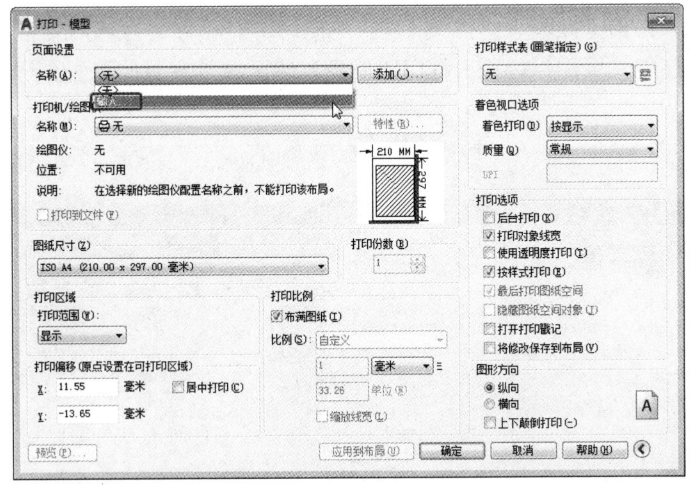

图 10-34　选择【输入】选项

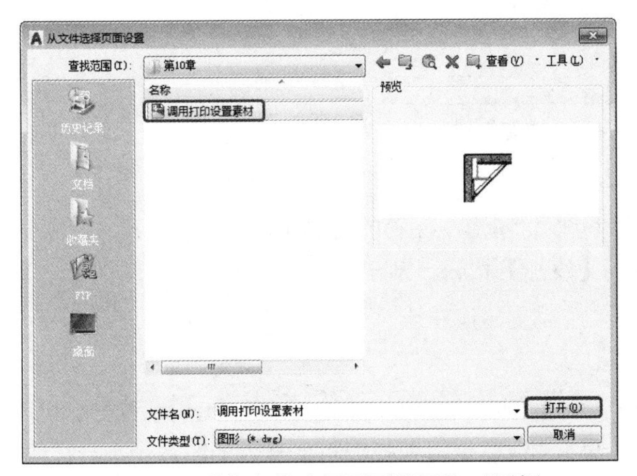

图 10-35 【从文件选择页面设置】对话框

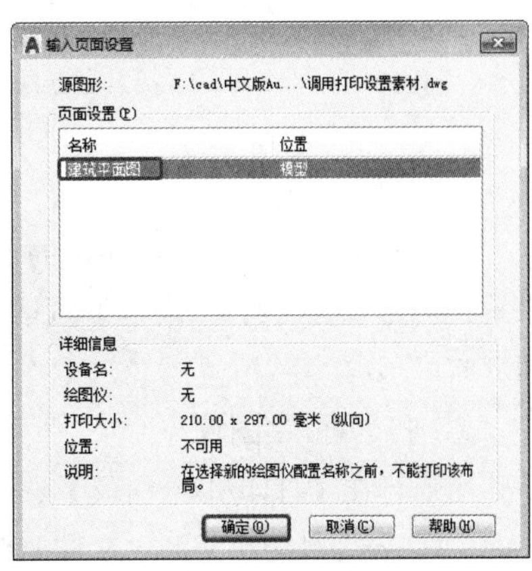

图 10-36 【输入页面设置】对话框

10.7　打印输出图形文件

图纸设计的最后一步是出图打印，通常意义上的打印是把图形打印在图纸上。在 AutoCAD 2017 中，用户也可以生成一份电子图纸，以便在互联网上访问。打印图形的关键问题之一是打印比例。图样是按 1∶1 的比例绘制的，输出图形时需要考虑选用多大幅面的图纸及图形的缩放比例，有时还要调整图形在图纸上的位置和方向。

AutoCAD 2017 有两种图形环境，即图纸空间和模型空间。默认情况下，系统都是在模型空间上绘图，并从该空间出图。采用这种方法输出不同绘图比例的多张图纸时比较麻烦，需要将其中的一些图纸进行缩放，再将所有图纸布置在一起形成更大幅面的图纸输出。而图纸空间能轻易地满足用户的这种需求，该绘图环境提供了标准幅面的虚拟图纸，用户可在虚拟图纸上以不同的缩放比例布置多个图形，然后按 1∶1 的比例出图。

在 AutoCAD 2017 中，用户可使用内部打印机或 Windows 系统打印机输出图形，并能方便地修改打印机设置及其他打印参数。

- 选择【输出】选项卡，在【打印】面板中单击【打印】按钮。
- 在命令行中输入 PLOT 命令。

执行该命令后，弹出【打印-模型】对话框，如图 10-37 所示。在该对话框中可配置打印设备及选择打印样式，还能设置图纸幅面、打印比例及打印区域等参数。下面介绍该对话框中各选项的主要功能。

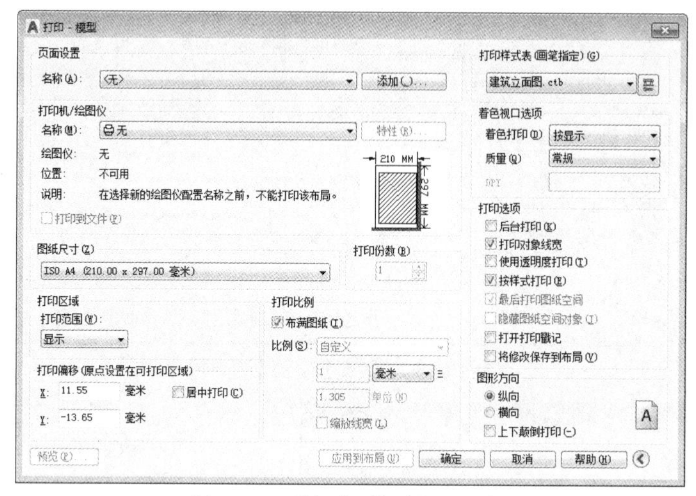

图 10-37 【打印-模型】对话框

1. 页面设置

列出图形中已命名或已保存的页面设置。可以将图形中保存的命名页面设置作为当前的页面设置，也可以在【打印-模型】对话框中单击【添加】按钮，基于当前设置创建一个新的命名页面设置。

2. 打印机/绘图仪

用户可在【打印机/绘图仪】选项组的【名称】下拉列表框中，选择 Windows 系统打印机或 AutoCAD 内部打印机（.pc3 文件）作为输出设备。注意这两种打印机名称前的图标是不一样的。当用户选定某种打印机后，【名称】下拉列表框下面将显示被选中设备的名称、连接端口，以及其他有关打印机的注释信息。

若要将图形输出到文件中，则应在【打印机/绘图仪】选项组中勾选【打印到文件】复选框。此后，当单击【打印-模型】对话框中的【确定】按钮时，系统将自动打开【预览打印文件】对话框，通过此对话框可指定输出文件的名称及地址。

如果想修改当前打印机的设置，可单击【特性】按钮，弹出【绘图仪配置编辑器】对话框，如图 10-38 所示。在该对话框中用户可以重新设置打印机端口及其他输出设置，如打印介质、图形特性、物理笔配置、自定义特性、校准及自定义图纸尺寸等。

【绘图仪配置编辑器】对话框中包含【常规】、【端口】、【设备和文档设置】3 个选项卡，各选项卡功能如下。

（1）【常规】选项卡

该选项卡包含打印机配置文件（.pc3 文件）的基本信息，如配置文件的名称、驱动程序信息及打印机端口等，用户可在此选项卡的【说明】列表框中加入其他注释信息。

（2）【端口】选项卡

通过此选项卡用户可修改打印机与计算机的连接设置，如选定打印端口、指定打印到文件及后台打印等。

（3）【设备和文档设置】选项卡

在该选项卡中用户可以指定图纸的来源、尺寸和类型，并能修改颜色深度和打印分辨率等。

3. 打印样式表

打印样式是对象的一种特性，如同颜色、线型一样，如果为某个对象选择了一种打印样式，则输出图形后，对象的外观由样式决定。AutoCAD 提供了几百种打印样式，并将其组合成一系列的打印样式表，打印样式表有以下两类。

（1）颜色相关打印样式表

颜色相关打印样式表以.ctb 为文件扩展名保存，该表以对象的颜色为基础，共包含 255 种打印样式，每种 ACI 颜色对应一个打印样式，样式名分别为【颜色 1】、【颜色 2】等。选择某种颜色相关打印样式后，单击右侧的【编辑】按钮，弹出【打印样式表编辑器-acad.ctb】对话框，如图 10-39 所示，即可对其中的各个选项进行设置。

（2）命名相关打印样式表

命名相关打印样式表以.stb 为文件扩展名保存，该表包括一系列已命名的打印样式，用户可修改打印样式的设置及其名称，还可添加新的样式。若当前图形文件与命名相关打印样式表相连，则用户可以给对象指定样式表中的任意一种打印样式，与对象的颜色无关。命名相关打印样式具有以下特点。

- 在【打印-模型】对话框的【打印样式表】选项组中，【名称】（无）下拉列表中包含当前图形中的所有打印样式表，用户可选择其中之一或不做任何选择。若不指定打印样式表，则系统将按对象的原有属性进行打印。

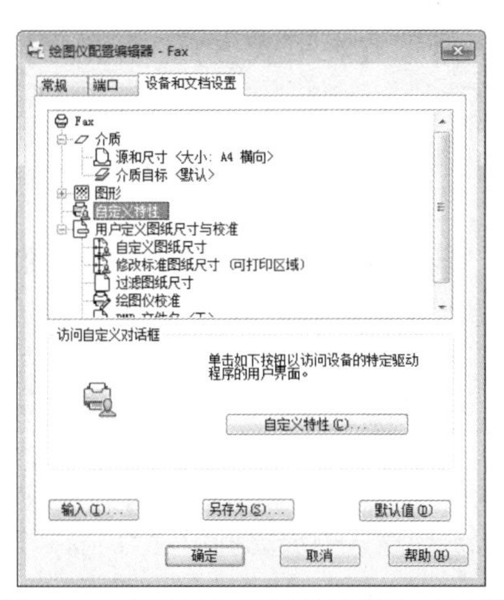

图 10-38 【绘图仪配置编辑器】对话框

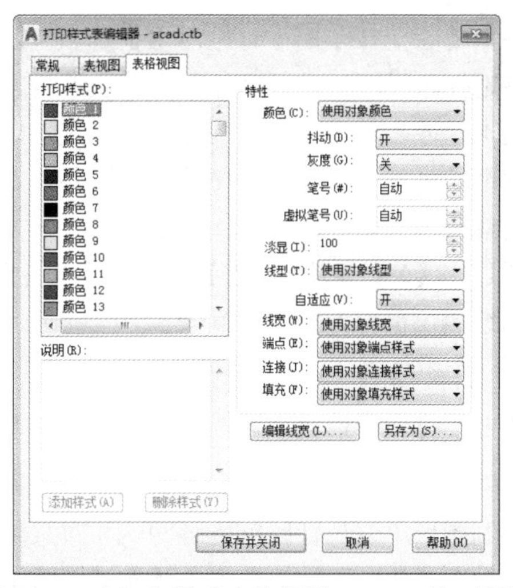

图 10-39 【打印样式表编辑器-acad.ctb】对话框

- 当要修改打印样式时，可单击【名称】下拉列表右边的按钮，打开【打印样式表编辑器】对话框，利用该对话框可查看或改变当前打印样式表中的参数。

提　示

选择【文件】|【打印样式管理器】命令，打开【plot styles】文件夹，该文件夹中包含打印样式表文件及添加打印样式表向导快捷方式，双击此快捷方式即可创建新的打印样式表。

4．图纸尺寸

在【打印-模型】对话框的【图纸尺寸】下拉列表中指定图纸大小，【图纸尺寸】下拉列表中包含已选打印设备可用的标准图纸尺寸。当选择某种幅面的图纸时，该列表右上角会显示所选图纸及实际打印范围的预览图像（打印范围用阴影表示，可在【打印区域】分组框中进行设置）。将光标移动到图像上面后，在光标位置处就会显示出精确的图纸尺寸及图纸上可打印区域的尺寸。

除了从【图纸尺寸】下拉列表中选择标准图纸外，用户也可以创建自定义的图纸尺寸。此时，用户需要修改所选打印设备的配置。

5．打印区域

【打印范围】下拉列表中包含 4 个选项，各选项的功能如下。

① 【图形界限】：从模型空间打印时，【打印范围】下拉列表中将显示出【图形界限】选项。选择该选项，系统将把设定的图形界限范围（用 LIMITS 命令设置图形界限）打印在图纸上。

从图纸空间打印时，【打印范围】下拉列表框中显示【布局】选项。选择该选项，系统将打印虚拟图纸上可打印区域内的所有内容。

② 【范围】：打印图样中所有图形对象。

③ 【显示】：打印整个图形窗口。

④ 【窗口】：打印用户自己设定的区域。选择此选项后，系统提示指定打印区域的两个角点，同时在【打印-模型】对话框中显示【窗口】按钮，单击此按钮，可重新设定打印区域。

6．打印偏移

根据【指定打印偏移时相对于】选项（【选项】对话框的【打印和发布】选项卡中）中的设置，指定打印区域相对于可打印区域左下角或图纸边界的偏移。【打印-模型】对话框的【打印偏移】选项区域显示了包含在括号中的指定打印偏移选项。

图纸的可打印区域由选择的输出设备决定，在布局中以虚线表示。修改为其他输出设备时，可能会修改可打印区域。

通过在【X】偏移和【Y】偏移文本框中输入正值或负值，可以偏移图纸上的几何图形。图纸中的绘图仪单位为英寸或毫米。

7．打印份数

指定要打印的份数。勾选【打印到文件】复选框时，此选项不可用。

8．打印比例

控制图形单位与打印单位之间的相对尺寸。打印布局时，默认缩放比例设置为 1∶1。从【模型】选项卡打印时，默认设置为【布满图纸】。

9．图形方向

为支持纵向或横向的绘图仪指定图形在图纸上的打印方向。图纸图标代表所选图纸的介质方向。字母图标代表图形在图纸上的方向。

① 纵向：放置并打印图形，使图纸的短边位于图形页面的顶部。

② 横向：放置并打印图形，使图纸的长边位于图形页面的顶部。

③ 上下颠倒打印：上下颠倒地放置并打印图形。

用户选择好打印设备并设置完打印参数（如图纸幅面、比例及方向等）后，可以将所有设置保存在页面设置中，以便以后使用。

在【打印-模型】对话框【页面设置】选项组的【名称】下拉列表中，列出了所有已命名的页面设置，若要保存当前的页面设置，就要单击该下拉列表右边的【添加】按钮，打开【添加页面设置】对话框，在该对话框的【新页面设置名】文本框中输入页面名称，然后单击【确定】按钮，即可储存页面设置。

10.8　输出图形文件

AutoCAD 2017 提供了图形输入与输出接口。不仅可以将其他应用程序中处理好的数据传送给 AutoCAD，以显示其图形，还可以将在 AutoCAD 中绘制好的图形打印出来，或者把它们的信息传送给其他应用程序。此外，AutoCAD 2017 强化了 Internet 功能，可以创建 Web 格式的文件（DWF），以及发布 AutoCAD 图形文件到 Web 页。

10.8.1　输出为其他类型的文件

在 AutoCAD 2017 中，执行图形文件输出命令的方法如下。

- 在命令行中输入 EXPORT 命令。

执行该命令后，即可弹出【输出数据】对话框，如图 10-40 所示。可以在【保存于】下拉列表中设置文件输出的路径，在【文件名】文本框中输入文件名称，在【文件类型】下拉列表中选择文件的输出类型，如【图元文件】、【ACIS】、【平板印刷】、【封装 PS】、【DXX 提取】、【位图】、【3D Studio】及块等。

图 10-40　【输出数据】对话框

设置文件的输出路径、名称及文件类型后，单击对话框中的【保存】按钮，将切换到绘图窗口中，可以选择需要以指定格式保存的对象。

10.8.2　打印输出到文件

对于打印输出到文件，在设计工作中常用的是输出为光栅图像。在 AutoCAD 2017 中，打印输出时，可以将 DWG 的图形文件输出为 JPG、BMP、TIF、TGA 等格式的光栅图像，以便在其他图像软件中如 Photoshop 中进行处理，还可以根据需要设置图像大小。

10.8.3 实例——添加绘图仪

下面通过实例讲解如何添加绘图仪，具体操作步骤如下。

Step 01 添加绘图仪。如果系统中为用户提供了所需图像格式的绘图仪，可以直接选用，若系统中没有所需图像格式的绘图仪，则需要利用【添加绘图仪向导】进行添加。在菜单栏中执行【文件】|【绘图仪管理器】命令，弹出如图 10-41 所示的对话框，在其中双击【添加绘图仪向导】快捷方式图标。

Step 02 弹出【添加绘图仪-简介】对话框，然后单击【下一步】按钮，如图 10-42 所示。

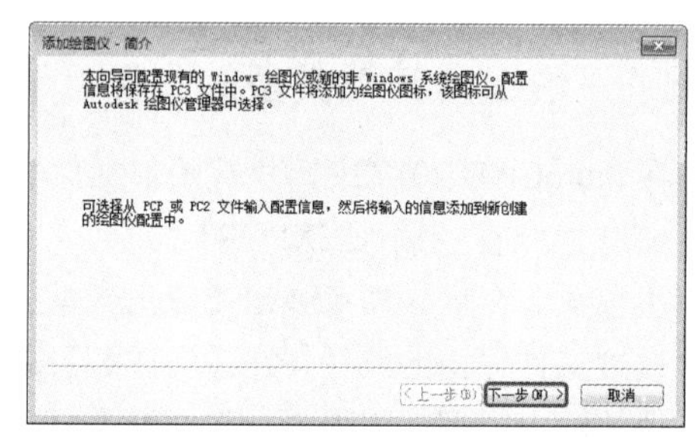

图 10-41 双击【添加绘图仪向导】快捷方式图标 图 10-42 【添加绘图仪-简介】对话框

Step 03 弹出【添加绘图仪-开始】对话框，在该对话框中选中【我的电脑】单选按钮，然后单击【下一步】按钮，如图 10-43 所示。

Step 04 弹出【添加绘图仪-绘图仪型号】对话框，在该对话框的【生产商】列表框中选择【光栅文件格式】选项，在【型号】列表框中选择【TIFF Version6(不压缩)】选项，然后单击【下一步】按钮，如图 10-44 所示。

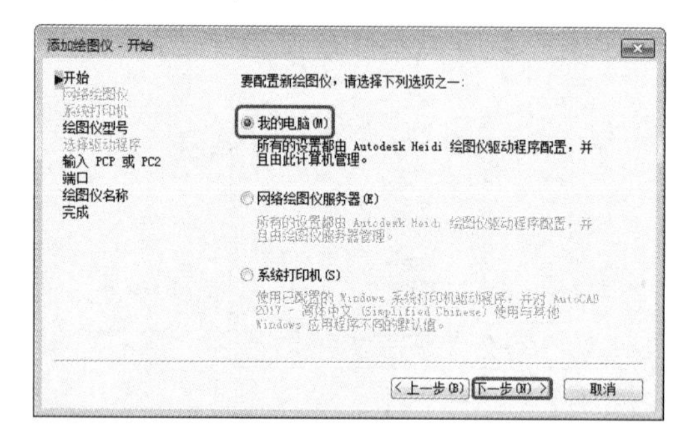

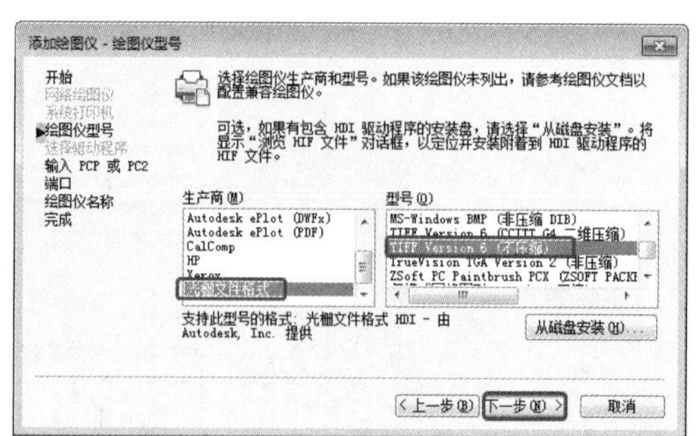

图 10-43 【添加绘图仪-开始】对话框 图 10-44 【添加绘图仪-绘图仪型号】对话框

Step 05 弹出【添加绘图仪-输入 PCP 或 PC2】对话框，然后单击【下一步】按钮，如图 10-45 所示。

Step 06 弹出【添加绘图仪-端口】对话框，然后单击【下一步】按钮，如图 10-46 所示。

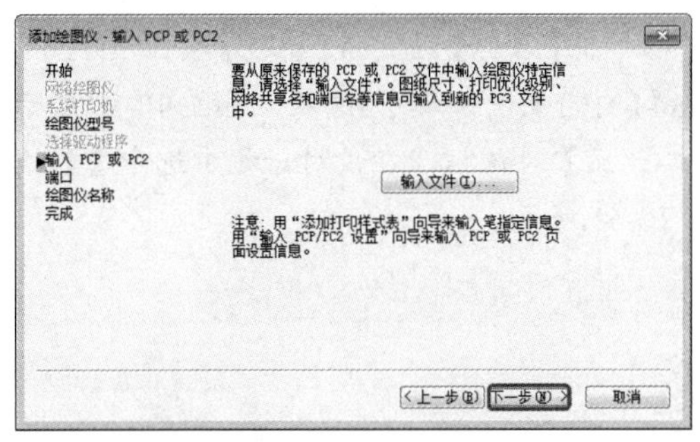

图 10-45　【添加绘图仪-输入 PCP 或 PC2】对话框

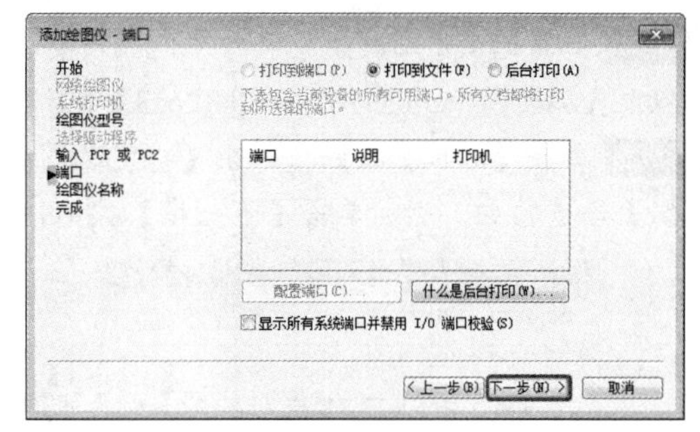

图 10-46　【添加绘图仪-端口】对话框

Step 07 弹出【添加绘图仪-绘图仪名称】对话框，然后单击【下一步】按钮，如图 10-47 所示。

Step 08 弹出【添加绘图仪-完成】对话框，单击【完成】按钮，即可完成绘图仪的添加操作，如图 10-48 所示。

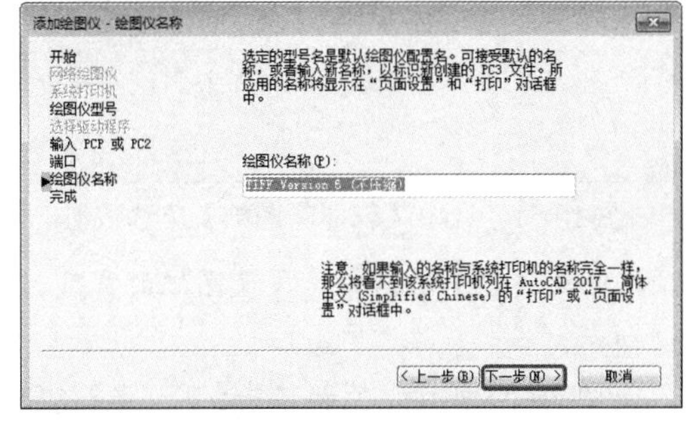

图 10-47　【添加绘图仪-绘图仪名称】对话框

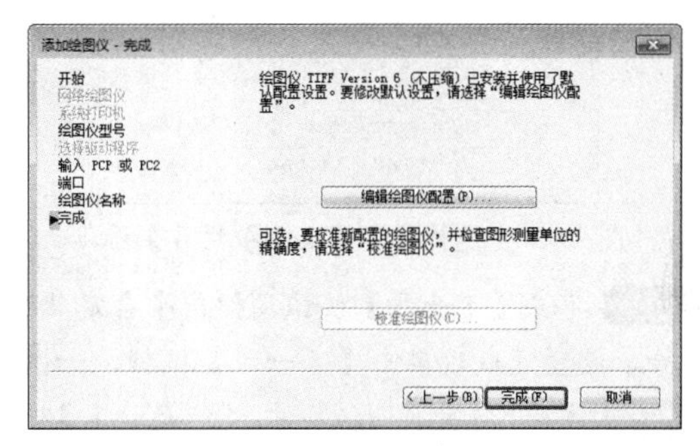

图 10-48　【添加绘图仪-完成】对话框

10.8.4　实例——设置图形尺寸

下面通过实例讲解如何设置图形尺寸，具体操作步骤如下。

Step 01 在菜单栏中执行【文件】|【打印】命令，弹出【打印-模型】对话框，在【打印机/绘图仪】选项组中选择【PublishToWeb PNG.pc3】选项，然后在【图纸尺寸】选项组中选择合适的图纸尺寸，如图 10-49 所示。

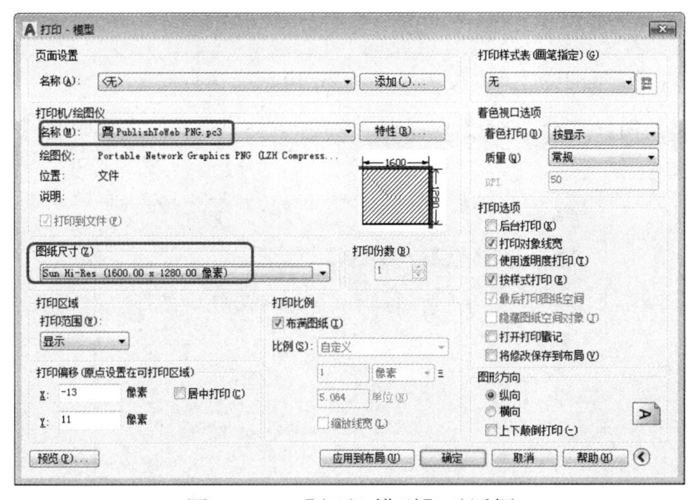

图 10-49　【打印-模型】对话框

Step 02 如果选项中所提供的尺寸不能满足要求，可以单击【名称】右侧的【特性】按钮，弹出【绘图仪配置编辑器-PublishToWeb PNG.pc3】对话框，选择【自定义图纸尺寸】选项，如图 10-50 所示。

Step 03 单击【添加】按钮，弹出【自定义图纸尺寸-开始】对话框，在该对话框中选中【创建新图纸】单选按钮，然后单击【下一步】按钮，如图 10-51 所示。

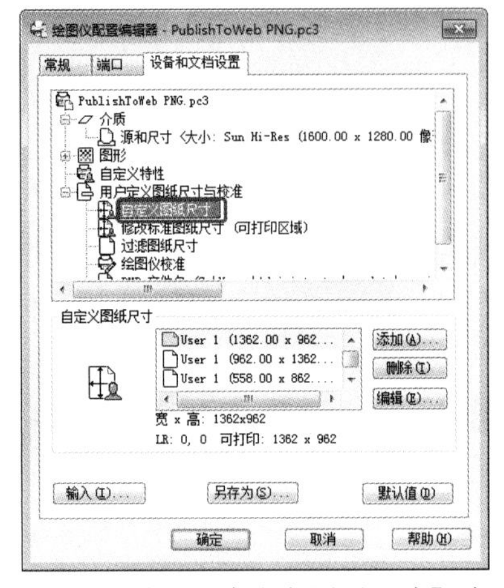

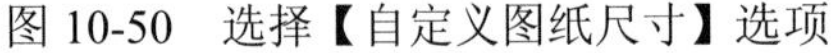

图 10-50 选择【自定义图纸尺寸】选项

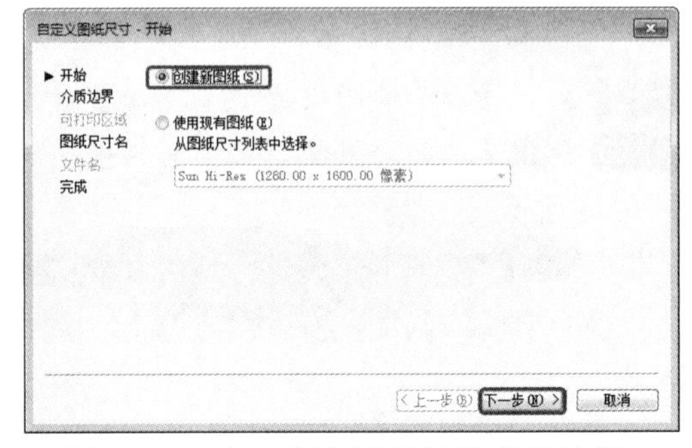

图 10-51 选中【创建新图纸】单选按钮

Step 04 单击【下一步】按钮，弹出【自定义图纸尺寸-介质边界】对话框，设置图纸的宽度、高度等，设置完成后单击【下一步】按钮，如图 10-52 所示。

Step 05 弹出【自定义图纸尺寸-图纸尺寸名】对话框，如图 10-53 所示，直接单击【下一步】按钮。

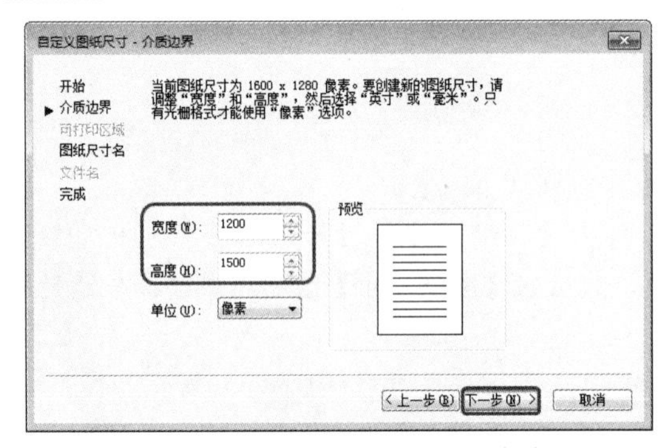

图 10-52 设置图纸的宽度及高度

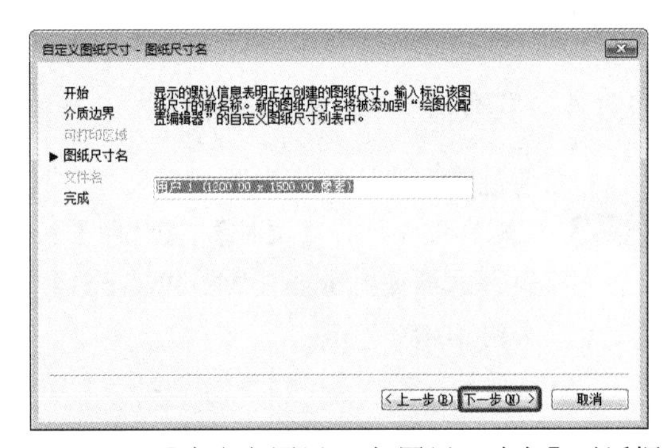

图 10-53 【自定义图纸尺寸-图纸尺寸名】对话框

Step 06 弹出【自定义图纸尺寸-完成】对话框，如图 10-54 所示，直接单击【完成】按钮即可完成设置。

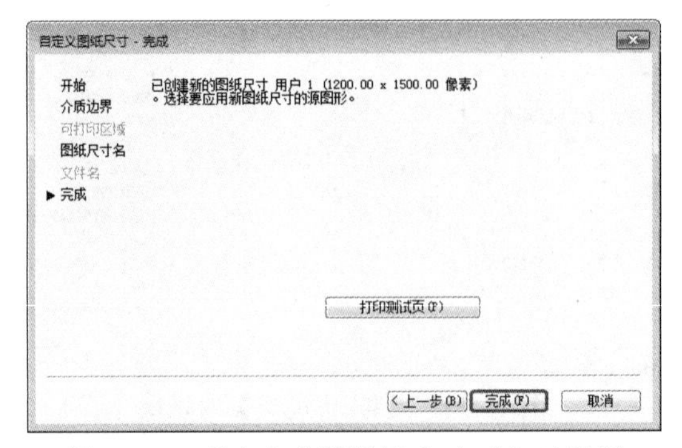

图 10-54 【自定义图纸尺寸-完成】对话框

10.8.5　实例——输出图像

下面通过实例讲解如何输出图像，具体操作步骤如下。

Step 01 在【打印-模型】对话框中，参照前面的方法设置好相关参数。

Step 02 单击【确定】按钮，弹出【浏览打印文件】对话框，如图 10-55 所示。在【文件名】文本框中输入文件名，然后单击【保存】按钮，完成打印，最终完成将 DWG 图形输出为光栅图形的操作。

图 10-55　【浏览打印文件】对话框

10.8.6　网上发布

利用提供的网上发布向导，即使用户不熟悉 HTML 编码，也可以方便、迅速地创建格式化的 Web 页，该 Web 页包含 AutoCAD 图形的 DWF、PNG 或 JEPG 图像。一旦创建了 Web 页，就可以将其发布到 Internet 上。

执行网上发布的命令为 PUBLISHTOWEB。

10.9　管理图纸集

对于大多数设计组，图纸集是主要的提交对象。图纸集用于传达项目的总体设计意图，并为该项目提供文档和说明。然而，手动管理图纸集的过程较为复杂和费时。

使用图纸集管理器，可以将图形作为图纸集进行管理。图纸集是一个有序命名集合，其中的图纸来自几个图形文件。图纸是从图形文件中选定的布局。可以从任意图形中将布局作为编号图纸输入到图纸集中。

可以将图纸集作为一个单元进行管理、传递、发布和归档。

10.9.1　创建图纸集

1．准备任务

用户在开始创建图纸集之前，应完成以下任务。

① 合并图形文件。将要在图纸集中使用的图形文件移动到几个文件夹中。这样可以简化图纸集管理。

② 避免多个布局选项卡。在图纸集中使用的每个图形只应包含一个布局（用作图纸集中的图

纸），对于多用户访问的情况，这样做是非常必要的，因为一次只能在一个图形中打开一张图纸。

③ 创建图纸创建样板。创建或指定图纸集用来创建新图纸的图形样板（DWT）文件。此图形样板文件称为图纸创建样板。在【图纸集管理器】对话框或【子集特性】对话框中指定此样板文件。

④ 创建页面设置替代文件。创建或指定 DWT 文件来存储页面设置，以便打印和发布。此文件称为页面设置替代文件，可用于将一种页面设置应用到图纸集中的所有图纸，并替代存储在每个图形中的各个页面设置。

提　示

虽然可以使用同一个图形文件中的几个布局作为图纸集中的不同图纸，但不建议这样做。这可能会使多个用户无法同时访问每个布局，还会减少管理选项并使图纸集整理工作变得复杂。

2. 开始创建

用户可以使用多种方式来创建图纸集，主要有以下几种方法。

- 在菜单栏中执行【文件】|【新建图纸集】命令。
- 在命令行中输入 NEWSHEETSET 命令。

在使用【创建图纸集】向导创建新的图纸集时，将创建新的文件夹作为图纸集的默认存储位置。这个新文件夹名为 AutoCAD Sheet Sets，位于【我的文档】文件夹中。可以修改图纸集文件的默认位置，但是建议将 DST 文件和项目文件存储在一起。

在执行上述命令后，弹出【创建图纸集-开始】对话框，如图 10-56 所示。

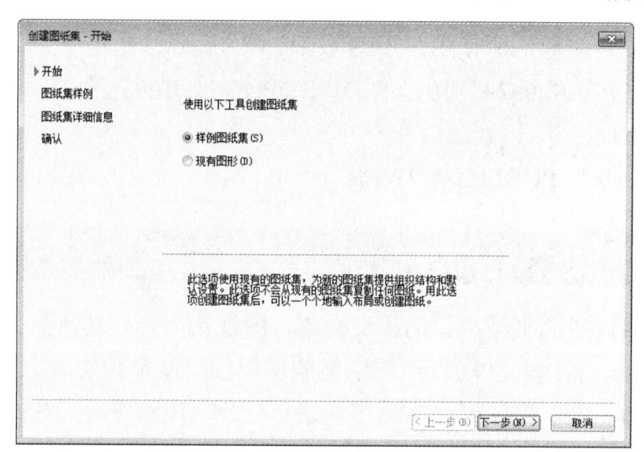

图 10-56 【创建图纸集-开始】对话框

在向导中，创建图纸集可以通过以下两种方式进行。

（1）从【样例图纸集】 创建图纸集

选择从【样例图纸集】创建图纸集时，该样例将提供新图纸集的组织结构和默认设置。用户还可以指定根据图纸集的子集存储路径创建文件夹。

使用此选项创建空图纸集后，可以单独输入布局或创建图纸。

（2）从【现有图形】文件创建图纸集

选择从【现有图形】文件创建图纸集时，需指定一个或多个包含图形文件的文件夹。使用此选项，可以指定让图纸集的子集组织复制图形文件的文件夹结构。这些图形的布局可自动输入到图纸集中。

10.9.2　实例——利用【样例图纸集】创建图样集

下面通过实例讲解如何利用【样例图纸集】创建图样集，具体操作步骤如下。

Step 01 在命令行中输入 NEWSHEETSET 命令，弹出【创建图纸集-开始】对话框，选中【样例图纸集】单选按钮，如图 10-57 所示。然后单击【下一步】按钮。

Step 02 弹出【创建图纸集-图纸集样例】对话框，用户选择一种图纸集作为样例，这里选择【Architectural Metric Sheet Set】选项，如图 10-58 所示。然后单击【下一步】按钮。

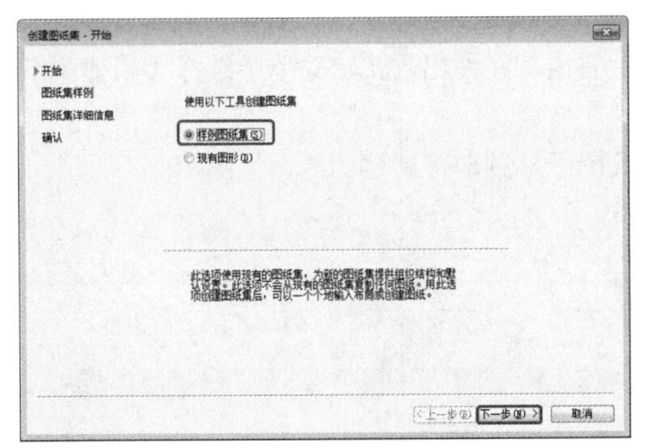

图 10-57　选中【样例图纸集】单选按钮

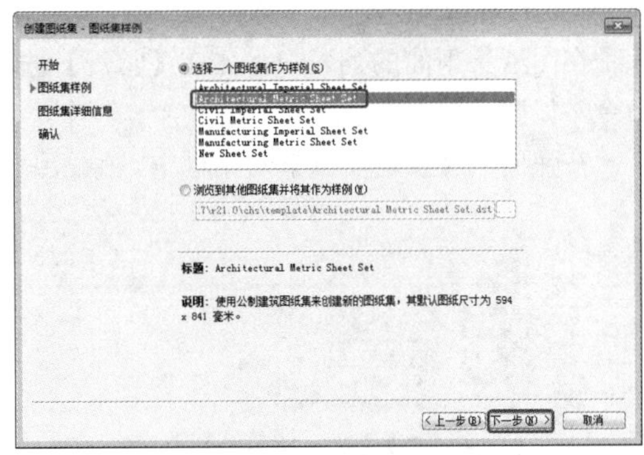

图 10-58　选择【Architectural Metric Sheet Set】选项

Step 03 弹出【创建图纸集-图纸集详细信息】对话框，输入新图纸集名称【建筑一层图纸】，其他设置保持不变，如图 10-59 所示。然后单击【下一步】按钮。

Step 04 弹出【创建图纸集-确认】对话框，直接单击【完成】按钮即可，如图 10-60 所示。

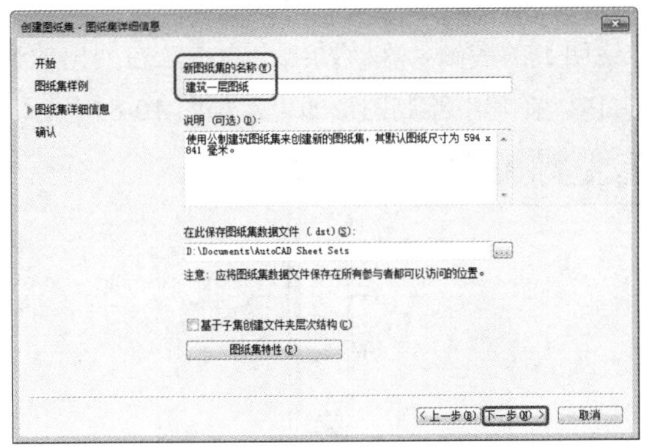

图 10-59　设置图纸集名称

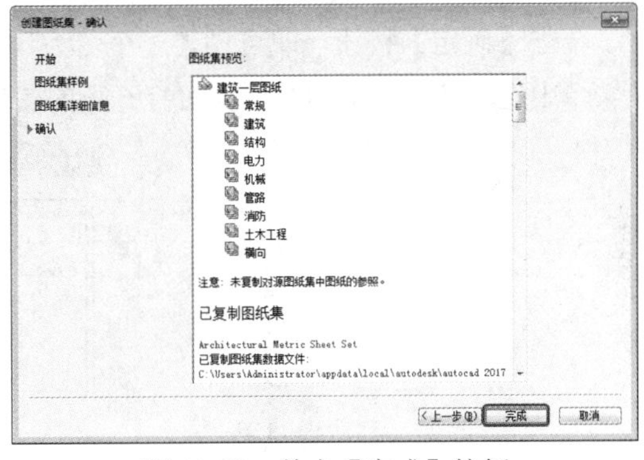

图 10-60　单击【完成】按钮

Step 05 执行完上述操作后，即可在【图纸集管理器】选项板中看到刚刚创建的图纸集列表，在该图纸集中包含【常规】、【建筑】和【结构】等 9 个子集，如图 10-61 所示。

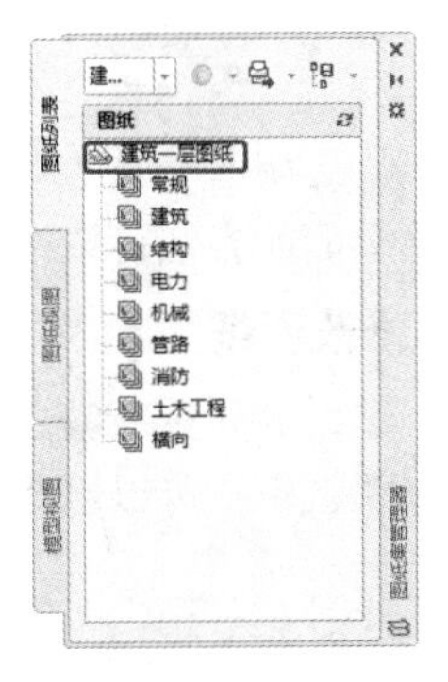

图 10-61　【图纸集管理器】选项板

10.9.3　实例——创建与修改图纸

完成图纸集的创建后，即可使用【图纸集管理器】选项板进行创建与修改图纸了。

在【图纸集管理器】选项板中，可以使用以下选项卡和控件。

- 【图纸集】控件：列出了用于创建新图纸集、打开现有图纸集或在打开的图纸集之间切换的菜单选项。

- 【图纸列表】选项卡：显示了图纸集中所有图纸的有序列表。图纸集中的每张图纸都是在图形文件中指定的布局。
- 【图纸视图】选项卡：显示了图纸集中所有图纸视图的有序列表。
- 【模型视图】选项卡：列出了一些图形的路径和文件夹名称，这些图形包含要在图纸集中使用的模型空间视图。

1. 新建图纸

在图纸集下面的列表中，如在【常规】选项上右击，在弹出的快捷菜单中选择【新建图纸】命令，如图10-62所示。

在弹出的【新建图纸】对话框中，输入编号及图纸标题即可新建图纸，如图10-63所示。

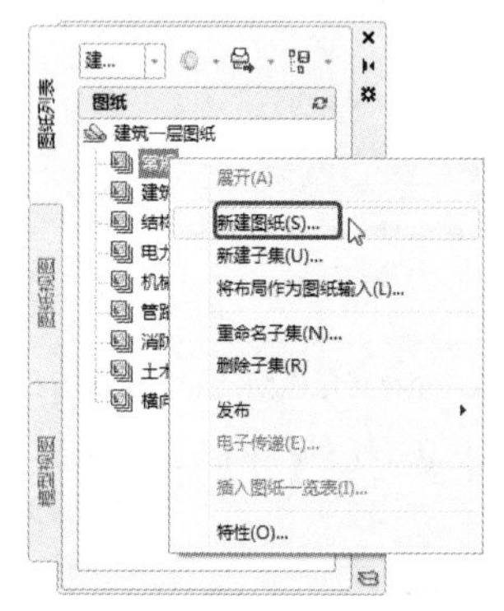

图10-62 选择【新建图纸】命令

图10-63 新建图纸设置

单击【确定】按钮，即可创建一个名为【01-说明】的图纸，在该图纸上右击，在弹出的快捷菜单中选择【打开】命令，即可打开新的图形窗口，在其中绘制图形即可，如图10-64所示。

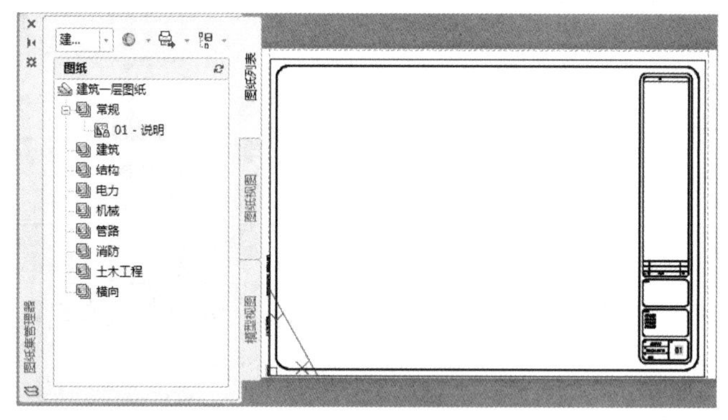

图10-64 打开新的图形窗口

参照上面的方法可以在【常规】子集或其他子集中继续创建图纸。

2. 修改图纸

（1）重命名并重新编号图纸

创建图纸后，可以更改图纸标题和图纸编号，也可以指定与图纸关联的其他图形文件。

**提 示**

如果更改布局名称，则图纸集中相应的图纸标题也将更新，反之亦然。

（2）从图纸集中删除图纸

从图纸集中删除图纸将断开该图纸与图纸集的关联，但并不会删除图形文件或布局。

（3）重新关联图纸

如果将某个图纸移动到了另一个文件夹，应使用【图纸特性】对话框更正路径，将该图纸重新关联到图纸集。对于任何已重新定位的图纸图形，将在【图纸特性】对话框中显示【需要的布局】和【找到的布局】的路径。要重新关联图纸，请在【需要的布局】中单击路径，然后单击以定位到图纸的新位置，如图 10-65 所示。

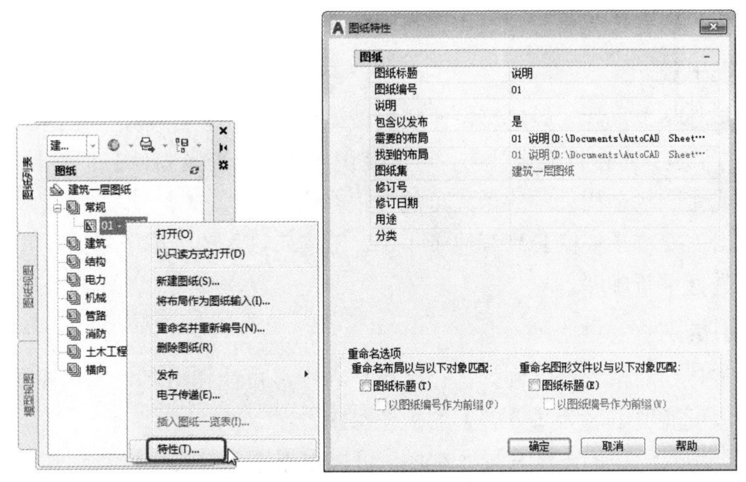

图 10-65　定位图纸的新位置

提　示

通过观察【图纸列表】选项卡底部的详细信息，可以快速确认图纸是否位于预设的文件夹中。如果选定的图纸不在预设位置，详细信息中将同时显示【预设的位置】和【找到的位置】的路径信息。

（4）向图纸添加视图

选择【模型】选项卡，通过向当前图纸中放入命名模型空间视图或整个图形，即可轻松地向图纸中添加视图。

提　示

创建命名模型空间视图后，必须保存图形，以便将该视图添加到【模型】选项卡。单击【模型】选项卡中的【刷新】按钮可更新【图纸集管理器】选项板中的树状图。

（5）向视图中添加标签块

使用【图纸集管理器】选项板，可以在放置视图和局部视图的同时自动添加标签。标签中包含与参照视图相关联的数据。

（6）向视图添加标注块

标注块是术语，指参照其他图纸的符号。标注块有许多行业特有的名称，例如参照标签、关键细节、细节标记和建筑截面关键信息等。标注块中包含与所参照的图纸和视图相关联的数据。

（7）创建标题图纸和内容表格

通常，将图纸集中的第一张图纸作为标题图纸，其中包括图纸集说明和一个列出了图纸集中的所有图纸的表。可以在打开的图纸中创建此表格，该表格称为图纸列表表格。该表格中自动包含图纸集中的所有图纸。只有在打开图纸时，才能使用图纸集快捷菜单创建图纸列表表格。创建图纸一览表之后，还可以编辑、更新或删除该表中的单元内容。

10.9.4 整理图纸集

对于较大的图纸集，有必要在树状图中整理图纸和视图。

在【图纸列表】选项卡中，可以将图纸整理为集合，这些集合被称为子集。在【图纸视图】选项卡中，可以将视图整理为集合，这些集合被称作类别。

1. 使用图纸子集

图纸子集通常与某个主题（如建筑设计或机械设计）相关联。例如，在建筑设计中，可能使用名为【建筑】的子集；而在机械设计中，可能使用名为【标准紧固件】的子集。在某些情况下，创建与查看状态或完成状态相关联的子集可能会很有用处。

用户可以根据需要将子集嵌套到其他子集中。创建或输入图纸或子集后，可以通过在树状图中拖动它们对其进行重新排序。

2. 使用视图类别

视图类别通常与功能相关联。例如，在建筑设计中，可能使用名为【立视图】的视图类别；而在机械设计中，可能使用名为【分解】的视图类别。

用户可以按类别或所在的图纸来显示视图。可以根据需要将类别嵌套到其他类别中。要将视图移动到其他类别中，可以在树状图中拖动它们或者使用【设置类别】快捷菜单项。

10.9.5 发布、传递和归档图纸集

将图形整理到图纸集后，可以将图纸集作为包发布、传递和归档。

（1）发布图纸集

使用【发布】功能将图纸集以正常顺序或相反顺序输出到绘图仪。可以从图纸集或图纸集的一部分创建包含单张图纸或多张图纸的 DWF 或 DWFx 文件。

（2）设置要包含在已发布的 DWF 或 DWFx 文件中的特性选项

可以确定要在已发布的 DWF 或 DWFx 文件中显示的信息类型。可以包含的元数据类型有图纸和图纸集特性、块特性和属性、动态块特性和属性，以及自定义对象中包含的特性。只有发布为 DWF 或 DWFx 时才包含元数据，打印为 DWF 或 DWFx 时则不包含。

（3）传递图纸集

通过 Internet 将图纸集或部分图纸集打包并发送。

（4）归档图纸集

将图纸集或部分图纸集打包以进行存储。这与传递图纸集类似，不同的是需要为归档内容指定一个文件夹且并不传递该包。

10.10 综合应用——打印建筑剖面图

下面通过综合应用来讲解如何打印建筑立面图，具体操作步骤如下。

Step 01 打开配套资源中的素材\第 10 章\【从图纸空间打印出图素材.dwg】素材文件，效果

如图 10-66 所示。

Step 02 在菜单栏中执行【文件】|【打印】命令，弹出【打印-模型】对话框，单击【名称】后的【添加】按钮，如图 10-67 所示。

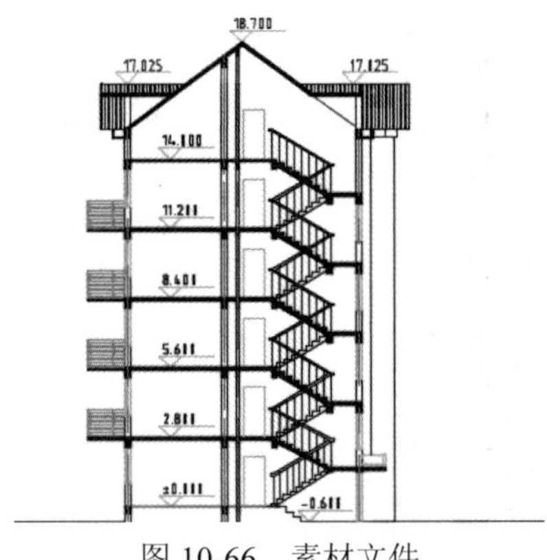

图 10-66　素材文件

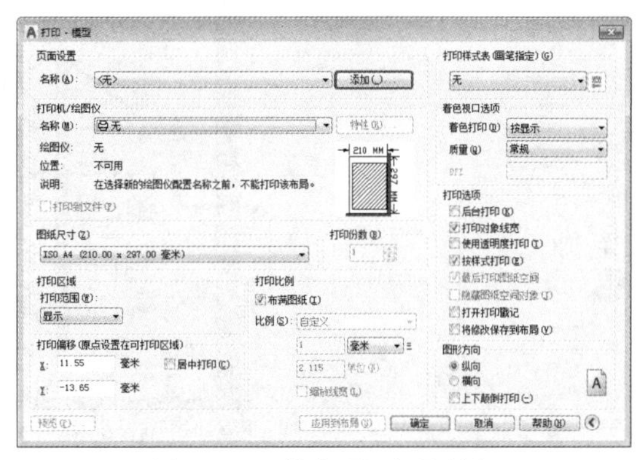

图 10-67　单击【添加】按钮

Step 03 弹出【添加页面设置】对话框，将【新页面设置名】设置为【建筑剖面图】，如图 10-68 所示。

Step 04 在【打印机/绘图仪】组中选择一种打印机，如果没有安装打印机，可以选择【PublishToWeb JPG.pc3】选项，如图 10-69 所示。

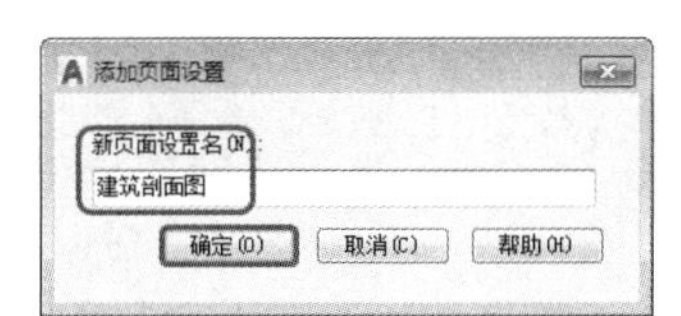

图 10-68　设置新页面设置名

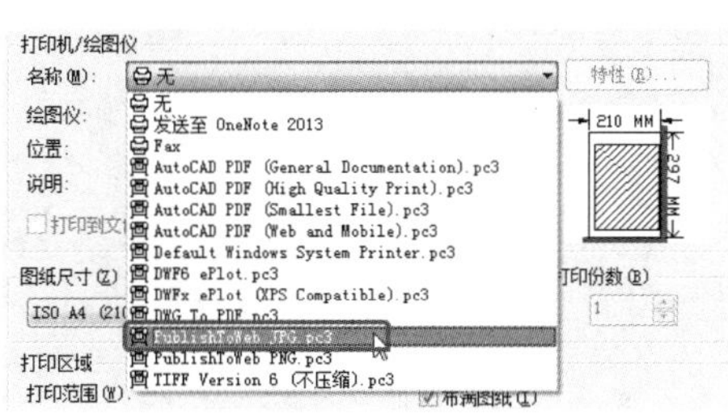

图 10-69　选择打印机

Step 05 弹出【打印-未找到图纸尺寸】对话框，在该对话框中选择【使用默认图纸尺寸 Sun Hi-Res(1 600.00 × 12 80.00 像素)】选项，如图 10-70 所示。

Step 06 弹出【打印-模型】对话框，在【打印区域】组中将【打印范围】设置为【窗口】，在场景中框选绘制的图形，如图 10-71 所示。

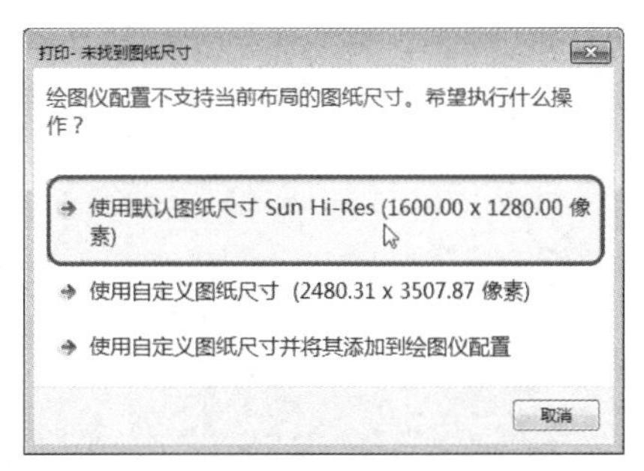

图 10-70　【打印-未找到图纸尺寸】对话框

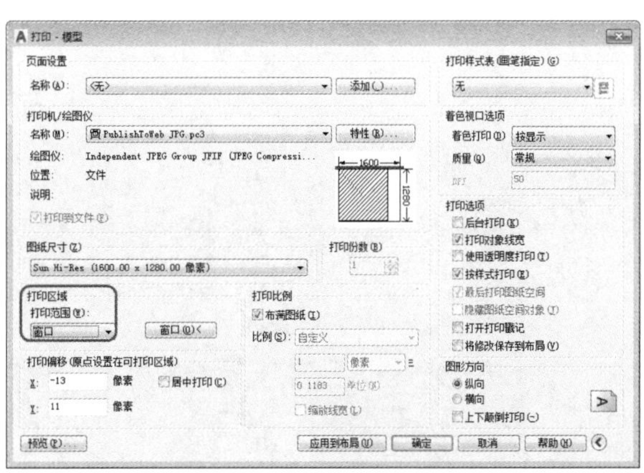

图 10-71　设置打印范围

Step 07 单击【预览】按钮查看效果，如图 10-72 所示。

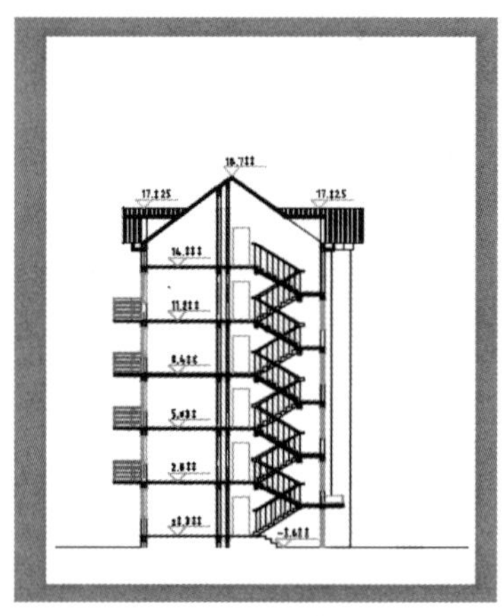

图 10-72　预览效果

增值服务：扫码做测试题，并可观看讲解测试题的微课程。

第 11 章 绘制常用建筑图例

本章主要讲解常用建筑图例的绘制，首先讲解一些平面图例的制作，包括门、窗、楼梯、电梯、建筑配景及符号。通过本章的学习用户可以对前面学习的知识综合巩固。

11.1 绘制建筑平面门窗

建筑门窗的设计主要考虑的是人员的进出方便，以及房间的通风采光等问题，设计门窗时既要满足功能需求，又要在经济条件允许的情况下注重美观大方。建筑门窗作为建筑构件，其规格尺寸通常是以建筑模数为基准的。

11.1.1 绘制门

在 AutoCAD 中绘制平面门，通常都是先使用【圆弧】命令和【直线】命令绘制一个门，然后将其定义为图块，再插入到平面图中。下面将讲解如何绘制平面门，具体操作步骤如下。

Step 01 新建图纸文件，在命令行中输入 REC 命令，绘制长度为 50、宽度为 720 的矩形，如图 11-1 所示。

Step 02 在命令行中输入 LINE 命令，以矩形的左下角点作为起点，向左引导鼠标输入，如图 11-2 所示。

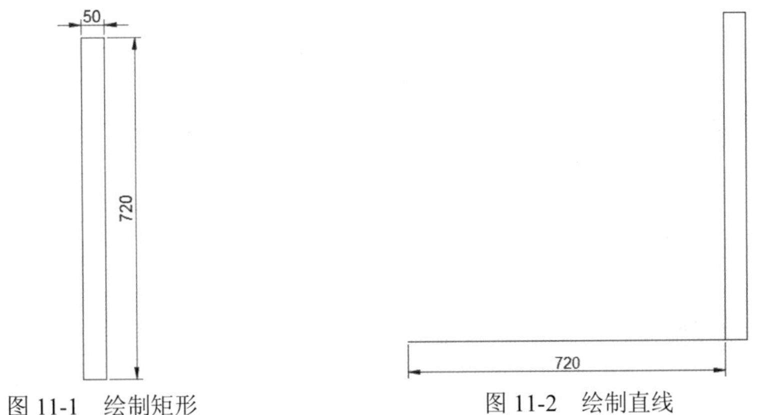

图 11-1　绘制矩形　　图 11-2　绘制直线

Step 03 切换至【默认】选项卡，在【绘图】面板中单击【圆弧】的下三角按钮，在弹出的下拉列表中选择【起点，端点，方向】选项，如图 11-3 所示。

Step 04 指定直线的左端点作为圆弧的起点，指定矩形的左上角点作为圆弧的端点，将方向设置为 90，绘制门，如图 11-4 所示。

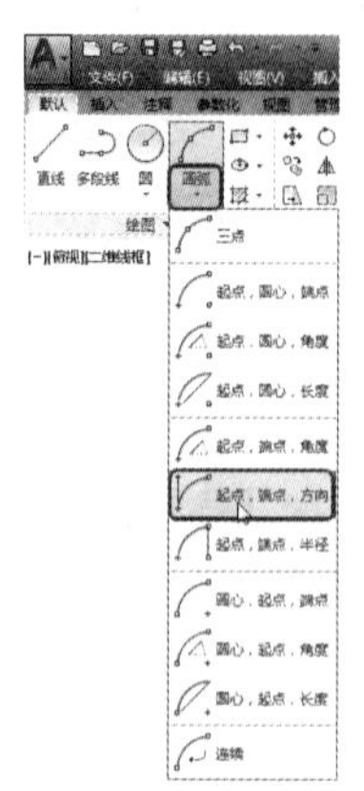

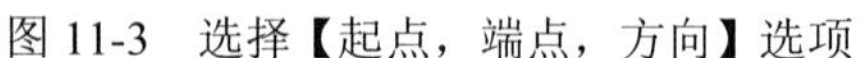

图 11-3　选择【起点，端点，方向】选项

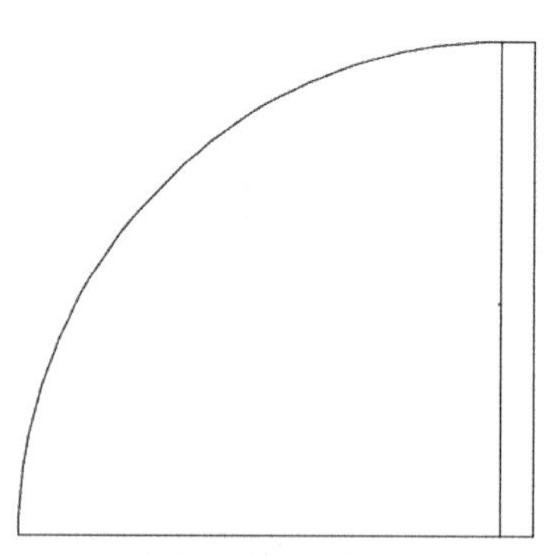

图 11-4　绘制门

11.1.2　绘制窗

平面窗图块的绘制与平面门的制作类似。在建筑平面中，通常以 2 根平行线表示平面窗。为减少图层管理及编辑工作，也可将平面门与平面窗合为一层，无须另建新层。现以平面图某一房间中规格为 1 800 的长窗为例，讲解平面窗的绘制，具体绘制方法与步骤如下。

Step 01 打开配套资源中的素材\第 11 章\【墙体.dwg】图形文件，如图 11-5 所示。

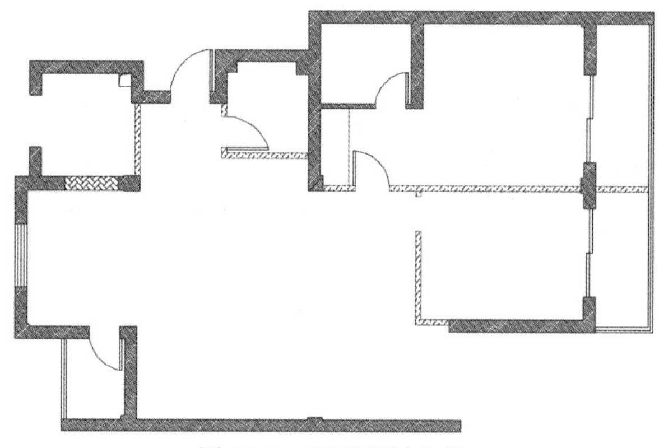

图 11-5　打开素材文件

Step 02 使用【直线】工具捕捉端点进行连接，绘制如图 11-6 所示的直线。

Step 03 使用【偏移】工具，将偏移距离设置为 80，偏移 3 次，如图 11-7 所示。

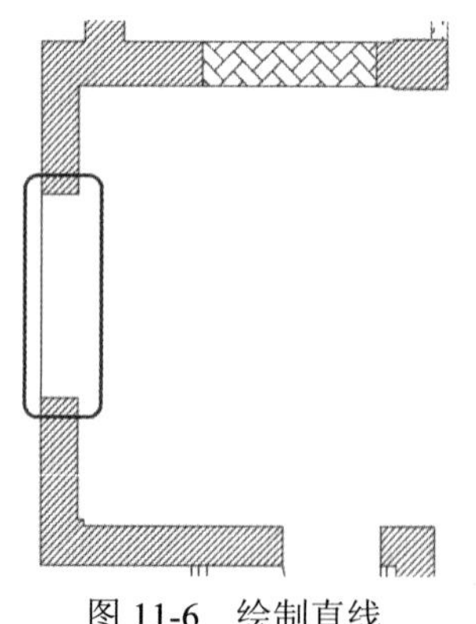

图 11-6　绘制直线

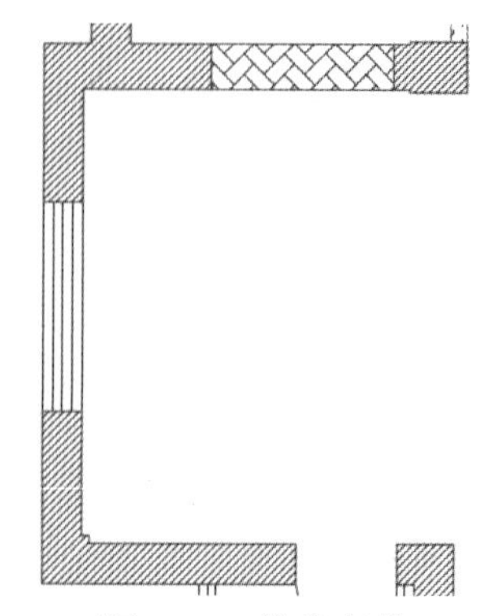

图 11-7　偏移直线

Step 04 使用同样的方法绘制其他窗，如图 11-8 所示。

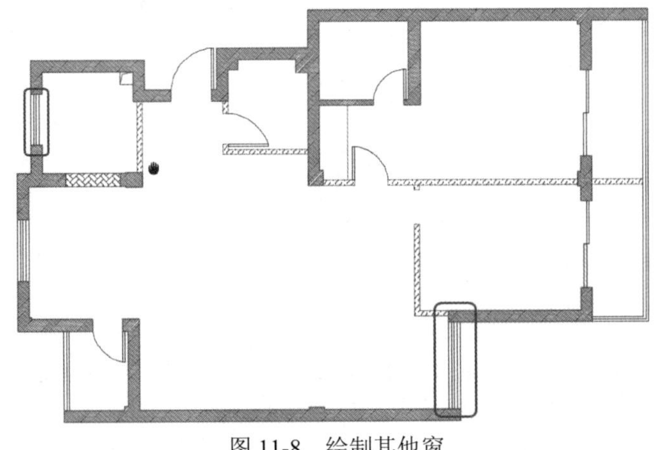

图 11-8　绘制其他窗

11.2　绘制楼梯和电梯

建筑中的交通空间，起着联系各功能空间的作用。交通空间包括水平交通空间（走道）、垂直交通空间（坡道、楼梯、电梯和自动扶梯）和交通枢纽空间（门厅、过厅和电梯厅）等。

11.2.1　绘制楼梯

楼梯是建筑中常用的垂直交通设施，其数量、位置及形式应满足使用方便和安全疏散的要求，注重建筑环境空间的整体效果，同时还应符合《建筑设计防火规范》和《建筑楼梯模数协调标准》等其他有关单体建筑设计规范的要求。

下面通过实例讲解楼梯的绘制，具体操作步骤如下。

Step 01 新建图纸文件，按【F8】键开启正交模式，在命令行中输入 PL 命令，在绘图区中指定一点，向左引导鼠标输入 1 000，向上引导鼠标输入 8 000，向右引导鼠标输入 3 350，向下引导鼠标输入 7 800，向右引导鼠标输入 240，向下引导鼠标输入 200，向左引导鼠标输入 1 100，向上引导鼠标输入 200，向右引导鼠标输入 660，向上引导鼠标输入 7 600，向左引导鼠标输入 2 950，向下引导鼠标输入 7 600，向右引导鼠标输入 800，在命令行中输入 C 命令，将多段线闭合，如图 11-9 所示。

Step 02 在命令行中输入 EXPLODE 命令，将绘制的多段线分解，将 A 线段向下偏移 2 250、300、300、300、300、300、300、300、300、300、300、300，如图 11- 10 所示。

Step 03 在命令行中输入 REC 命令，绘制长度为 100、宽度为 3 300 的矩形，使用【移动】工具，调整对象的位置，如图 11-11 所示。

Step 04 在命令行中输入 O 命令，将绘制的矩形向外偏移 60，如图 11-12 所示。

Step 05 在命令行中输入 TR 命令，修剪图形对象，如图 11-13 所示。

Step 06 在命令行中输入 REC 命令，绘制长度为 500、宽度为 500 的矩形，如图 11-14 所示。

Step 07 在命令行中输入 HATCH 命令，在命令行中输入 T 命令，将【图案】设置为【AR-CONC】，将【比例】设置为 1.5，单击【添加：拾取点】按钮，如图 11-15 所示。

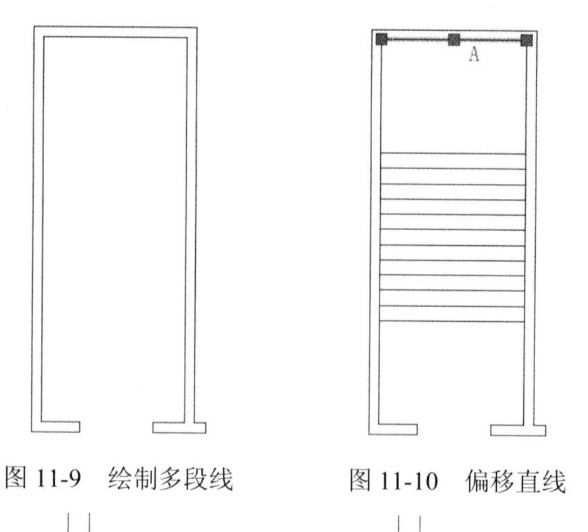

图 11-9　绘制多段线

图 11-10　偏移直线

图 11-11　绘制矩形并调整位置

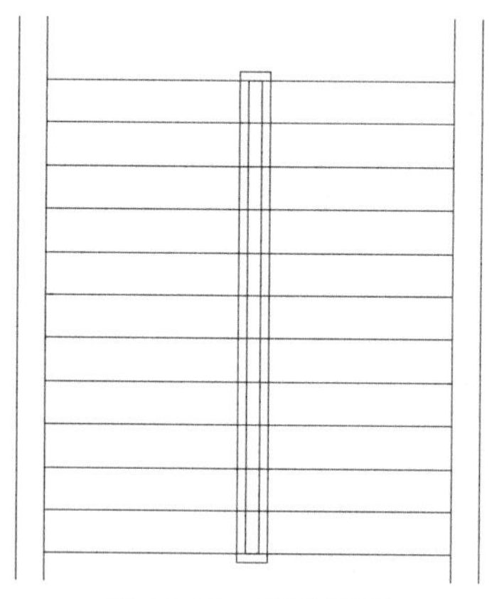

图 11-12　偏移矩形

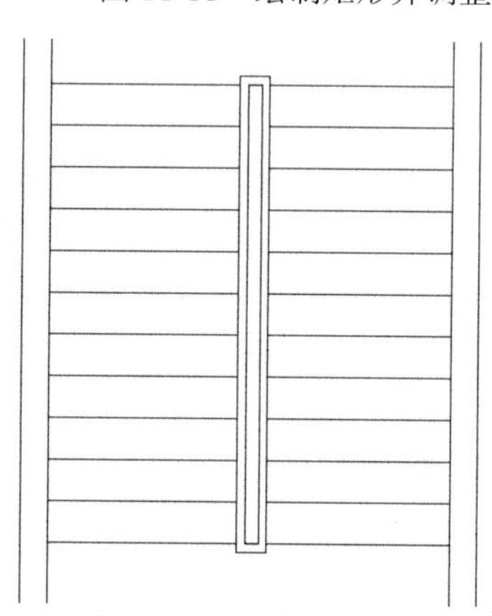

图 11-13　修剪图形对象

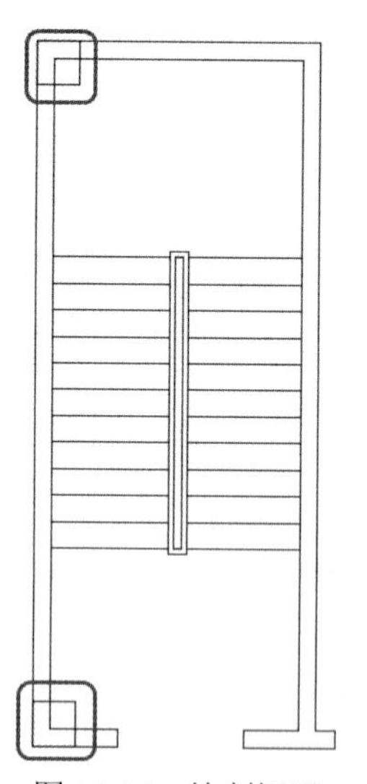

图 11-14　绘制矩形

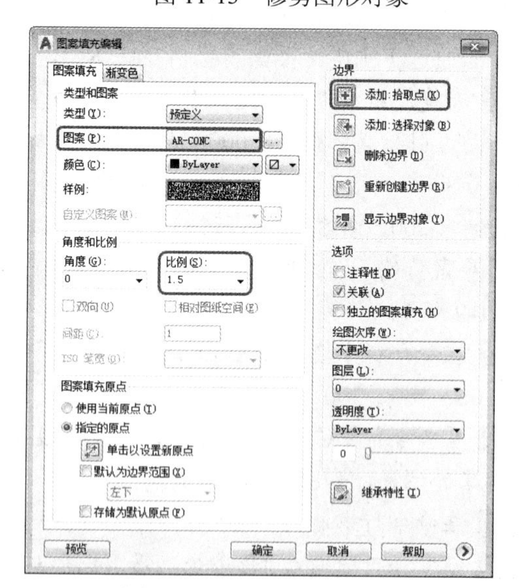

图 11-15　设置图案填充 1

Step 08 对图形进行填充，如图 11-16 所示，按【Enter】键进行确认。

Step 09 再次输入 HATCH 命令，在命令行中输入 T 命令，将【图案】设置为【ANSI31】，将【比例】设置为 40，单击【添加：拾取点】按钮，如图 11-17 所示。

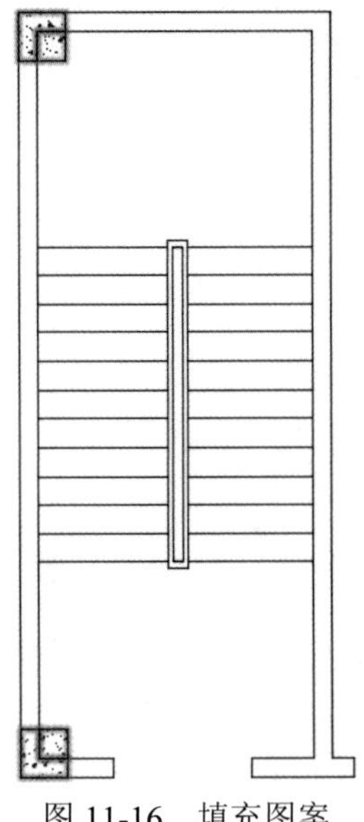

图 11-16　填充图案

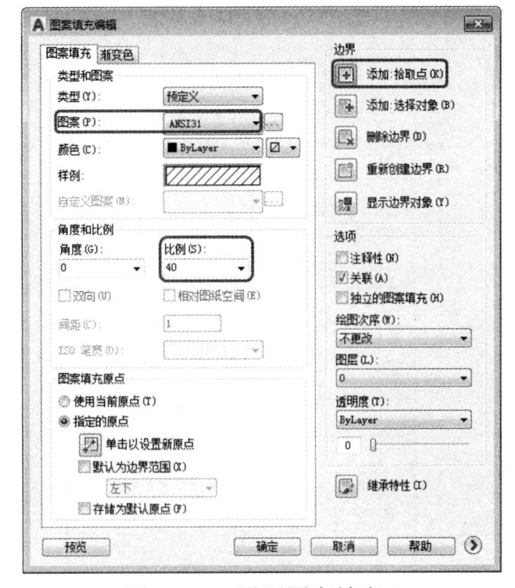

图 11-17　设置图案填充 2

Step 10 对图形进行填充，如图 11-18 所示，按【Enter】键进行确认。

Step 11 使用【直线】工具，绘制如图 11-19 所示的直线。

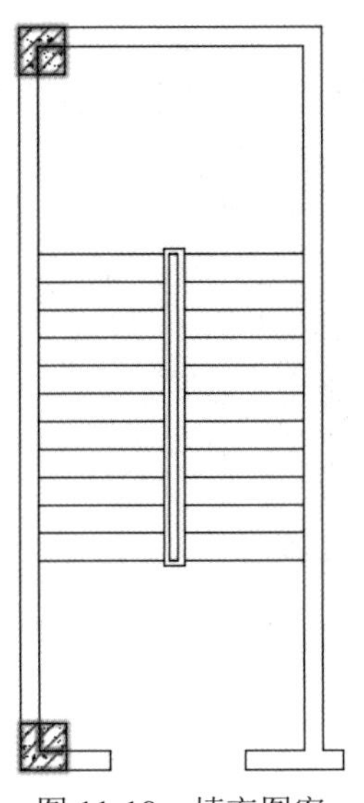

图 11-18　填充图案

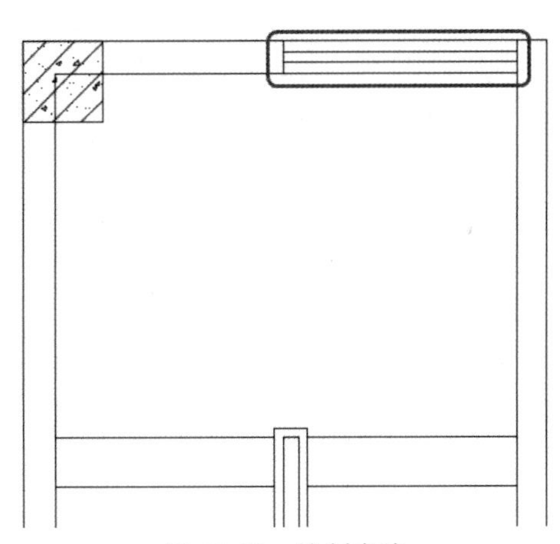

图 11-19　绘制直线

Step 12 在命令行中输入 PL 命令，绘制如图 11-20 所示的多线段。

Step 13 在命令行中输入 PL 命令，指定起点，向上引导鼠标输入 4 120，向右引导鼠标输入 1 665，向下引导鼠标输入 1 700，在命令行中输入 W，将【起点宽度】设置为 150，将【端点宽度】设置为 0，向下引导鼠标输入 500，按两次【Enter】键进行确定，如图 11-21 所示。

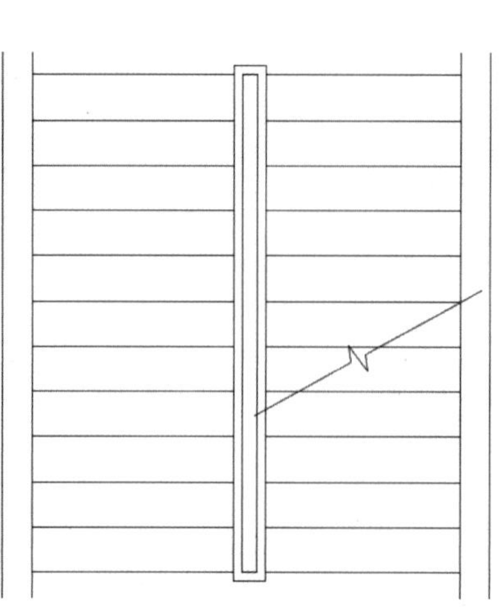

图 11-20 绘制多段线

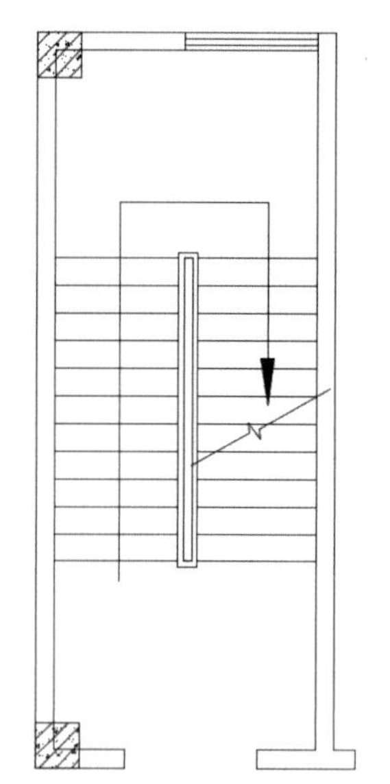

图 11-21 绘制多线段及向下箭头

Step 14 再次使用【多段线】工具，指定起点，向上引导鼠标输入 1 000，在命令行中输入 W，将【起点宽度】设置为 150，将【端点宽度】设置为 0，向下引导鼠标输入 500，按两次【Enter】键进行确定，如图 11-22 所示。

Step 15 在命令行中输入 MTEXT 命令，将【文字高度】设置为 300，输入多行文字，如图 11-23 所示。

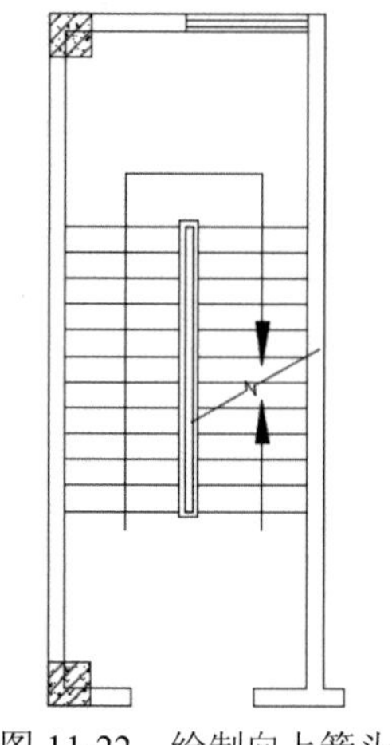

图 11-22 绘制向上箭头

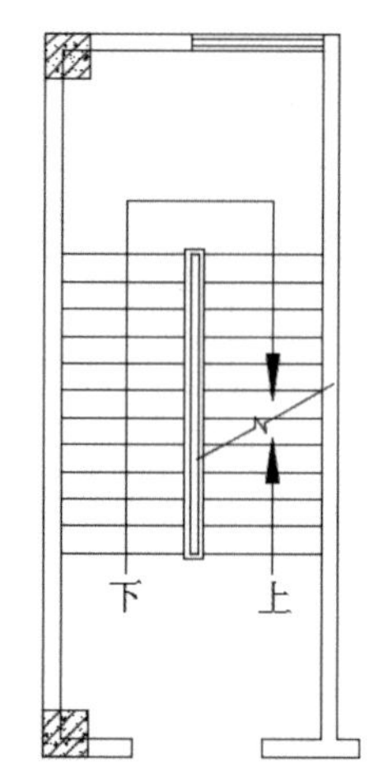

图 11-23 输入多行文字

11.2.2 绘制电梯

电梯是高层建筑中必不可少的，下面讲解电梯的绘制，具体操作步骤如下。

Step 01 在命令行中输入 REC 命令，绘制长度为 3 100、宽度为 2 850 的矩形，如图 11-24 所示。

Step 02 在命令行中输入 O 命令，将 Step 01 创建的矩形向内偏移，偏移距离设置为 240，如图 11-25 所示。

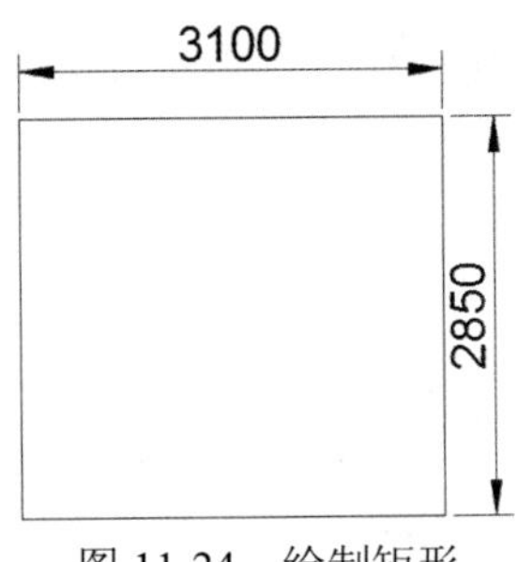

图 11-24　绘制矩形

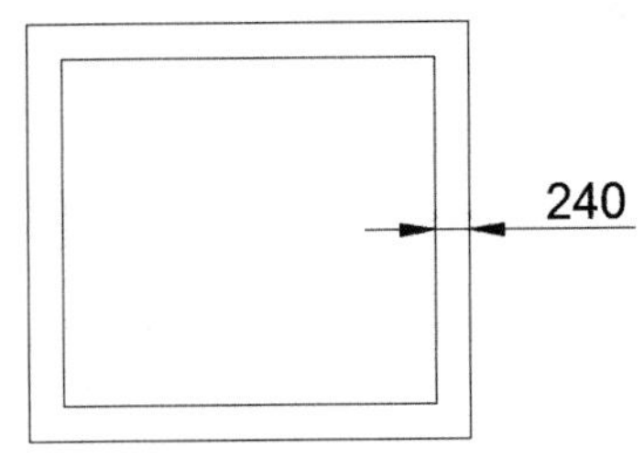

图 11-25　偏移图形对象

Step 03 使用【矩形】工具，分别绘制 1 310 × 240、1 950 × 1 400 的矩形，并调整位置，使用【直线】工具捕捉矩形的两个角点，如图 11-26 所示。

Step 04 使用【直线】工具，捕捉中点绘制直线，如图 11-27 所示。

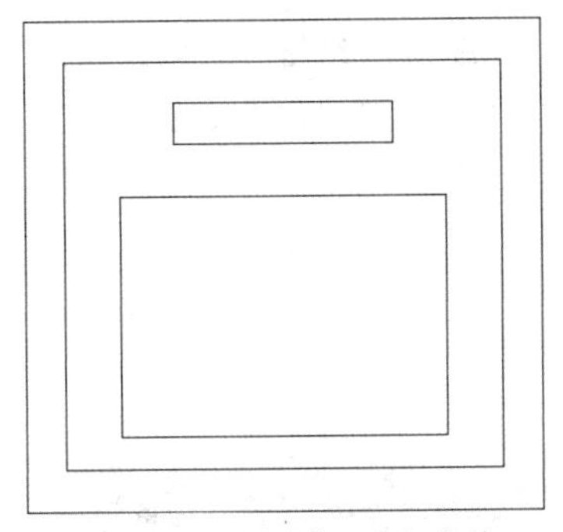

图 11-26　绘制矩形和直线

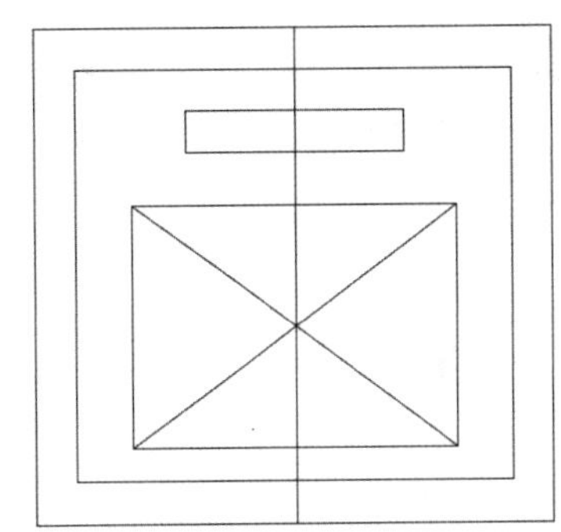

图 11-27　绘制直线

Step 05 使用【偏移】工具，将 Step 04 中创建的直线向两侧偏移，偏移距离为 550，如图 11-28 所示。

Step 06 使用【修剪】工具，将多余的直线删除，如图 11-29 所示。

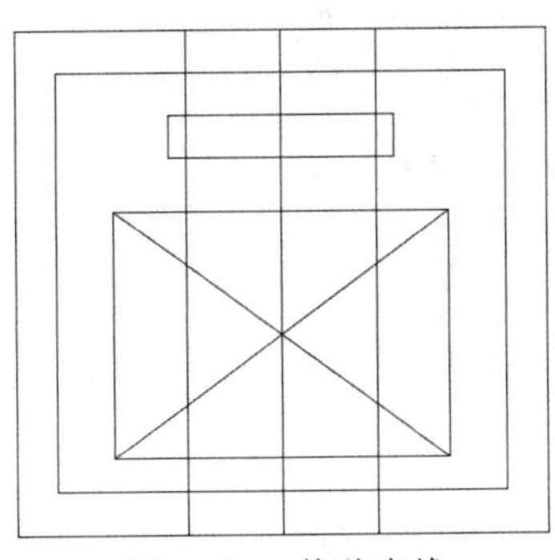

图 11-28　偏移直线

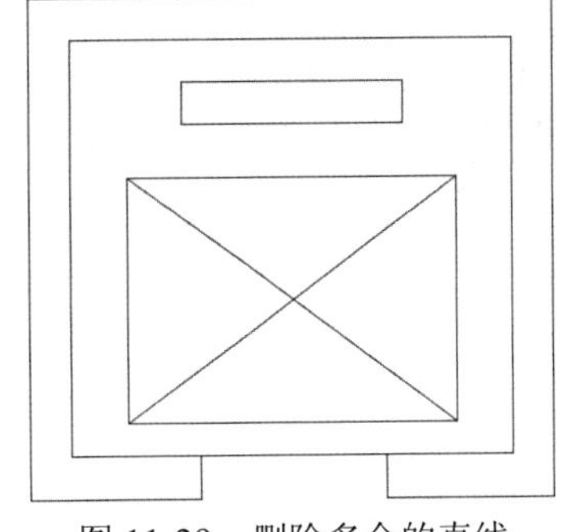

图 11-29　删除多余的直线

11.3　绘制建筑配景及符号

建筑配景一般是指一些树、花或草坪图例，通过绘制不同形状的图例来表示不同的树木、花草。

11.3.1　绘制建筑配景

本例绘制平面配景树，具体操作方法如下。

Step 01 在命令行中输入 C 命令，绘制半径为 250 的圆，如图 11-30 所示。

Step 02 在命令行中输入 O 命令，将绘制的圆向内部偏移 230、5、5，如图 11-31 所示。

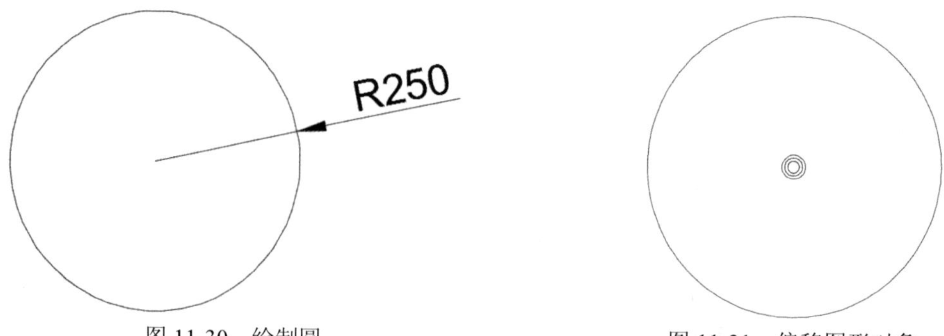

图 11-30　绘制圆

图 11-31　偏移图形对象

Step 03 在命令行中输入 L 命令，绘制如图 11-32 所示的多段线。

Step 04 在命令行中输入 ARRAYPOLAR 命令，选择 Step 03 绘制的图形对象，指定圆的圆心作为基点，系统自动切换至【阵列创建】选项卡，将【项目数】设置为 5，如图 11-33 所示。

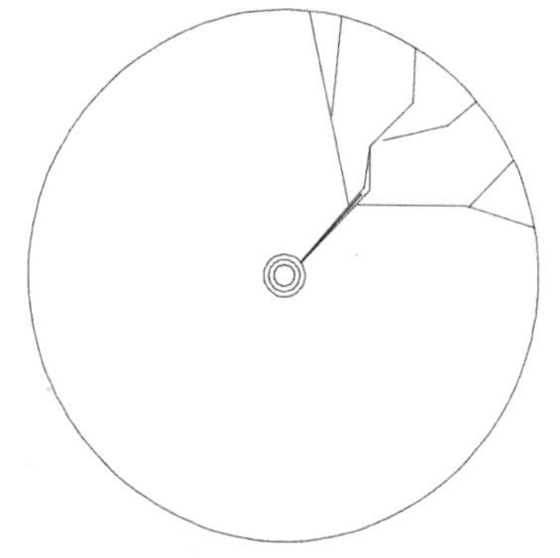

图 11-32　绘制多线段

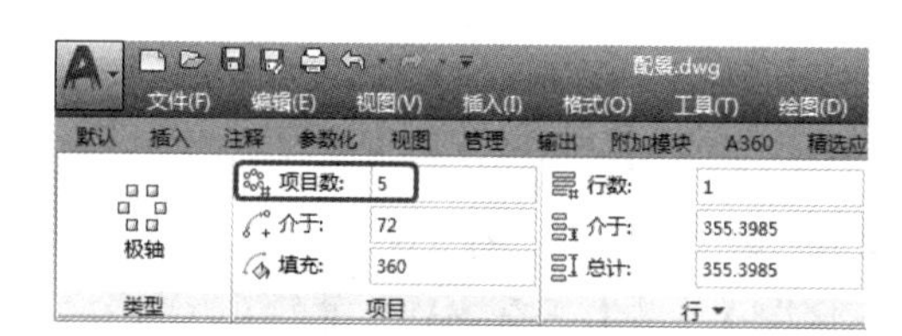

图 11-33　设置项目数

Step 05 按【Enter】键进行确认，阵列后的效果如图 11-34 所示。

Step 06 选择所有图形对象，右击，在弹出的快捷菜单中执行【特性】命令，如图 11-35 所示。

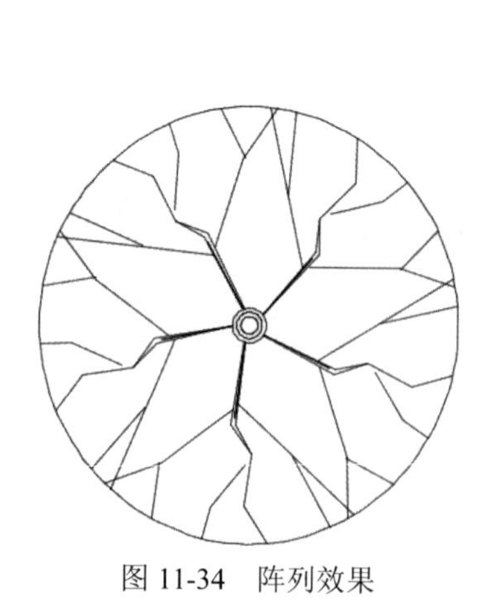

图 11-34　阵列效果

重复特性(R)
最近的输入
剪贴板
隔离(I)
删除
移动(M)
复制选择(Y)
缩放(L)
旋转(O)
绘图次序(W)
组
选择类似对象(T)
全部不选(A)
子对象选择过滤器
快速选择(Q)...
快速计算器
查找(F)...
特性(S)
快捷特性

图 11-35　执行【特性】命令

Step 07 弹出【特性】选项板，将【颜色】设置为【绿】，如图 11-36 所示。更改颜色后的效果如图 11-37 所示。

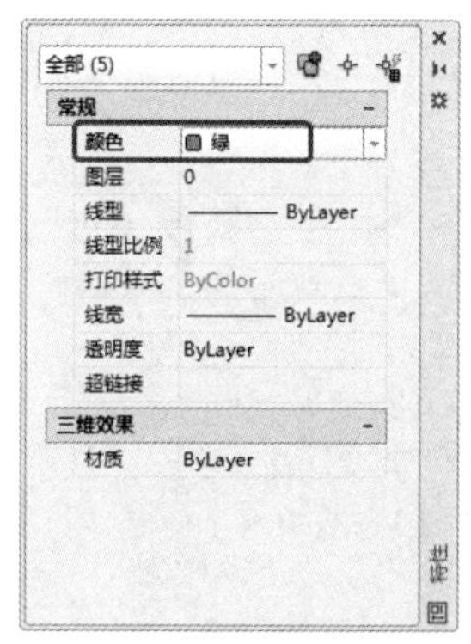

图 11-36　设置图形对象的特性

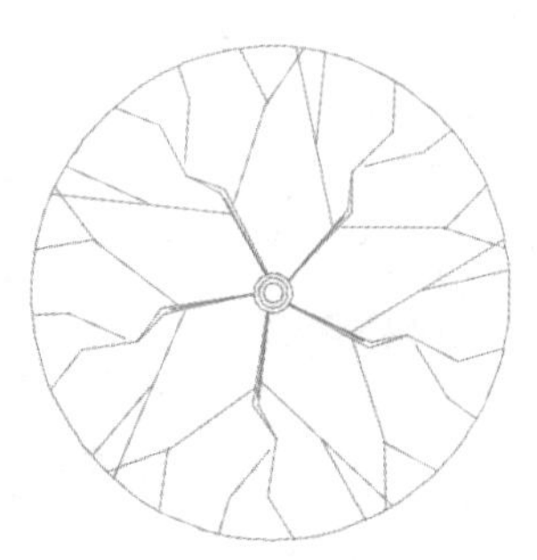

图 11-37　最终效果

11.3.2　绘制剖切符号

剖面的剖切符号，由剖切位置线及剖视方向线组成，均应以粗实线绘制。下面讲解剖切符号的绘制，具体操作步骤如下。

Step 01 新建图纸文件，在命令行中输入 REC 命令，绘制长度为 500、宽度为 500 的矩形，如图 11-38 所示。

Step 02 使用【多段线】工具，绘制多段线，如图 11-39 所示。

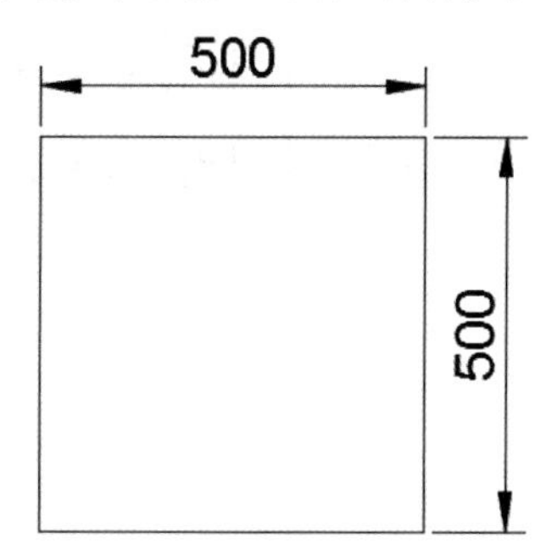

图 11-38　绘制矩形

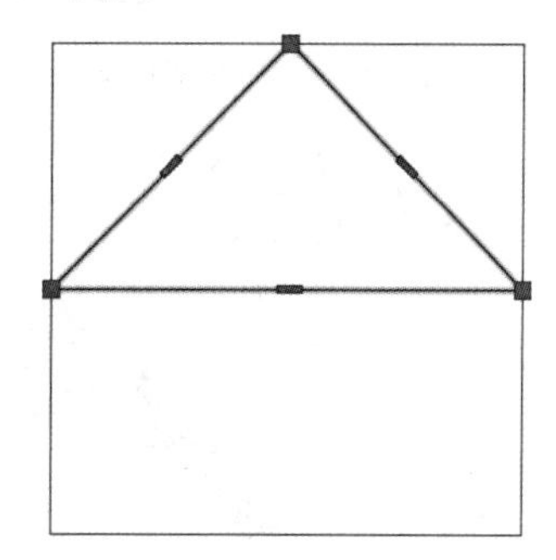

图 11-39　绘制多段线

Step 03 在命令行中输入 C 命令，绘制半径为 150 的圆，如图 11-40 所示。

Step 04 在命令行中输入 TR 命令，修剪图形对象，如图 11-41 所示。

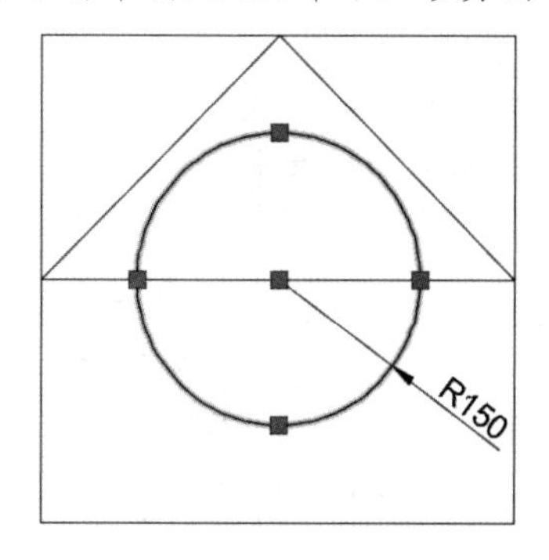

图 11-40　绘制圆

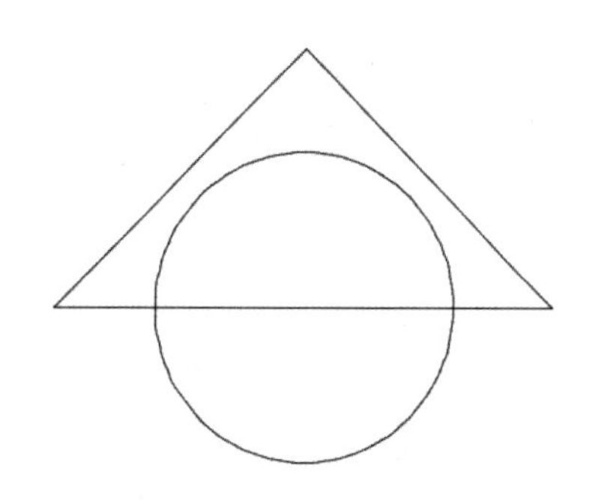

图 11-41　修剪图形对象

Step 05 在命令行中输入 HATCH 命令，在命令行中输入 T 命令，将【图案】设置为【SOLID】，单击【添加：拾取点】按钮，如图 11-42 所示。

Step 06 返回至绘图区，对图形进行图案填充，效果如图 11-43 所示。

图 11-42　设置图案填充

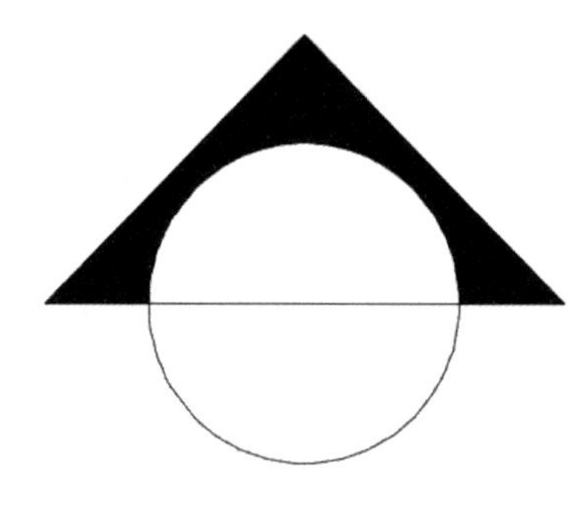

图 11-43　填充图案

Step 07 在命令行中输入 MTEXT 命令，在绘图区中指定第一角点，在命令行中输入 H 命令，指定高度为 50，所绘制的剖切符号最终效果如图 11-44 所示。

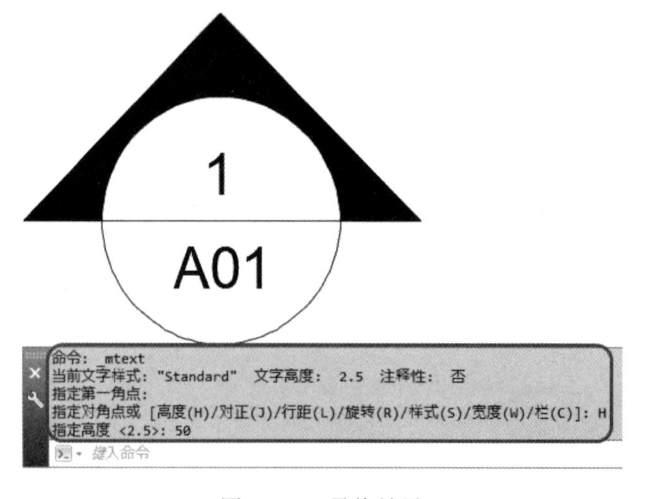

图 11-44　最终效果

增值服务：扫码做测试题，并可观看讲解测试题的微课程。

第 12 章 绘制建筑平面图

本章主要讲解建筑平面图的绘制，首先讲解一些平面图例的制作，包括门、窗、楼梯、电梯、台阶和坡道等。通过本章的学习不仅可以掌握建筑平面图的绘制，还可以对前面学习的知识综合巩固。

12.1 建筑平面图基础知识

建筑平面图是建筑图中的一种，是整个建筑平面的真实写照，又可简称为平面图，是将新建建筑物或构筑物的墙、门窗、楼梯、地面及内部功能布局等建筑情况，以水平投影的方法与相应的图例所组成的图纸。

建筑平面图作为建筑设计、施工图纸中的重要组成部分，它反映建筑物的功能需要、平面布局及其平面的构成关系，是决定建筑立面及内部结构的关键环节。其主要反映建筑的平面形状、大小、内部布局、地面、门窗的具体位置和占地面积等情况。所以说，建筑平面图是新建建筑物的施工及施工现场布置的重要依据，也是设计及规划、给排水、强弱电和暖通设备等专业工程的平面图和绘制管线综合图的依据。

一般情况下，绘制建筑平面图时，需要对不同的楼层绘制不同的平面图，并在图的正下方标注相应的楼层，如“首层平面图”“二层平面图”等。

如果各楼层的房间、布局完全相同或基本相同（如住宅、宾馆等的标准层），则可以用一张平面图来表示（如命名为“标准层平面图”“二到十层平面图”等），对于局部不同的地方则需要单独绘制出平面图。

建筑平面图是施工图纸的主要图样之一，主要包括如下内容。

① 建筑物的内部布局、形状、入口、楼梯、门窗、轴线和轴线编号等。一般来说，平面图需要标注房间的名称和相关编号。

② 平面图中要标明门窗编号、剖切符号、门的开启方向、楼梯的上下行方向等。门、窗除了图例外，还应该通过编号来加以区分，如 M 表示门，C 表示窗，编号一般为 M1、M2 和 C1、C2 等。同一个编号的门窗尺寸、材料和样式都是相同的。

③ 要标明室内地坪的高差、各层的地坪高度和室内的装饰做法等。

建筑平面图常采用 1∶100、1∶200、1∶300 的比例来绘制，要根据建筑物的规模来选择相应的比例绘制。

12.2 建筑平面图的绘制流程

（1）构思如何将建筑平面图完整地表达出来。

（2）确定所绘制的平面图的大致长、宽尺寸及需要哪些公共设施。

（3）根据上述分析，设置绘图环境、图层、多线样式及标注样式。

（4）使用绘图和修剪命令绘制出图形，并对其进行尺寸标注、添加文字说明等。

（5）完成绘制后，对绘制的图形进行检测，需要打印时将其打印输出。

12.3 别墅平面图的绘制

建筑平面图是建筑施工图的基本样图，它是假想用水平的剖切面沿门窗洞位置将房屋剖切后，对剖切面以下部分绘制的水平投影图。其反映房屋的平面形状、大小和房间布置；墙、柱的位置、尺寸和材料；门窗的类型和位置等。根据建筑体样式的不同，所绘制的建筑平面图的大体轮廓和物体设置也会有所不同。根据前面讲解的建筑平面图的绘制流程以及绘制图形的方法，绘制如图 12-1 所示的别墅平面图。

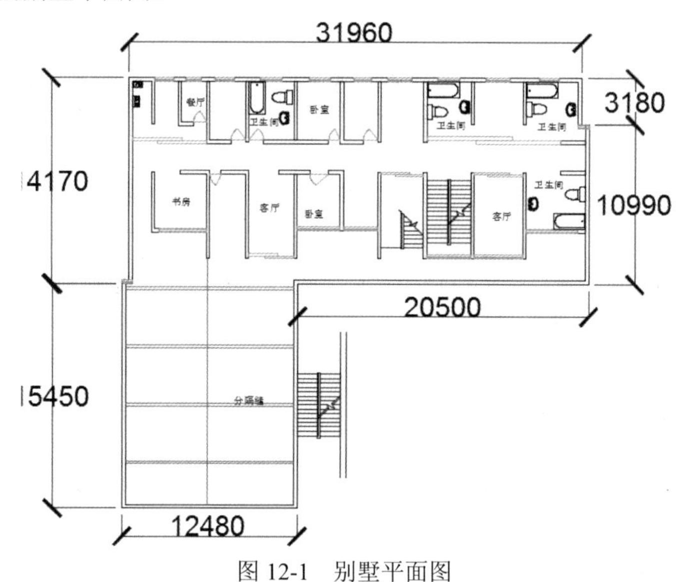

图 12-1　别墅平面图

12.3.1　设置绘图环境

在开始绘制平面图之前需要先设置绘图环境，即设置绘图单位、图层、保存文件，具体操作步骤如下。

Step 01 启动软件后，按【Ctrl+N】组合键，弹出【选择样板】对话框，选择【acadiso.dwt】样板，并单击【打开】按钮，如图 12-2 所示。

Step 02 在菜单栏中执行【格式】|【单位】命令，如图 12-3 所示。

Step 03 弹出【图形单位】对话框，在该对话框的【长度】组中将【精度】设置为 0，在【插入时的缩放单位】组中将【用于缩放插入内容的单位】设置为【毫米】，设置完成后单击【确定】按钮，如图 12-4 所示。

Step 04 在命令行中输入【LAYER】命令，弹出【图层特性管理器】选项板，在该选项板中单击【新建图层】按钮，新建多个图层并对其进行重命名和设置相应的参数，如图 12-5 所示。

Step 05 按【Ctrl+S】组合键，弹出【图形另存为】对话框，为新建图形文件指定合适的路径，将【文件名】设置为【建筑平面图】，设置完成后单击【保存】按钮，如图 12-6 所示。

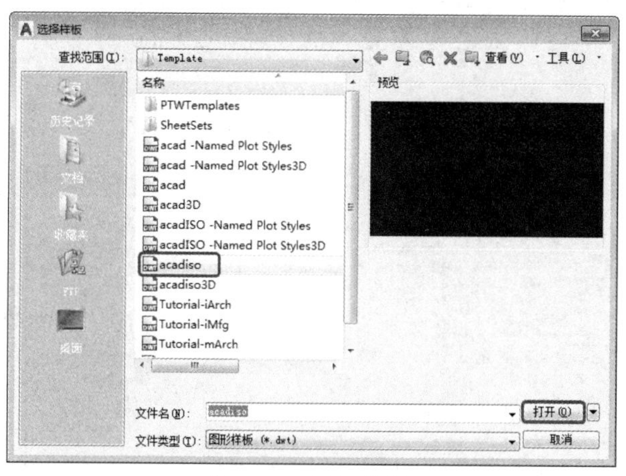

图 12-2　选择样板

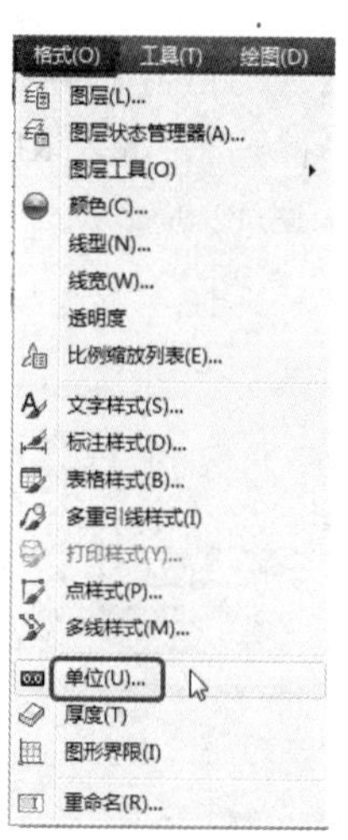

图 12-3　执行【单位】命令

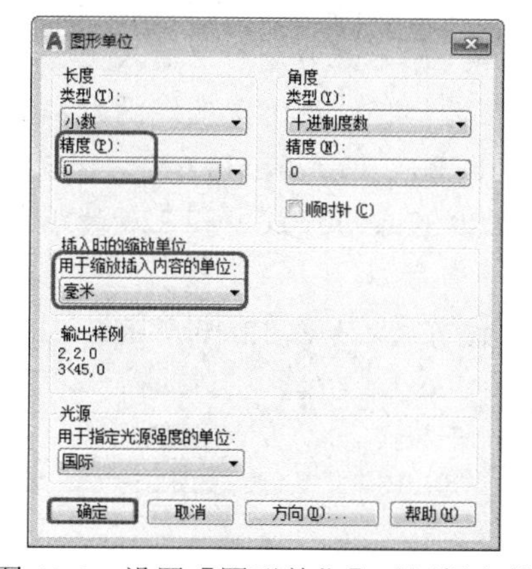

图 12-4　设置【图形单位】对话框参数

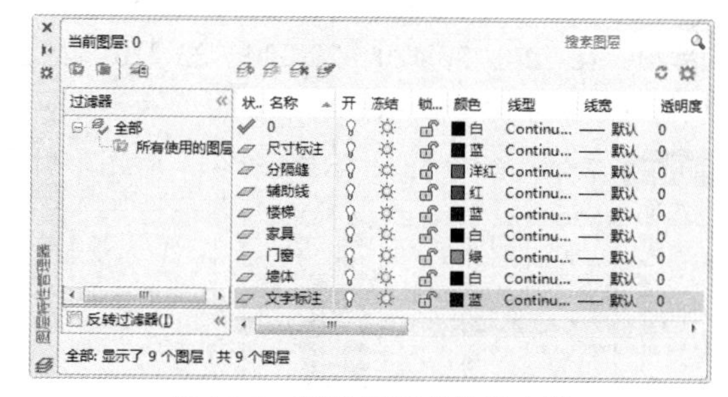

图 12-5　新建图层并设置参数

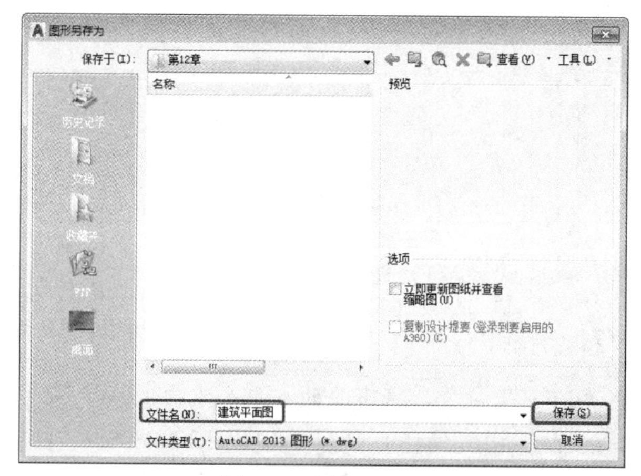

图 12-6　保存文件

12.3.2　绘制建筑轴线

设置好绘图环境后即可绘制定位辅助线，具体操作步骤如下。

Step 01 在命令行中输入 LAYER 命令，弹出【图层特性管理器】选项板，选择【辅助线】图层，然后单击【置为当前】按钮，将【辅助线】图层置为当前图层，如图 12-7 所示。

Step 02 在命令行中输入 RECTANG 命令，绘制一个长度为 32 740、宽度为 29 380 的矩形，绘制矩形效果如图 12-8 所示。

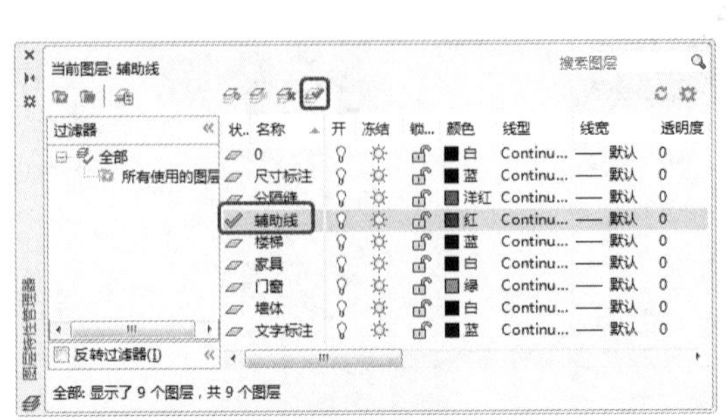

图 12-7 将【辅助线】图层置为当前图层

32740

29380

图 12-8 绘制矩形效果

Step 03 在命令行中输入 EXPLODE 命令，将绘制的矩形分解。然后在命令行中输入 OFFSET 命令将上面的水平线段向下偏移 3 060、4 260、13 930 的距离，将左侧的垂直线段向右偏移 500、2 070、3 570、4 420、5 540、6 500、7 920、9 720、11 220、13 170、14 670、16 320、17 520、18 720、20 420、22 220、23 720、25 520、27 220、29 370、30 720、32 220 的距离，偏移效果如图 12-9 所示。

Step 04 在命令行中输入 TRIM 命令，对图形对象进行修剪，修剪效果如图 12-10 所示。

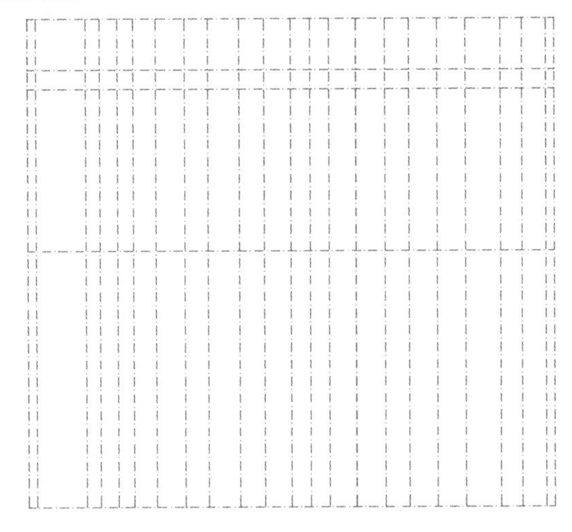

图 12-9 偏移效果 1

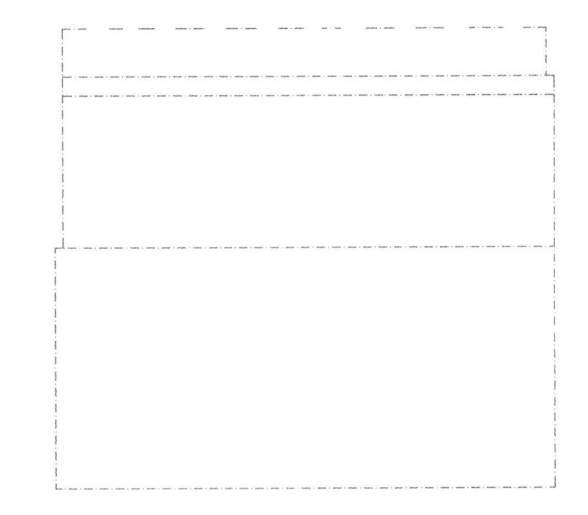

图 12-10 修剪效果 1

Step 05 在命令行中输入 OFFSET 命令，将下面的水平线段向上偏移 17 100、19 000、23 020 的距离，将上面最左侧的垂直线段向右偏移 1 570、3 495/5 520、8 320、11 695、14 995、17 620、20 820、24 120、27 795、30 970 的距离，偏移效果如图 12-11 所示。

Step 06 在命令行中输入 TRIM 命令，对图形对象进行修剪，修剪效果如图 12-12 所示。

Step 07 在命令行中输入 OFFSET 命令，将上面最左侧的垂直线段向右偏移 2 000、4 480、6 460、7 180、9 460、10 500、12 740、14 080、16 480、16 880、30 340、31 600 的距离，偏移效果如图 12-13 所示。

Step 08 在命令行中输入 TRIM 命令，对图形对象进行修剪，修剪效果如图 12-14 所示。

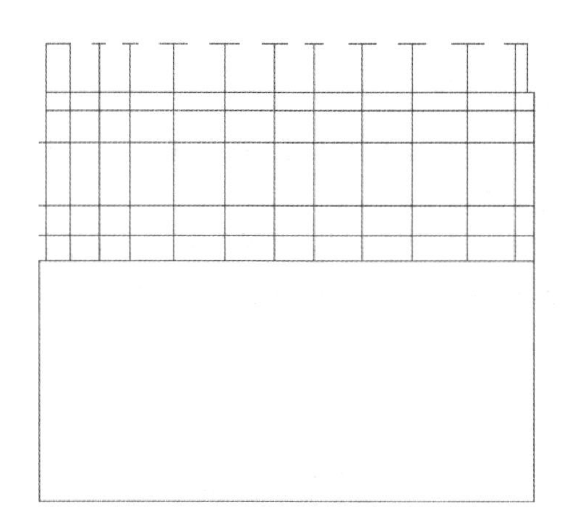

图 12-11　偏移效果 2

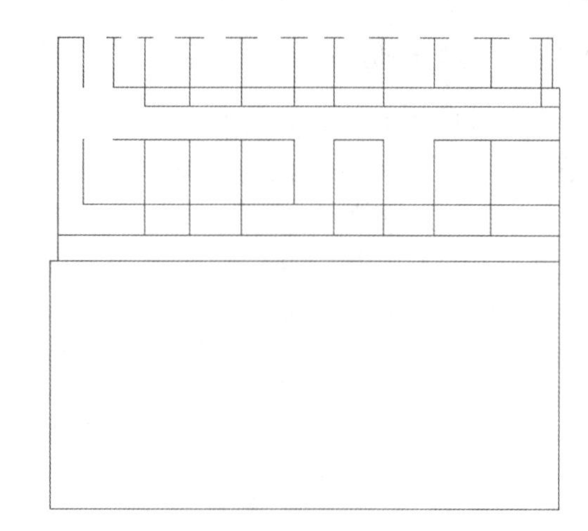

图 12-12　修剪效果 2

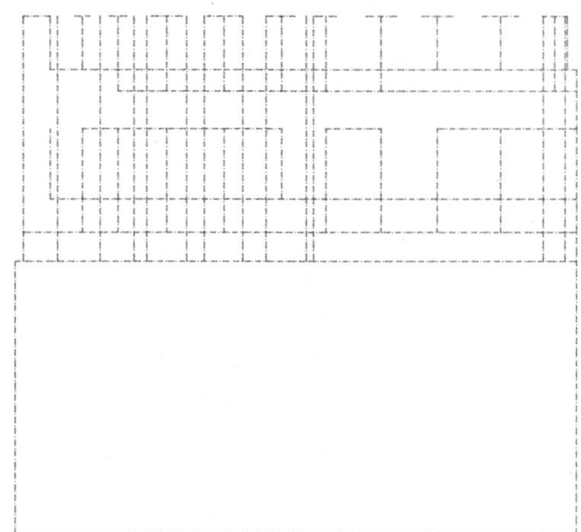

图 12-13　偏移效果 3

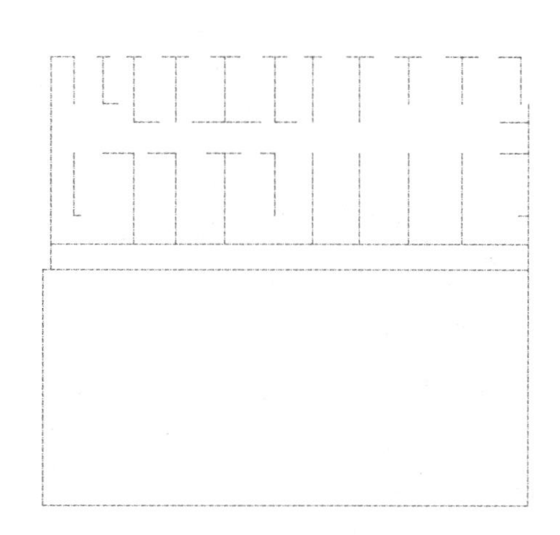

图 12-14　修剪效果 3

Step 09 在命令行中输入 OFFSET 命令，将最左侧的垂直线段向右偏移 12 240 的距离，偏移效果如图 12-15 所示。

Step 10 在命令行中输入 TRIM 命令，对图形对象进行修剪，修剪效果如图 12-16 所示。

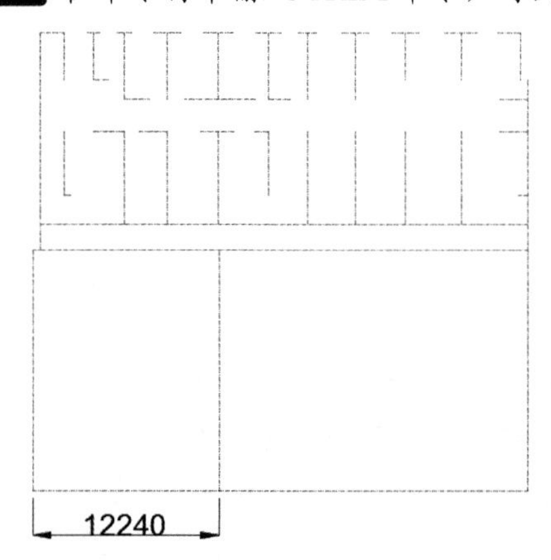

图 12-15　偏移效果 4

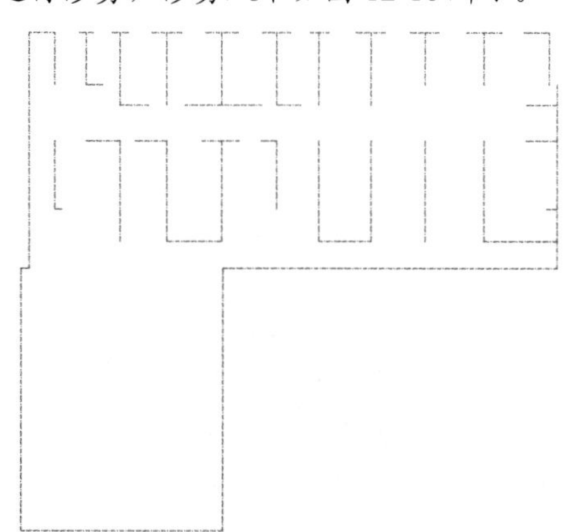

图 12-16　修剪效果 4

12.3.3 绘制墙体

下面通过实例讲解如何绘制墙体，具体操作步骤如下。

Step 01 在命令行中输入 LAYER 命令，弹出【图层特性管理器】选项板，选择【墙体】图层，然后单击【置为当前】按钮，将【墙体】图层置为当前图层，如图 12-17 所示。

Step 02 在命令行中输入 MLSTYLE 命令，弹出【多线样式】对话框，在该对话框中单击【新建】按钮，弹出【创建新的多线样式】对话框，在该对话框中将【新样式名】设置为【建筑平面图多线样式】，设置完成后单击【继续】按钮，如图 12-18 所示。

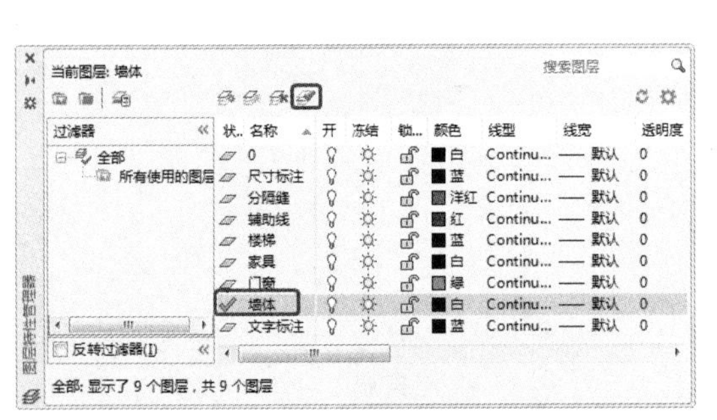

图 12-17 将【墙体】图层置为当前图层

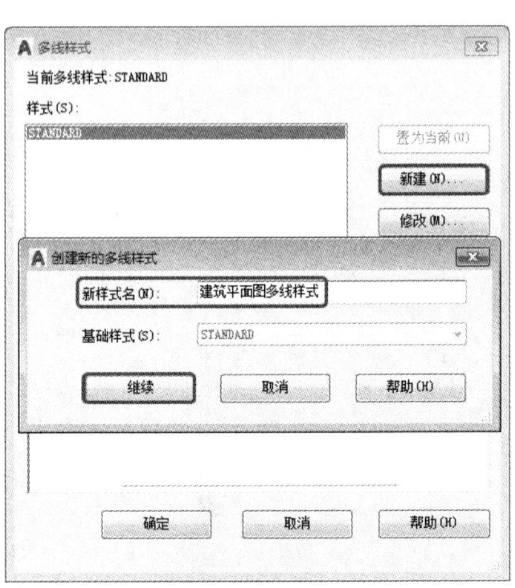

图 12-18 新建多线样式

Step 03 弹出【新建多线样式：建筑平面图多线样式】对话框，在【封口】选项组中勾选【直线】的【起点】和【端点】两个复选框，其他参数保持默认，然后单击【确定】按钮，如图 12-19 所示。

Step 04 返回到【多线样式】对话框，在【样式】列表框中即可看到新建的多线样式，然后单击【置为当前】按钮，最后单击【确定】按钮即可，如图 12-20 所示。

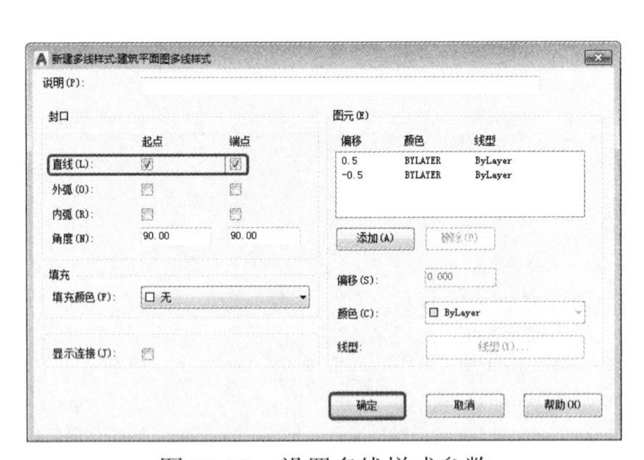

图 12-19 设置多线样式参数

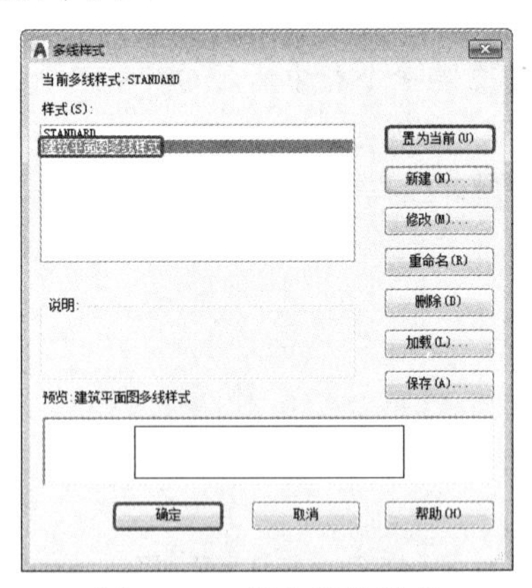

图 12-20 置为当前样式

Step 05 在命令行中输入 MLINE 命令，根据命令行执行【对正】|【无】命令，然后执行【比例】命令，将多线比例设置为 240，然后沿着辅助线进行墙体的绘制，绘制墙体效果如图 12-21 所示。

Step 06 在命令行中输入 LAYER 命令，弹出【图层特性管理器】选项板，在该选线板中将【辅助线】图层进行隐藏处理，如图 12-22 所示。

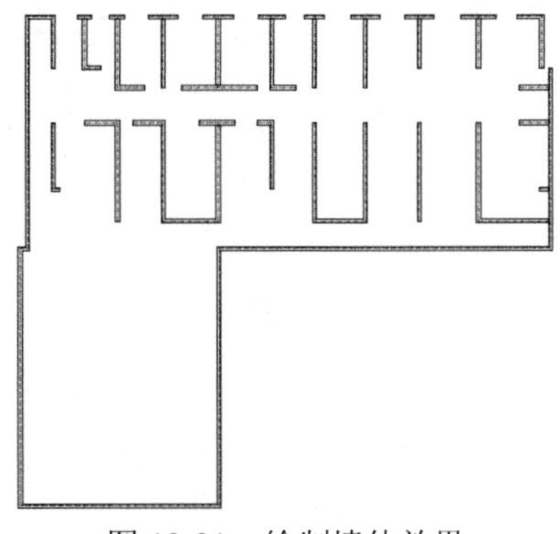

图 12-21　绘制墙体效果

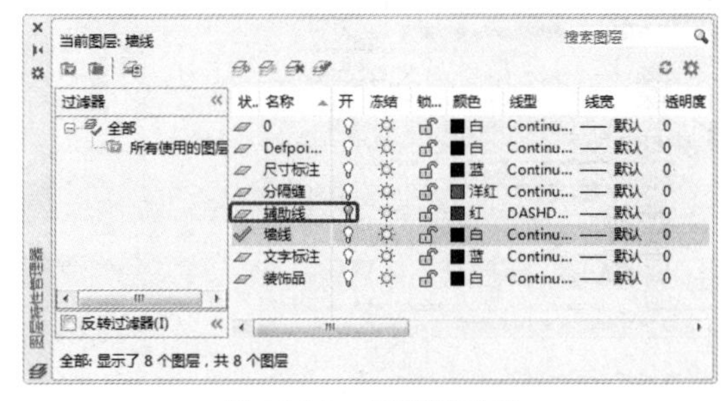

图 12-22　隐藏辅助线

隐藏辅助线后的显示墙体效果如图 12-23 所示。

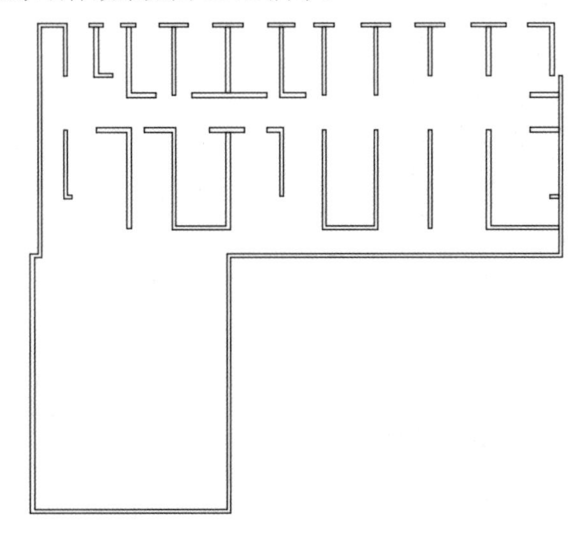

图 12-23　墙体显示效果

12.3.4　绘制门窗

下面通过实例讲解如何绘制门窗，具体操作步骤如下。

Step 01 将【门窗】图层置为当前图层。在命令行中输入 MLSTYLE 命令，弹出【多线样式】对话框，在该对话框中单击【新建】按钮，弹出【创建新的多线样式】对话框，在该对话框中将【新样式名】设置为【门窗多线样式】，设置完成后单击【继续】按钮，如图 12-24 所示。

Step 02 弹出【新建多线样式：门窗多线样式】对话框，在【图元】选项组中单击两次【添加】按钮，添加偏移线段并设置偏移距离，设置完成后单击【确定】按钮，如图 12-25 所示。

Step 03 返回到【多线样式】对话框，在【样式】下拉列表框中可以看到新建的多线样式，并在预览区域查看效果，然后单击【置为当前】按钮，最后单击【确定】按钮，如图 12-26 所示。

Step 04 在命令行中输入 MLINE 命令，根据命令行的提示执行【对正】|【上】命令，然后执行【比例】命令，将【比例】设置为 80，然后重复执行该命令绘制如图 12-27 所示的多线效果。

Step 05 在命令行中输入 CIRCLE 命令，绘制一个半径为 900 的圆，绘制圆效果如图 12-28 所示。

Step 06 在命令行中输入 LINE 命令，以圆心为起点，向左引导鼠标拾取左侧的象限点，绘制水平线段效果如图 12-29 所示。

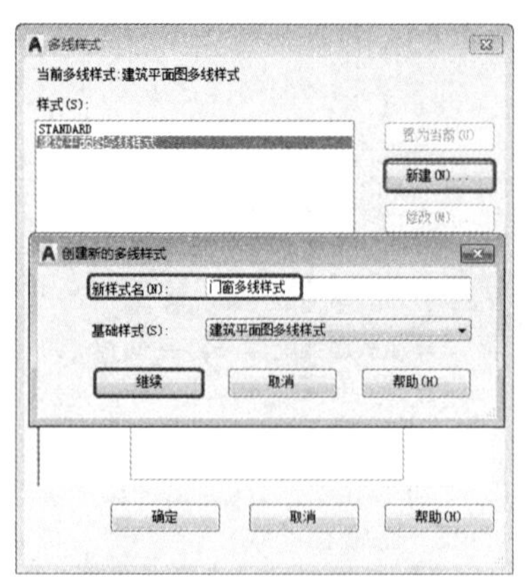

图 12-24　新建多线样式

图 12-25　设置多线参数

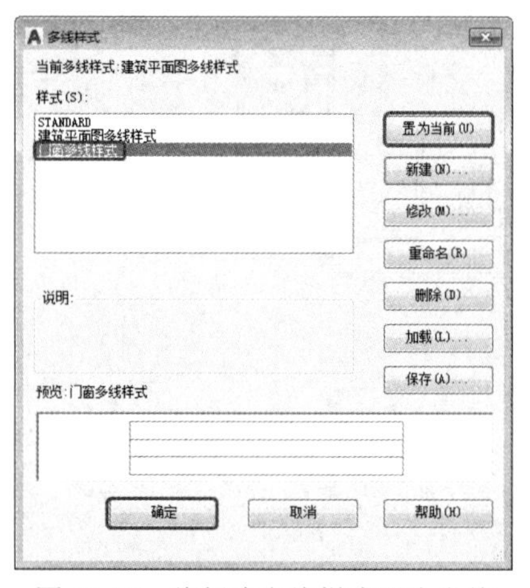

图 12-26　将新建多线样式置为当前

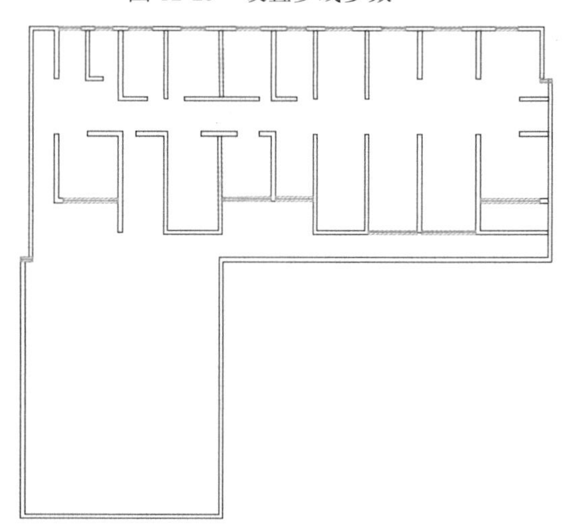

图 12-27　绘制多线效果

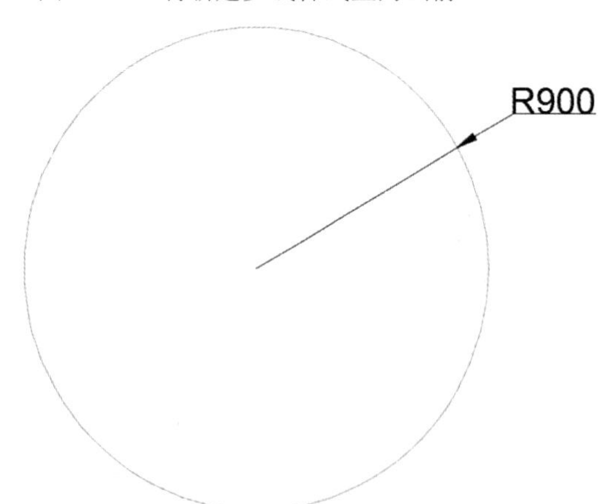

图 12-28　绘制圆效果

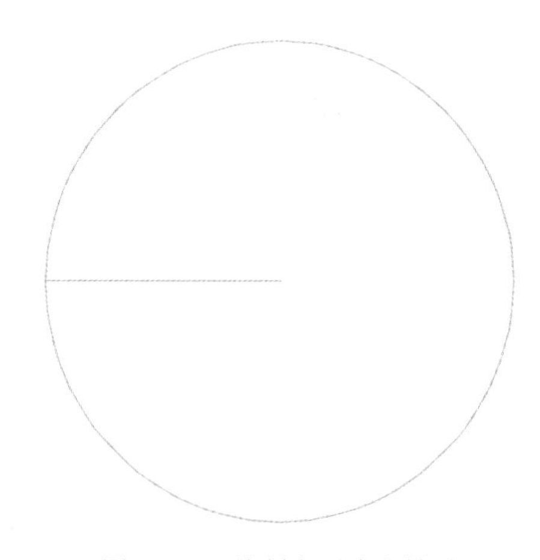

图 12-29　绘制水平线段效果

Step 07 在命令行中输入ROTATE命令，根据命令行的提示选择水平线段作为旋转对象，指定基点为圆心，然后执行【复制】命令，将旋转角度设置为-60°，旋转效果如图12-30所示。

Step 08 在命令行中输入TRIM命令，对图形对象进行修剪，修剪效果如图12-31所示。

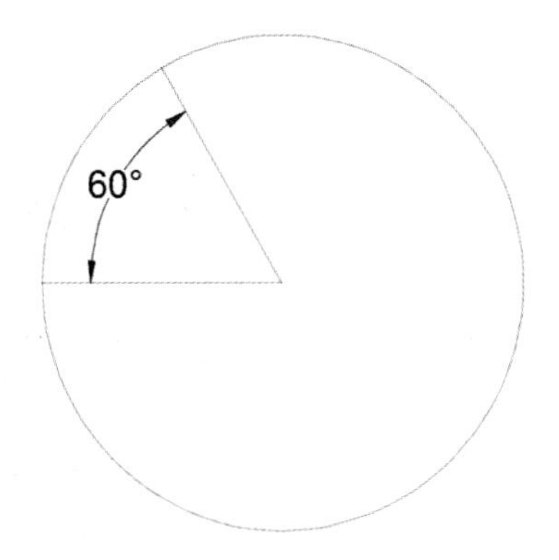

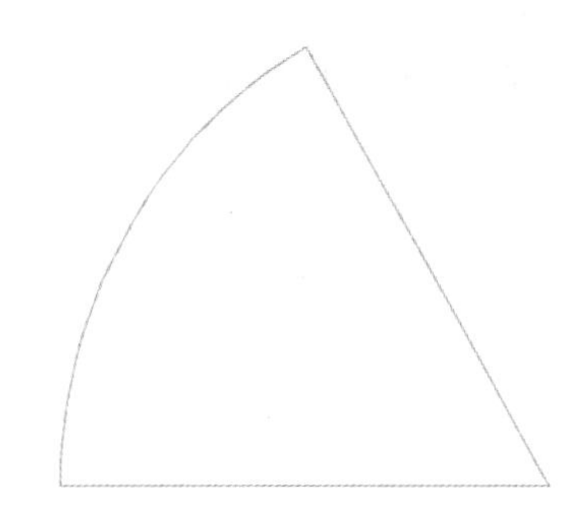

图 12-30　旋转效果　　　　图 12-31　修剪效果

Step 09 通过使用【复制】、【移动】、【缩放】、【旋转】等命令，将绘制的门对象调整到合适的位置，调整效果如图 12-32 所示。

Step 10 在命令行中输入RECTANG命令，绘制两个相同的矩形，将长度设置为3520，将宽度设置为 200，并调整两个矩形的位置，如图 12-33 所示。

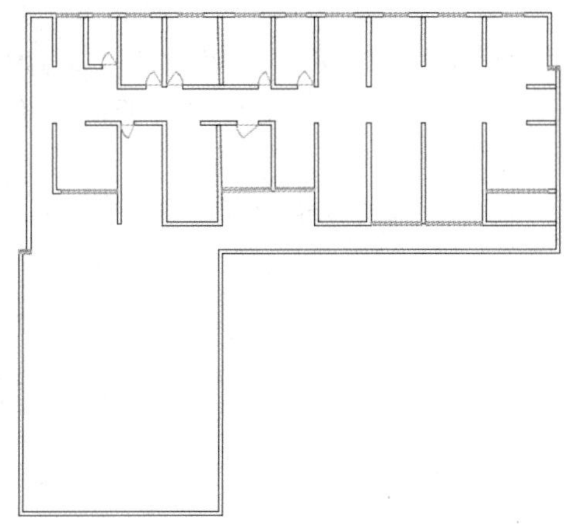

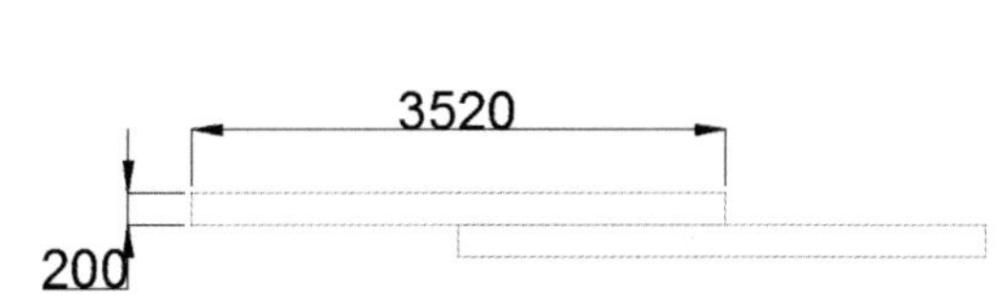

图 12-32　调整效果　　　　图 12-33　绘制矩形并调整位置

Step 11 将绘制的推拉门调整到图形对象中合适的位置，调整位置效果如图 12-34 所示。

Step 12 使用同样的方法绘制其他推拉门对象并调整其位置，绘制效果 12-35 所示。

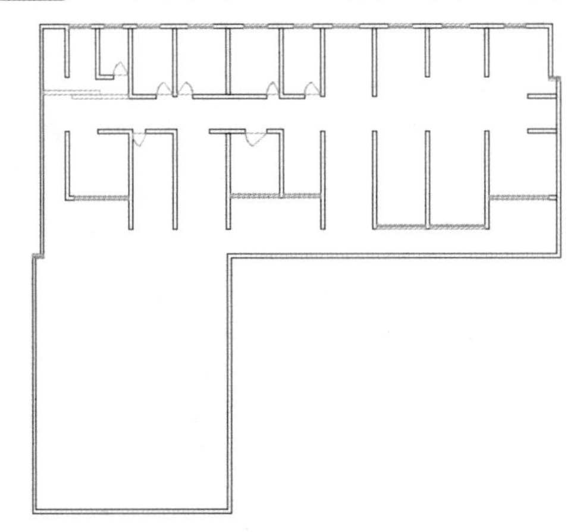

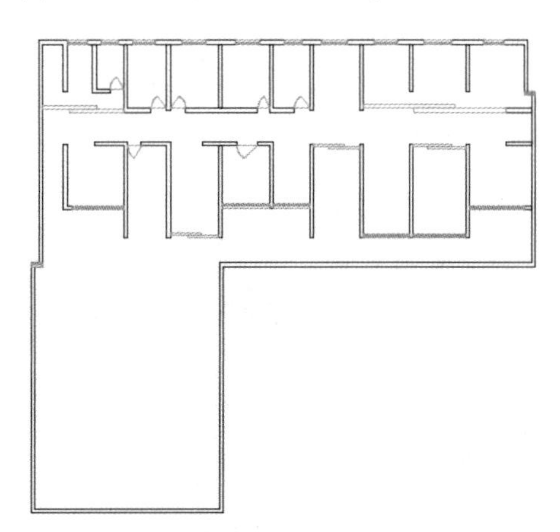

图 12-34　调整效果　　　　图 12-35　绘制其他推拉门效果

12.3.5 绘制家具

下面通过实例讲解如何绘制家具，具体操作步骤如下。

Step 01 在命令行中输入 LAYER 命令，弹出【图层特性管理器】选项板，选择【家具】图层，然后单击【置为当前】按钮，将【家具】图层置为当前图层，如图 12-36 所示。

Step 02 在命令行中输入 RECTANG 命令，绘制一个长度为 860、宽度为 1 000 的矩形，绘制矩形效果如图 12-37 所示。

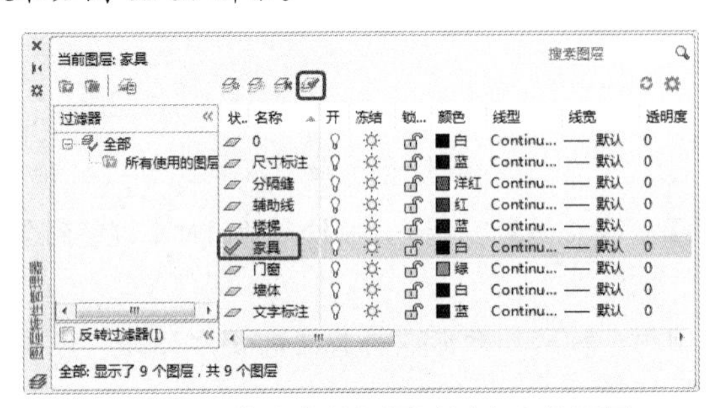

图 12-36 将【家具】图层置为当前图层

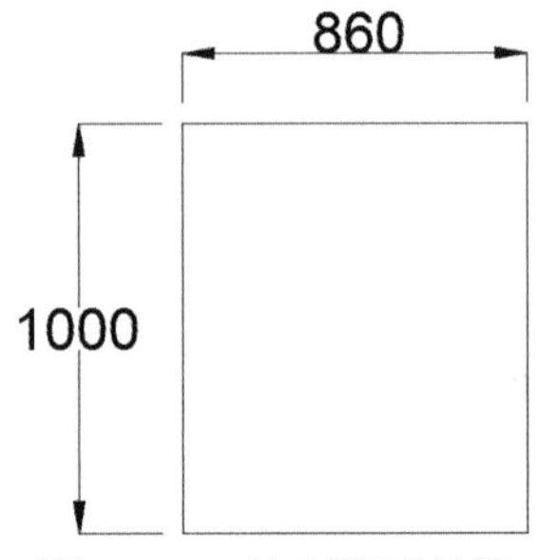

图 12-37 绘制矩形效果

Step 03 在命令行中输入 EXPLODE 命令，将绘制的矩形分解。然后在命令行中输入 OFFSET 命令，将两条水平线分别向内侧偏移 160 的距离，将左侧的垂直线段向右偏移 400 的距离，偏移效果如图 12-38 所示。

Step 04 在命令行中输入 TRIM 命令，对图形对象进行修剪，修剪效果如图 12-39 所示。

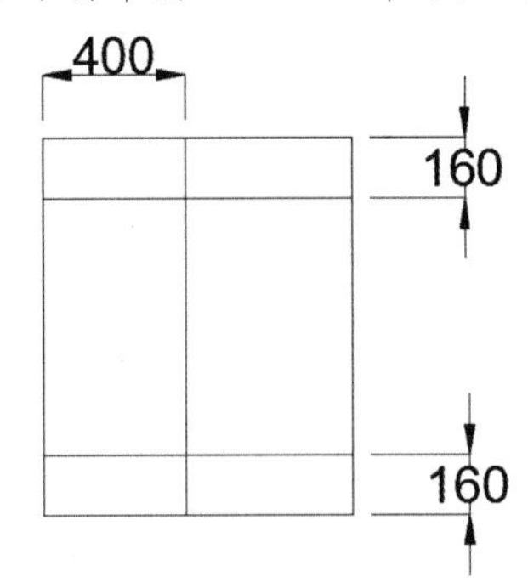

图 12-38 偏移效果

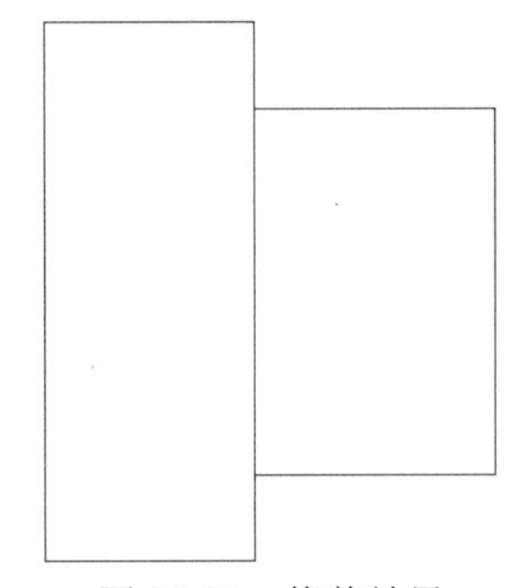

图 12-39 修剪效果

Step 05 在命令行中输入 ELLIPSE 命令，根据命令行的提示指定中心点为右侧垂直线段的中心点，输入 580 指定轴的端点位置，然后指定另一条半轴长度为 340，绘制椭圆效果如图 12-40 所示。

Step 06 在命令行中输入 OFFSET 命令，将最右侧的垂直线段向左偏移 305 的距离，偏移效果如图 12-41 所示。

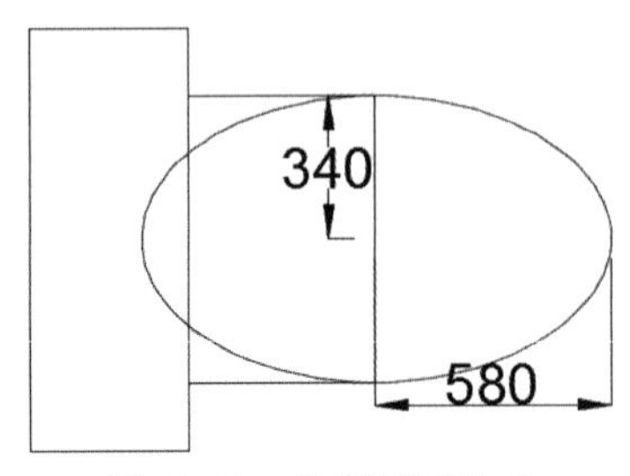

图 12-40 绘制椭圆效果

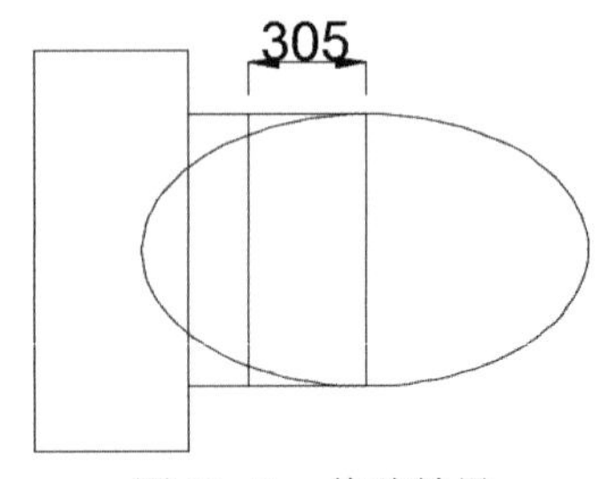

图 12-41 偏移效果

Step 07 在命令行中输入 TRIM 命令，对图形对象进行修剪，修剪效果如图 12-42 所示。

Step 08 在命令行中输入 FILLET 命令，根据命令行的提示将半径设置为 55，然后执行【多个】命令，对图形对象进行圆角处理，圆角效果如图 12-43 所示。

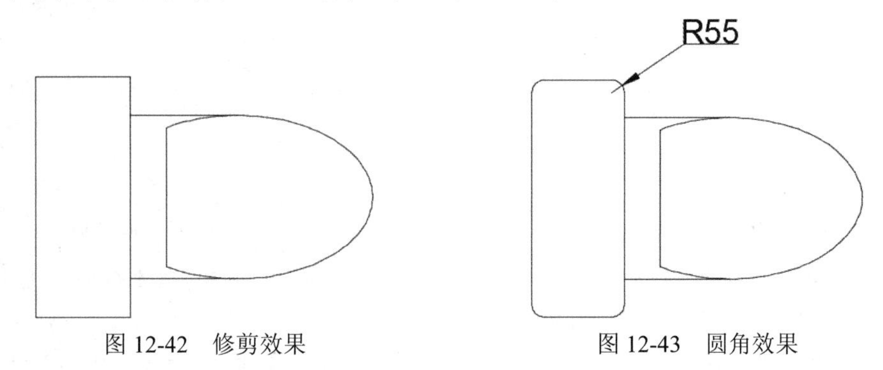

图 12-42 修剪效果　　图 12-43 圆角效果

Step 09 在命令行中输入 RECTANG 命令，根据命令行的提示绘制一个长度为 2 250、宽度为 1 125 的矩形，绘制矩形效果如图 12-44 所示。

Step 10 在命令行中输入 EXPLODE 命令，将绘制的矩形分解。然后在命令行中输入 OFFSET 命令，将两条水平线段分别向内侧偏移 120 的距离，将左侧的垂直线段向右偏移 84、1 706 的距离，偏移效果如图 12-45 所示。

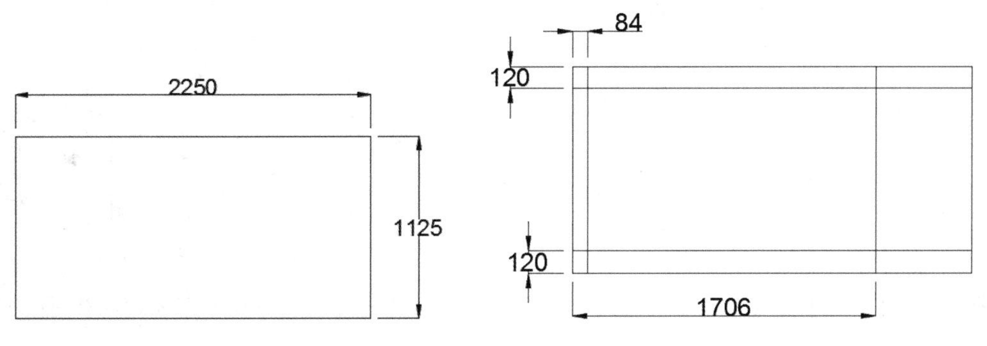

图 12-44 绘制矩形　　图 12-45 偏移效果

Step 11 在命令行中输入 TRIM 命令，对图形对象进行修剪，修剪效果如图 12-46 所示。

Step 12 在命令行中输入 ARC 命令，根据命令行的提示分别指定内侧水平线段下端点作为圆弧的起点，然后执行【端点】命令，指定上侧端点为圆弧端点；然后执行【角度】命令，将角度设置为 180°，绘制圆弧效果如图 12-47 所示。

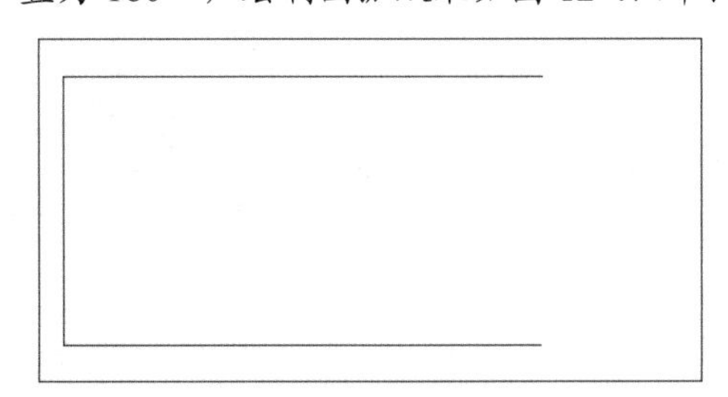

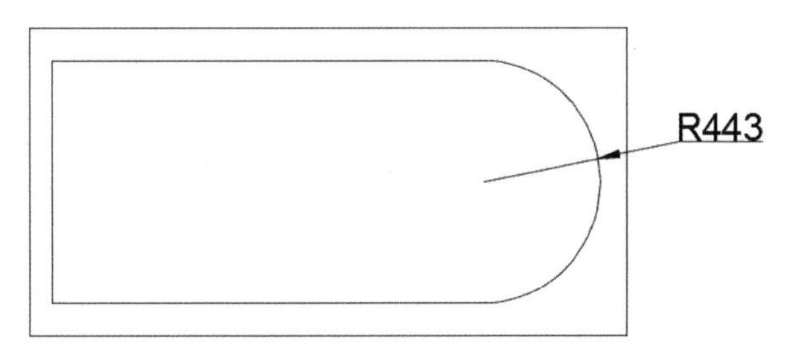

图 12-46 修剪效果　　图 12-47 绘制圆弧效果

Step 13 在命令行中输入 FILLET 命令，根据命令行的提示将圆角半径设置为 50，然后执行【多个】命令对图形对象进行圆角处理，圆角效果如图 12-48 所示。

Step 14 在命令行中输入CIRCLE命令，绘制一个半径为35的圆，并将其调整到合适的位置，绘制圆效果如图 12-49 所示。

图 12-48 圆角效果

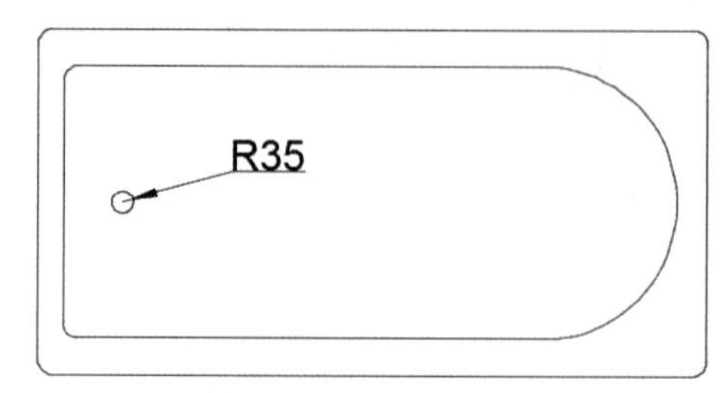

图 12-49 绘制圆效果

Step 15 将浴缸和坐便器绘制完成后通过执行【复制】、【移动】和【旋转】命令，将其调整到合适的位置，调整位置效果如图 12-50 所示。

Step 16 打开配套资源中的素材\第 12 章\【建筑平面图素材.dwg】素材文件，如图 12-51 所示。

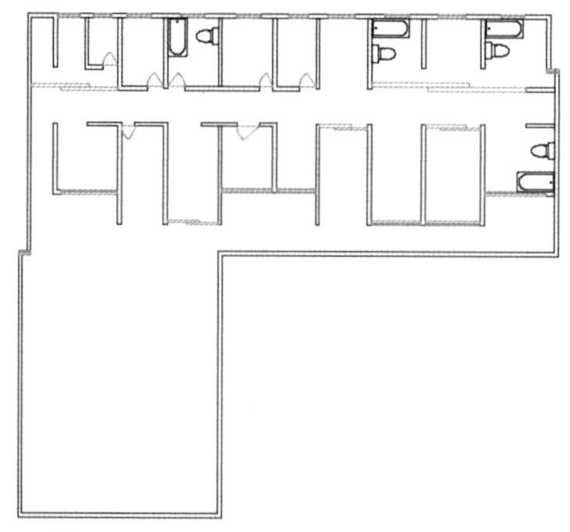

图 12-50 调整浴缸和坐便器位置效果

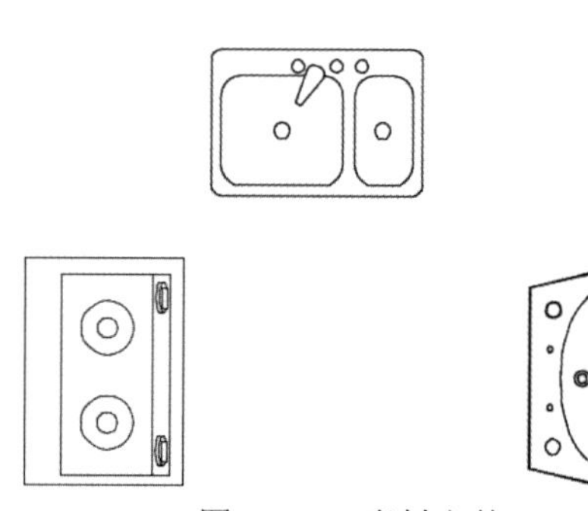

图 12-51 素材文件

Step 17 执行【复制】、【移动】和【旋转】命令，将打开的素材文件调整到合适的位置，调整位置效果如图 12-52 所示。

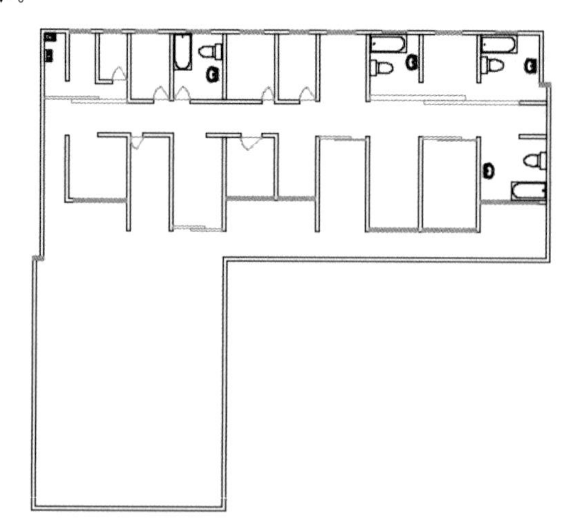

图 12-52 调整素材位置效果

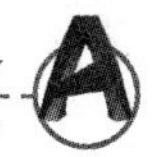

12.3.6　绘制楼梯和台阶

下面通过实例讲解如何绘制楼梯和台阶，具体操作步骤如下。

Step 01 将【楼梯】图层置为当前图层。在命令行中输入 RECTANG 命令，绘制一个长度为 3 060、宽度为 4 260 的矩形，绘制矩形效果如图 12-53 所示。然后在命令行中输入 EXPLODE 命令，将绘制的矩形分解。

Step 02 在命令行中输入 RECTANG 命令，绘制一个长度为 200、宽度为 4 460 的矩形，并调整两个矩形的几何中心点重合，绘制矩形效果如图 12-54 所示。

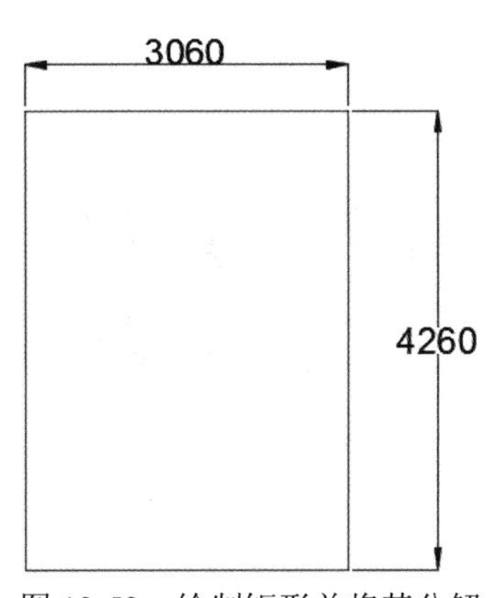

图 12-53　绘制矩形并将其分解

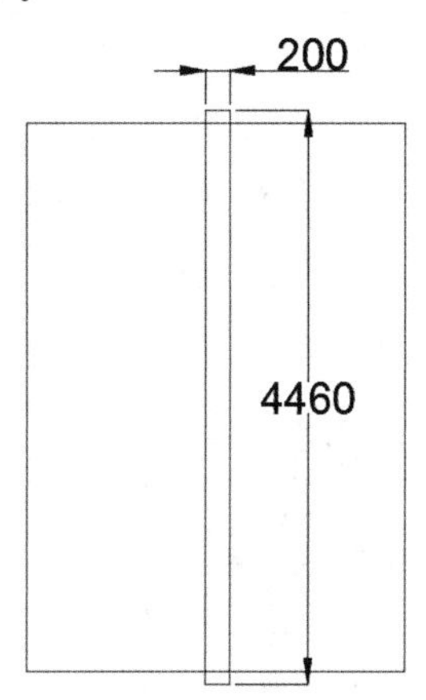

图 12-54　绘制矩形并调整

Step 03 在命令行中输入 OFFSET 命令，将新绘制的矩形向内偏移 90 的距离，偏移效果如图 12-55 所示。

Step 04 在命令行中输入 TRIM 命令，对图形对象进行修剪，修剪效果如图 12-56 所示。

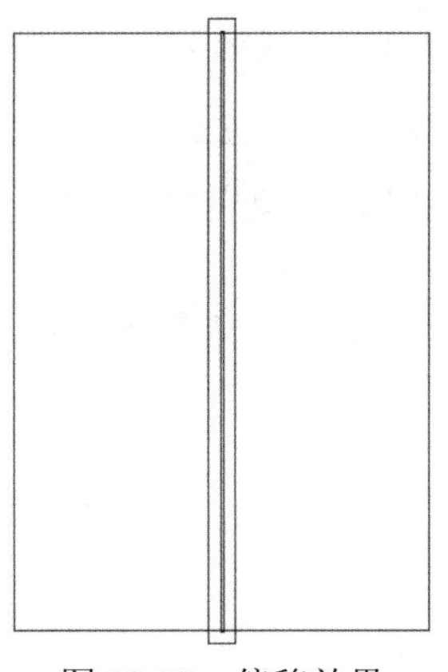

图 12-55　偏移效果

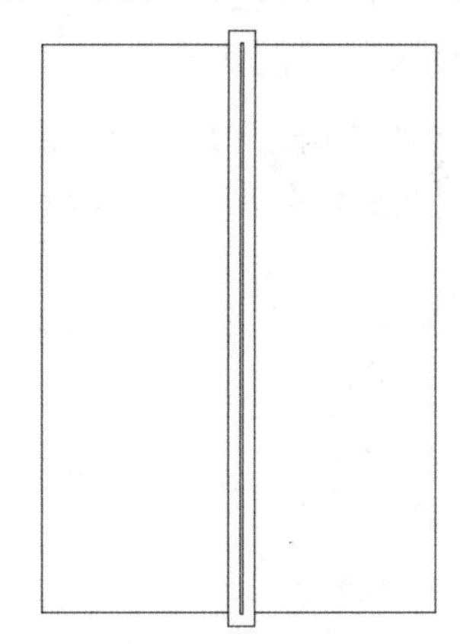

图 12-56　修剪效果

Step 05 在命令行中输入 OFFSET 命令，将最上面两侧的水平线段分别向下偏移，将偏移距离设置为 300，将两侧水平线段依次向下偏移 13 次，偏移效果如图 12-57 所示。

Step 06 在命令行中输入 LINE 命令，绘制如图 12-58 所示的线段。

Step 07 在命令行中输入 TRIM 命令，对图形对象进行修剪，修剪效果如图 12-59 所示。

Step 08 执行【复制】、【移动】命令将绘制的电梯移动到合适的位置，调整位置效果如图 12-60 所示。

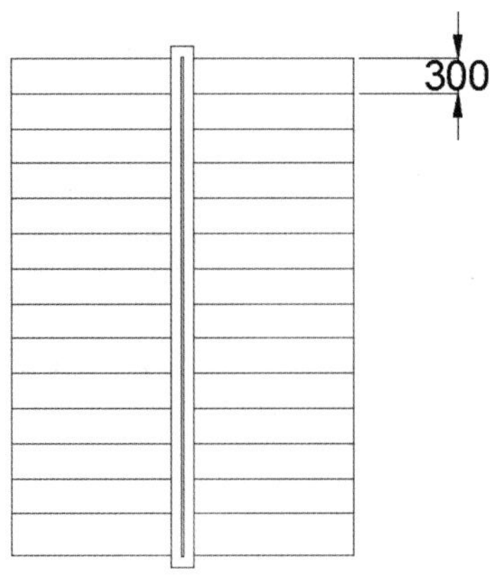

图 12-57　偏移效果

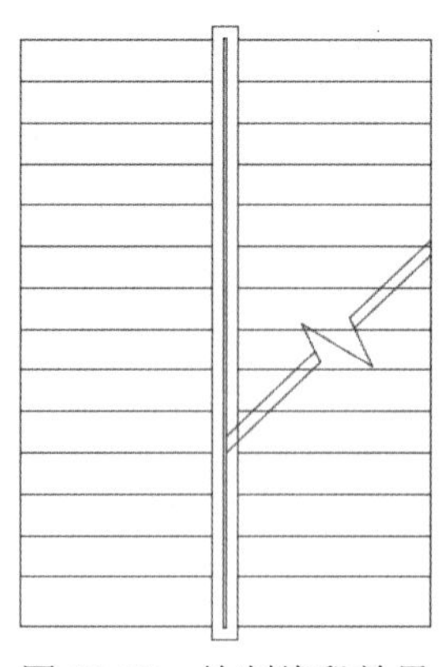

图 12-58　绘制线段效果

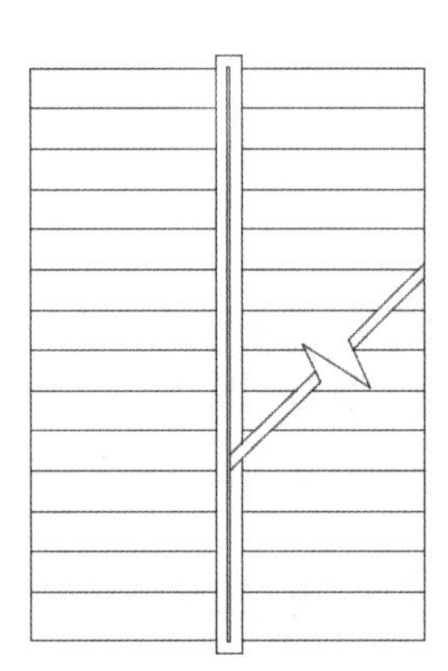

图 12-59　修剪效果

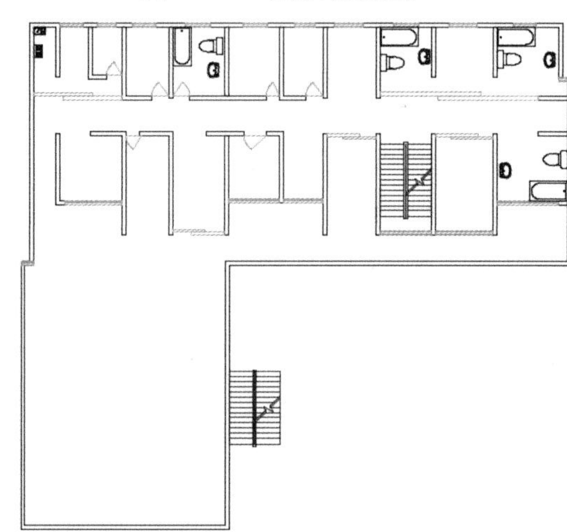

图 12-60　调整电梯位置效果

Step 09 在命令行中输入 LINE 命令，在下面的电梯旁边绘制两条互相平行的长度为 9 980 的垂直线段，绘制线段效果如图 12-61 所示。然后在命令行中输入 EXPLODE 命令，将绘制的矩形分解。

Step 10 在命令行中输入 RECTANG 命令，绘制一个长度为 2 960、宽度为 2 500 的矩形，绘制矩形效果如图 12-62 所示。

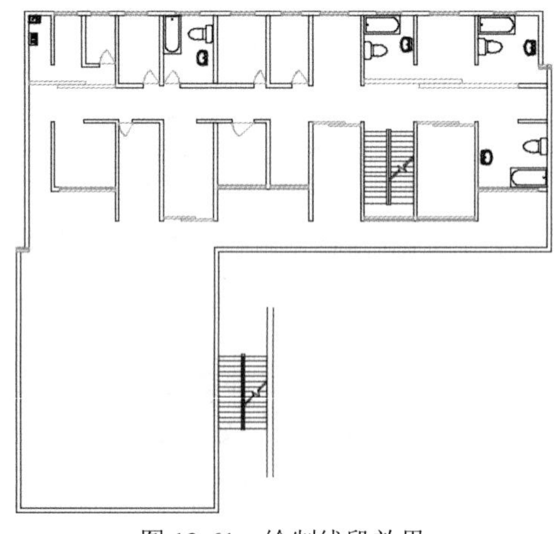

图 12-61　绘制线段效果

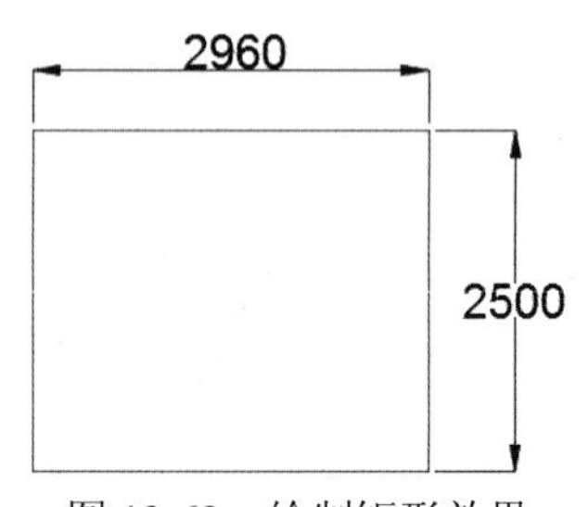

图 12-62　绘制矩形效果

Step 11 在命令行中输入 OFFSET 命令，将左侧的垂直线段向右偏移 1 480 的距离，偏移效果如图 12-63 所示。

Step 12 在命令行中输入 RECTANG 命令，绘制一个长度为 200、宽度为 2 600 的矩形，然后将其调整到中间的位置，绘制矩形效果如图 12-64 所示。

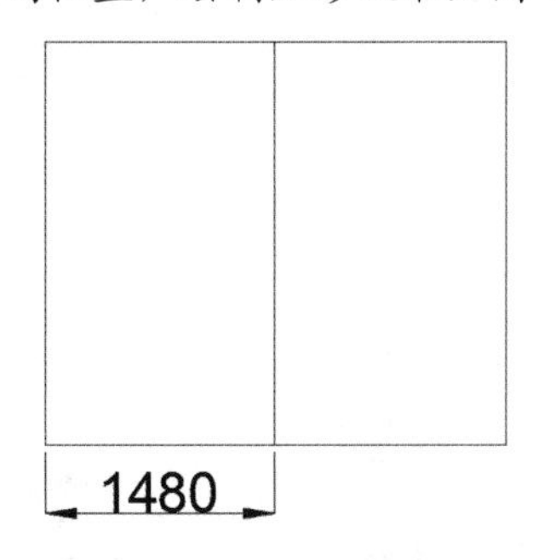

图 12-63　偏移矩形效果

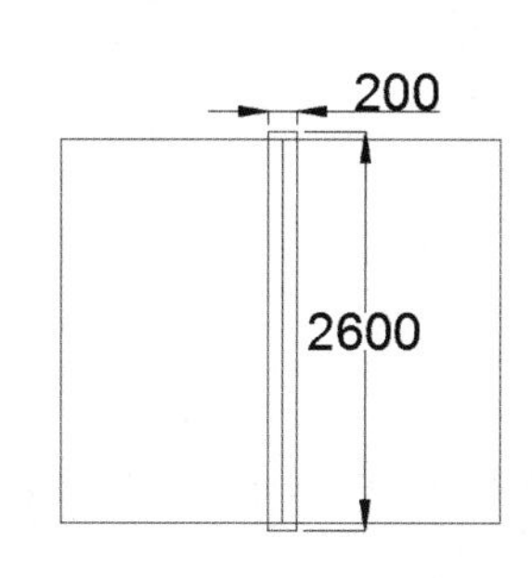

图 12-64　绘制矩形效果

Step 13 在命令行中输入 TRIM 命令，对图形对象进行修剪，修剪效果如图 12-65 所示。

Step 14 在命令行中输入 OFFSET 命令，将右下角的水平线段向上进行偏移，将偏移距离设置为 300，将其依次向上偏移 7 次，偏移效果如图 12-66 所示。

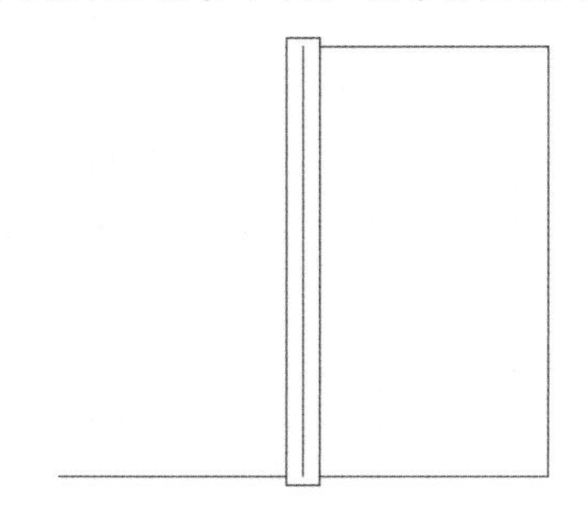

图 12-65　修剪效果 1

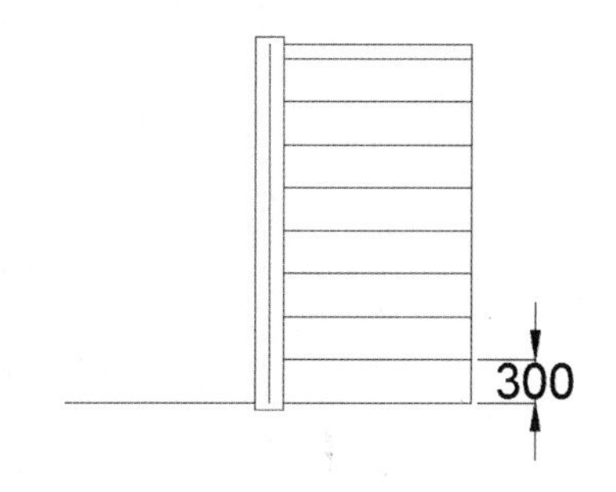

图 12-66　将矩形偏移 7 次的效果

Step 15 在命令行中输入 LINE 命令，绘制如图 12-67 所示的线段。

Step 16 在命令行中输入 TRIM 命令，对图形对象进行修剪，修剪效果如图 12-68 所示。

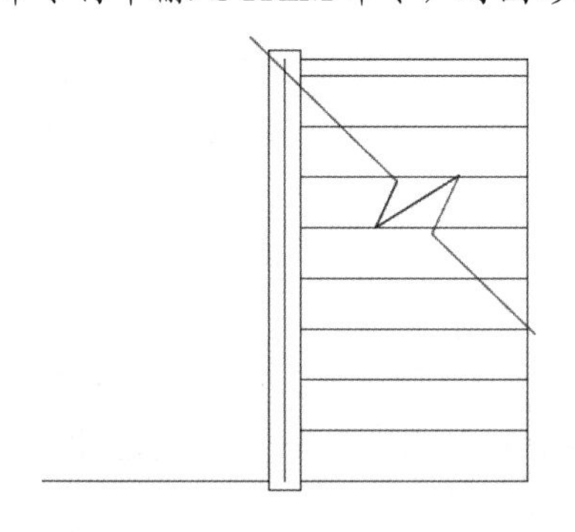

图 12-67　绘制线段效果

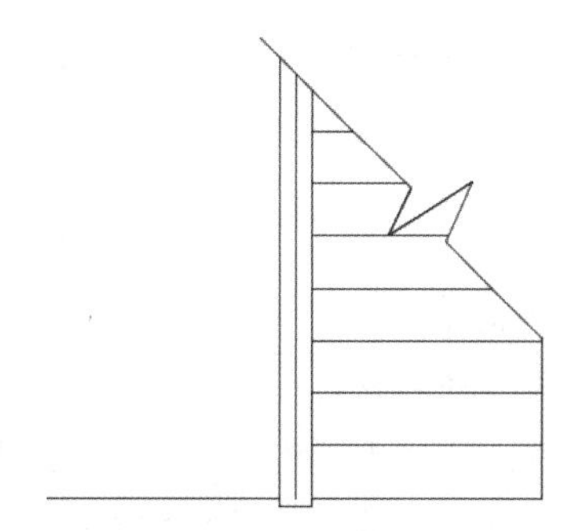

图 12-68　修剪效果 2

Step 17 执行【移动】命令，将绘制的楼梯台阶调整到合适的位置，如图 12-69 所示。

Step 18 将【分隔线】图层置为当前图层。在命令行中输入 LINE 命令，绘制如图 12-70 所示的线段。

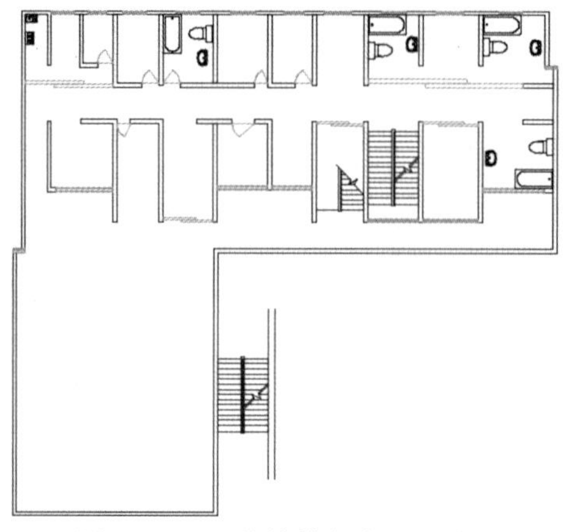

图 12-69　调整楼梯台阶位置效果

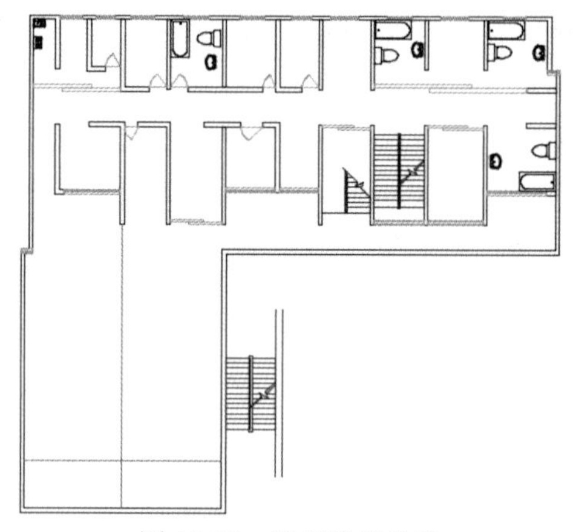

图 12-70　绘制线段效果

Step 19 在命令行中输入 OFFSET 命令，将新绘制的水平线段向上偏移 200、4 000、4 200、8 000、8 200、12 000、12 200 的距离，偏移效果如图 12-71 所示。

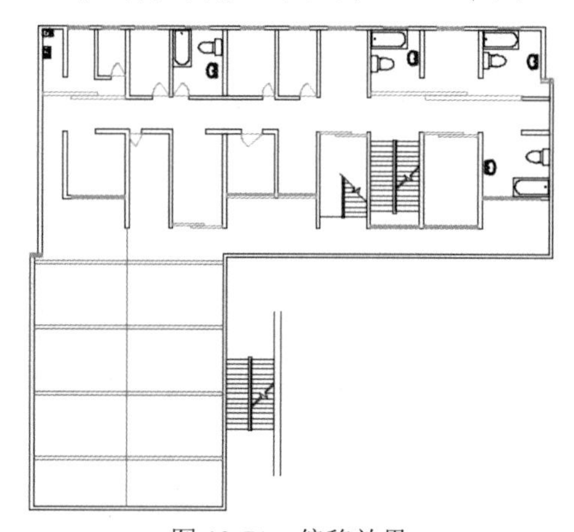

图 12-71　偏移效果

12.3.7　图形标注

下面将通过实例讲解如何对图形对象进行文字标注和尺寸标注，具体操作步骤如下。

Step 01 将【文字标注】图层置为当前图层。在命令行中输入 TEXT 命令，根据命令行的提示选择合适的位置指定文字的起点位置，将【文字高度】设置为 500，将文字的【旋转角度】设置为 0°，然后在显示的文本框中输入合适的文字对象，使用同样的方法添加其他文字对象，最终显示效果如图 12-72 所示。

Step 02 在命令行中输入 DIMSTYLE 命令，弹出【标注样式管理器】对话框，在该对话框中单击【新建】按钮，弹出【创建新标注样式】对话框，在该对话框中将【新样式名】设置为【建筑平面图尺寸标注】，然后单击【继续】按钮，如图 12-73 所示。

Step 03 弹出【新建标注样式：建筑平面图尺寸标注】对话框，选择【线】选项卡，在【尺寸界线】组中将【起点偏移量】设置为 450，如图 12-74 所示。

Step 04 选择【符号和箭头】选项卡，在【箭头】组中将【第一个】设置为【建筑标记】，将【箭头大小】设置为 1 200，如图 12-75 所示。

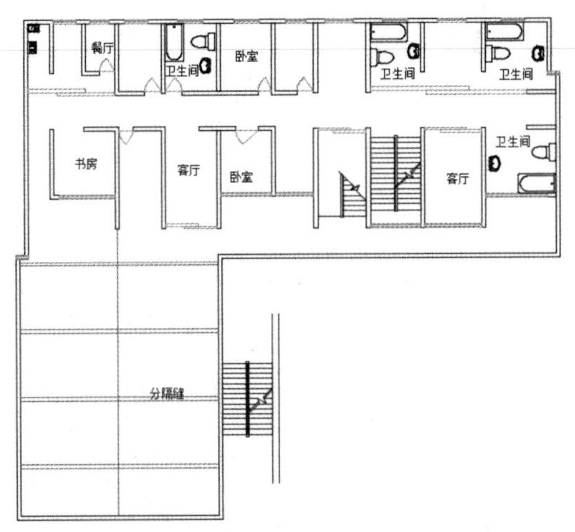

图 12-72　标注文字效果

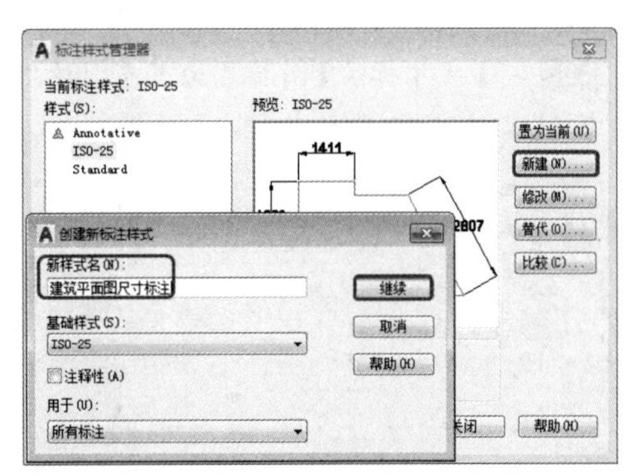

图 12-73　新建标注样式

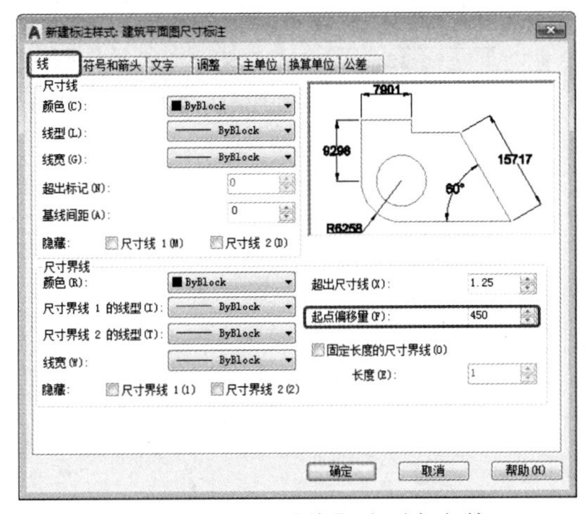

图 12-74　设置【线】选项卡参数

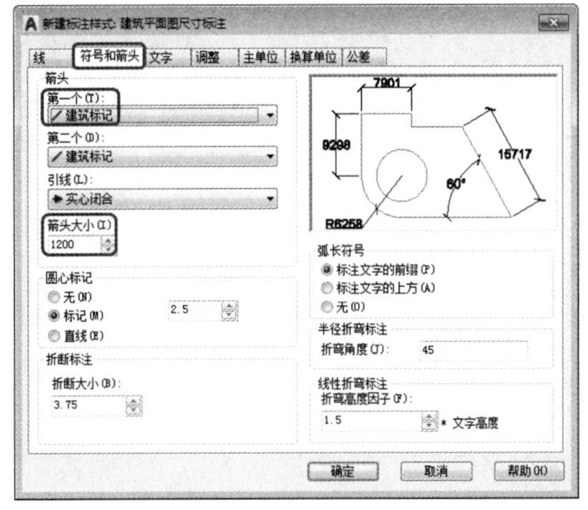

图 12-75　设置【符号和箭头】选项卡参数

Step 05 选择【文字】选项卡，在【文字外观】组中将【文字高度】设置为 1400，在【文字对齐】组中选中【水平】单选按钮，如图 12-76 所示。

Step 06 选择【主单位】选项卡，在【线性标注】组中将【精度】设置为 0，设置完成后单击【确定】按钮，如图 12-77 所示。

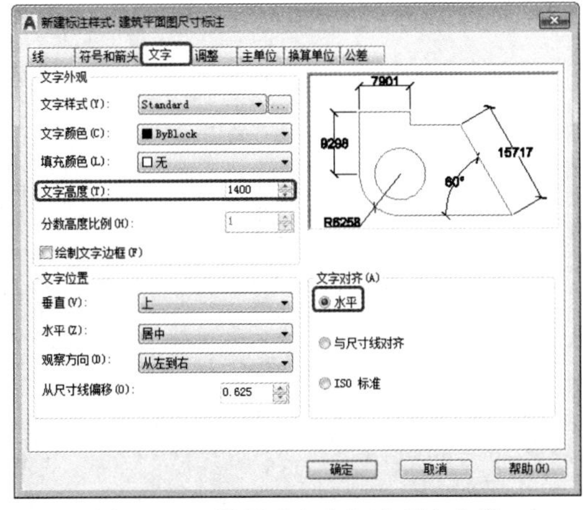

图 12-76　设置【文字】选项卡参数

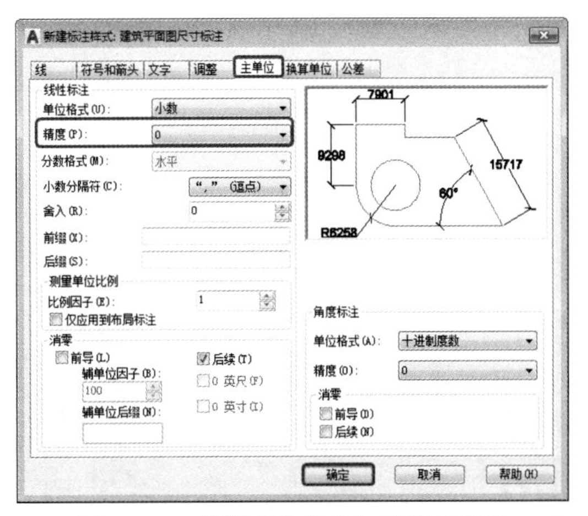

图 12-77　设置【主单位】选项卡参数

Step 07 返回到【标注样式管理器】对话框中，在【样式】列表框中可以看到新建的标注样式，选择新建标注样式，单击【置为当前】按钮，将新建标注样式设置为当前样式，然后单击【关闭】按钮即可，如图 12-78 所示。

Step 08 将【尺寸标注】图层置为当前图层。在命令行中输入 DIMSTYLE 命令，对图形对象进行尺寸标注，标注效果如图 12-79 所示。

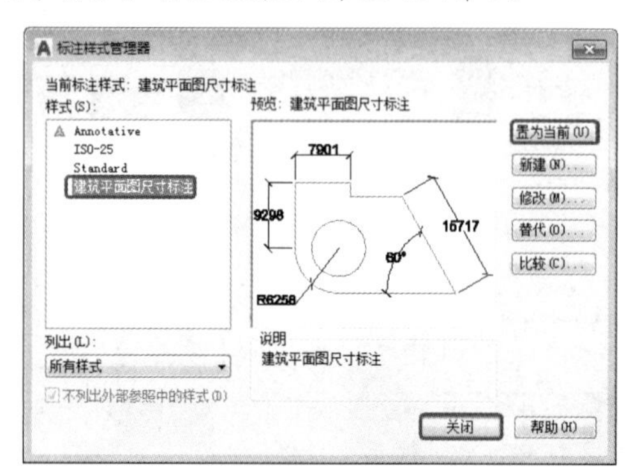

图 12-78　将新建标注样式置为当前

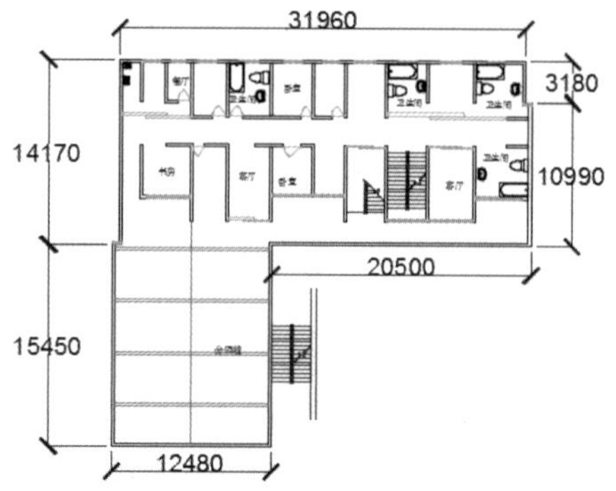

图 12-79　尺寸标注效果

增值服务：扫码做测试题，并可观看讲解测试题的微课程。

第 13 章 绘制建筑立面图

本章讲解建筑立面图的绘制方法，首先讲解了基本建筑立面图形的绘制，其中包括门、窗、台阶等的绘制。通过本章的学习可以掌握建筑立面图的绘制。

13.1 建筑立面图基础知识

立面图是利用正投影法将建筑各个墙面进行投影所得到的正投影图。一般地，立面图上的图示内容有墙体外轮廓及内部凹凸轮廓、门窗（幕墙）、入口台阶及坡道、窗台、窗楣、壁柱等。从理论上讲，立面图上所有建筑构配件的正投影图可以在具有代表性的位置仔细绘制出门窗等细节，而同类门窗则用其轮廓表示即可。在施工图中，如果门窗不是引用有关门窗图集，则其细部结构需要绘制大样图来表示，这样就可以弥补立面上的不足。

总体上来说，立面图是在平面图的基础上，引出定位辅助线确定立面图样的水平位置及大小。然后，根据高度方向的设计尺寸确定立面图样的竖向位置及尺寸，从而绘制出一个个图样。

在施工图中，如果门窗不是引用门窗图集，则其细部构造需要用户绘制大样图来表示，以弥补立面的不足。另外，当立面在转折处，或者曲折较为复杂时，用户可以绘制其展开图。圆形或者多边形平面建筑可以分段展开绘制立面图。为了图示准确，在图名说明上要标注“展开”二字，并且在转角处应该标明其轴线号。

建筑立面图的主要内容包括如下。

① 室内外的地面线、房屋的勒脚、台阶、门窗、阳台和雨篷；室外的楼梯、墙和柱；外墙的预留孔洞、檐口、屋顶、雨水管和墙面装饰构件等。

② 外墙各个主要部位的标高。

③ 建筑物两端或分段的轴线和编号。

④ 标出各个部分的构造、装饰节点详图的索引符号。使用图例和文字说明外墙面的装饰材料和做法。

建筑立面图常采用 1∶100、1∶200、1∶300 的比例来绘制，要根据建筑物的规模来选择相应的比例绘制。

13.2 建筑立面图的命名方式

建筑立面图命名的目的在于能够一目了然地识别其立面的位置。因此，各种命名方式都是围绕“明确位置”这一主题来实施。至于采取哪种方式，则因具体情况而定。

1. 以相对主入口的位置特征命名

以相对主入口的位置特征命名，则建筑立面图称为正立面图、背立面图、侧立面图。这种方式一般适应于建筑平面图方正、简单，入口位置明确的情况。

2．以相对地理方位的特征命名

以相对地理方位的特征命名，建筑立面图常称为南立面图、北立面图、侧立面图。这种方式一般适应于建筑平面图规整、简单，而且朝向相对正南正北偏转不大的情况。

3．以轴线编号来命名

以轴线编号来命名是指用立面起止定位轴线来命名，这种方式命名准确，便于查对，特别适应于平面较复杂的情况。

根据国家标准GB/T50104，有定位轴线的建筑物，宜根据两端定位轴线号编注立面图名称。无定位轴线的建筑物可按平面图各面的朝向确定名称。

13.3　绘制建筑立面图

本例讲解如何绘制建筑立面图，绘制完成后的显示效果如图13-1所示。

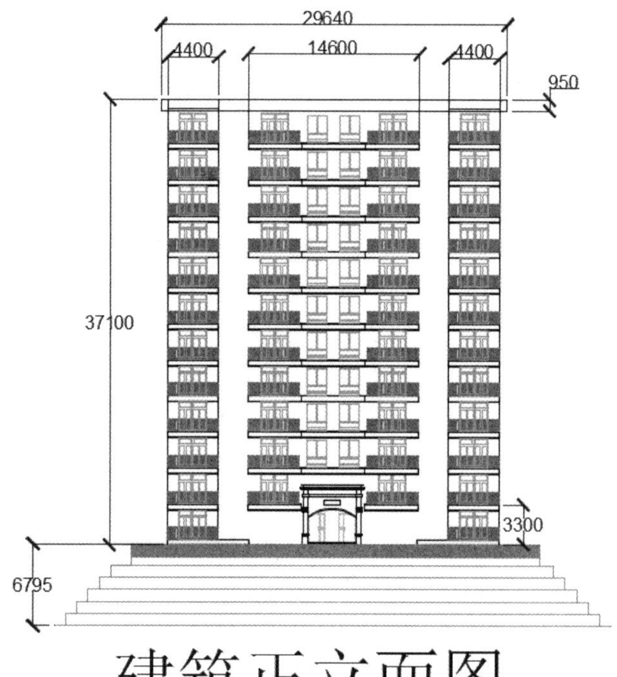

图13-1　建筑立面图

13.3.1　设置绘图环境

在开始绘制立面图之前需要先设置绘图环境，即设置绘图单位、图层、保存文件，具体操作步骤如下。

Step 01 启动软件后，按【Ctrl+N】组合键，弹出【选择样板】对话框，选择【acadiso.dwt】样板，并单击【打开】按钮，如图13-2所示。

Step 02 在菜单栏中执行【格式】|【单位】命令，如图13-3所示。

Step 03 弹出【图形单位】对话框，在该对话框的【长度】组中将【精度】设置为0，在【插入

时的缩放单位】组中将【用于缩放插入内容的单位】设置为【毫米】，设置完成后单击【确定】按钮，如图 13-4 所示。

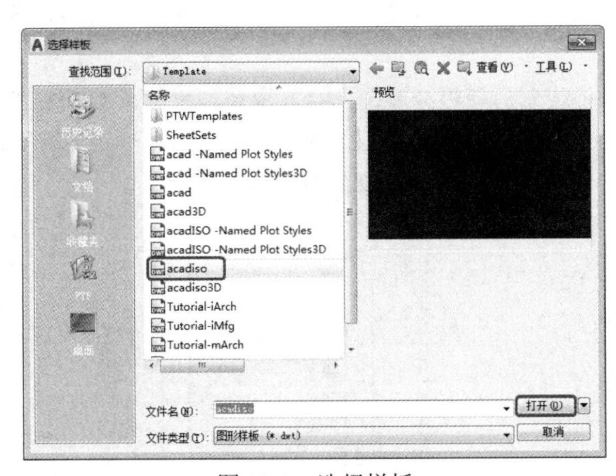

图 13-2　选择样板

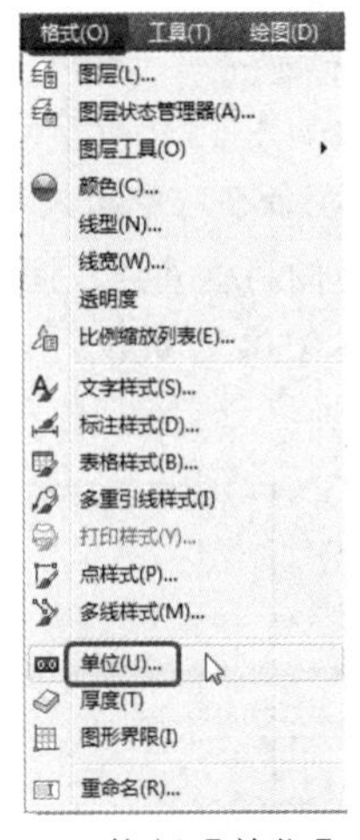

图 13-3　执行【单位】命令

Step 04 在命令行中输入 LAYER 命令，弹出【图层特性管理器】选项板，在该选项板中单击【新建图层】按钮，新建多个图层并将其进行重命名和设置相应的参数，如图 13-5 所示。

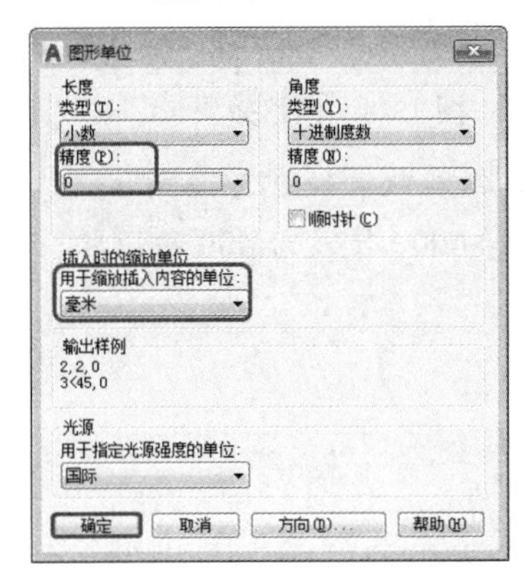

图 13-4　设置【图形单位】对话框参数

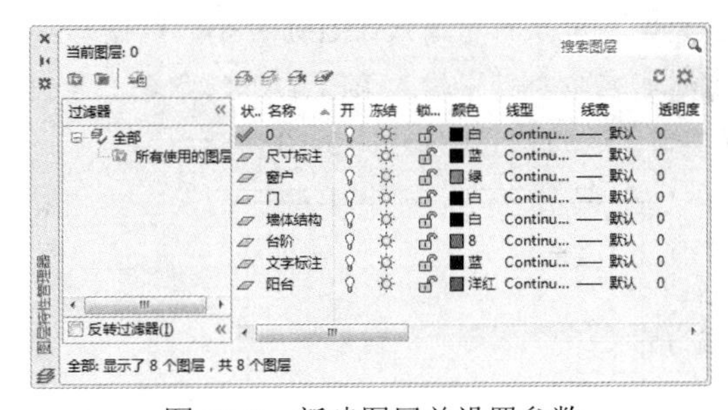

图 13-5　新建图层并设置参数

Step 05 按【Ctrl+S】组合键，弹出【图形另存为】对话框，为新建图形文件指定合适的路径，将【文件名】设置为【建筑平面图】，设置完成后单击【保存】按钮，如图 13-6 所示。

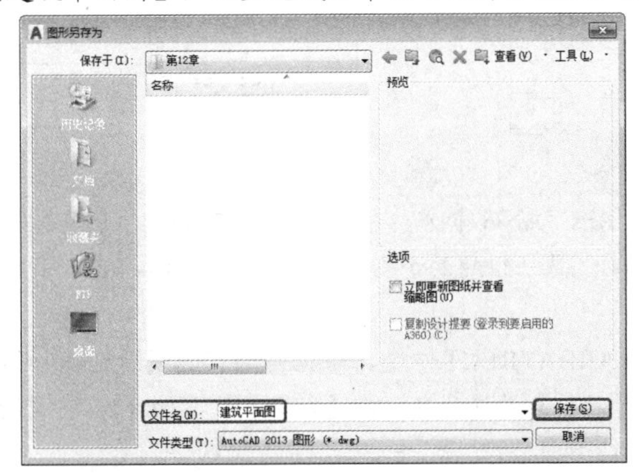

图 13-6　保存文件

13.3.2 绘制外墙定位线

下面讲解如何绘制外墙定位线，具体操作步骤如下。

Step 01 在命令行中输入 RECTANG 命令，绘制一个长度为 29 640、宽度为 37 100 的矩形，绘制矩形效果如图 13-7 所示。

Step 02 在命令行中输入 EXPLODE 命令，将绘制的矩形分解。然后在命令行中输入 OFFSET 命令，将两侧的垂直线段向内偏移 620、5 020、7 520、7 620、12 120 的距离，将下面的水平线段向上偏移 450、2 900、3 450、36 150、36 300 的距离，偏移效果如图 13-8 所示。

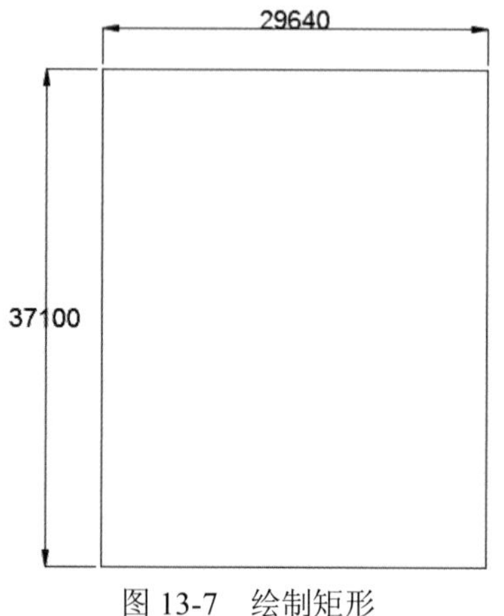

图 13-7　绘制矩形

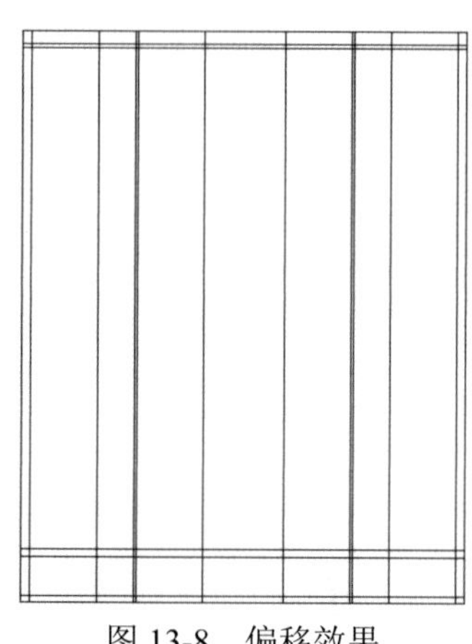
图 13-8　偏移效果

Step 03 在命令行中输入 TRIM 命令，对图形对象进行修剪，修剪效果如图 13-9 所示。

Step 04 在命令行中输入 RECTANG 命令，绘制一个长度为 14 600、宽度为 400 的矩形，并将其调整到合适的位置，如图 13-10 所示。

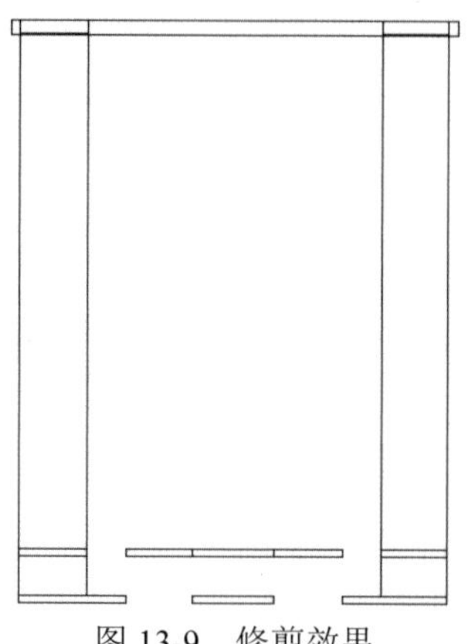
图 13-9　修剪效果

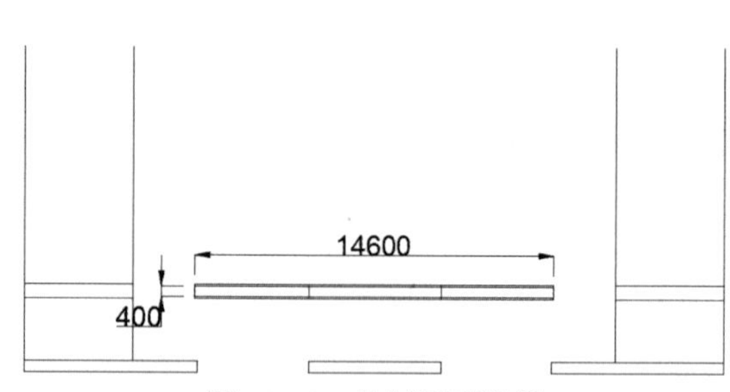

图 13-10　绘制矩形效果

Step 05 在命令行中输入 RECTANG 命令，分别绘制两组矩形，将其中一组两个矩形的长度设置为 7 000，宽度设置为 300；另一组的两个矩形的长度设置为 4 400，宽度设置为 400，绘制矩形效果如图 13-11 所示。

Step 06 在命令行中输入 ARRAYRECT 命令，根据命令行的提示选择如图 13-12 所示的图形对象作为阵列对象。然后将【列数】设置为 1，将【行数】设置为 11，将【行距】设置为 3 000，阵列后的显示效果如图 13-13 所示。

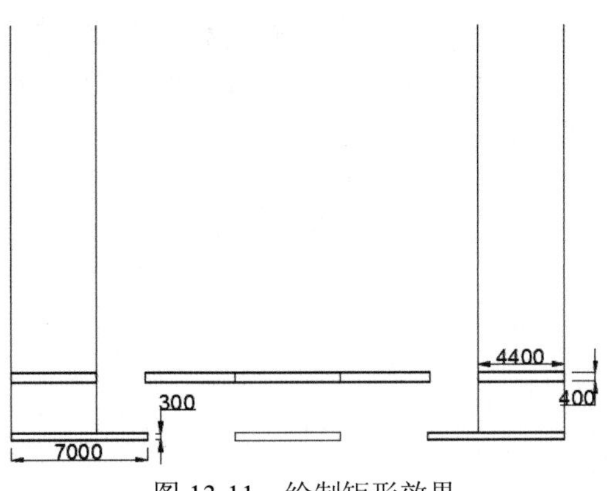

图 13-11　绘制矩形效果

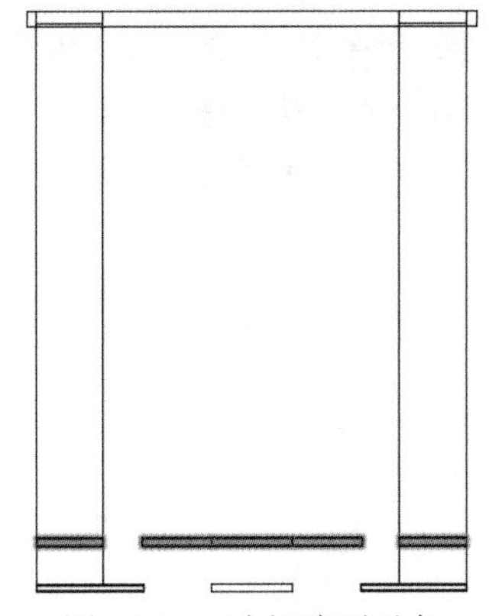
图 13-12　选择阵列对象

Step 07 在命令行中输入 EXPLODE 命令，将阵列对象分解。然后在命令行中输入 TRIM 命令，对图形对象进行修剪，修剪效果如图 13-14 所示。

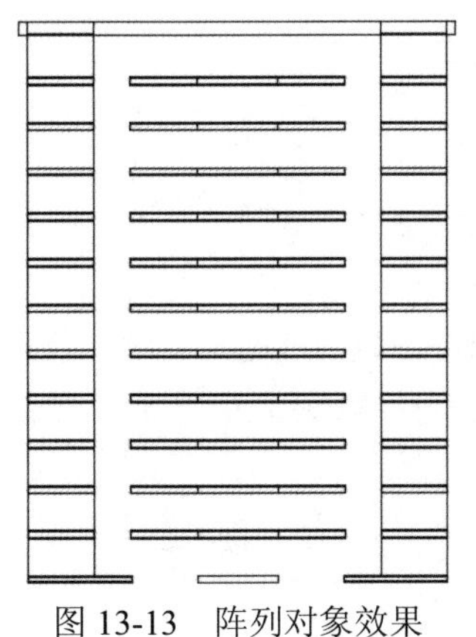

图 13-13　阵列对象效果

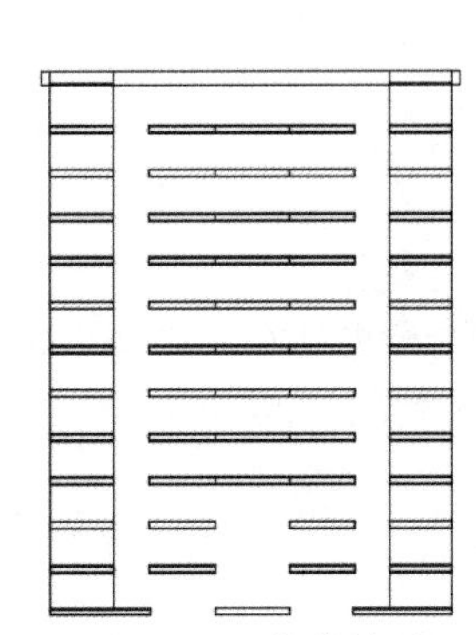
图 13-14　修剪效果

13.3.3　绘制阳台

下面讲解如何绘制阳台，具体操作步骤如下。

Step 01 将【阳台】图层置为当前图层。在命令行中输入 RECTANG 命令，绘制一个长度为 4 370、宽度为 1 000 的矩形，绘制矩形效果如图 13-15 所示。

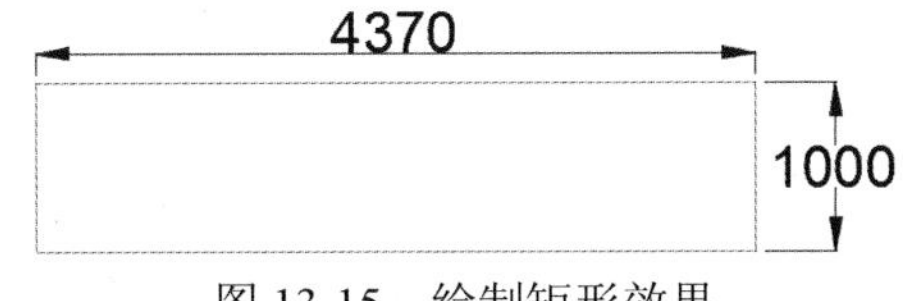

图 13-15　绘制矩形效果

Step 02 在命令行中输入 OFFSET 命令，将矩形向内偏移 100 的距离，偏移效果如图 13-16 所示。

图 13-16　偏移效果

Step 03 在命令行中输入 EXPLODE 命令，将两个矩形对象分解。然后在命令行中输入 OFFSRET命令，将大矩形右侧的垂直线段向左偏移707、723的距离，将小矩形右侧的垂直线段向左偏移40、55的距离，偏移效果如图13-17所示。

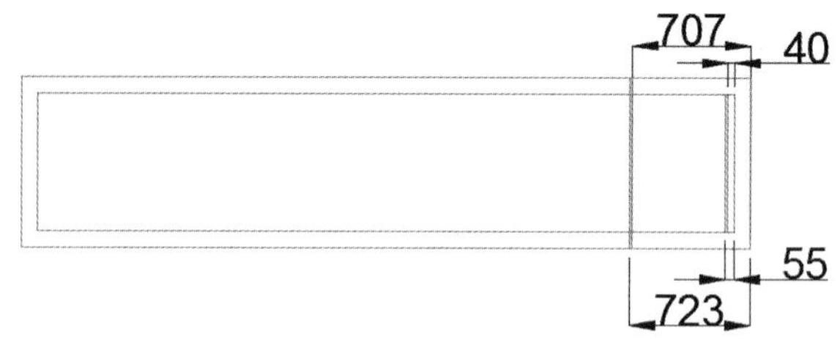

图 13-17　偏移效果

Step 04 在命令行中输入 ARRAYRECT 命令，根据命令行的提示选择小矩形偏移的线段作为阵列对象，将【行数】设置为1，将【列数】设置为6，将列间距设置为-94，阵列效果如图13-18所示。

图 13-18　阵列效果 1

Step 05 在命令行中输入 ARRAYRECT 命令，根据命令行的提示选择大矩形偏移的线段作为阵列对象，将【行数】设置为1，将【列数】设置为5，将列间距设置为-735，阵列效果如图13-19所示。

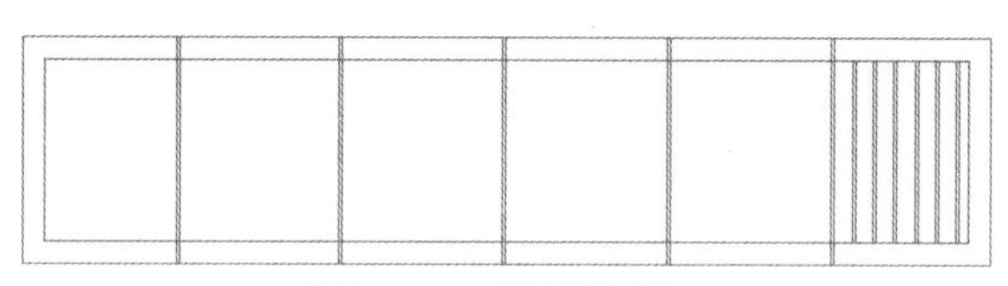

图 13-19　阵列效果 2

Step 06 在命令行中输入 MOVE 命令，选择第一次阵列对象作为移动对象，然后根据命令行的提示执行【复制】命令，依次将其移动到合适的位置，移动效果如图13-20所示。

Step 07 在命令行中输入COPY命令，将绘制的阳台图形对象复制到合适的位置，调整位置效果如图13-21所示。

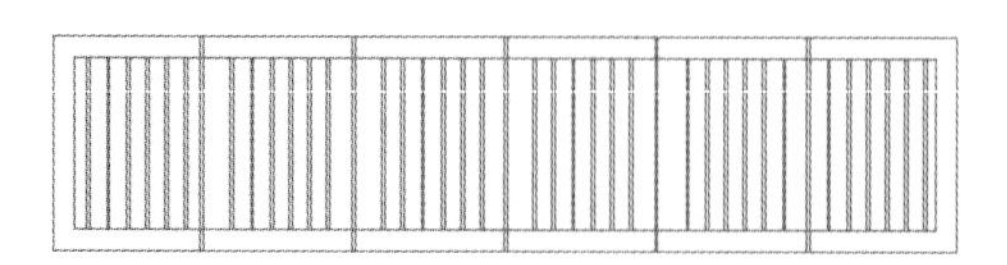

图 13-20　移动复制效果

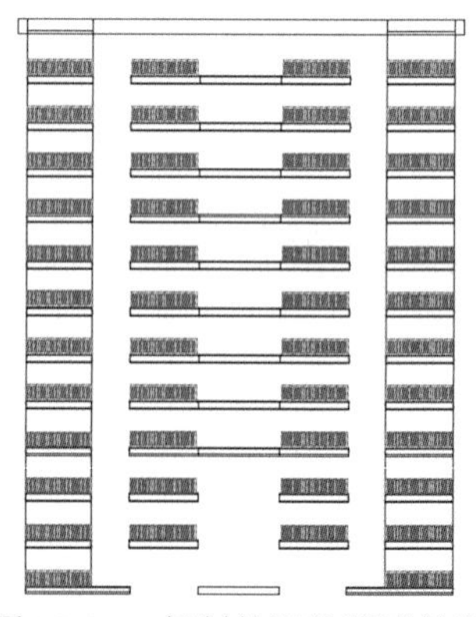

图 13-21　复制并调整图形效果

13.3.4　绘制立面窗

下面讲解如何绘制立面窗，具体操作步骤如下。

Step 01 将【窗户】图层置为当前图层。在命令行中输入 RECTANG 命令，绘制一个长度为 1 700、宽度为 2 300 的矩形，绘制矩形效果如图 13-22 所示。

Step 02 在命令行中输入 EXPLODE 命令，将绘制的矩形分解。然后在命令行中输入 OFFSET 命令，将下面的水平线段向上偏移 190、300、800 的距离，偏移效果如图 13-23 所示。

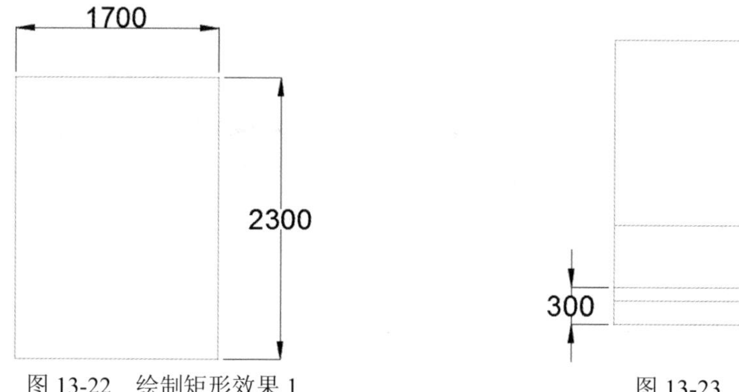

图 13-22　绘制矩形效果 1

图 13-23　偏移效果

Step 03 在命令行中输入 RECTANG 命令，分别绘制两个相同的长度为 740、宽度为 1 380 的矩形和一个长度为 1 580、宽度为 380 的矩形，绘制矩形效果如图 13-24 所示。

Step 04 在命令行中输入 COPY 命令，将绘制的窗户复制到如图 13-25 所示的位置。

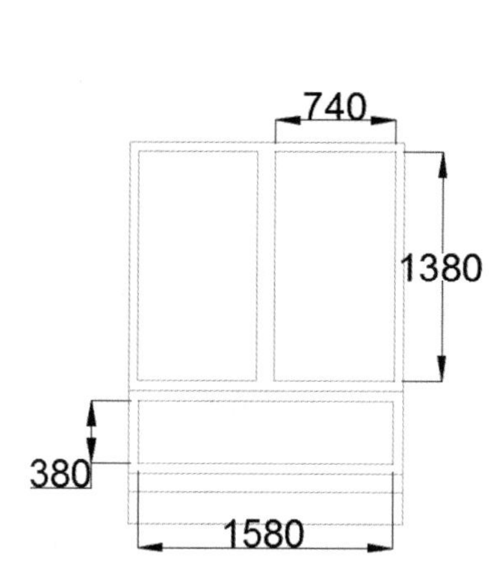

图 13-24　绘制矩形效果 2

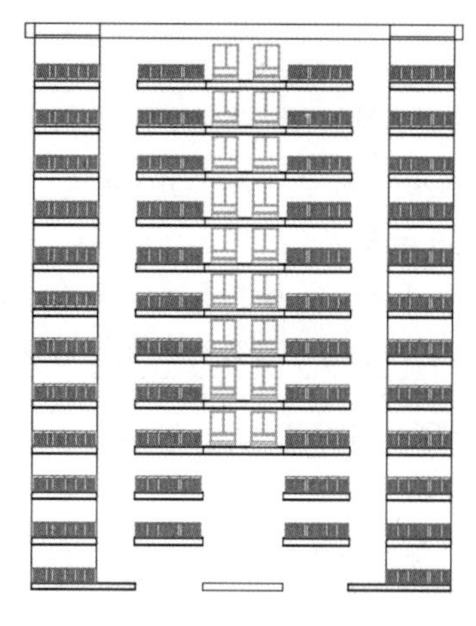

图 13-25　复制效果

Step 05 在命令行中输入 RECTANG 命令，绘制一个长度为 2 400、宽度为 2 450 的矩形，绘制矩形效果如图 13-26 所示。

Step 06 在命令行中输入 EXPLODE 命令，将绘制矩形分解。然后在命令行中输入 OFFSET 命令，将右侧的垂直线段向左偏移 1 200 的距离，将上面的水平线段向下偏移 500 的距离，偏移效果如图 13-27 所示。

Step 07 在命令行中输入 RECTANG 命令，绘制两组不同的矩形，一组为一个长度为 1 000、宽度为 400 的矩形，二组为两个相同的矩形，长度为 420、宽度为 1 600，绘制矩形效果如图 13-28 所示。

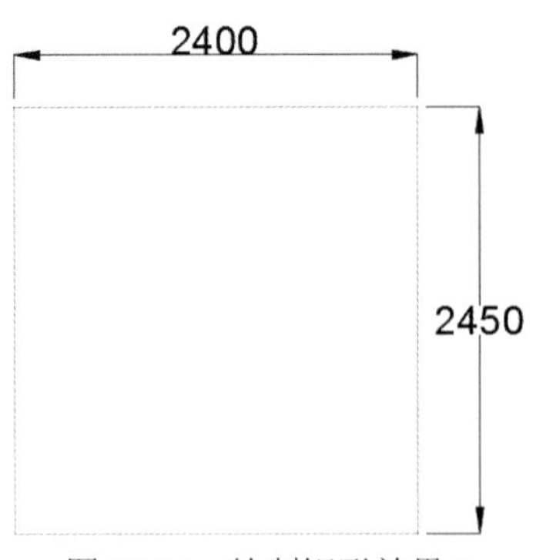

图 13-26　绘制矩形效果 3

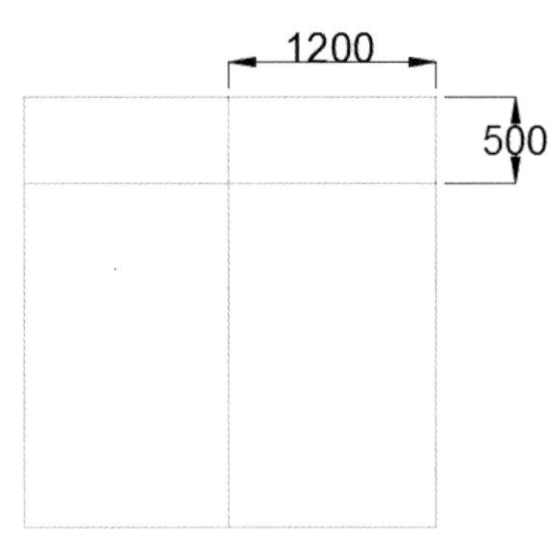

图 13-27　偏移效果

Step 08 在命令行中输入 MIRROR 命令，根据命令行的提示选择新绘制的 3 个矩形作为镜像对象，以偏移得到的中间垂直线段为镜像线，镜像效果如图 13-29 所示。

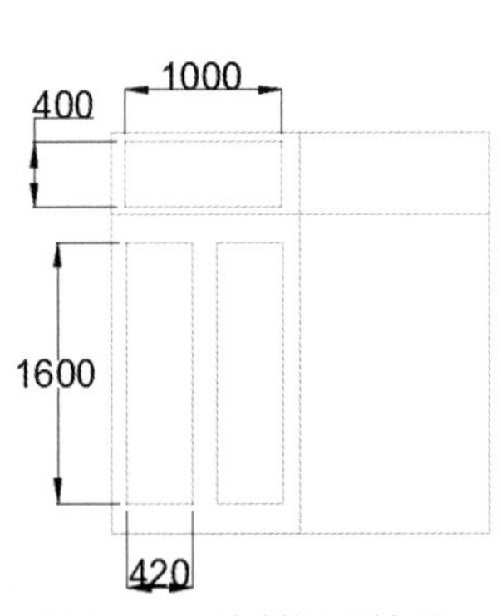

图 13-28　绘制矩形效果 4

图 13-29　镜像效果

Step 09 在命令行中输入 COPY 命令，将绘制的窗户图形对象调整到合适的位置，调整位置效果如图 13-30 所示。

Step 10 打开配套资源中的素材\第 13 章\【建筑立面图素材.dwg】素材文件。在命令行中输入 COPY 命令，将素材图形对象进行复制并将其调整到合适的位置，调整位置效果如图 13-31 所示。

图 13-30　调整效果

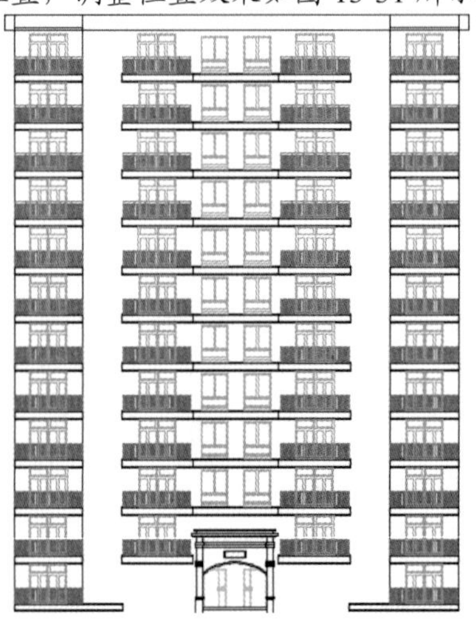

图 13-31　添加并调整素材效果

13.3.5　绘制台阶

下面讲解如何绘制台阶，具体操作步骤如下。

Step 01 将【台阶】图层置为当前图层。在命令行中输入 PLINE 命令，在绘图区的合适位置处指定起点，根据命令行的提示操作执行【半宽】命令，将起点半宽设置为 500，将端点半宽设置为 500，然后向右引导鼠标输入 35 000 的距离，绘制多段线效果如图 13-32 所示。

Step 02 在命令行中输入 LINE 命令，绘制如图 13-33 所示的台阶图形对象。

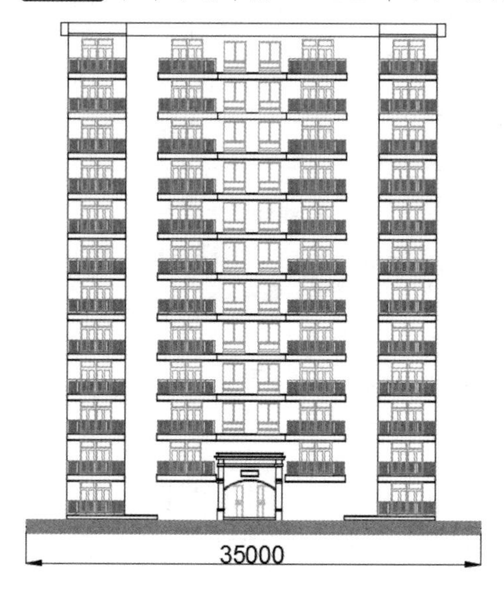

图 13-32　绘制多段线效果

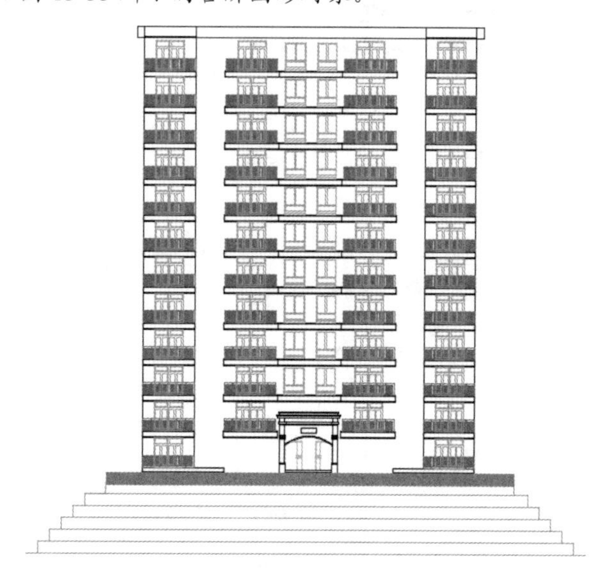

图 13-33　绘制台阶效果

13.3.6　图形标注

下面通过实例讲解如何进行图形标注，具体操作步骤如下。

Step 01 将【文字标注】图层置为当前图层。在命令行中输入 TEXT 命令，根据命令行的提示选择合适的位置指定文字的起点，然后将【文字高度】设置为 4 000，将文字的【旋转角度】设置为 0°，然后在显示的文本框中输入合适的文字对象，最终显示效果如图 13-34 所示。

Step 02 在命令行中输入 DIMSTYLE 命令，弹出【标注样式管理器】对话框，在该对话框中单击【新建】按钮，弹出【创建新标注样式】对话框，在该对话框中将【新样式名】设置为【建筑立面图尺寸标注】，然后单击【继续】按钮，如图 13-35 所示。

Step 03 弹出【新建标注样式：建筑立面图尺寸标注】对话框，选择【线】选项卡，在【尺寸界线】组中将【起点偏移量】设置为 400，如图 13-36 所示。

Step 04 选择【符号和箭头】选项卡，在【箭头】组中将【第一个】设置为【建筑标记】，将【箭头大小】设置为 1 000，如图 13-37 所示。

Step 05 选择【文字】选项卡，在【文字外观】组中将【文字高度】设置为 1 100，在【文字对齐】组中选中【水平】单选按钮，如图 13-38 所示。

Step 06 选择【主单位】选项卡，在【线性标注】组中将【精度】设置为 0，设置完成后单击【确定】按钮，如图 13-39 所示。

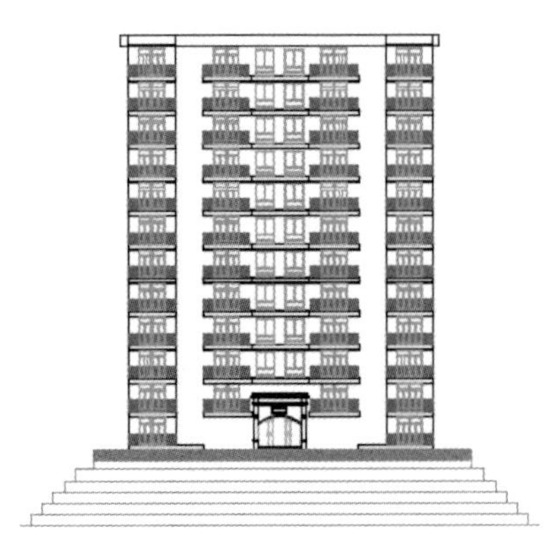

图 13-34　标注文字效果

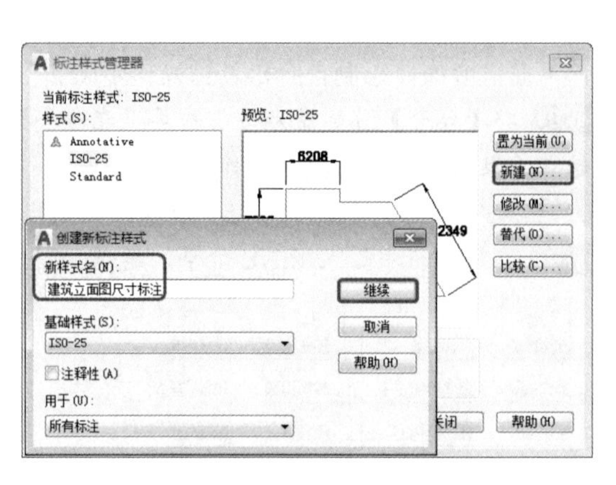

图 13-35　新建标注样式

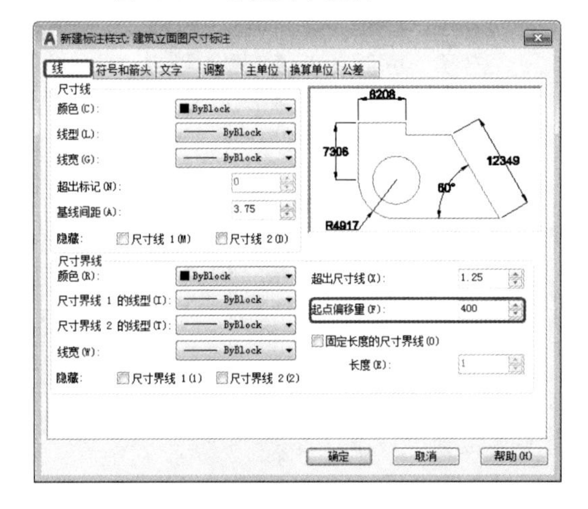

图 13-36　设置【线】选项卡参数

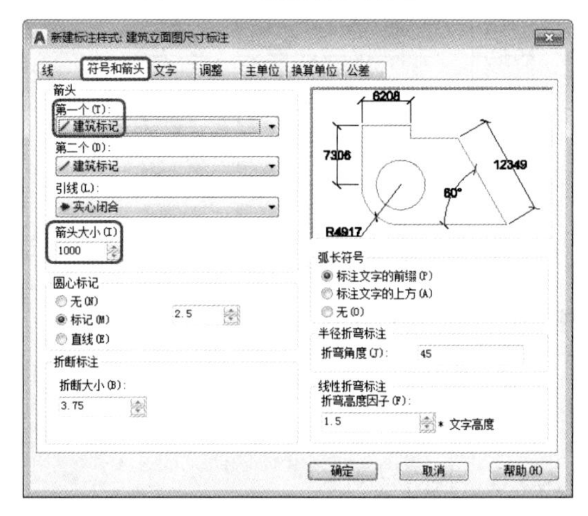

图 13-37　设置【符号和箭头】选项卡参数

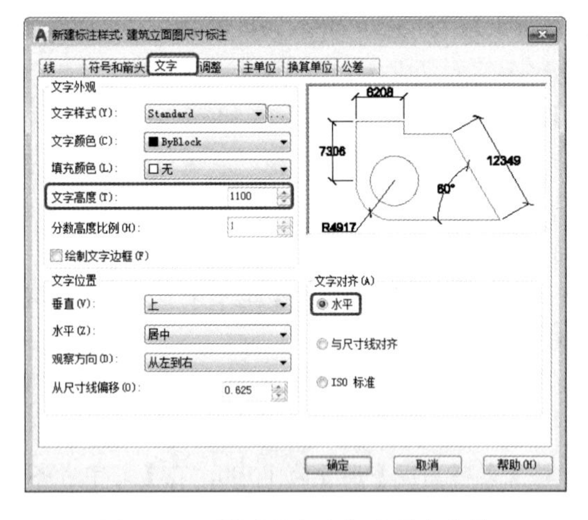

图 13-38　设置【文字】选项卡参数

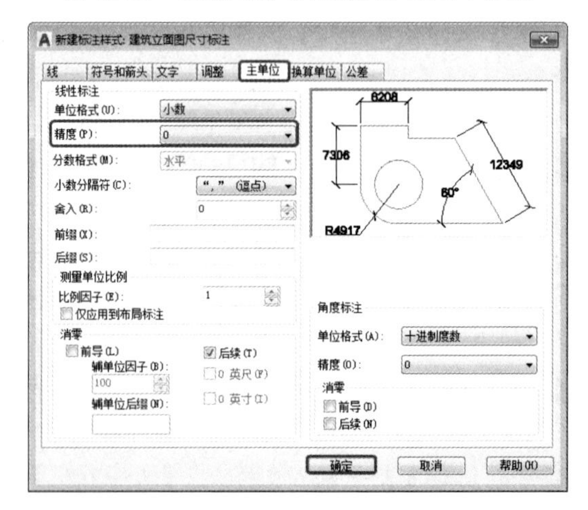

图 13-39　设置【主单位】选项卡参数

Step 07 返回到【标注样式管理器】对话框，在【样式】列表框中可以看到新建的标注样式，选择新建标注样式，单击【置为当前】按钮，将新建标注样式设置为当前样式，然后单击【关闭】按钮即可，如图 13-40 所示。

Step 08 将【尺寸标注】图层置为当前图层。在命令行中输入 DIMSTYLE 命令，对图形对象进行尺寸标注，标注效果如图 13-41 所示。

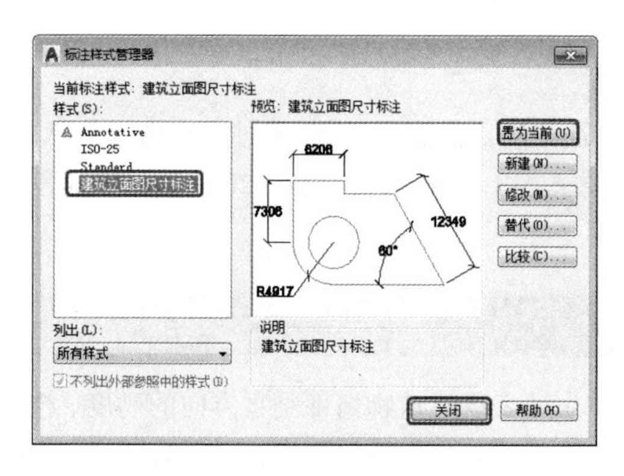

图 13-40　将新建标注样式置为当前

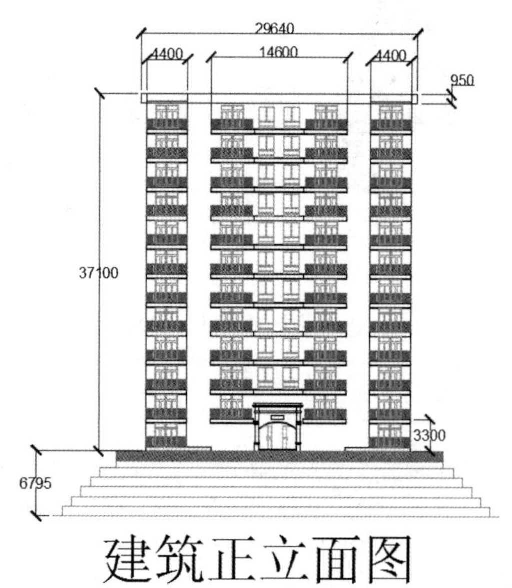

图 13-41　尺寸标注效果

增值服务：扫码做测试题，并可观看讲解测试题的微课程。

第 14 章 绘制建筑剖面图

本章结合建筑设计规范和建筑制图要求，详细讲述建筑剖面图的绘制。通过本章内容的学习，读者将了解工程设计中有关建筑剖面图设计的一般要求，以及使用 AutoCAD 2017 绘制建筑剖面图的方法与技巧。

14.1 建筑剖面图概述

建筑剖面图是用来表达建筑物竖向构造的方法，主要表现建筑物内部垂直方向的高度、楼层的分层、垂直空间的利用，以及简要的结构形式和构造方式，如屋顶的形式、屋顶的坡度、檐口的形式、楼板的搁置方式和搁置位置、楼梯的形式等。

用一个假想的铅垂平面沿指定的位置将建筑物剖切为两部分，并沿剖切方向进行平行投影得到的平面图形，称为建筑剖面图，简称剖面图。建筑剖面图也是建筑方案图及施工图中的重要内容。建筑剖面图和平面图及立面图配合在一起，可以使读图的人更加清楚地了解建筑物的总体结构特征。

剖切位置应根据图样的用途和设计深度，在平面图上选择能反映全貌、构造特征及有代表性的部位剖切。剖切平面一般应平行于建筑物的宽度方向或者长度方向，并且通过墙体的门窗洞口。

建筑剖面图的数量应根据建筑物的实际复杂程度和建筑物本身的特点决定。一般选择一个和两个剖面图说明问题即可。但是在某些建筑平面较为复杂，而且建筑物内部的功能分区又没有特别的规律性的情况下，要想完整地表达出整个建筑物的实际情况，所需要的剖面图的数量是很大的。在这种情况下，就需要从几个有代表性的位置绘制多张剖面图，这样才能完整地反映整个建筑物的全貌。

建筑剖面图主要包含以下内容。

（1）各层地面、屋面、梁和板等主要承重构件的相互关系。

（2）建筑物内部的分层情况、各建筑部位的高度、房间的进深和开间等。

（3）各层屋面板、楼板等的轮廓。

（4）被剖切的梁、板、平台、阳台、地面及地下室图形。

（5）被剖切到的门窗图形。

（6）被剖切的墙体轮廓线。

（7）有关建筑部位的构造和工程做法。

（8）未被剖切的可见部位的构配件。

（9）室外地坪、楼地面和阳台等处的标高和高度尺寸，以及门窗标高和高度尺寸。

（10）墙柱的定位轴线及轴线编号。

（11）详图索引符号等有关标注。

（12）图名和出图比例。

14.2　建筑剖面图

下面介绍如何绘制建筑剖面图，其中包括墙体、楼板、楼梯以及门窗等，效果如图 14-1 所示。

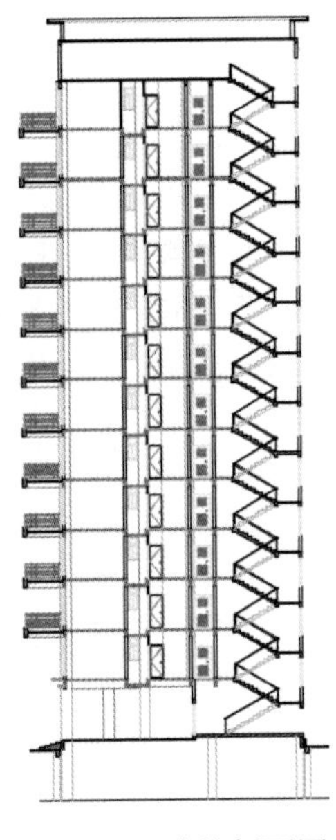

图 14-1　建筑剖面图

14.2.1　绘制辅助线

在绘制建筑剖面图之前，首先要创建辅助线，其具体操作步骤如下。

Step 01 新建图纸，在命令行中执行 LAYER 命令，在弹出的对话框中单击【新建图层】按钮，将新建的图层命名为【辅助线】，将【颜色】设置为红，再在其右侧单击线型名称，如图 14-2 所示。

Step 02 在弹出的对话框中单击【加载】按钮，如图 14-3 所示。

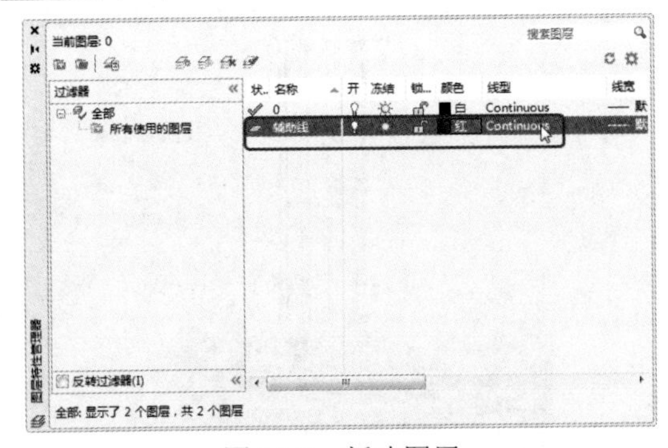

图 14-2　新建图层

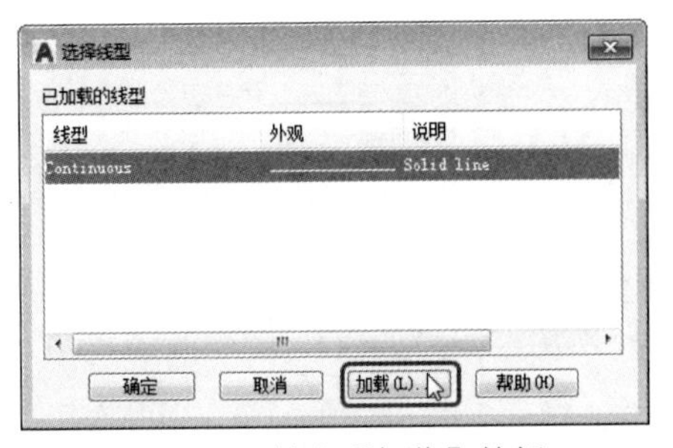

图 14-3　单击【加载】按钮

Step 03 在弹出的对话框中选择【DASHED】线型类型，如图 14-4 所示。

Step 04 在返回的对话框中选择新添加的线型类型，单击【确定】按钮，在【图层特性管理器】选项板中单击【置为当前】按钮，如图 14-5 所示。

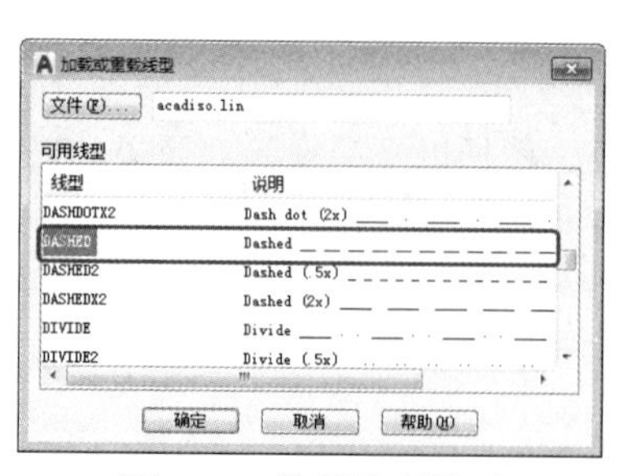

图 14-4　选择线型类型

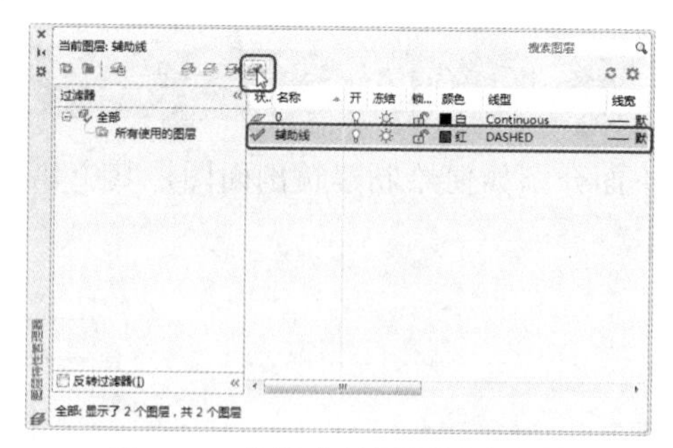

图 14-5　将选中的图层置为当前

Step 05 在命令行中执行 LINE 命令，在绘图区任意一点指定起点，根据命令提示输入（@0,56596），按两次【Enter】键完成绘制，如图 14-6 所示。

Step 06 选中新绘制的直线，右击，在弹出的快捷菜单中选择【特性】命令，如图 14-7 所示。

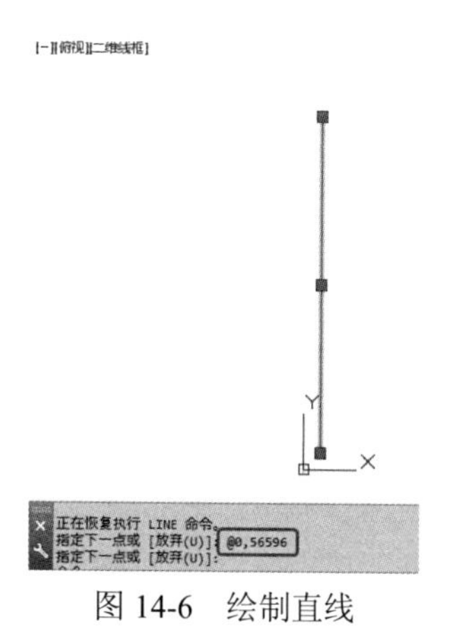

图 14-6　绘制直线

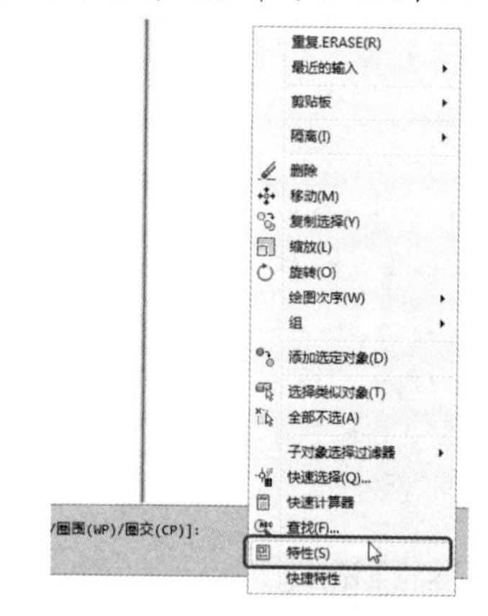

图 14-7　选择【特性】命令

Step 07 在弹出的【特性】选项板中将【线型比例】设置为 10，按【Enter】键确认，如图 14-8 所示。

Step 08 选择设置后的直线，在命令行中执行 OFFSET 命令，将选中的直线分别向右偏移 1 386、1 586、2 186、4 686、5 676、6 686、7 166、7 436、8 236、9 736、9 896、11 256、11 546、12 816、15 596、15 776、15 986、17 112、17 407，偏移后的效果如图 14-9 所示。

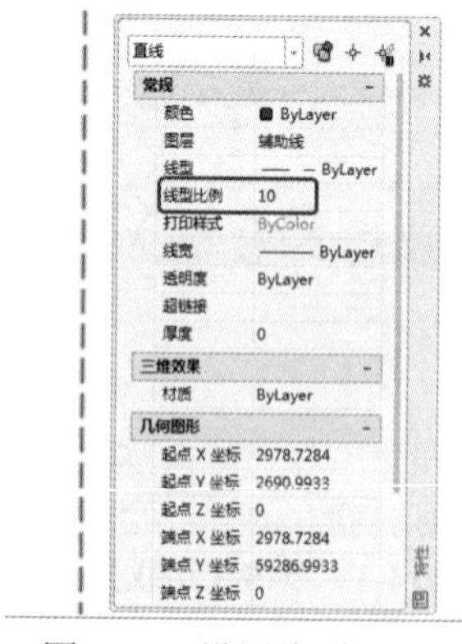

图 14-8　设置线型比例

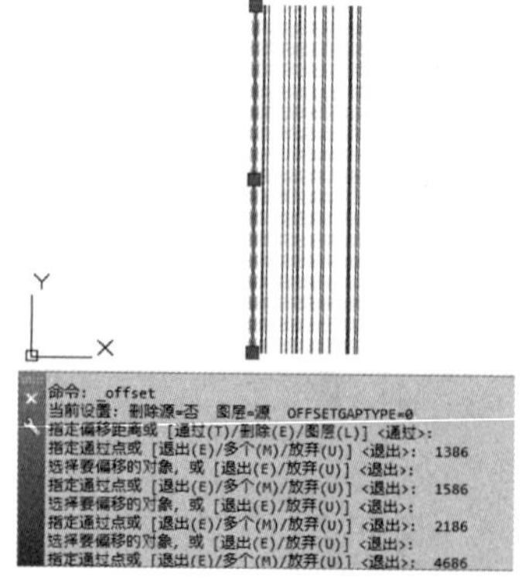

图 14-9　偏移直线后的效果

Step 09 在命令行中执行 LINE 命令，在绘图区中以左侧直线下方的端点为基点，根据命令提示输入（@27606,0），按两次【Enter】键完成绘制，如图 14-10 所示。

Step 10 选中新绘制的直线，将其线型比例设置为 10，在命令行中执行 MOVE 命令，以选中直线左侧的端点为基点，根据命令提示输入（@-4119,2043），按【Enter】键确认，如图 14-11 所示。

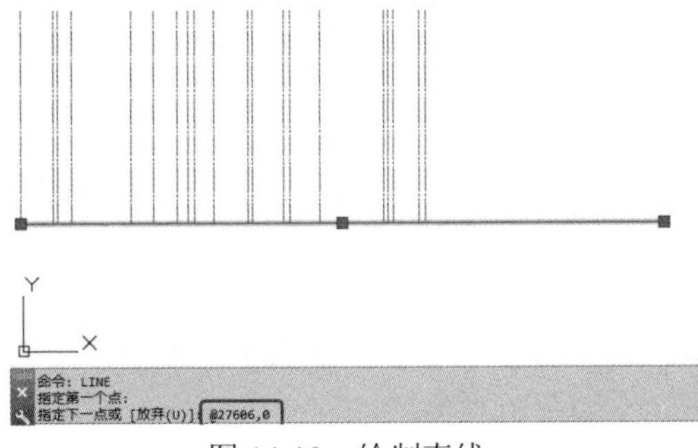

图 14-10　绘制直线

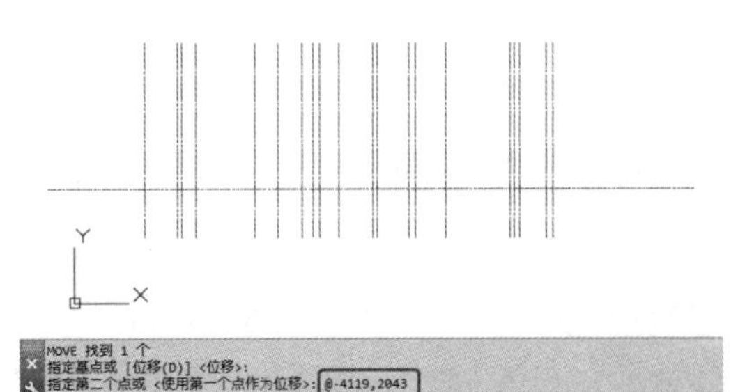

图 14-11　移动直线

Step 11 选中 Step 10 的直线，在命令行中执行 OFFSET 命令，将选中的直线分别向上偏移 3 300、4 050、6 100、7 700、9 300、10 900、12 500、14 100、15 700、17 300、18 900、20 500、22 100、23 700、25 300、26 900、28 500、30 100、31 700、33 300、34 900、36 500、38 100、39 700、41 300、42 900、44 500、46 100、47 950、48 400、49 500、50 750、51 900，偏移后的效果如图 14-12 所示。

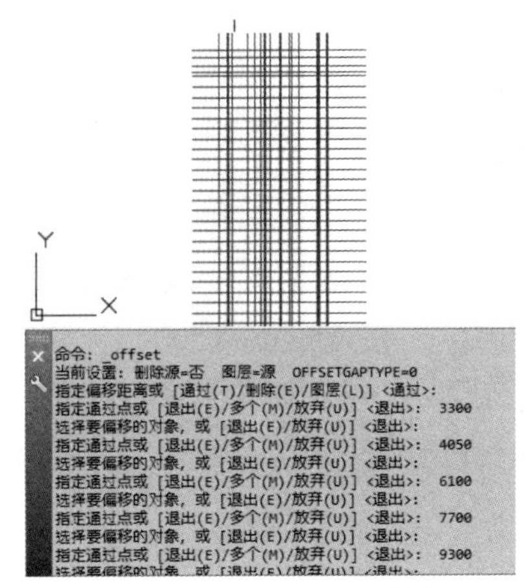

图 14-12　偏移直线后的效果

14.2.2　绘制墙体与楼板

下面介绍如何绘制墙体与楼板，其具体操作步骤如下。

Step 01 将当前图层设置为【0】图层，在命令行中执行 LINE 命令，在绘图区中捕捉左下角直线的交点为基点，根据命令提示输入（@18959,0），按两次【Enter】键完成绘制，效果如图 14-13 所示。

Step 02 在命令行中执行 RECTANG 命令，在绘图区中捕捉直线的交点，根据命令提示输入（@300，-500），按【Enter】键确认，如图 14-14 所示。

Step 03 再在命令行中执行 RECTANG 命令，捕捉新绘制矩形右上角的端点为基点，根据命令提示输入（@1251，-100），按【Enter】键完成绘制，效果如图 14-15 所示。

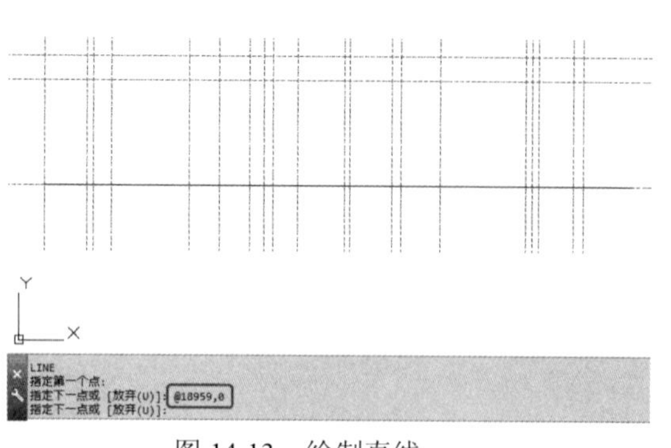

图 14-13　绘制直线

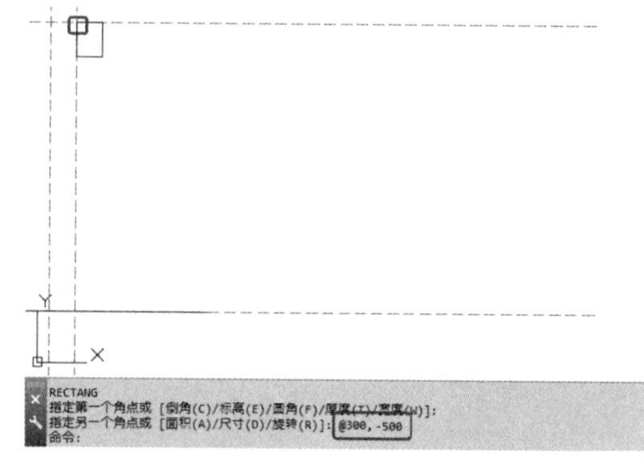

图 14-14　绘制矩形 1

Step 04 再在命令行中执行 RECTANG 命令，捕捉第一个矩形左上角的端点为基点，根据命令提示输入（@100,450），按【Enter】键完成绘制，效果如图 14-16 所示。

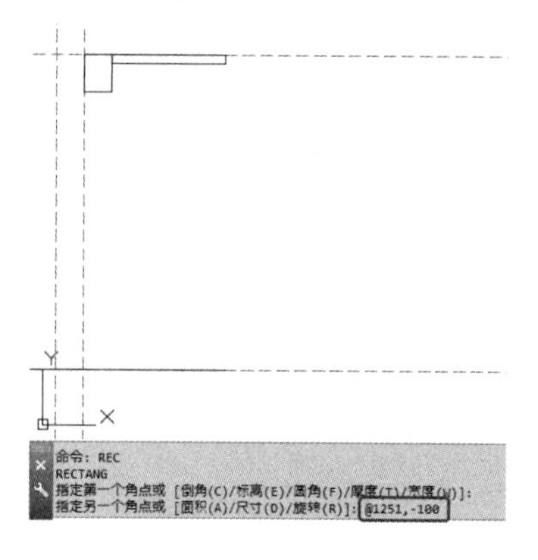

图 14-15　绘制矩形 2

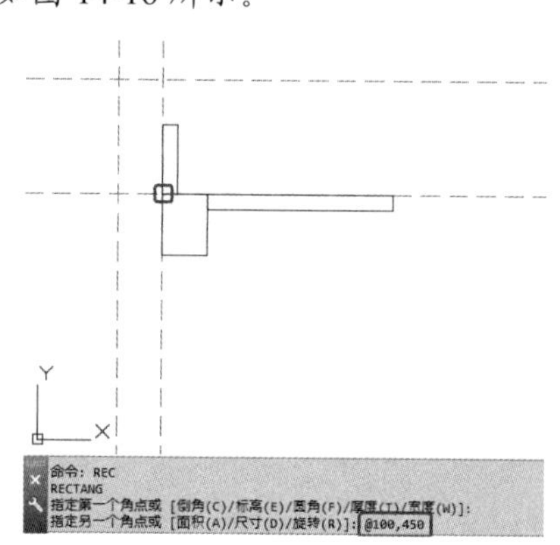

图 14-16　绘制矩形 3

Step 05 在绘图区中选择绘制的所有矩形，在命令行中执行 TRIM 命令，在绘图区中对选中的对象进行修剪，效果如图 14-17 所示。

Step 06 在绘图区中选择修剪后的对象，在命令行中执行 J 命令，合并对象，如图 14-18 所示。

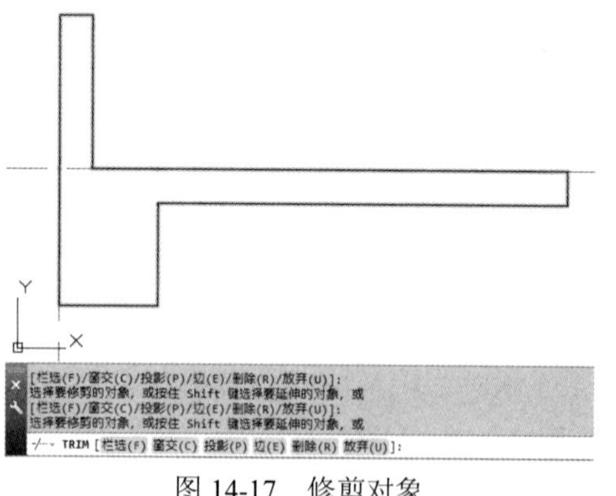

图 14-17　修剪对象

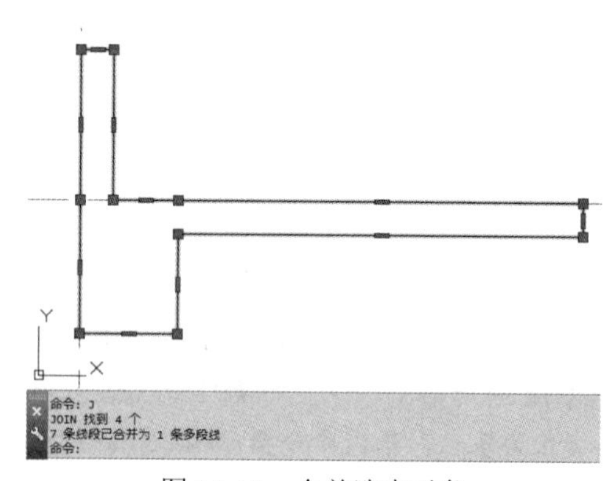

图 14-18　合并选中对象

Step 07 在命令行中执行 HATCH 命令，在绘图区中选择要填充图案的对象，如图 14-19 所示。

Step 08 根据命令提示输入 T，按【Enter】键确认，在弹出的对话框中将【图案】设置为【AR-CONC】，将【颜色】设置为【颜色 253】，如图 14-20 所示。

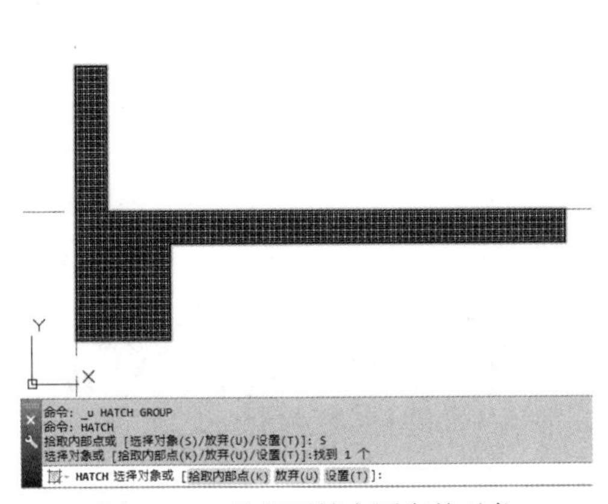

图 14-19　选择要填充图案的对象

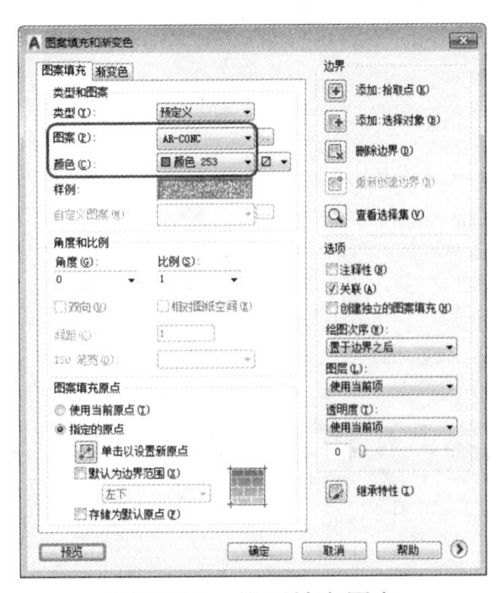

图 14-20　设置填充图案

Step 09 设置完成后，单击【确定】按钮，按【Enter】键确认，填充图案后的效果如图 14-21 所示。

Step 10 在命令行中执行 HATCH 命令，在绘图区中选择前面所选择的填充对象，根据命令提示输入 T，在弹出的对话框中将【图案】设置为【ANSI31】，将【比例】设置为 25，如图 14-22 所示。

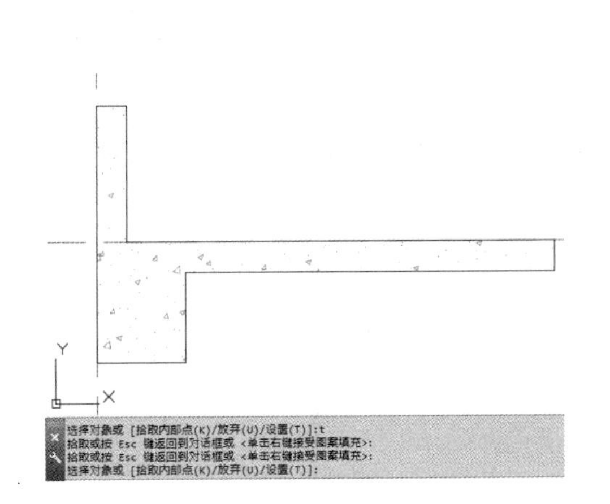

图 14-21　填充图案后的效果

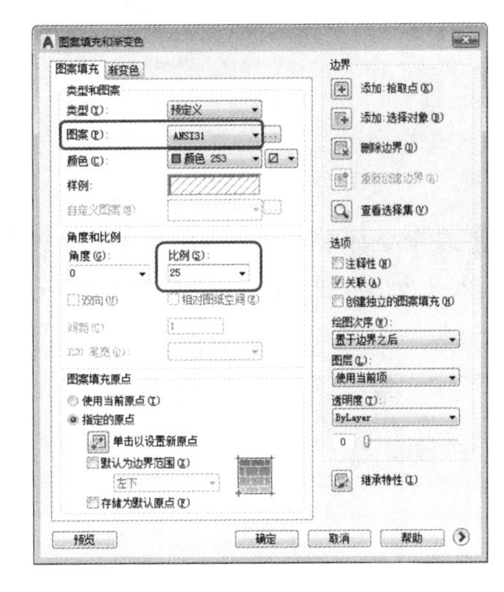

图 14-22　设置填充参数

Step 11 设置完成后，单击【确定】按钮，按【Enter】键确认，填充图案后的效果如图 14-23 所示。

Step 12 在命令行中执行 LINE 命令，在绘图区中指定直线的第一点，根据命令提示输入（@0,-3300），按两次【Enter】键完成绘制，如图 14-24 所示。

Step 13 选中绘制的直线，右击，在弹出的快捷菜单中选择【特性】命令，在弹出的【特性】选项板中将【颜色】设置为【青】，如图 14-25 所示。

Step 14 继续选中 Step 13 中的直线，在命令行中执行 MOVE 命令，以直线上方的端点为基点，根据命令提示输入（@100,0），按【Enter】键确认，效果如图 14-26 所示。

Step 15 继续选中 Step 13 中的直线，在命令行中执行 OFFSET 命令，将选中的直线向左偏移 460，偏移后的效果如图 14-27 所示。

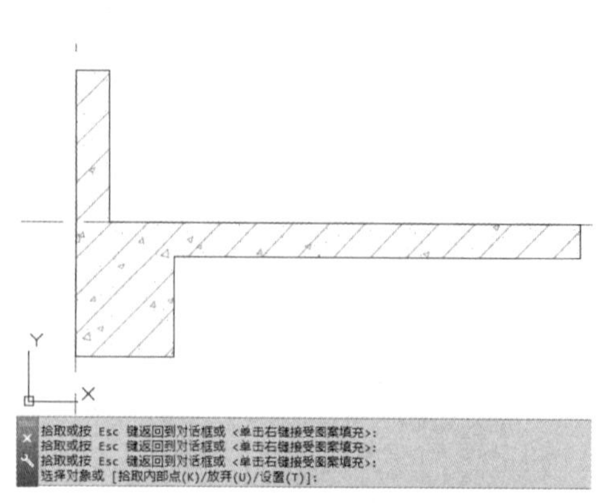

图 14-23　填充图案后的效果

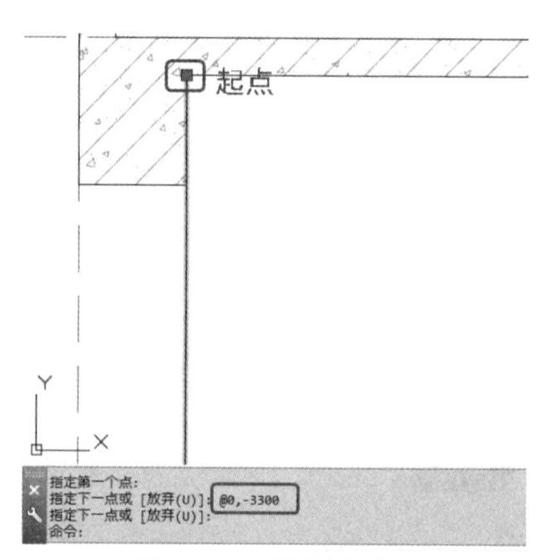

图 14-24　绘制直线 1

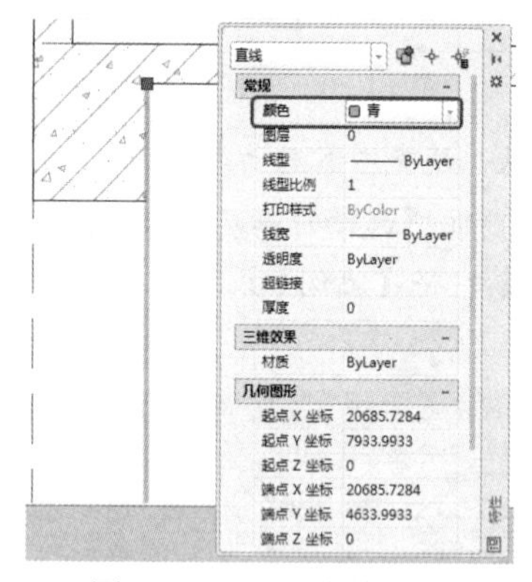

图 14-25　设置直线颜色

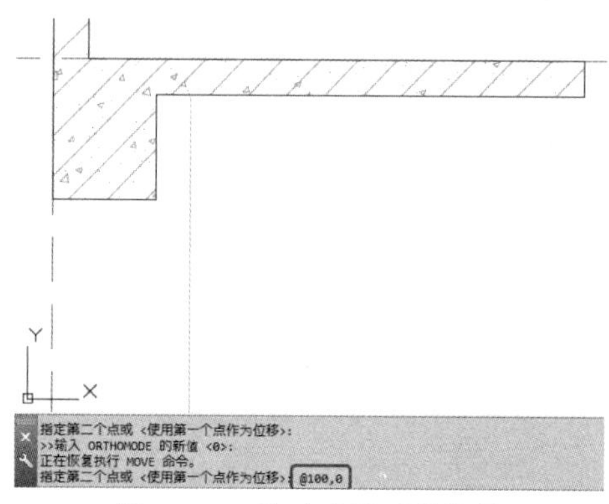

图 14-26　移动直线后的效果

Step 16 在命令行中执行 LINE 命令，在绘图区中捕捉如图 14-28 所示的端点为起点，根据命令提示输入（@0，-2900），按两次【Enter】键完成绘制。

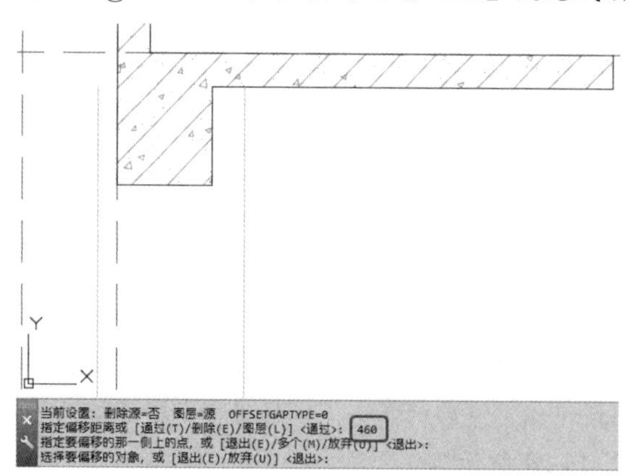

图 14-27　偏移直线后的效果

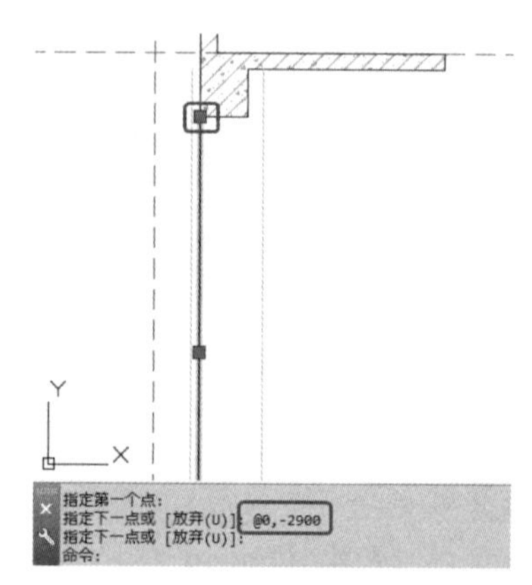

图 14-28　绘制直线 2

Step 17 将 Step 16 中的直线颜色设置为【青】，在绘图区中选中除辅助线外的其他对象，在命令行中执行 MOVE 命令，在绘图区中以选中对象最上方的端点为基点，根据命令提示输入（@0，100），按【Enter】键确认，如图 14-29 所示。

Step 18 在命令行中执行 RECTANG 命令，在绘图区中捕捉左侧直线上方的端点为第一个角点，根据命令提示输入（@-200,850），按【Enter】键确认，绘制后的效果如图 14-30 所示。

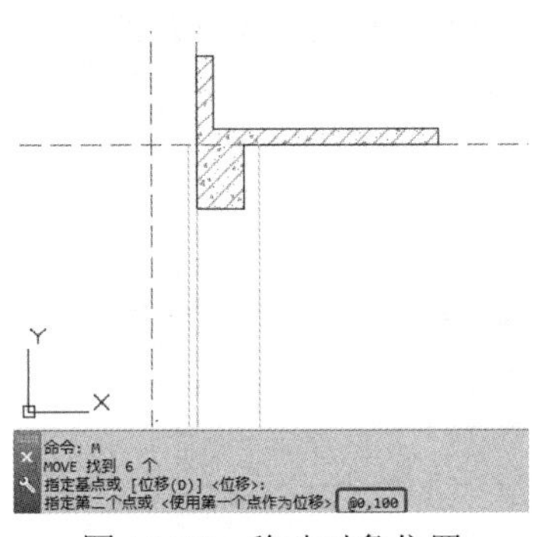

图 14-29　移动对象位置

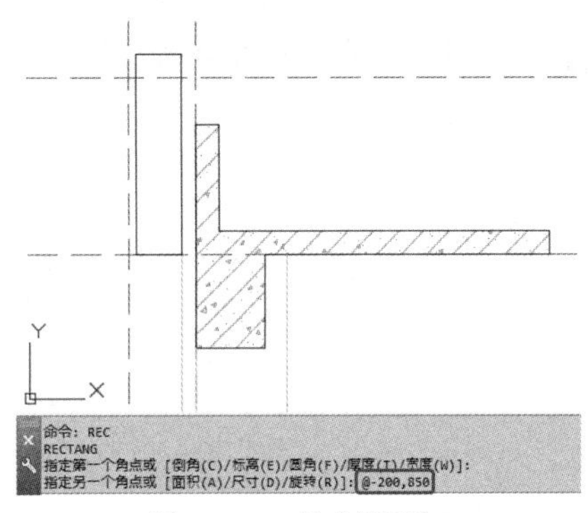

图 14-30　绘制矩形 1

Step 19 在命令行中执行 RECTANG 命令，在绘图区中捕捉新矩形左上角端点为第一个角点，根据命令提示输入（@-7091，-100），按【Enter】键确认完成绘制，如图 14-31 所示。

Step 20 执行 RECTANG 命令，在绘图区中捕捉新矩形左下角的端点为第一个角点，根据命令提示输入（@180，-250），按【Enter】键完成绘制，如图 14-32 所示。

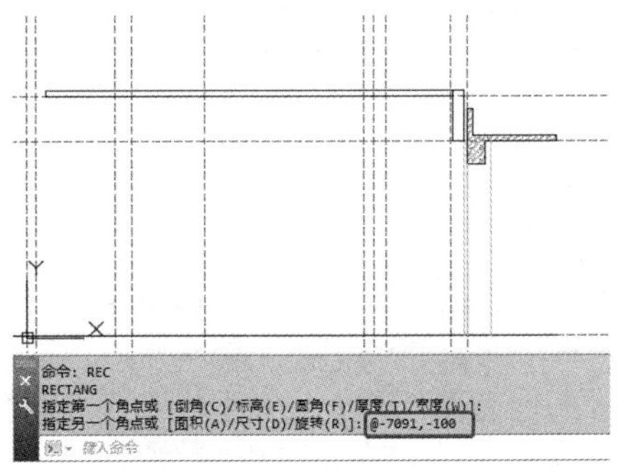

图 14-31　绘制矩形 2

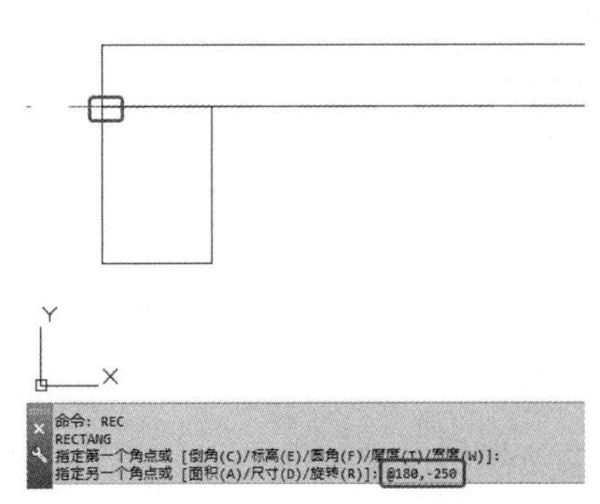

图 14-32　绘制矩形 3

Step 21 在命令行中执行 RECTANG 命令，在绘图区中捕捉新矩形左下角的端点为基点，根据命令提示输入（@-8670,100），按【Enter】键确认，如图 14-33 所示。

Step 22 在命令行中执行 RECTANG 命令，在绘图区中捕捉新矩形左下角的端点为第一个角点，根据命令提示输入（@200，-500），按【Enter】键确认，绘制效果如图 14-34 所示。

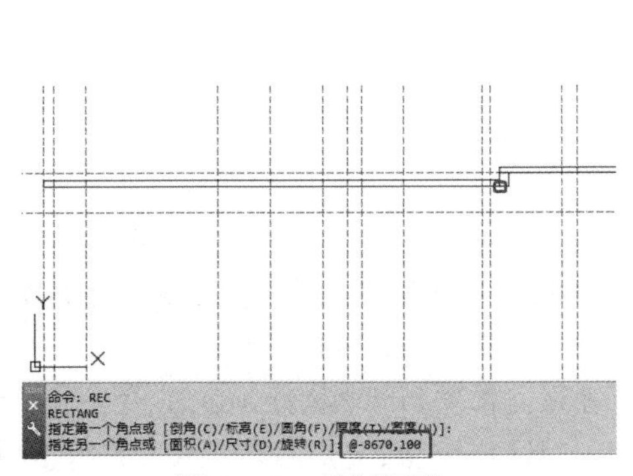

图 14-33　绘制矩形 4

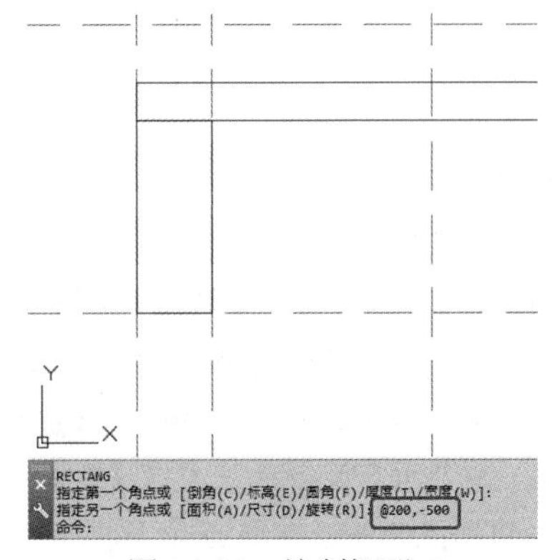

图 14-34　绘制矩形 5

Step 23 在绘图区中选择新绘制的所有矩形，在命令行中执行 TRIM 命令，在绘图区中对选中的对象进行修剪，效果如图 14-35 所示。

Step 24 在绘图区中选择修剪后的对象，在命令行中执行 J 命令，将选中的对象进行合并，效果如图 14-36 所示。

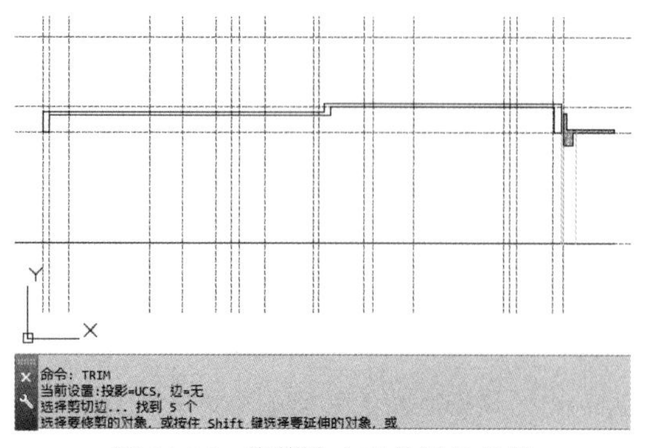

图 14-35 修剪选中对象后的效果

图 14-36 合并对象

Step 25 在命令行中执行 HATCH 命令，在绘图区中拾取要填充图案的对象，按【Enter】键完成图案填充，如图 14-37 所示。

Step 26 在命令行中执行 HATCH 命令，在绘图区中选择 Step 25 所选择的对象，根据命令提示输入 T，按【Enter】键确认，在弹出的对话框中将【图案】设置为【AR-CONC】，将【比例】设置为 1，如图 14-38 所示。

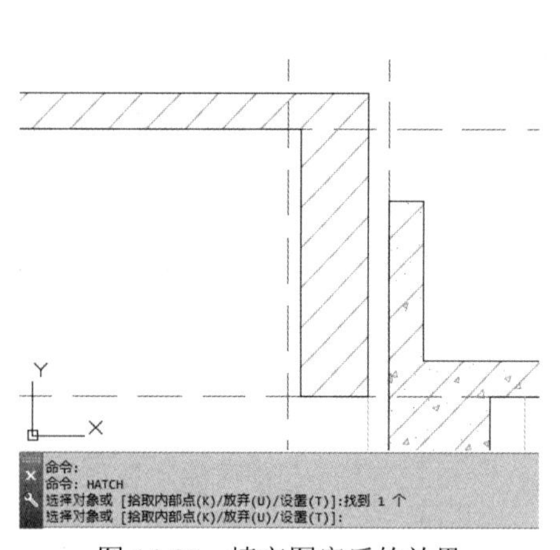

图 14-37 填充图案后的效果

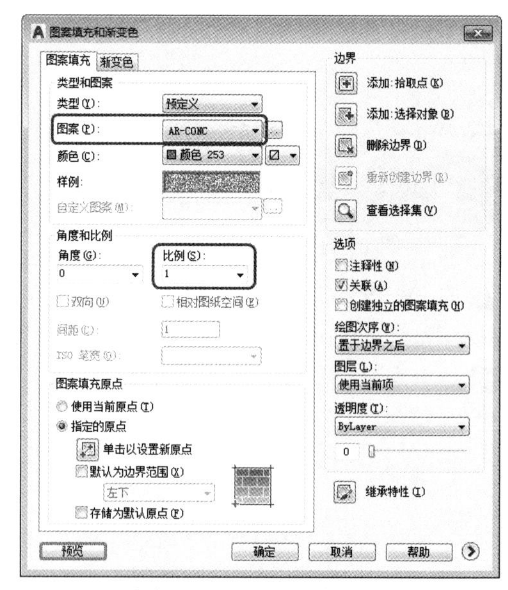

图 14-38 设置图案填充

Step 27 设置完成后，单击【确定】按钮，按【Enter】键确认完成图案填充，效果如图 14-39 所示。

Step 28 在命令行中执行 LINE 命令，在绘图区中捕捉如图 14-40 所示的端点为起点，根据命令提示输入（@0，-4050），按两次【Enter】键完成绘制，效果如图 14-40 所示。

Step 29 将选中的直线颜色设置为【青】，继续选中该直线，在命令行中执行 MOVE 命令，捕捉直线上方的端点为基点，根据命令提示输入(@-300,0)，按【Enter】键完成移动，效果如图 14-41 所示。

Step 30 选中 Step 09 中的移动后的直线，在命令行中执行 OFFSET 命令，将选中的直线分别向左偏移 5 250、5 750，偏移后的效果如图 14-42 所示。

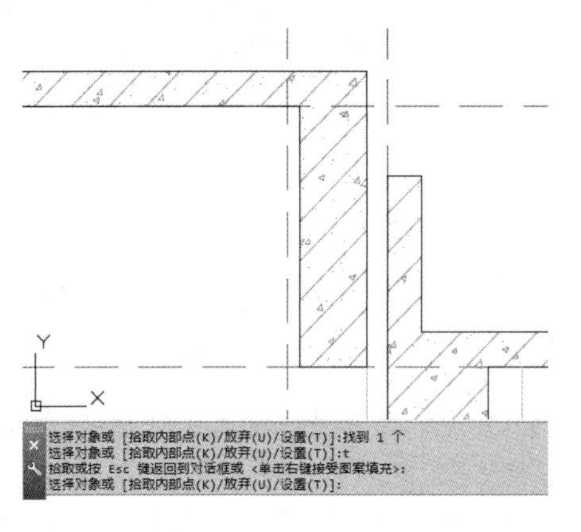

图 14-39　填充图案后的效果

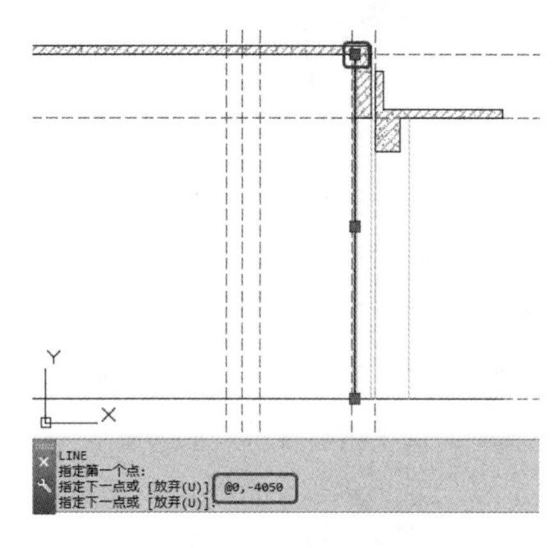

图 14-40　绘制直线后的效果

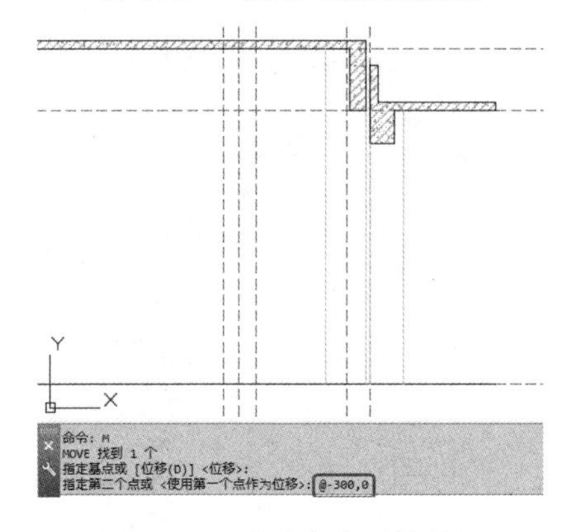

图 14-41　移动直线后的效果

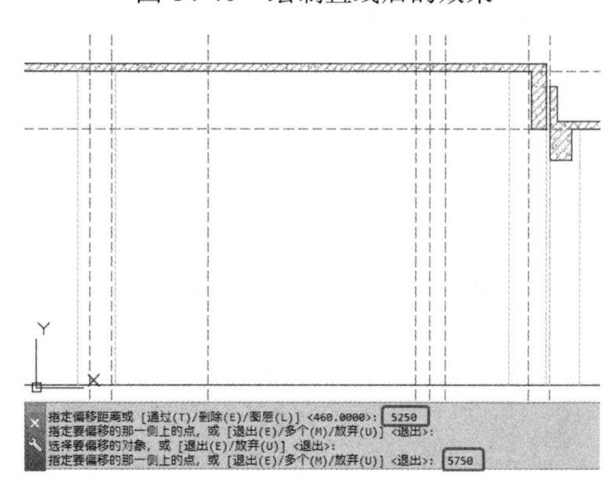

图 14-42　偏移直线后的效果

Step 31 根据前面所介绍的方法在绘图区中绘制对象，并对其进行设置，效果如图 14-43 所示。

Step 32 在命令行中执行 RECTANG 命令，在绘图区中捕捉辅助线的交点作为矩形的第一个角点，根据命令提示输入（@4240，100），按【Enter】键完成绘制，如图 14-44 所示。

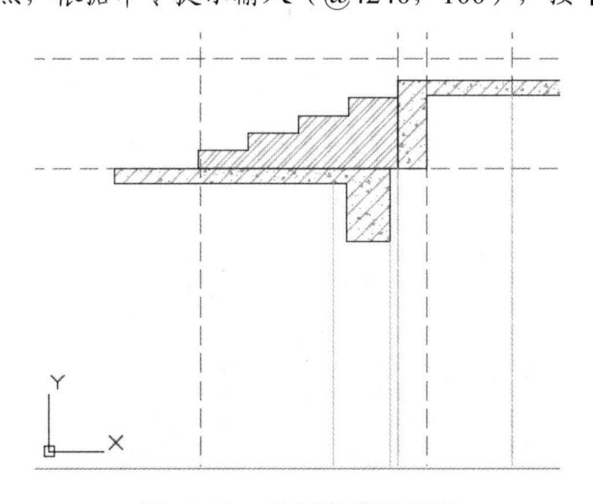

图 14-43　绘制直线及图形

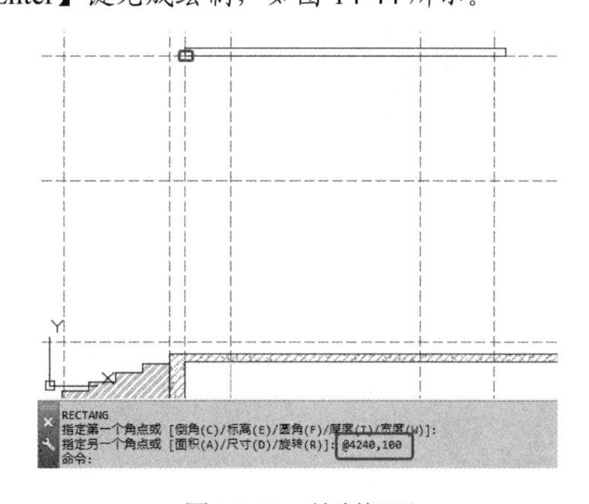

图 14-44　绘制矩形

Step 33 根据相同的方法在绘图中绘制其他矩形，绘制后的效果如图 14-45 所示。

Step 34 选中所有新绘制的矩形，在命令行中执行 TRIM 命令，在绘图区中对选中的对象进行修剪，效果如图 14-46 所示。

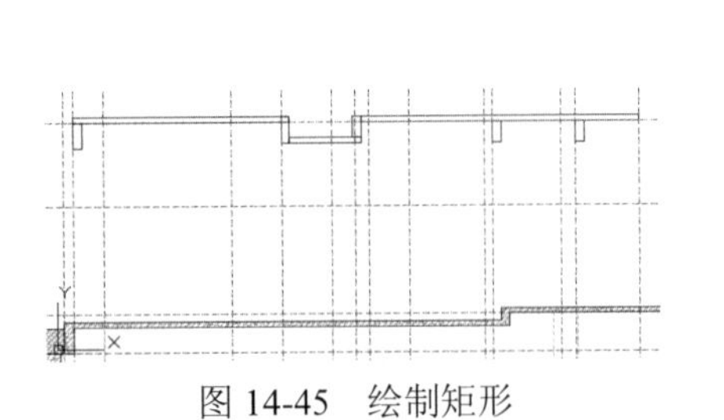

图 14-45　绘制矩形

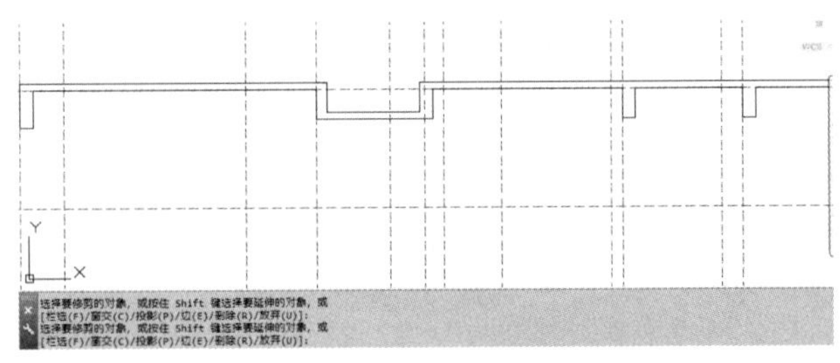

图 14-46　修剪对象后的效果

Step 35 在绘图区中选择修剪后的对象，在命令行中执行J命令，合并后的效果如图14-47所示。

Step 36 在命令行中执行HATCH命令，在绘图区中选择合并后的对象作为填充对象，根据命令提示输入T，按【Enter】键确认，在弹出的对话框中将【图案】设置为【ANSI31】，将【比例】设置为25，如图14-48所示。

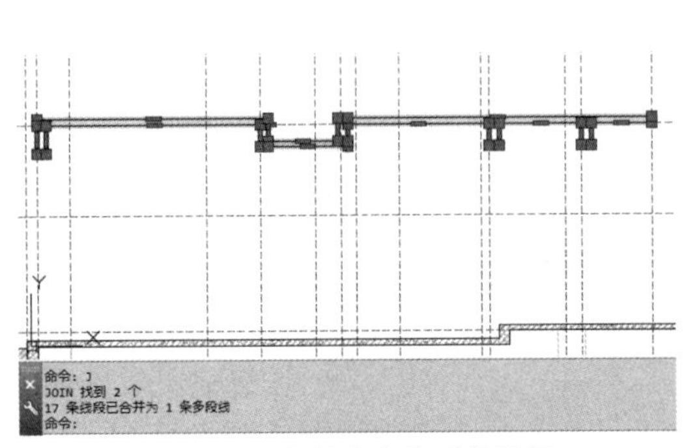

图 14-47　合并多段线后的效果

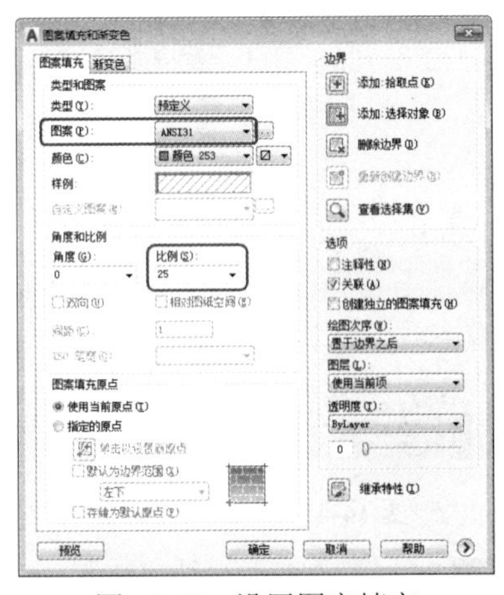

图 14-48　设置图案填充

Step 37 设置完成后，单击【确定】按钮，按【Enter】键完成图案填充，效果如图14-49所示。

Step 38 在命令行中执行HATCH命令，在绘图区中选择要填充图案的对象，根据命令提示输入T，按【Enter】键确认，在弹出的对话框中将【图案】设置为【AR-CONC】，将【比例】设置为1，如图14-50所示。

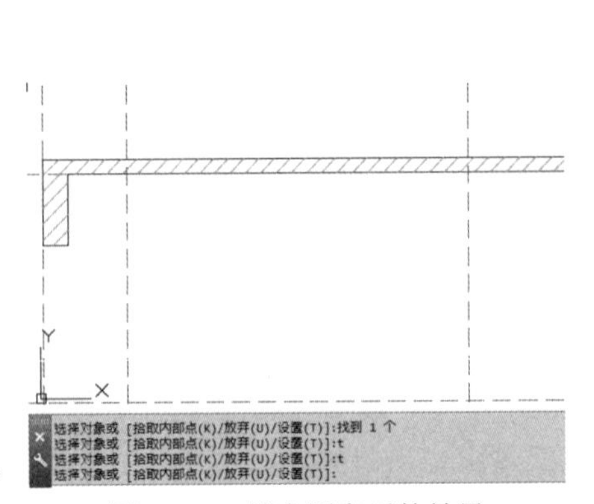

图 14-49　填充图案后的效果

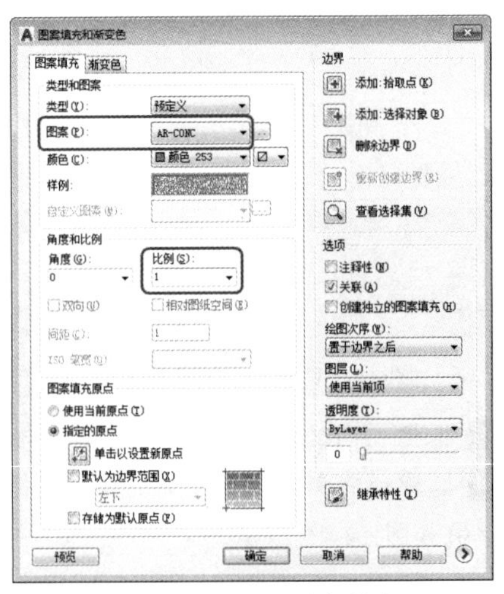

图 14-50　设置图案填充

Step 39 设置完成后，单击【确定】按钮，按【Enter】键完成图案填充，效果如图 14-51 所示。

Step 40 在绘图区中选择填充后的图形及图案，在命令行中执行 ARRAYRECT 命令，根据命令提示输入 COL，按【Enter】键确认，输入 1，按【Enter】键确认，再次输入 1，按【Enter】键确认，输入 R，按【Enter】键确认，输入 12，按【Enter】键确认，输入 3 200，按【Enter】键确认，再按两次【Enter】键完成阵列，效果如图 14-52 所示。

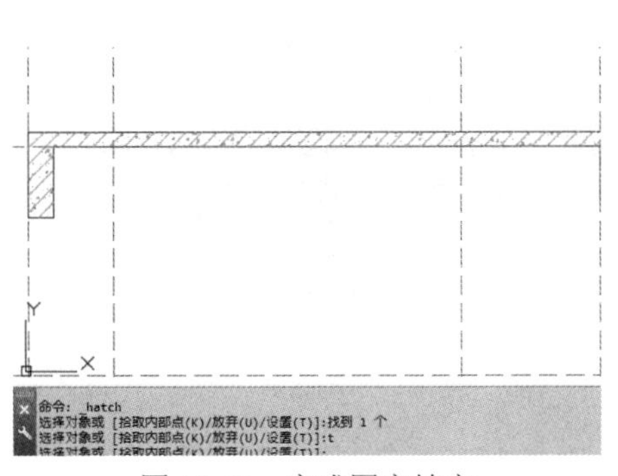

图 14-51　完成图案填充

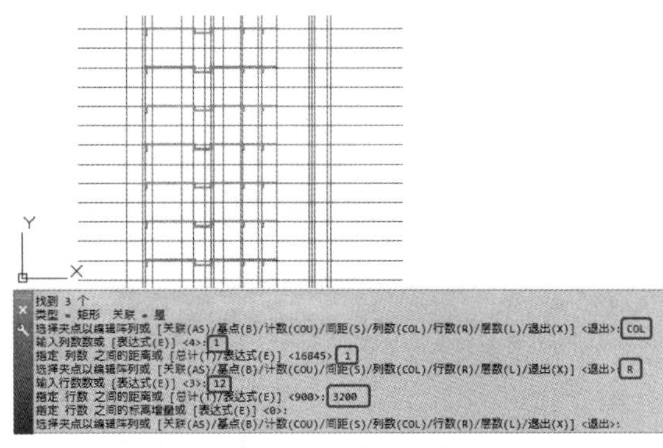

图 14-52　阵列对象

Step 41 在绘图区中选择阵列后的对象，在命令行中执行 EXPLODE 命令，即可将选中的对象进行分解，效果如图 14-53 所示。

Step 42 在命令行中执行 RECTANG 命令，在绘图区中捕捉如图 14-54 所示的端点为矩形的第一个角点，根据命令提示输入（@180，-1300），按【Enter】键完成绘制。

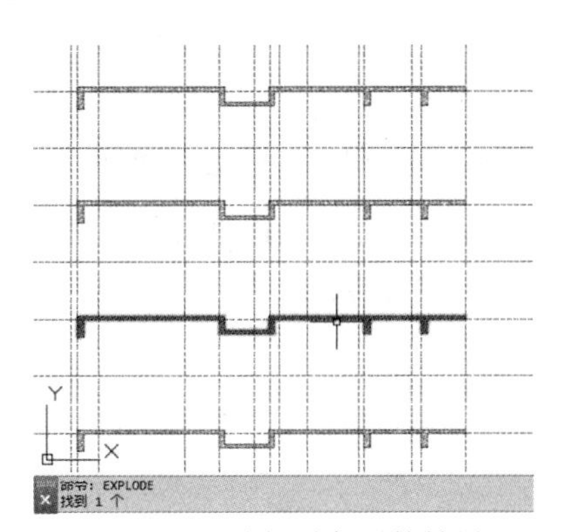

图 14-53　分解对象后的效果

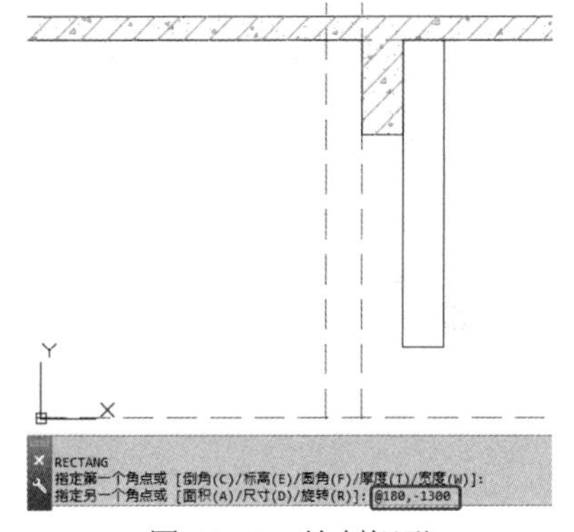

图 14-54　绘制矩形

Step 43 在绘图区中选择新绘制的矩形，在命令行中执行 MOVE 命令，以选中矩形左上角的端点为基点，根据命令提示输入（@-20,0），按【Enter】键完成移动，效果如图 14-55 所示。

Step 44 在绘图区中选择移动后的矩形与相邻的图形，在命令行中执行 TRIM 命令，在绘图区中对选中的对象进行修剪，效果如图 14-56 所示。

Step 45 在命令行中执行 RECTANG 命令，在绘图区中捕捉如图 14-57 所示的端点为新矩形的第一个角点，根据命令提示输入（@180，-300），按【Enter】键完成绘制，如图 14-57 所示。

Step 46 在命令行中执行 HATCH 命令，根据前面所介绍的方法对新绘制的矩形进行填充，填充后的效果如图 14-58 所示。

Step 47 在命令行中执行 LINE 命令，在绘图区中指定基点，根据命令提示输入（@0,3400），按【Enter】键确认，如图 14-59 所示。

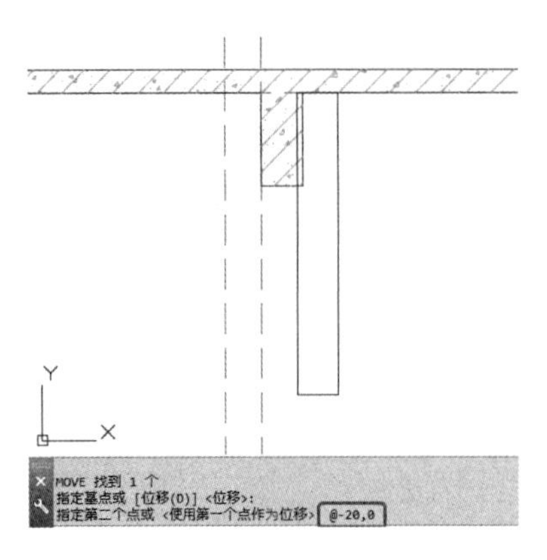

图 14-55　移动矩形后的效果

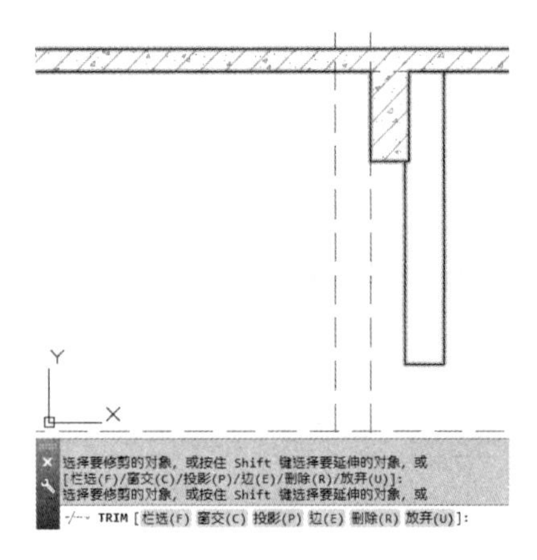

图 14-56　修剪对象后的效果

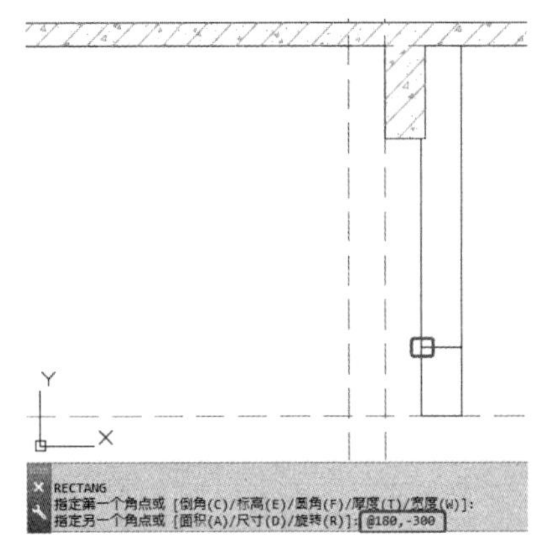

图 14-57　绘制矩形

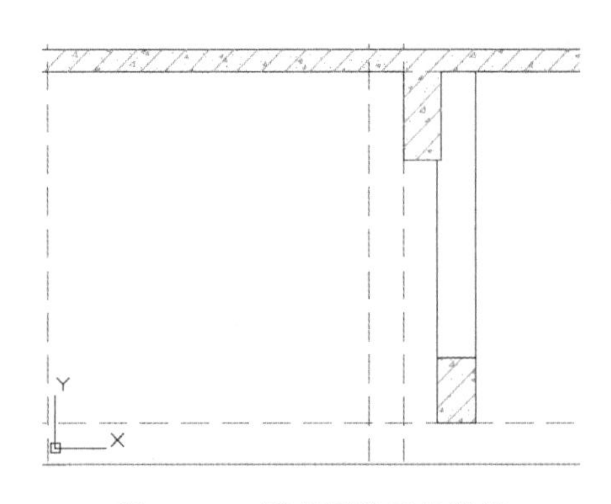

图 14-58　填充图案后的效果

Step 48 选中新绘制的直线，将其【颜色】设置为【青】，确认该直线处于选中状态，在命令行中执行 OFFSET 命令，将选中的直线分别向右偏移 5 300、5 900，偏移后的效果如图 14-60 所示。

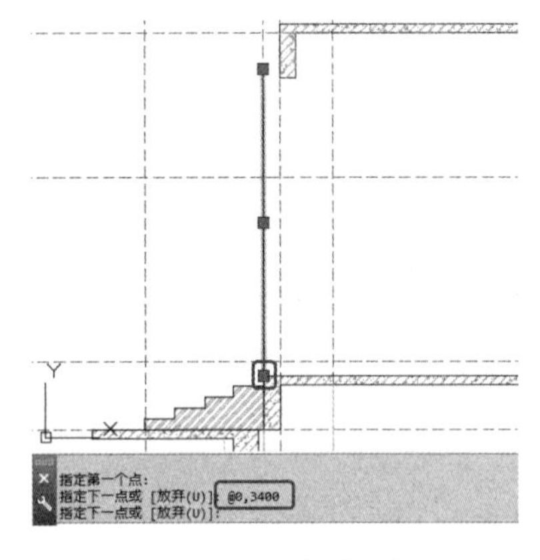

图 14-59　绘制直线

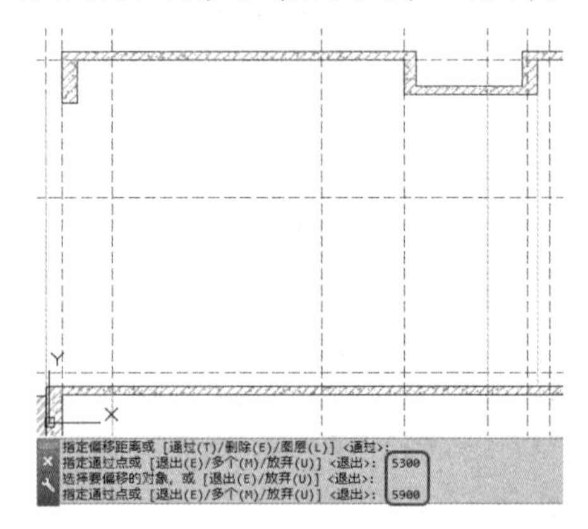

图 14-60　偏移直线后的效果

Step 49 在命令行中执行 LINE 命令，在绘图区中指定基点，根据命令提示输入（@0，−3800），按两次【Enter】键确认，效果如图 14-61 所示。

Step 50 将新绘制直线的颜色设置为【青】，根据相同的方法在绘图区中绘制其他直线，并对其进行相应的设置，效果如图 14-62 所示。

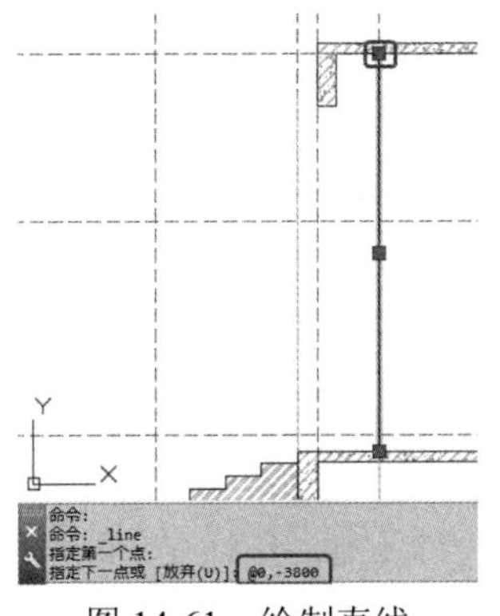

图 14-61　绘制直线

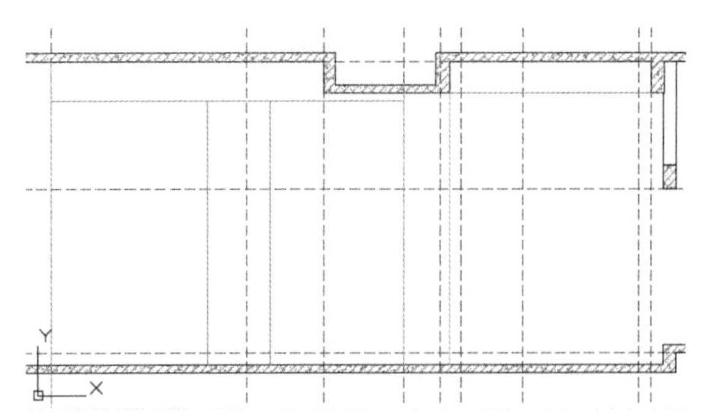

图 14-62　绘制其他直线后的效果

Step 51 在命令行中执行 RECTANG 命令，在绘图区中指定矩形的第一个角点，根据命令提示输入（@-380,100），按【Enter】键确认，如图 14-63 所示。

Step 52 选中绘制的矩形，在命令行中执行 MOVE 命令，以选中矩形右下角的端点为基点，根据命令提示输入（@0,100），如图 14-64 所示。

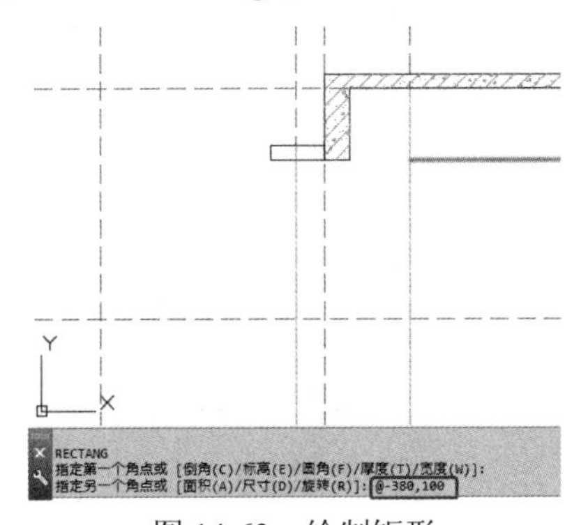

图 14-63　绘制矩形

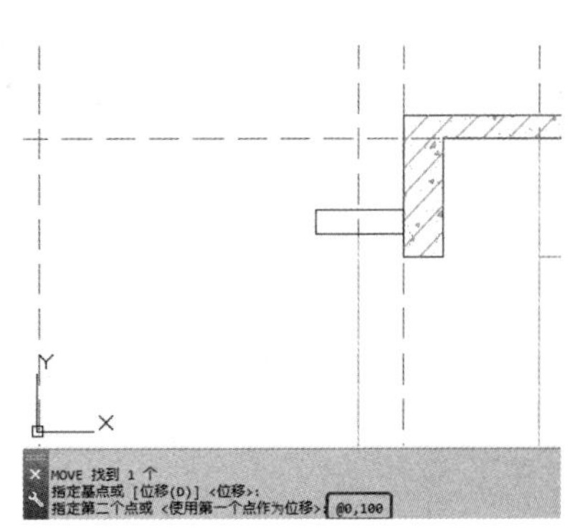

图 14-64　移动矩形

Step 53 在绘图区中选择移动后的矩形，将其颜色设置为【青】，在绘图区中选择该矩形及相邻的图形，在命令行中执行 TRIM 命令，在绘图区中对选中的对象进行修剪，效果如图 14-65 所示。

Step 54 在命令行中执行 HATCH 命令，在绘图区中选择要填充的对象，根据前面所介绍的方法对选中的对象进行填充，效果如图 14-66 所示。

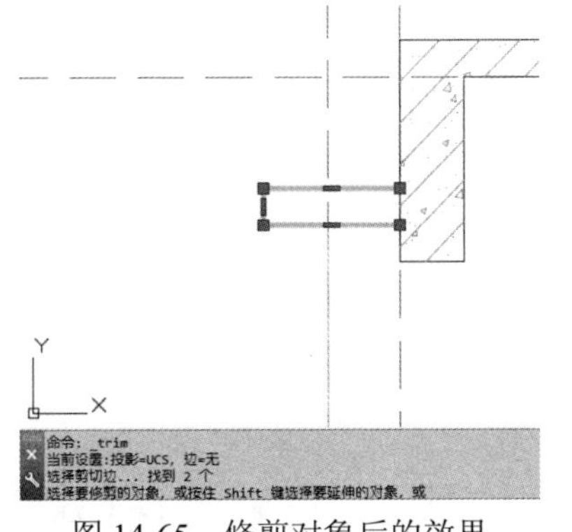

图 14-65　修剪对象后的效果

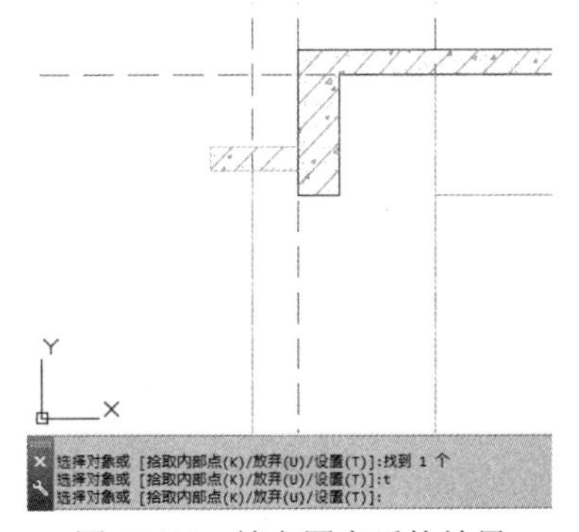

图 14-66　填充图案后的效果

Step 55 根据相同的方法再在该矩形的上方绘制矩形，并填充，效果如图 14-67 所示。

Step 56 根据前面所介绍的方法绘制其他对象，绘制后的效果如图 14-68 所示。

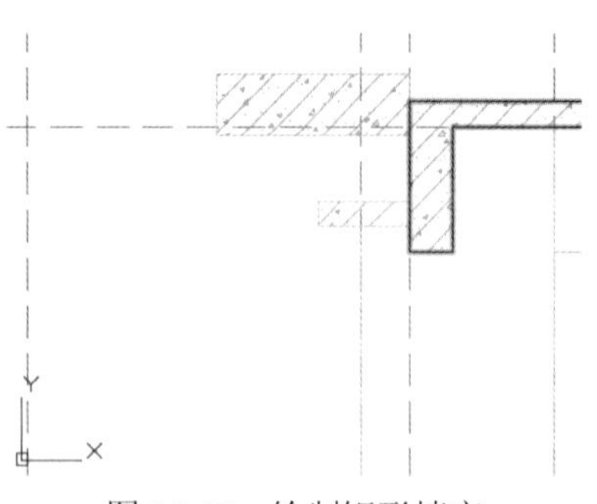

图 14-67　绘制矩形填充

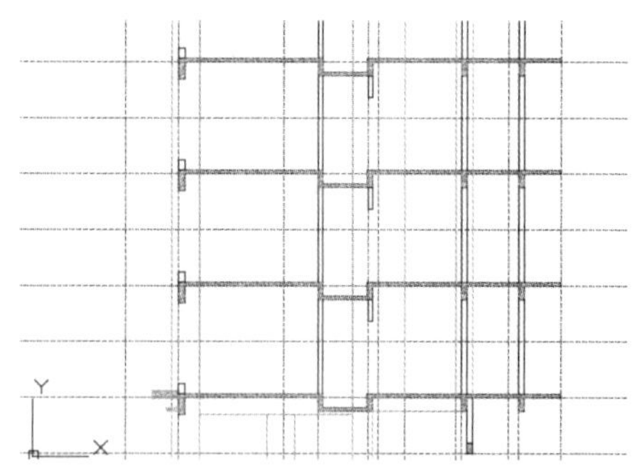

图 14-68　绘制其他对象后的效果

14.2.3　绘制楼梯

下面介绍如何绘制楼梯，其具体操作步骤如下。

Step 01 在命令行中执行 RECTANG 命令，在绘图区中指定矩形的第一个角点，根据命令提示输入（@180，-300），按【Enter】键确认，绘制后的效果如图 14-69 所示。

Step 02 选中绘制的矩形，在命令行中执行 MOVE 命令，以选中矩形左上角的端点为基点，根据命令提示输入（@0,100），按【Enter】键确认，如图 14-70 所示。

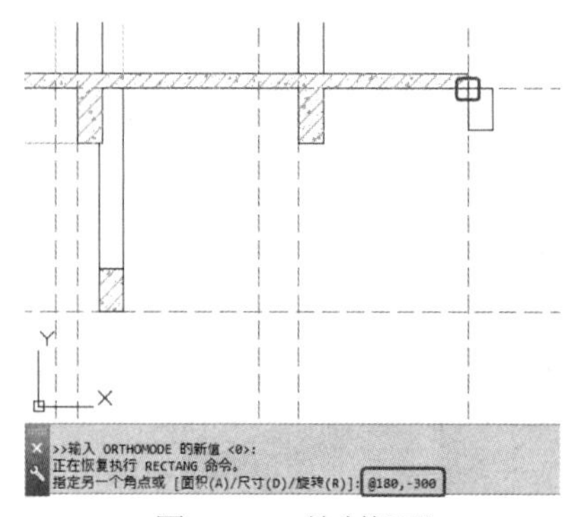

图 14-69　绘制矩形

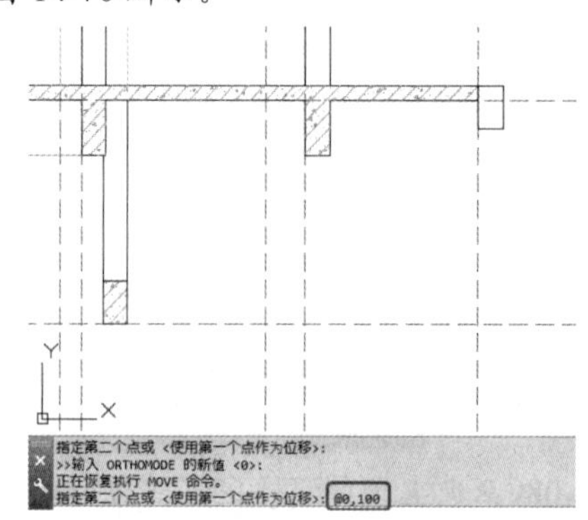

图 14-70　移动矩形后的效果

Step 03 在命令行中执行 LINE 命令，在绘图区中指定起点，根据命令提示输入(@-2979<151)，按两次【Enter】键完成绘制，如图 14-71 所示。

Step 04 选中绘制的直线，在命令行中执行 MOVE 命令，以选中直线上方的端点为基点，根据命令提示输入（@0,35），按【Enter】键确认，效果如图 14-72 所示。

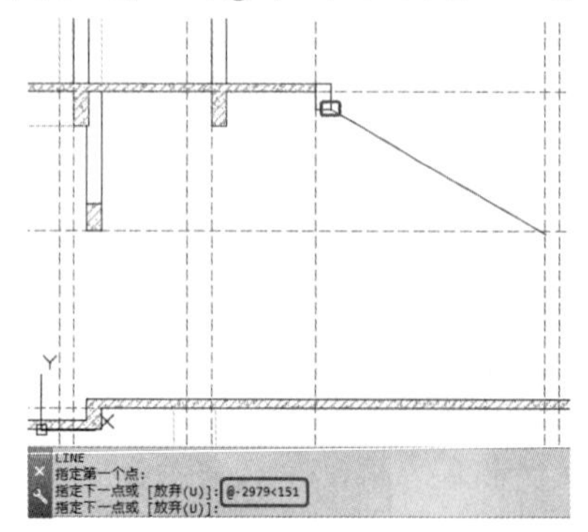

图 14-71　绘制直线

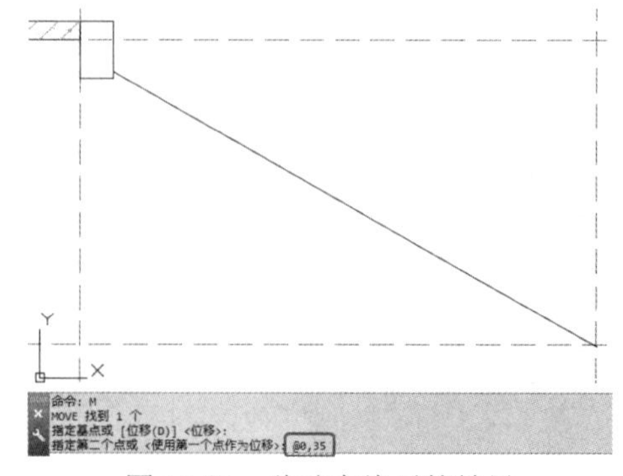

图 14-72　移动直线后的效果

Step 05 在命令行中执行 PLINE 命令，在绘图区中指定多段线的起点，根据命令提示输入

（@260,0），按【Enter】键确认，输入（@0，-145），按两次【Enter】键确认，如图 14-73 所示。

Step 06 在绘图区中选择绘制的多段线，在命令行中执行 MOVE 命令，以选中对象左侧的端点为基点，根据命令提示输入（@0，-50），按【Enter】键完成移动，效果如图 14-74 所示。

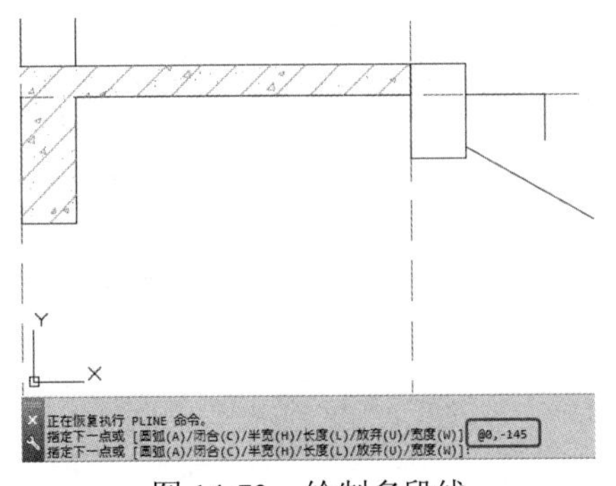

图 14-73　绘制多段线

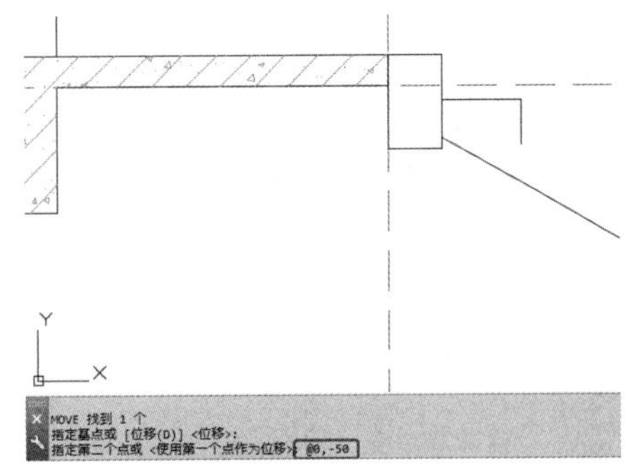

图 14-74　移动多段线后的效果

Step 07 在绘图区中选择移动后的多段线，在命令行中执行 ARRAYPATH 命令，在绘图区中选择前面所绘制的斜线，根据命令提示输入 I，按【Enter】键确认，输入 297，按【Enter】键确认，输入 10，按两次【Enter】键完成阵列，效果如图 14-75 所示。

Step 08 选中阵列后的对象，在命令行中执行 EXPLODE 命令，将阵列对象进行拆分，并在绘图区中调整各个对象的位置，效果如图 14-76 所示。

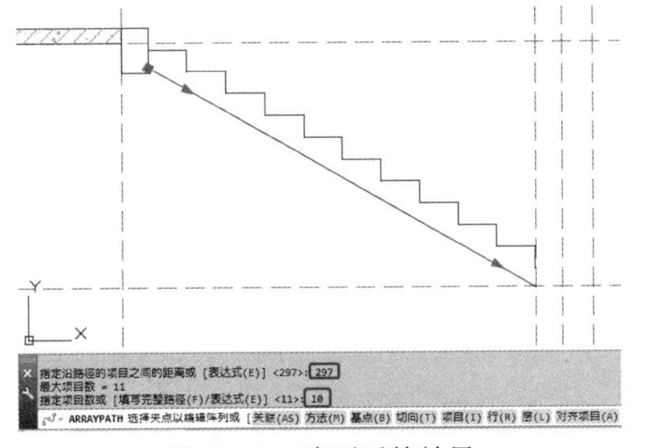

图 14-75　阵列后的效果

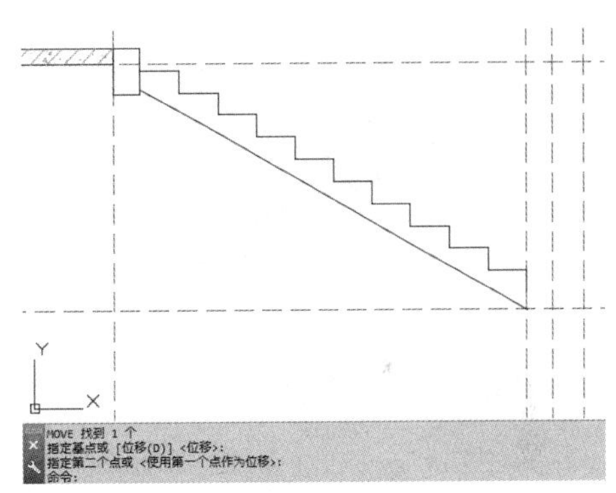

图 14-76　分解对象并调整其位置

Step 09 在命令行中执行 RECTANG 命令，在绘图区中指定矩形的第一个角点，根据命令提示输入（@1696，-100），按【Enter】键完成绘制，效果如图 14-77 所示。

Step 10 使用同样的方法再在绘图区中绘制 180 × 200 与 180 × 300 的矩形，如图 14-78 所示。

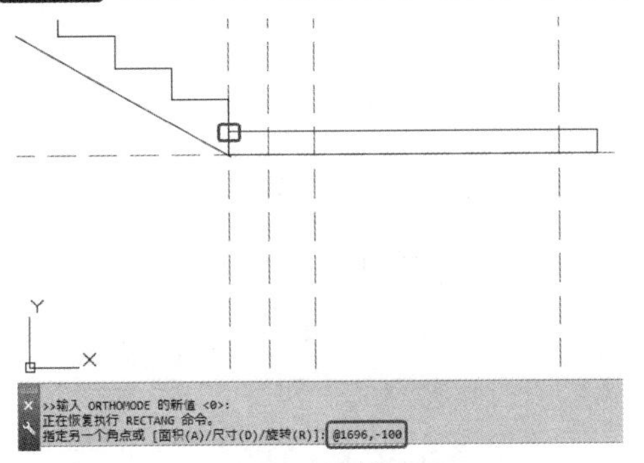

图 14-77　绘制矩形 1

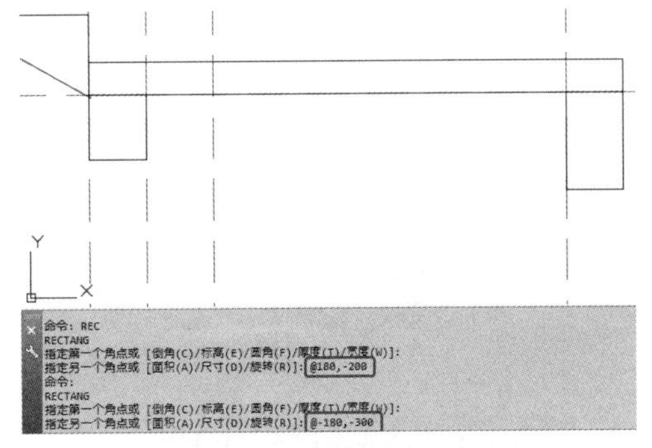

图 14-78　绘制矩形 2

Step 11 绘制完成后，在绘图区中选择如图 14-79 所示的对象。

Step 12 在命令行中执行 TRIM 命令，在绘图区中对选中的对象进行修剪，修剪后的效果如图 14-80 所示。

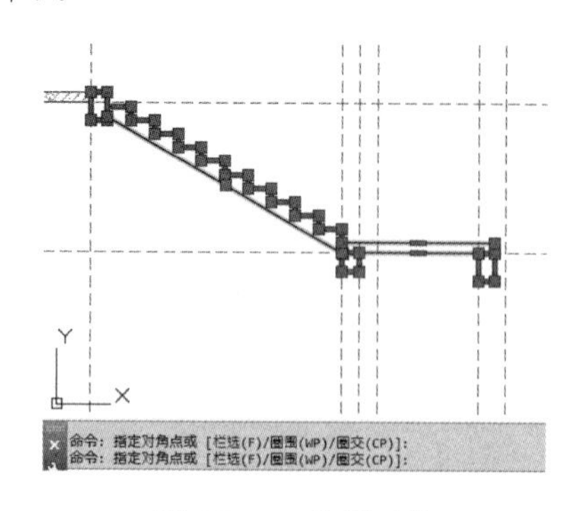

图 14-79　选择对象

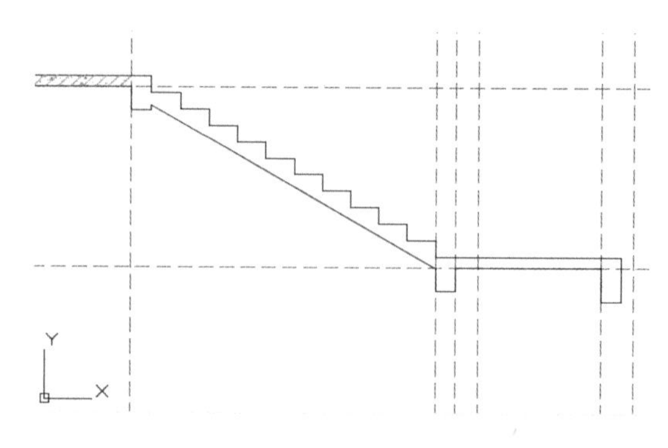

图 14-80　修剪后的效果

Step 13 在绘图区中选择修剪后的对象，在命令行中执行 J 命令，将选中的对象进行合并，效果如图 14-81 所示。

Step 14 在命令行中执行 HATCH 命令，在绘图区中对合并后的对象进行填充，效果如图 14-82 所示。

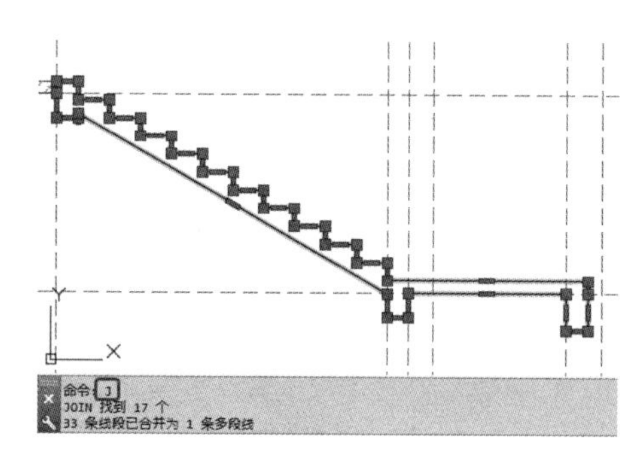

图 14-81　合并多段线后的效果

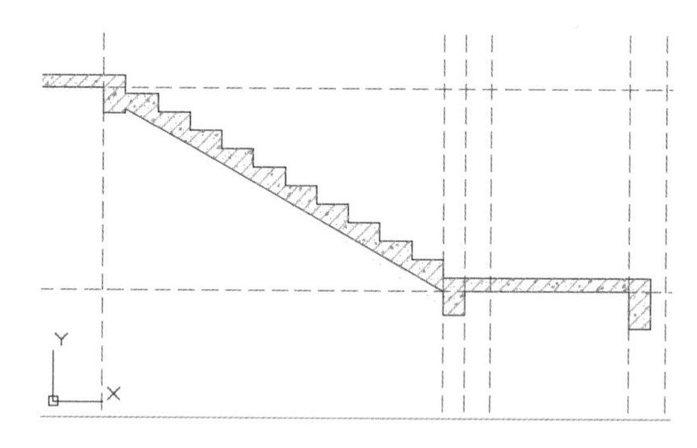

图 14-82　填充图案后的效果

Step 15 在命令行中执行 LINE 命令，在绘图区中捕捉起点，根据命令提示输入（@0,854），按两次【Enter】键完成绘制，如图 14-83 所示。

Step 16 在绘图区中选择绘制的直线，在命令行中执行 MOVE 命令，在绘图区中以选中对象下方的端点为基点，根据命令提示输入（@60，0），按【Enter】键确认，效果如图 14-84 所示。

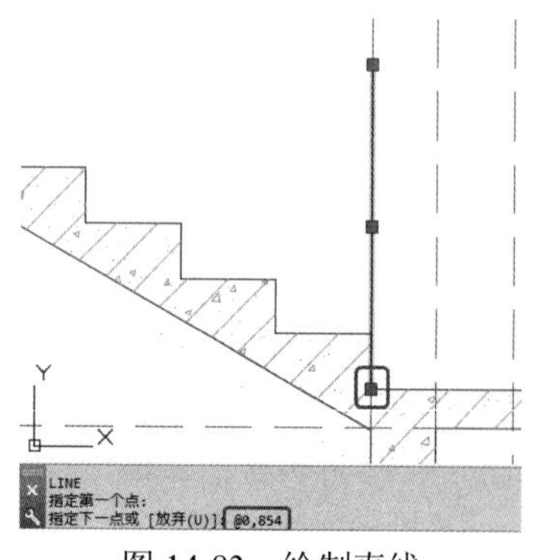

图 14-83　绘制直线

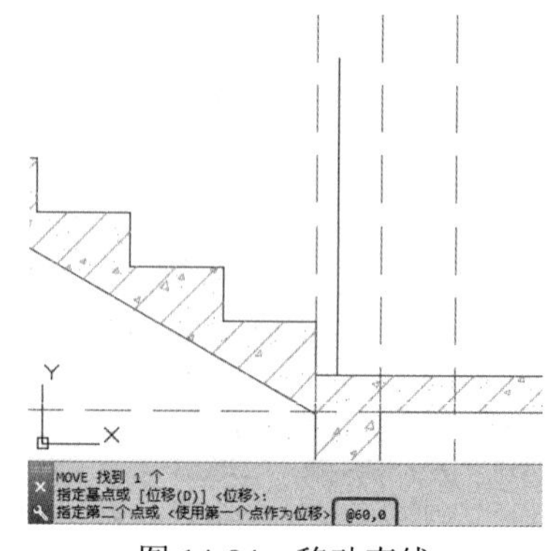

图 14-84　移动直线

Step 17 在命令行中执行 LINE 命令，在绘图区中捕捉直线的起点，根据命令提示输入（@0,860），按两次【Enter】键完成绘制，如图 14-85 所示。

Step 18 选择绘制的直线，在命令行中执行 MOVE 命令，在绘图区中以选中对象下方的端点为基点，根据命令提示输入（@-90,0），按【Enter】键完成移动，效果如图 14-86 所示。

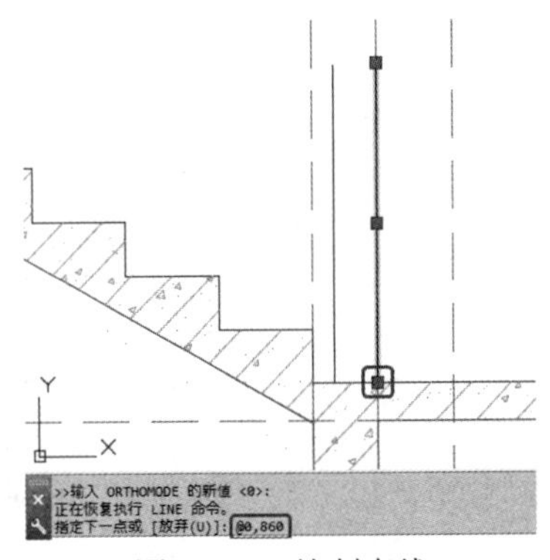

图 14-85 绘制直线

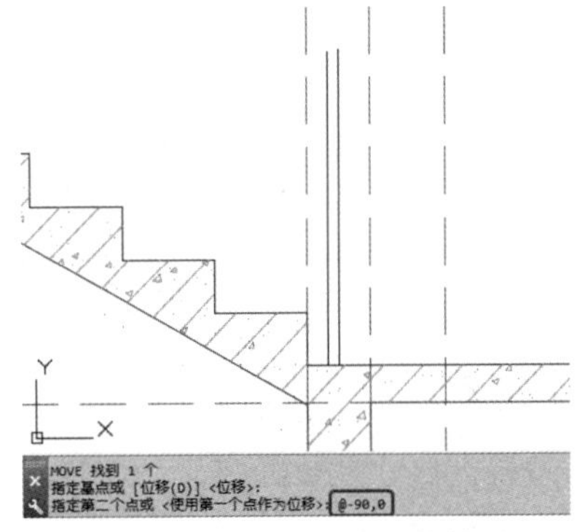

图 14-86 移动直线后的效果

Step 19 在命令行中执行 PLINE 命令，在绘图区中捕捉直线的端点为起点，根据命令提示输入（@69,0），按【Enter】键确认，输入（@0,40），按【Enter】键确认，输入（@-80,0），按两次【Enter】键完成绘制，效果如图 14-87 所示。

Step 20 在绘图区中选择新绘制的多段线，在命令行中执行 MOVE 命令，在绘图区中捕捉选中对象左下角的端点为基点，根据命令提示输入（@-19,0），按【Enter】键完成移动，效果如图 14-88 所示。

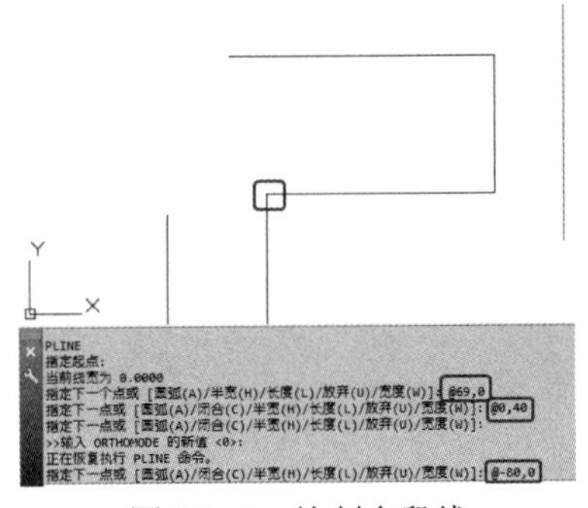

图 14-87 绘制多段线

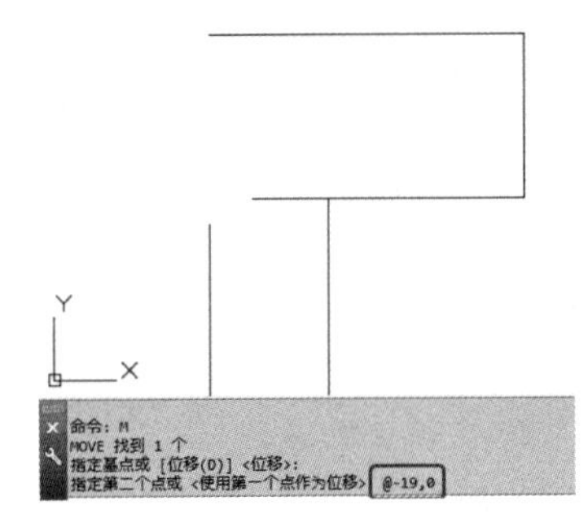

图 14-88 移动多段线后的效果

Step 21 根据前面所介绍的方法绘制另一侧楼梯，效果如图 14-89 所示。

Step 22 根据上面所介绍的方法绘制楼梯扶手的另一侧，效果如图 14-90 所示。

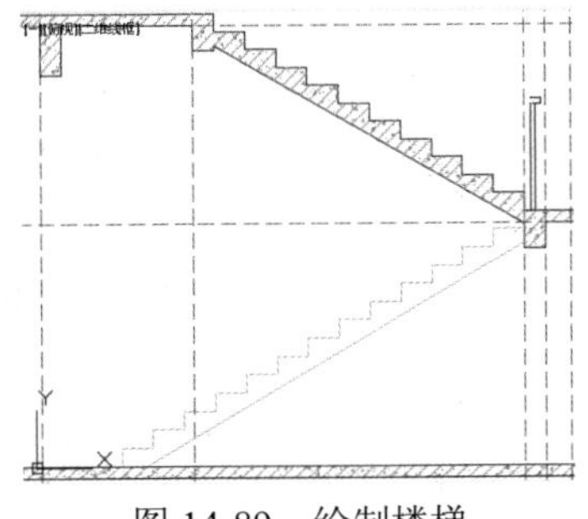

图 14-89 绘制楼梯

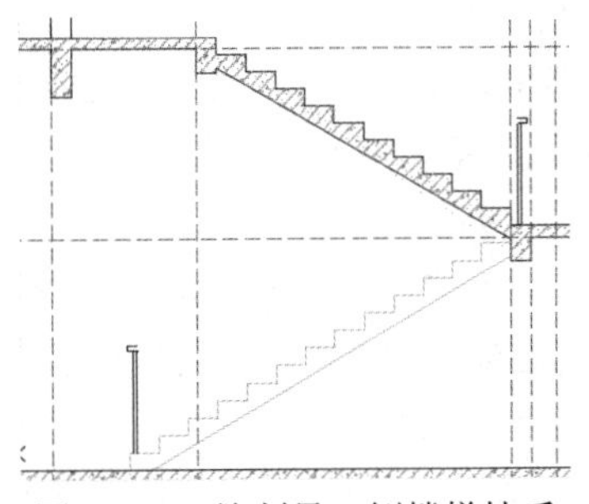

图 14-90 绘制另一侧楼梯扶手

Step 23 在命令行中执行 LINE 命令，在绘图区中对两个扶手进行连接，效果如图 14-91 所示。

Step 24 在绘图区中选择楼梯及扶手，在命令行中执行 TRIM 命令，在绘图区中对选择的对象进行修剪，效果如图 14-92 所示。

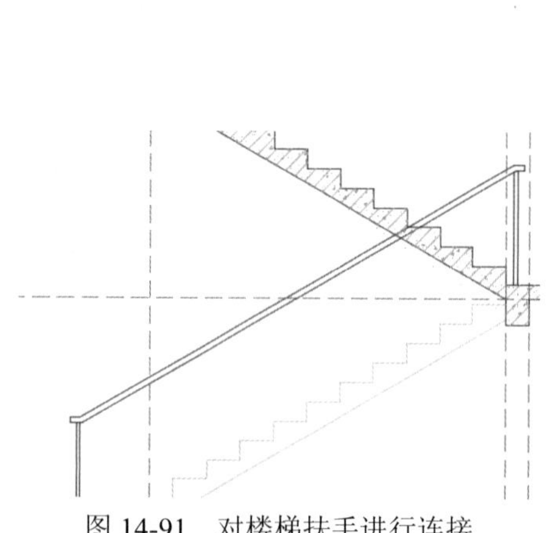

图 14-91　对楼梯扶手进行连接

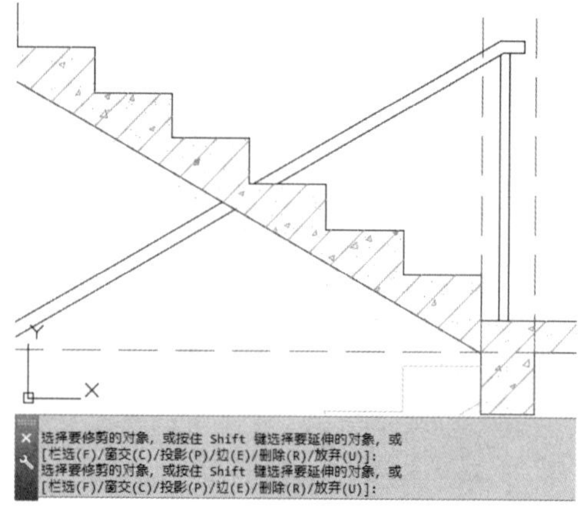

图 14-92　修剪扶手后的效果

Step 25 使用同样的方法绘制其他对象，并对绘制后的对象进行阵列，效果如图 14-93 所示。

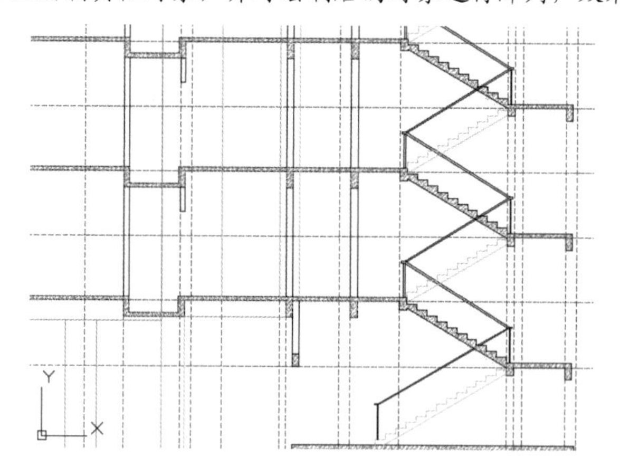

图 14-93　绘制其他对象并阵列后的效果

14.2.4　绘制门窗

下面介绍如何绘制门窗，其具体操作步骤如下。

Step 01 在命令行中执行 RECTANG 命令，在绘图区中指定矩形的第一个角点，根据命令提示输入（@600，-1400），按【Enter】键确认，效果如图 14-94 所示。

Step 02 选中绘制的矩形，将其颜色设置为【青】，在命令行中执行 MOVE 命令，在绘图区中以选中矩形左上角的端点为基点，根据命令提示输入（@140，-100），按【Enter】键完成移动，效果如图 14-95 所示。

Step 03 在命令行中执行 RECTANG 命令，在绘图区捕捉矩形左上角的端点为基点，根据命令提示输入（@550，-350），按【Enter】键确认，如图 14-96 所示。

Step 04 选中该矩形，在命令行中执行 MOVE 命令，捕捉矩形左上角的端点为基点，根据命令提示输入（@25，-25），按【Enter】键完成移动，效果如图 14-97 所示。

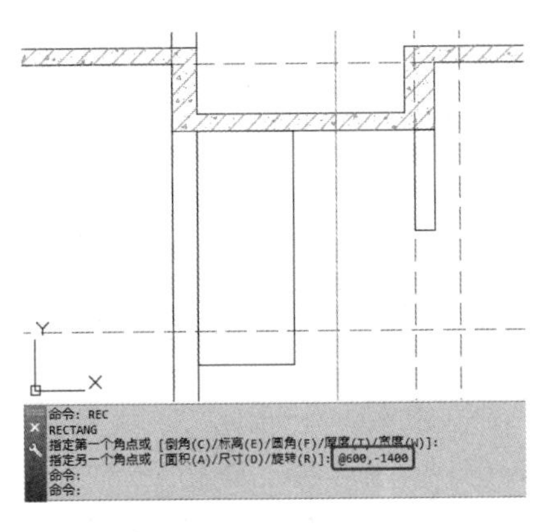

图 14-94　绘制矩形 1

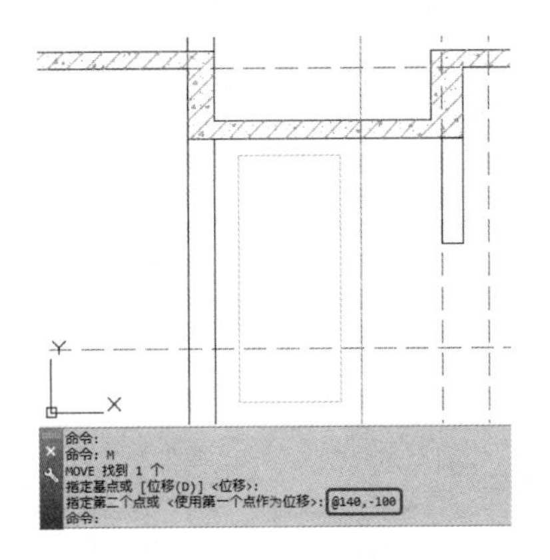

图 14-95　移动矩形后的效果 1

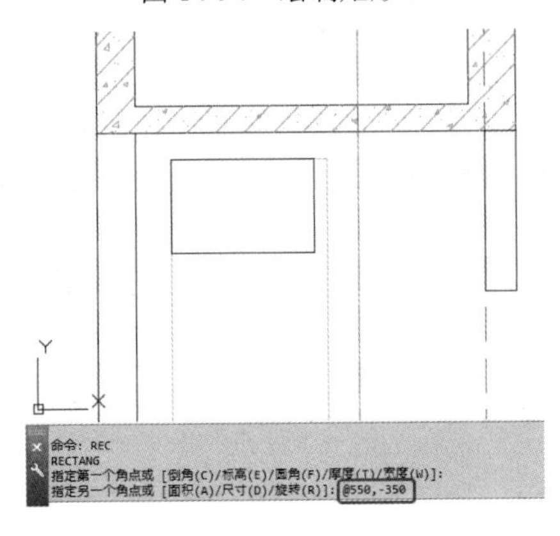

图 14-96　绘制矩形 2

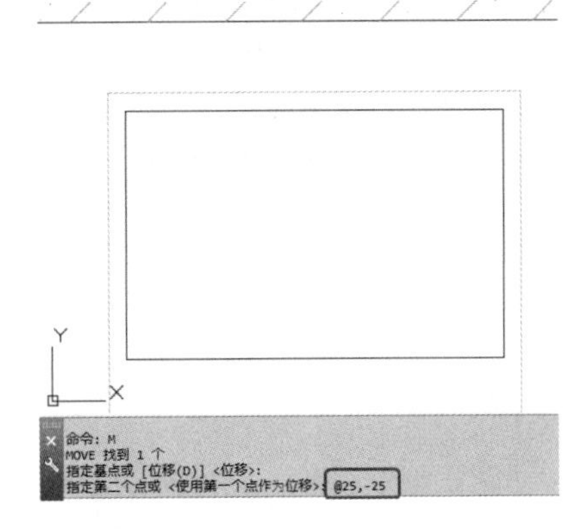

图 14-97　移动矩形后的效果 2

Step 05 选中 Step 04 中的矩形，将其颜色设置为【黄】，在命令行中执行 OFFSET 命令，将选中的矩形向内偏移 60，如图 14-98 所示。

Step 06 在命令行中执行 LINE 命令，在绘图区中指定起点，根据命令提示输入（@600,0），按两次【Enter】键完成绘制，效果如图 14-99 所示。

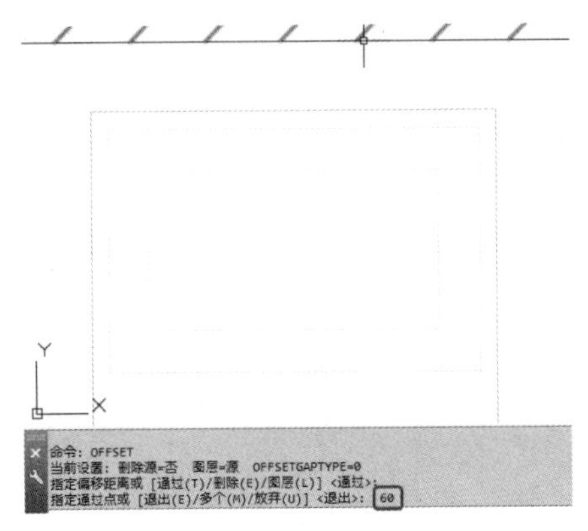

图 14-98　偏移矩形后的效果

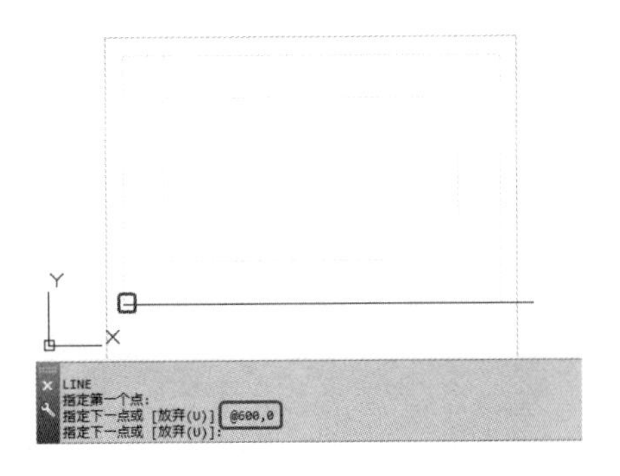

图 14-99　绘制直线

Step 07 在绘图区中选择绘制的直线，在命令行中执行 MOVE 命令，以选中直线左侧的端点为基点，根据命令提示输入（@-25，-25），按【Enter】键完成移动，效果如图 14-100 所示。

Step 08 使用同样的方法在绘图区中绘制其他对象，并将绘制的对象颜色设置为【黄】，效果如图 14-101 所示。

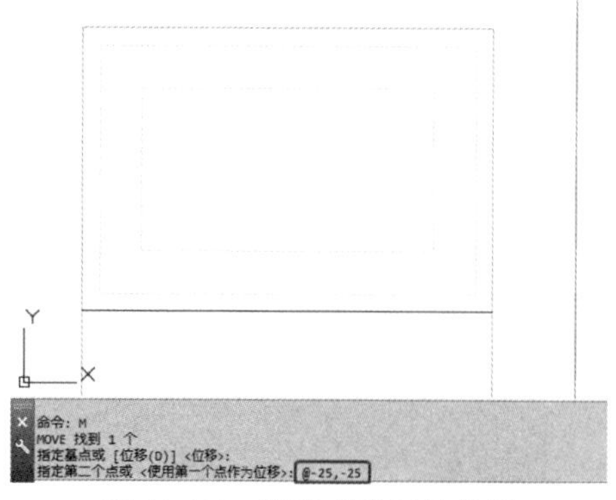

图 14-100　移动直线后的效果

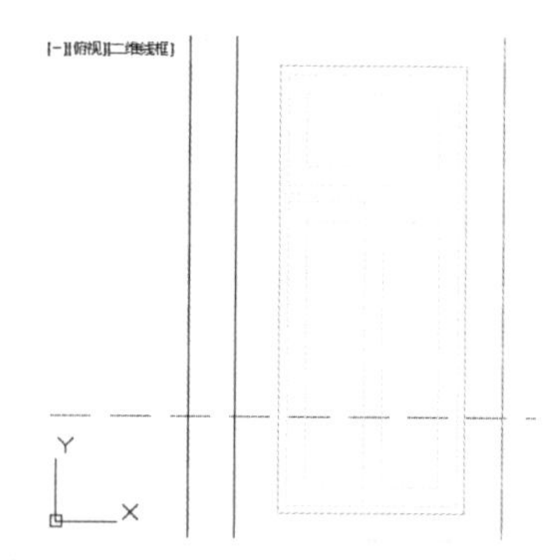

图 14-101　绘制其他对象后的效果

Step 09 在命令行中执行 RECTANG 命令，在绘图区中指定矩形的第一个角点，根据命令提示输入（@920,-2160），按【Enter】键确认，效果如图 14-102 所示。

Step 10 选中 Step 09 中的矩形，在命令行中执行 MOVE 命令，在绘图区中指定选中矩形的左上角端点为基点，根据命令提示输入（@20,60），按【Enter】键完成移动，效果如图 14-103 所示。

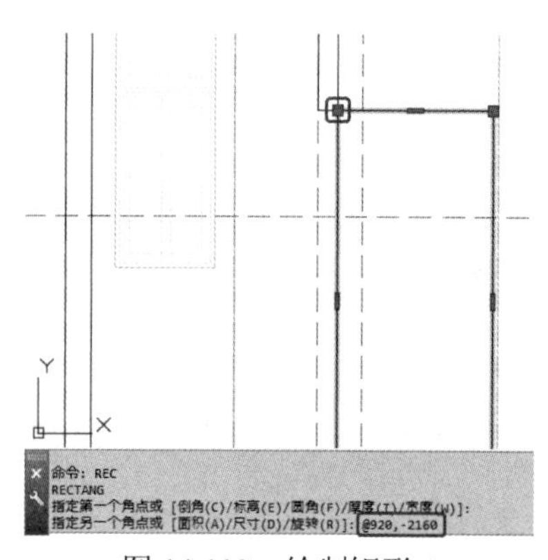

图 14-102　绘制矩形 1

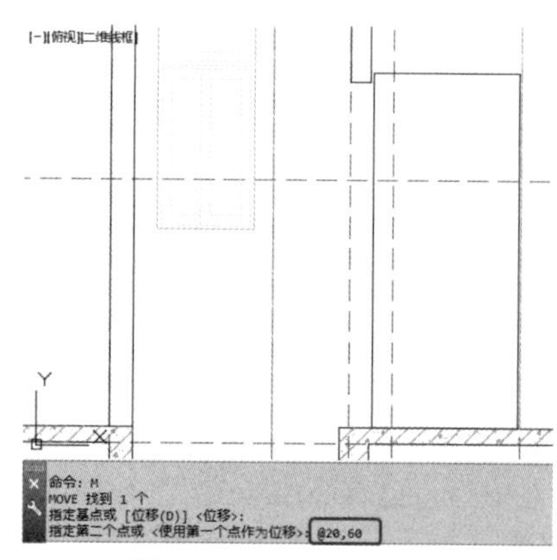

图 14-103　绘制矩形 2

Step 11 选中移动后的矩形，在命令行中执行 OFFSET 命令，将选中的对象分别向内偏移 35、45、60，并改变对象的颜色，效果如图 14-104 所示。

Step 12 使用同样的方法绘制其他对象，效果如图 14-105 所示。

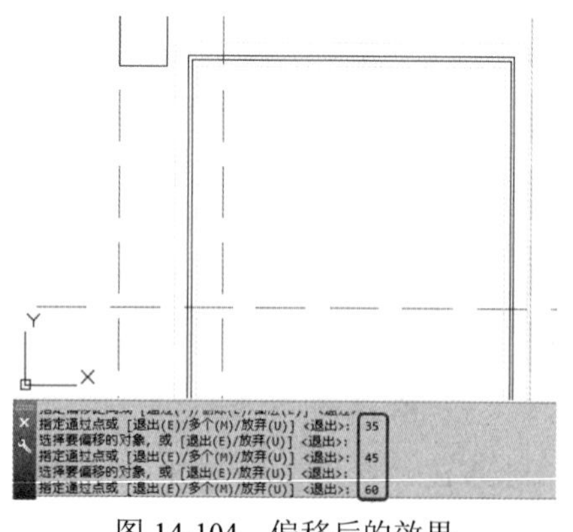

图 14-104　偏移后的效果

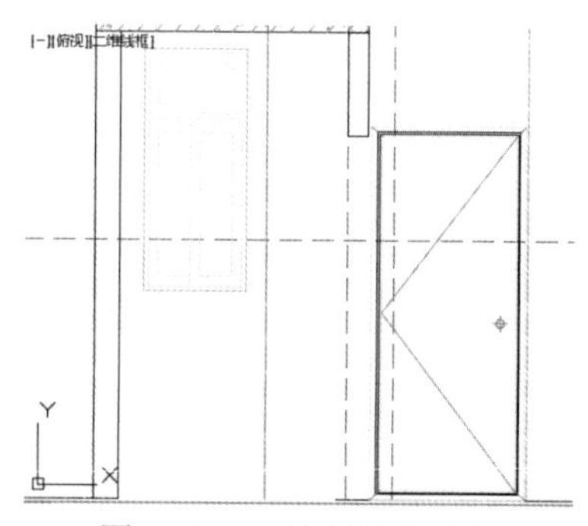

图 14-105　绘制其他对象

Step 13 根据相同的方法绘制其他门窗，绘制后的效果如图 14-106 所示。

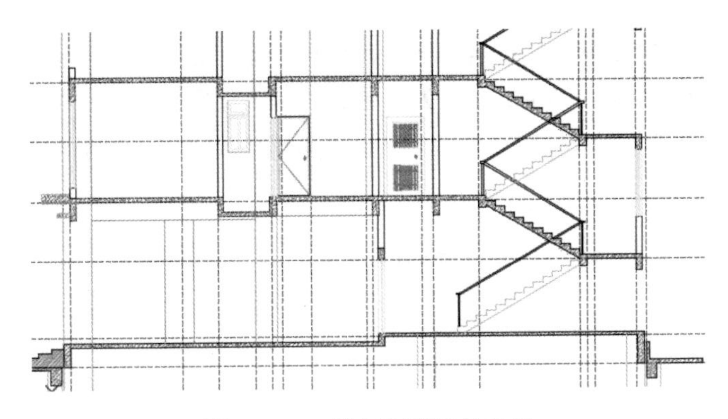

图 14-106　绘制门窗后的效果

Step 14 根据相同的方法对门窗及楼板进行完善，效果如图 14-107 所示。

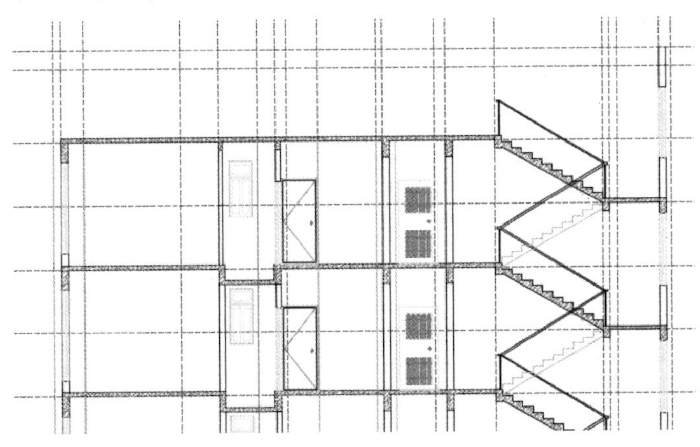

图 14-107　完善门窗及楼板后的效果

14.2.5　绘制窗台及楼顶

下面介绍如何绘制窗台及楼顶，其具体操作步骤如下。

Step 01 在命令行中执行 RECTANG 命令，在绘图区中指定矩形的第一个角点，根据命令提示输入（@-2322,-100），按【Enter】键完成绘制，效果如图 14-108 所示。

Step 02 在命令行中执行 RECTANG 命令，在绘图区中以新矩形左上角的端点为基点，根据命令提示输入（@240，-600），按【Enter】键确认，如图 14-109 所示。

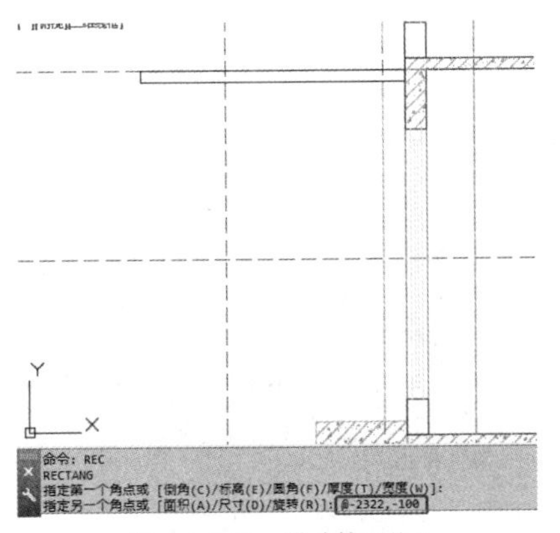

图 14-108　绘制矩形 1

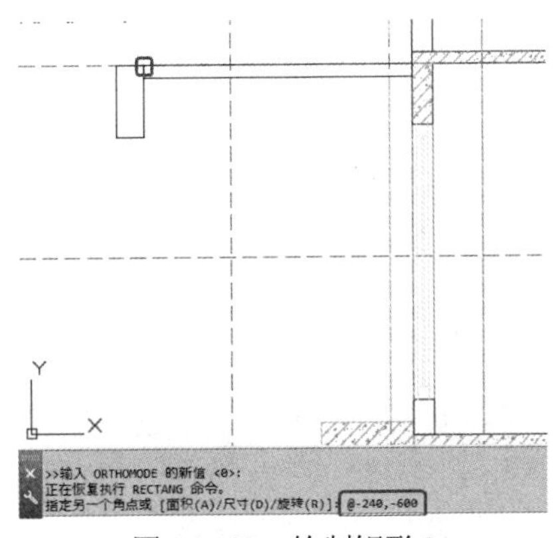

图 14-109　绘制矩形 2

Step 03 选中新绘制的矩形，在命令行中执行 MOVE 命令，以选中矩形左上角的端点为基点，根据命令提示输入（@0,200），按【Enter】键完成移动，效果如图 14-110 所示。

Step 04 根据前面所介绍的方法对矩形进行修剪，并为其填充图案，效果如图 14-111 所示。

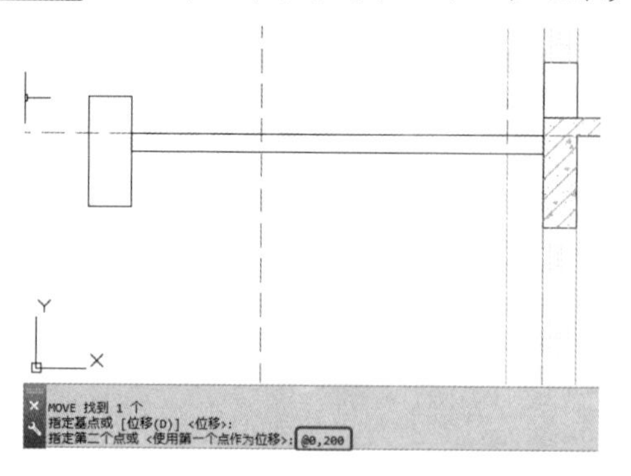

图 14-110　移动矩形

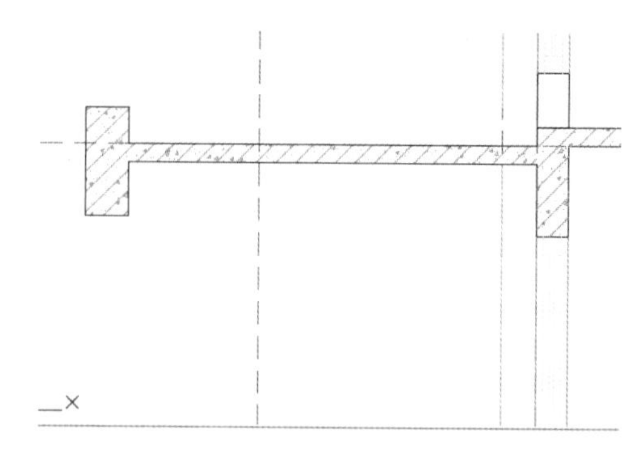

图 14-111　修剪并填充图案后的效果

Step 05 根据前面所介绍的方法在绘图区中绘制窗栏，如图 14-112 所示。

Step 06 根据前面所介绍的方法对绘制的窗台进行阵列，效果如图 14-113 所示。

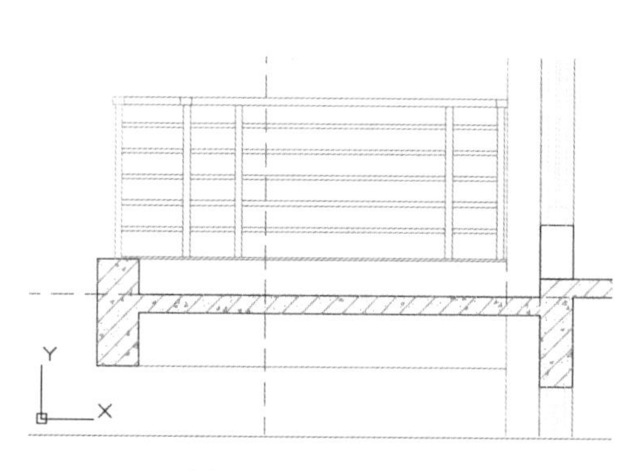

图 14-112　绘制窗栏

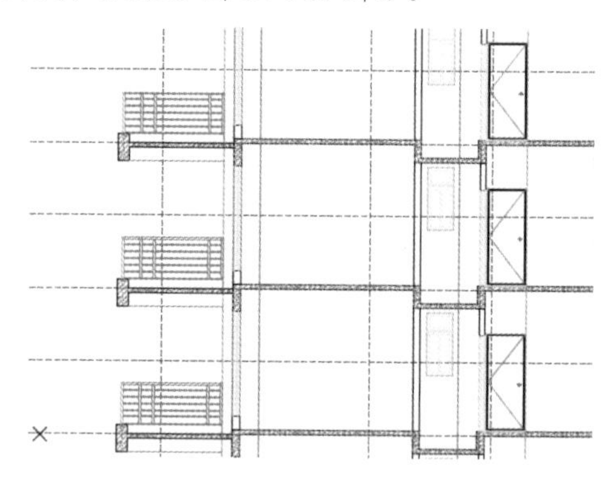

图 14-113　阵列后的效果

Step 07 在命令行中执行 RECTANG 命令，在绘图区中指定新矩形的第一个角点，根据命令提示输入（@-180,300），按【Enter】键确认，效果如图 14-114 所示。

Step 08 在命令行中执行 RECTANG 命令，在绘图区中捕捉新绘制矩形的左上角端点为基点，根据命令提示输入（@-15526，-150），按【Enter】键确认，效果如图 14-115 所示。

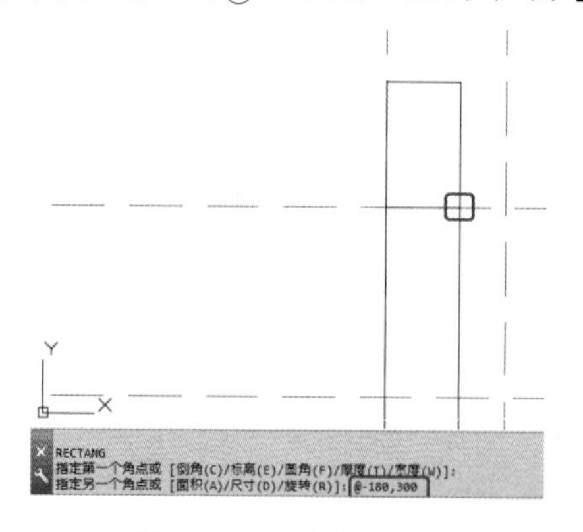

图 14-114　绘制矩形 1

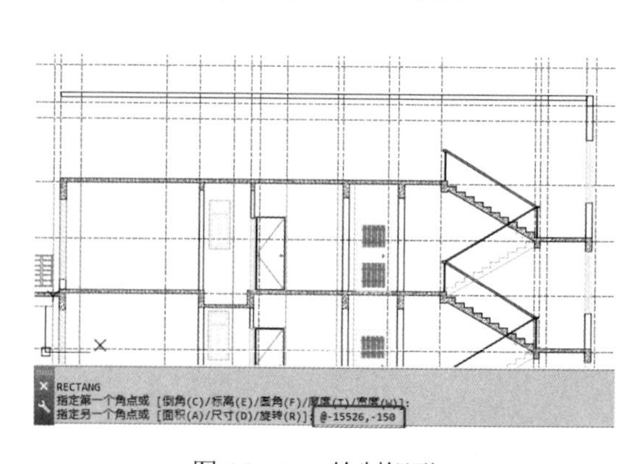

图 14-115　绘制矩形 2

Step 09 使用同样的方法绘制其他矩形，并对绘制的矩形进行修剪，然后为其填充图案，效果如图 14-116 所示。

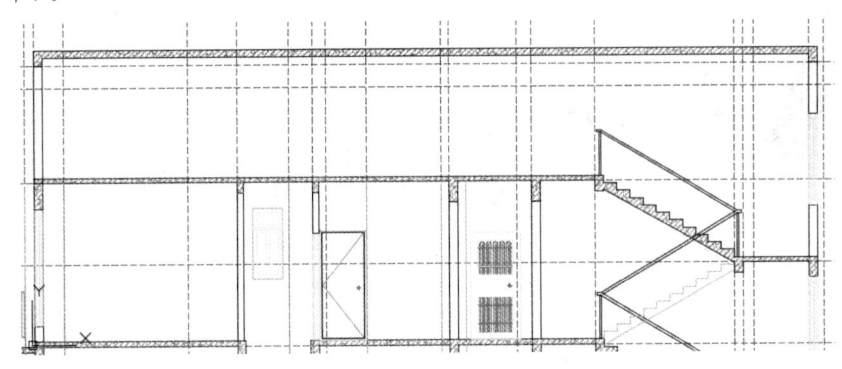

图 14-116 绘制其他矩形并进行设置后的效果

Step 10 使用相同的方法绘制其他对象，并对绘制的对象进行相应的设置，效果如图 14-117 所示。

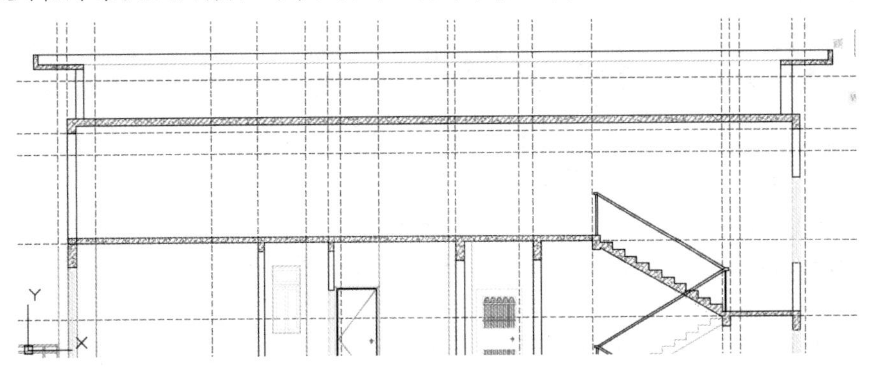

图 14-117 绘制其他对象后的效果

增值服务：扫码做测试题，并可观看讲解测试题的微课程。

第 15 章 绘制建筑详图

图、剖面图的比例尺较小，建筑物上许多细部构造无法表示清楚，根据施工需要，必须另外绘制比例尺较大的图样才能表达清楚。本章结合建筑设计规范和建筑制图要求，详细讲述建筑详图的绘制。通过本章内容的学习，读者将了解工程设计中有关建筑详图设计的一般要求，以及使用 AutoCAD 2017 绘制建筑详图的方法与技巧。

15.1 楼梯详图

楼梯的构造一般较复杂，需要另画详图表示。楼梯详图主要表示楼梯的类型、结构形式、各部位的尺寸及装修做法，是楼梯施工放样的主要依据。

楼梯详图一般包括平面图、剖面图及踏步、栏板详图等，并尽可能画在同一张图纸内。平、剖面图比例要一致，以便对照阅读。踏步、栏板详图比例要大些，以便表达清楚该部分的构造情况。

一般每一层楼都要画一张楼梯平面图。三层以上的房屋，若中间各层的楼梯位置及其梯段数、踏步数和大小都相同时，通常只画出底层、中间层和顶层 3 个平面图即可。

楼梯平面详图的剖切位置，是在该层往上走的第一梯段（休息平台下）的任一位置。各层被剖切到的梯段，按国标规定，均在平面图中以一根 450 折断线表示。在每一梯段处画有一长箭头，并注写“上”或“下”字和步级数，表明从该层楼（地）面往上或往下走多少步级可到达上（下）一层的楼（地）面。例如，在二层楼梯平面图中，被剖切的梯段的箭头注有“上 20”，表示从该梯段往上走 20 步级可到达第三层楼面。另一梯段注有“下 20”，表示往下走 20 步级可到达底层地面。各层平面图中还应标出该楼梯间的轴线。而且，在底层平面图还应注明楼梯剖面图的剖切符号。

楼梯平面图中，除注出楼梯间的开间和进深尺寸、楼地面和平台面的标高尺寸外，还需注出各细部的详细尺寸。通常把梯段长度尺寸与踏面数、踏面宽的尺寸合并写在一起。如底层平面图中的 11×260=2 860，表示该梯段有 11 个踏面 ，每一踏面宽为 260，梯段长为 2 860。通常，3 个平面图画在同一张图纸内，并相互对齐，这样既便于阅读，又可省略标注一些重复的尺寸。

下面将讲解楼梯详图的绘制，其效果如图 15-1 所示。

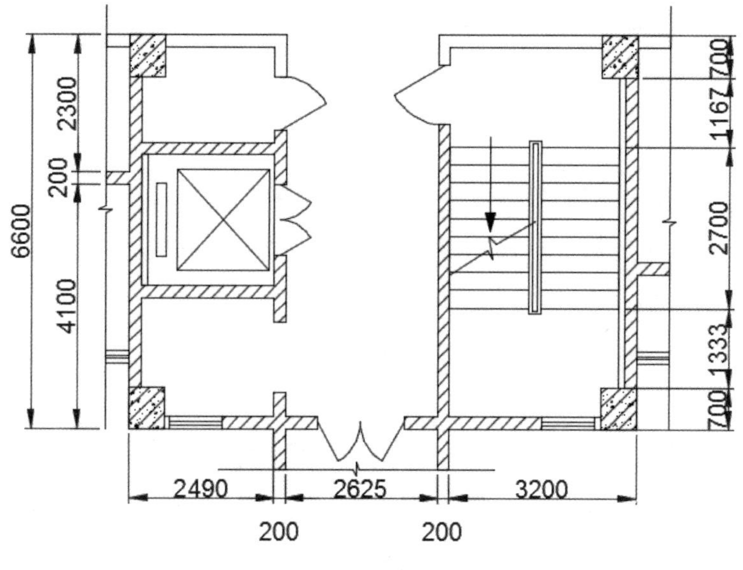

图 15-1　楼梯详图

15.1.1　楼梯详图的绘制

下面讲解如何绘制楼梯详图，其具体操作步骤如下。

Step 01 新建图纸文件，在命令行中输入 LA 命令，弹出【图层特性管理器】选项板，新建【辅助线】、【轮廓】、【图案填充】、【标注】图层，将【辅助线】图层的颜色设置为【红】，将【辅助线】图层置为当前图层，如图 15-2 所示。

Step 02 在命令行中输入 L 命令，绘制水平长度为 10 300、垂直长度为 10 000 的辅助线，如图 15-3 所示。

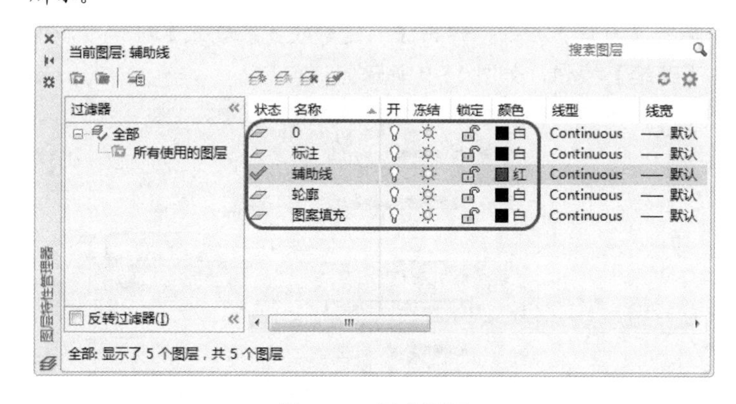

图 15-2　新建图层

图 15-3　绘制辅助线

Step 03 在命令行中输入 O 命令，将上侧边向下依次偏移 1 750、1 800、500、500、400、2 200、778，如图 15-4 所示。

Step 04 使用【偏移】工具，将左侧边向右依次偏移 300、520、2 490、2 825、3 200、670，如图 15-5 所示。

Step 05 选择如图 15-6 所示的辅助线，按【DELETE】键将对象删除。

Step 06 在命令行中输入 LA 命令，弹出【图层特性管理器】选项板，将【轮廓】图层置为当前图层，如图 15-7 所示。

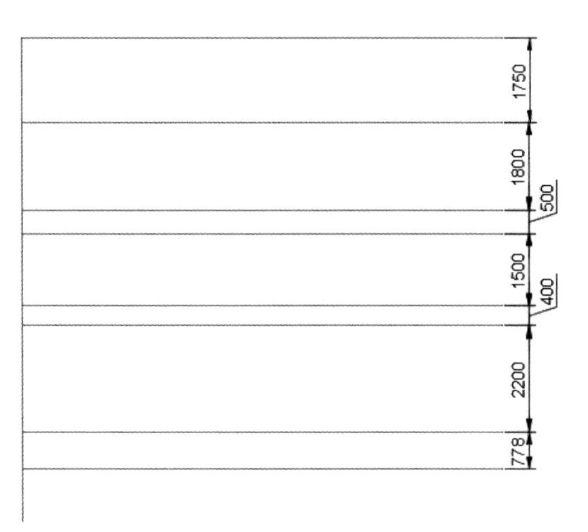

图 15-4　偏移辅助线 1

300
2490
2825
3200
520
670

图 15-5　偏移辅助线 2

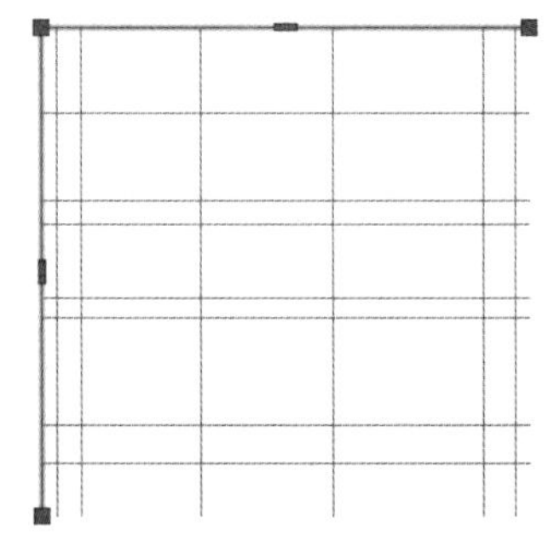

图 15-6　删除多余的辅助线

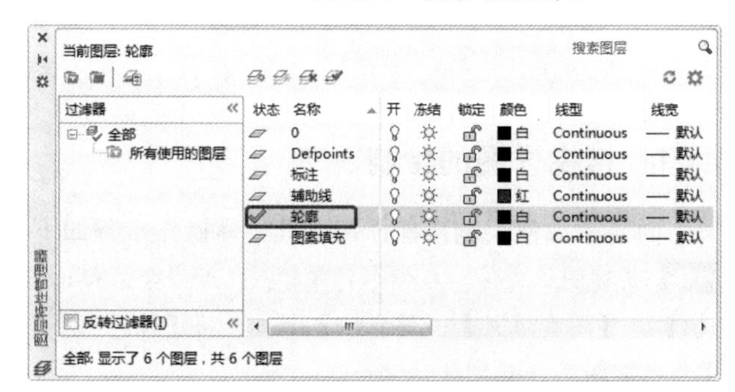

图 15-7　将【轮廓】图层置为当前图层

Step 07 在菜单栏中执行【格式】|【多线样式】命令，如图 15-8 所示。

Step 08 弹出【多线样式】对话框，单击【新建】按钮，弹出【创建新的多线样式】对话框，将【新样式名】设置为【墙体】，单击【继续】按钮，如图 15-9 所示。

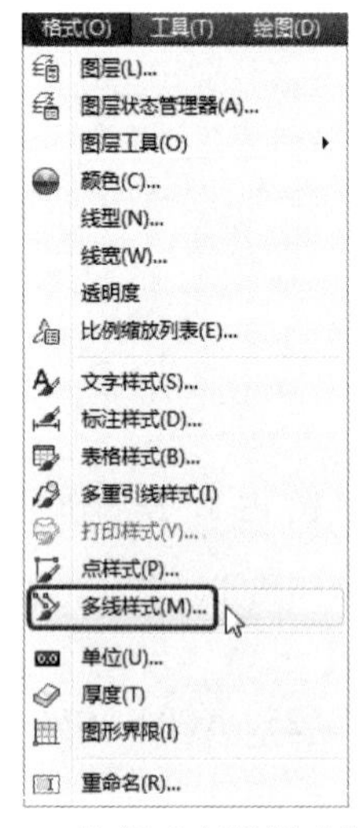

图 15-8　执行【多线样式】命令

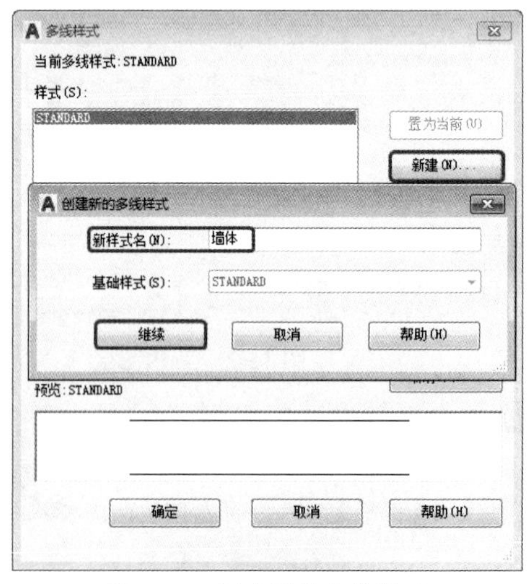

图 15-9　创建新的多线样式

Step 09 弹出【新建多线样式：墙体】对话框，在【封口】选项组中勾选【直线】右侧【起点】和【端点】复选框，将【图元】选项组中的【偏移】设置为 5、-5，如图 15-10 所示。

Step 10 单击【确定】按钮，返回至【多线样式】对话框，选择【墙体】样式，单击【置为当前】按钮，单击【确定】按钮，如图 15-11 所示。

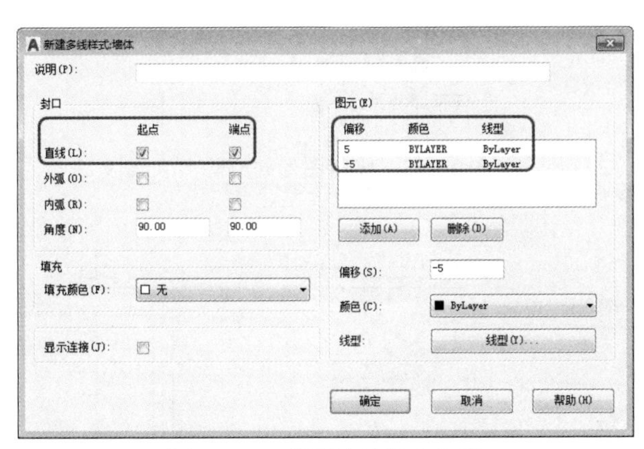

图 15-10　设置墙体样式参数

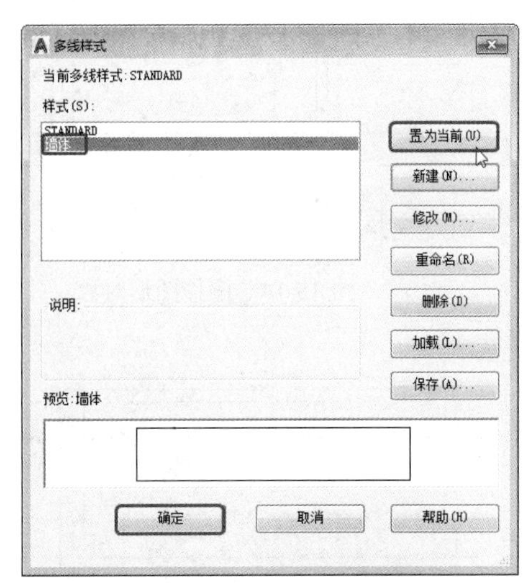

图 15-11　将【墙体】样式置为当前样式

Step 11 在命令行中输入 ML 命令，在命令行中输入 J 命令，将【对正类型】设置为【无】，绘制多线，如图 15-12 所示。

Step 12 将【辅助线】图层进行隐藏，在命令行中输入 EXPLODE 命令，将绘制的多线进行分解，在命令行中输入 TR 命令，对图形对象进行修剪，如图 15-13 所示。

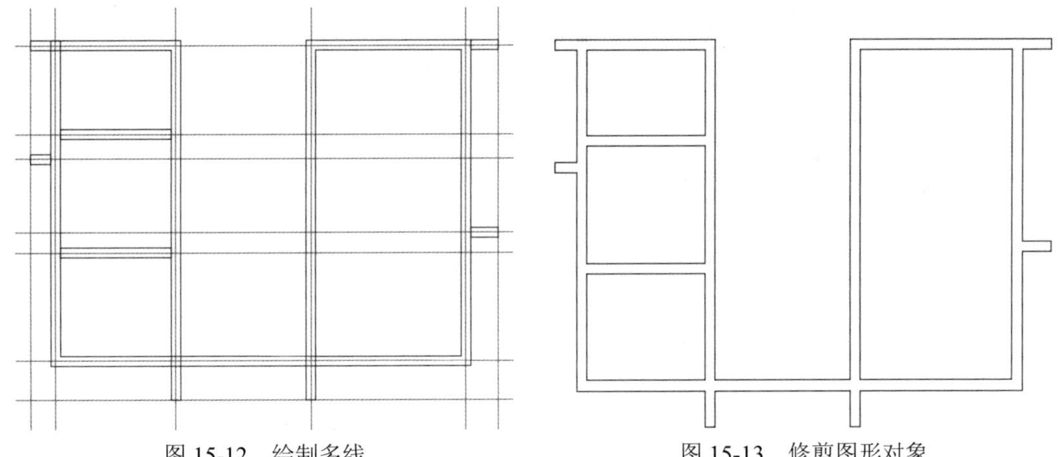

图 15-12　绘制多线　　　　图 15-13　修剪图形对象

Step 13 打开【图层特性管理器】选项板，将【辅助线】图层取消隐藏，使用【偏移】工具，在命令行中输入 L 命令，在命令行中输入 C 命令，将 A 线段向下偏移，将偏移距离设置为 600、900，如图 15-14 所示。

Step 14 在命令行中输入 TR 命令，对图形进行修剪，并删除不需要的线段，如图 15-15 所示。

Step 15 使用【偏移】工具，将 A 线段向下偏移 400、1000，如图 15-16 所示。

Step 16 在命令行中输入 TR 命令，对图形进行修剪，并删除不需要的线段，如图 15-17 所示。

Step 17 在命令行中输入 O 命令，将 A 线段向下偏移 100，将 B 线段向上偏移 200，将偏移后的线段的图层更改为【轮廓】图层，如图 15-18 所示。

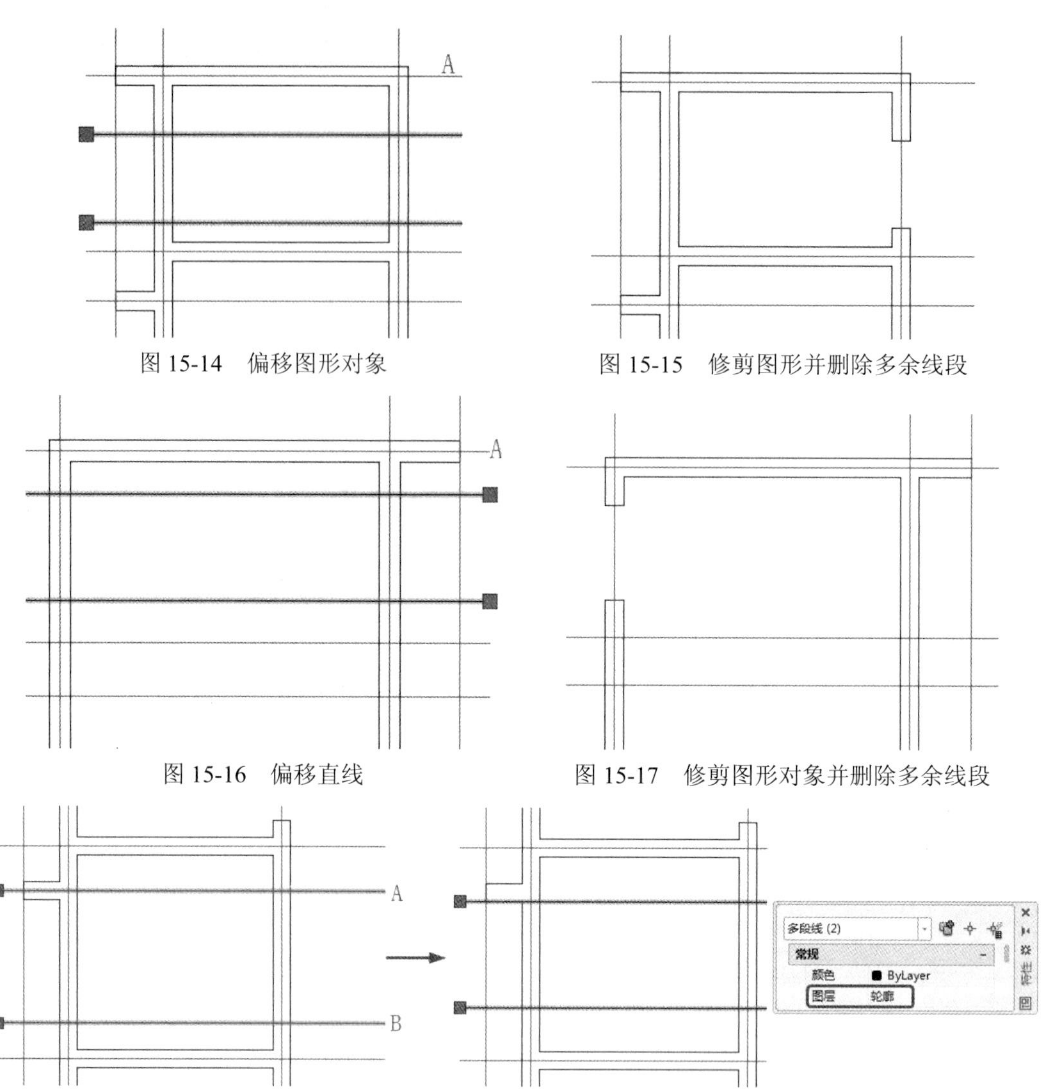

图 15-14　偏移图形对象

图 15-15　修剪图形并删除多余线段

图 15-16　偏移直线

图 15-17　修剪图形对象并删除多余线段

图 15-18　偏移线段并更改图层

Step 18 在命令行中输入 TR 命令，对图形进行修剪，并删除不需要的线段，如图 15-19 所示。

Step 19 使用【偏移】工具，将 A 线段向下偏移 500、1200，如图 15-20 所示。

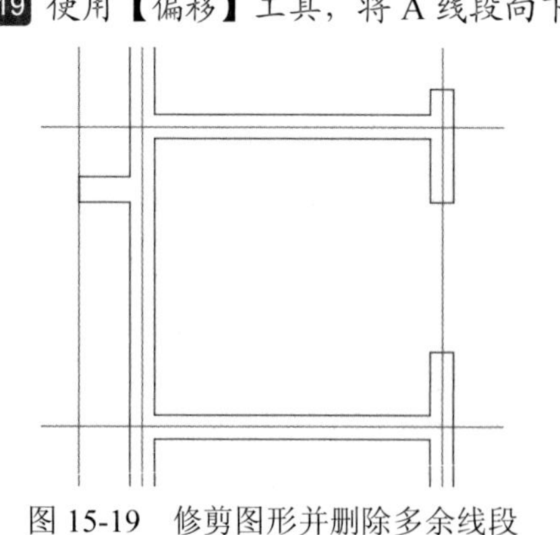

图 15-19　修剪图形并删除多余线段

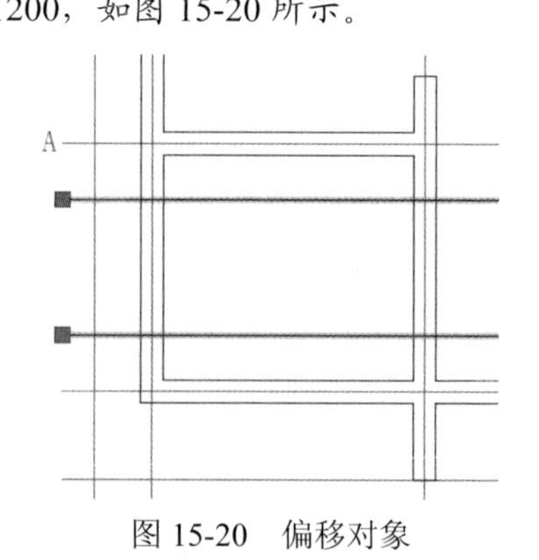

图 15-20　偏移对象

Step 20 在命令行中输入 TR 命令，修剪图形对象，并删除不需要的线段，如图 15-21 所示。

Step 21 使用【偏移】工具，将 A 线段向右偏移 650、1500，如图 15-22 所示。

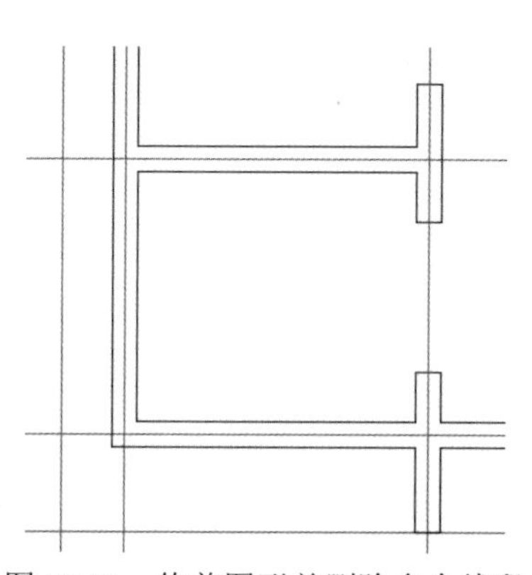
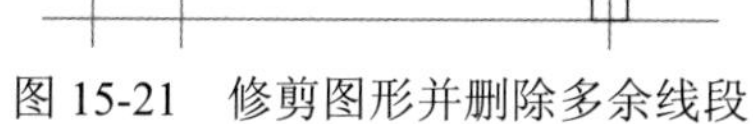

图 15-21 修剪图形并删除多余线段

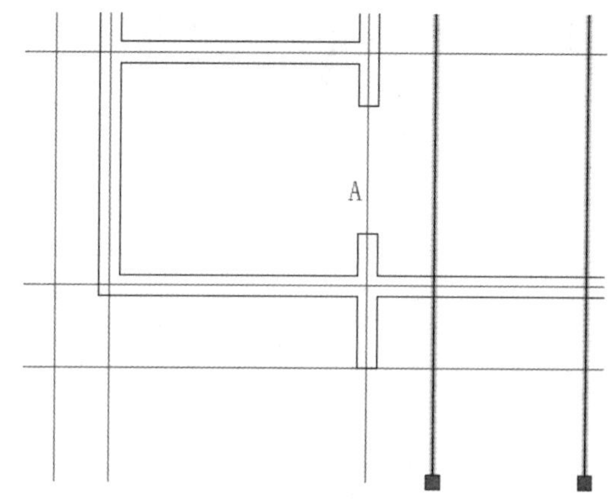

图 15-22 偏移线段 1

Step 22 在命令行中输入 TR 命令，修剪图形对象，如图 15-23 所示。

Step 23 在命令行中输入 O 命令，将 A 线段向右偏移 900、1 000，将 B 线段向左偏移 620、900，如图 15-24 所示。

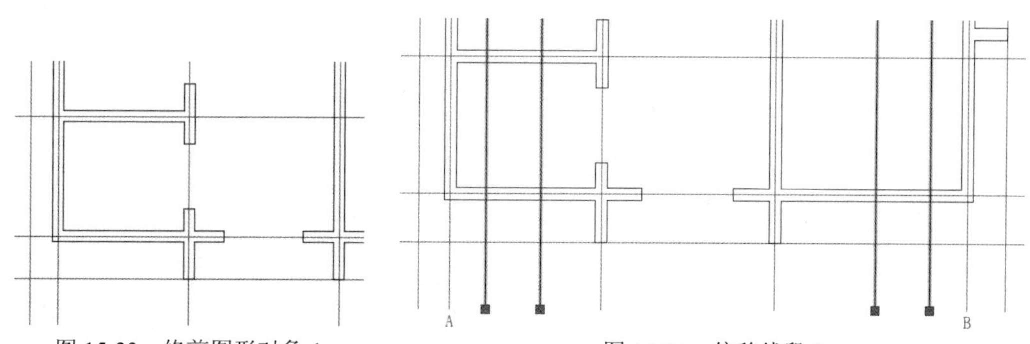

图 15-23 修剪图形对象 1

图 15-24 偏移线段 2

Step 24 使用【修剪】工具，修剪图形对象，如图 15-25 所示。

Step 25 将【辅助线】图层隐藏显示，如图 15-26 所示。

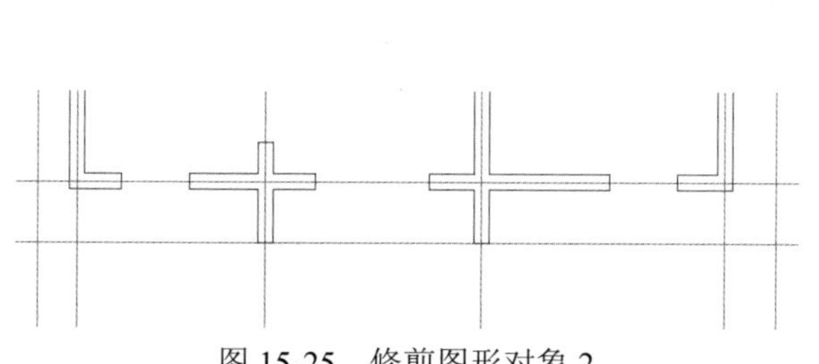

图 15-25 修剪图形对象 2

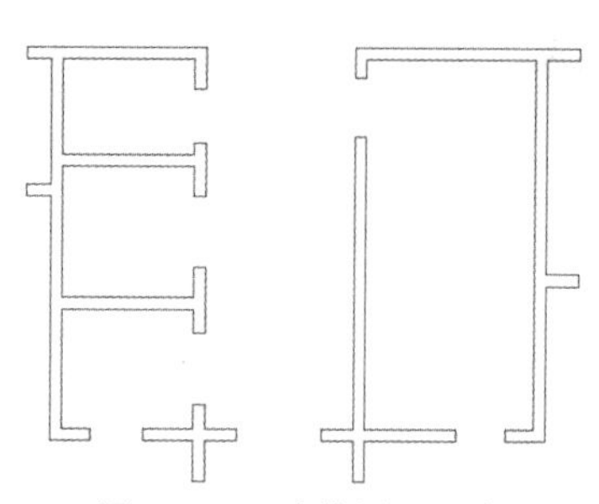

图 15-26 隐藏图形对象

Step 26 在命令行中输入 REC 命令，绘制长度为 600、宽度为 700 的矩形，使用【复制】工具，复制多个图形对象，如图 15-27 所示。

Step 27 使用【修剪】工具，修剪图形对象，如图 15-28 所示。

Step 28 将【图案填充】图层置为当前图层，在命令行中输入 HATCH 命令，在命令行中输入 T 命令，弹出【图案填充和渐变色】对话框，将【图案】设置为【ANSI31】，将【比例】设置为 50，单击【添加：拾取点】按钮，如图 15-29 所示。

Step 29 返回至绘图区中，对图形进行图案填充，如图 15-30 所示。

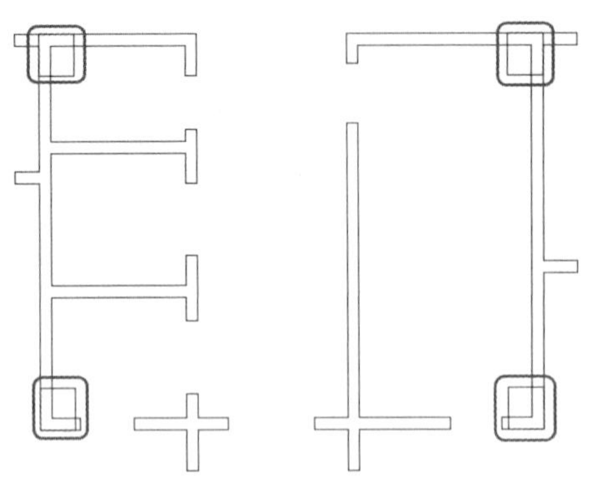

图 15-27　绘制并复制矩形

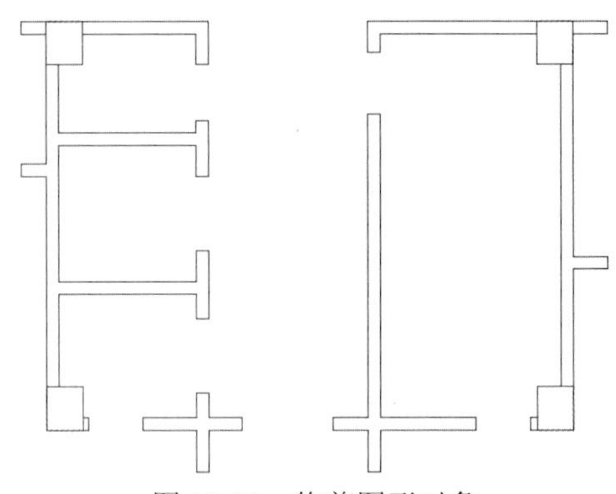

图 15-28　修剪图形对象

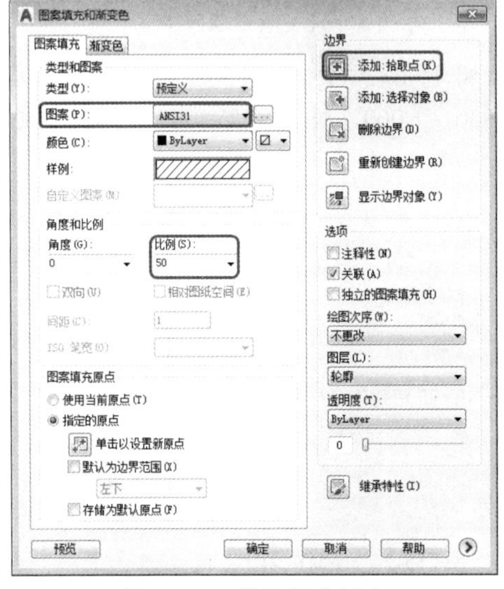

图 15-29　设置图案填充

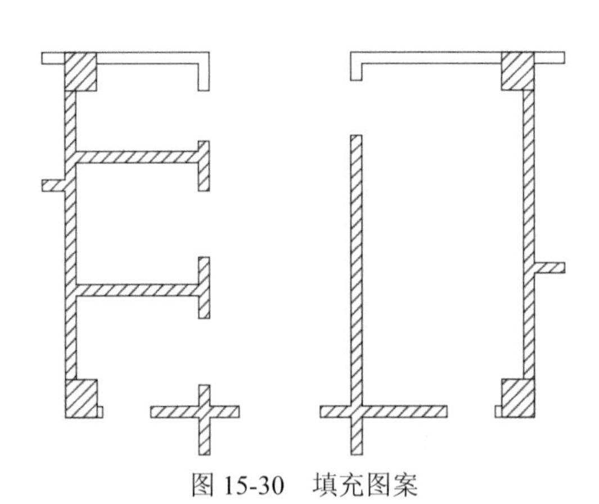

图 15-30　填充图案

Step 30 将【轮廓】图层置为当前图层，使用【直线】工具，绘制如图 15-31 所示的对象。

Step 31 使用【多段线】工具，绘制多段线，并使用【修剪】工具，修剪图形对象，如图 15-32 所示。

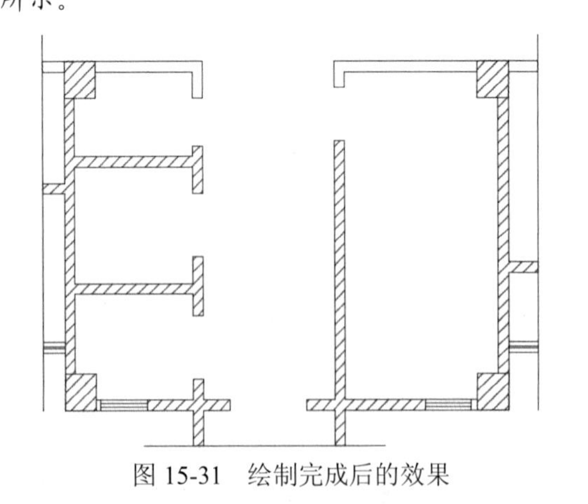

图 15-31　绘制完成后的效果

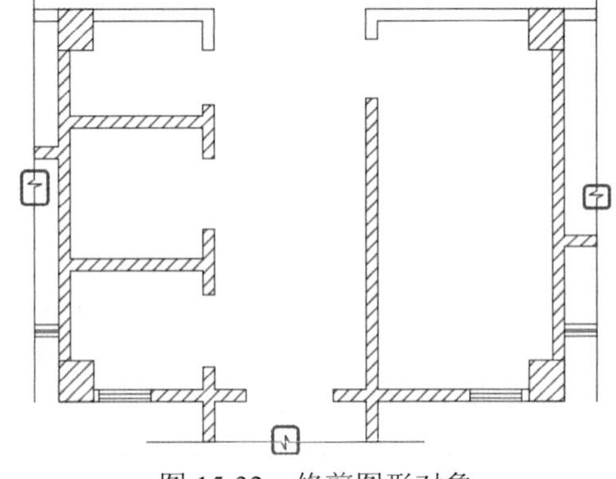

图 15-32　修剪图形对象

Step 32 使用【圆弧】和【直线】工具，绘制单开门，如图 15-33 所示。

Step 33 使用同样的方法绘制双开门，如图 15-34 所示。

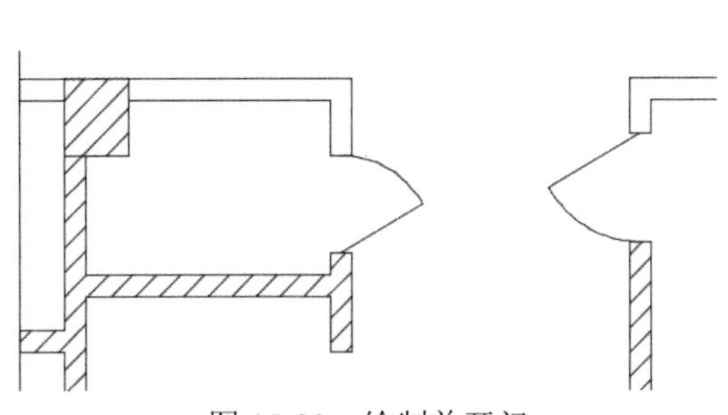

图 15-33　绘制单开门

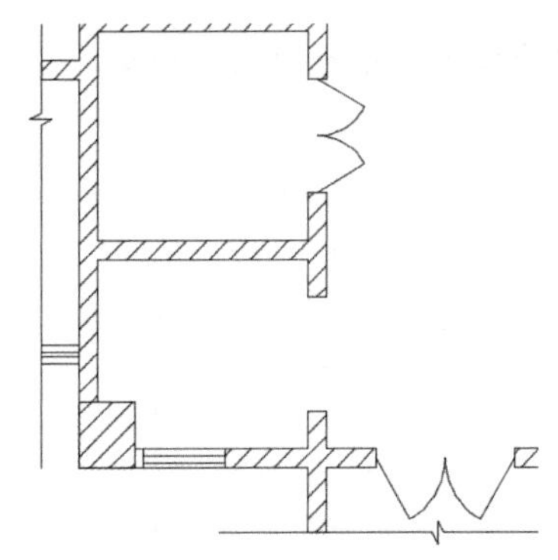

图 15-34　绘制双开门

Step 34 在命令行中输入 REC 命令，绘制 100 × 2 200、170 × 1 210、1 600 × 1 700 的矩形，在命令行中输入 MOVE 命令，移动图形对象，如图 15-35 所示。

Step 35 在命令行中输入 L 命令，绘制直线，如图 15-36 所示。

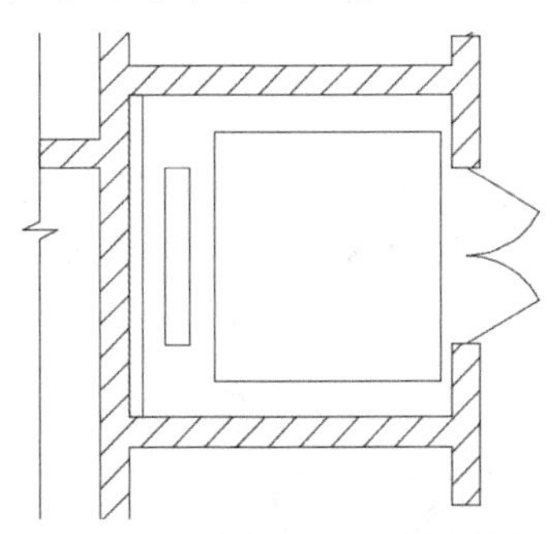

图 15-35　绘制矩形并移动对象

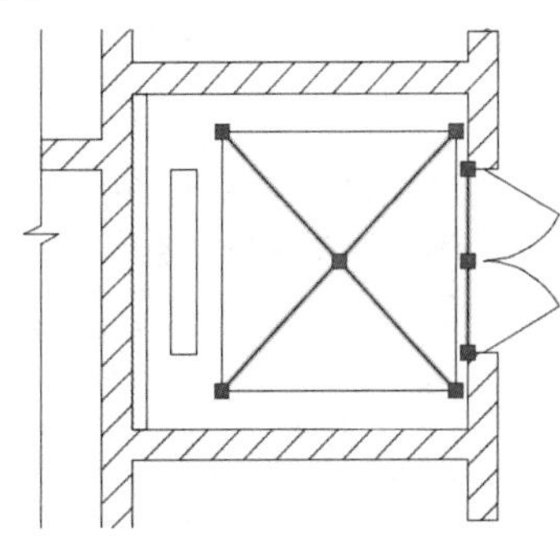

图 15-36　绘制直线

Step 36 在空白位置处，使用【矩形】工具，绘制长度为 2 900、宽度为 2 700 的矩形，如图 15-37 所示。

Step 37 使用【分解】工具，分解图形对象，在命令行中输入 ARRAYRECT 命令，选择分解后矩形的上侧边作为阵列对象，将【列数】设置为 1，将【行数】设置为 9，将【介于】设置为-300，如图 15-38 所示。

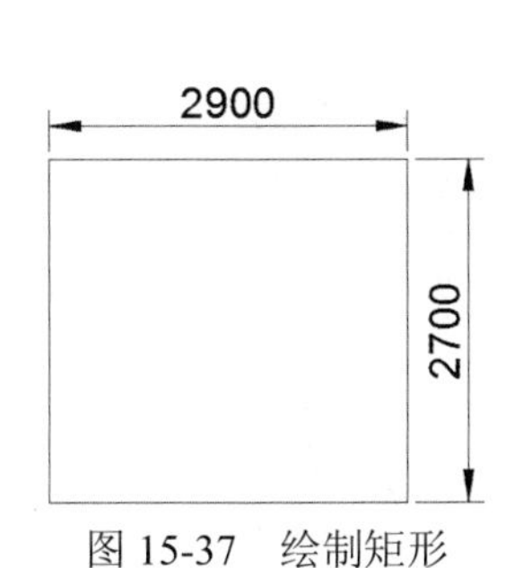

图 15-37　绘制矩形

图 15-38　矩形阵列

Step 38 在命令行中输入 REC 命令，绘制长度为 100、宽度为 2 800 的矩形，在命令行中输入 MOVE 命令，移动矩形的位置，如图 15-39 所示。

Step 39 在命令行中输入 O 命令，将矩形向外部偏移 50，如图 15-40 所示。

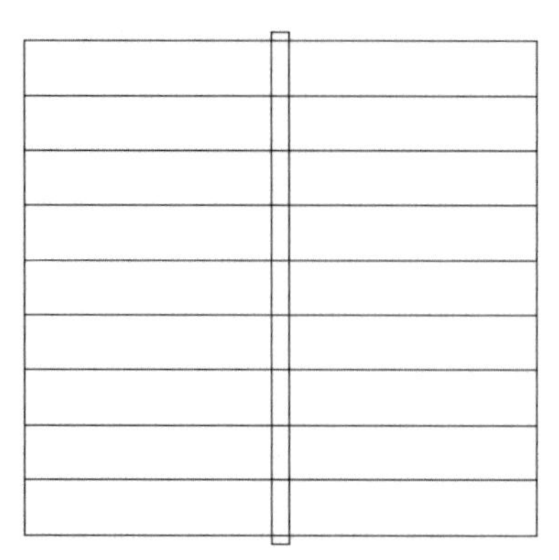

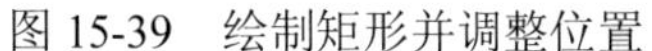

图 15-39　绘制矩形并调整位置

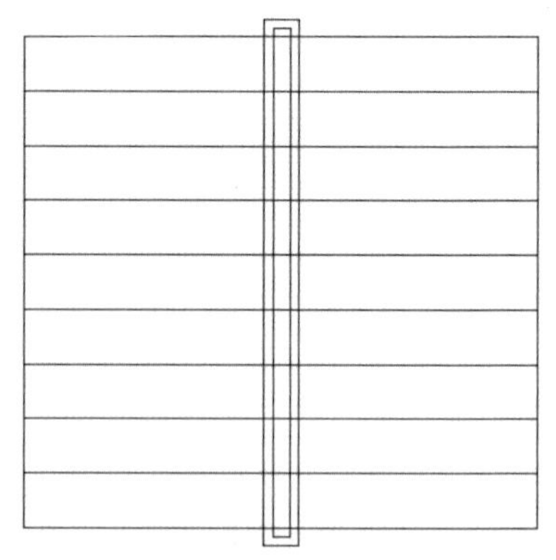

图 15-40　偏移矩形

Step 40 使用【分解】工具，将阵列后的对象进行分解，在命令行中输入 TR 命令，修剪图形对象，如图 15-41 所示。

Step 41 在命令行中输入 PL 命令，绘制如图 15-42 所示的线段。

Step 42 在命令行中输入 PL 命令，指定多段线的第一点，向下引导鼠标输入 1 260，在命令行中输入 W 命令，将多段线的【起点宽度】设置为 150，将【端点宽度】设置为 0，如图 15-43 所示。

Step 43 选择绘制的楼梯对象，右击，在弹出的快捷菜单中执行【组】|【组】命令，如图 15-44 所示。

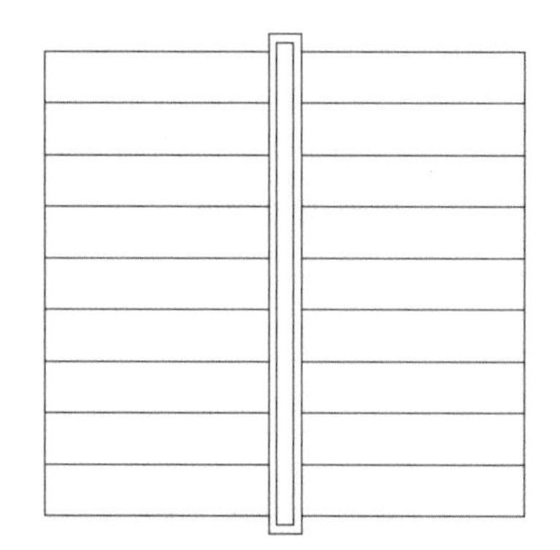

图 15-41　修剪图形对象

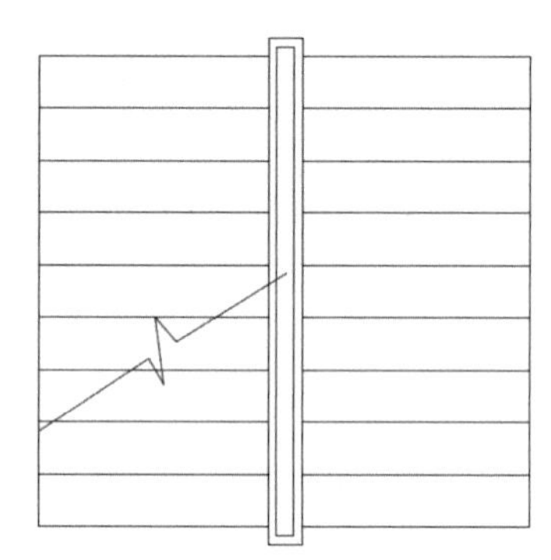

图 15-42　绘制线段

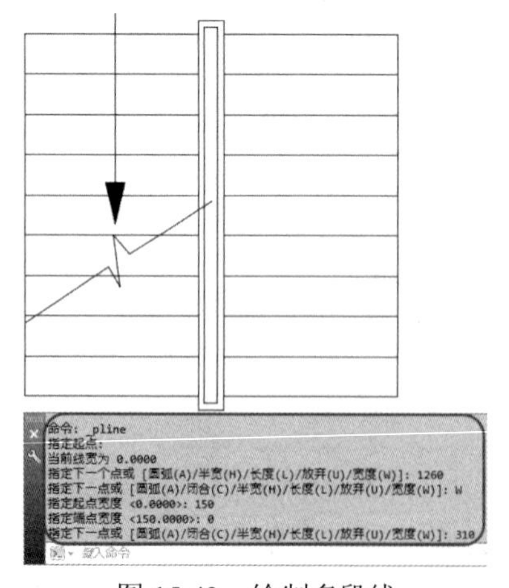

图 15-43　绘制多段线

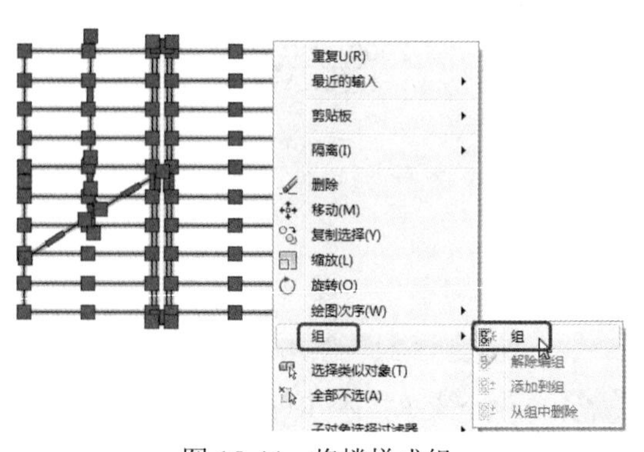

图 15-44　将楼梯成组

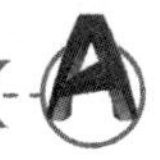

Step 44 在命令行中输入 O 命令，将选中的线段向左偏移 100，如图 15-45 所示。

Step 45 在命令行中输入 MOVE 命令，将楼梯移动至如图 15-46 所示的位置处。

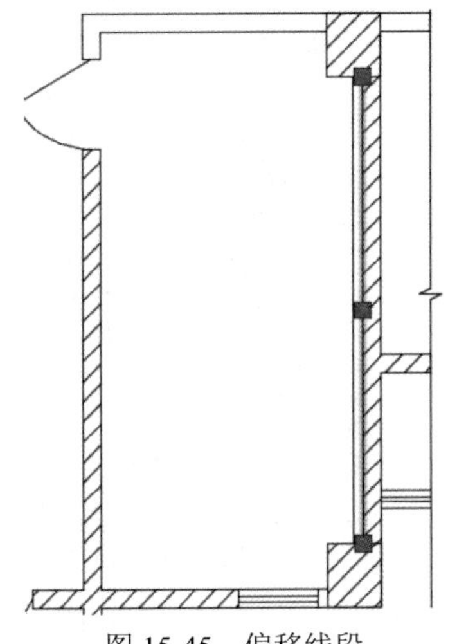

图 15-45　偏移线段

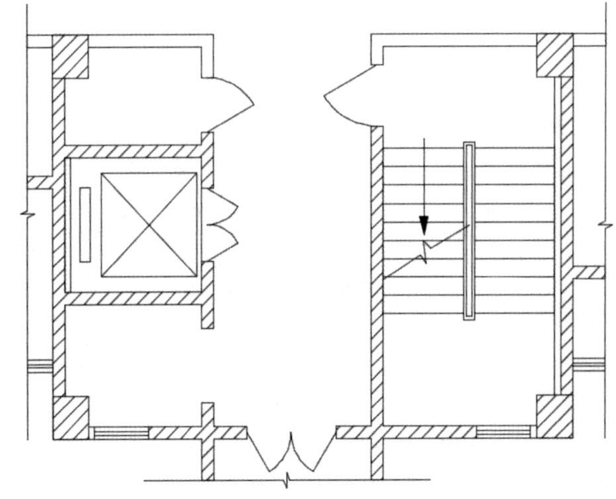

图 15-46　移动楼梯的位置

Step 46 将【图案填充】图层置为当前图层，在命令行中输入 HATCH 命令，在命令行中输入 T 命令，弹出【图案填充和渐变色】对话框，将【图案】设置为 AR-CONC，将【比例】设置为 2，单击【添加：拾取点】按钮，如图 15-47 所示。

Step 47 返回至绘图区中，对图形进行图案填充即可，如图 15-48 所示。

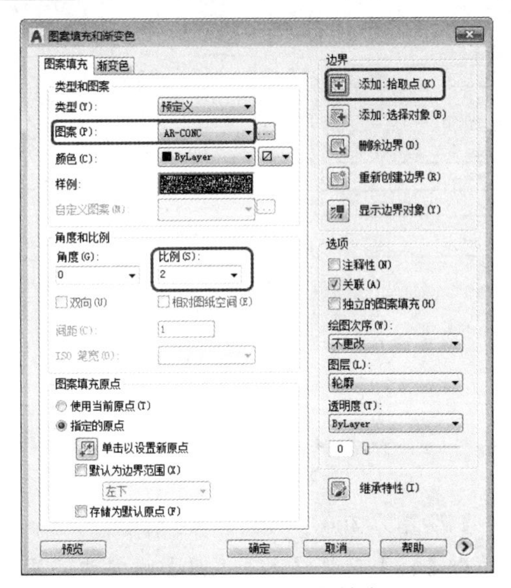

图 15-47　设置图案填充

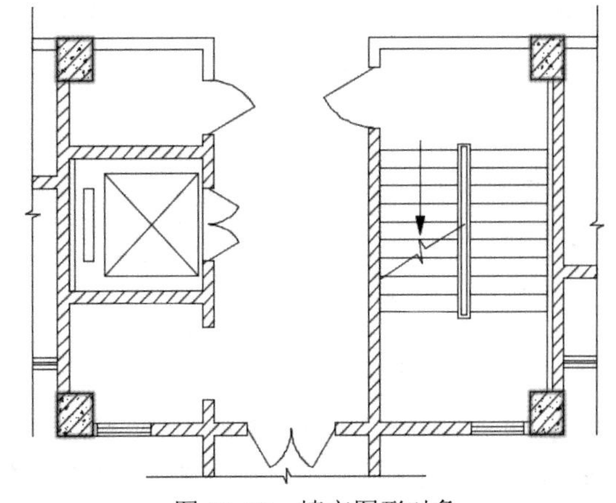

图 15-48　填充图形对象

15.1.2　添加标注

楼梯详图绘制完成后，下面讲解如何添加标注，其具体操作步骤如下。

Step 01 在命令行中输入 LA 命令，弹出【图层特性管理器】选项板，将【标注】图层置为当前图层，如图 15-49 所示。

Step 02 在命令行中输入【格式】|【标注样式】命令，如图 15-50 所示。

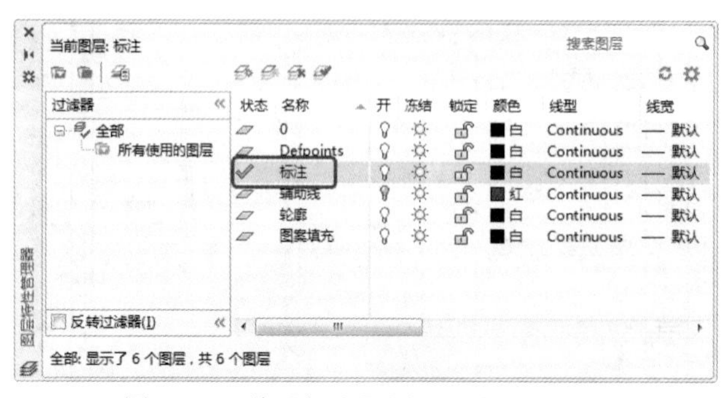

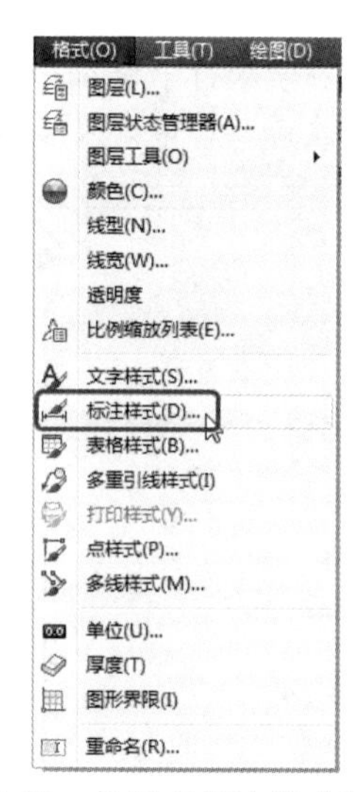

图 15-49　将【标注】图层置为当前图层

图 15-50　执行【标注样式】命令

Step 03 弹出【标注样式管理器】对话框，单击【新建】按钮，弹出【创建新标注样式】对话框，将【新样式名】设置为【尺寸标注】，将【基础样式】设置为【ISO-25】，单击【继续】按钮，如图 15-51 所示。

Step 04 弹出【新建标注样式：尺寸标注】对话框，将【尺寸线】和【尺寸界线】的颜色设置为【蓝】，将【基线间距】、【超出尺寸线】和【起点偏移量】设置为 100，如图 15-52 所示。

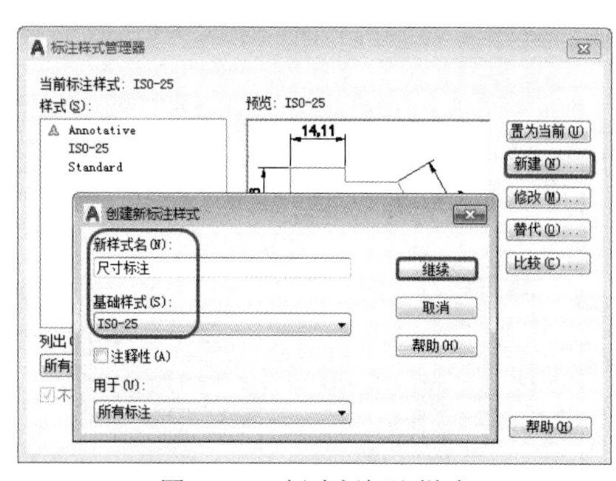

图 15-51　创建新标注样式

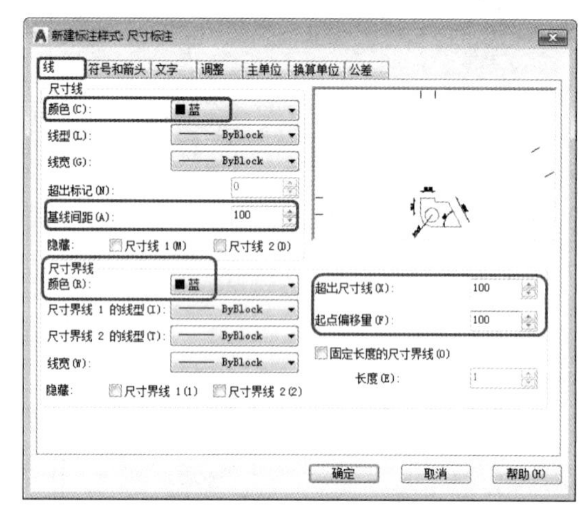

图 15-52　设置线参数

Step 05 切换至【符号和箭头】选项卡，将【箭头大小】设置为 300，如图 15-53 所示。

Step 06 切换至【文字】选项卡，将【文字颜色】设置为【蓝】，将【文字高度】设置为 300，如图 15-54 所示。

Step 07 切换至【调整】选项卡，选中【文字位置】下方的【尺寸线上方，不带引线】单选按钮，如图 15-55 所示。

Step 08 切换至【主单位】选项卡，将【线性标注】的【精度】设置为 0，如图 15-56 所示。

Step 09 返回至【标注样式管理器】对话框，选择【尺寸标注】样式，单击【置为当前】按钮，如图 15-57 所示。

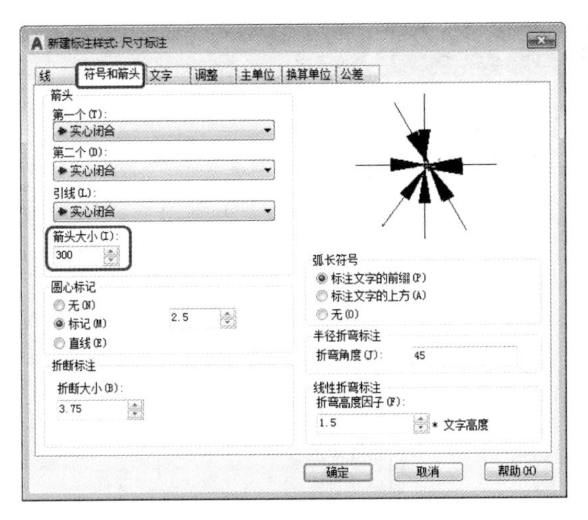

图 15-53 设置箭头大小

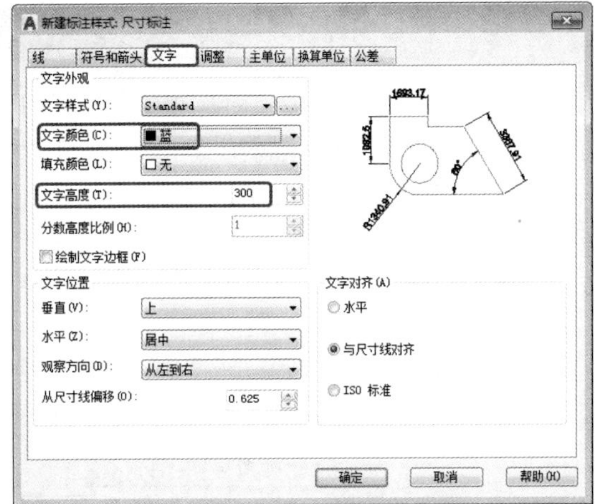

图 15-54 设置文字颜色及高度

图 15-55 设置调整参数

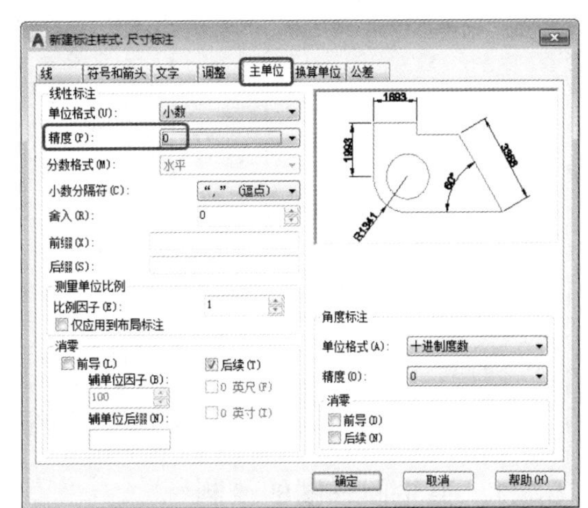

图 15-56 设置线性标注高度

Step 10 单击【关闭】按钮，使用【线性标注】和【连续标注】工具，对图形进行标注，效果如图 15-58 所示。

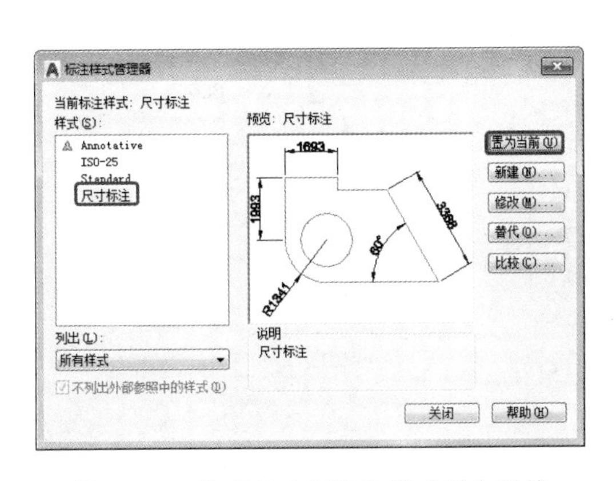

图 15-57 将【尺寸标注】样式置为当前

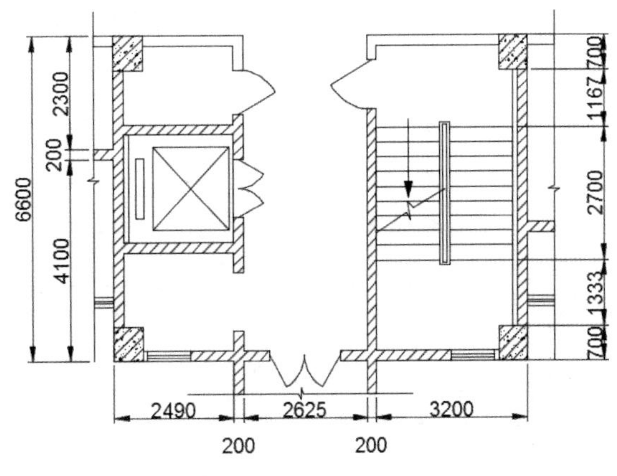

图 15-58 标注后的效果

15.2 卫生间详图

卫生间并不单指厕所，而是厕所、洗手间、浴池的合称。根据布局，卫生间可分为独立型、兼用型和折中型 3 种。根据形式可分为半开放式、开放式和封闭式。目前比较流行的是区分干湿分区的半开放式。住宅的卫生间一般有专用和公用之分。专用的只服务于主卧室；公用的与公共走道相连接，由其他家庭成员和客人公用。下面介绍如何绘制卫生间详图，绘制完成后的效果如图 15-59 所示。

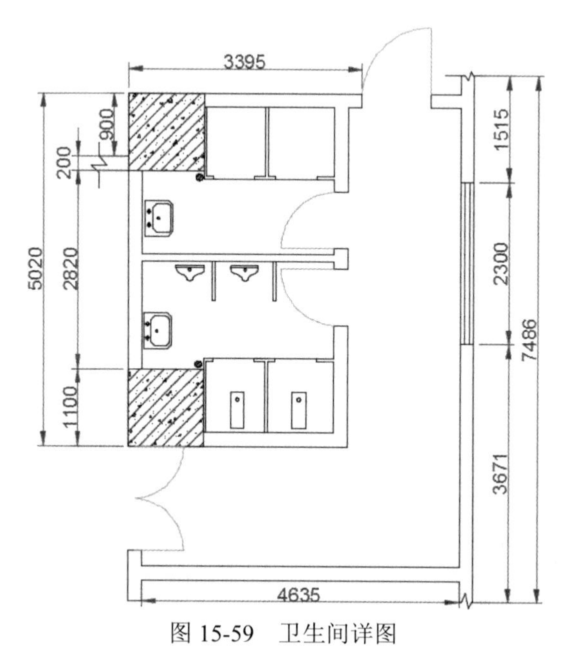

图 15-59 卫生间详图

15.2.1 卫生间详图的绘制

绘制卫生间详图的具体操作步骤如下。

Step 01 新建图纸文件，在命令行中输入 LA 命令，弹出【图层特性管理器】选项板，新建【标注】、【辅助线】、【门】、【墙体】、【图案填充】图层，将【门】图层的【颜色】设置为【绿】，将【辅助线】图层的【颜色】设置为【红】，并将该图层置为当前图层，如图 15-60 所示。

Step 02 在命令行中输入 L 命令，绘制水平长度为 600、垂直长度为 7 650 的直线，如图 15-61 所示。

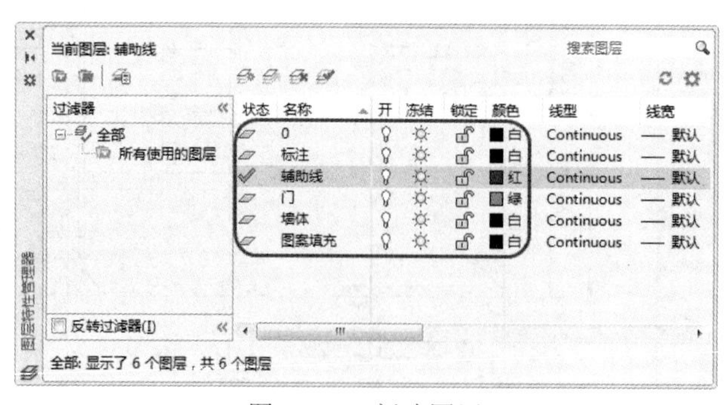

图 15-60 新建图层

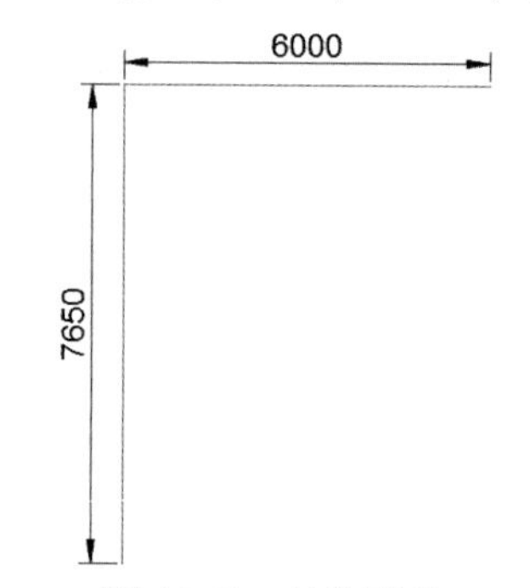

图 15-61 绘制直线

Step 03 在命令行中输入 O 命令，将左侧边向右偏移 780、1 805、1 925、2 525、2 705、2 825、

3 425、3 775、4 075、5 080、5 615，如图 15-62 所示。

Step 04 使用【偏移】工具，将上侧边向下偏移 365、1 465、1 515、1 660、2 460、2 610、2 760、3 205、3 565、3 815、4 055、5 185、6 765、7 085、7 365，将左侧的辅助线删除，如图 15-63 所示。

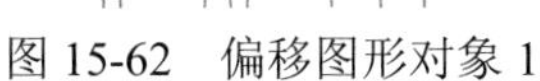

图 15-62　偏移图形对象 1

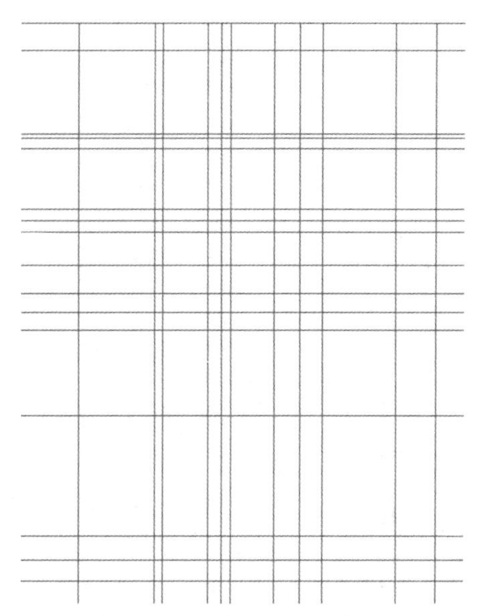

图 15-63　偏移图形对象 2

Step 05 在命令行中输入 TR 命令，修剪辅助线，如图 15-64 所示。

Step 06 在命令行中输入 MLSTYLE 命令，弹出【多线样式】对话框，单击【新建】按钮，弹出【创建新的多线样式】对话框，将【新样式名】设置为【200 墙体】，单击【继续】按钮，如图 15-65 所示。

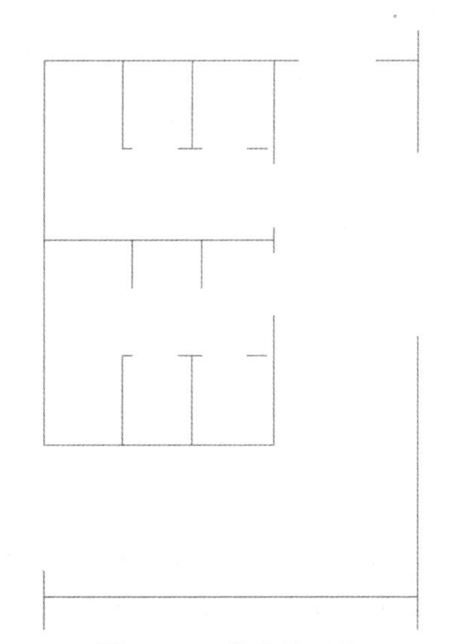

图 15-64　修剪辅助线

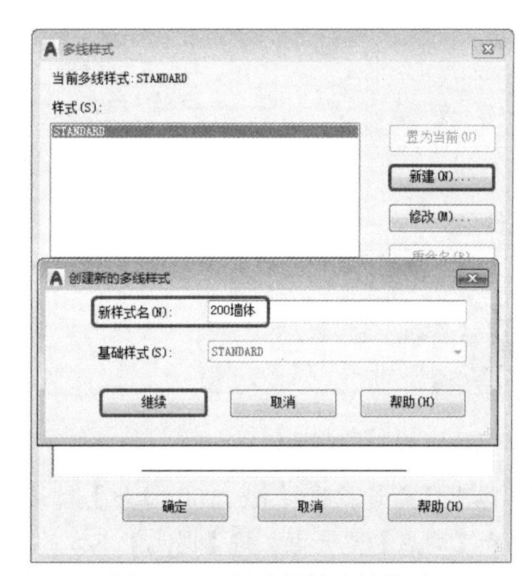

图 15-65　创建新的多线样式

Step 07 弹出【新建多线样式：200 墙体】对话框，在【封口】选项组中，勾选【直线】右侧的【起点】和【端点】复选框，将【图元】下方的【偏移】分别设置为 100、-100，如图 15-66 所示。

Step 08 选择【200 墙体】样式，单击【置为当前】按钮，单击【确定】按钮，如图 15-67 所示。

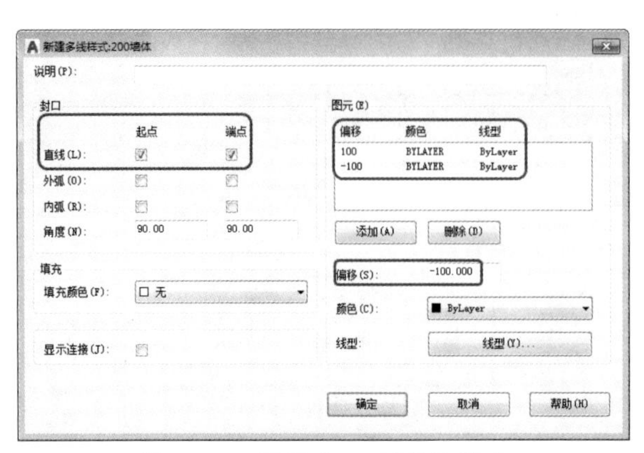

图 15-66　新建【200 墙体】样式

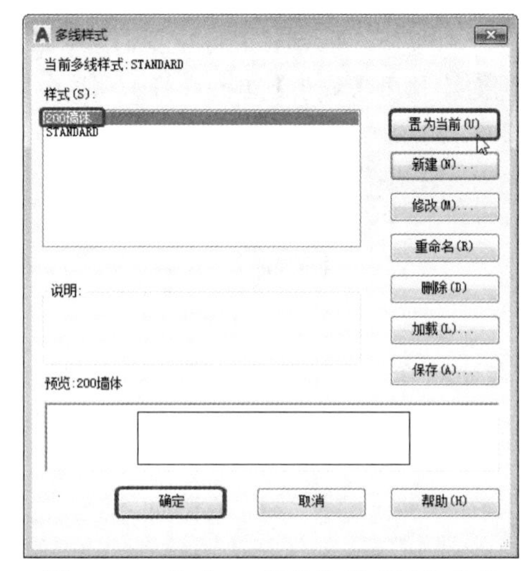

图 15-67　将【200 墙体】样式置为当前

Step 09 将【墙体】图层置为当前图层，在命令行中输入 ML 命令，将【比例】设置为 1，将【对正】设置为【无】，绘制如图 15-68 所示的墙体。

Step 10 在命令行中输入 MLSTYLE 命令，弹出【多线样式】对话框，单击【新建】按钮，弹出【创建新的多线样式】对话框，将【新样式名】设置为【100 墙体】，将【基础样式】设置为【STANDARD】，单击【继续】按钮，如图 15-69 所示。

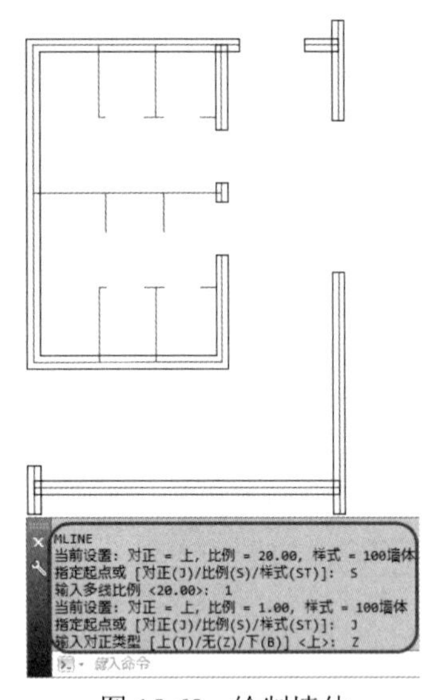

图 15-68　绘制墙体

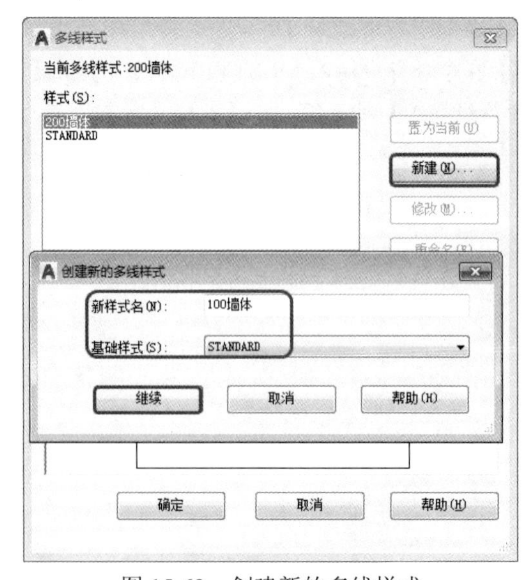

图 15-69　创建新的多线样式

Step 11 弹出【新建多线样式：100 墙体】对话框，在【封口】选项组中，勾选【直线】右侧的【起点】和【端点】复选框，将【图元】下方的【偏移】分别设置为 50、-50，如图 15-70 所示。

Step 12 选择【100 墙体】样式，单击【置为当前】按钮，如图 15-71 所示。

Step 13 单击【确定】按钮，返回至绘图区中，绘制如图 15-72 所示的墙体。

Step 14 在命令行中输入 MLSTYLE 命令，弹出【多线样式】对话框，单击【新建】按钮，弹出【创建新的多线样式】对话框，将【新样式名】设置为【40 墙体】，将【基础样式】设置为【STANDARD】，单击【继续】按钮，如图 15-73 所示。

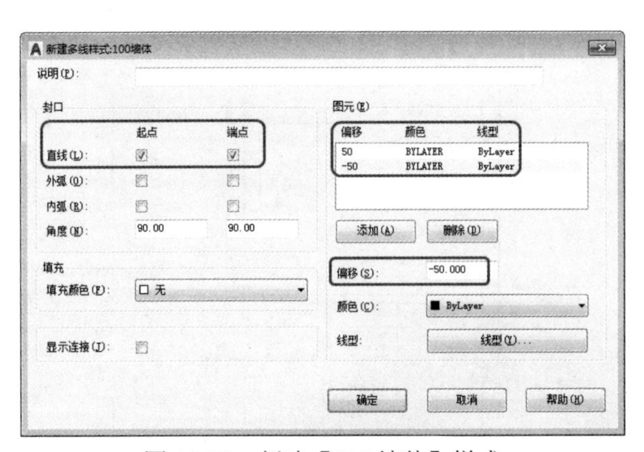

图 15-70　新建【100 墙体】样式

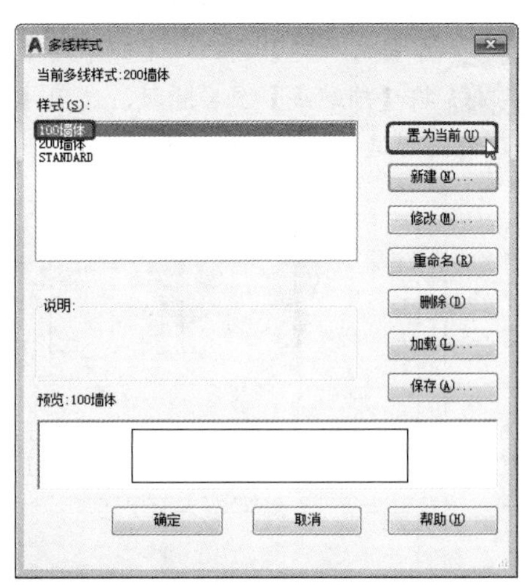

图 15-71　将【100 墙体】样式置为当前

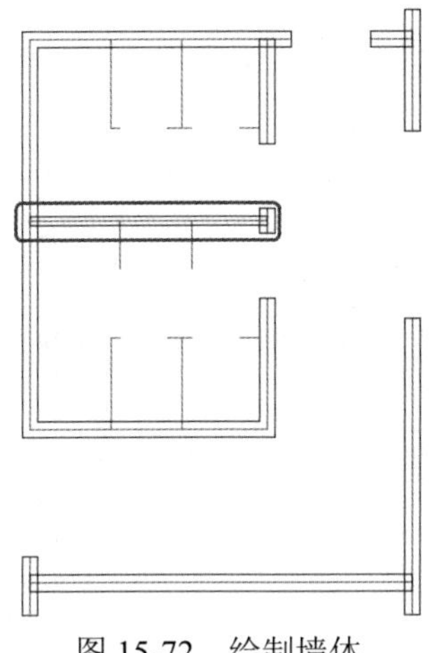

图 15-72　绘制墙体

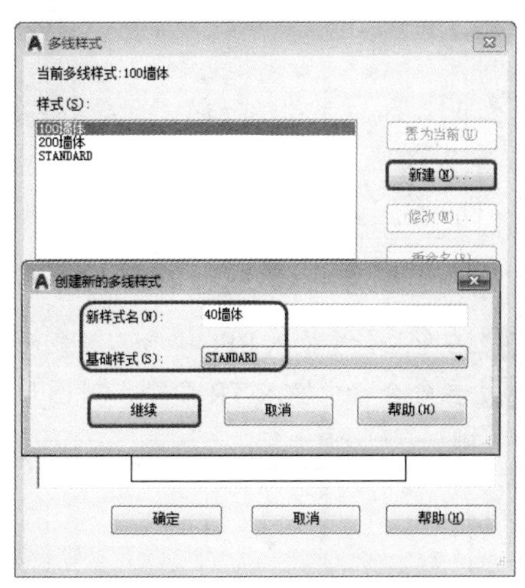

图 15-73　创建新的多线样式

Step 15 弹出【新建多线样式：40 墙体】对话框，在【封口】选项组中，勾选【直线】右侧的【起点】和【端点】复选框，将【图元】下方的【偏移】分别设置为 20、-20，如图 15-74 所示。

Step 16 选择【40 墙体】样式，单击【置为当前】按钮，如图 15-75 所示。

图 15-74　创建【40 墙体】样式

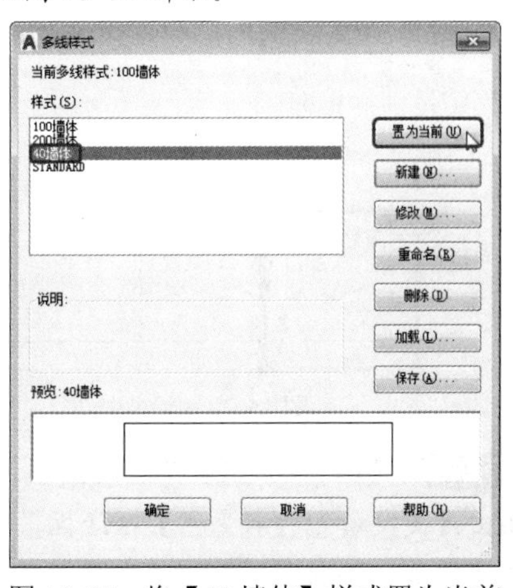

图 15-75　将【40 墙体】样式置为当前

Step 17 单击【确定】按钮，返回至绘图区中，绘制如图 15-76 所示的墙体。

Step 18 将【辅助线】图层隐藏，使用【分解】工具，将多线进行分解，在命令行中输入 TR 命令，对图形进行修剪，如图 15-77 所示。

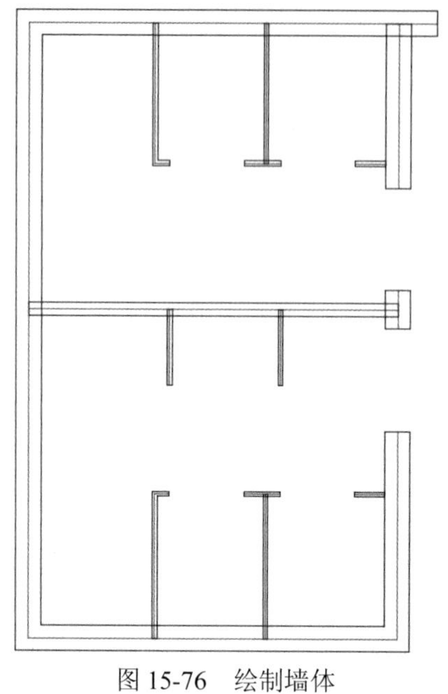
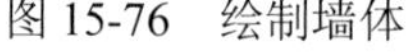
图 15-76　绘制墙体

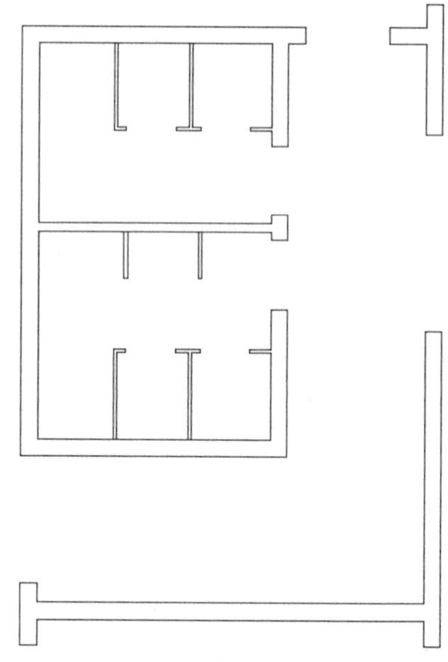
图 15-77　修剪图形对象 1

Step 19 在命令行中输入 REC 命令，绘制两个长度为 1 105、宽度为 1 100 的矩形，如图 15-78 所示。

Step 20 在命令行中输入 TR 命令，对图形进行修剪，如图 15-79 所示。

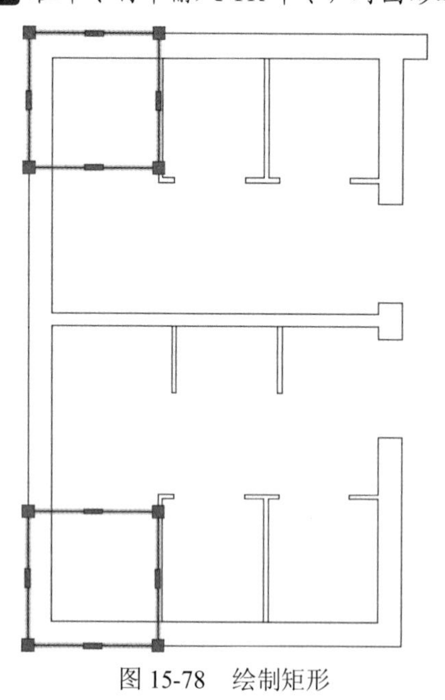
图 15-78　绘制矩形

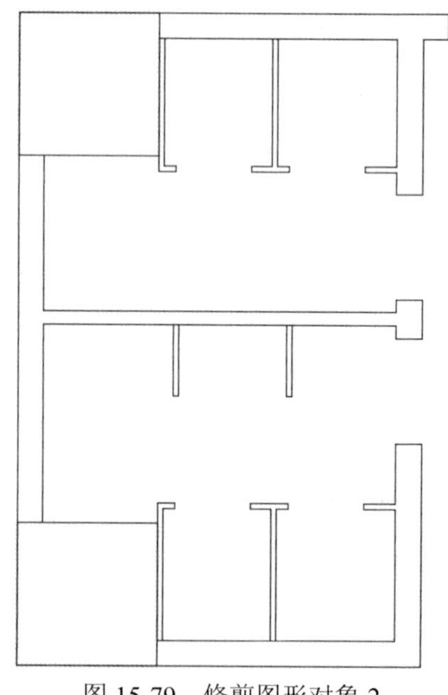
图 15-79　修剪图形对象 2

Step 21 将【图案填充】置为当前图层，在命令行中输入 HATCH 命令，在命令行中输入 T 命令，弹出【图案填充和渐变色】对话框，将【图案】设置为【ANSI31】，将【比例】设置为 40，单击【添加：拾取点】按钮，如图 15-80 所示。

Step 22 返回至绘图区中，对图形进行填充，如图 15-81 所示。

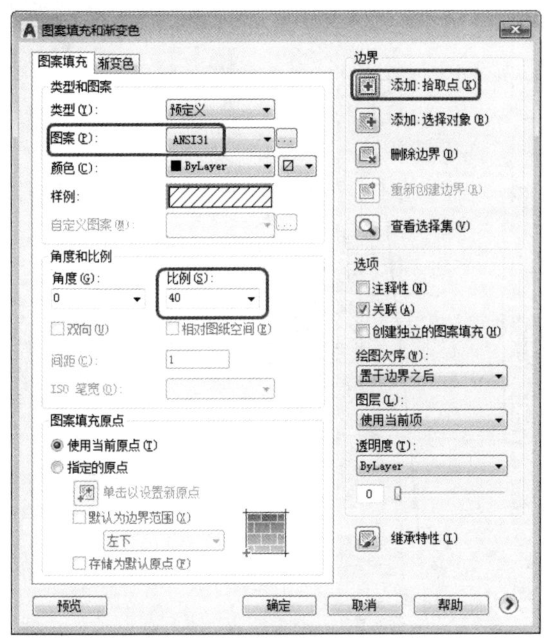

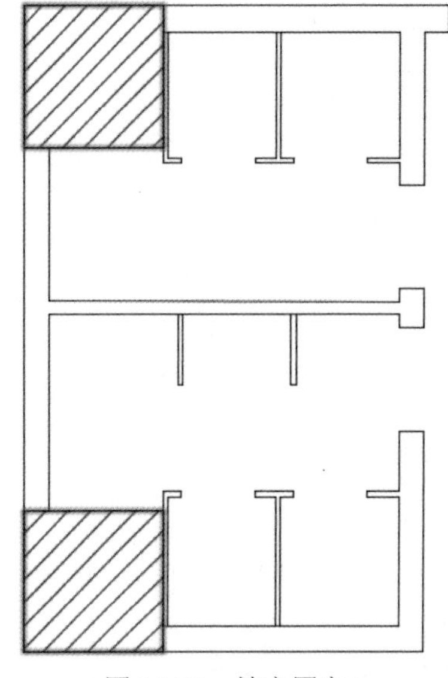

图 15-80　设置图案填充

图 15-81　填充图案 1

Step 23 在命令行中输入 HATCH 命令，在命令行中输入 T 命令，弹出【图案填充和渐变色】对话框，将【图案】设置为【AR-CONC】，将【比例】设置为 2，单击【添加：拾取点】按钮，如图 15-82 所示。

Step 24 返回至绘图区中，对图形进行填充，如图 15-83 所示。

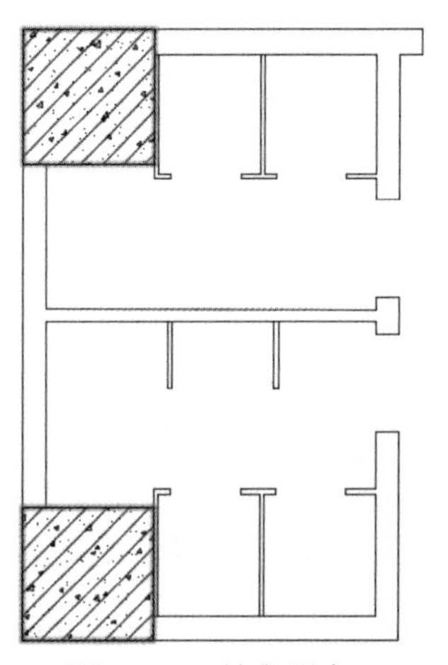

图 15-82　设置图案填充

图 15-83　填充图案 2

Step 25 将【墙体】图层置为当前图层，使用【直线】和【偏移】工具，绘制直线并偏移，效果如图 15-84 所示。

Step 26 使用【多段线】工具，绘制如图 15-85 所示的对象。

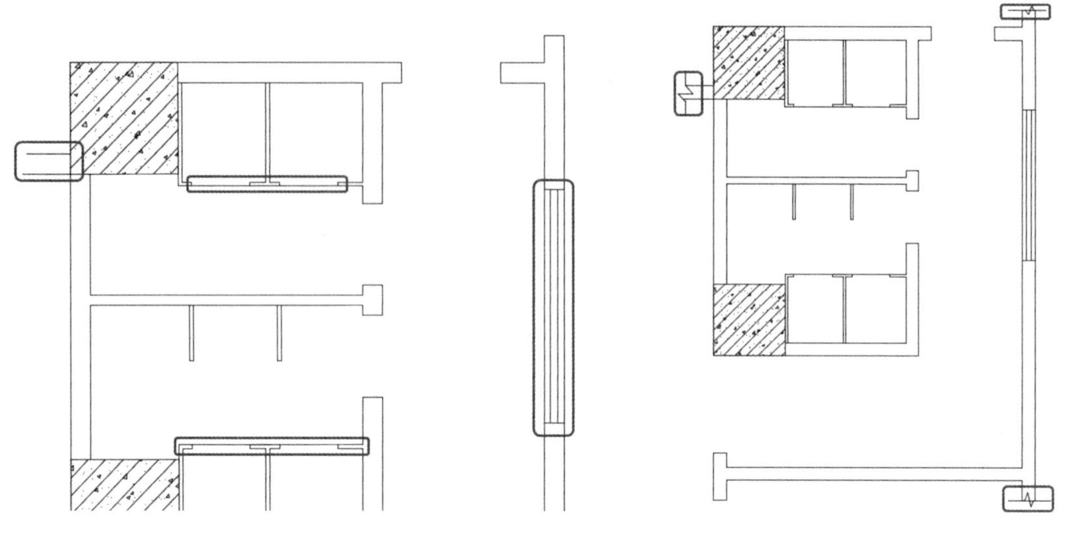

图 15-84　绘制完成后的效果　　　图 15-85　绘制多段线

Step 27 在命令行中输入 TR 命令，修剪图形，如图 15-86 所示。

Step 28 将【门】图层置为当前图层，在命令行中输入 L 命令，指定 A 点作为起点，向左引导鼠标输入 760，使用【起点，端点，方向】工具，指定直线的左端点作为圆弧的起点，指定 B 点作为圆弧的端点，向左引导鼠标，将【方向】设置为 60，绘制门，如图 15-87 所示。

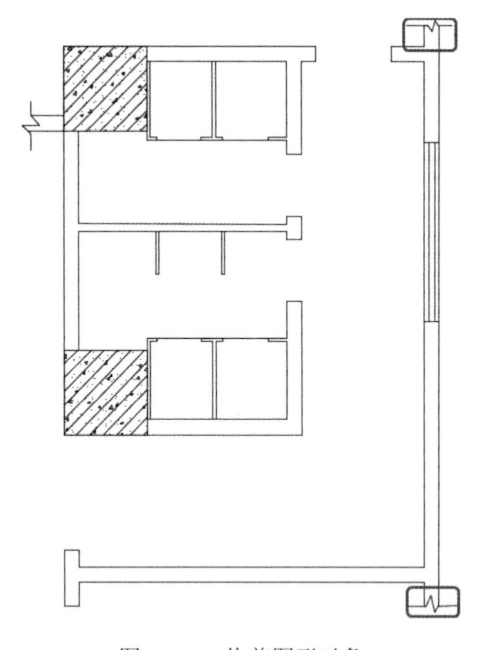

图 15-86　修剪图形对象

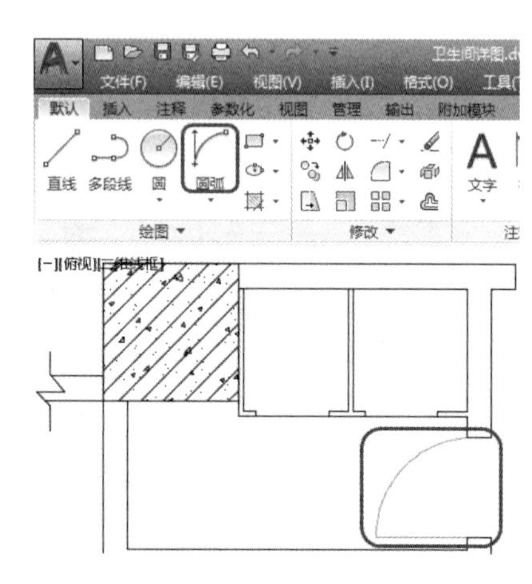

图 15-87　绘制门

Step 29 在命令行中输入 CO、MI 命令将门进行复制、镜像，如图 15-88 所示。

Step 30 在命令行中输入 L 命令，绘制垂直长度为 950 的直线，如图 15-89 所示。

Step 31 使用【起点，端点，方向】工具，指定 A 点作为起点，指定线段的上端点作为端点，向左引导鼠标输入 180，绘制圆弧，如图 15-90 所示。

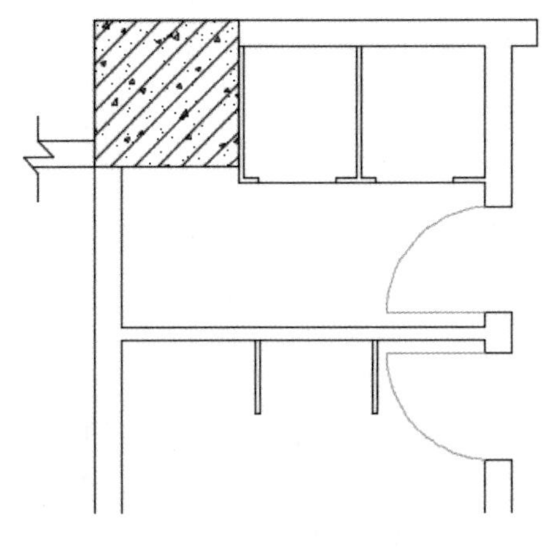

图 15-88　复制并镜像门

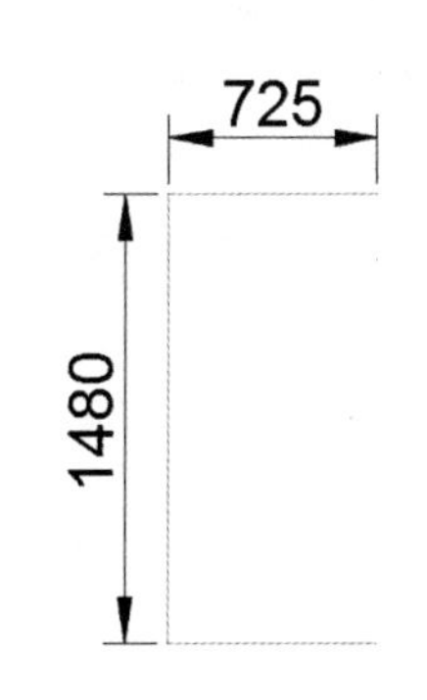

图 15-89　绘制直线

Step 32 在命令行中输入 L 命令，在空白位置处指定一点，向左引导鼠标输入 725，向下引导鼠标输入 1 480，向右引导鼠标输入 725，如图 15-91 所示。

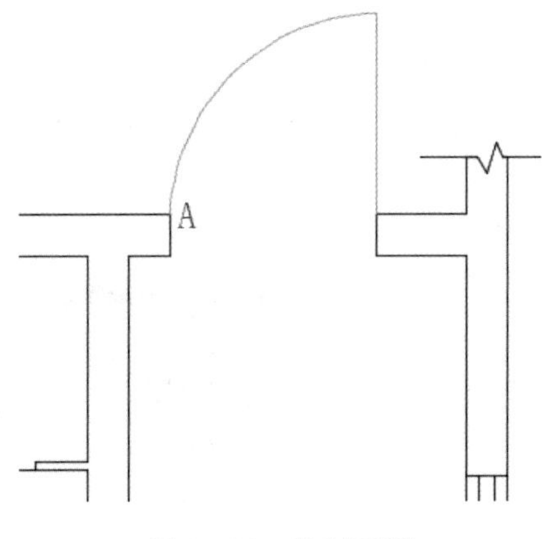

图 15-90　绘制圆弧

图 15-91　绘制多段线

Step 33 使用【起点，端点，方向】工具，绘制圆弧，如图 15-92 所示。

Step 34 在命令行中输入 MOVE 命令，移动门，将绘制的直线删除，如图 15-93 所示。

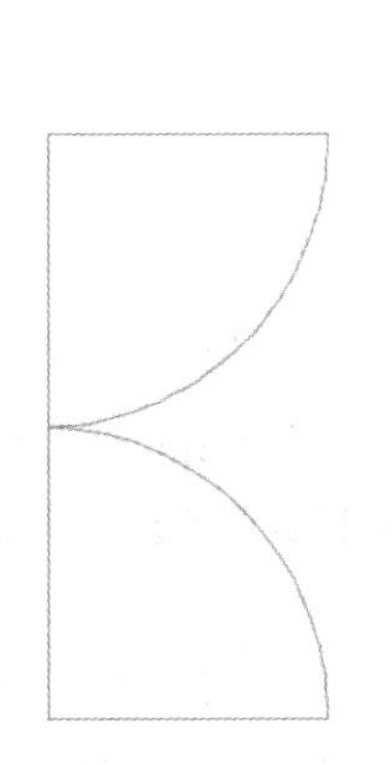

图 15-92　绘制圆弧

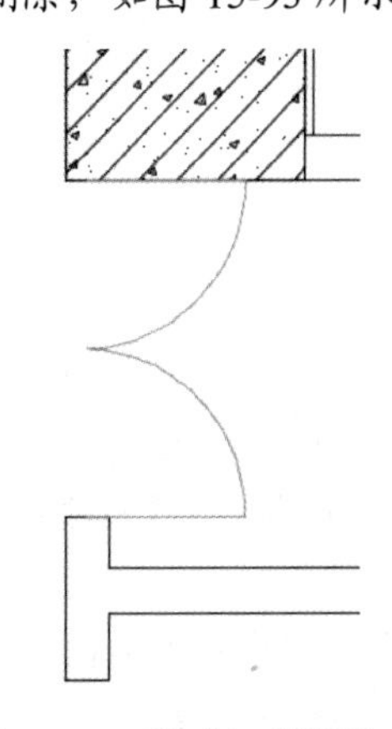

图 15-93　移动门并删除直线

Step 35 打开配套资源中的素材\第 15 章\【卫生间-素材.dwg】图形文件，如图 15-94 所示。

Step 36 选择所有的素材文件，对其进行复制，并调整对象的位置，效果如图 15-95 所示。

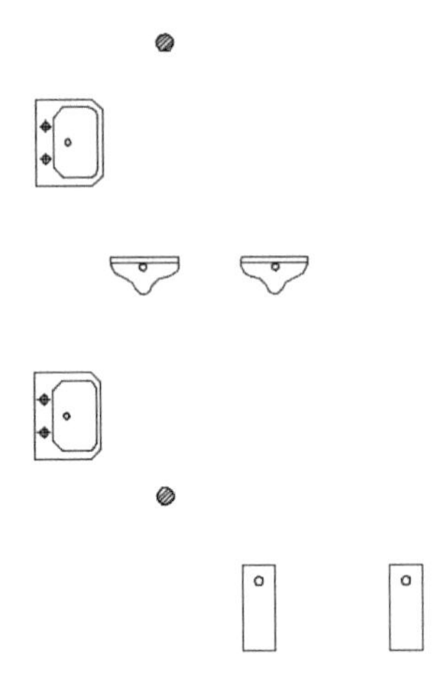

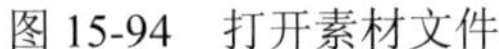
图 15-94　打开素材文件

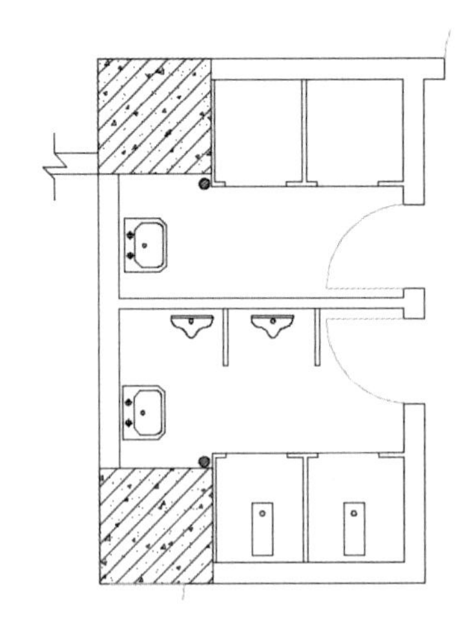

图 15-95　复制素材文件并调整对象的位置

15.2.2　添加标注

卫生间详图绘制完成后，下面讲解如何添加标注，其具体操作步骤如下。

Step 01 在命令行中输入 LA 命令，弹出【图层特性管理器】选项板，将【标注】样式置为当前图层，如图 15-96 所示。

Step 02 在菜单栏中执行【格式】|【标注样式】命令，如图 15-97 所示。

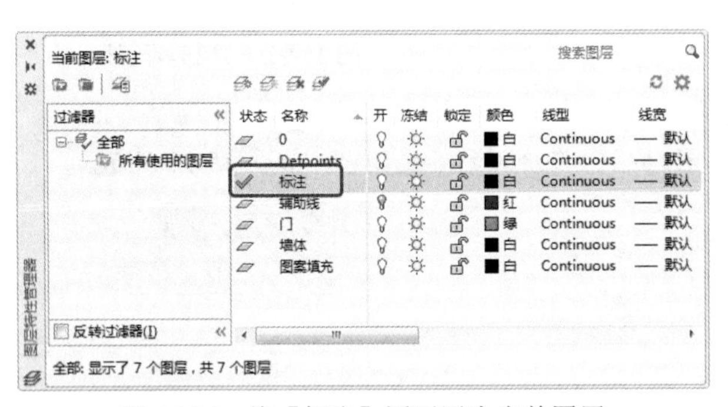

图 15-96　将【标注】图层置为当前图层

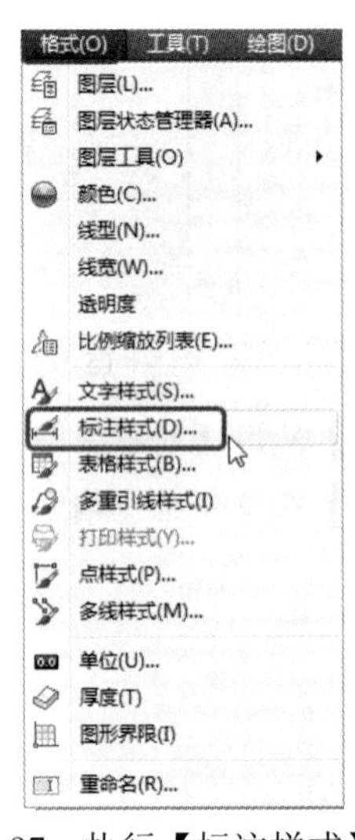

图 15-97　执行【标注样式】命令

Step 03 弹出【标注样式管理器】对话框，单击【新建】按钮，弹出【创建新标注样式】对话框，将【新样式名】设置为【尺寸标注】，将【基础样式】设置为【ISO-25】，单击【继续】按钮，如图 15-98 所示。

Step 04 弹出【新建标注样式：尺寸标注】对话框，将【尺寸线】和【尺寸界线】的颜色设置为【红】，将【基线间距】、【超出尺寸线】和【起点偏移量】设置为 80，如图 15-99 所示。

Step 05 切换至【符号和箭头】选项卡，将【箭头大小】设置为 300，如图 15-100 所示。

Step 06 切换至【文字】选项卡，将【文字颜色】设置为【红】，将【文字高度】设置为 200，如图 15-101 所示。

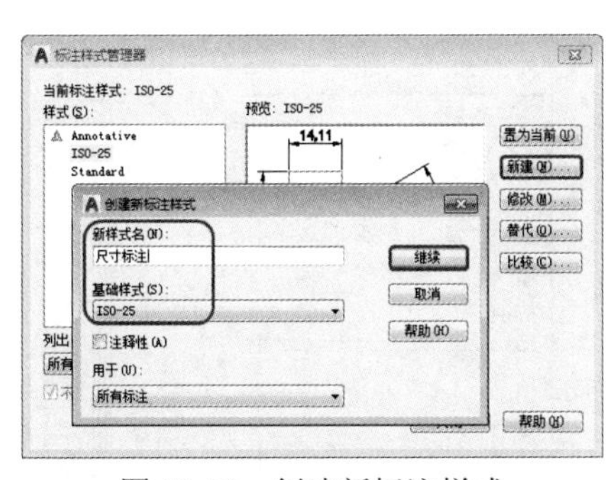

图 15-98　创建新标注样式

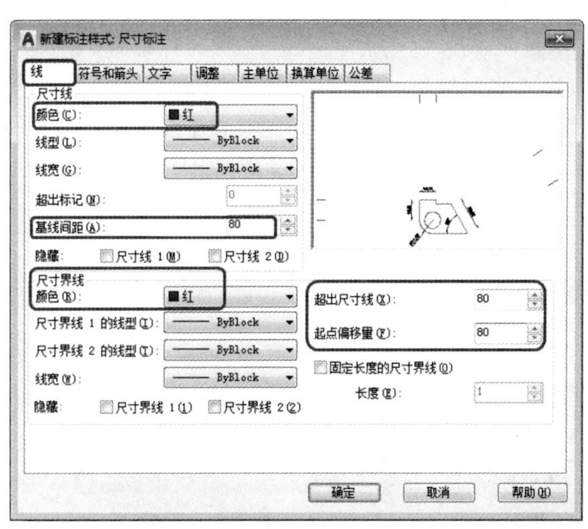

图 15-99　设置线参数

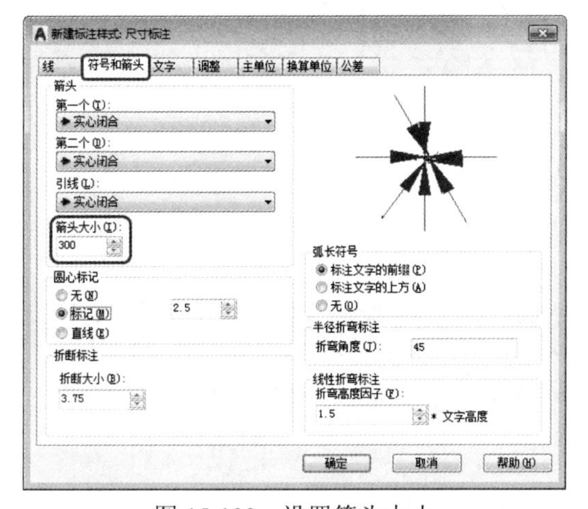

图 15-100　设置箭头大小

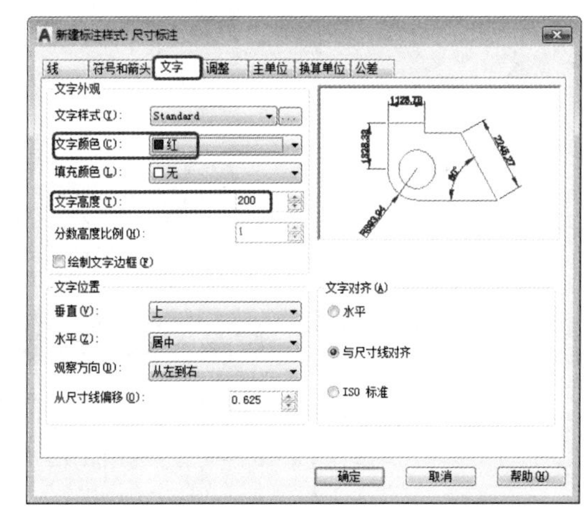

图 15-101　设置文字颜色及文字高度

Step 07 切换至【调整】选项卡，选中【文字位置】下方的【尺寸线上方，不带引线】单选按钮，如图 15-102 所示。

Step 08 切换至【主单位】选项卡，将【线性标注】的【精度】设置为 0，如图 15-103 所示。

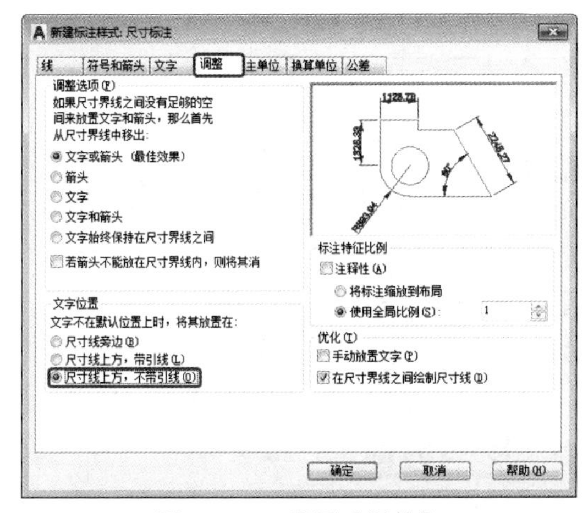

图 15-102　设置【调整】

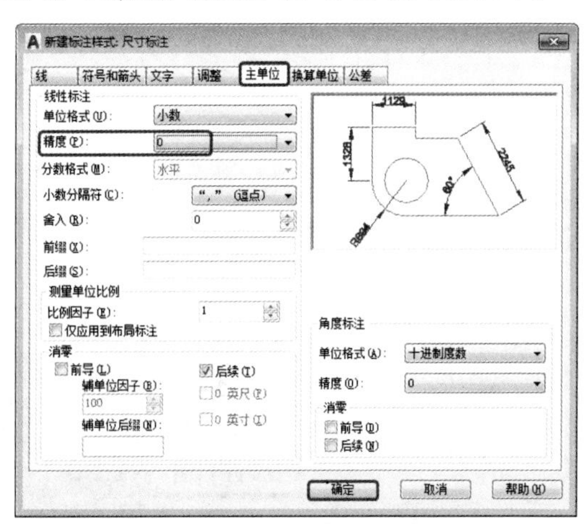

图 15-103　设置线性标注精度

Step 09 返回至【标注样式管理器】对话框，选择【尺寸标注】样式，单击【置为当前】按钮，如图 15-104 所示。

Step 10 单击【关闭】按钮，使用【线性标注】和【连续标注】工具，对图形进行标注，效果如图 15-105 所示。

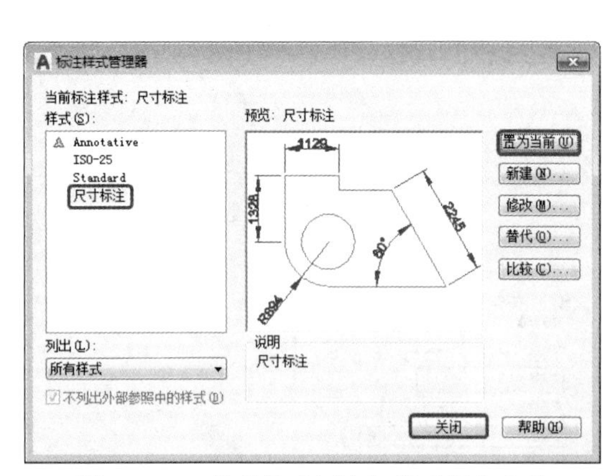

图 15-104 将【尺寸标注】样式置为当前

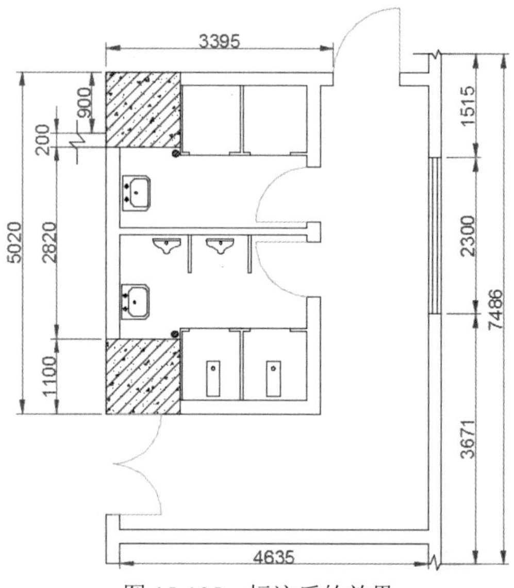

图 15-105 标注后的效果

15.3 节点大样图

节点大样图是指节点在总平面图上标注不明显，在另一张图纸上另外标出来，下面介绍如何绘制节点大样图，绘制完成后的效果如图 15-106 所示。

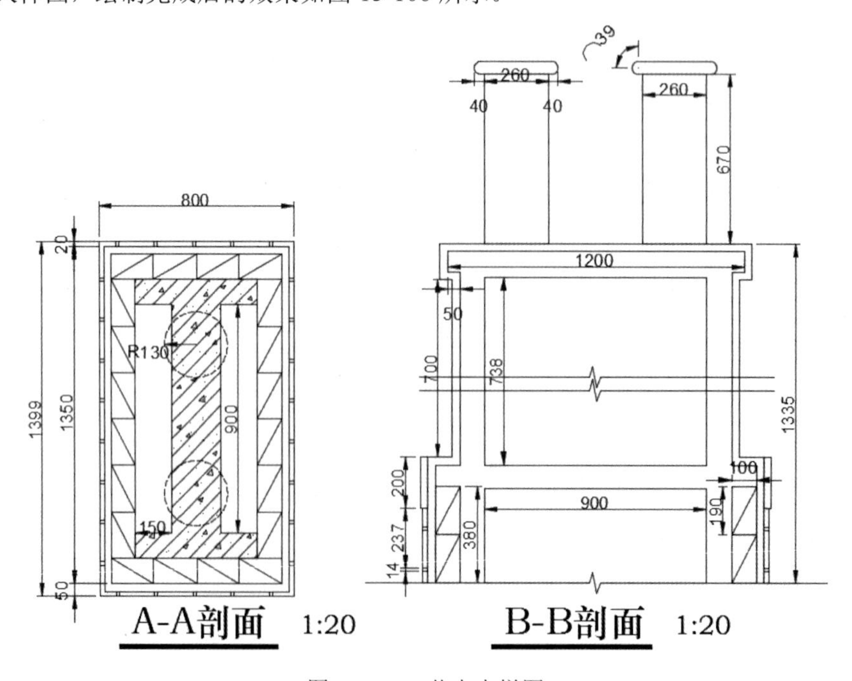

图 15-106 节点大样图

15.3.1　节点大样图绘制

绘制节点大样图的具体操作步骤如下。

Step 01 在命令行中输入 REC 命令，绘制长度为 800、宽度为 1 400 的矩形，如图 15-107 所示。

Step 02 在命令行中输入 O 命令，将矩形向内部偏移 20、30、100，如图 15-108 所示。

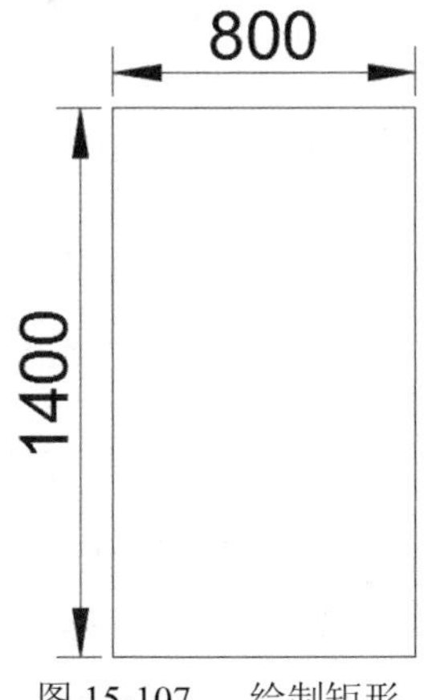

图 15-107　绘制矩形

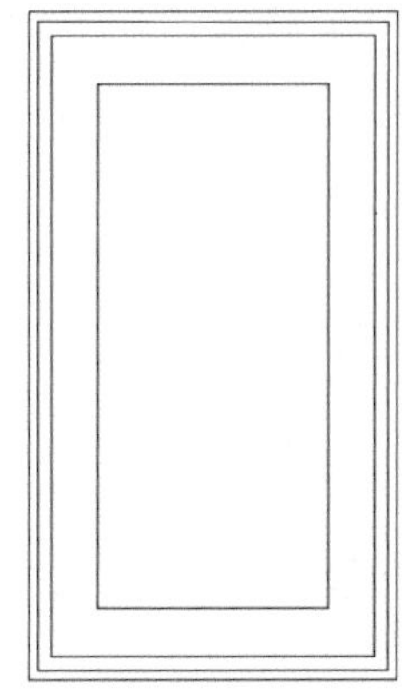

图 15-108　偏移图形对象

Step 03 在命令行中输入 REC 命令，绘制 500 × 100、200 × 900、500 × 100 矩形，并调整图形位置，如图 15-109 所示。

Step 04 在命令行中输入 L 命令，绘制直线，如图 15-110 所示。

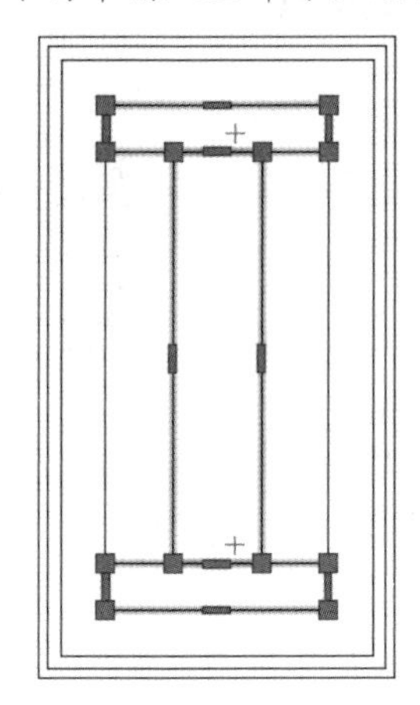

图 15-109　绘制矩形并移动对象的位置

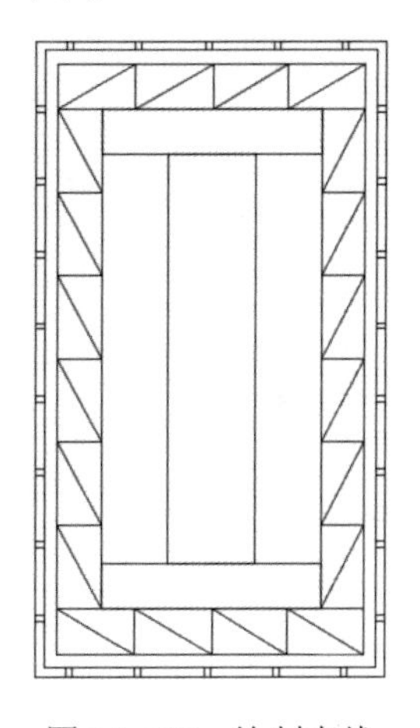

图 15-110　绘制直线

Step 05 在命令行中输入 TR 命令，对图形对象进行修剪，如图 15-111 所示。

Step 06 在命令行中输入 HATCH 命令，在命令行中输入 T 命令，弹出【图案填充和渐变色】对话框，将【图案】设置为【ANSI31】，将【比例】设置为 15，单击【添加：拾取点】按钮，如图 15-112 所示。

Step 07 对图形对象进行填充，如图 15-113 所示。

Step 08 在命令行中输入 HATCH 命令，在命令行中输入 T 命令，弹出【图案填充和渐变色】对话框，将【图案】设置为【AR-CONC】，将【比例】设置为 1，单击【添加：拾取点】按钮，如图 15-114 所示。

Step 09 对图形对象进行填充，如图 15-115 所示。

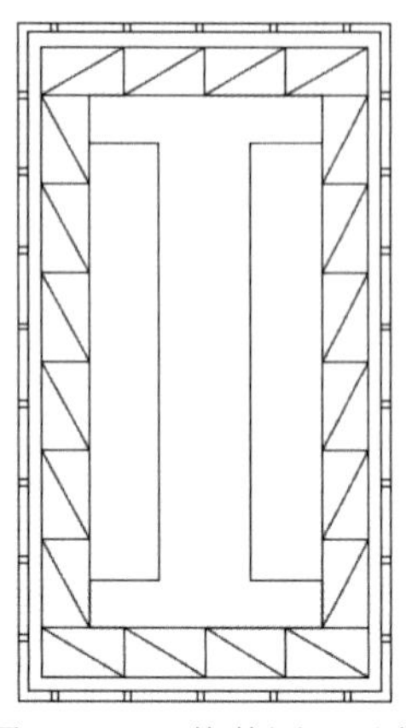

图 15-111 修剪图形对象

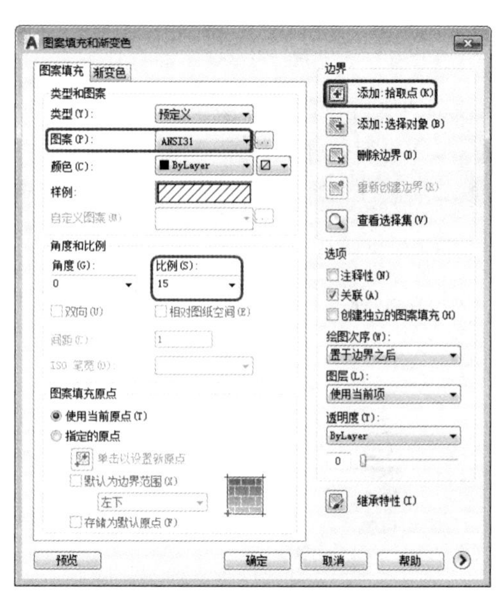

图 15-112 设置填充图案 1

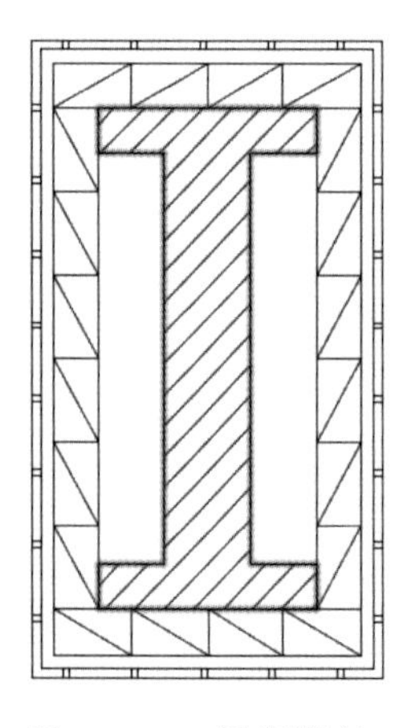

图 15-113 图案填充 1

图 15-114 设置图案填充 2

Step 10 在命令行中输入 LA 命令，弹出【图层特性管理器】选项板，新建【虚线】图层，将【线型】设置为【DASH】，如图 15-116 所示，将【虚线】图层置为当前图层。

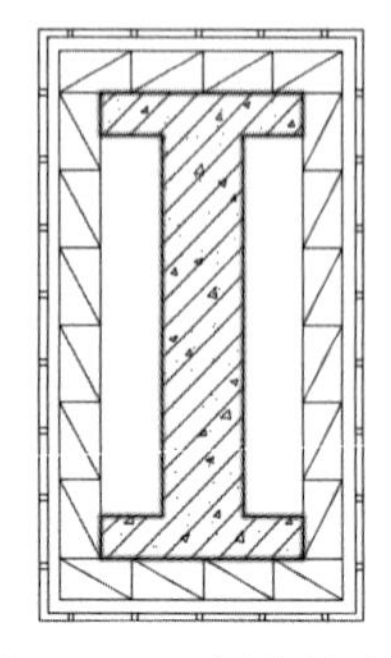

图 15-115 图案填充 2

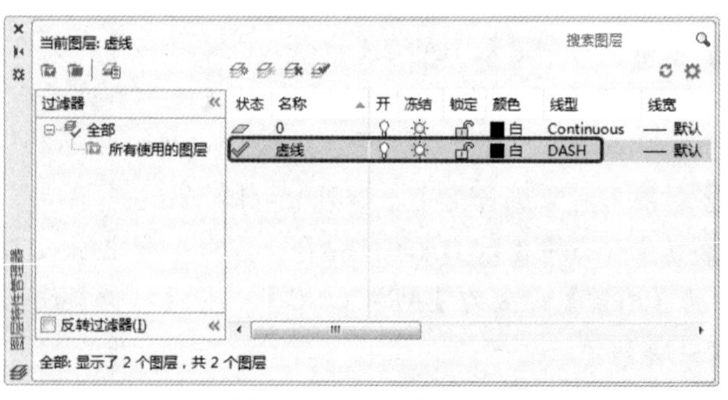

图 15-116 新建图层

Step 11 在命令行中输入 LINETYPE 命令，弹出【线型管理器】对话框，选择【DASH】线型，将【全局比例因子】设置为 100，单击【确定】按钮，如图 15-117 所示。

Step 12 在命令行中输入 C 命令，绘制两个半径为 130 的圆，如图 15-118 所示。

图 15-117　设置线型及全局比例因子

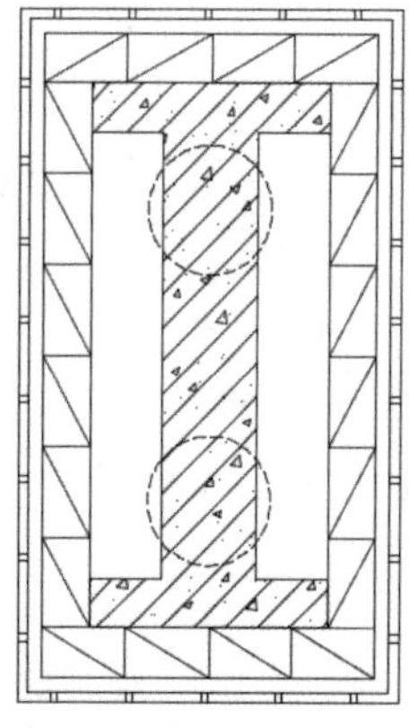

图 15-118　绘制圆

Step 13 在命令行中输入 LA 命令，将【0】图层置为当前图层，在命令行中输入 PL 命令，指定多段线的起点，开启正交模式，在命令行中输入 W 命令，将起点宽度和端点宽度设置为 20，向右引导鼠标输入 650，绘制多段线，如图 15-119 所示。

Step 14 使用【单行文字】工具，输入单行文字，如图 15-120 所示。

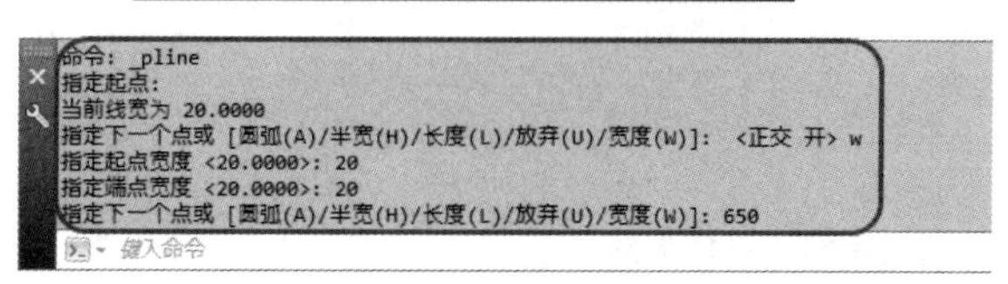

图 15-119　绘制多段线

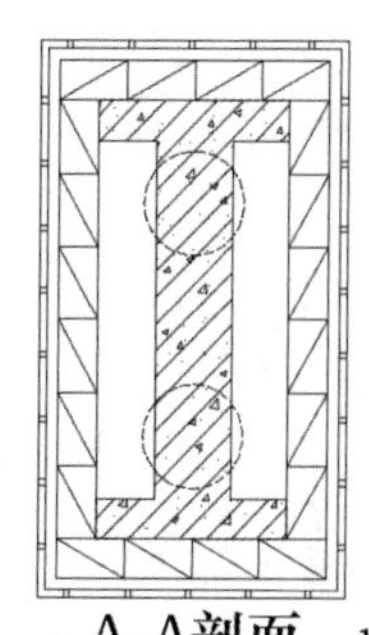

图 15-120　输入单行文字

Step 15 在命令行中输入 PL 命令，指定一点作为起点，向上引导鼠标输入 495，向右引导鼠标输入 100，向上引导鼠标鼠标输入 700，向左引导鼠标输入 50，向上引导鼠标输入 140，向右引导鼠标输入 1 260，向下引导鼠标输入 140，向左引导鼠标输入 50，向下引导鼠标输入 700，向右引导鼠标输入 100，向下引导鼠标输入 495，绘制多段线，如图 15-121 所示。

Step 16 在命令行中输入 O 命令，将多段线向内部偏移 30，如图 15-122 所示。

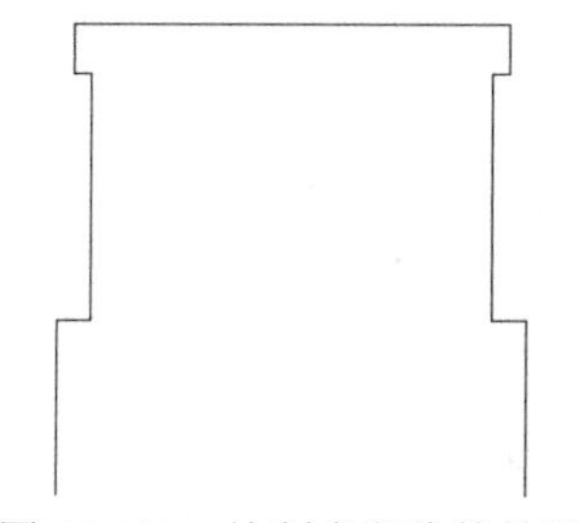

图 15-121　绘制多段线的效果

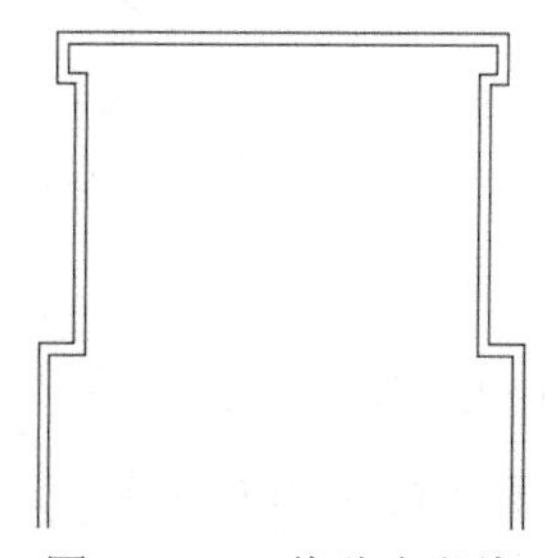

图 15-122　偏移多段线

Step 17 在命令行中输入REC命令，绘制30×200、295×20矩形，并使用【直线】工具，绘制直线，如图15-123所示。

Step 18 在命令行中输入MI命令，对Step 17中绘制的图形对象进行镜像处理，如图15-124所示。

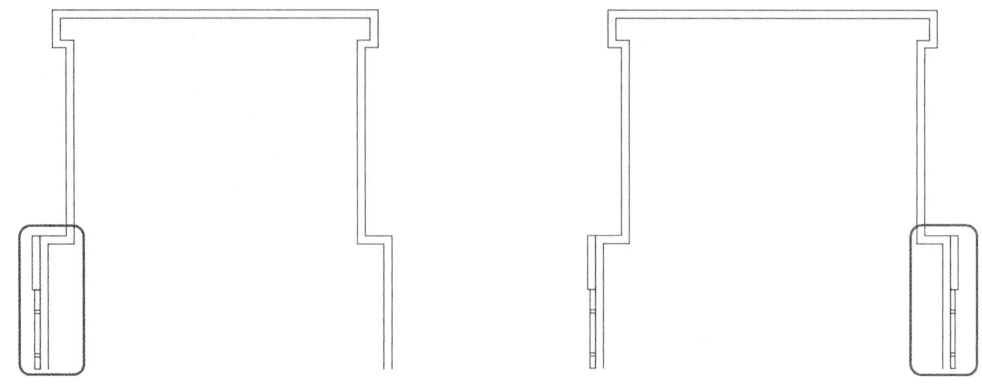

图15-123 绘制矩形和直线　　图15-124 镜像处理

Step 19 在命令行中输入REC命令，绘制两个长度为100、宽度为190的矩形，如图15-125所示。

Step 20 在命令行中输入MI命令，对矩形进行镜像处理，如图15-126所示。

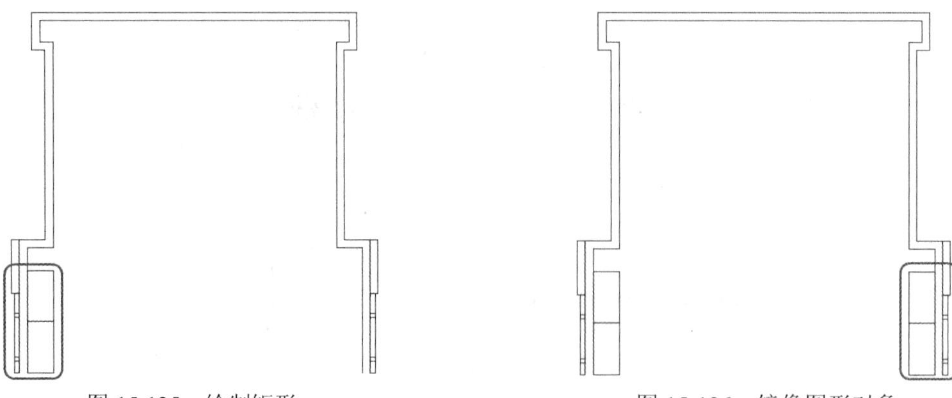

图15-125 绘制矩形　　图15-126 镜像图形对象

Step 21 在命令行中输入L命令，绘制直线，如图15-127所示。

Step 22 在命令行中输入PL命令，绘制多段线，如图15-128所示。

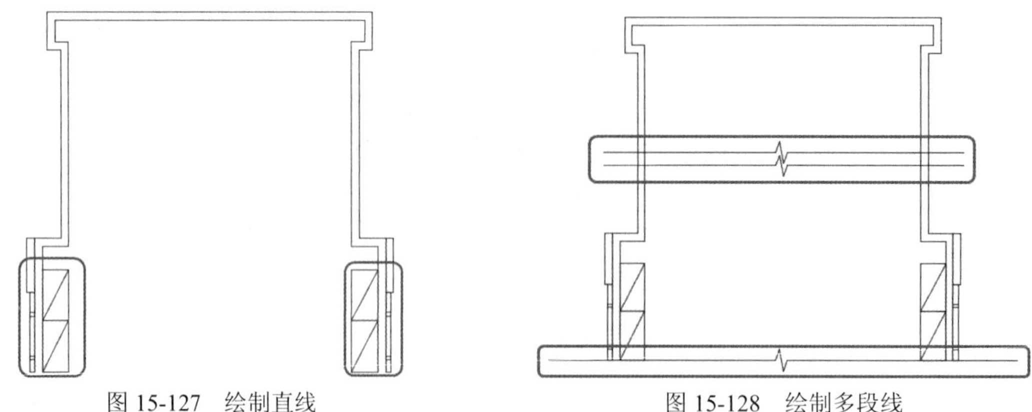

图15-127 绘制直线　　图15-128 绘制多段线

Step 23 在命令行中输入REC命令，绘制两个900×738、900×370的矩形，如图15-129所示。

Step 24 在命令行中输入TR命令，修剪图形对象，如图15-130所示。

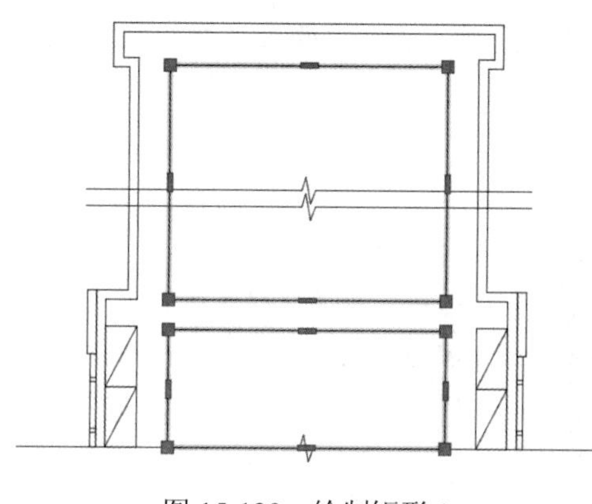

图 15-129 绘制矩形 1

图 15-130 修剪图形对象

Step 25 在命令行中输入 REC 命令，绘制 260 × 670、340 × 50 的矩形，如图 15-131 所示。

Step 26 在命令行中输入 FILLET 命令，在命令行中输入 P 命令，然后在命令行中输入 R 命令，将【圆角半径】设置为 25，对矩形进行圆角处理，如图 15-132 所示。

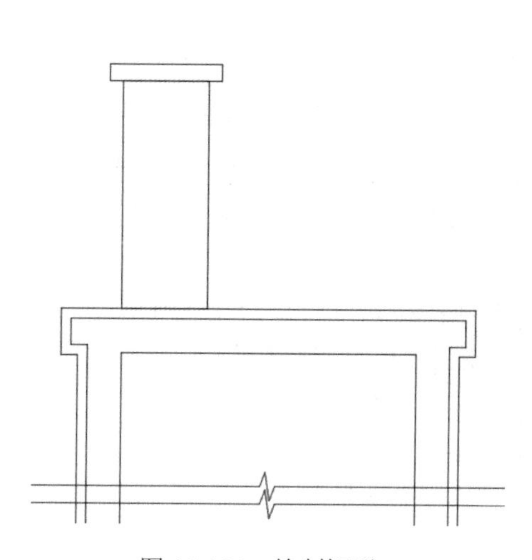

图 15-131 绘制矩形 2

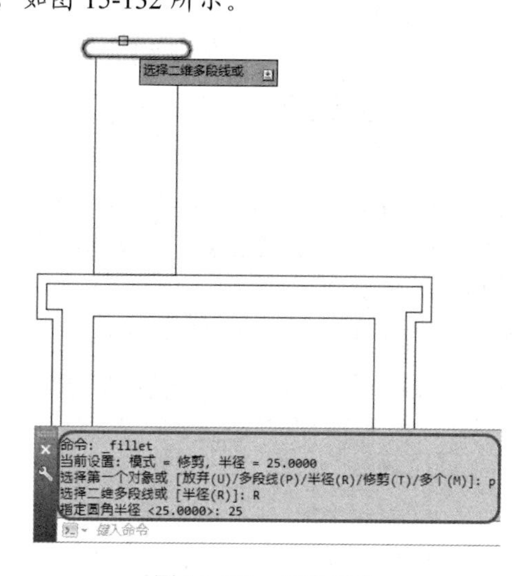

图 15-132 圆角对象

Step 27 在命令行中输入 MI 命令，选择如图 15-133 所示的图形对象。

Step 28 对图形对象进行镜像处理，如图 15-134 所示。

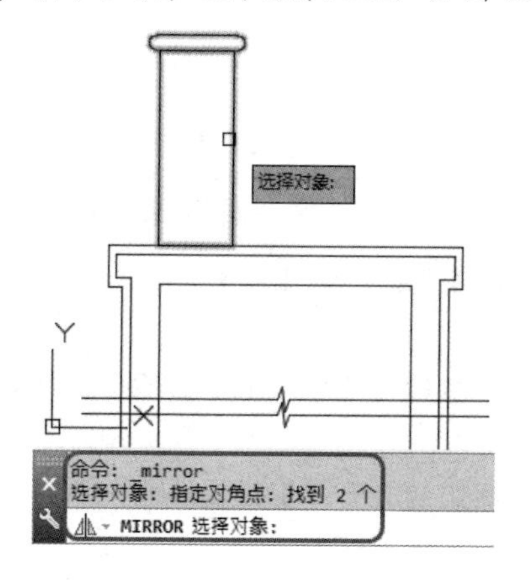

图 15-133 选择要镜像的对象

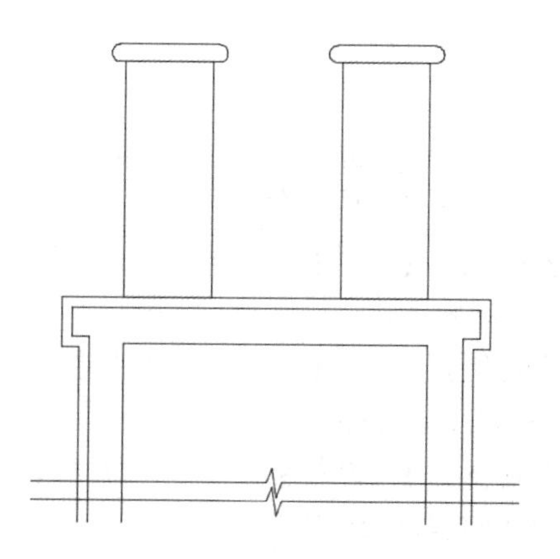

图 15-134 镜像图形对象

Step 29 使用【多段线】和【单行文字】工具，绘制多段线并输入文本，效果如图15-135所示的对象。

15.3.2 添加标注

节点大样图绘制完成后，下面讲解如何添加标注，其具体操作步骤如下。

Step 01 在命令行中输入D命令，弹出【创建新标注样式】对话框，将【新样式名】设置为【尺寸标注】，将【基础样式】设置为【ISO-25】，单击【继续】按钮，如图15-136所示。

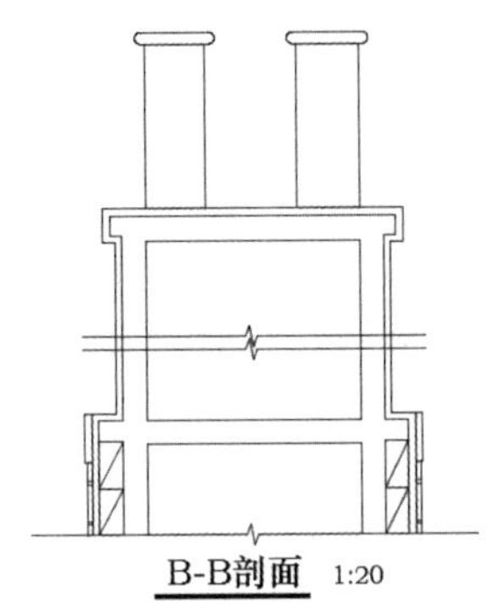

图15-135 绘制完成后的效果

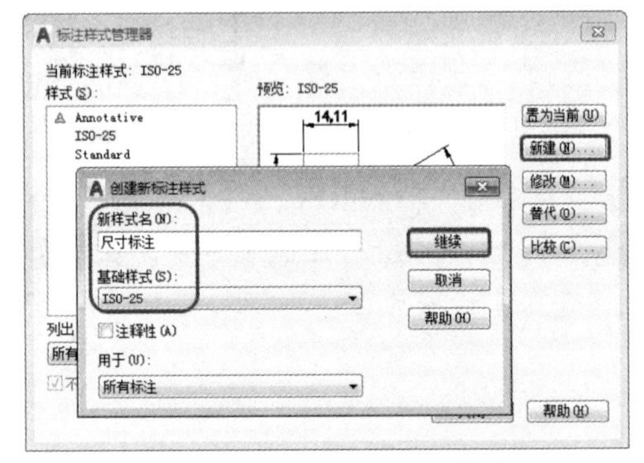

图15-136 创建新标注样式

Step 02 弹出【新建标注样式：尺寸标注】对话框，切换至【线】选项卡，将【尺寸线】和【尺寸界线】的颜色设置为【蓝】，将【基线间距】、【超出尺寸线】和【起点偏移量】设置为20，如图15-137所示。

Step 03 切换至【符号和箭头】选项卡，将【箭头大小】设置为50，如图15-138所示。

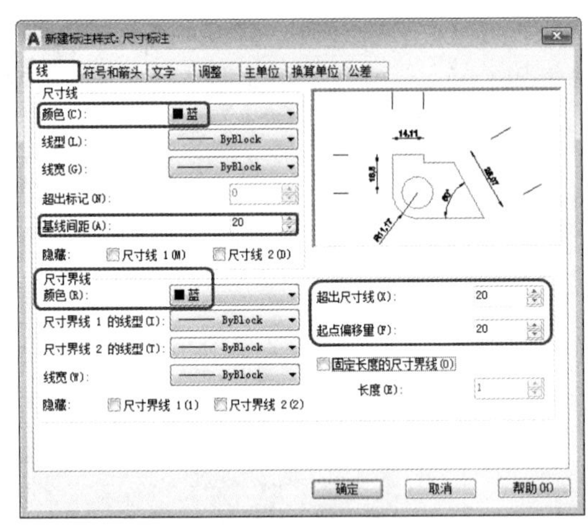

图15-137 设置线参数

图15-138 设置箭头大小

Step 04 切换至【文字】选项卡，将【文字颜色】设置为【蓝】，将【文字高度】设置为50，如图15-139所示。

Step 05 切换至【调整】选项卡，选中【文字位置】选项组的【尺寸线上方，不带引线】单选按钮，如图15-140所示。

Step 06 切换至【主单位】选项卡，将【线性标注】选项组的【精度】设置为0，单击【确定】按钮，如图15-141所示。

Step 07 选择【尺寸标注】样式，单击【置为当前】按钮，然后将该对话框关闭即可，如图 15-142 所示。

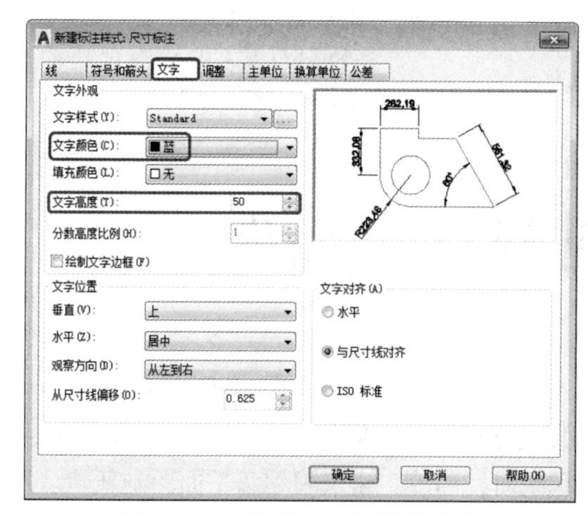

图 15-139　设置文字颜色和高度

图 15-140　设置文字位置

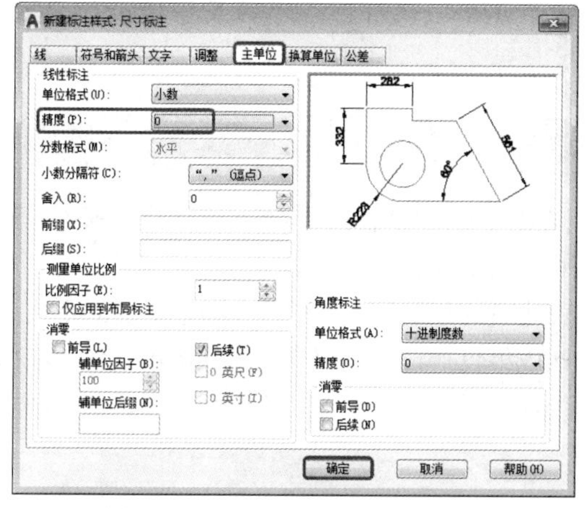

图 15-141　设置线性标注的精度

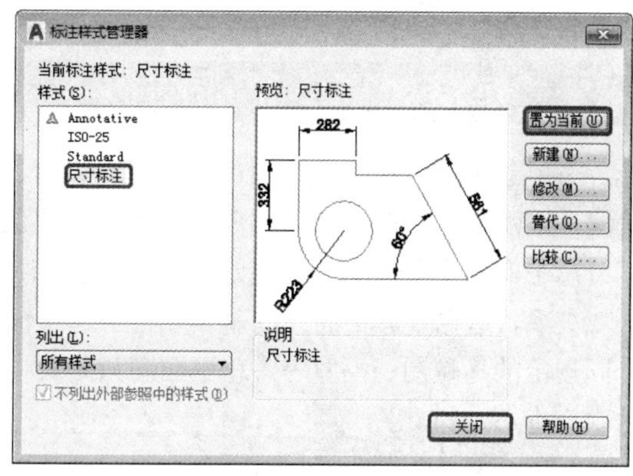

图 15-142　将【尺寸标注】样式置为当前

Step 08 返回至绘图区中，使用【线性标注】、【连续标注】、【半径标注】、【圆弧标注】工具，对图形进行标注，效果如图 15-143 所示。

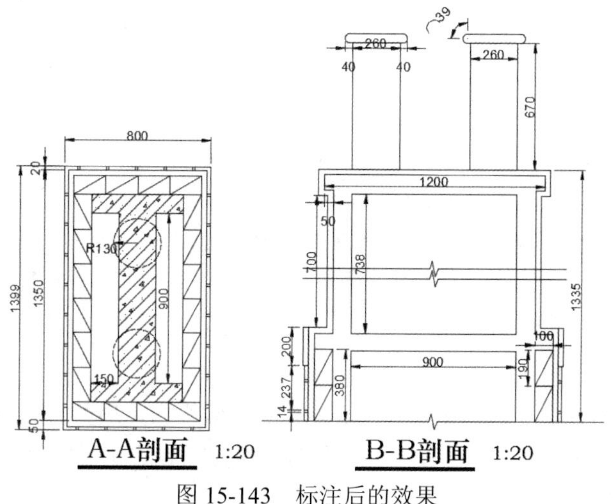

图 15-143　标注后的效果

增值服务：扫码做测试题，并可观看讲解测试题的微课程。

第 16 章 建筑规划总平面图

建筑规划总平面图是建筑表达图的一种，是关于新建房屋在基地范围内的地形、地貌、道路、建筑物和构筑物等的水平投影图。它表明了新建房屋的平面形状、位置、朝向，新建房屋周围的建筑、道路、绿化的布置，以及有关的地形、地貌和绝对标高等。建筑规划总平面图是新建房屋施工定位和规划布置场地的依据，也是其他专业（如给水排水、供暖、电气及煤气等工程）的管线总平面图规划布置的依据。本章将介绍建筑规划总平面图的一些相关知识及其绘制方法和绘制流程。

16.1 建筑规划总平面图概述

将拟建工程四周一定范围内的新建、拟建、原有和拆除的建筑物、构筑物连同其周围的地形状况，用水平投影的方法和相应的图例所画出的图样即为总平面图。

总平面图用于表达整个建筑基地的总体布局，表达新的建筑物及构筑物的位置、朝向及周边环境关系，这也是总平面图的基本功能。总平面设计成果包括设计说明书、设计图纸，以及根据合同规定的鸟瞰图、模型等。总平面图只是其中的设计图纸部分，在不同的设计阶段，总平面图的内容也不一样。

总平面图除了具备其基本功能外，还表达了不同设计意图的深度和倾向。

在方案设计阶段，总平面图着重表现新建建筑物的体量大小、形状及周边道路、房屋、绿地、广场和红线之间的空间关系，同时传达室外空间设计的效果。因此，方案图在具有必要的技术性的基础上，还应强调艺术性的体现。就目前的情况来看，除了绘制 CAD 线条图，还需对线条图进行填充颜色、渲染处理或制作鸟瞰图、模型等。

在初步设计阶段，需要推敲总平面的设计中涉及的各种因素和环节（如道路红线、建筑红线或用地界线、建筑控制高度、容积率、建筑密度、绿地率、停车位数，以及总平面布局、周围环境、空间处理、交通组织、环境保护、文物保护和分期建设等），以及方案的合理性、科学性和可实施性，从而进一步准确落实各种技术指标，深化竖向设计，为施工图设计做准备。

总平面图主要包括以下内容。

1. 内容

（1）新建筑物。拟建房屋，用粗实线框表示，并在线框内，用数字表示建筑层数。

（2）新建建筑物的定位。总平面图的主要任务是确定新建建筑物的位置，通常是利用原有建筑物、道路等来定位的。

（3）新建建筑物的室内外标高。我国把青岛市外的黄海海平面作为零点所测定的高度尺寸，称为绝对标高。在总平面图中，用绝对标高表示高度数值，单位为 m。

（4）相邻有关建筑、拆除建筑的位置或范围。

原有建筑用细实线框表示，并在线框内用数字表示建筑层数。拟建建筑物用虚线表示。拆除建筑物用细实线表示，并在其细实线上打叉。

（5）附近的地形地物，如等高线、道路、水沟、河流、池塘、土坡等。

（6）指北针和风向频率玫瑰图。

（7）绿化规划、管道布置。

（8）道路（或铁路）和明沟等的起点、变坡点、转折点、终点的标高与坡向箭头。

以上内容并不是在所有总平面图上都是必需的，可根据具体情况加以选择。

2．图线

- 粗实线：新建建筑物的可见轮廓线。
- 细实线：原有建筑物、构筑物、道路、围墙等可见轮廓线。
- 中虚线：计划扩建建筑物、构筑物、预留地、道路、围墙、运输设施、管线的轮廓线。
- 单点长画细线：中心线、对称线、定位轴线。
- 折断线：与周边分界。

3．比例

总平面图的常用比例为：1∶500、1∶1 000、1∶2 000。

4．计量单位

单位：米，并至少取至小数点后两位，不足时以“0”补齐。

5．建筑定位

- 坐标网格：A×B，用细实线表示。按上北下南方向绘制。根据场地形状或布局，可向左或向右偏转，　但不宜超过 45°　。
- 施工坐标网：X×Y，用交叉的十字细线表示。南北为 X，东西为 Y。以 100 米×100 米或 50 米×50 米画成坐标网格。

6．等高线

在总平面图上通常画有多条类似徒手画的波浪线，每条线代表一个等高面，称为等高线。等高线上的数字代表该区域地势变化的高度。

7．绝对标高

等高线上所标注的高度是绝对标高。我国把青岛附近的黄海平均海平面定为绝对标高的零点。其他各地的标高均以此为基准。

8．指北针

用来确定新建房屋的朝向。其符号应按国标规定绘制，圆内指针涂黑并指向正北，在指北针的尖端部写上“北”字或“N”字。

9．风向频率玫瑰图

根据某一地区多年统计，各个方向平均吹风次数的百分数值，按一定比例绘制的，是新建房屋所在地区风向情况的示意图，一般多用 8 个或 16 个罗盘方位表示，玫瑰图上表示风的吹向是从外面吹向地区中心，图中实线为全年风向玫瑰图，虚线为夏季风向玫瑰图。

由于风向玫瑰图也能表明房屋和地物的朝向情况，所以在已经绘制了风向玫瑰图的图样上则不必再绘制指北针。在建筑规划总平面图上，通常应绘制当地的风向玫瑰图。没有风向玫瑰图的城市和地区，则在建筑规划总平面图上画上指北针。风向频率图最大的方位为该地区的主导风向。

16.2 建筑规划总平面图的绘制

本节将介绍如何绘制建筑规划总平面图，其中包括道路、建筑、绿化与景观等，效果如图 16-1 所示。

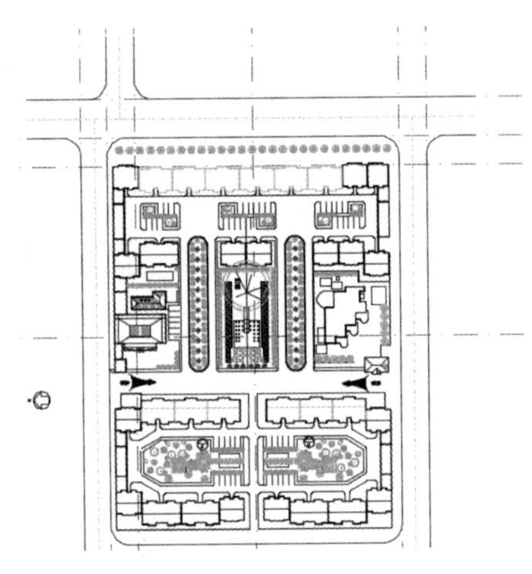

图 16-1　建筑规划总平面图

16.2.1　绘制辅助线

下面介绍如何绘制辅助线，其具体操作步骤如下。

Step 01 在命令行中执行 LAYER 命令，在弹出的选项板中单击【新建图层】按钮，将图层命名为【辅助线】，将【颜色】设置为【红】，单击右侧的线型名称，在弹出的【选择线型】对话框中单击【加载】按钮，如图 16-2 所示。

Step 02 在弹出的对话框中选择【DASHDOT】线型类型，如图 16-3 所示。

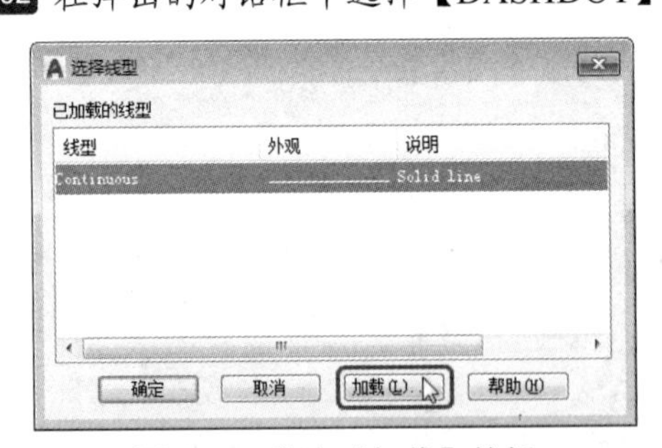

图 16-2　单击【加载】按钮

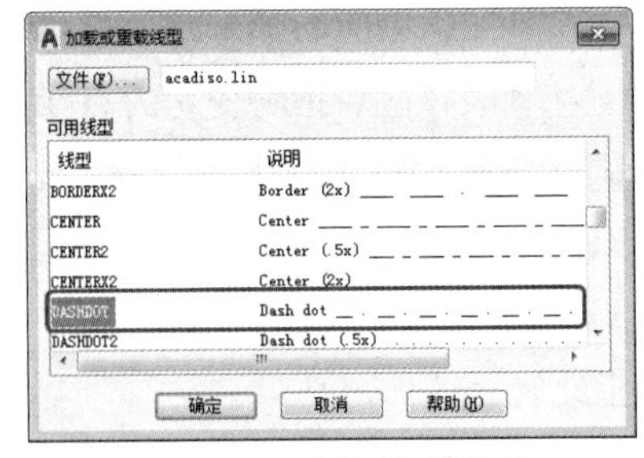

图 16-3　选择线型类型

Step 03 单击【确定】按钮，在返回的对话框中选择新添加的线型，如图 16-4 所示。

Step 04 单击【确定】按钮，在【图层特性管理器】选项板中选择【辅助线】图层，单击【置为当前】按钮，如图 16-5 所示。

Step 05 在命令行中执行 LINE 命令，在绘图区中指定起点，根据命令提示输入（@0,392821），按两次【Enter】键完成绘制，效果如图 16-6 所示。

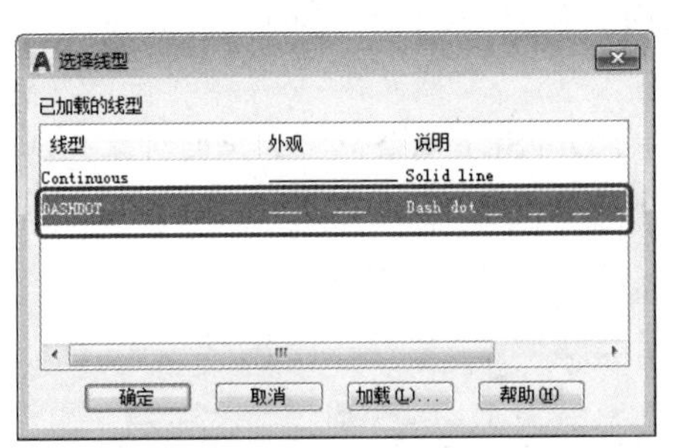

图 16-4　选择新添加的线型

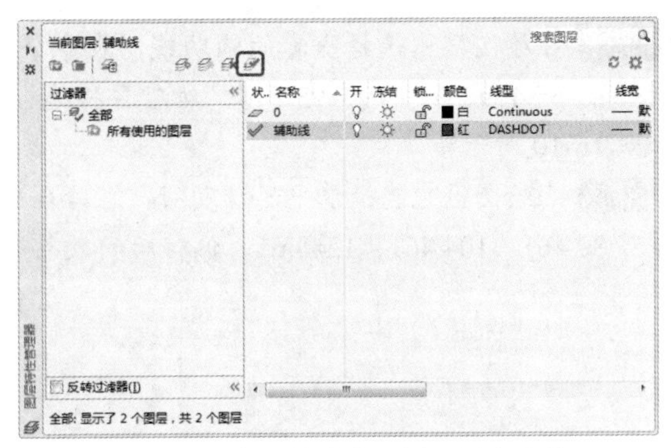

图 16-5　将【辅助线】图层置为当前

Step 06 在绘图区中选中新绘制的直线，右击，在弹出的快捷菜单中选择【特性】命令，如图 16-7 所示。

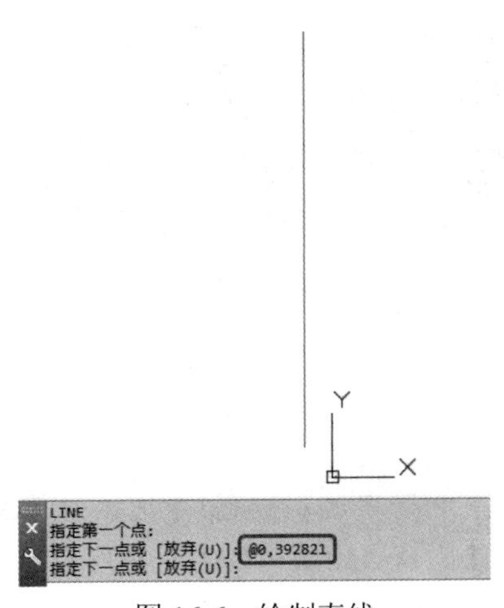

图 16-6　绘制直线

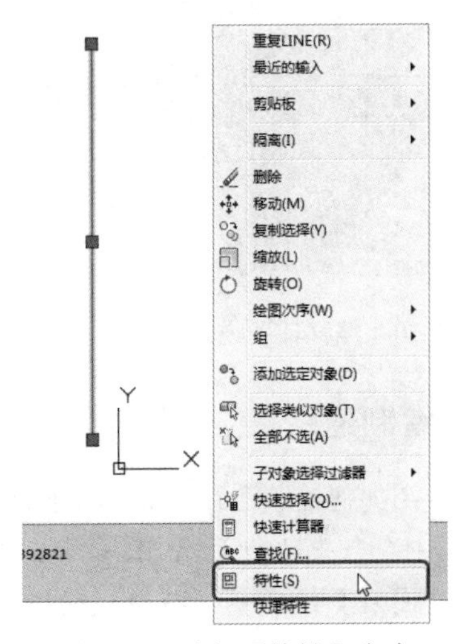

图 16-7　选择【特性】命令

Step 07 在弹出的【特性】选项板中将【线型比例】设置为 1 000，如图 16-8 所示。

Step 08 选中上述步骤中所绘制的直线，在命令行中执行 ROTATE 命令，在绘图区中指定直线的中点为基点，根据命令提示输入 c，按【Enter】键确认，输入 90，按【Enter】键确认，旋转并复制后的效果如图 16-9 所示。

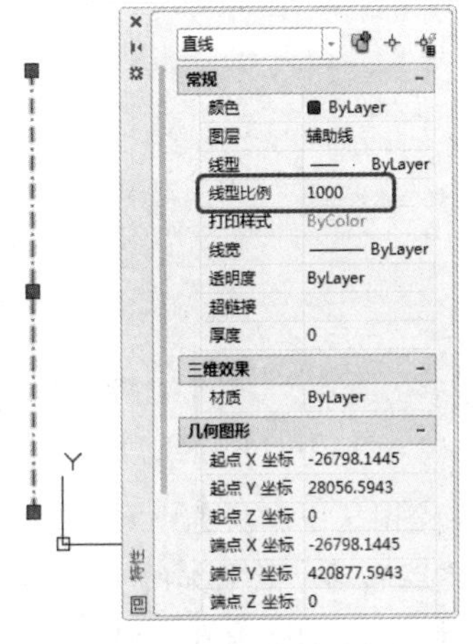

图 16-8　设置线型比例

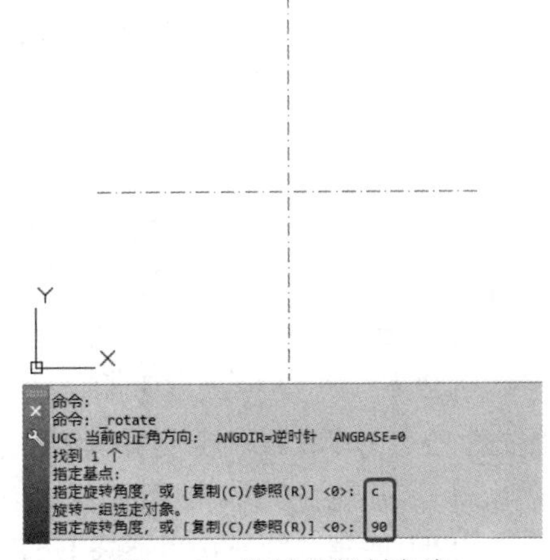

图 16-9　旋转并复制直线

Step 09 在绘图区中选择垂直的辅助线，在命令行中执行 OFFSET 命令，将选中的对象分别向左偏移 64 479、79 479、93 844，然后再将选中对象向右偏移 79 192、94 192，偏移后的效果如图 16-10 所示。

Step 10 在绘图区中选择水平的辅助线，在命令行中执行 OFFSET 命令，将选中的对象分别向上偏移 89 461、104 461、124 461，偏移后的效果如图 16-11 所示。

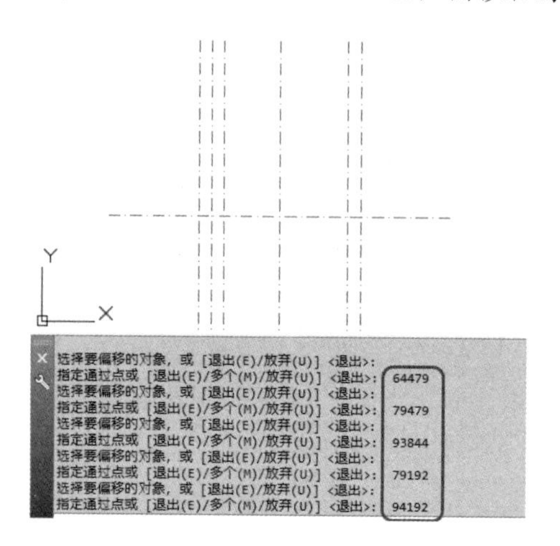

图 16-10　偏移辅助线后的效果

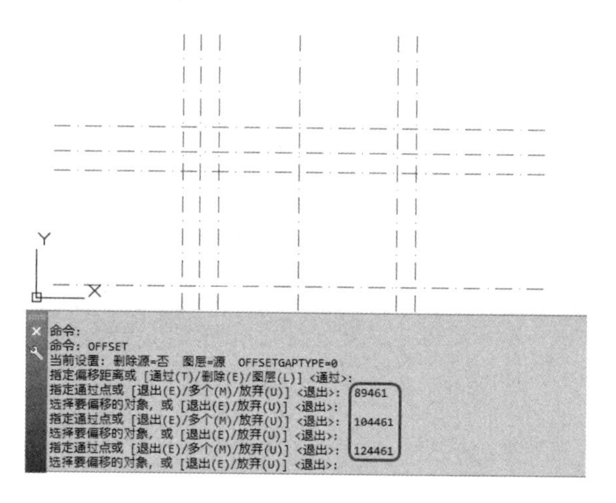

图 16-11　偏移水平直线后的效果

16.2.2　绘制道路

下面介绍如何绘制道路，其具体操作步骤如下。

Step 01 在命令行中执行 LAYER 命令，在弹出的【图层特性管理器】选项板中选择【0】图层，单击【新建图层】按钮，将新建的图层命名为【道路】，将该图层的颜色设置为【蓝】，如图 16-12 所示。

Step 02 将新建的图层置为当前图层，在命令行中执行 PL 命令，在绘图区中指定起点，根据命令提示输入（@29 367,0），按【Enter】键确认，输入（@0，-256 634），按两次【Enter】键完成绘制，效果如图 16-13 所示。

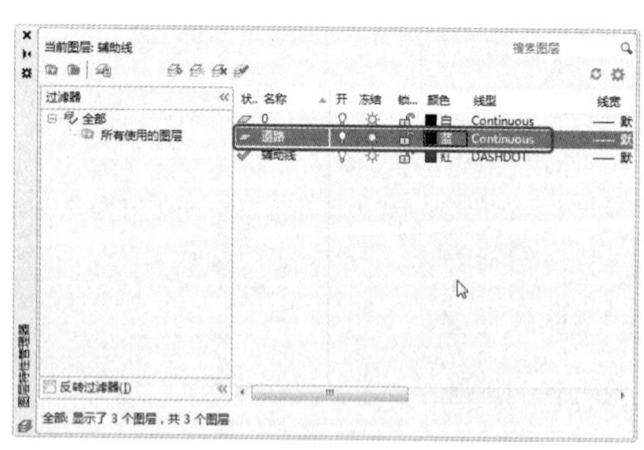

图 16-12　新建图层并进行设置

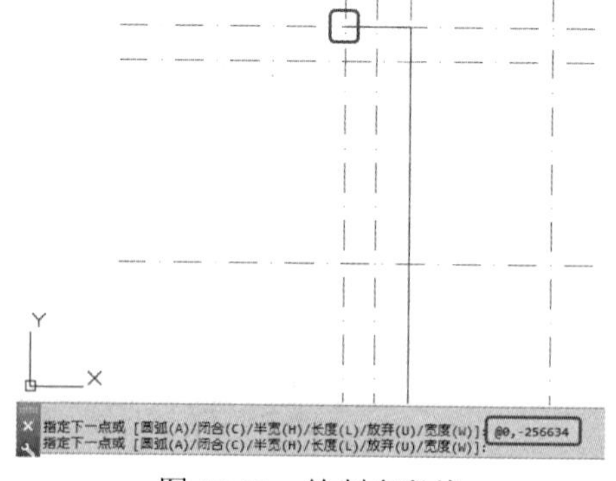

图 16-13　绘制多段线

Step 03 选中绘制的多段线，在命令行中执行 M 命令，在绘图区中捕捉选中对象左侧的端点为基点，根据命令提示输入（@-29367,0），按【Enter】键完成移动，效果如图 16-14 所示。

Step 04 在绘图区中选择 Step 03 中的多段线，在命令行中执行 FILLET 命令，根据命令提示输入

R 命令，按【Enter】键确认，输入 10 000，按【Enter】键确认，在绘图区中选择要圆角的两条边，如图 16-15 所示。

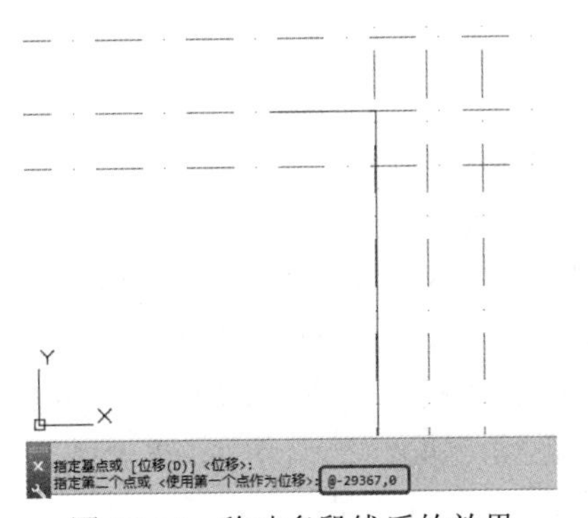

图 16-14 移动多段线后的效果

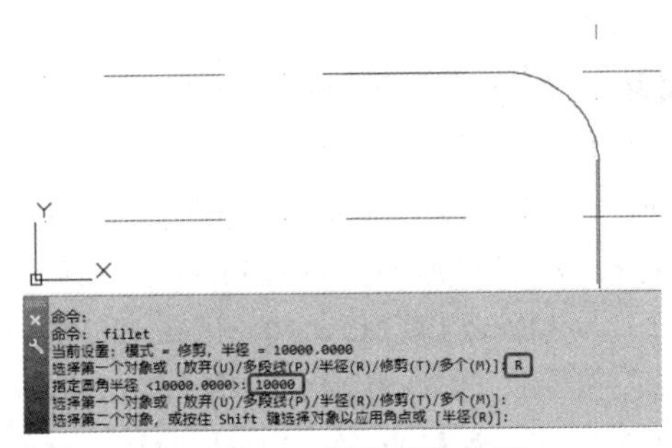

图 16-15 圆角后的效果

Step 05 在命令行中执行 REC 命令，根据命令提示输入 F，按【Enter】键确认，输入 10 000，按【Enter】键确认，在绘图区中指定矩形的第一个角点，根据命令提示输入(@158671，-212633)，按【Enter】键确认，绘制后的效果如图 16-16 所示。

Step 06 在命令行中执行 PL 命令，在绘图区中指定多段线的起点，根据命令提示输入(@-25976,0)，按【Enter】键确认，输入（@0，-256634），按两次【Enter】键确认，效果如图 16-17 所示。

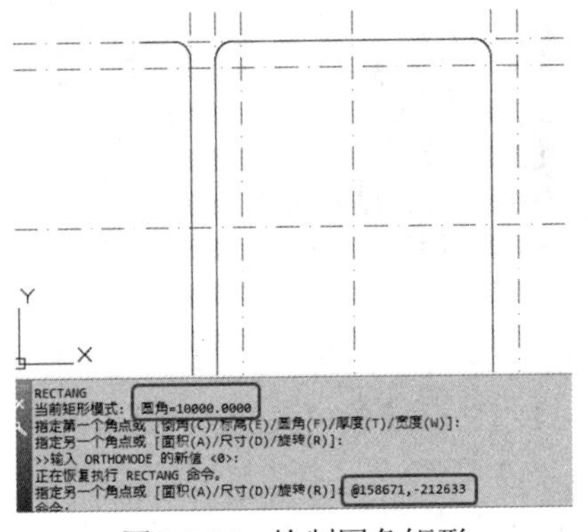

图 16-16 绘制圆角矩形

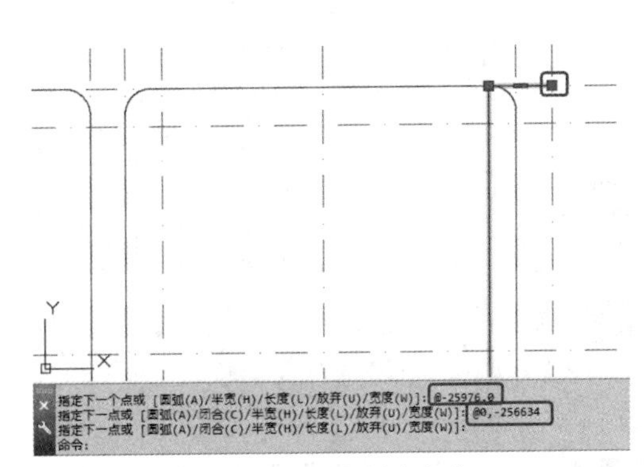

图 16-17 绘制多段线

Step 07 选中新绘制的多段线，在命令行中执行 M 命令，在绘图区中以选中对象右侧的端点为基点，根据命令提示输入（@25976,0），按【Enter】键确认，效果如图 16-18 所示。

Step 08 根据前面所介绍的方法对绘制的多段线进行圆角，并根据相同的方法绘制其他对象，效果如图 16-19 所示。

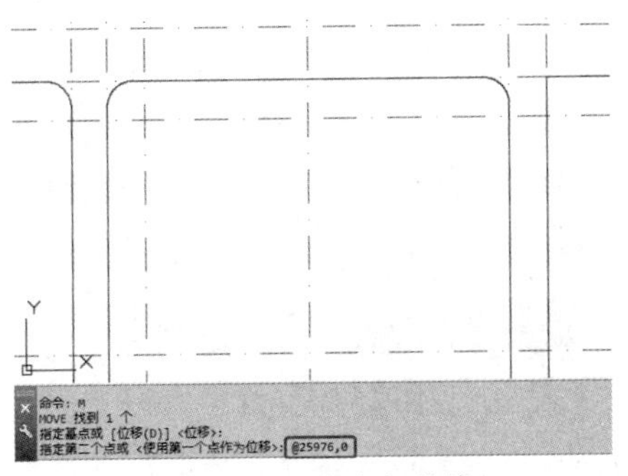

图 16-18 移动多段线

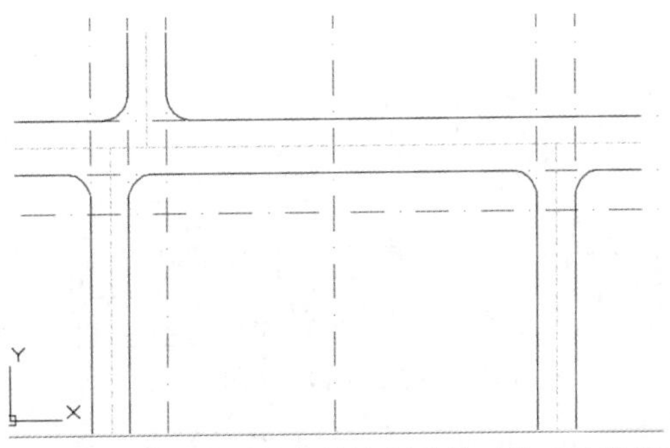

图 16-19 圆角多段线并绘制其他对象后的效果

16.2.3 绘制建筑

下面介绍如何绘制建筑规划总平面图中的建筑，其具体操作步骤如下。

Step 01 在命令行中执行LAYER命令，在弹出的【图层特性管理器】选项板中将图层【0】置为当前，如图16-20所示。

Step 02 在命令行中执行PL命令，在绘图区中指定多段线的起点，根据命令提示输入（@3000,0），按【Enter】键确认，输入（@0,700），按【Enter】键确认，输入（@7400,0），按【Enter】键确认，输入（@0，-700），按【Enter】键确认，输入（@3000,0），按【Enter】键确认，输入（@0，-10900），按【Enter】键确认，输入（@-2750,0），按【Enter】键确认，输入（@0，-900），按【Enter】键确认，输入（@-2800,0），按【Enter】键确认，输入（@0,900），按【Enter】键确认，输入（@-2300,0），按【Enter】键确认，输入（@0，-900），按【Enter】键确认，输入（@-2800,0），按【Enter】键确认，输入（@0,900），按【Enter】键确认，输入（@-2750,0），按【Enter】键确认，输入（@0,10900），按两次【Enter】键完成绘制，如图16-21所示。

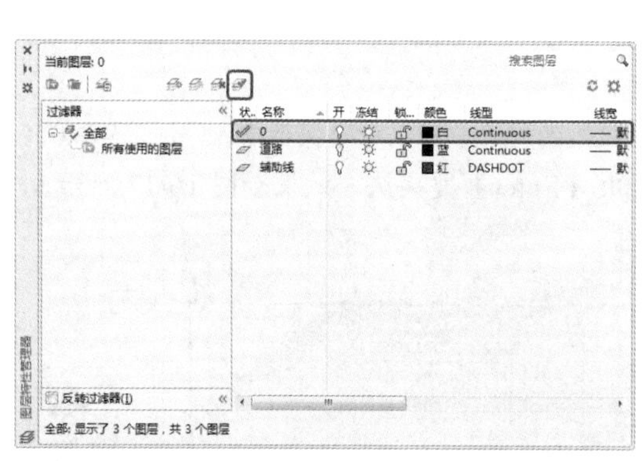

图16-20 将图层【0】置为当前

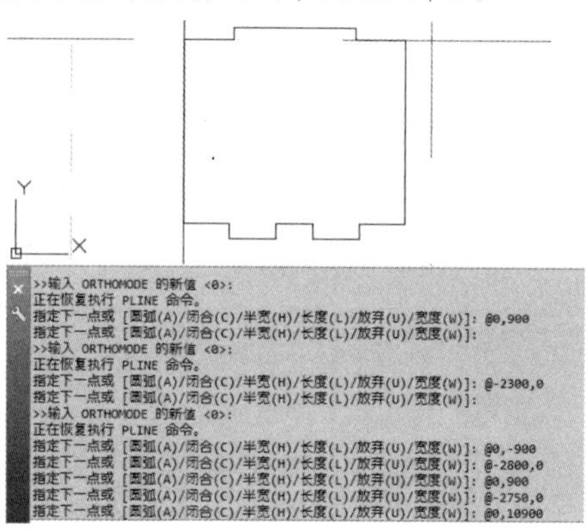

图16-21 绘制多段线后的效果

Step 03 在绘图区中选中绘制的多段线，在命令行中执行M命令，在绘图区中捕捉选中对象左上角的端点为基点，根据命令提示输入（@3 335，-200），按【Enter】键完成移动，效果如图16-22所示。

Step 04 选中Step 03中的多段线，在命令行中执行OFFSET命令，将选中的对象向外偏移200，如图16-23所示。

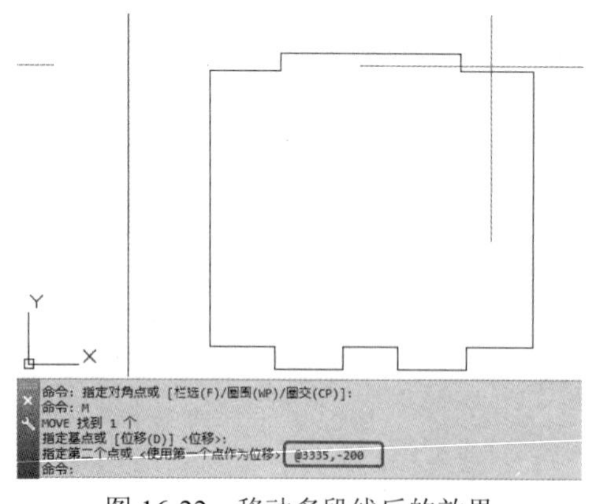

图16-22 移动多段线后的效果

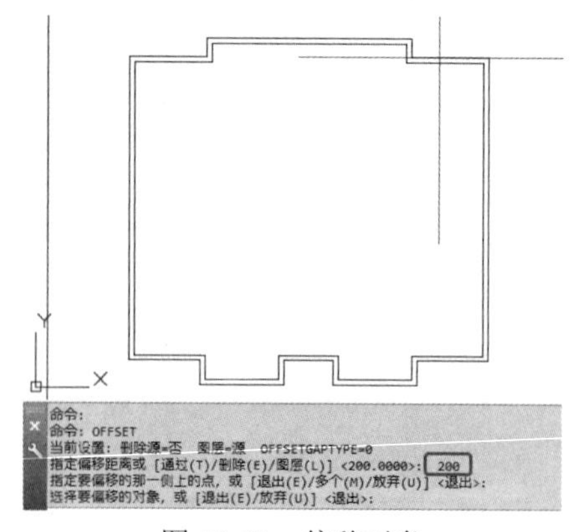

图16-23 偏移对象

Step 05 在绘图区中选择偏移后的对象，右击，在弹出的快捷菜单中选择【多段线】|【宽度】命

令，如图 16-24 所示。

Step 06 执行该操作后，根据命令提示输入 50，按【Enter】键完成设置，效果如图 16-25 所示。

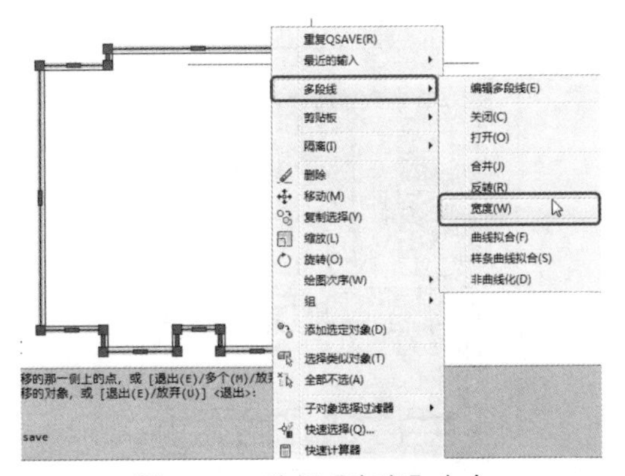

图 16-24 选择【宽度】命令

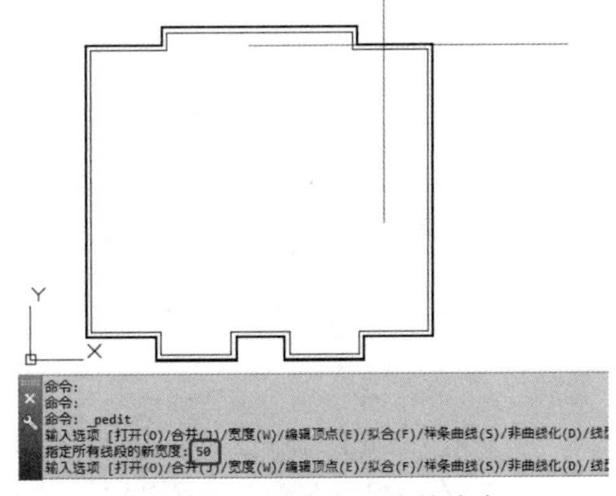

图 16-25 设置多段线的线宽

Step 07 根据相同的方法在该对象的右侧绘制其他对象，绘制后的效果如图 16-26 所示。

Step 08 在命令行中执行 REC 命令，在绘图区中指定矩形的第一个角点，根据命令提示输入（@13990，-3290），按【Enter】键完成绘制，如图 16-27 所示。

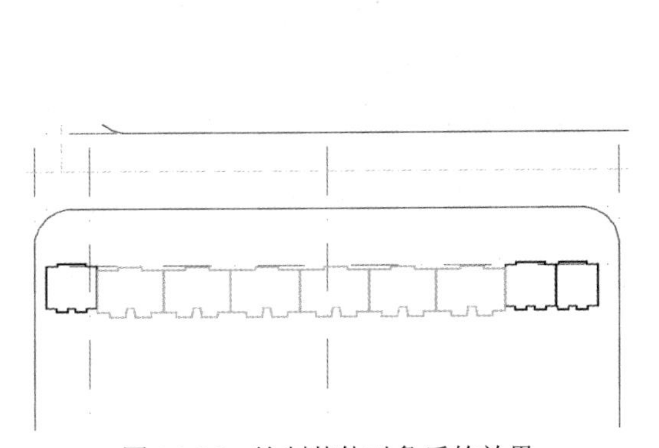

图 16-26 绘制其他对象后的效果

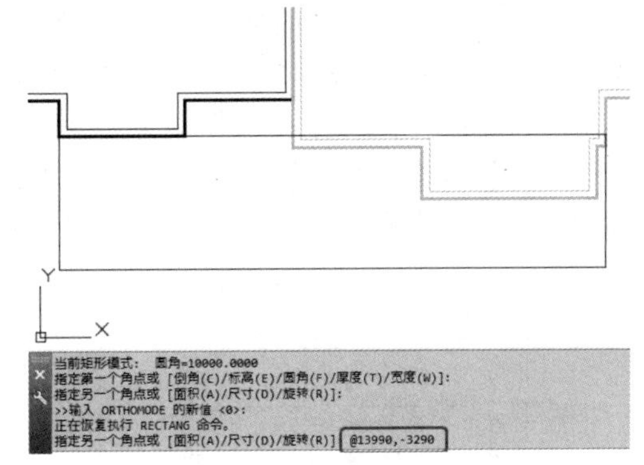

图 16-27 绘制矩形

Step 09 绘制完成后，在绘图区中选择如图 16-28 所示的对象。

Step 10 在命令行中执行 TRIM 命令，在绘图区中对选中的对象进行修剪，修剪后的效果如图 16-29 所示。

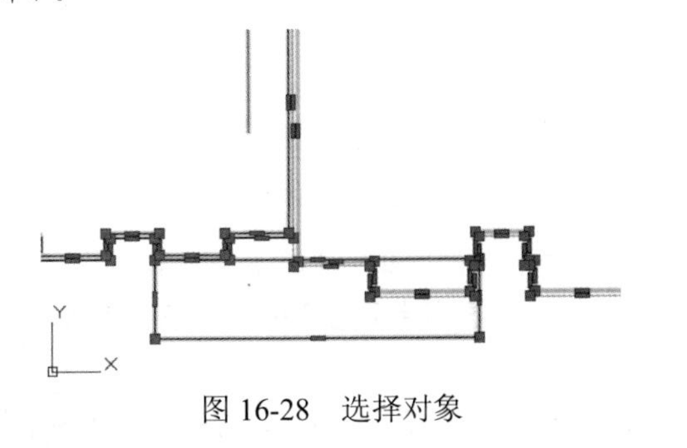

图 16-28 选择对象

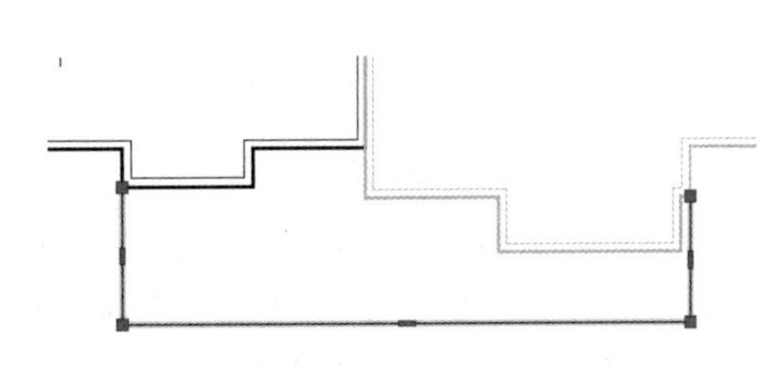

图 16-29 修剪对象

Step 11 在绘图区中选择修剪后的对象，在命令行中执行 FILLET 命令，根据命令提示输入 2，按【Enter】键确认，输入 1 500，按【Enter】键确认，输入 m，按【Enter】键确认，在绘图区中对选中的对象进行圆角，效果如图 16-30 所示。

Step 12 使用同样的方法绘制其他对象，并根据前面所介绍的方法绘制其他建筑，绘制后的效果如图 16-31 所示。

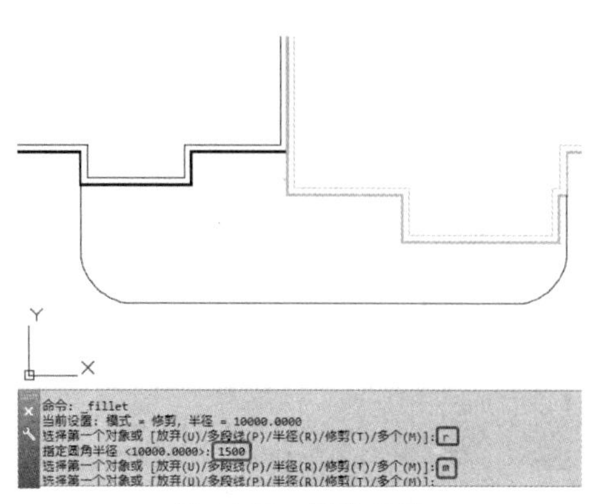

图 16-30　圆角对象

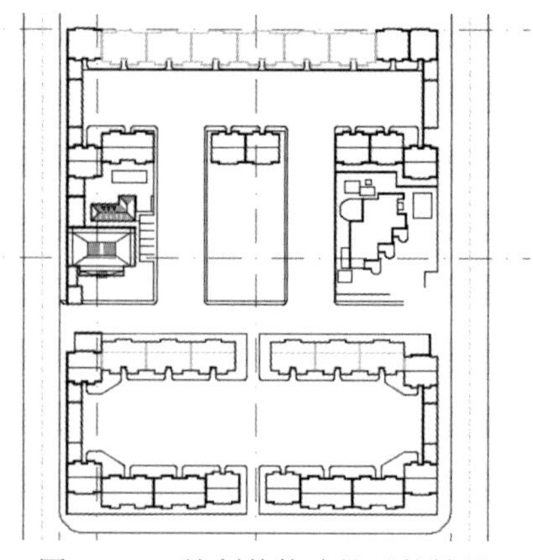

图 16-31　绘制其他建筑后的效果

16.2.4　绘制绿化与景观

下面讲解如何绘制绿化与景观，具体操作步骤如下。

Step 01 在命令行中输入 PLINE 命令，根据命令行的提示向下引导鼠标输入 59 960 的距离，然后根据命令行提示执行【圆弧】命令，将【半径】设置为 5 500，执行【角度】命令，将角度设置为 180° ，然后再向上引导鼠标输入 59 960 的距离，再执行【圆弧】命令绘制圆弧。使用同样的方法绘制两个相同的图形对象，如图 16-32 所示。

Step 02 在命令行中输入 OFFSET 命令，将绘制的多段线向内偏移 600 的距离，偏移效果如图 16-33 所示。

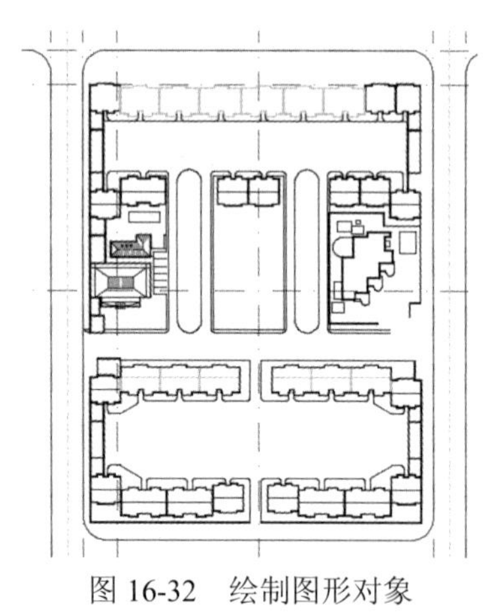

图 16-32　绘制图形对象

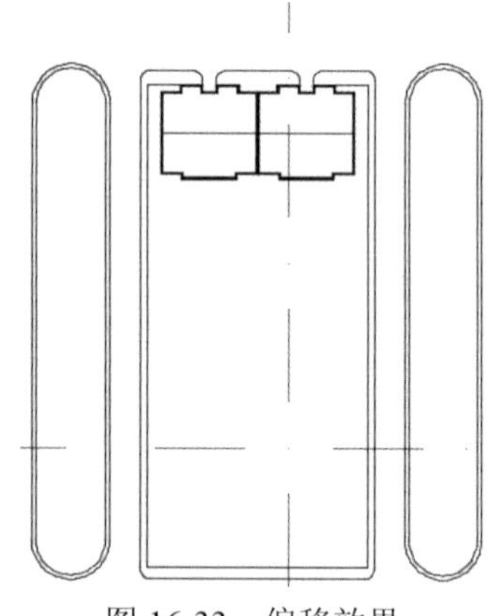

图 16-33　偏移效果

Step 03 在命令行中输入 LINE 命令，绘制不规则多边形对象，如图 16-34 所示。

Step 04 在命令行中输入 LINE 命令，绘制图形对象，并通过【特性】选项板改变某些图形对象的颜色，设置完成后的显示效果如图 16-35 所示。

Step 05 在命令行中输入 CIRCLE 命令，绘制合适大小的圆作为喷泉图形对象，然后在命令行中输入 LINE 命令，绘制喷水图形对象，并设置相应的颜色，设置完成后的效果如图 16-36 所示。

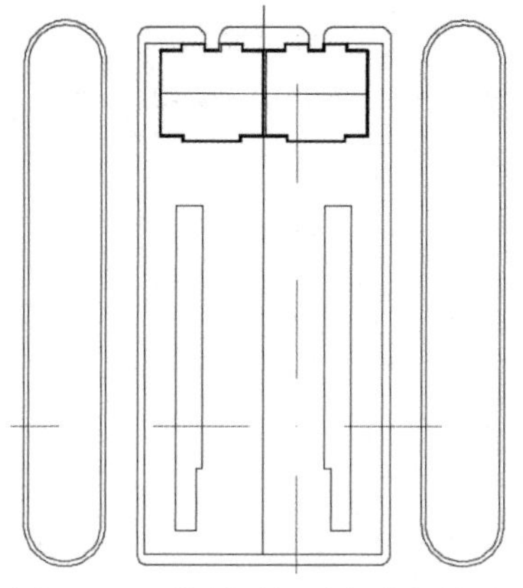

图 16-34 绘制不规则多边形效果

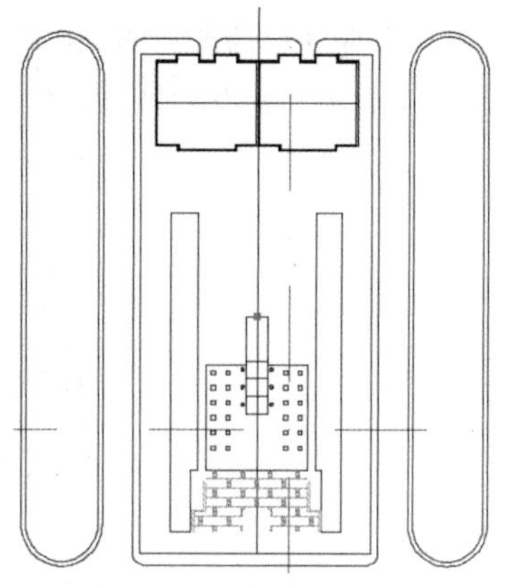

图 16-35 绘制图形效果

Step 06 在命令行中输入 HTATE 命令，根据命令行的提示执行【设置】命令，弹出【图案填充和渐变色】对话框，将【图案】设置为【ANGLE】，将【比例】设置为 150，设置完成后单击【确定】按钮，如图 16-37 所示。

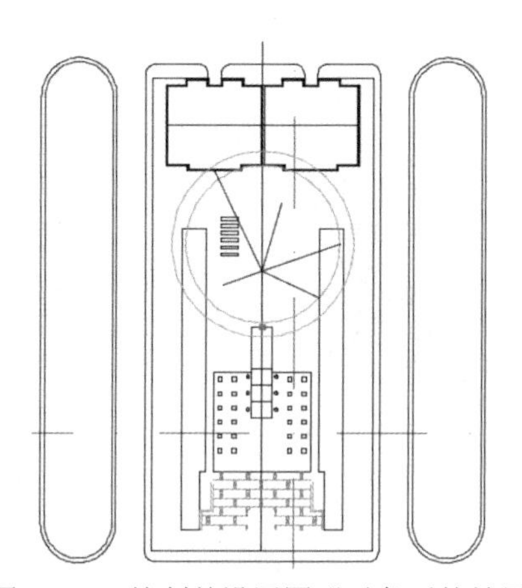

图 16-36 绘制并设置图形对象后的效果

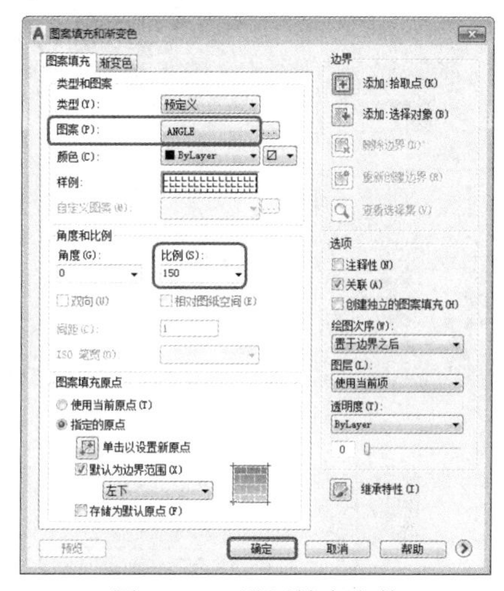

图 16-37 设置填充参数

Step 07 返回绘图区，在需要的区域单击即可，填充后的显示效果如图 16-38 所示。

Step 08 在命令行中输入 LINE 命令，绘制图形，效果如图 16-39 所示。

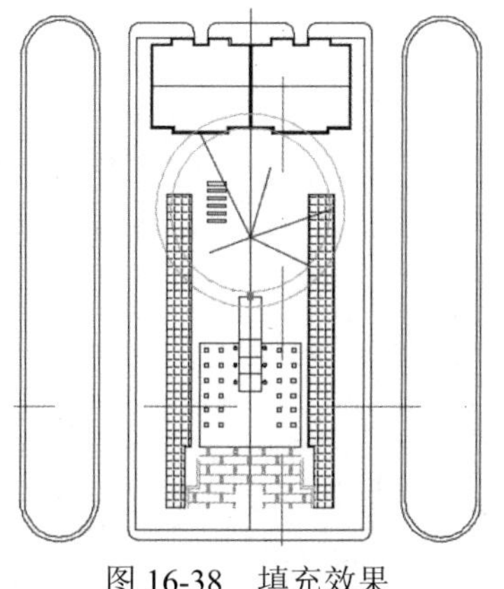

图 16-38 填充效果

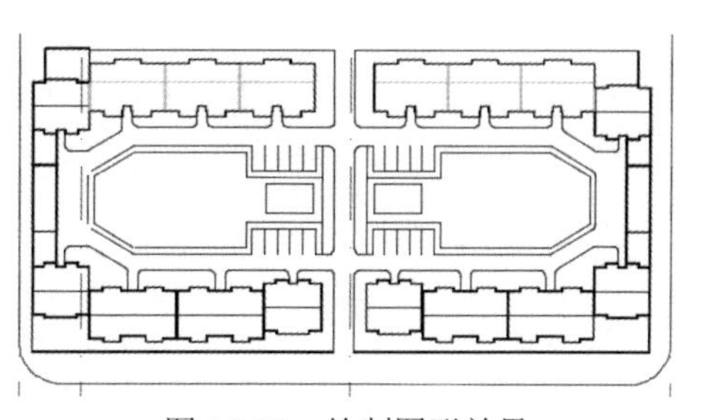

图 16-39 绘制图形效果

Step 09 打开配套资源中的素材\第16章\【建筑规划总平面图素材.dwg】素材文件，通过执行【移动】、【复制】等命令将其添加到图形中的合适位置，添加素材效果如图16-40所示。

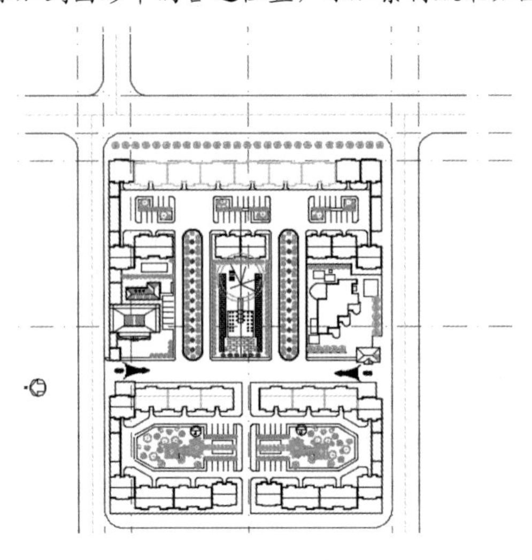

图16-40 添加素材效果